全国地层多重划分对比研究

（54）

西藏自治区岩石地层

主　编： 夏代祥　刘世坤
编　者： 刘世坤　滕　云　张健民
徐开锋　谢义木　姚宗富
吴廷漪　肖兴铭
技术指导： 饶荣标　徐星琪

中国地质大学出版社

内 容 简 介

本书是全国地层多重划分对比研究套书之一，是西藏全区地层研究的最新成果。本书以国际地层指南和中国地层指南为准则，以现代地层学理论为指导，在整理了以往的地质生产、科研及地质探险等资料的基础上，研究、对比了全区785个地层单位，建立了西藏全区的岩石地层序列，其中包括采用的岩石地层单位209个，并对每个岩石地层单位的岩石地层特征、时空展布规律及地质时代等进行了论述，还建立了西藏全区地层数据库。

本书可作为地质生产、科研与地质教学的重要参考资料。

图书在版编目(CIP)数据

西藏自治区岩石地层/夏代祥，刘世坤主编. —武汉：中国地质大学出版社，1997.4(2008.10重印)

(全国地层多重划分对比研究：54)

ISBN 978-7-5625-1137-3

Ⅰ.西…

Ⅱ.①夏…②刘…

Ⅲ.地层学—西藏

Ⅳ.535.275

中国版本图书馆CIP数据核字(2008)第153118号

西藏自治区岩石地层 夏代祥，刘世坤 主 编

责任编辑：刘粤湘 社外编辑：褚松和，王治平 责任校对：徐润英 技术编辑：阮一飞

出版发行：中国地质大学出版社(武汉市洪山区鲁磨路388号) 邮编：430074

电话：(027)67883511 传真：67883580 **E-mail**：cbb @ cug. edu. cn

经 销：全国新华书店 **http**：//www. cugp. cn

开本：787毫米×1092毫米 1/16 字数：500千字 印张：19.5 插页1

版次：1997年4月第1版 印次：2008年10月第2次印刷

印刷：武汉教文印刷厂 印数：501—1000册

ISBN 978-7-5625-1137-3 定价：58.50元

序

100多年来，地层学始终是地质学的重要基础学科的支柱，甚至还可以说是基础中的基础，它为近代地质学的建立和发展发挥了十分重要的作用。随着板块构造学说的提出和发展，地质科学正经历着一场深刻的变革，古老的地层学和其他分支学科一样还面临着满足社会不断进步与发展的物质需要和解决人类的重大环境问题等双重任务的挑战。为了迎接这一挑战，依靠现代科技进步及各学科之间相互渗透，地层学的研究范围将不断扩大，研究途径更为宽广，研究方法日趋多样化，并萌发出许多新的思路和学术思想，产生出许多分支学科，如生态地层学、磁性地层学、地震地层学、化学地层学、定量地层学、事件地层学、气候地层学、构造地层学和月球地层学等等，它们的综合又导致了“综合地层学”和“全球地层学”概念的提出。所有这一切，标志着地层学研究向高度综合化方向发展。

我国的地层学和与其密切相关的古生物学早在本世纪前期的创立阶段，就涌现出一批杰出的地层古生物学家和先驱，他们的研究成果奠定了我国地层学的基础。但是大规模的进展，还是从1949年以后，尤其是随着全国中小比例尺区域地质调查的有计划开展，以及若干重大科学计划的执行而发展起来的。正像我国著名的地质学家尹赞勋先生在第一届全国地层会议上所讲：“区域地质调查成果的最大受益者就是地层古生物学。”1959年召开的中国第一届全国地层会议，总结了建国十年来所获的新资料，制定了中国第一份地层规范（草案），标志着我国地层学和地层工作进入了一个新的阶段。过了20年，地层学在国内的发展经历了几乎十年停滞以后，于1979年召开了中国第二届全国地层会议，会议在某种程度上吸收学习了国际地层学研究的新成果，还讨论制定了《中国地层指南及中国地层指南说明书》，为推动地层学在中国的发展，缩小同国际地层学研究水平的差距奠定了良好基础。这次会议以后所进行的一系列工作，包括应用地层单位的多重性概念所进行的地层划分对比研究、区域地层格架及地层模型的研究，现代地层学与沉积学相结合所进行的盆地分析以及1：5万区域地质填图方法的改进与完善等，都成为我国地层学进一步发展的强大推动力。为此，地质矿产部组织了一项“全国地层多重划分对比研究（清理）”的系统工程，在30个省、直辖市、自治区（含台湾省，不含上海市）范围内，自下而上由省（市、区）、大区和全国设立三个层次的课题，在现代地层学和沉积学理论指导下，对以往所建立的地层单位进行研究（清理），追溯地层单位创名的沿革，重新厘定单位含义、层型类型与特征、区域延伸与对比，消除同物异名，查清同名异物，在大范围内建立若干断代岩石地层单位的时空格架、编制符合现代地层学含义的新一代区域地层序列表，并与地层多重划分对比研究工作同步开展了省（市、区）和全国两级地层数据库的研建，对巩固地层多重划分对比研究（清理）成果，为地层学的科学化、系统化和现代化发展打下了良好基础。这项研究工作在部、省（市、区）各级领导的支持关怀下，全体研究人员经过5年的艰苦努力已圆满地完成了任务，高兴地看到许多成果已陆续要出版了。这项工作涉及的范围之广、参加的单位及人员之多、文件的时间跨度之长，以及现代科学理论与计算机技术的应用等各方面，都可以说是在我国地层学工作不断发展中具有里程碑意义的。这项研究中不同层次成果的出版问世，不仅对区域地质调查、地质图件的编测、区域矿产普查与勘查、地质科研和教学等方面都具有现实的指导作用和实用价值，而且对我国地层学的发展和科学化、系统化将起到积极的促进作用。

首次组织实施这样一项规模空前的全国性的研究工作，尽管全体参与人员付出了极大的辛勤劳动，全国项目办和各大区办进行了大量卓有成效和细致的组织协调工作，取得了巨大的成绩，但由于种种原因，难免会有疏漏甚至失误之处。即使这样，该系列研究是认识地层学真理长河中的一个相对真理的阶段，其成果仍不失其宝贵的科学意义和巨大的实用价值。我相信经过广大地质工作者的使用与检验，在修订再版时，其内容将会更加完美。在此祝贺这一系列地层研究成果的公开出版，它必将发挥出巨大社会经济效益，为地质科学的发展做出新的贡献。

程裕淇

前　　言

地层学在地质科学中是一门奠基性的基础学科，是基础地质的基础。自从19世纪初由W史密斯奠定的基本原理和方法以来的一个半世纪中，地层学是地质科学中最活跃的一个分支学科，对现代地质学的建立和发展产生了深刻的影响，作出了不可磨灭的贡献，特别是在20世纪60年代由于板块构造学说兴起引发的一场“地学革命”，其表现更为显著。随着板块构造学的确立，沉积学和古生态学的发展，地球历史和生物演化中的灾变论思想的复兴和地质事件概念的建立，使地层学的分支学科，如时间地层学、生态地层学、地震地层学、同位素地层学、气候地层学、磁性地层学、定量地层学和构造地层学等像雨后春笋般地蓬勃发展，这种情况必然对地层学、生物地层和沉积地层等的传统理论认识和方法提出了严峻的挑战。经过20年的论战，充分体现当代国际地质科学先进思想的《国际地层指南》（英文版）于1976年见诸于世，之后在不到20年的时间里又于1979、1987、1993年连续三次进行了修改补充，陆续补充了《磁性地层极性单位》、《不整合界限地层单位》，以及把岩浆岩与变质岩等作为广义地层学范畴纳入地层指南而又补充编写了《火成岩和变质岩岩体的地层划分与命名》等内容。

国际地层学上述重大变革，对我国地学界产生了强烈冲击，十年动乱形成的政治禁锢被打开，迎来了科学的春天，先进的科学思潮像潮水般涌来，于是在1979年第二届全国地层会议上通过并于1981年公开出版了《中国地层指南及中国地层指南说明书》，其中阐述了地层多重划分概念。于1983年按地层多重划分概念和岩石地层单位填图在安徽区调队进行了首次试点。1985年《贵州省区域地质志》中地层部分吸取了地层多重划分概念进行撰写。1986年地质矿产部设立了“七五”重点科技攻关项目——“1：5万区调中填图方法研究项目”，把以岩石地层单位填图，多重地层划分对比，识别基本地层层序等现代地层学和现代沉积学相结合的内容列为沉积岩区区调填图方法研究课题，从此拉开了新一轮1：5万区调填图的序幕，由试点的贵州、安徽和陕西三省逐步推向全国。

1：5万区调填图方法研究试点中遇到的最大问题是如何按照现代地层学的理论和方法来对待与处理按传统理论和方法所建立的地层单位？如果维持长期沿用的按传统理论建立的地层单位，虽然很省事，但是又如何体现现代地层学和现代沉积学相结合的理论与方法呢？这样就谈不上紧跟世界潮流，迎接这一场由板块构造学说兴起所带来的“地学革命”。如果要坚持这一技术领域的革命性变革，就要下决心花费很大力气克服人力、财力和技术性等方面的重重困难，对长期沿用的不规范化的地层单位进行彻底的清理。经过反复研究比较，我们认识到科学技术的变革也和社会经济改革的潮流一样是不可逆转的，只有坚持改革才能前进，不进则退，否则就将被历史所淘汰，别无选择。在这一关键时刻，地质矿产部和原地矿部直管局领导作出了正确决策，从1991年开始，从地勘经费中设立一项重大基础地质研究项目——全国地层多重划分对比研究项目，简称全国地层清理项目，开始了一场地层学改革的系统工程，在全国范围内由下而上地按照现代地层学的理论和方法对原有的地层单位重新明确其定义、划分对比标准、延伸范围及各类地层单位的相互关系，与此同时研建全国地层数据库，巩固地层清理成果，推动我国地层学研究和地层单位管理的规范化和现代化，指导当前和今后一个时期1：5万、1：25万等区调填图等，提高我国地层学研究水平。1991年地质矿产部原直管局将地层清理作为部指令性任务以地直发(1991)005号文和1992年以地直发(1992)014号文下发了《地矿部全国地层多重划分对比（清理）研究项目第一次工作会议纪要》，明确了各省（市、自治区）地质矿产局（厅）清理研究任务，并于1993年2月补办了专项地勘科技项目合同（编号直科专92-1），并明确这一任务分别设立部、大区和省（市、自治区）三级领导小组，实行三级管理。

部级成立全国项目领导小组

组长	李廷栋	地质矿产部副总工程师
副组长	叶天竺	地质矿产部原直管局副局长
	赵　逊	中国地质科学院副院长

成立全国地层清理项目办公室，受领导小组委托对全国地层清理工作进行技术业务指导和协调以及经常性业务组织管理工作，并设立在中国地质科学院区域地质调查处（简称区调处）。

项目办公室主任	陈克强	区调处处长，教授级高级工程师
副主任	高振家	区调处总工，教授级高级工程师
	简人初	区调处高级工程师
专家	张守信	中国科学院地质研究所研究员
	魏家庸	贵州省地质矿产局区调院教授级高级工程师
成员	姜　义	区调处工程师
	李　忠	会计师
	周统顺	中国地质科学院地质研究所研究员

大区一级成立大区领导小组，由大区内各省（市、自治区）局级领导成员和地科院沈阳、天津、西安、宜昌、成都、南京六个地质矿产研究所各推荐一名专家组成。领导小组对本大区地层清理工作进行组织、指导、协调、仲裁并承担研究的职责。下设大区办公室，负责大区地层清理的技术业务指导和经常性业务技术管理工作。在全国项目办直接领导下，成立全国地层数据库研建小组，由福建区调队和部区调处承担，负责全国和省（市、自治区）二级地层数据库软件开发研制。

各省（市、自治区）成立省级领导小组，以省（市、自治区）局总工或副总工为组长，有区调主管及有关处室负责人组成，在专业区调队（所、院）等单位成立地层清理小组，具体负责地层清理工作，同时成立省级地层数据库录入小组，按照全国地层数据库研建小组研制的软件及时将本省清理的成果进行数据录入，并检验软件运行情况，及时反馈意见，不断改进和优化软件。在全国地层清理的三个级次的项目中，省级项目是基础，因此要求各省（市、自治区）地层清理工作必须实行室内清理与野外核查相结合，清理工作与区调填图相结合，清理与研究相结合，地层清理与地层数据库建立相结合，“生产”单位与科研教学单位相结合，并强调地层清理人员要用现代地层学和现代沉积学的理论武装起来，彻底打破传统观点，统一标准内容，严格要求，高标准地完成这一历史使命。实践的结果，凡是按上述五个相结合去做的效果都比较好，不仅出了好成果，而且通过地层清理培养锻炼了一支科学技术队伍，从总体上把我国区调水平提高到一个新台阶。

三年多以来，参加全国地层清理工作的人员总数达400多人，总计查阅文献约24 000份，野外核查剖面约16 472.6 km，新测剖面70余条约300 km，清理原有地层单位有12 880个，通过清查保留的地层单位约4721个（还有省与省之间重复的），占总数36.6%，建议停止使用或废弃的单位有8159个（为同物异名或非岩石地层单位等），占总数63.4%，清查中通过实测剖面新建地层单位134个。与此同时研制了地层单位的查询、检索、命名和研究对比功能的数据库，通过各省（市、自治区）数据录入小组将12 880个地层单位（每个单位5张数据卡片）和10 000多条各类层型剖面全部录入，首次建立起全国30个（不含上海市）省（市、自治区）基础地层数据库，为全国地层数据库全面建成奠定了坚实的基础。从1994年7月—11月，分七个片对30个省（市、自治区）地层清理成果报告及数据库的数据录入进行了评审验收，到1994年底可以说基本上完成了省一级地层清理任务。1995—1996年将全面完成大区和总项目的清理研究任务。由此可见，这次全国地层清理工作无论是参加人数之多，涉及面之广，新方法新技术的应用以及理论指导的高度和研究的深度都可以堪称中国地层学研究的第三个里程碑。这一系统工程所完成的成果，不仅是这次直接参加清理的400多人的成果，而且亦应该归功于全国地层工作者、区域地质调查者、地层学科研与教学人员以及为地层工作做过贡献的普查勘探人员。全国地层清理成果的公开出版，必将对提高我国地层学研究水平，统一岩石地层划分和命名指导区调填图，加强地层单位的管理以及地质勘察和科研教学等方面发挥重要的作用。

鉴于本次地层清理工作和地层数据库的研建是过去从未进行过的一项研究性很强的系统工程，涉及的范围很广，时间跨度长达100多年，参加该项工作的人员多达300～400人，由于时间短，经费有限，人员水平不一，文献资料掌握程度等种种主客观原因，尽管所有人员都尽了最大努力，但是在本书中少数地层单位的名称、出处、命名人和命名时间等不可避免地存在一些问题。本书中地层单位名称出现的“岩群”、“岩组”等名词，是根据1990年公开出版的程裕淇主编的《中国地质图（1∶500万）及说明书》所阐述的定义。为了考虑不同观点的读者使用，本书对有“岩群”、“岩组”的地层单位，均暂以（岩）群、（岩）组处理。如鞍山（岩）群、迁西（岩）群。总之，本书中存在的错漏及不足之处，衷心地欢迎广大读者提出宝贵意见，以便今后不断改正和补充。

在30个省（市、自治区）地层清理系统成果即将公开出版之际，我代表全国地层清理项目办公室向参加30个省（市、自治区）地层清理、数据库研建和数据录入的同志所付出的辛勤劳动表示衷心的感谢和亲切的慰问。在全国地层清理项目立项过程中，原直管局王新华、黄崇轲副局长给予了大力支持，原直管局局长兼财务司司长现地矿部副部长陈洲其在项目论证会上作了立项论证报告，在人、财、物方面给予过很大支持；全国地层委员会副主任程裕淇院士一直对地层清理工作给予极大的关心和支持，并在立项论证会上作了重要讲话；中国地质大学教授、全国地层委员会地层分类命名小组组长王鸿祯院士是本项目的顾问，在地层清理的指导思想、方法步骤及许多重大技术问题上给予了具体的指导和帮助；中国地质大学教授杨遵仪院士对这项工作热情关心并给以指导；中国地质科学院院长、部总工程师陈毓川研究员参加了第三次全国地层清理工作会议并作了重要指示与鼓励性讲话；部科技司姜作勤高工，计算中心邬宽廉、陈传霖，信息院赵精满，地科院刘心铸等专家对地层数据库设计进行评审，为研建地层数据库提出许多有意义的建议。中国科学院地质研究所，南京古生物研究所，中国地质科学院地质研究所，天津、沈阳、南京、宜昌、成都和西安地质矿产研究所，南京大学，西北大学，中国地质大学，长春地质学院，西安地质学院等单位的知名专家、教授和学者，各省（市、自治区）地矿局领导、总工程师、区调主管、质量检查员和区调队、地研所、综合大队等单位的区域地质学家共600余人次参加了各省（市、自治区）地层清理研究成果和六个大区区域地层成果报告的评审和鉴定验收，给予了友善的帮助；各省（市、自治区）地矿局（厅）、区调队（所、院）等各级领导给予地层清理工作在人、财、物方面的大力支持。可以肯定，没有以上各有关单位和部门的领导和众多的专家教授对地层清理工作多方面的关心和支持，这项工作是难以完成的。在30个省（市、自治区）地层清理成果评审过程中一直到成果出版之前，中国地质大学出版社，特别是以褚松和副社长和刘粤湘编辑为组长的全国地层多重划分对比研究报告编辑出版组为本套书编辑出版付出了极大的辛苦劳动，使这一套系统成果能够如此快地、规范化地出版了！在全国项目办设在区调处的几年中，除了参加项目办的成员外，区调处的陈兆棉、其和日格、田玉莹、魏书章、刘凤仁多次承担地层清理会议的会务工作，赵洪伟和于庆文同志除了承担会议事务还为会议打印文稿，于庆文同志还协助绘制地层区划图及文稿复印等工作。

在此，向上面提到的单位和所有同志一并表示我们最诚挚的谢意，并希望继续得到他们的关心和支持。

全国地层清理项目办公室（陈克强执笔）

目　　录

第一章
绪　论

西藏全区面积达120多万平方公里，占全国总面积的1/8。在四千万年前的第三纪早期还是一片汪洋大海，在短短的地史中，不断发展变化，形成了今天世界上最年轻、最大、最高的青藏高原的主体，其海拔高度一般超过4 000 m。世界闻名的喜马拉雅山脉，呈东西向展布于高原的南部，其中便有被誉为“世界第一峰”的珠穆朗玛峰。这里地处阿尔卑斯—喜马拉雅巨型山系的东段，是特提斯构造域重要组成部分，由于这里神奇的自然地理环境和复杂的地壳结构及其地质历史的迅速变迁，像一座宝库，蕴藏着无数的奥秘，长期以来引起了国内外地学家们的强烈兴趣并不断地为之探索。

中华人民共和国成立以前，少数外国旅行家深入到西藏高原，做过少许地质路线调查，除有一点零星的资料报道外，全西藏基本属地质空白区。西藏的地层研究工作，主要是在中华人民共和国成立以后才开始进行的，近40年来，西藏地矿局、中国科学院地质研究所、中国科学院南京地质古生物研究所（以下简称中科院南古所）、中国地质科学院、成都地质矿产研究所及一些地质大专院校等单位在西藏境内，特别是沿公路交通干线一带，做了大量的地质工作；此外还有中英、中法、中美联合的西藏地质考察，都收集了很多资料，并发表了大量的论文和专著。

特别重要的是，西藏地矿局局属各队，对西藏全区的地质、矿产做了大量的工作，尤其是西藏区调队等单位。从1974—1986年间系统地开展了1∶100万区域地质调查工作，完成了西藏120多万平方公里的地质填图，弥补了我国地质空白区。在工作中收集了大量岩石地层资料，为西藏全区的地层研究工作奠定了基础。自1986年以来陆续开展的1∶20万区域地质矿产普查工作，也为地层清理研究提供了很多重要资料。

1986—1989年在西藏地矿局主持下，编著了《西藏自治区区域地质志》（以下简称《西藏地质志》），于1993年公开出版，这一专著全面的总结了西藏以往的基础地质工作成果，对西藏基础地质工作进行了系统、深入的研究。

一、目的、任务及地质工作概况

根据1992年3月“全国地层多重划分对比研究”第一次工作会议精神和“地矿部直管局”下发的（1992）014号文通知：要求在全国范围内运用现代地层学的新理论、新思想、新观念、新方法开展地层多重划分对比研究，从传统地层学的思想束缚中解放出来。具体任务是要完成各省区地层多重划分对比研究工作，重点是岩石地层单位的清理、研究。并要建立一个为大多数人接受的、客观、稳定、且适用的地层划分标准，提出符合当前科学水平和发展需要的地层多重划分对比研究成果。特别是要为1：5万区调工作和地质勘查工作服务的目的。并且要建立相应的全国和各省区地层数据库、图形库，为实现地质工作现代化而打好坚实的基础。

“西藏自治区地层多重划分对比研究项目”（以下简称研究项目），是“全国地层多重划分对比研究项目”的一部分，是继《西藏地质志》）和《西藏自治区区域地质矿产总结》之后的又一次极为重要的基础地质研究项目。西藏自治区地质矿产局（以下简称西藏地矿局）将“研究项目”以294号文正式下达给西藏地矿局区域地质调查大队（以下简称西藏区调队）后，西藏区调队立即组织人员，成立了地层清理研究小组，于1992年4月正式开展此项工作。

二、地层综合区划及区域地层发育概况

西藏高原地跨多个大地构造单元，岩石地层复杂，种类繁多，矿产丰富。雅鲁藏布江开合带及其相伴的蛇绿岩带，班公错-怒江“开合带”及其相伴的蛇绿岩带，龙木错-查桑-澜沧江“开合带”及其相应的蛇绿岩带，羊湖-金沙江“开合带”及其相应的蛇绿岩带，以及喜马拉雅山前“A型”俯冲带，由这几条横贯全区的大断裂带很明显地把西藏全区的岩石地层分割成了三个地层大区及六个地层区（进一步可划分为十六个地层分区）。参见西藏综合地层区划图（图1-1）。

三个地层大区和六个地层区（由南而北）分别是：（1）印度地层大区。其北以喜马拉雅山前“A型”俯冲带的北侧为界。仅包括西瓦里克地层区。（2）藏滇地层大区，其北界以龙木错-查桑-澜沧江断裂带为界。包括有喜马拉雅地层区，北界为雅鲁藏布江断裂带；冈底斯-腾冲地层区，北界为班公错-怒江断裂带；羌南-保山地层区，北界为龙木错-查桑-澜沧江断裂带。（3）华南地层大区。包括羌北-昌都地层区和巴颜喀拉地层区，其间以羊湖-金沙江断裂带为界。

西藏的前寒武纪中深变质岩地层出露面积小，分布零星。主要见于喜马拉雅地层区的高喜马拉雅分区。其次在冈底斯-腾冲地层区、羌南-保山地层区和羌北-昌都地层区中还有少许零星露头。

西藏的震旦纪一寒武纪地层，多为高绿片岩相的变质岩石地层，其原始岩石地层沉积厚度小，在区内分布局限，仅见于北喜马拉雅地层分区的亚东—聂拉木—普兰一带地区，另外在隆子县邦迪拉一西巴霞地区以及波密县城附近还有少量露头出现。

西藏的古生代地层基本上都属于稳定型沉积。除羌北-昌都地层区在石炭纪—二叠纪曾一度有含煤陆相沉积外，其余广大地区都为海相沉积岩，以碳酸盐岩为主夹少量碎屑岩。沉积厚度小，基本未变质，很少含火山岩。其地层出露面积一般较小，分布零星，多为中、新生代地层所掩盖。

西藏的中生代地层出露面积大，分布广泛，岩石类型复杂。以海相沉积岩为主，少量陆

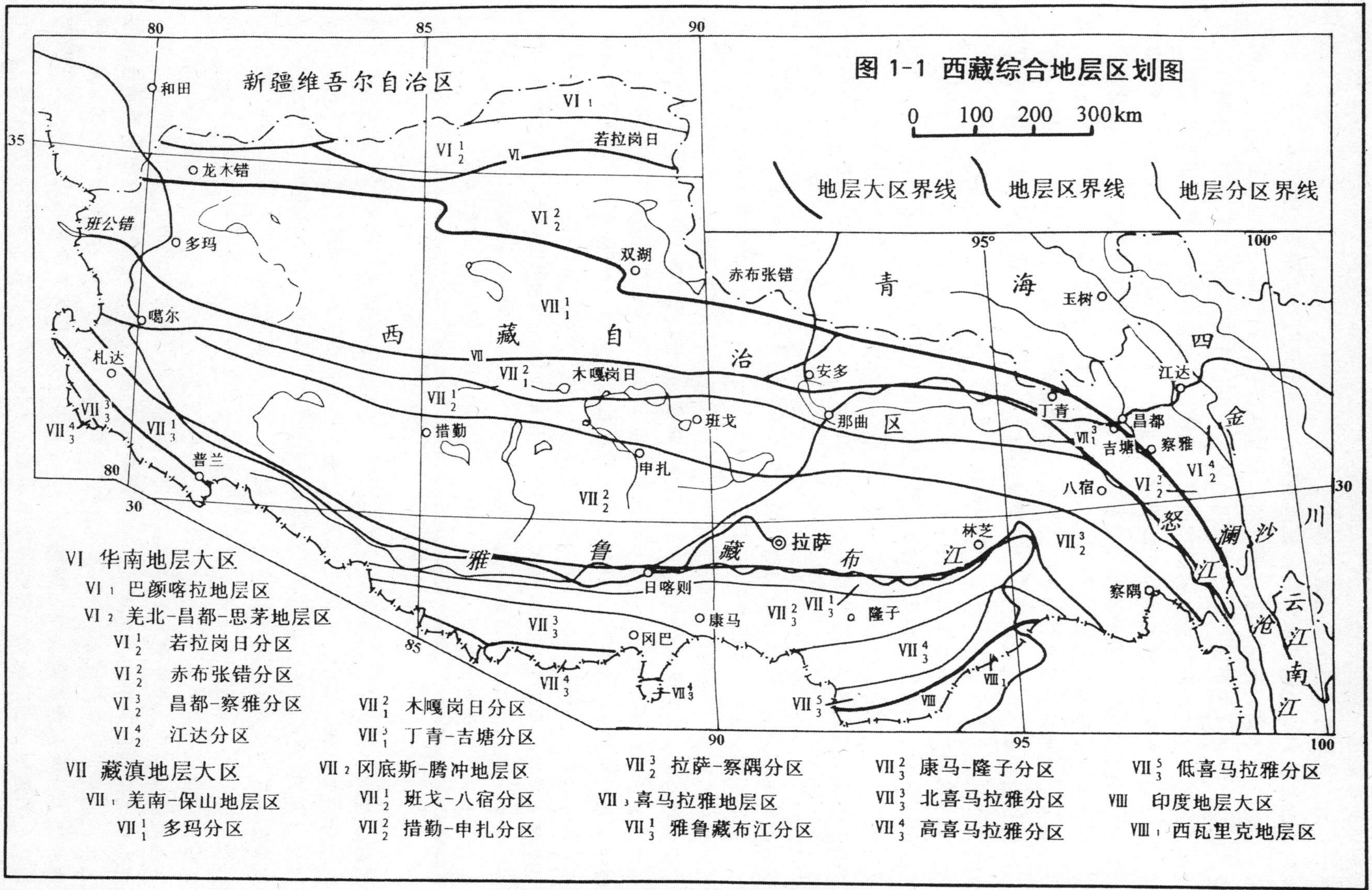

本图上中国国界线系按中国地图出版社 1989 年出版的 1:400 万（中华人民共和国地形图）绘制

图 1-1 西藏综合地层区划图

相和海相交互相地层。在沿羊湖-金沙江断裂带、班公错-怒江断裂带及雅鲁藏布江断裂带附近，还分布着大面积厚度巨大的复理石沉积。

在雅鲁藏布江断裂带以南的喜马拉雅地层区，有自前震旦纪至第三纪的连续海相沉积地层，其中生物化石丰富，地层厚度达万余米，是我国研究沉积岩地层最理想的地区。石炭纪一二叠纪时期，这里一度受冈瓦纳大陆冰川的影响，沉积有冈瓦纳相岩石地层、冰碛岩、冷水动物群及冈瓦纳相植物群等典型的冈瓦纳相沉积物，已被许多地学工作者重视和研究。冈瓦纳相沉积物的分布可越过雅鲁藏布江断裂带，可至班公错-怒江断裂带，分布到冈底斯-腾冲地层区和羌南-保山地层区。喜马拉雅地层区的岩石地层，从基底到盖层的沉积特征表明它曾经是属印度古大陆北缘的一部分，这一观点已获得公认。冈底斯-腾冲地层区除了有小面积的前震旦纪和古生代地层体零星分布外，绝大部分地层都是中、新生代的沉积岩、火山岩和岩浆岩。特别是白垩纪、第三纪的火山岩地层厚度巨大，分布广泛，组成冈底斯一腾冲地层区火山弧的主体。在龙木错-查桑-澜沧江断裂带南侧的羌南-保山地层区中，石炭纪一二叠纪地层仍然含有冷水动物群及其与冈瓦纳相有关的冰水成因的杂砾岩，而在断裂带北侧的羌北-昌都地层区中，石炭纪一二叠纪地层所含的生物主要是贵州珊瑚、大长身贝、大羽羊齿等典型的华夏动植物群，表明其间一度存在着极大的差别。直到中生代这一差异才逐渐消失，都被特提斯海水淹没，含有同样的生物群，形成大体相当的岩石类型，其它特征也都大体趋于一致。

西藏的蛇绿岩在解决大陆板块构造问题中有着举足轻重的作用。近年来，它引起了国内外地质学家的强烈兴趣。至今区内研究较好的、积累了较多资料的是雅鲁藏布江蛇绿岩带，它是一条沿雅鲁藏布江-印度河断裂带分布和发育良好的蛇绿岩带。曾被视为冈瓦纳板块与欧亚板块汇聚的缝合带，其形成时期大致为早白垩世。其次，沿班公错-怒江断裂带发育的蛇绿岩，东西断续延伸达 1 500 km 以上，其规模仅次于雅鲁藏布江蛇绿岩带，也是在中生代，主要是在中晚侏罗世形成的。沿羊湖-金沙江断裂带发育的蛇绿岩多分布于青、藏、川、滇交界部位，主要是在晚二叠世-三叠纪形成的。另外在沿龙木错-查桑-澜沧江断裂带，据云南西部资料表明这里有晚石炭世一早二叠世的洋脊残片。以上这几条蛇绿岩带及其与之相伴的复理石沉积，在我国以及世界范围内都具有重要的大地构造意义。由上述可见，西藏的地质资料得天独厚，丰富多彩；为此，国内外地质学家们在这片土地上留下了许多宝贵的地质文著。

三、西藏地层清理研究的必要性和原则

西藏以往的地层研究工作主要是以古生物化石为地层划分依据，以年代地层为标准对地层进行划分、对比的。其中绝大多数地层单位基本上是以传统地层学的思想、观点和方法为指导建立起来的。这样往往把属于同一岩石地层单位的地层体划分成了许多个不同的单位，使一个完整的地层体受到了人为的肢解，从而造成了地层单位的不断增加，繁杂紊乱。另一方面，又把不同岩石、岩相的地层体称为同一个地层单位名称，这样就在地层的命名上出现了不少的混乱现象。

在西藏地层研究工作中这种地层单位名称的混乱现象是非常突出的，十分典型的。如在西藏北部冈底斯地区的申扎县永珠，1979 年西藏地矿局夏代祥等人首次在这里发现了连续的海相古生代的地层（夏代祥等，1980），同时还进行了地层单位的命名、划分和对比。最先建立了永珠群为一套灰色砂页岩为主的地层体；其下伏地层被称为查果罗玛组，为一套浅灰色石灰岩为主的地层。当时的划分主要是着重于地层单位的岩石组合特征的区别。以便于野外

填图，易于识别。但随着人们对这一重要发现的重视，相继有中国科学院地质研究所、中国地质科学院、中国科学院南京地质古生物研究所、成都地质矿产研究所等单位和个人纷纷前往，做了大量的工作，收集了许多岩石地层、古生物资料，因而对这一地层单位的划分、对比和命名也相继繁杂起来，到1982年止，短短的三年中，就在原查果罗玛组这套石灰岩为主的地层中，先后创建了九个新的地层单位：洛工组、朗玛组、德日昂玛组、巴日阿朗寨段、朋嘎组、多那个里段、灰岩层、永珠组等。实际上这些地层单位都是依据部分主要生物门类进行界线划分的，其组段的含义都是比较严格地包含某种或几种生物带或生物组合。至于这些单位之间的关系，其顶底界线的划分与相互对比就更无从说清了。可以说这些"组"、"段"根本不能用岩石地层单位的名称、术语和级别。应赋予生物地层单位的名称、术语和级别才比较适合。因此，西藏地层多重划分、对比研究工作是十分及时的，非常必要的，而且有着更为繁重的任务。为此规定了地层清理研究中遵循的基本原则：

（1）对所有地层单位的清理研究，名称的选择，顶底界线的确定，层型或次层型的确定等都严格按照1981年出版的全国地层委员会《中国地层指南及中国地层指南说明书》和1987年出版的《国际地层指南》所规定的原则和程序。

（2）坚持一个岩石地层单位宏观上岩石特征的一致性，不因所含古生物化石的不同或时代归属不同，人为的肢解一个岩石地层单位，也不把所含古生物化石相同或时代归属相同的不同岩石地层体划为同一岩石地层单位。

（3）岩石地层单位的界线，一般划在岩性发生突变的层位，两个岩石地层单位间岩性呈过渡状态时，界线划在一种岩石出现或另一种岩石消失等明显变化之处，如果过渡带过宽，可考虑单独建立一个单位。

（4）遵循地层单位名称的优先权与科学性相结合的原则。虽然发表在先而层型和含义不明确者可不采用；而发表在后，含义正确层型清楚，使用广泛者应被本书采用。

（5）根据西藏活动造山带岩石地层单位的特殊性及地质工作程度的具体情况，本书允许各地层单位在岩石组合及变形变质特征等方面的一致性有较大的宽容度。并可保留一部分群级单位。

四、西藏地层清理的主要成果

1992年6—12月，在"西南片区"技术领导小组和西藏地矿局领导的指导下，地层清理研究小组初步完成了"研究项目"设计书，明确提出了"研究项目"的具体目标、任务、工作重点、研究范围、工作的方法和步骤以及具体安排等。强调了"研究项目"的指导思想是现代地层学的新思想、新观念、新方法，以及重点是要以地层清理研究为主，突出以岩石地层单位清理研究为中心目标。

1993年，首先做了全面"摸清家底"的工作，收集了全区所有的地层资料，并进行了系统整理，综合分析；同时在有限的条件下，还对一些地层剖面和岩石地层单位进行了野外核查工作。接着把所收集的地层单位及有关的资料、地层剖面都进行排队、分析，选出合理的岩石地层单位或重新拟定原有地层单位的含义。明确赋予岩石地层单位的内容。并且，编制了大量中间性图表、工作卡等，如地层剖面卡、资料索引卡、地层剖面位置分布图等。在上述工作基础上，确定了"西藏综合地层区划图"和"西藏岩石地层单位序列表"（表1-1），并按时完成了西藏209个岩石地层单位数据库卡片和588个"废弃地层单位卡片"的填制工作。完成工作量见表1-2。

表 1-2 工作量统计表

填写原始剖面卡片	西藏岩石地层单位序列表	西藏地层单位总数	横剖面及柱状对比图	沿革表	全区地层剖面总数
1314（份）	1（套）	846（套）	28（份）	226（份）	1131（条）
野外核查剖面	录用地层剖面总数（正、副、选、次）	编制各断代剖面位置分布图	填制数据库卡片	地层单位废弃卡片	备注
18（条）	784（条）	11（份）	209（套）	546（套）	

1994 年 3—9 月，全组人员紧张地投入“研究项目”的文字报告编写和西藏地层数据库的建库工作。参加文字报告编写的人员有：刘世坤（绪论、结束语、泥盆纪、三叠纪）；滕云（白垩纪）；谢义木（奥陶纪、志留纪）；姚宗富（前震旦纪、震旦—寒武纪、第三纪）；张健民（侏罗纪）；吴廷漪（石炭纪）；肖兴铭（二叠纪）；徐开锋（西藏自治区地层数据库）、崔功文（数据录入）。另外，朱占祥、方意平、孙仲林、陈国结、吴远长参加过前期野外剖面核查及资料收集整理工作；易建洲、刘萍、谭萍参加过部分地层数据录入工作。西藏地层数据库的修改工作由徐开锋、贺丽共同完成。

在“研究项目”的文字报告编写过程中，得到了部直管局区调处、西藏地矿局和“西南片区”领导小组、四川地矿局郝子文副总工程师各位专家们的指导和帮助。其中成都地质矿产研究所饶荣标、徐星琪同志前往拉萨亲临指导工作，解决技术难题，给“研究项目”工作以很大支持和帮助。为了加强管理，西藏地矿局成立了项目领导小组：

组　长：	夏代祥	局副总工程师（高工）
副组长：	王全海	局地勘处副处长（高工）
成　员：	成家樑	区调队队长（高工）
	张健民	区调队总工（高工）
	刘鸿飞	局地勘处（工程师）

由领导小组具体负责技术、业务指导和管理“地层清理”和“地层数据库”建库工作。地矿局曹佑功总工程师一直对地层清理工作给予了极大的关心和支持。

在地矿部直管局、“西南片区领导小组”和西藏地矿局领导下，经过全体同志的辛勤劳动，1994 年 9 月提交送审稿，于 10 月在成都召开了西南三省（区）关于“地层多重划分对比研究”的评审验收会议，会议由四川地矿局副总工程师郝子文、中国地质科学院区调处总工程师高振家主持，组成了由夏代祥、王全海任主任委员，高振家任副主任委员，并有老一辈专家刘增乾研究员参加的 19 人评审委员会，对《西藏自治区岩石地层》和《西藏地层数据库》进行了评审，以优秀的成绩通过了验收，并提出了许多宝贵的意见和建议，为进一步提高“研究项目”成果的质量指明了方向。同时，张守信（研究员）、魏家庸（教授级高工）、姜义和李超岭等对《西藏自治区岩石地层》和《西藏地层数据库》进行了有关方面的专门指导和帮助，为最后修改奠定了良好的基础。

“研究项目”由刘世坤总纂，最后由夏代祥进行补充、定稿。使用资料一般截止于 1992 年底。

“研究项目”是反映和研究了西藏基础地质的一项重要成果，它汇集了西藏地勘单位区域

表1-1 西藏自治区岩石地层单位序列表

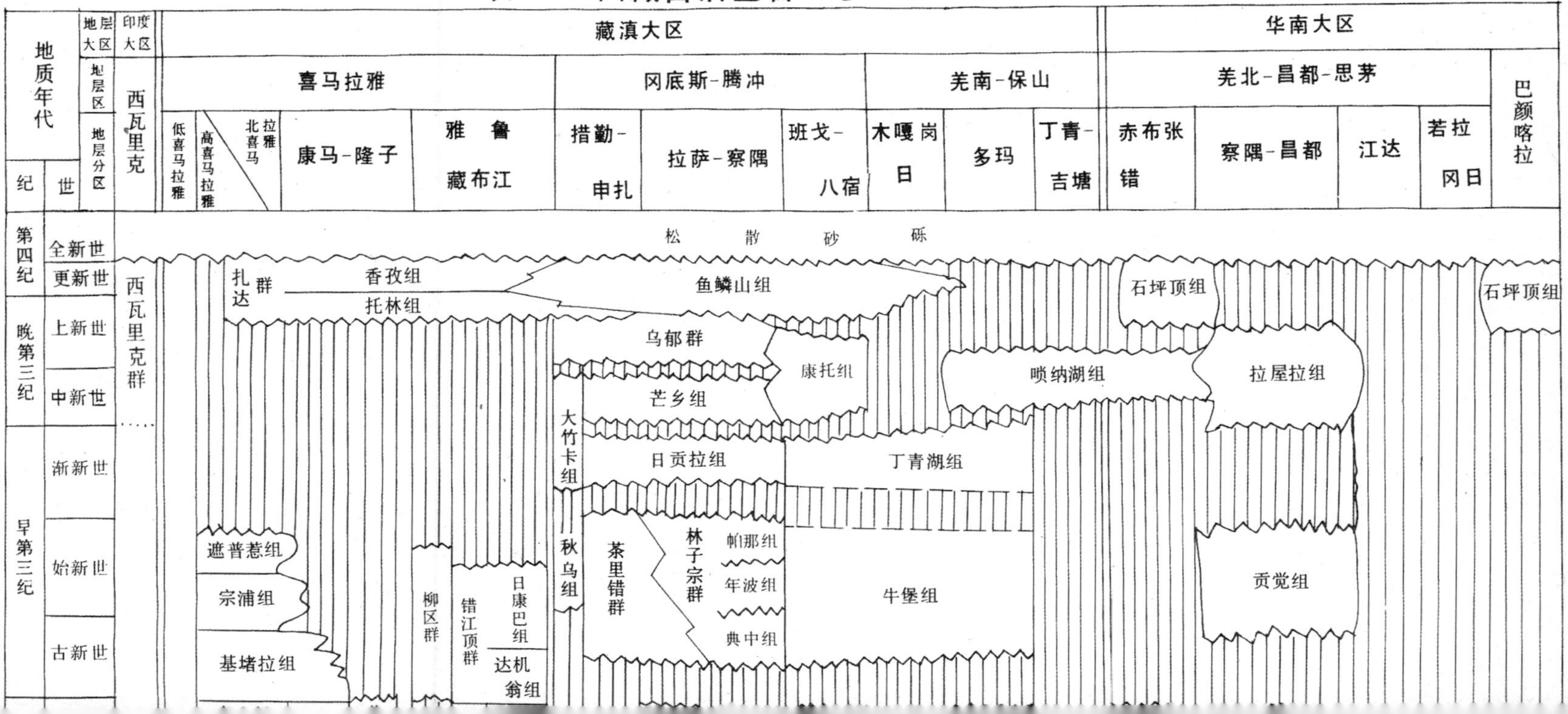

地质调查工作者、一切参与地质研究和教学、科研单位同志们的劳动成果，凝聚了他们的心血。在此谨向曾在西藏从事地质工作的单位和个人，谨向支持、关心和帮助，以及参加评审的单位和个人致以诚挚的谢意。

评审验收认为，“研究项目”的文字报告和“西藏地层数据库”取得了以下主要进展和成绩：

1. 全面系统地收集、阅读整理了各类地质文献1 295份，搜集到各类地层剖面总数1 131条（其中野外核查了18条），填制了资料索引卡296份，清理出各类地层单位名称909个。最后，确定了西藏的岩石地层单位209个，选用了相应的地层剖面（正、副、选、次）共784条，并且全部录入了“西藏地层数据库”。

2. 运用了现代地层学的新理论、新思想、新观念、新方法，结合西藏实际，正确划分了岩石地层区划、建立了西藏岩石地层序列；各断代岩石地层单位名称取舍恰当，在1∶20万区调工作中已得到应用，具有实用价值及指导意义。

3. 首次对西藏蛇绿岩套赋予岩石地层单位的名称，并进行清理研究。在班公错-怒江区新建了“东巧蛇绿岩群”和“丁青蛇绿岩群”及雅鲁藏布江区的“昂仁蛇绿岩群”和“罗布莎蛇绿岩群”，突出了造山带岩石地层的特征。

4. 通过宁多群和草曲群两个岩石地层单位与吉塘群等基底岩石地层和年代地层的研究对比，认为是具有不同性质的基底，从而肯定了龙木错-查桑-澜沧江断裂带是华南地层大区和藏滇地层大区的分界线，解决了长期争论不休的地质疑难问题。

5. 通过对龙木错-查桑-澜沧江断裂带两侧石炭纪—二叠纪岩石地层和生物地层的研究对比，划分出扬子区系和冈瓦纳区系不同的岩石地层单位，对深化研究龙木错-查桑-澜沧江断裂的地质构造具有重要意义。

6. 通过对藏东地区复杂的三叠纪地层的清理研究，清晰地反映了各地区岩石地层的特征及时空关系，对研究金沙江带的地质构造演化提供了实际资料。

7. 对绝大部分岩石地层单位的时空关系做了综合分析，并着重对其中一些穿时特征进行了较深入的研究和论证。为研究成矿规律和成矿预测提供了基础资料。

8. 首次建立了“西藏地层数据库”，其功能符合建库要求，录入了西藏全区采用的岩石地层单位209个，不采用的577个，各类层型剖面784条。提交高密度软盘中，各类数据文件完整、齐全、符合规范要求。数据库在报告编写中发挥了积极作用，为地层工作、生产、科研和现代化管理奠定了良好的基础。

“研究项目”工作的完成是作者学习、理解和应用现代地层学理论的过程，用更为客观，更为科学的理论、思想和方法指导生产实践和地质科研的转变过程。因此，难免还存在一些问题，望使用单位和个人给予批评、指正，以便在今后的生产实践和科学研究中进一步解决和完善。

第一篇　华南地层大区

西藏境内的华南地层大区主要包括羌北[①]-昌都地层区，与南部藏滇地层大区相邻，其间以龙木错-查桑-澜沧江断裂带为界。

西藏境内的华南地层大区有以下几个重要的特征区别于相邻的藏滇地层大区：有属于华南地层大区的基底岩石地层；羌北-昌都地层区的加里东运动与北部相邻的秦-祁-昆地层区加里东运动有更为紧密的联系；石炭纪—二叠纪的岩石地层和生物群特征为典型的特提斯类型，含暖水动物群和华夏植物群，与南部含有舌羊齿植物群、冷水动物群或混生动植物群的冈瓦纳相地层迥然不同。现将区内主要岩石地层单位叙述于后。

第二章
元古宙

西藏境内华南地层大区的元古宙岩石地层主要出露于羌塘北部和昌都地区，即羌北-昌都地层区，见于西藏与青海两省区交界的玉树县小苏莽乡宁多村和西藏江达县面达乡草曲一带地区。另外在昌都县夏日多、贡觉县雄松、波罗等地还有一些零星露头（图 2-1）。其岩石均为一套以各种片麻岩为主的中深变质岩石地层体，其原岩同位素年龄值分别为 1593～1870 Ma（宁多群）和 876～999 Ma（草曲群）。应属于中、晚元古代。本书将宁多群和草曲群两个岩石地层单位记述于下：

宁多群　$Pt_{2-3}N$　(06-54-0012)

【创名及原始定义】　西藏区调队（1990）[②] 创名，西藏区调队姚宗富 1992 年介绍。命名剖面为青海省玉树县小苏莽乡宁多剖面。位于青海玉树县的 160°方向约70 km的小苏莽乡宁多村附近。为一套中深变质岩地层，其岩性主要为黑云斜长片麻岩、石榴黑云斜长片麻岩、黑云石英片岩、二云石英片岩、辉石变粒岩等。

---

① 羌北即“羌塘”的北部，羌塘在藏语中为北方高地之意。

② 西藏区调队，1990，1：20万邓柯幅设计报告。

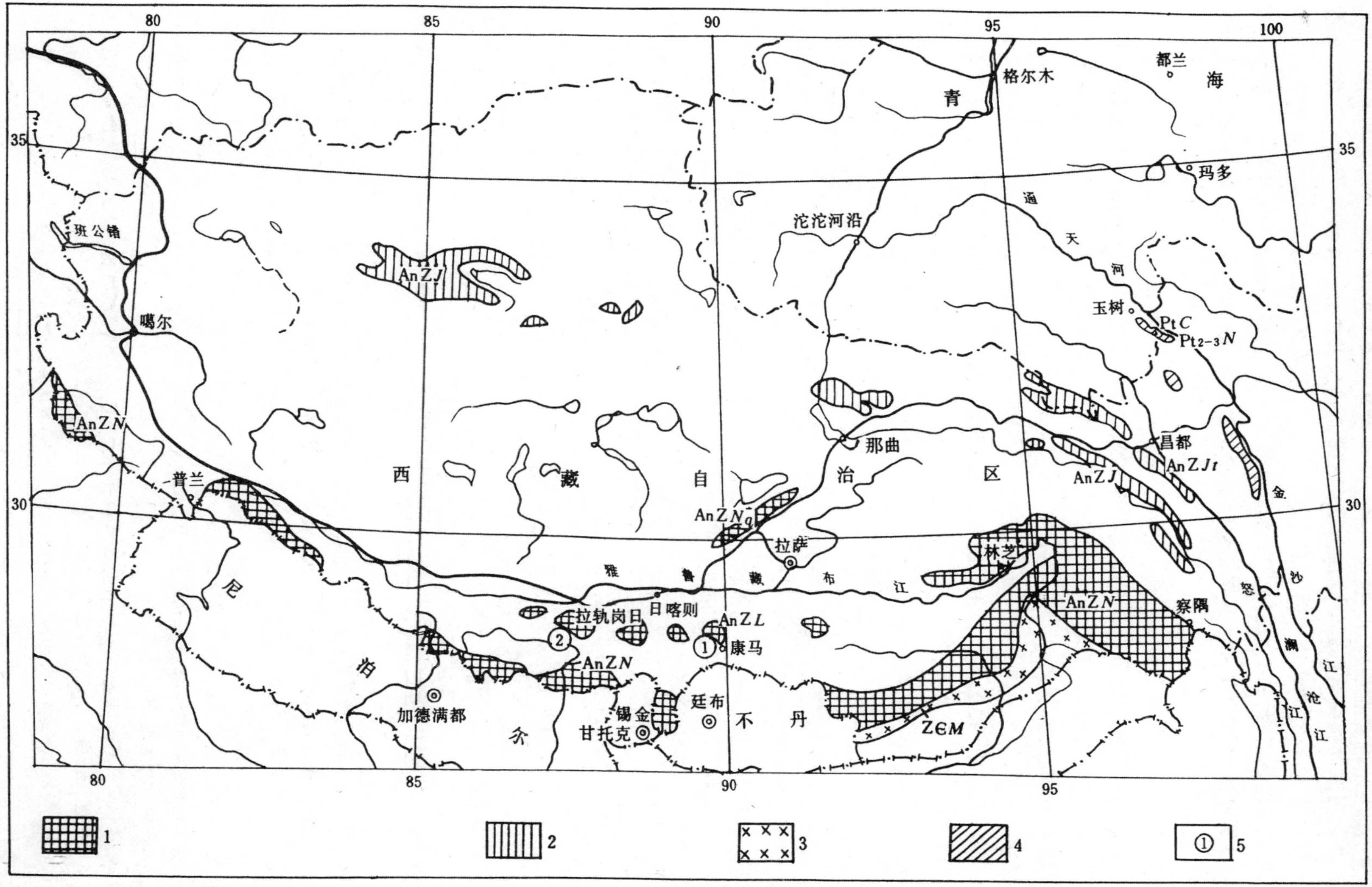

图 2－1 西藏前寒武纪岩石地层分布图

1. 聂拉木群 $AnZN$、拉轨岗日群 $AnZl$、念青唐古拉群 $AnZNg$；2. 吉塘群 $AnZJt$、嘉玉桥群 $AnZJ$；3. 米里群 $Z\in M$；4. 宁多群 $Pt_{2-3}N$、草曲群 PtC；5. 剖面位置及编号

【沿革】 青海区调队（1971）曾将出露于小苏莽乡宁多村的这套变质岩作为晚古生代花岗岩体处理，西藏区调队（1990）在其中采集了多个同位素样品，并测制了地层剖面，根据其中岩石同位素年龄值将其地质时代置于元古宙，并创名为宁多群。青海区调队郝太平等（1991）曾将波罗、巴塘一带的变质岩石地层命名为“雄松群”，其岩石组合特征，变形变质特征、同位素年龄值等均可与宁多群相互对比。二者应属同一套地层体。本书沿用宁多群一名。

【现在定义】 主要指分布于青海与西藏交界的小苏莽地区的一套中深变质岩地层体，主要岩性可分为上、下两部分：下部为黑云斜长片麻岩、石榴黑云斜长片麻岩、黑云石英片岩、二云石英片岩、辉石变粒岩等；上部为含白云石大理岩、角砾状大理岩、条带状大理岩，夹角闪斜长片麻岩和片状石英岩。未见顶、底。

【层型】 正层型为青海玉树县小苏莽乡剖面（E97°14′，N32°18′）[①]，位于青海玉树县小苏莽乡宁多村北 2 km 处公路边。由西藏区调队 1990 年测制，剖面层序如下：

上覆地层：**甲丕拉组** 砂岩

═══════ 断 层 ═══════

宁多群	总厚度＞1 950 m
8. 灰白色、褐黄色白云石英片岩	50 m
7. 灰白色、褐黄色中细粒白云石英片麻岩、片岩，并有电气石花岗岩脉穿插	250 m
6. 灰白色、黄色中厚层状斜长片麻岩	250 m
5. 灰绿色、黄绿色厚层块状石英片岩，局部含少量砾石	200 m
4. 灰色厚层状二云斜长片麻岩，夹二云石英片岩	300 m
3. 灰色、灰黑色中粗粒黑云石英片岩	100 m
2. 灰黑色中厚层中细粒黑云斜长片麻岩，夹少量辉石变粒岩，被细小的长英质岩脉穿插	300 m
1. 灰色厚层块状含石榴石黑云斜长片麻岩其间有黑云母二长花岗岩侵入。片麻岩同位素年龄值 1 870 Ma，黑云母二长花岗岩同位素年龄值 1 780 Ma（未见底）	500 m

次层型为西藏贡觉县雄松乡札东弄剖面（E98°54′，N30°32′），位于贡觉县的 120°方向 70 km札东弄。系青海区调队（1991）测制，其层序如下：

宁多群（未见顶）	总厚度 3 310.22 m
24. 灰色含白云母片状石英岩，夹含石榴石角闪斜长片麻岩及白色薄层大理岩	＞45.70 m
23. 灰色含石榴石角闪斜长片麻岩与深灰色含石榴石片状石英岩互层	56.48 m
22. 灰白色条带状大理岩	261.33 m
21. 浅灰色角砾状大理岩夹白云石大理岩	130.28m
20. 灰白色白云斜长片麻岩夹条带状大理岩	233.73 m
19. 灰白色糖粒状大理岩夹条带状大理岩	275.80 m
18. 灰色角砾状大理岩	111.16 m
17. 浅灰色块层状含白云石大理岩，下部发育糜棱岩化	127.71 m
15. 灰白色含石榴石二云母片岩、夹含石墨白云石英片岩，Sm－Nd 法同位素年龄值 1 594 Ma，上部发育糜棱岩化	183.25 m

① 本书层型剖面经纬度均为剖面起点坐标。

14. 灰色含石墨白云石英片岩与灰白色含石榴石二云母片岩互层 74.49 m
13. 灰一灰白色含石榴石二长云母片岩，夹含石墨堇青石白云母石英片岩 153.99 m
12. 灰一灰白色含石榴石二云斜长糜棱岩，夹含石墨堇青石白云石英片岩和糜棱岩化石英石榴二云片岩 213.42 m
11. 灰色含石榴石黑云斜长片麻岩 220.14 m
10. 深灰绿色含石榴石黑云斜长片麻岩夹灰白色黑云斜长片麻岩及石英正长岩、粗糜棱岩 56.70 m
9. 灰绿色黑云斜长片麻岩 201.66 m
8. 灰色含石榴石黑云斜长片麻岩 248.02 m
7. 浅灰色条带状混合岩、糜棱岩夹深灰色灰绿色蚀变黑云角闪斜长片麻岩 67.30 m
6. 浅灰色条带状糜棱岩夹角闪斜长片麻岩 52.50 m
5. 深灰色糜棱岩 71.80 m
4. 深灰色含石榴石糜棱岩化黑云斜长片麻岩夹薄层含石英透闪石大理岩 116.56 m
3. 深灰色糜棱岩化二云斜长片麻岩 58.10 m
2. 灰色条纹状混合岩，夹斜长糜棱岩，2—9 层 Rb - Sr 同位素年龄值 650 Ma 164.70 m
1. 灰色黑云斜长角闪质糜棱岩。(未见底) 185.40 m

【地质特征及区域变化】 宁多群零星分布于羌北一昌都地层区，沿羊湖-金沙江断裂附近地带出露。主要见于西藏与青海交界的小苏莽乡宁多村，昌都县的夏日多，贡觉县波罗乡及四川巴塘等地。宁多群岩性均为一套原岩为泥砂质岩石及中基性火山碎屑岩及碳酸盐岩变质而来的岩石地层，自下而上碳酸盐岩成份增加，泥砂质及碎屑物减少，大致可分为上部碳酸盐岩段和下部碎屑岩段。宁多群因韧性剪切断层而未见顶、底。宁多群的中、下部同位素年龄值有 1 870 Ma、1 780 Ma、1 593 Ma，应属早中元古代，本书暂将其地质时代置于中、晚元古代。

草曲群 Pt_3C (06 - 54 - 0015)

【创名及原始定义】 西藏区调队 (1991) 命名，姚宗富 1992 年介绍。创名地点为西藏昌都县面达乡草曲沟，位于昌都县的 6°方向 195 km 草曲沟。原义指分布于西藏昌都县面达乡草曲沟的一套变质砾岩、片岩、千枚岩夹基性火山岩等。

【沿革】 创名以后，已被多数地质工作者熟悉，本书沿用其名。

【现在定义】 为一套变质岩石地层，上部为绢云绿泥片岩、白云石英片岩，中下部为砾岩、石英片岩、千枚岩、石英岩、长石石英岩及绢云绿泥片岩、夹变质基性火山岩等。下未见底，顶部与甲丕拉组呈断层接触。

【层型】正层型为昌都县面达乡草曲沟剖面 (E98°16′，N32°16′)，由西藏区调队 (1991) 测制。

上覆地层：甲丕拉组 灰岩、砂岩

═══════ 断 层 ═══════

草曲群 总厚度>3 521.03 m
9. 灰绿色绢云绿泥片岩 (未见顶) >100.00 m
8. 深灰色绢云石英片岩 100.00 m
7. 灰绿色厚层变质长石石英砂岩，含砾石英岩 83.55 m

6. 灰绿色含绿泥石结晶灰岩、千枚岩及含砾千枚岩，底部见变质橄榄玄武岩，火山岩中获同位素年龄值大于 999 Ma　811.64 m

5. 变质砾岩夹含砾千枚岩，底部灰绿色变质橄榄玄武岩，火山岩中获同位素年龄值大于 876 Ma　765.96 m

4. 砾岩质石英片岩、含砾千枚岩，底部为灰绿色绢云绿泥石英片岩、白云石英片岩和千枚岩不等厚互层　528.89 m

3. 深灰色中—薄层状含砾千枚岩　138.38 m

2. 砾岩质石英片岩夹含砾千枚岩、绢云绿泥片岩　682.88 m

1. 上部石英岩、绢云石英片岩；下部灰绿色变质砾岩。(未见底)　＞309.73 m

【地质特征及区域变化】 草曲群主要出露于昌都县面达乡草曲沟至青海玉树县小苏莽乡以南地区。西藏区调队（1991）在基性火山岩夹层中获得同位素（锆石 U - Pb）年龄值 999 Ma 和 876 Ma，两组同位素年龄值与青白口纪时期相当，故将草曲群的地质时代置于晚元古代。

草曲群中的变质砾岩成分复杂，主要有花岗岩、板岩、灰岩、砂岩等。其大小悬殊，大者可长达 100 cm，小者 1～2 cm，磨圆度差，为棱角状或次棱角状，排列紊乱，无分选性，显示为冰碛岩的成因类型。这套地层是否可以与四川峡东地区的“南沱组”对比，还有待今后进一步的工作。

第三章
奥陶纪—志留纪

华南地层大区的奥陶纪—志留纪地层主要出露于羌北-昌都地层区，见于日土县北龙木错、昌都地区江达县青泥洞、芒康县海通、盐井县多吉版等少数几个地方。奥陶纪—志留纪地层发育不全，在日土县龙木错、江达县青泥洞、芒康县海通等地，早奥陶世岩石地层与上覆泥盆纪灰岩呈平行不整合或微角度不整合接触，其间缺失了部分奥陶纪—志留纪的地层。奥陶纪—志留纪的岩石地层有5个群、组：青泥洞群、曾子顶组、恰拉卡组、饮水河组、普尔错群。现分述于后。

青泥洞群　O_1Q　(06－54－0210)

【创名及原始定义】　董得源（1979）据江达县城西南约30 km的青泥洞早奥陶世地层剖面首次创名青泥洞组。原义指分布于青泥洞附近的一套早奥陶世地层，其下部岩性为板岩夹砂岩，上部为灰岩及砂岩。

【沿革】　四川三区测队（1974）在江达县青泥洞地区发现早奥陶世地层，实测了地层剖面。称下奥陶统。中科院南古所等（1982）又将其改称为青泥洞群，其所指地层大体相当。考虑到其岩石组合比较复杂，本书沿用青泥洞群。

【现在定义】　指出露于江达县青泥洞附近的一套浅变质砂板岩夹薄层灰岩的地层体，产笔石。未见顶、底。

【层型】　正层型为西藏江达县青泥洞剖面（E98°01′，N31°00′），由四川三区测队（1974）测制，层序如下：

青泥洞群	总厚度＞1 954 m
26. 深灰色厚层状含云母石英砂岩夹黑色板岩。（未见顶）	＞376 m
25. 灰黑色薄层状结晶灰岩	10 m
24. 深灰色厚层状含云母石英砂岩夹黑色薄层状结晶灰岩及黑色板岩	70 m
23. 黑色薄层状结晶灰岩夹黑色板岩及砂岩	85 m
22. 深灰色厚层块状含云母石英砂岩及黑色薄层状结晶灰岩互层	38 m
21. 黑色板岩夹灰色泥质灰岩凸镜体及极少量的灰色含云母石英砂岩	66 m
20. 黑色薄层状结晶灰岩夹黑色板岩及深灰色含云母石英砂岩	114 m

19. 深灰色厚层块状含云母石英砂岩夹黑色薄层状结晶灰岩及少量的黑色板岩 52 m

18. 灰色板岩及灰色薄层状泥质灰岩互层 26 m

17. 黑、灰绿色板岩互层夹少量的灰色含云母石英砂岩 78 m

16. 紫红、灰绿色板岩互层 >55 m

═══════ 断　层 ═══════

15. 黑色薄层状结晶灰岩夹少量灰绿色含云母石英砂岩 >15 m

14. 灰绿、黑色板岩，偶夹灰色薄层状、凸镜状泥质灰岩及少量灰绿或黄灰色砂岩 73 m

13. 黑色薄层状结晶灰岩，夹灰绿、黄灰色云母石英砂岩及少量黑色板岩 46 m

12. 灰绿色厚层块状细砂岩，顶部有一层 2 m 厚的紫红色细砂岩 46 m

11. 黑色薄层状结晶灰岩夹灰绿色含云母长石石英砂岩 90 m

10. 黑色、紫红、灰绿色板岩 31 m

9. 黑色粉砂质板岩夹少量的灰绿色板岩 263 m

8. 紫红色千枚状板岩夹少量黑绿、灰绿色板岩 64 m

7. 灰绿、黑色板岩互层夹少量紫红色板岩、粉砂质板岩。含笔石 *Didymograptus* cf. *hirundo*, *D. extensus injectus*, *D. praenuntius*, *D. patulus*, *D.* cf. *hemicyclus*, *D.* cf. *asperus*, *D. latus*, *Dichograptus norvegicus*, *D. expansus jiangdaensis*, *Tetragraptus amii* 169 m

6. 灰—深灰色薄—中厚层状、板状细砂岩夹黑色板岩 59 m

5. 深灰色厚层块状石英砂岩夹黑色板岩 10 m

4. 灰色薄至厚层状含铁质石英砂岩夹紫红、黑色板岩 34 m

3. 灰色厚层状含铁质石英砂岩 43.8 m

═══════ 断　层 ═══════

2. 紫红、灰绿色板岩夹少量石英砂岩凸镜体 4.2 m

1. 黑色板岩。含笔石 *Phyllograptus ilicifolius*, *P.* cf. *anna longus*, *P. angustifolius*, *Glossograptus* sp., *Didymograptus abnormis*, *D. extensus*, *D. praenuntius*, *D. patulus*, *D. hirundo*, *D.* cf. *asperus*, *Isograptus victorae lunatus*。(未见底) >36 m

【地质特征及区域变化】 青泥洞群为浅海至半深海相类复理石沉积，主要分布于江达县青泥洞附近。岩性稳定，地层厚度大于 827 m，具轻变质。下部产丰富的笔石 *Didymograptus* cf. *hirundo*, *D. extensus injectus*, *D. abnormis*, *D. praenuntius*, *D. patulus*, *D.* cf. *hemicyclus*, *D.* cf. *asperus*, *D. latus*, *Dichograptus norvegicus*, *D. expansus jiangdaensis*, *Tetragraptus amii*, *Phyllograptus ilicifolius*, *P.* cf. *anna longus*, *P. angustifolius*, *Glossograptus* sp., *Isograptus victorae lunatus*。地质时代为早奥陶世。

曾子顶组　Oz　(06-54-0211)

【创名及原始定义】 1979 年魏振声等在芒康县海通创名。原义指平行不整合于海通组之下的一套碳酸盐岩为主夹碎屑岩的地层，其上部为页岩、板岩及砂岩互层；中部为豹皮状灰岩、泥灰岩、石英砂岩、板岩、白云岩；下部为白云岩、石英砂岩夹碳质千枚岩。未指定层型。

【沿革】 四川三区测队（1974）在芒康县海通地区发现早奥陶世地层。1982 年，中国科学院南京地质古生物研究所、四川区调队将其对比为青泥洞群中段。1989 年，林宝玉等则引用曾子顶组，1993 年《西藏地质志》称之为中奥陶统和下奥陶统。本书沿用曾子顶组一名。含义同原始定义。

【现在定义】 下部为石英岩、粉砂岩、页岩与白云质灰岩及含砂白云岩互层、局部夹千枚岩；中上部为豹皮状灰岩、泥质白云岩夹石英砂岩、页岩、局部夹板岩。产腕足类、三叶虫等。其下未见底，上与海通组平行不整合接触。

【层型】 选层型为西藏芒康县海通一加色顶剖面（E98°01′，N31°01′），由四川三区测队（1974）测制，层序如下：

上覆地层：海通组 含砾砂岩

——————— 平行不整合 ———————

曾子顶组 总厚度 536.0 m

8. 紫红色页岩、灰黄色板岩、石英砂岩互层、产头足类 *Rudolfoceras*? sp. 32.7 m

7. 浅灰、灰色泥质豹皮灰岩及泥质灰岩，产三叶虫 *Ptychopyge* sp.；腕足类 *Orthis* cf. *calligramma*，*O. calligramma* var. *intercalare*，*O. ellipsoides*，*O. carausii* var. *nanchangensis*，*Leptellina* sp.，*Orthambonites* sp.；腹足类 *Donaldiella* sp. 178.8 m

6. 浅灰色中粒石英砂岩、板岩夹少量紫红色板岩 55.5 m

5. 灰色白云岩 30.0 m

4. 灰黄色、绿色板岩与灰白色石英砂岩互层 50.0 m

3. 浅灰、灰色泥质豹皮灰岩，下部相变为砂岩、页岩。产腕足类 *Orthis shensiensis*，*O. calligramma*，*O. calligramma* var. *intercalare*，*O. serica*，? *Leptelloidea* sp.，*Leptella* sp.；三叶虫 *Taihungshania* sp.，*Illaenus* cf. *sinensis*，*I.* cf. *tingi*，*I. sinensis* var. *mangkangensis* 64.0 m

2. 灰黄色石英砂岩夹碳质千枚岩 50.0 m

1. 灰色白云岩夹灰色石英砂岩，产腕足类 *Dactylogonia* sp.。（未见底） 75.0 m

【地质特征及区域变化】 曾子顶组仅分布于芒康县海通，岩性较稳定，为一套（镁质）碳酸盐岩-类复理石沉积。其中产有丰富的头足类 *Sinoceras* sp.，*Michelinoceras paraelongtum*；腕足类 *Orthambonites minusculus*，*Aporthophyla* sp.，*Orthis* cf. *calligramma*，*O. calligramma* var. *intercalare*，*O. carausii* var. *nanchangensis*，*O. shensiensis*；三叶虫 *Taihungshania* sp.，*Illaenus sinensis*，*I.* cf. *tingi*，*I. sinensis* var. *mangkangensis*。厚度 362.2～143.2 m。其上与海通组呈平行不整合接触，其下未见底。地质时代为奥陶纪。

恰拉卡组 Sq (06-54-0307)

【创名及原始定义】 胡长寿等（1991）创名，创名地点位于盐井县东北 12 km 的多吉版。原义指多吉版地区的下志留统，岩性以砂页岩为主。

【沿革】 云南第三地质队（1990）测制 1：20 万盐井幅时，首次发现一套出露厚 340 余米的志留系地层，并分出下志留统和中、上志留统。胡长寿（1991）将下部含早志留世笔石的砂页岩为主的地层创名为恰拉卡组，其余的仍称中、上志留统。本书沿用恰拉卡组一名。扩大其含义（包含划归原中、晚志留世地层 40 余米砂页岩）。

【现在定义】 指出露于盐井县多吉版地区平行不整合于海通组之下的一套深灰色笔石页岩和粉砂质页岩为主夹少量细砂岩和灰岩的地层体，未见底。

【层型】 正层型为盐井县多吉版剖面（E98°44′，N29°05′），由胡长寿等 1991 年测制，层序如下：

上覆地层：**海通组**

5. 中上部为灰色细粒石英砂岩、粉砂岩夹页岩；底部为厚1 m之灰色复成分砾岩，砾石滚圆状，由石英、灰岩及砂页岩组成 40.1 m

——————— 平行不整合 ———————

恰拉卡组 总厚度>362.3 m

4. 灰色薄层状含生物碎屑结晶灰岩、粉晶灰岩与灰色页岩互层，顶部页岩增多，并夹少量细粒石英砂岩。产牙形石 *Neoprioniodus* sp.，*Hindeodella* sp.，*Plectospathodus extensus* 66.2 m
3. 灰至深灰色页岩、粉砂质页岩，夹薄层状细粒石英砂岩 91.2 m
2. 灰、深灰色页岩。产笔石 *Oktavites* cf. *spiralis*，*O. planus*，*Climacograptus* sp.，*Monograptus* sp.，*Streptograptus* sp.，*Pristiograptus* sp.，*Orthograptus* sp. 184.9 m
1. 灰、灰褐色中—细粒石英砂岩，夹粉砂岩、页岩。（因断层破坏，底部出露不全） >20.0 m

【地质特征及区域变化】 恰拉卡组仅出露于盐井县多吉版地区，岩性稳定。主要岩性为深灰色页岩、粉砂质页岩夹细粒石英砂岩；上部主要为灰岩和页岩。厚度大于527.2 m，其下未见底。产笔石 *Oktavites* cf. *spiralis*，*O. planus*，*Climacograptus* sp.，*Monograptus* sp.，*Streptograptus* sp.，*Pristiograptus* sp.，*Orthograptus* sp.；牙形石 *Neoprioniodus* sp.，*Hindeodella* sp.，*Plectospathodus*；主要为早志留世，有无中晚志留世沉积有待进一步研究。

饮水河组 O_2y （06-54-0209）

【创名及原始定义】 西藏区调队（1987）将日土县多玛区饮水河地区的奥陶纪地层创名为上部饮水河组，下部兽形湖组。其岩性均以砂岩为主。

【沿革】 1993年，《西藏地质志》又将其统称为兽形湖组。本书沿用饮水河组一名，修订其含义，包含原饮水河组和兽形湖组的碎屑岩部分。

【现在定义】 指整合于普尔错群结晶灰岩之下的一套碎屑岩。岩性为暗灰色、深灰色薄一中厚层石英砂岩夹岩屑砂岩、粉砂岩、砂质页岩及千枚岩，产腕足类、三叶虫等。未见底。

【层型】 正层型为日土县多玛区饮水河北岸剖面（E81°16′，N34°41′），由西藏区调队1986年测制（见：1987，1∶100万日土幅报告），层序如下：

上覆地层：**普尔错群**

4. 浅灰色厚层状结晶灰岩。富含腕足类、三叶虫、头足类及珊瑚等化石。三叶虫有 *Dalmanitina mucronata*，*Tsunyilichas*，sp.，*Hammatocnemis* sp.，*H. decorosus*，*Encrinuroides* sp.，*E. yanheensis*，*Pseudosphaerexochus* ?sp.，*Dicranoeltis* cf. *polytoma*；头足类 *Michelinoceras* sp.，*M.*（*Kopaninoceras*）sp.，*Virgoceras* sp.，*Columenoceras* sp.，*Arionoceras* sp.，*Geisonoceras* sp. 等 75.00 m

———————— 整　合 ————————

饮水河组 总厚度>1 396.77 m

3. 深灰色粉砂质板岩、粉砂岩夹千枚岩 1 222.22 m
2. 深灰色中薄层中细粒石英砂岩夹岩屑石英砂岩。（未见底） 174.55 m

【地质特征及区域变化】 饮水河组呈条带状分布于日土县多玛区饮水河—兽形湖一带。为一套类复理石沉积。岩性为暗灰绿色、深灰色、薄一中厚层石英砂岩夹岩屑砂岩、粉砂岩、砂质页岩及千枚岩，厚度大于 1 044 m，其下未见底。产腕足类 *Plaesiomys* sp.，*Aegiromena*? sp.，*Angarella* sp.，*Campylorthis* sp.，*Chaulistomella* ? sp.，*Evenkina*? sp.，*Glyptorthis*? sp.，*Paucicrura* sp.， 三叶虫 *Dicranurus* sp.（cf. *Dicranurus oviformis*），*Amphilichas* sp.（cf. *A. bowni*），*Ampyx* ? sp.，*Reedocalymene* cf. *expansa*，*Calymenesun* cf. *tingi*。地质时代为晚奥陶世。

普尔错群 OSP （06-54-0306）

【创名及原始定义】 1987 年西藏区调队创名（西藏区调队，1987b），地点为拉竹龙南山饮水河至兽形湖一带。原义指不整合于饮水河组之上的一套地层：下部为灰色石英砂岩夹粉砂岩和微晶灰岩，厚度为 70～280 m；中部为深灰色微晶灰岩和生物灰岩，局部夹大理岩，厚度为 300～1 500 m；上部为石英砂岩夹岩屑石英砂岩和粉砂岩，厚度 300 m。

【沿革】 中国科学院青藏高原综合科学考察队（1984）将上述地区的肉红色、黄灰色长石石英砂岩地层称下志留统，其上覆的石英砂岩夹灰岩地层命名为雅西尔群。西藏区调队（1987）将上述二者合并新创名为普尔错群。本书沿用普尔错群。并明确普尔错群与下伏饮水河组的划分以普尔错群底部灰岩的出现为标志。

【现在定义】 指出露于日土县多玛区饮水河北岸地区的一套碳酸盐岩及碎屑岩地层体，岩性同原始定义，含丰富的头足类、三叶虫、腕足类等。底部与饮水河组粉砂岩整合接触，未见顶。

【层型】 正层型为日土县多玛区饮水河北岸剖面（E81°16′，N34°41′），由西藏区调队（1987）测制，层序如下：

普尔错群　　总厚度＞948.72 m

16. 灰色中层状石英砂岩，岩屑石英砂岩夹泥质粉砂岩和少量泥岩。（未见顶）　　＞350.00 m
15. 灰色中厚状灰岩　　203.72 m
14. 浅灰色中—薄层灰岩夹生物碎屑灰岩，下部生物碎屑灰岩中产三叶虫 *Encrinuroides meitanensis*，*E.* cf. *meitanensis*，*Scotoharpes* sp.，*S.* cf. *meitanensis*，*Latiproetus banqiaoensis*，*L.* cf. *tongziensis*，*Cheirurus* sp.，*Ptilillaenus* ? sp.，*Illaenus* sp.，头足类 *Oonoceras* cf. *acinaces*，*O.* sp.，*Dawsonoceras* sp.，*Harrisoceroides* sp.，? *Yunnanoceras* sp.，*Geisonoceras* cf. *rivale*，*Dolorthoceras* sp.，腕足类 *Glyptorthis* sp. 和海百合茎 *Cyclocyclicus* sp. 等　　180.00 m
13. 深灰色中厚层状灰岩夹生物灰岩及石英砂岩。灰岩中富含三叶虫 *Encrinuroides* sp.，*Cheirurus* sp.，头足类 *Oonoceras* sp.，Geisonoceratidae，*Rizosceras* sp.，*Michelinoceras* sp.，? *Allanoceras* sp.，*Harrisoceras* sp.，*Temperoceras* (*Orthoceras*) *tritonus*，*Arionoceras submoniilform*，*Dawsonoceras* sp，*Kionoceras* sp. 及腕足类 *Striispirifer* sp.，*Eospirifer* cf. *subradiatus* 等　　70.00 m
12. 浅灰色中—薄层生物碎屑灰岩。富含腕足类 *Platymerella* ? sp.，*Nucleospira* sp.，*Leangella* sp.，*Striispirifer* sp.，*Hindella* sp.，*Stricklandia* sp.　　＞70.00 m
11. 浅灰色厚层结晶灰岩，富含腕足类、三叶虫、头足类及珊瑚等化石。三叶虫 *Dalmanitina mucronata*，*Tsunyilichas* sp.，*Hammatocnemis* sp.，*H. decorosus*，*Encrinuroides* sp.，*E. yanheensis*，*Pseudosphaerexochus* ? sp.，*Dicranoeltis* cf. *polytoma*；

头足类 *Michelinoceras* sp.，*M.*（*Kopaninoceras*）sp.，*Virgoceras* sp.，*Columenoceras* sp.，*Arionoceras* sp.，*Harrisoceras* sp.，*Geisonoceras* sp. 等 >75.00 m

——————整 合——————

下伏地层：**饮水河组** 粉砂岩、深灰色粉砂质板岩夹千枚岩

【地质特征及区域变化】 普尔错群为一套碳酸盐岩一类复理石沉积。出露于日土县多玛区饮水河至兽形湖一带地区，呈条带状分布。1∶100 万日土幅的地质图内泥盆纪地层普遍不整合在下伏老地层之上，该报告记述的日土县多玛区三岔口泥盆纪地层路线剖面图及其引述涉及原雅西尔群与饮水河组呈不整合接触，其间缺失志留系，但在论述志留系时未有任何资料提及志留纪地层与泥盆纪地层的接触关系。另据中国科学院青藏高原综合科学考察队（1984）在《西藏地层》一书中对拉竹龙南山志留纪—泥盆纪地层剖面的分析，以及普尔错群中生物化石的研究，表明志留纪地层与泥盆纪地层之间可能为连续沉积，也可以认为该区很可能只缺失部分晚志留世地层。普尔错群中、上部产三叶虫 *Encrinuroides meitanensis*，*E.* cf. *meitanensis*，*Scotoharpes meitanensis*，*S.* cf. *meitanensis*，*Latiproetus banqiaoensis*，*L.* cf. *tongziensis*，*Cheirurus* sp.，*Ptilillaenus* ? sp.，*Illaenus* sp.；头足类 *Oonoceras* cf. *acinaces*，*Dawsonoceras* sp.，*Harrisoceroides* sp.，?*Yunnanoceras* sp.，*Geisonoceras* cf. *rivale*，*Dolorthoceras* sp.，*Michelinoceras* sp.，*Temperoceras*（*Orthoceras*）*tritonus*，*Arionoceras submoniilform*；腕足类 *Eospirifer* cf. *subradiatus*，*Hindella* sp.，下部产有三叶虫 *Dalmanitina mucronata*，*Tsunyilichas* sp.，*Hammatocnemis* sp.，*H. decorosus*，*Encrinuroides* sp.，*E.* cf. *yanheensis*，*E. yanheensis*；头足类 *Michelinoceras* sp.，*M.*（*Kopaninoceras*）sp. 等化石。综合上述，本书暂将其地质时代置于奥陶纪—志留纪。

此外，在 1∶100 万日土幅报告中引述的日土县多玛区饮水河北岸的中晚奥陶世地层实测剖面中，第 4 层与第 5 层之间是以生物化石分开的，岩性都是结晶灰岩，故本书将第 4 层（本次清理后层型剖面层 11）从原饮水河组中清除并划归普尔错群。又从该剖面的整个构造分析，为一不对称背斜构造，其层 1、层 2 可能分别相当于层 4、层 5—6，因此所谓的原兽形湖组结晶灰岩（层 1、层 2），实为普尔错群的一部分。

第四章
泥盆纪—中三叠世

西藏境内华南地层大区的泥盆纪—中三叠世之岩石地层属于加里东运动之后的第一盖层。有两种主要的沉积类型：一种为温暖的浅海相沉积类型，如日土县北拉竹龙、芒康县海通等地区，主要靠近羌北—昌都地层区的南缘地区分布。岩石组合特征以碳酸盐岩为主。生物化石以产典型的特提斯暖水动物群为特征。在日土县拉竹龙和芒康县海通等地，拉竹龙组和丁宗隆组中产“颠石燕动物群”和“云南贝动物群”等，其中的大量分子与云南东部、广西象州等地中晚泥盆世的主要化石分子都可以进行对比。在改则县的日湾茶卡、类乌齐县的马查拉等地所产“大长身贝动物群”，“贵州珊瑚动物群”等与云南、贵州地区早石炭世的生物群面貌一致。另外，广泛见于羌塘—昌都地区二叠纪的典型暖水生物群有“古纺缍䗴动物群”“新西瓦格䗴动物群”及“伊朗珊瑚动物群”等等；另一种以海陆交互相沉积类型为主，分布于羌塘—昌都地区的中部和东北部，如双湖地区的热觉茶卡，昌都地区的马查拉、妥坝等地。其岩石组合特征以陆相含煤碎屑岩与滨—浅海相的碳酸盐岩和碎屑岩的交互沉积为特征，含典型的华夏植物群，在双湖县西热觉茶卡和昌都妥坝等地，分别在热茶卡组和妥坝组中产大量的“大羽羊齿植物群”（*Gigantopteris nicotianaefolia - Lobatannularia multifolia* 组合），都是华夏植物群的典型分子。

上述动植物群的特征可以说明，至少在泥盆纪至三叠纪这一历史阶段中，羌塘—昌都地区与华南地区是紧密相联的，其间没有被截然分开过。

在这一地史阶段中发育的岩石地层单位有 24 个群组（参见表 4 - 1）。

表 4 - 1　泥盆纪—中三叠世岩石地层单位一览表

华南地层大区					
羌北-昌都地层区					巴颜喀拉地层区
赤布张错地层分区	昌都-察雅地层分区		江达地层分区	若拉岗日地层分区	
硬水泉组	马查拉群：东风岭组	夏牙村组		金沙江蛇绿岩群（因分布局限、未清理，详见《四川省岩石地层》）	巴颜喀拉山群（放在第五章详述）
康鲁组	马查拉群：珊瑚河组				
热觉茶卡组	马查拉群：加卡组	妥坝组	瓦拉寺组		
围山湖组	乌青纳组	交嘎组	普水桥组		
冈玛错组	卓戈洞组	莽错组	马拉松多组		
月牙湖组	丁宗隆组	里查组			
拉竹龙组	海通组	鹜曲组			

拉竹龙组　$D_{2+3}l$　(06-54-0407)

【创名及原始定义】　章炳高、何国雄（1984）根据日土县拉竹龙南山泥盆纪地层剖面创名。剖面共分 7 层，第 2—5 层划归拉竹龙组。岩性分为上、下两部分：上部岩性为灰白色石灰岩，含晚泥盆世珊瑚、腕足类；下部为灰白色石英砂岩与黑色石灰岩互层。其下伏地层（层 1）为肉红色、黄灰色长石石英砂岩被创名为雅西尔群（S_3—D_1）。

【沿革】　西藏区调队（1986）在进行日土幅 1∶100 万区域地质填图工作中，在日土县多玛区双陷大坂、山岔口、月牙湖、日土东北万泉湖等地，均发现了泥盆纪地层露头（参见图 4-1），并测制了地层剖面，亦沿用拉竹龙组一名，代表日土县拉竹龙地区的上泥盆统，指定其岩性以浅灰、灰白色石灰岩为主。同时又重新修订雅西尔群的含义为砂岩夹灰岩。时代归入早中泥盆世。本书沿用这一划分意见。

【现在定义】　指以灰、灰白色灰岩为主的一套地层体。岩性为灰至灰白色中厚层一块状灰岩为主夹少量黑色中厚层灰岩，产珊瑚、腕足类等。其底界平行不整合于普尔错群石英砂岩之上，顶界与月牙湖组深灰色薄层泥灰岩连续沉积。

【层型】　正层型位于日土县拉竹龙南山（E81°31′，N34°51′），由章炳高等 1984 年测制，层序如下：

拉竹龙组　　总厚度＞130 m

7. 灰白色块状灰岩，产珊瑚化石 *Barrandeophyllum* sp.，Hapsiphyllidae。（未见顶）　＞70 m
6. 薄层至中层状黑色灰岩，局部呈暗红色。产丰富的腕足类 *Mesoplica praelonga*，*Whidbornella rugae*，*Ovatia lavicosta*，*Cupulerostrum rutogensis*，*Ptychomaletoechia depressa*，*Composita chitralensis*，*C. jiliyaensis*，*Tenticospirifer vilis*，*T. muchisoniana*　10 m
5. 上部为灰白色块状灰岩，产珊瑚化石 *Phillipsastraea macouni*，下部为灰黑色块状灰岩，产层孔虫 *Actinostroma* sp. 及苔藓虫化石等　50 m

——————— 平行不整合 ———————

下伏地层：**普尔错群**　灰白色石英砂岩　30 m

【地质特征及区域变化】拉竹龙组主要分布于羌塘北部地区日土县拉竹龙、双陷大坂、月牙湖、万泉湖、改则北查桑等地，为一套浅水碳酸盐岩沉积。

在日土县拉竹龙南山，拉竹龙组石灰岩出露厚度 130 m，平行不整合于普尔错群（O—S）顶部的浅、红白色石英砂岩之上。在中上部薄层、中厚层的黑色灰岩中产腕足类 *Mesoplica praelonga*，*Ovatia lavicosta*，*Cupulerostrum rutogensis*，*Tenticospirifer vilis*，*T. muchisoniana* 等。底部产珊瑚 *Phillipsastraea macouni* 等。在帮达错（雅西尔错）东南，拉竹龙组灰岩中还采得 *Peneckiella xizangensis*，*Hexagonaria sedgwicki*，*Cladopora ramosa*，*Coenites* sp. 等。

1986 年，西藏区调队在日土县多玛区双陷大坂剖面，测得拉竹龙组的中—薄层灰岩、生物灰岩，厚度为 245 m，其顶部与月牙湖组黑色泥灰岩整合接触，与下伏地层普尔错群（O—S）的黄褐色石英砂岩为平行不整合接触，拉竹龙组薄层灰岩中产丰富的腕足类 *Tenticospirifer* cf. *vilis*，*Productellana* sp.，*Cyrtospirifer* sp.，*Atrypa* sp.，*Spinatrypa* sp.，*Atrypa douvillii*，*A. shetienchiaoensis*，*Yunnanella* sp.，珊瑚 *Temnophylloides* sp.，*Thamnopora* sp. 等，另外还在日土县万泉河北，改则县北查桑等地，发现中、晚泥盆世的灰岩地层，均含有丰富的

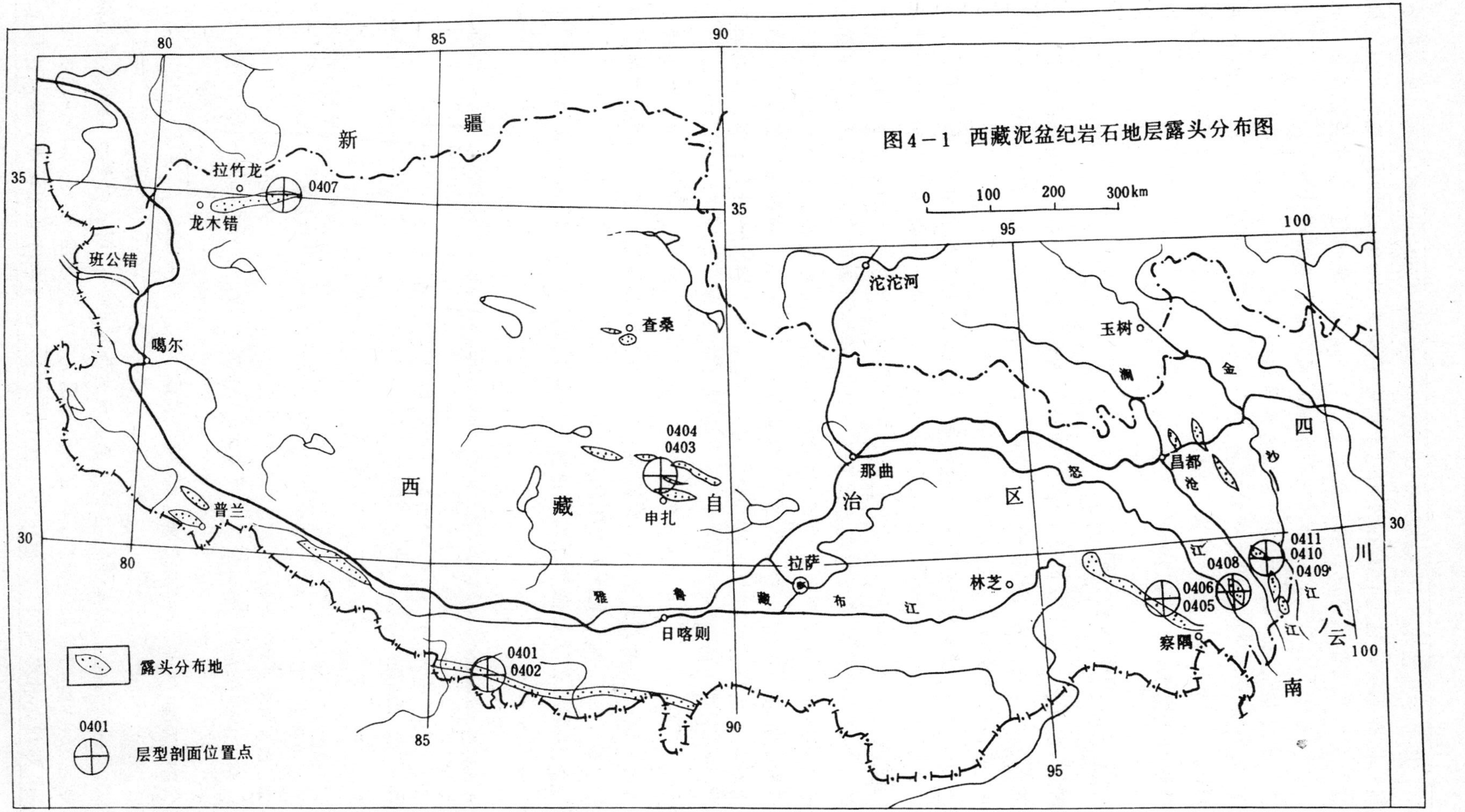

图 4－1 西藏泥盆纪岩石地层露头分布图

珊瑚、腕足类，其中主要的化石：*Yunnanella*，*Cyrtospirifer*，*Tenticospirifer* 等，是我国华南晚泥盆世晚期的标准化石。这些化石在藏东（丁宗隆组和卓戈洞组）及冈底斯地区（查果罗玛组）都有发现，均以底栖的珊瑚、腕足类为主，与华南的“象州型”生物类型及其中的主要分子都可以进行对比，并且可与邻近的帕尔米地区晚泥盆世地层进行对比。

从上述产于拉竹龙南山、双陷大坂、改则查桑等地的珊瑚、腹足类化石的时代分析，拉竹组的地质时代主要为晚泥盆世。在局部地区，如日土县多玛区三岔口，西藏区调队（1986）在拉竹龙组灰岩中采到腕足类 *Reticulariopsis* sp. 等，时代仅限于中泥盆世。故本书将拉竹龙组地质时代置于中、晚泥盆世。

海通组　$D_{1-2}h$　（06－54－0409）

【创名及原始定义】　四川三区测队 1974 年据芒康县海通的泥盆纪地层剖面创名。原义指岩性为深灰色、紫红色碎屑岩夹碳酸盐岩的地层，产腕足类 *Acrospirifer increbescens*，*Indospirifer chui* 等，将时代归属于中泥盆统。

【沿革】　1990 年成都地质矿产研究所饶庆国、张正贵等在江达县觉拥，测制了一个不整合于青泥洞群碎屑岩之上的泥盆纪地层剖面。将泥盆纪早期的碎屑岩地层创名了两个地层单位，海通组和觉拥组。将觉拥组与西欧莱茵地区的西根阶和部分吉丁阶的层位对比。海通组与西欧埃姆斯阶对比，时代均属于早泥盆世早期。1991 年，云南第三地质队胡长寿等在盐井县城东 13 km 的多吉版发现了泥盆纪地层，将含有 *Nowakia* 的碎屑岩段划分为上、下两部分，上部创名为“多吉版组（D_1d）”，下部沿用了“海通组（D_2h）”一名。两组地层总厚度1 185 m。与其下伏志留纪灰岩地层为不整合接触。其上与丁宗隆组灰岩整合接触。本书沿用海通组一名，含义与原始定义大体相当。

【现在定义】　为一套灰、灰紫色碎屑岩为主的地层体。岩性为一套灰、灰紫色含碳质板岩夹砂岩、含砾砂岩、生物碎屑灰岩，含珊瑚、腕足类、竹节石等。其底界与下伏地层青泥洞群平行不整合接触，顶界与上覆地层丁宗隆组整合接触。

【层型】　正层型为芒康县老然区加色顶海通剖面（E98°30′，N29°41′），由四川三区测队 1974 年测制，层序如下：

上覆地层：**丁宗隆组**

2. 白云岩，产腕足类 *Atrypa* sp.，*Athyrisina* sp.；珊瑚 *Pachyfavosites* sp.，*Squameofavosites* sp.，*Spongophyllum* sp.　5 m

——————　整　合　——————

海通组　总厚度 20 m

1. 深灰色含碳板岩（千枚岩）夹砂岩，生物泥质灰岩，底部有扁豆状含砾砂岩，生物泥质灰岩，底部有扁豆状含砾砂岩。泥质灰岩中产腕足类 *Indospirefer*、*Acrospirifer increbescens*，*Athyrisina* cf. *squamosa*；双壳类 *Eoschizodus* ? sp.；三叶虫 *Proetus* sp.　20 m

－－－－－－　平行不整合　－－－－－－

下伏地层：**青泥洞群**　灰紫、灰色石英砂岩夹板岩、页岩

【地质特征及区域变化】　海通组主要分布于江达县觉拥、芒康县海通、盐井县多吉版，南北断续延伸近 300 km 的狭长条带上，其沉积厚度由北向南逐渐增大，在北部江达地区厚度约 100 m，至南部盐井县多吉版，厚度可达 1 100 m 以上。岩石粒度北粗南细，在江达县觉拥

为砾岩、石英砂岩等组成；向南至盐井县多吉版，其岩性为页岩、粉砂岩。在江达县觉拥含有丰富的浅水底栖珊瑚、腹足类，而在南部盐井县多吉版仅含浮游相的竹节石生物化石。反映当时北浅、南深的海水沉积环境。

海通组中的竹节石类 *Nowakia barrandei*，*Styliolina fissurella* 等；腕足类 *Indospirifer*，*Acrospirifer increbescens*，*Atrypa* sp. 等。其地质时代为早、中泥盆世。

丁宗隆组 D_2d （06－54－0410）

【创名及原始定义】 四川三区测队1974年根据芒康县小帮达区丁宗隆泥盆纪地层剖面创名。原义指岩性为一套碳酸盐岩，含腕足类 *Stringocephalus*，代表中泥盆统上部。

【沿革】 创名以后，已为广大地质工作者引用。1993年《西藏地质志》亦引用其名，代表中泥盆统。本书沿用其名。

【现在定义】 指整合于海通组碎屑岩之上与卓戈洞组厚层灰岩之下的一套白云岩、疙瘩状泥灰岩和生物灰岩为主的地层体，含腕足类、珊瑚。与下伏地层海通组顶部的含碳质板岩、粉砂岩易于区别。

【层型】 正层型为芒康县小帮达区丁宗隆、卓戈洞剖面（E98°38′，N29°24′），由四川三区测队1974年测制。其层序如下：

上覆地层：**卓戈洞组**

6. 灰色块状中粒白云岩，含微量碳质，夹有 *Amphipora* 礁状层　62.4 m

——————— 整　合 ———————

丁宗隆组　总厚度 169.91 m

5. 灰色薄层状泥灰岩及黄灰色条带状页岩，产腕足类 *Covinopugnax* sp.，*Desquamata* sp.，*Ambothyris* sp.，*Reticulariopis* sp.，*Emanuella takwanensis*，*Atrypa* sp. 及腹足类、双壳类等　15.60 m

4. 灰色中厚层状灰岩夹泥灰岩，灰岩中含少量燧石结核及条带，并富含生物礁碳层。产腕足类 *Spinatrypa* sp.，*Desquamata* sp.，*Reticulariopsis* sp.，*Ambothyris* sp.，*Buchanathyris* sp.，*Iveratrypa* sp.；珊瑚 *Hexagonaria* cf. *pentagona*，*Grypophyllum* cf. *tenue*，*Temnophyllum* sp. 及腹足类、层孔虫等　45.00 m

3. 泥黄色页岩夹疙瘩状、条带状泥灰岩，下部以泥灰岩为主，底部有时夹灰色碳质页岩，或蓝色页岩。产腕足类 *Atrypa desquamata*，*A. interrupta*，*A. douvillii*，*A. bodini*，*Schizophoria kuetsingensis*，*Crurithyris* sp.，*Emanuella plicata*，*E. takwanensis*，*Desquamata kansuensis*，*D. alpha*，*D. richthofeni*，*Athyris* sp.，*Reticulariopsis* sp.，*Gruenewaldtia* sp.，"*Spinatrypa*" *sinensis*，*Ambocoelia sinensis*；珊瑚 ? *Tabulophyllum* sp.，*Spongophyllum chui*，*Thamnopora cervicornis*，*Alveolites* sp.，*Chaetetes* sp. 及双壳类、腹足类、藻类　49.50 m

2. 灰色块状中粒白云岩，含微量碳质，局部含燧石结核，有 *Amphipora* 礁状夹层。产珊瑚 *Thamnopora* sp.　29.01 m

1. 底部白云岩(原海通剖面，第2层，白云岩)，产腕足类 *Atrypa* sp.；珊瑚 *Pachyfavosites* sp.，*Squameofavosites* sp.，*Spongophyllum* sp. (厚0～5 m)。中部，灰色灰岩，紫红色泥灰岩夹紫灰色中粗粒钙质石英砂岩，泥黄色页岩。上部灰色厚层状灰岩夹少量紫红色泥灰岩。中部产腕足类 *Stringocephalus dorsalis*，*Atrypa* sp.，*A. desquamata*，*A. richthofoni*，*Crurithyris* sp.，*Athyrisina* sp.，*Spinatrypa* sp.；珊瑚 *Caliapora bat-*

tersbyi, *Thamnopora kuznetskiensis*, *T. tumeoforma*, *Crassialveolites* sp. *Grypophyllum* sp. 及层孔虫、腹足类、藻类等　30.80 m

——————— 整　合 ———————

下伏地层：**海通组**　深灰色碳质板岩（千枚岩）夹砂岩，生物泥质灰岩，底部扁豆状含砾砂岩。泥灰岩夹层中产腕足类 *Indospirifer chui* 等

【地质特征及区域变化】　丁宗隆组主要出露于芒康县丁宗隆，贡觉县波洛乡解放村、吉玛龙中，江达县青泥洞乡特奎、觉拥，盐井县多吉版等地。其岩石组合均以白云岩、白云质灰岩、疙瘩状泥灰岩为特征，为一套碳酸盐岩、镁质碳酸盐岩，沉积厚度 160～412 m。其底界与海通组碎屑岩间界线分明，易于识别。顶界与上覆地层卓戈洞组浅灰色厚层灰岩之间的界线，主要区别在于：丁宗隆组以深灰色薄层、含结核白云质、泥质、硅质等不纯的石灰岩为特征，而上覆的卓戈洞组灰岩质地较纯。

丁宗隆组反映一种动荡的浅水碳酸盐岩沉积环境，其上覆地层的卓戈洞组浅灰色厚层灰岩则反映一种相对稳定较深水的沉积环境。

从丁宗隆组中所含腕足类 *Stringocephalus*, *Atrypa douvillii*；珊瑚 *Spongophyllum chii* 等均是我国南方中泥盆世地层中的常见分子，因此丁宗隆组的时代为中泥盆世。

卓戈洞组　$D_3\hat{z}$　(06-54-0411)

【创名及原始定义】　四川三区测队 1974 年创名，建组剖面位于芒康县小帮达区卓戈洞。原义指一套浅灰色灰岩、白云岩的沉积，认为与我国南方佘田桥组相当。

【沿革】　四川三区测队（1974）在创名卓戈洞组的同时，于昌都县妥坝乡乌青纳—羌格泥盆纪灰—深灰色泥灰岩中，采获腕足类、珊瑚化石，主要分子有 *Yunnanella abrupta*，*Y. hsikuangshanensis*，以及 *Tenticospirifer tenticulum*，故又创名“羌格组”，并将其置于卓戈洞组之上。认为“羌格组”代表晚泥盆世晚期的沉积，相当我国南方的锡矿山组。实际上，“羌格组”与卓戈洞组之间没有岩石的突变现象，均为一套灰色灰岩，羌格组的划分仅仅依据生物化石的区别，因此羌格组不是岩石地层单位。本书将其归属现卓戈洞组。

1990 年云南第三地质队在进行芒康—盐井幅 1∶20 万区调填图工作中，在芒康县城北 11 km 的巴岗剖面中，将丁宗隆组薄层泥灰岩、生物碎屑灰岩之上的厚层状灰岩地层统称卓戈洞组。并认为原“羌格组”与卓戈洞组之岩性相近，故“羌格组”未予单独表示。卓戈洞组之上直接为早石炭世的东风岭组覆盖。本书沿用卓戈洞组一名，含义同 1990 年云南第三地质队所称“卓戈洞组”。

【现在定义】　指整覆于丁宗隆组薄层泥质灰岩、疙瘩状灰岩之上的一套青灰色厚层至块状石灰岩、白云质灰岩为主的地层体，产珊瑚、腕足类等。其与上覆地层东风岭组平行不整合接触。

【层型】正层型为芒康县卓戈洞剖面（E98°38′，N29°24′），位于芒康县小帮达区丁宗隆、卓戈洞。由四川三区测队 1974 年测制，层序如下：

上覆地层：**东风岭组**

11. 灰黄色、灰白色细晶白云岩、白云质灰岩、夹白云岩化灰质岩溶角砾岩。产牙形刺 *Neognathodus symmetricus*, *N. bassleri*, *Ozarkodina* sp., *Hindeodella* sp., *Ligonodina* sp., *Lonchodina* sp.　104 m

——————— 平行不整合 ———————

卓戈洞组 总厚度 523.0 m

10. 灰色薄层—中层状灰岩、泥质灰岩，产腕足类 *Tenticospirifer subgortani*, *Cyrtospirifer* sp., *Mesoplica* sp., *Praewaagenoconcha* sp., *Camarotoechia sublivoniciformis* 321.0 m

9. 灰色泥质灰岩夹灰岩或二者互层，顶为白云岩，产腕足类 *Cyrtospirifer sinensis*, *C. pellizzarii*, *Hypothyridina linglingensis*, *H. hunanensis*, *H. triplicata*, *H. plana*, *H. distorta*, *Tenticospirifer tenticulum*, *T. vilis*, *Camarotoechia sublivoniciformis*, *Athyris hudlestoni*, *A. gurdoni*, *Spinatrypa trulla*, *Gypidula* sp., *Desquamata* sp., *Cyrtiopsis shensiensis*, *Productella varians*, *Crurithyris* sp., *Schizophoria* sp.；珊瑚 *Neostringophyllum* cf. *heterophylloides*, *Temnophyllum* sp., *Cladopora gracilis*, *Sinodisphyllum* sp., ? *Disphyllum* sp., *Nalivkinella* cf. *profunda*, *Alveolitella* sp., *Coenites* cf. *fasicicularis* 及腹足类、层孔虫等 86.4 m

8. 浅灰—灰色块状中粒白云岩，含珊瑚及层孔虫礁层 18.4 m

7. 浅灰色薄—中厚层状泥质灰岩夹灰岩及白云质灰岩，层面含泥质条带，产腕足类 *Hypothyridina linglingensis*, *H. plana*, *Atrypa douvillii*, *Gypidula* cf. *planisinosa*, *Schizophoria kuetsingensis*, *Cyrtospirifer* sp., *Leiorhychus* sp. 及腹足类等 34.8 m

6. 灰色块状中粒白云岩，含微量碳质，夹有 *Amphipora* 礁状层 62.4 m

———————— 整　合 ————————

下伏地层：丁宗隆组

5. 灰色薄层状泥灰岩及灰黄色条带状页岩，产腕足类 *Covinopugnax* sp., *Desquamata* sp., *Ambothyris* sp., *Reticulariopis* sp., *Emanuella takwanensis*, *Atrypa* sp. 及腹足类、双壳类等 15.6 m

【地质特征及区域变化】卓戈洞组主要分布于昌都县妥坝乡，江达县青泥洞乡以及芒康县丁宗隆、盐井县多吉版等地。厚度 65～570 m，在江达地区厚度较小，一般 65 m 左右，向南至芒康、盐井一带厚度增大至 570 m。在江达地区卓戈洞组一般以灰岩为主夹泥灰岩，向南至芒康、盐井一带，多含白云岩和白云质灰岩。卓戈洞组灰岩中产丰富的腕足类、珊瑚、层孔虫、牙形刺等，腕足类化石有 *Atrypa richthofeni*, *A. interrupta*, *Cyrtospirifer* spp., *Hypothyridina* spp., *Tenticospirifer* spp.，在昌都县妥坝乡羌格还产 *Yunnanella* spp.；珊瑚化石一般有 *Temnophyllum* sp., *Cladopora gracilis*, *Sinodisphyllum* sp. 等。其时代主要为晚泥盆世。

卓戈洞组的底界与丁宗隆组为整合接触，其划分标志以丁宗隆组深灰色薄层灰岩、泥灰岩、疙瘩状灰岩的结束及卓戈洞组浅灰色厚层状、块状石灰岩的出现为界。

卓戈洞组的顶部与早石炭世灰岩地层之间一般为平行不整合接触关系，在昌都江达青泥洞、芒康县海通、加色顶，盐井县加色弄地区于早石炭世地层东风岭组的底部，有一层白云岩化灰质岩溶角砾岩（云南第三地质队，1990)，且卓戈洞组顶部一般有一层浅灰、灰白或灰黄、灰红色的砂质灰岩、泥灰岩。反映为氧化环境和溶蚀作用。其间可能为卓戈洞组与上覆地层东风岭组的平行不整合分界线标志。

月牙湖组　Cy　(06-54-0517)

【创名及原始定义】　西藏区调队 1987 年创名，创名剖面在日土县拉竹龙东月牙湖。原义指下石炭统下部以深灰色微晶灰岩和泥灰岩为主，局部夹泥页岩。底部与上泥盆统拉竹龙组为连续沉积，岩性上难以划分，以无洞贝类的绝灭，*Unispirifer*、*Syringothyris* 的大量出现作为月牙湖组的底界。厚度 127～1 150 m。

【沿革】 1983 年谢义木等在改则县鲁谷北日湾茶卡将一套下石炭统上部的灰岩夹碎屑岩的地层命名为日湾茶卡组。1987 年西藏区调队将双陷大坂—月牙湖一带的石炭系划分为下石炭统下部月牙湖组，其上部称双陷大坂组，以及上石炭统恰提尔群三个地层单位。月牙湖组与双陷大坂组都是灰岩，其间无岩性突变界线。恰提尔群底部亦为连续沉积的灰岩。

本书认为月牙湖组与双陷大坂组之间不应分开，月牙湖组应扩大含义包括双陷大坂组和其上的恰提尔群底部灰岩，两者均为石灰岩地层。而与日湾茶卡组间为渐变过渡。

【现在定义】 为拉竹龙组灰岩与冈玛错组碎屑岩之间的一套深灰色薄层状灰岩、泥灰岩夹碎屑岩的地层。岩性以深灰—灰黑色灰岩、泥灰岩为主，夹钙质页岩，粉砂岩。含珊瑚、腕足类。底部以泥灰岩与下伏地层拉竹龙组浅灰色微晶灰岩整合接触，顶部以灰岩与上覆地层冈玛错组砂岩整合接触。

【层型】 正层型为日土县多玛区双陷大坂剖面（E82°02′，N35°02′），位于多玛区拉竹龙村东 65 km 双陷大坂东侧，月牙湖西北。由西藏区调队 1986 年测制（见：1987，1∶100 万日土幅地质报告），层序如下：

上覆地层：冈玛错组

26. 浅灰色中层状石英砂岩

——————— 整　合 ———————

月牙湖组　　总厚度 326.72 m

25. 灰黄色中薄层状灰岩夹砂质条带状灰岩　　45.12 m
24. 灰黄色中薄层状灰岩　　46.34 m
23. 灰色薄层状鲕粒灰岩　　39.33 m
22. 深灰色薄层状灰岩。含腕足类 *Unispirifer* sp.　　21.45 m
21. 深灰色薄层状含生物灰岩夹泥灰岩。富含腕足类 *Finospirifer* sp.，*Yanguania* ? sp.，*Unispirifer* sp.，*Fluctuaria* sp.，*Cleiothyridina* cf. *submabranacea*，*Punctospirifer* sp.，*Dictyoclostus* sp.，*Camarotoechia* sp.，*Spirifer* sp.；珊瑚 *Siphonophyllia* sp.，*Caninia* sp.，*Zaphrentites subcarruthersi*，*Z.* sp.，*Yuanophyllum kansuense*，*Neozaphrentites* sp.，*Bradyphyllum* sp.，*Parahumboldtia* sp. 等　　47.07 m
20. 深灰色薄层状含生物泥灰岩夹微晶灰岩；含腕足类 *Tenticospirifer* sp.，*Cleiothyridina* cf. *submabranacea*，*Composita* cf. *ovata*，*C.* cf. *globosa*，*Schizophoria* cf. *resupinata*，*Spirifer* cf. *russiensis*，*Eochoristites* cf. *elongata*，*Camarotoechia* sp.，*Yanguania* ? sp.，*Syringothyris* cf. *texta* 及 *Fusella* sp. 等　　95.06 m
19. 深灰色薄层状泥灰岩与微晶灰岩互层，产腕足类 *Syringothyris altaica*，*Spirifer* sp.，*Plicochonetes* sp.，*Unispirifer* sp. 及珊瑚 *Cyclochaetetes* sp.　　32.35 m

——————— 整　合 ———————

下伏地层：拉竹龙组

18. 灰黄色中薄层状生物碎屑泥灰岩夹微晶灰岩

【地质特征及区域变化】月牙湖组为正常浅海沉积，由西向东泥、砂质增加，地层厚度亦加大。在双陷大坂为泥灰岩夹灰岩、生物灰岩，厚度 326.52～814.4 m。至月牙湖附近为生物灰岩、泥灰岩间夹钙质页岩、页岩、钙质粉砂岩、粉砂岩。未见顶、底。厚度大于 1 150 m。

向东至日湾茶卡以泥质灰岩为主夹砂质灰岩、页岩、粉砂岩、石英砂岩，上部泥质灰岩与砂页岩呈不等厚互层，未出露底界，厚度大于417 m。在日湾茶卡东山碎屑岩几乎占整个地层厚度的1/2，且夹较多复成分砾岩，含砾粗砂岩，灰岩与碎屑岩呈不等厚互层状，有时各种粒级的碎屑岩组成韵律。未见顶、底。厚度大于1 446 m。

月牙湖组化石丰富，以大型珊瑚、大型腕足类为主，少量双壳类等。据其中的*Yuanophyllum*，*Kueichouphyllum*，*Gigantoproductus*，*Unispirifer* 等，地质时代为早石炭世。

日湾茶卡剖面顶部致密灰岩中产晚石炭世早期群体珊瑚*Campophyllum kiaeri*。月牙湖组地质时代应为早石炭世—晚石炭世早期。从日土县多玛区双陷大坂至改则县日湾茶卡，由西向东，月牙湖组这套地层体具有穿时性。

乌青纳组　C_1w　(06－54－0519)

【创名及原始定义】　四川三区测队1974年创名于昌都县妥坝。原义为一套灰—灰黑色厚层块状灰岩、不纯灰岩，厚度576.9 m。其下与上泥盆统原羌格组整合接触。

【沿革】　1974年四川三区测队的划分是以生物化石为依据，顶底分界的岩石特征均不明显。1982年四川区调队李宗海将底界下移，重新定义：乌青纳组岩性为灰黑色厚层—块状灰岩夹泥质、砂质灰岩，上部个别层含燧石条带，并间夹泥质层；底部为浅灰、灰红色结晶灰岩，作为与晚泥盆世地层的分界标志。但仍将顶部浅灰—灰黑色薄—厚层状灰岩划归马查拉组。以至顶界仍无划分标志。范影年1988年在原测剖面的基础上根据生物化石将其划分为乌青纳下亚组，乌青纳上亚组；1990年四川区调队根据生物化石将乌青纳组顶界下移至原剖面第八层顶部。1992年四川区调队文沛然，又将该组地层顶界上移至原剖面顶部灰岩之上，并根据其中生物化石又划分为上、中、下三段。经本次对比研究沿用乌青纳组一名，含义同原始定义。

【现在定义】　为一套连续沉积于卓戈洞组之上的碳酸盐岩，岩性以深灰—黑色厚层至块状，含燧石条带灰岩为主夹泥质灰岩。上未见顶。

【层型】　正层型为昌都县妥坝乡乌青纳剖面(E97°30′，N31°20′)，由四川三区测队1974年测制，资料载于《川西藏东地层与古生物》。1992年文沛然在《怒江-澜沧江-金沙江区域地层》一书中才将该剖面顶部资料补充完整。其层序如下：

乌青纳组　　总厚度＞853.4 m

10. 浅灰、灰黑色薄—厚层状致密灰岩，击之甚臭，产珊瑚*Syringopora gracilis*；腕足类*Productella* sp.，?*Plicatifera lenistriata* 等。(未见顶)　＞43.6 m

9. 灰黑色中—厚层状灰岩。含珊瑚*Syringopora hardeyi*，"*Zaphrentoides*" sp. 及双壳类　77.0 m

8. 灰黑色中层—块状灰岩，含燧石条带。含珊瑚*Kueichowpora* cf. *tushanensis*，*Chia* sp.，*Syringopora* ?sp.，*Multithecopora* sp.，?*Keyserlingophyllum* sp.；腕足类*Eochoristites* sp.，*Schuchertella* sp.，*Eliva* sp.；腹足类*Naticopsis* sp.　88.6 m

7. 黑色厚层块状灰岩，层间夹有泥质层，含珊瑚*Chia cystosa*，*Syringopora geniculata*，*Cystophrentis kolaoensis*，*C.* cf. *flabelliformis*，*Bifossularia* sp.，*Kueichowpora* sp.；腕足类*Waagenoconcha kiangsuensis*，等　133.5 m

6. 灰色块状致密灰岩，夹黑色厚层状泥质灰岩。含珊瑚*Cystophrentis* sp.，*C.* cf. *kolaohoensis*，*Chia* sp.，*Syringopora geniculata*，*Diphyphyllum* sp.，*Paralithostrotion* sp.，*Bifossularia* sp.，*Pseudobradyphyllum* sp.，"*Zaphrentis*" sp.　156.4 m

5. 灰黑色块状致密灰岩。含珊瑚 *Kueichowpora* sp.，*Tabulophyllum* sp.，*Stelechophyllum* sp.，*S. ascendens*，*Caninia wuqingnaensis*，*Siphonophyllia* sp. 及腕足类等　61.5 m

4. 灰黑色薄层—中厚层状泥质砂质灰岩。含珊瑚 *Zaphrentoides* sp.　50.9 m

3. 灰黑色、黑色厚层状致密灰岩。含珊瑚 *Cystophrentis*? sp.，*Zaphriphyllum stereoseptatum*，*Paralithostrotion* sp.，*Diphyphyllum tuobaense*，*Bifossularia* sp.，*Syringopora* sp.；腕足类 *Tenticospirifer* sp.　94.8 m

2. 深灰色块状不纯灰岩。含珊瑚 *Kwangsiphyllum simplex*，cf. *Caninia* sp.，*Zaphrentites parallelus*，*Z. stereoseptata*；腕足类 *Athyris* sp.，*Cyrtospirifer* sp.，*Tenticospirifer* sp.，*T. tenticulum*，*T. subhayasakai*，*Chonetes* sp.，*Productella* sp.　147.1 m

——————— 整　合 ———————

下伏地层：**卓戈洞组**

1. 浅灰、灰红色结晶灰岩。含珊瑚 *Caninia* sp.；腕足类 *Cyrtina* sp.，*Productella* sp.，*Cyrtospirifer* sp.，*Tenticospirifer* sp. 及苔藓虫　57.6 m

【地质特征及区域变化】　本组仅出露于妥坝附近，分布极为局限。均为一套厚层—块状致密灰岩，其中生物化石丰富，厚度大于853.40 m。根据珊瑚化石 *Cystophrentis*，*Caninia*，*Productus* 等，其时代暂置于早石炭世。底界以乌青纳组的黑色—深灰色厚层块状致密灰岩为特征，与下伏地层卓戈洞组的浅灰、灰红色结晶灰岩相区别。

马查拉群　C_1M　(06-54-0520)

【创名及原始含义】　四川三区测队于1974年在类乌齐马查拉煤矿创名的马查拉组演变而来。原义包括两个岩性段：下部含煤碎屑岩段，上部灰岩段。

【沿革】　1955年中国科学院西藏工作队地质组李璞等在左贡以东、澜沧江以西的加卡发现一套灰岩、碎屑岩夹煤层的石炭纪地层，创名为“加卡系”，无剖面资料，亦未做详细的划分。1979年西藏地质局综合地质普查大队（以下简称西藏综合队）在丁青西北拉龙贡一带将该套地层创名为自家浦群，亦划分为下部含煤碎屑岩段和上部灰岩段。1988年范影年引用西藏第一地质队（1971年内刊资料）命名的珊瑚河组和东风岭组，分别取代下部含煤碎屑岩段和上部灰岩段，并取消原马查拉组。1990年四川区调队在类乌齐县贺日村附近发现该套含煤碎屑岩之下有一段不纯灰岩夹页岩的地层，仍将其归入马查拉组下段。1992年文沛然将珊瑚河组仍称马查拉组，且自下而上划分为四个岩性段：翁多段、自家浦段、珊瑚河段、矶堆坡段。将加卡一带的含煤碎屑岩之下的一套不纯灰岩夹碎屑岩更名为加卡组。本次研究对比后，使用马查拉群一名，包括加卡组、珊瑚河组和东风岭组。

【现在定义】　包含三个组级岩石地层单位，自下而上为：加卡组、珊瑚河组、东风岭组。

加卡组　C_1j　(06-54-0521)

【创名及原始定义】　中国科学院西藏工作队地质组李璞1955年创名的“加卡系”演变而来。原义包括下石炭统不纯灰岩及其以上的含煤碎屑岩和上石炭统泥质灰岩夹页岩。但未指定层型。

【沿革】　1992年文沛然等修订加卡组的含义为：加卡组代表下石炭统上部最低层位，含 *Eochoristites*—*Gigantoproductus* 的海相灰岩、碎屑岩。本书沿引其名，并确定以上覆珊瑚河组含煤碎屑岩底部的含砾石英砂岩的出现或以加卡组黑色厚层灰岩的结束为两组地层的分界标志。底部出露不明。

【现在定义】 指整合于珊瑚河组含煤碎屑之下的一套杂色不纯灰岩夹碎屑岩。岩性为泥质灰岩、砂屑生物碎屑灰岩、角砾状灰岩、微晶灰岩、硅质条带灰岩、夹页岩（泥岩）、石英砂岩。含特提斯型海相化石珊瑚、腕足类和䗴类等。下未见底，与上覆地层珊瑚河组以厚层泥质灰岩的结束为顶界。

【层型】 选层型为左贡县加卡剖面（E98°11′，N29°41′），位于左贡县澜沧江之西的加卡。由四川三区测队 1974 年测制，层序如下：

上覆地层：珊瑚河组

9. 灰黄色含砾石英砂岩、石英砂岩夹灰黑色泥质灰岩；底部为泥质页岩夹扁豆状泥质灰岩。产珊瑚 *Yuanophyllum kansuense*、*Arachnolasma sinense* 等 71 m

——————— 整　合 ———————

加卡组 总厚度＞194 m

8. 灰黑色厚层含碳泥质灰岩，产腕足类 *Eochoristites* sp.，*Rhipidomella* sp.，*Schizophoria* sp.，? *Striatifera* sp. 16 m

7. 灰黑色块状灰岩。产腕足类 *Eochoristites* sp.，*Athyris* sp.，*Avonia* sp.，*Dictyoclostus* sp.，*Striatifera* sp.；苔藓虫 *Stenodiscus* sp.，并在附近的路线采得 *Tabulipora subtilata*、*Rhombopora zogangensis* 等 21 m

6. 灰红色块状结晶灰岩及角砾灰岩，夹紫红色泥质灰岩。产腕足类 *Athyris* sp.、*Neospirifer* sp. 等 50 m

5. 青灰色中、厚层灰岩夹薄层泥质岩。产腕足类 *Eochoristites* sp.，*Gigantoproductus* sp.；珊瑚 *Carcinophyllum* sp. 等 19 m

4. 灰红色块状结晶灰岩，含生物碎屑 13 m

3. 青灰色块层状生物灰岩，产珊瑚 *Diphyphyllum convexum*、*D.* cf. *multicystatum*、*D.* cf. *platiforme*、*D.* cf. *hochangpingense* 及海百合茎等 30 m

2. 肉红色块层状结晶灰岩。产珊瑚 *Diphyphyllum multicystatum*、*Carcinophyllum chii* 等 15 m

1. 灰绿色中一粗粒石英砂岩，含白云母片，层理清楚，局部有层纹构造。（未见底） 30 m

【地质特征及区域变化】 加卡组分布局限，仅出露于类乌齐县贺日村和左贡县加卡两地，均位于澜沧江西岸。其岩性及出露厚度变化不大。在加卡地区其下部见较多石英砂岩；其上部泥质灰岩与结晶灰岩呈不等厚互层、夹生物灰岩、角砾灰岩，厚度大于 214 m。在贺日村一带灰岩中含大量的砂屑，其下部夹硅质条带和团块。上部夹砂、页岩、角砾状灰岩。厚度大于 341 m。

加卡组内化石丰富，主要为珊瑚、腕足类、少量苔藓虫、双壳类。根据 *Eochoristites*，*Striatifera* 定其时代为早石炭世晚期。

珊瑚河组 $C_1\hat{s}$ （06-54-0522）

【创名及原始定义】 西藏第一地质队 1971 年于类乌齐县马查拉煤矿附近珊瑚河创名，范影年 1988 年发表。岩性以碎屑岩为主，产有工业价值的煤矿和菱铁矿层，产腕足类 *Antiquatonia antiquata* 及珊瑚 *Aspidophyllum* 等化石为特征。

【沿革】 本书沿用珊瑚河组一名，含义同原始定义。

【现在定义】 主要指整合于下伏地层加卡组不纯灰岩与上覆地层东风岭组厚层灰岩之间

的一套灰色含煤碎屑岩。岩性以灰至灰黑色薄至中厚层石英砂岩、泥质砂岩、砂质页岩及页岩为主夹煤层。含珊瑚、腕足类及植物化石等。

【层型】 创名时未指定层型剖面，选层型为昌都类乌齐剖面（E96°44′，N31°24′），位于类乌齐县城东约20 km。由成都地质矿产研究所范影年等（1981）测制，层序如下：

上覆地层：东风岭组

5. 灰色厚层状致密灰岩，结晶灰岩夹薄层致密灰岩，产珊瑚、腕足类化石 64.0 m

——————— 整 合 ———————

珊瑚河组 总厚度＞914.7 m

4. 灰黑色泥、砂质薄层灰岩，石英砂岩，泥质砂岩，砂质页岩及页岩，产腕足类、珊瑚化石。腕足类 *Gigantoproductus* sp.，*Echinoconchus elegans*，*Antiquatonia antiquata*，*A. serenensis*；珊瑚 *Syringopora* sp. 447.4 m

3. 灰黑色薄—中厚层状石英砂岩，碳质、泥质含菱铁矿砂岩夹碳质、砂质页岩。产腕足类 *Antiquatonia antiquata* 93.3 m

2. 灰黑色碳质、砂质页岩，泥质、碳质砂岩与石英砂岩互层，夹碳质页岩、煤层（无烟煤），产腕足类、珊瑚化石。腕足类 *Antiquatonia antiquata*，*Punctospirifer malevkensis*，*Schellwienella burlingtonensis*；珊瑚 *Aspidophyllum* sp. 225.0 m

1. 灰黄、灰黑色中—厚层状石英砂岩夹碳质、砂质页岩，钙质砂岩及泥、砂质灰岩，产珊瑚、苔藓虫化石。珊瑚 *Syringopora* sp.；苔藓虫 *Fenestella* sp.。（未见底） ＞149.0 m

【地质特征及区域变化】 珊瑚河组在本区西北部丁青县拉龙贡一带呈大面积出露，并向北延至青海省境内，向东南至类乌齐县马查拉—左贡县曲登的狭长的弧形地带断续分布，为一套海陆交互相含煤沉积。主要岩性为石英砂岩、长石石英砂岩、粉砂岩、砂质页岩、泥岩，夹薄层泥、砂质灰岩、钙质砂岩、碳质页岩。含多层可采煤层（无烟煤）及菱铁矿结核。在左贡县加卡剖面可见本组与下伏加卡组整合接触。在江达县青泥洞索如有零星出露，其岩性无明显变化。组内化石丰富，除植物、珊瑚外，尚有大量的腕足类、苔藓虫及少量腹足类、三叶虫等。以植物 *Lepidodendron*，*Sphenopteris*；珊瑚 *Kueichouphyllum*，*Yuanophyllum* 等，确定其时代为早石炭世晚期。

沿昌都陆块西部边缘地带有工业煤层产出，自北而南计有自家浦、吉拉、马查拉、金多、加卡、曲登等多处煤矿区（点）。除局部为贫煤外，都是无烟煤。其特点是煤层薄，层数多，稳定性差，常在短距离内煤层厚度由几米变至几厘米。

东风岭组 C_1d (06－54－0523)

【创名及原始定义】 西藏第一地质队1971年创名，范影年1988年发表。创名剖面位于类乌齐县马查拉煤矿附近东风岭。岩性主要为灰岩，上部含硅质条带或结核，产丰富的皱纹珊瑚等化石。地质时代归为早石炭世。

【沿革】 本书沿用东风岭组一名，含义同原始定义。

【现在定义】 指整合于珊瑚河组含煤碎屑岩之上与骛曲组纯灰岩之下的一套含白云质和燧石条带或结核灰岩的地层体。产珊瑚、腕足类。

【层型】 创名时未指定层型，选层型为昌都类乌齐剖面（E96°45′，N31°23′），位于类乌齐县城东约20 km。由成都地质矿产研究所范影年等（1981）测制，层序如下：

上覆地层：鹜曲组

16. 深灰色—灰黑色中厚层—厚层状含薄层（10～15 cm）燧石的致密灰岩，灰岩中产小型的腕足类化石 22.0 m

——————— 整　合 ———————

东风岭组 总厚度 342.4 m

15. 灰色块状含燧石结核的致密灰岩与深灰色含燧石结核的结晶灰岩互层，在灰岩中产单体珊瑚化石 *Arachnolasma* sp. 30.0 m

14. 灰色块状致密灰岩，层间含泥质较多，下部具豆状构造和斑点状方解石，产苔藓虫、珊瑚化石。珊瑚 *Arachnolasma* sp. 10.4 m

13. 灰色厚层状致密灰岩，层间夹黄色泥质灰岩 19.2 m

12. 灰色，深灰色块状致密灰岩，细晶质略含泥质的灰岩，富产珊瑚 *Melanophyllum mazhalanense*，*Palaeosmilia* sp.，*Lithostrotion rossicum*，*Arachnolasma mazhalanense*，*Amygdalophyllum mazhalanense* 7.4 m

11. 深灰色中厚层状含燧石结核的致密灰岩，有时灰岩略显细晶质层理清楚，富含珊瑚 *Majiaobaphyllum yanyuanense*，*Carcinophyllum* sp.，*Melanophyllum mazhalanense*，*Melanophyllum* sp.，*Rylatonia* sp.，*Palaeosmilia* sp. 21.0 m

10. 浅灰色厚层状致密灰岩，含泥质及白云质，产丰富的腕足类、珊瑚等化石。珊瑚 *Carcinophyllum* sp. 46.0 m

9. 灰色中厚层—厚层状，含燧石结核的致密灰岩、细晶质灰岩，层理清楚。产丰富的珊瑚 *Arachnolasma sinense*，*Amygdalophyllum minor*，*A. mazhalanense*，*Diphyphyllum* sp. 15.4 m

8. 灰色—深灰色中厚层—厚层状致密灰岩、细晶灰岩，底部约有 20～30 cm 厚的硬石膏，呈凸镜状，沿层分布 20.0 m

7. 浅灰色中厚层—厚层状含白云质灰岩及细晶灰岩，局部有少量燧石结核，富含腕足类、珊瑚等化石。珊瑚 *Arachnolasma ssinense* ，*Lophophylloides* sp. 45.0 m

6. 灰色中厚层—厚层状致密灰岩与深灰色含泥质灰岩互层，在泥质灰岩中腕足类、珊瑚化石较多。珊瑚 *Yuanophyllum kensuense* ，*Arachnolasma irregulare* ，*A. sinense* ，*Kueichouphyllum sinense*，*K. heishihkuanense*，*Dibunophyllum arachnoformis* ，*Palaeosmilia* sp. 64.0 m

5. 灰色厚层状致密灰岩，结晶灰岩夹薄层致密灰岩，产腕足类、珊瑚化石。珊瑚 *Lonsdaleia singularis*，*Lithostrotion rossicum*，*Palaeosmilia* sp.；腕足类 *Gigantoproductus* sp.，*Striatifera striata* 64.0 m

——————— 整　合 ———————

下伏地层：珊瑚河组

4. 灰黑色泥、砂质薄层灰岩及石英砂岩、泥质砂岩、砂质页岩及页岩

【地质特征及区域变化】　东风岭组分布于自家浦、马查拉、青泥洞、芒康县岗巴等地呈小面积出露。类乌齐一带，东风岭组为致密灰岩夹含泥质灰岩，上部含燧石结核，层间夹泥质，中部常含白云质，夹一层厚度为 20～30 cm 的凸镜状硬石膏。厚度为 487.4～724 m。向西至拉龙贡、自家浦一带为致密灰岩，出露不全。东部，在江达县青泥洞一带碎屑含量有所增加，为灰岩、泥灰岩夹泥岩、砂质页岩、钙质粉砂岩、细砂岩。厚度 415 m。底部以土黄色钙质页岩夹薄层灰岩与卓戈洞组介壳灰岩平行不整合接触。顶部以薄层灰岩夹粉砂质泥岩与里查组砂岩、细砾岩平行不整合接触。向南，在芒康县小帮达地区以白云岩、白云质灰岩为

主夹灰岩。厚度62.8～296 m。底部白云岩与卓戈洞组泥质灰岩平行不整合接触，顶部白云岩与骜曲组底部硅质岩或厚层细粒灰岩整合接触。

东风岭组内化石丰富，除产大量的珊瑚、腕足类外，尚有少量䗴类。据其中*Yuanophyllum*，*Kueichouphyllum*，*Gigantoproductus*确定其时代为早石炭世晚期。

冈玛错组 C_2g (06-54-0518)

【创名及原始定义】 西藏区调队1986年于改则县察布区鲁谷北冈玛错创名。原义指上部岩性为黄灰色、黄褐色薄至中厚层状细砂岩、含砾砂岩、粉砂岩及钙质粉砂岩不等厚互层，夹黄褐色、黄灰色泥质、砂质灰岩；下部为灰色、绿灰色页岩及粉砂岩，夹黄绿色薄层粉砂岩、钙质粉砂岩、砂质灰岩。后者产珊瑚，时代为晚石炭世（包括马平期和威宁期。未实测剖面）。

【沿革】 1987年西藏区调队将别良耶夫斯基1946年在新疆叶尔羌河上游建立的中—上石炭统恰提尔群引入双陷大坂—月牙湖地区，用以代表该地的晚石炭世地层。但恰提尔群原为一套含䗴类的纯灰岩，而月牙湖—双陷大坂一带原双陷大坂组之上为一套石英砂岩，二者截然不同，不能引用。范影年1988年将日湾茶卡含晚石炭世早期群体珊瑚的灰岩及其以上的碎屑岩命名为中石炭统塔里来组。与冈玛错组实为同物异名体。本书沿用冈玛错组。

【现在定义】 指整合于月牙湖组之上的一套碎屑岩。岩性为浅灰—黄灰色石英砂岩、长石石英砂岩、灰绿色粉砂岩夹灰岩薄层或凸镜体，产珊瑚。底部以石英砂岩与月牙湖组灰岩分界，上未见顶。

【层型】 选层型为改则县日湾茶卡剖面（E88°27′，N33°51′），由成都地质矿产研究所范影年等1982年测于改则县鲁谷东北72 km的日湾茶卡，剖面层序如下：

冈玛错组　　总厚度>75.1 m

20. 灰绿色粉砂岩夹灰色薄层（单层厚10～20 cm）泥质、砂质灰岩凸镜体（长20 cm），含少量腕足类化石。（未见顶）　　>18.3 m
19. 浅灰色、灰绿色中厚层（单层厚20～30 cm）石英细砂岩，粒度均匀，层理清楚　　7.4 m
18. 灰绿色薄层状粉砂岩夹细砂岩，砂岩粒度均匀。偶夹薄层泥质灰岩，含少量腕足类化石 *Phricodothyris ovata*　　34.0 m
17. 灰绿色薄层—中厚层中粒、粗粒石英砂岩，夹薄层灰岩；底部具厚约30 cm的砾、砂岩凸镜体　　15.4 m

———— 整　合 ————

下伏地层：月牙湖组

16. 灰色—浅灰色中厚层状致密灰岩，具大量方解石脉，灰岩中有燧石结核，局部含白云质成分。化石稀少，产群体珊瑚 *Campophyllum kiaeri*　　74.0 m

【地质特征及区域变化】 冈玛错组出露不全，区域上变化不大，在双陷大坂一带岩性为浅灰色中厚层石英砂岩，厚度70～182 m。在日湾茶卡岩性为灰绿色石英砂岩夹粉砂岩和砂泥质灰岩薄层或凸镜体，厚度大于149 m。产少量的腕足类、珊瑚化石，根据*Phricodothyris ovata*等，确定其地质时代为晚石炭世。

骜曲组 C_2aq (06-54-0524)

【创名及原始定义】 四川三区测队1974年于芒康县交嘎乡骜曲创名。原义指一套灰、浅灰色、灰白色中—厚层状灰岩、生物介壳灰岩，部分含燧石结核和条带，厚度 55.5 m。顶部与上石炭统里查群平行不整合接触，底部与下石炭统马查拉组整合接触。因产 *Fusulinella*，*Pseudostaffella* 当属中石炭统而与黄龙群相当。

【沿革】 1987 年四川区调队将鹜曲群更名为鹜曲组。1992 年四川区调队文沛然根据䗴类化石将鹜曲组划分为上、下两段。本书沿用鹜曲组，含义与原始定义相当。

【现在定义】 指夹持于东风岭组与里查组之间的一套浅灰色灰岩。岩性为灰、浅灰色、灰白色中—厚层状灰岩、生物介壳灰岩，局部含燧石结核或条带。产丰富的䗴。底部以硅质岩与下伏地层东风岭组整合接触，顶部与上覆地层里查组底部紫红色、灰黑色页岩或紫红色砂砾岩平行不整合接触。

【层型】 正层型为西藏芒康县小帮达区鹜曲剖面（E98°40′，N29°34′），位于芒康县 150°方向约 20 km 的鹜曲。由四川三区测队 1974 年测制，层序如下：

上覆地层：里查组

12. 紫红色页岩夹浅青灰色疙瘩状泥质灰岩，灰岩产䗴类 *Rugosofusulina praeviaegregia* 2.3 m

——————— 平行不整合 ———————

鹜曲组 总厚度 63.5 m

11. 微绿色、灰色中至厚层微粒灰岩，具角砾结构，并含燧石结核。产䗴类 *Ozawainella tingi*，*Fusulinella* ex gr. *bocki*，*Pseudostaffella* sp.，*Pseudoendothyra* sp.；双壳类 *Aviculopecten interlineatus*；珊瑚 *Yuanophylloides* sp. 0.4 m
10. 灰色中—块状微晶灰岩 5.2 m
9. 浅灰色薄层生物介壳灰岩，产䗴类 *Fusulinella obesa*，*F. vozhgalensis*，*Fusulina schellwieni*；腕足类 *Phricodothyris asiatica*，*Dictyoclstus yohi*，*Enteletoides* sp.，*Avonia* sp.，*Purdonella* sp.，*Punctospirifer* sp.；珊瑚 *Kinkaidia* sp. 等 3.0 m
8. 灰色中—薄层含燧石条带状微粒灰岩 1.6 m
7. 灰白色厚层生物介壳灰岩，产䗴类 *Schubertella* ex gr. *pseudoglobulosa*，*Pseudostaffella sphaeroidea*；腕足类 *Goniophoria carinata*，*Echinoconchus punctatus*，*Eomarginifera sinensis*，*Wellerella* sp.，*Plicatifera* sp.，*Muirwoodia* sp.，*Fluctuaria* sp.，*Uncinunellina* sp.，*Brachythyrina* sp.；珊瑚 *Tachylasma* sp.，*Calophyllum* sp.；腹足类 *Angyomphalus* sp. 及海百合茎等 2.3 m
6. 灰色薄层状微粒灰岩 0.5 m
5. 灰白色厚层生物介壳灰岩，产䗴类 *Fusulinella obesa*，*F. vozhgalensis*；腕足类 *Plicatifera chaoi*，*Kueichouspirifer* sp.，*Phricodothyris* sp.，*Buxtonia* sp.，*Krotovia* sp.，*Goniophoria* sp.，*Chonetes* sp.，*Fluctuaria* sp.，*Martinia* sp.，*Dictyoclostus* sp.，*Enteletoides* sp.；苔藓虫 *Ascopora florata*，*Polypora gzhelensis*，*Dyscritella* sp.；珊瑚 *Calophyllum marbkaniense*，*Stereostylus* sp.，*Lophophyllum* sp.，*Lophophyllidium* sp.，*Kinkaidia* sp.，*Tachylasma* sp.；三叶虫 *Kaskia* sp. 等 1.0 m
4. 灰色中—厚层微粒灰岩，含黑色燧石结核、条带和似层状扁豆体，产䗴类 *Fusulinella vozhgalensis*，*Pseudostaffella sphaeroidea cuboides*，*Profusulinella pseudoljutovica* 12.3 m
3. 浅灰色厚层含菱铁矿—白云石生物介壳灰岩，富产䗴类 *Profusulinella eolibrovitchi*；腕足类 *Echinoconchus elegans*，*Eomarginifera* sp.，*Avonia* sp.，*Cleiothyridina* sp.；腹足类 *Platyceras* sp. 等 2.7 m
2. 灰—深灰色中—厚层状微粒灰岩，含不规则燧石结核和条带。在下部夹 4 层，上部夹 1 层灰色中厚层生物灰岩。富产䗴类 *Pseudostaffella larionovae*，*P. sphaeroidea*

cuboides, *Schubertella* ex gr. *pseudoglobulosa* 等　27.1 m

1. 浅灰—灰白色厚层玉髓硅质岩　7.4 m

———— 整　合 ————

下伏地层：**东风岭组**　白云岩

【地质特征及区域变化】　骜曲组分布较广，在类乌齐县马查拉，江达县青泥洞索如—巴纳，芒康县小帮达等地小面积出露，贡觉县宗布附近有零星分布。岩性、厚度变化不大，南段灰岩色浅质纯，北段色调稍深，并含砂、泥质。厚度一般 57～100 m，马查拉最厚达 396 m。在芒康县小帮达区骜曲，上为灰—灰白色中—薄层生物介壳灰岩，微粒灰岩，夹含燧石结核或条带灰岩，下部燧石增多为夹层。底部为厚 1.3～7.4 m 的硅质岩，与东风岭组白云岩整合接触，廓龙嘎、索贡坡底部未见硅质岩，以含燧石条带灰岩或灰岩与东风岭组白云岩整合接触，厚度 99.6 m。在马查拉为灰—灰黑色，近底部为砂质灰岩，底部厚 25.6 m 的硅质岩中夹紫红色粉砂岩，与东风岭组顶部的灰岩夹白云质灰岩整合接触，厚度 396 m。在索如为灰—深灰色微晶灰岩，下部夹石英砂岩，底部未见硅质岩，厚度 72.77 m。

骜曲组内化石丰富，主要为䗴、珊瑚、腕足类，少量苔藓虫、有孔虫等。以产䗴类 *Fusulinella* - *Fusulina* 带确定其时代为晚石炭世早期。

里查组　$C_2l\hat{c}$　(06-54-0525)

【创名及原始定义】　1974 年四川三区测队将马查拉剖面上部的一套灰—灰褐色—灰黑色中厚层—块状灰岩、白云质灰岩，厚度 364.6 m 的地层，命名为里查群，顶部与上三叠统波里拉组断层接触，底部与中石炭统骜曲组整合接触，时代为晚石炭世。

【沿革】　1987 年四川区调队将里查群更名为里查组。1992 年四川区调队文沛然将妥坝—芒康一线以东地区的里查组以其碎屑岩增多及有火山岩出现为由，命名为俄巴纳组，其顶底关系界线不变，与里查组实为同一套地层体。

【现在定义】　为平行不整合于骜曲组之上的一套以碳酸盐岩为主夹碎屑岩的地层体，产䗴、珊瑚。在江达、芒康等地同见其顶部与上覆地层莽错组灰岩整合接触。

【层型】　正层型为类乌齐县马查拉剖面(E96°44′,N31°24′)，位于类乌齐县城东约 15 km 之马查拉煤矿里查牛场。由四川三区测队与中科院南古所 1967 年测制，剖面载于《川西藏东地区地层与古生物》一书。剖面层序如下：

上覆地层：**波里拉组**　灰岩

════ 断　层 ════

里查组　总厚度＞364.6 m

18. 灰—灰褐色中—厚层状泥质灰岩，局部成灰红色。含䗴类 *Pseudoschwagerina tinvenkiangi*, *Schwagerina machalensis*, *Pseudofusulina krotowi*, *P. nelsoni opima*, *Paraschwagerina*? *ishimbajica*, *Xizangia machalensis*, *Hemifusulina sinensis*, *H. ordinata*, *H. bella*　263.5 m

17. 灰黑—灰褐色厚层块状致密灰岩，白云质灰岩，局部有燧石结核。含䗴类 *Schubertella* ex gr. *pseudoglobulosa*, *Schwagerina riwoqensis*, *Pseudoschwagerina* sp., *Montiparus tobensis*, *Hemifusulina bella*, *Pseudofusulina* cf. *copiosa*, *P.* cf. *kraffti magna*　59.5 m

16. 灰色一黑色中厚层状泥质、碳质灰岩及少许碳质页岩。含䗴类 *Staffella pseudosphaeroidea*, *Schubertella* ex gr. *pseudoglobulosa*, *Triticites machalensis*, *T. stuchenbergi*, *Pseudoendothyra affixa*, *Rugosofusulina* sp., *Staffella* sp., *Schubertella sphaerica*；珊瑚 *Antheria pulchra*；腹足类 *Cylicioscapha machalaensis*, *Bellerophon tibeticus*, *Waagenella fusisoides* 41.6 m

——————— 平行不整合 ———————

下伏地层：**鳌曲组**

15. 灰、灰黑色厚层状致密灰岩及白色厚层状结晶灰岩；含燧石团块及结核，含䗴类、腕足类

【地质特征及区域变化】 里查组主要分布于类乌齐、江达、芒康等地，贡觉县加卡有零星出露，区域上岩性及厚度变化皆大，但呈规律性渐变。即由西向东砂、泥质含量增加，厚度加大，火山碎屑岩由无到有，并渐增。在类乌齐马查拉为致密灰岩夹白云质灰岩，局部有燧石结核，下部为泥质碳质灰岩，底部为黑色页岩，厚度 364.6 m。南延数公里即见中部夹少量黄色薄层状钙质细砂岩，底部夹钙质页岩、粉砂岩，厚度 389 m。向东至昌都县雀青，其中部夹厚约 10 m 的钙质泥岩，下部夹钙质砂岩、粉砂岩，顶底不全，厚度大于 450 m。至江达县青泥洞扎穷、觉拥一带碎屑岩层数及厚度均增加，下部有含砾粗砂岩出现，上部灰岩与页岩呈不等厚互层，并夹多层安山质或英安质凝灰岩，厚度 706 m。至索如夹多层中酸性凝灰质角砾岩、凝灰质板岩、绢云板岩，少量砂岩，下部凝灰质角砾岩与绢云板岩组成厚度为 58 m 的不等厚互层，厚度 1 008 m，其中非碳酸盐岩的累计厚度大于 130 m。贡觉县宗布夹多达 6 层的砾岩，岩屑、晶屑凝灰岩，最厚层为 39 m，灰岩、泥灰岩、钙质泥岩、粉砂岩等常形成不等厚互层，上未见顶，厚度大于 838 m。南部厚度较小，俄巴纳多为泥质灰岩、硅质灰岩、含燧石条带灰岩夹页岩、砂岩、条带状硅质岩，未见火山碎屑岩，而在角砾状灰岩中见中性火山角砾与岩屑，厚度 82～144 m。而相距不过 3 km 左右的更作拉一廓龙嘎则为质纯灰岩夹泥晶灰岩，无火山岩，仅底部有少量钙质页岩，厚度大于 207 m。

该组生物化石丰富，以䗴类为主，少量腕足类、珊瑚、苔藓虫及双壳类等。根据 *Triticites*, *Pseudoschwagerina* 等确定里查组的时代为晚石炭世晚期。

围山湖组 P_1w (06-54-0618)

【创名及原始定义】 西藏区调队 1986 年命名，创名剖面位于西藏改则县北部围山湖北。原义指岩性为上、下两部，上部为板岩、硅质岩，轻变质钙质粉砂岩，钙质砂岩夹凸镜状灰岩，厚度大于 1 015.18 m。产䗴类，时代为早二叠世茅口期。下部为页岩、粉砂岩、细砂岩、微晶灰岩及生物灰岩，厚度大于 1 800 m，产珊瑚，时代可能为早二叠世栖霞—茅口早期。

【沿革】 1979 年文世宣将宁共曲久隆一带浅变质碎屑岩夹结晶灰岩的地层命名为宁共曲久隆组。1981 年，新疆区域地层表将界山大坂一带的二叠系归入"空喀山口组"，普热瓦里斯一带的二叠系归入"叶桑岗组"。1986 年，西藏区调队在进行 1:100 万改则幅区调地质工作时，认为这些地层单位，指的是同一套地层体。故将围山湖和新疆普热瓦里斯一带的二叠纪地层统称围山湖组。本书沿用围山湖组一名。

【现在定义】 指一套碎屑岩为主夹灰岩的地层体。岩性为一套灰一深灰色粉砂岩、页岩为主夹微晶灰岩及少量细砂岩，见少量䗴、珊瑚和苔藓虫类。未见顶、底。

【层型】 正层型为改则县北围山湖剖面（E89°12′，N36°10′），位于围山湖北岸边。由

西藏区调队1986年测制，层序如下：

围山湖组 总厚度>2 150 m

4. 灰色、深灰色黑色页岩、粉砂质页岩与薄层粉砂岩、细砂岩互层，夹灰岩凸镜体。(未见顶) >300 m

3. 灰色、灰白色黄褐色中厚层状砂岩、长石岩屑杂砂岩，夹黑色深灰色页岩、粉砂质页岩 800 m

2. 黑色、灰色页岩、粉砂质页岩夹薄至中厚层状细砂岩 500 m

1. 灰色、青灰色薄层至中厚层状微晶灰岩。产珊瑚 *Amplexocarinia* sp.；苔藓虫 *Fenestella* sp. 及有孔虫化石。(未见底) >550 m

【地质特征及区域变化】 围山湖组分布在改则县北部围山湖，宁共曲久隆及新疆南普热瓦里斯一带，岩性以碎屑岩为主夹灰岩，产䗴类 *Sumatrina*，*Schwagerina*；珊瑚？*Iranophyllum*，*Maoyingophyllum* 等，该组地质时代为早二叠世。在宁共曲久隆厚度达2 000 m，在围山湖厚度达1 800 m以上。其中的灰岩夹层西部厚，东部薄。

莽错组 P_1m (06-54-0620)

【创名及原始定义】 四川三区测队1974年命名，创名剖面位于芒康县小帮达东北。原义指一套浅灰色—灰白色中厚层状灰岩、夹晶屑凝灰岩、凝灰熔岩，厚度305.3 m，上与交嘎组整合接触，下与里查组平行不整合接触。

【沿革】 自创名以来，经中国科学院、中国地质科学院、成都地质矿产研究所，四川区调队等单位多次研究，其顶、底界线的划分稍有变化，含义基本同原始定义，且都沿用其名。

【现在定义】 为一套浅灰色灰岩，局部夹基性火山岩，含䗴、珊瑚和腕足类。与下伏地层里查组深灰色灰岩平行不整合接触，与上覆地层交嘎组碎屑岩为整合接触。

【层型】 正层型为芒康县小帮达区交嘎乡莽错剖面(E98°48′，N29°31′)，地点位于芒康县城东南交嘎乡莽错。由四川三区测队1974年测制，层序如下：

上覆地层：**交嘎组** 砂板岩互层

———— 整 合 ————

莽错组 总厚度304.7 m

3. 浅灰色中厚层状不均匀灰岩（含䗴类生物灰岩），下部夹厚层状致密性脆灰岩，产䗴类 *Misellina sphaerica*，*Parafusulina yabei*，*P. mangkangensis*，*P. gruperaensis*，*P. quasigruperaensis*，*P. yunnanica*，*P. rothi*，? *Boultonia* sp.，*Schubertella simplex*，*S.* cf. *giraudi*，*Schwagerina* sp.，*Pseudofusulina* sp.，*P.* cf. *paraevana*；珊瑚 *Yatsengia* sp.，*Liangshanophyllum* sp. 128.0 m

2. 浅灰色中厚层状不均匀灰岩及灰绿色块状基性晶屑凝灰岩，凝灰熔岩及浅灰色砾状灰岩，产䗴类 *Pseudofusulina fusiformis*，*Parafusulina* sp.；有孔虫 *Parachomata*；珊瑚 *Lophophyllidium* sp.，*Yatsengia* sp. 81.2 m

1. 灰白色—浅灰色厚层状致密灰岩，产䗴类 *Misellina claudiae*，*Pseudofusulina vulgaris*，*P. idelbajievica*，*P. magna*，*P. fusiformis*，*P. sparsivoluta*，*P. kraffti*，*Schubertella simplex*，*Schwagerina* sp.，*Parafusulina splendens* 95.5 m

－－－－－－ 平行不整合 －－－－－－

下伏地层：**里查组** 深灰色燧石灰岩

【地质特征及区域变化】 莽错组主要为一套灰岩，在芒康县小帮达区交嘎乡莽错地区见到凝灰岩和凝灰熔岩外，其它地方均只见一套含燧石条带或燧石结核的灰岩，岩性单一。在芒康县宗西地层厚度达 319 m，在莽错厚度为 305 m，在廓龙嘎、日金，厚度达 600 m 以上。含䗴类 *Misellina*，*Neoschwagerina*，*Verbeekina*，*Pseudodoliolina*，*Parafusulina*，*Pseudofusulina*，*Schwagerina* 等；珊瑚 *Yatsengia*，*Liangshanophyllum*，*Lophophyllidium*，*Tachylasma* 等，腕足类 *Spinomarginifera*，*Linoproductus*，*Orthotichia* 以及菊石、三叶虫和牙形刺等。地质时代为早二叠世。

交嘎组 P_1j (06-54-0621)

【创名及原始定义】 四川三区测队 1974 年创名，创名剖面位于芒康县小帮达东北。原义指两种岩石类型：一类以碳酸盐岩、碎屑岩为主；另一类以碎屑岩、火山碎屑岩、火山岩为主，厚度 94～212.5 m。上与晚二叠世妥坝组平行不整合或不整合接触，下与早二叠世莽错组整合接触。

【沿革】 盛金章（1962）将昌都妥坝地区平行不整合于妥坝组含煤地层之下的一套砂页岩与灰岩相间并含凝灰岩的海相地层称热曲卡群，时代归属早二叠世，但无实测剖面资料。四川三区测队（1974）将其创名为交嘎组，并在妥坝实测了地层剖面。四川区调队（1986）又在江达地区将同一套地层创名为莽错组（后者较前者含火山岩多）。后人多引用交嘎组一名，本书亦沿用其名，含义同原始定义。

【现在定义】 为一套细碎屑岩、灰岩夹少量凝灰岩，含䗴、珊瑚、腕足类，头足类。与下伏地层莽错组灰岩为整合接触，与上覆地层妥坝组石英砂岩平行不整合接触。

【层型】 正层型为芒康县小帮达区交嘎乡扎索索—虎谷鄂剖面（E98°48′，N29°31′），地点位于芒康县小帮达区交嘎乡东北扎索索。由四川三区测队 1974 年测制，层序如下：

上覆地层：**妥坝组** 灰色复成分砾岩、石英砂岩

——————— 平行不整合 ———————

交嘎组 总厚度 212.5 m

4. 上部为黄绿—灰绿色薄层状泥质粉砂岩，顶部产头足类 *Agathiceras* cf. *applini*；植物 *Carpolithus* sp. 及双壳类；下部为灰绿色中薄层状细粒石英砂岩与灰绿色砂质页岩互层 54.5 m
3. 蓝灰、绿灰色薄层状凝灰砂岩，夹灰白色薄层砂状灰岩和黄白色细粒钙质长石砂岩，下部含硅质岩，上部产头足类 *Agathiceras* cf. *applini*，*Stacheoceras* sp.，*Artinskia* sp. 及双壳类 37.7 m
2. 顶部为黄绿色厚层状凝灰砾岩；上部为绿灰色厚层状晶屑凝灰岩，中厚层状凝灰熔岩；中下部为灰绿色中薄层状凝灰质粉砂岩与凝灰熔岩互层，夹厚层状粗粒石英砂岩 76.9 m
1. 顶部为灰色中薄层状生物灰岩和硅质灰岩，产䗴类 *Cancellina neoschwagerinoides*，腕足类 *Orthotichia morganiana*；上部为蓝灰色泥质页岩夹灰岩扁豆体；中下部为绿色泥质页岩与灰绿色中薄层状凝灰质粉砂岩互层，其下段夹有棕褐色玄武岩和中薄层状安山玄武岩质熔岩，产头足类 *Agathiceras* cf. *applini*，*Artinskia* sp. 43.4 m

———————— 整 合 ————————

下伏地层：**莽错组** 灰色灰岩

【地质特征及区域变化】 交嘎组的岩性主要为碎屑岩和灰岩，其地层厚度，在江达县索如厚度 379 m，贡觉县香坝为 310 m，昌都县妥坝出露厚度 158 m，察雅县都日村出露厚度 478 m，而在芒康县交嘎扎索索厚度为 213 m，安纳藏卡仅 28 m。南边较薄，北边较厚。含有䗴类 *Misellina*，*Afghanella*，*Verbeekina*，*Neoschwagerina*，*Pseudodoliolina*，*Chusenella*，*Parafusulina*，*Pseudofusulina*，*Nankinella* 等；珊瑚 *Yatsengia*，*Huangophyllum*，*Szechuanophyllum*，等。地质时代为早二叠世。

热觉茶卡组 P_2r （06－54－0619）

【创名及原始定义】 文世宣于 1979 年创名，创名剖面位于西双湖北约 10 km 热觉茶卡南岸。原义指下部为深灰色粉砂质页岩和灰岩，出露不全，可见厚度 140 m，产䗴和腕足类。上部为灰、灰褐及灰黑色砂岩，页岩夹煤层。与上覆三叠纪地层逐渐过渡，可见厚度 90 m，含植物化石。时代属晚二叠世晚期。

【沿革】 自创名以来一直沿用迄今，仅魏振声等（1983）在《西藏地层概况》一文中，对羌塘地区地层划分使用了“俄鲁茶卡组”一名，其所指地层与热觉茶卡组相当。本书仍沿用热觉茶卡组一名。

【现在定义】 指整合于康鲁组紫红色碎屑岩之下的一套灰色含煤碎屑岩，岩性为灰一深灰色中厚层粗砂岩、粉砂岩、页岩、泥岩夹薄煤层。含䗴、腕足类及三叶虫、植物化石。未见底。

【层型】 正层型为双湖热觉茶卡剖面（E86°49′，N33°40′），位于双湖热觉茶卡。由中国科学院青藏高原综合科学考察队文世宣等 1979 年测制，层序如下：

上覆地层：**康鲁组** 灰绿色紫红色钙质砂岩

——————— 整 合 ———————

热觉茶卡组 总厚度 195 m

6. 灰白色粗砂岩，含煤线，质地疏松 25 m
5. 灰褐色砂岩与深灰色泥岩、页岩，夹煤层及泥灰岩凸镜体。产植物化石 *Selaginellites tibeticus*，*Sphenophyllum speciosum*，*Annularia pingloensis*，*Lobatannularia* sp.，*Pecopteris shuanghuensis*，*Ptychocarous* sp.，*Rajahia* （*Pecopteris*） *calceiformis*，*Cladophlebis* cf. *permica*，*Gigantonoclea guizhouensis*；*G. minor*，*Rhizomopsis gemmifera*，*Alethopteris sinensis*，*Neuropteridium*? *nervosum*，*Compsopteris contracta* var. *puntinervis*，? *Pterophyllum* sp. 等 30 m

═══════ 断 层 ═══════

4. 深灰色中厚层石灰岩，细结晶，多方解石脉穿插，底部有一层厚约 30 cm 的褐色灰岩。产化石，䗴类 *Palaeofusulina nana*，*P. sinensis*，*P. fusiformis*；腕足类 *Squamularia waageni*，*Spinomarginifera* cf. *pseudosintanensis*，*Peltichia zigzag*，*Cathaysia chonetoidea*；三叶虫 *Pseudophillipsia* sp. 25 m
3. 灰色粉砂质页岩，风化后为灰绿色 15 m
2. 褐色灰岩与灰色页岩互层，两者数量约相等。灰岩中产腕足类 *Spinomarginifera* sp.，*Leptodus* sp.，*Squamularia* sp.。 20 m
1. 深灰色粉砂质页岩，风化后为灰绿色细碎片，夹褐色薄至中层状灰岩及钙质砂岩。灰岩中有化石碎片。（未见底） 80 m

【地质特征及区域变化】 热觉茶卡组含典型的华夏植物群 *Lobatannularia*, *Rajahia*, *Gigantonoclea*, *Pecopteris* 等最为特征，在灰岩中，含䗴类 *Palaeofusulina*，腕足类 *Squamularia*, *Spinomarginifera*, *Leptodus* 等。地质时代为晚二叠世。与上覆地层康鲁山组紫红色碎屑岩明显可以区分。此套地层与邻区昌都妥坝乡的妥坝组和青海玉树地区上拉秀二叠纪含煤地层乌丽群很相似。

妥坝组 P_2t （06-54-0622）

【创名及原始定义】 原名妥坝煤系，由李璞1955年命名，未测制地层剖面，命名地点在昌都县妥坝。原义指西藏昌都妥坝附近的一套二叠纪海、陆交互相含煤地层。

【沿革】 盛金章（1962）将其改称为妥坝组，四川三区测队（1974）进行1:100万昌都幅区测工作时，在妥坝测制了剖面，并将上覆地层安山岩一并归入妥坝组。西藏第一地质队（1976）将岩性为含煤碎屑岩的妥坝组分为三段。张遴信等（1979）在上述三段岩性的上段中发现了䗴类 *Palaeofusulina*，从而将此段命名为卡香达组，妥坝组仅限定为中下段。魏振声等（1983）在《西藏地层概况》一文中，将芒康县小帮达区札拉贡嘎一带以板岩为主夹泥灰岩、灰岩、砂岩、硅质岩等，含䗴类 *Palaeofusulina*, *Codonofusiella* 等的地层命名为札拉贡嘎组，但未被其他人采用，嗣后中国科学院、中国地质科学院、成都地质矿产研究所、四川地质矿产局、青海区调队、云南区调队对该组研究一直采用张遴信等（1979）划分。本次对比研究后仍恢复盛金章（1962）所称的妥坝组及原始含义。

【现在定义】 指一套海陆交互相含煤碎屑岩夹少量灰岩的地层体。岩性以灰黑色长石石英砂岩、粉砂岩和碳质页岩为主夹薄煤层，含腕足类、植物、珊瑚、䗴类、双壳类和腹足类。与下伏地层交嘎组海相碎屑岩、灰岩与上覆地层夏牙村组安山岩均为平行不整合接触。

【层型】 选层型为昌都县妥坝剖面（E97°29′，N31°14′），由四川三区测队1974年测制，层序如下：

上覆地层：**夏牙村组** 暗灰绿色、紫色安山集块岩

——————— 平行不整合 ———————

妥坝组 总厚度 1 677 m

11. 黑色页岩、钙质砂岩、石英砂岩、灰岩互层，产腕足类 *Tyloplecta yangtzeensis rossica*, *Chonetes chonetoides*, *Anidanthus sinensis*, *Squamularia squamularoides*, *S. grandis*, *Leptodus tenuis*, *Semibrachythyrina mahaensis*, *Dictyoclostus gratiosus*；双壳类 *Liebea* sp., *Allorisma* sp., *Sanguinolites* sp. 35 m
10. 黑色砂质页岩，碳质页岩、泥质碳质砂岩互层，产腕足类 *Orthotichia* sp., *Chonetes* aff. *chonetoides*, *Spinomarginifera* sp., *Compressoproductus compressus*, *Squamularia* sp., *Krotovia* sp.；双壳类 *Aviculopecten* sp. 109 m
9. 灰黑色厚层状泥质碳质砂岩、砂质页岩、页岩互层，夹少量单层灰岩，产腕足类 *Squamularia grandis*, *Leptodus nobilis*, *Tyloplecta yangtzeensis*, *Martinia* sp.；双壳类 *Liebea* cf. *sinensis*；腹足类 *Bellerophon* sp. 94 m
8. 灰黑色砂质碳质页岩，粉砂岩互层夹砂岩，产腕足类 *Semibrachythyrina mahaensis*, *Orthotetina ruber*, *O. iljinae*, *Leptodus tenuis*, *Tyloplecta* cf. *nankingensis*, *Krotovia* sp., *Marginifera* sp., *Squamularia* sp., *Schuchertella* sp., *Dictyoclostus* sp.,

Spinomarginifera sp.；腹足类 *Lepetopsis* sp.；双壳类 *Lima* sp. 75 m

7. 灰黑色细粒云母质石英砂岩夹黑色泥质碳质页岩，产植物 *Pecopteris nankingensis*, *Protoblechnum* sp., *Taeniopteris* sp.；腕足类 *Waagenites barusiensis*, *Compressoproductus compressus* 20 m

6. 灰黑色碳质泥质页岩与灰黄色砂质页岩互层，夹薄层石英砂岩、泥质砂岩，产双壳类 *Schizodus* sp., *Nuculana* sp., *Allorisma* sp., *Volsella* sp., *Liebea* cf. *sinensis* 461 m

5. 黑色薄层碳质页岩、砂质页岩、钙质泥砂岩互层，夹劣煤层，产双壳类 *Ostrea* sp.；腕足类 *Orthotetina* sp., *Orthotichia* sp. 51 m

4. 黑色碳质砂质页岩夹砂质页岩、泥质砂岩、石英砂岩、泥质灰岩及煤线，产珊瑚 *Asserculinia lophocarinophylloides*, *Timorphyllum* sp., *Lophophyllidium stereoseptatum*；腕足类 *Squamularia grandis*, *Hustedia indica*, *Schuchertella* sp.；腹足类 *Bellerophon* sp. 165 m

3. 灰黑色石英砂岩夹黑色碳质页岩、泥砂质页岩、粉砂岩、泥质砂岩、煤线，产植物 *Keriotheca lungtanensis*, *Pecopteris* sp. 93 m

2. 绿灰色、黑色泥质粉砂岩夹页岩、砂质页岩、少量石英砂岩，产植物 *Gigantopteris* sp., *Lobatannularia* sp., *Pecopteris* sp. 119 m

1. 黄灰色、灰黑色粗粒长石石英砂岩夹云母长石石英砂岩、砂质页岩、碳质页岩、粉砂岩。其底部 90 多米内含砾，层面不平。产植物 *Calamites* sp., *Pecopteris* sp. (cf. *Pecopteris kiangsuensis*), *Lobatannularia* cf. *heianensis*, *Schizoneura*? sp., *Pecopteris hemitelioides*, *Gigantopteris* sp., *Neuropteridium* ? sp., *Protoglechnum* ? sp., *Taeniopteris* ? sp., *Radicites* sp., *Asterotheca* (*Pecopteris*) sp. 455 m

——————— 平行不整合 ———————

下伏地层：**交嘎组**

0. 黑色钙质页岩，粉砂质细粒石英砂岩，其下为大量灰岩 100 m

【地质特征及区域变化】 妥坝组分布于昌都县妥坝、察雅县都日村、芒康县海通、江达县娘西等地。以含煤碎屑岩为主夹灰岩，岩性特征易于识别。地层厚度变化较大。在昌都县妥坝其厚度 1 677 m，在察雅县都日村厚度 630 m，在芒康县海通出露厚度 1 413 m。在江达县娘西乡芒达出露厚度 712 m。含腕足类 *Chonetes*, *Squamularia*, *Leptodus*, *Spinomarginifera*, *Dictyoclostus*, *Waagenites*；珊瑚 *Lophophyllidium*, *Lytvolasma*, *Timorphyllum*, *Aridophyllum*；䗴类 *Palaeofusulina*, *Codonofusiella*；植物 *Lobatannularia*, *Pecopteris*, *Gigantopteris*；双壳类 *Wilkingia*, *Aviculopecten* 等。其地质时代为晚二叠世。

该组含典型的华夏型植物，顶部被夏牙村组安山岩覆盖，与下伏地层交嘎组海相碎屑岩、灰岩易于区分。

夏牙村组 P_2T_1x (06-54-0623)

【创名及原始定义】 原名为夏牙村安山岩组，由西藏第一地质队 1976 年命名，创名剖面位于昌都县妥坝乡夏牙村。原义指昌都妥坝煤系之上的安山岩，岩性以安山质火山碎屑岩、角闪安山岩为主。分布局限。厚度 175～710 m。与下伏地层妥坝组平行不整合接触，与上覆地层甲丕拉组不整合接触，时代为晚二叠世。

【沿革】 1967 年四川三区测队将其归入妥坝组中，1976 年西藏第一地质队将其命名为“夏牙村安山岩组”。1990 年，四川区调队将其归属晚二叠世，改称为夏牙村组。

【现在定义】 指岩性以中性或中酸性火山岩、火山碎屑岩为主，夹少量碎屑岩和灰岩的一套地层体，含双壳类、腹足类和孢粉。与下伏地层妥坝组含煤碎屑岩为平行不整合接触，与上覆地层甲丕拉组红色碎屑岩为不整合接触。

【层型】 正层型为昌都县妥坝剖面（E97°29′，N31°14′），由四川三区测队1974年测制，其层序如下：

上覆地层：**甲丕拉组** 紫红色砾岩

~~~~~~~~~~ 不整合 ~~~~~~~~~~

夏牙村组	总厚度 253 m
13. 暗紫红，灰绿色安山岩	200 m
12. 暗绿灰色，紫红色安山集块岩	53 m

——————— 平行不整合 ———————

下伏地层：**妥坝组** 黑色页岩、钙质砂岩、石英砂岩、灰岩互层

【地质特征及区域变化】 夏牙村组岩性为安山岩、安山集块岩、安山质凝灰岩、石英安山岩夹砂岩、页岩及灰岩，岩石特征清楚。地层厚度变化不大，在昌都县妥坝厚度大于100 m，在察雅县角杰厚度大于300 m，芒康县加色顶厚度大于1 884 m。在砂页岩夹层中含少量的双壳类 *Palaeolima*；腹足类 *Ptychobellerophon* 和孢粉 *Densosporites*，*Punctatisporites*。其地质时代为晚二叠世至早三叠世。

康鲁组 T_1k （06-54-0715）

【创名及原始定义】 由文世宣1979年创名，建组剖面位于双湖办事处之西北约2 km的康鲁山。原指康鲁山剖面的第3—8层，岩性以紫红、灰紫色砂岩、粉砂岩为主，厚度310 m，含早三叠世双壳类组合，与下伏地层热觉茶卡组为连续沉积。

【沿革】 创名后，1993年《西藏地质志》引用其名，代表印度阶。本书沿用其名。含义与原始定义大体相当。

【现在定义】 指连续沉积于热觉茶卡组灰色含煤碎屑岩之上的一套紫红色碎屑岩，岩性以紫红色、黄灰色细砂岩、粉砂岩为主夹泥灰岩，底部夹紫红色砂砾岩，含克氏蛤等。底部岩性以紫红色砂砾岩的出现为特征，与下伏热觉茶卡组的顶部深灰色—灰色粉砂岩、页岩夹薄煤层相区别；其顶部则以紫红、褐、灰色的砂泥岩的结束为准，与上覆硬水泉组的薄层状泥灰岩为主的地层相区别，上下均为整合接触。

【层型】 正层型为双湖办事处西北2 km的康鲁山剖面（E88°45′，N33°15′），由文世宣等1979年测制，其层序如下：

上覆地层：**硬水泉组**

9. 灰色薄层状灰岩夹少量页岩，产双壳类 *Entolium discites microtis*、*Leptochondria* cf. *minima* 等	40 m

———————— 整 合 ————————

康鲁组	总厚度 280 m
8. 灰黑色、灰色粉砂岩、粉砂质泥岩夹泥灰岩、泥灰岩中产双壳类，个体小而保存差	20 m
7. 紫、褐、灰色等薄层细砂岩	50 m
~~~~~~~~~~

6. 紫、褐、灰色细砂岩夹泥灰岩，均薄层状，产丰富的双壳类化石，上部化石 *Claraia aurita*，*Myophoria* (*Neoshizodus*) *laevigata elongata* 等；中部化石 *Claraia aurita*，*C. aurita haueri*，*C. intermedia*，*C. guizhouensis*，*Myophoria* (*Neoschizodus*) *laevigata elongata*；下部化石 *Claraia guizhouensis*，*C.* sp.，*Myophoria* (*Neoshizodus*) sp.，*Unionites fassaensis* 80 m

5. 黄色薄层状粉砂岩夹猪肝色砂岩 20 m

4. 灰白色细砂岩，粉砂岩，上部和下部各夹一层煤线（或薄煤层），下部煤线之上，近底部灰白色粉砂岩中产双壳类化石多，保存不好，有 *Claraia stachei*，*Unionites fassaensis* 等 70 m

3. 浅灰色砂岩、砂砾岩夹紫色砂岩，有保存差不能鉴定的小个体双壳类化石 40 m

———— 整　合 ————

下伏地层：热觉茶卡组

2. 褐灰色粉砂岩，灰色砂岩，页岩夹煤层，煤层最厚 30 cm，近距离内可见 8～9 层

【地质特征及区域变化】 康鲁组主要出露于双湖办事处西北的康鲁山和热觉茶卡西南两地，均为细砂岩、粉砂岩，分布比较局限，厚度 310 m 左右，变化不大。其中含丰富的双壳类化石，其下部有 *Claraia stachei* 组合，上部有 *C. aurita* 组合，故将其时代归为早三叠世。

硬水泉组　$T_{1-2}y$　（06-54-0716）

【创名及原始定义】 由文世宣 1979 年创名，其建组剖面位于双湖办事处西北的康鲁山。其原义指康鲁山剖面的第 9—20 层，岩性为薄层灰岩与砂页岩互层。厚度 453 m，所含双壳类化石 *Pteria* cf. *murchisoni* - *Eumorphotis inaequicostata* 组合，是我国西南地区早三叠世晚期的标准生物群。

【沿革】 据双湖康鲁山剖面，文世宣（1979）将剖面第 21 和 22 层又创名康南组，其岩性与硬水泉组基本一致，仍以灰色薄层灰岩为主，厚度 100 m，其顶、底都不清楚。文氏根据剖面实地岩层产状和岩性，推测与硬水泉组为连续过渡。但其中产 *Cuccoceras*，*Balatonites* 及 *Haydenites* 等，时代为中三叠世晚安尼期，故另创名康南组。本书将原硬水泉组含义扩大，包含原康鲁山剖面的第 21 和 22 层，即 100 m 厚的薄层灰岩均归入硬水泉组，建议停用康南组。

【现在定义】 指整合于康鲁组紫红色碎屑岩之上的一套地层体，岩性为中一薄层灰岩、泥灰岩为主，局部夹钙质砂岩、页岩，产丰富的菊石、双壳类。顶部出露不全。

【层型】 正层型为双湖办事处北西康鲁山剖面（E88°45′，N33°15′），剖面位于双湖办事处西北约 2 km 的康鲁山。由文世宣等 1979 年测制，层序如下：

硬水泉组 总厚度＞563 m

22. 灰黑色薄层灰岩，质地硬脆，含腕足类 *Mentzelia* cf. *subsphaerica*，*Lepismatina* cf. *hsui*，*Nudirostralina griesbachi*。（未见顶） 60 m

21. 灰绿色砂岩夹砂质灰岩，偶夹细角砾岩，钙质砂岩中富含菊石，一些角砾岩中也产菊石 *Arthaberites alexandrae*，*Acrochordiceras* cf. *carolinae*，*Cuccoceras yoga*，*C. taramellii*，*Balatonites tibeticus*，*Procladiscites crassus*，*P.* cf. *brancoi*，*Gymnites incultus*，*Ptychites rugifer*，*P. arcestoides*，*Aristoptychites* sp. 40 m

20. 灰色泥灰岩，表面黄色，极少化石碎片 5 m

19. 灰色薄层灰岩，未见化石 60 m

18. 灰色薄层灰岩与泥岩互层，两者各厚 2 m 左右相间，泥岩风化后为灰绿色　15 m

17. 灰色薄层石灰岩，层理发育，产双壳类 *Eumorphotis inaequicostata*，*E. rugosa* 等　10 m

16. 黄褐色钙质泥岩夹灰色灰岩　3 m

15. 灰色粉砂岩，页岩夹泥灰岩，局部为碳质页岩含植物碎片，泥页岩中产双壳类 *Myophoria* (*Leviconcha*) sp.，*Promyalina putiatensis* 等　60 m

14. 灰色泥岩，砂质泥岩夹灰岩凸镜体，产双壳类 *Bakevellia costata*，*Eumorphotis inaequicostata* 等　80 m

13. 灰色砂岩夹泥灰岩，钙质砂岩中产双壳类 *Entolium discites microtis*，*Bakevellia exporrecta*，*Myophoria* (*Neoschizodus*) *laevigata elongata*，*M.* (*Leviconcha*) cf. *praeorbicularis* 等　40 m

12. 灰色砂页岩夹薄层石灰岩，灰岩中产双壳类 *Entolium discites microtis* 等　40 m

11. 灰色薄层灰岩，局部为紫红色　10 m

10. 灰色薄层灰岩与灰绿色钙质页岩互层，夹砾状灰岩，产双壳类 *Eumorphotis inaequicostata*，*Entolium discites microtis* 等　100 m

9. 灰色薄层状灰岩夹少量页岩，产双壳类 *Entolium discites microtis*，*Leptochondria* cf. *minima* 等　40 m

——————整　合——————

下伏地层：**康鲁组**

8. 灰黑色、灰色粉砂岩，粉砂质泥岩夹泥灰岩，泥灰岩中产双壳类，个体小而保存差

【地质特征及区域变化】　硬水泉组仅在双湖康鲁山和热觉茶卡出露，与下伏地层的康鲁组分布都很局限。其岩性以薄层灰岩、泥灰岩为主。厚度 553 m 左右，变化不大。从其中所产的双壳类 *Pteria* cf. *murchisoni* - *Eumorphotis inaequicostata* 组合和菊石 *Cuccoceras* sp.，*Balatonites* sp.，*Haydenites* sp.，*Aristoptychites* sp.，其时代应为早三叠世—中三叠世。硬水泉组的底界，以其灰色薄层灰岩，泥灰岩的结束与下伏地层康鲁组的紫红色碎屑岩分界。其顶界为断层，出露不全，与上覆地层肖茶卡群的直接关系不清，有待今后工作中解决。

马拉松多组　$T_{1+2}m$　(06-54-0722)

【创名及原始定义】　杨善清等 1983 年创名，建组剖面位于察雅县然达乡霞姐。原义指分布于昌都县的恒星错—察雅县的然达—贡觉县的曲卡—芒康县的老然、宗西一带，长 200 余公里，宽约 20 km 的狭窄条带上的一套早、中三叠世中酸性火山岩为主的地层体，其下部称马拉松多组，岩性以酸性火山岩夹火山碎屑岩、砂页岩，上部称色尕组（灰色、浅灰色流纹岩为主）。原马拉松多组的底界不整合于石炭纪或二叠纪灰岩或更老地层之上。在其下部碎屑岩中发现 *Claraia* 等双壳类，时代为早、中三叠世。

【沿革】　1987 年饶荣标、1991 年辜学达等将原马拉松多组含义扩大，包括原上伏地层的色尕组。本书沿用这一划分意见。

【现在定义】　指不整合伏于东独组紫红色碎屑岩之下的一套中酸性火山岩及火山碎屑岩为主夹碎屑岩的地层体。岩性主要为长石石英砂岩、粉砂岩、页岩等，上部含大量流纹岩、火山角砾岩、凝灰岩，下部含凝灰岩及少量流纹岩。砂岩中产双壳类化石。未见底，局部地区底界不整合于石炭—二叠纪灰岩地层之上。

【层型】　正层型为察雅县然达霞姐剖面（E98°06′，N30°55′），位于察雅县然达马拉松多马弄沟北约 3 km。由杨善清等 1983 年测制，层序如下：

上覆地层：**东独组**　紫红色含砾砂岩及砾岩

～～～～～～～～～～ 不　整　合 ～～～～～～～～～～

马拉松多组　　　　　　　　　　　　　　　　　　　　　　　　　　总厚度＞516.47 m

8. 上部为灰、灰白色厚层状流纹岩。沿走向可相变为凝灰岩或凝灰质角砾岩，下部是凝灰质角砾岩　83.64 m

7. 中厚层状，中一细粒长石岩屑石英砂岩，沿走向变薄或尖灭　32.36 m

6. 灰黑色页岩夹钙质粘土，上部和下部夹细粒石英砂岩凸镜体。砂岩中产植物化石碎片。中部产双壳类化石 *Modiolus* sp.，*Posidonia* sp.，*Promyalina intermedia*，在附近涡纳绒沟，相当本层页岩采得 *Claraia* sp.，*Gervillia* sp.　157.05 m

5. 中厚层状灰色泥质粉砂岩，细粒岩屑石英砂岩，中上部夹泥质粉砂质细粒石英砂岩，上部夹泥质粉砂岩及页岩　45.30 m

4. 黄灰一浅灰色熔结角砾岩，见有石英脉穿插本层　8.03 m

3. 灰黑色页岩，砂质粘土岩凸镜体及凝灰质、砂质团块　57.55 m

2. 灰白一黄灰色含火山角砾岩屑，晶屑凝灰岩　32.54 m

1. 灰白、浅灰一绿灰色流纹岩，柱状节理发育。(未见底)　＞100.00 m

【地质特征及区域变化】　马拉松多组火山岩地层在贡觉县波罗乡觉隆村，厚度为879 m，在察雅县然达剖面，其厚度为334 m，在芒康县宗西剖面厚度为246 m。其岩性均以灰白色，浅灰色流纹岩、英安流纹岩、凝灰岩等夹砂页岩。在200余公里的狭窄条带中，其岩石组合特征及厚度都比较稳定。

马拉松多组的火山岩的生成与江达县觉拥-贡觉-芒康老然-宗西这一组近南北向的断裂带关系密切，沿此带也是有名的斑岩铜矿为主的多金属成矿带。火山岩地层便是这个斑岩铜矿带的主要围岩。因此，把马拉松多组单独划分出来进行研究具有重要的地质意义和经济意义。另外，马拉松多组，在空间分布和形成时间方面都与其东侧紧邻的普水桥组和瓦拉寺组含中酸性火山岩的碎屑岩之间关系密切。1：100万昌都幅区域地质报告，将现在的马拉松多组火山岩都一并视为东部的普水桥组和瓦拉寺组。可以认为马拉松多组同普水桥组和瓦拉寺组是同期异相地层体，其间有着相互相变的关系。据其中所含生物化石和地层层位，本书将其时代置于早、中三叠世。

普水桥组　T_1p　(06－54－0723)

【创名及原始定义】　1974年四川三区测队，在昌都江达地区首次发现中、下三叠统地层，并将其创名为普水桥组和色容寺组，分别代表下三叠统下部和上部。其标准剖面在江达县城郊普水桥。其中原普水桥组岩性以紫红、灰绿等杂色砂页岩为主夹中酸性、中基性凝灰熔岩、凝灰质角砾岩、块状凝灰岩等夹少量砂质灰岩、凝灰质灰岩。底部为紫红色砾岩，不整合于不同层位的老地层或华力西期花岗岩之上，其上部的色容寺组为石灰岩地层，沿走向厚度变化大，不稳定。

【沿革】　饶荣标等（1987）在研究昌都江达地区的早三叠世的地层时，据普水桥及其上覆的原色容寺组石灰岩，在横向上的延伸变化不稳定的情况，废弃了色容寺组，而扩大了原普水桥组的含义。将原色容寺组石灰岩视为现普水桥组的一部分。本书采纳这一方案。

【现在定义】　指不整合于华力西期闪长岩之上的一套杂色碎屑岩夹中酸性火山岩、火山碎屑岩、石灰岩的地层体。底部岩性为紫红色砾岩，中部为浅灰、灰绿、紫红色细砂岩、粉砂岩为主夹砂质灰岩、凝灰岩、中基性及中酸性凝灰熔岩等，顶部以灰色厚层状鲕粒灰岩为主。与上覆地层瓦拉寺组深灰一黑色砂板岩、凝灰岩呈平行不整合接触。

【层型】 正层型为江达县东的普水桥雅安弄剖面（E98°20′，N31°35′），由四川三区测队1974年测制，层序如下：

上覆地层：**瓦拉寺组**

7. 灰、深灰色中酸性凝灰熔岩，凝灰角砾岩，夹灰岩，产菊石 *Hollandites* sp.，*Matadinanites* sp.

——————— 平行不整合 ———————

普水桥组	总厚度 902.6 m
6. 灰色厚层块状灰岩	102.0 m
5. 浅灰色微粒灰岩夹鲕状灰岩及浅红色灰岩，产菊石 *Paranannites* sp.，*Proptychitoides* sp.	189.0 m
4. 浅灰色凝灰质灰岩与灰绿色泥质粉砂岩互层，产双壳类 *Trigonodus* sp.	12.1 m
3. 灰绿色中厚层状泥质粉砂岩，夹灰色砂质灰岩，产腹足类 *Natiria* aff. *costata*，*N.* ex gr. *costata*	175.1 m
2. 灰绿色、紫红色厚层—块状凝灰岩、凝灰质粉砂岩、细砂岩，夹中—基性及中—酸性凝灰熔岩、凝灰质角砾岩及灰岩，产双壳类 *Eumorphotis* sp.（可能为 *E.* cf. *multiformis*），*Pleuromya musculoides* 及腹足类等化石	323.6 m
1. 上部以紫红色厚层状粉砂岩为主，夹含砾砂岩凸镜体，下部以紫红色块层状凝灰质砾岩为主，中夹含砾粗灰岩，最底部为紫红色砾岩	100.8 m

~~~~~~~~~ 不 整 合 ~~~~~~~~~

下伏地层：闪长岩（**或二叠系石英安山岩**）

【地质特征及区域变化】 普水桥组主要分布于字嘎寺断裂以东，金沙江断裂带以西两断裂带之间的地区，见于江达县普水桥，贡觉县波罗乡，芒康县戈波等地，近于南北的狭长地带。岩性均为一套杂色碎屑岩为主夹中酸性火山岩，地层厚度一般为224～881 m。普水桥组下部产双壳类 *Eumorphotis* sp.，*Pleuromya musculoides* 等，上部产菊石 *Proptychites* sp.，*Paranannites* sp. 等，还有腹足类、牙形石等，其时代为早三叠世。普水桥组中的火山岩，是江达火山岛弧在印支期最早的喷发。与之平行而位于其西侧的马拉松多组，为同期异相地层。普水桥组的底界划分标志为不整合界面，顶界与瓦拉寺组为平行不整合接触。

瓦拉寺组 T_2w （06-54-0724）

【创名及原始定义】 四川三区测队（1974）在江达县同普区瓦拉寺测制了中三叠统的地层剖面，创名瓦拉寺组和丛拉组。瓦拉寺组岩性为灰黑色细砂岩、粉砂岩、硅质岩及板岩组成韵律层，夹少量安山岩、凝灰岩及砾岩等。丛拉组为灰黑色砂岩、粉砂岩及板岩组成韵律层夹少量砾岩。分别代表中三叠统的下部和上部。

【沿革】 1992年辜学达、饶荣标将上述地层视为同一套地层的上、下两部分，将丛拉组废弃，扩大瓦拉寺组含义即包括原丛拉组。其顶部为东独组紫红色砂砾岩不整合覆盖，底部与普水桥组平行不整合接触。本书采用扩大含义后的瓦拉寺组。

【现在定义】 为一套深灰色复理石碎屑岩、细砂岩、粉砂岩、板岩、硅质岩的韵律沉积
~~~~~~~~~

为主夹中酸性火山岩、火山碎屑岩，产菊石、双壳类等化石。与下伏地层普水桥组平行不整合接触，顶部被东独组紫红色砂砾岩不整合覆盖。

【层型】 正层型为江达县同普区瓦拉寺村剖面（E98°25′，N31°40′），位于江达县同普区瓦拉寺—丛拉间。由四川三区测队 1974 年测制，层序如下：

上覆地层：**东独组** 紫红色砾岩

~~~~~~~~~~ 不 整 合 ~~~~~~~~~~

瓦拉寺组	总厚度 2 649.45 m
12. 灰色厚层状砾岩与砂岩互层，上部夹黑色板岩	23.80 m
11. 深灰色—灰黑色板岩与砂岩互层，底部为块状砾岩	41.14 m
10. 浅灰色薄—厚层状砾岩与薄层状岩屑石英砂岩、板岩互层	78.00 m
9. 灰黑色板岩与深灰色薄—中厚层状砂岩互层，底部为砾岩，板岩中产菊石 *Protrachyceras* sp.，*Balatonites* sp.，*Gymnites* sp.，*Paracrochordiceras* sp.；植物 *Neocalamites* sp.；双壳类 *Posidonia* sp.	35.46 m
8. 深灰—灰黑色板岩与薄—中层状细砂岩互层夹砾岩层	82.00 m
7. 灰黑色粉砂质板岩与中—细粒砂岩呈类复理石式互层，底部为厚层—块状砾岩层，板岩中产菊石 *Balatonites* sp.，*Gymnites* sp.，*Hollandites* sp.，? *Paraceratites* sp. 及双壳类和植物化石碎片	73.00 m
6. 深灰色薄—中厚层状细粒石英砂岩与黑色砂质板岩互层，底部有安山质晶屑凝灰质熔岩，产菊石 *Cuccoceras* sp.，*Paracrochordiceras* sp.；双壳类 *Posidonia* aff. *pannonica* 及 *Palaeoneilo* ? sp.	70.60 m
5. 灰黑色板岩夹粉砂岩、硅质岩，底部夹安山质晶屑凝灰岩，顶部夹薄层灰岩	338.40 m
4. 灰黑色板岩、岩屑砂岩与砾岩互层，板岩中产菊石 *Japonites* sp.，*Balatonites* sp.，*Paracrochordiceras* sp.，*Cuccoceras* sp.，*Gymnites* sp.，? *Leiophyllites* sp.；双壳类 *Posidonia* aff. *pannonica*，*Gervillia* sp.	360.00 m
3. 灰黑色板岩夹钙质砂岩、条带状粉砂岩、安山玢岩，板岩中产双壳类 *Entolium sichuanensis*，*Plagiostoma beyrichii*，*Amonotis* sp.，*Protocardia* ? sp. 及菊石 *Paracrochordiceras* sp.	648.50 m
2. 深灰色条带状粉砂岩，灰黑色板岩夹硅质灰岩，凝灰质安山玢岩，产双壳类 *Entolium sichuanensis*，*Plagiostoma beyrichii*，*Amonotis* sp.	523.20 m
1. 深灰色条带状粉砂岩夹厚层砾岩及板岩，底部为安山玢岩	375.35 m

—————— 平行不整合 ——————

下伏地层：**普水桥组** 白色大理岩

【地质特征及区域变化】 瓦拉寺组主要分布于字嘎寺断裂以东，金沙江断裂以西，两断裂带之间的狭窄地区，见于江达县普水桥、贡觉县波罗乡、芒康县戈波等地。岩性均为一套深灰色复理石碎屑岩夹火山岩，仍属岛弧火山沉积。瓦拉寺组中部产菊石 *Hollandites* sp.，*Japonites* sp.，*Cuccoceras* sp.，*Gymnites* sp.，*Paracrochordiceras* sp.；双壳类 *Gervillia* sp.，*Protocardia* sp.，*Plagiostoma beyrichii*，*Entolium sichuanensis*，其时代为中三叠世安尼期。
~~~~~~~~~~

第五章
晚三叠世—中侏罗世

在晚三叠世—中侏罗世这一地史阶段中，先后有北部羊湖-金沙江洋盆的闭合事件和班公湖-怒江洋盆强烈活动的影响，造成晚三叠世和中侏罗世广泛的海侵超覆，海水浸漫了整个羌塘—昌都陆块，形成了广泛分布的晚三叠世—中侏罗世的浅海台坪沉积，在这一地史时期中形成的岩石地层单位有 12 个群组（参见表 5－1）。

表 5－1　晚三叠世—中侏罗世岩石地层单位一览表

华南地层大区			
羌北-昌都-思茅地层区			巴颜喀拉地层区
赤布张错地层分区	昌都-察雅、江达地层分区	若拉岗日地层分区	
雁石坪群 肖茶卡群	察雅群 洞卡组 公也弄组 东独组 结扎群：巴贡组、波里拉组、甲丕拉组	若拉岗日群	巴颜喀拉山群

肖茶卡群　$T_3X\hat{c}$　（06－54－0717）

【创名及原始定义】　西藏区调队（1986）创名，其创名剖面在双湖西肖茶卡。原义主要代表羌塘地区上三叠统。岩性以灰岩、生物碎屑灰岩、角砾状灰岩为主夹砂页岩。

【沿革】　1989 年西藏区调队在编写《西藏地质志》时，以龙木错-查桑-澜沧江断裂带为界将羌塘地区的三叠纪地层划分为羌南、羌北分区。羌南分区的原肖茶卡群拟用日干配错群代替，羌北分区的原肖茶卡群保留原名，本次对比研究后沿此划分意见。

【现在定义】　主要指分布于羌北地区，日土县北林济塘，改则县拉相错、热觉茶卡、双湖、布若错、多格错仁等地，岩性以碳酸盐岩为主，夹少量碎屑岩的地层体，产珊瑚、腕足类等。其下未见底，局部地区不整合覆于老地层之上，顶部被雁石坪群不整合覆盖。

【层型】　正层型出露不完全，同时指定副层型为改则县北鲤鱼山南剖面（E85°51′，N34°42′），位于改则县北川岛湖南的鲤鱼山。由西藏区调队 1986 年测制，层序如下：

上覆地层：**雁石坪群**

4. 深灰色中厚层至块状泥质灰岩，产双壳类 *Camptonectes* (*Camptonectes*) *lens* 等

～～～～～～ 不 整 合 ～～～～～～

肖茶卡群

总厚度 576.16 m

3. 深灰色，灰绿色灰黄色泥质页岩，夹灰白色中至薄层细砂岩，深灰色灰黑色薄层泥灰岩 180 m

2. 深灰色角砾状灰岩，角砾为次棱角状，分选差 196.96 m

1. 深灰色中厚层状含泥质薄层状灰岩夹生物碎屑灰岩，产丰富的腕足类 *Excavatorhyncha* sp.，*Amphiclina* sp.，*Costachoncha* cf. *lintiforma*，*Rhaetinopsis* cf. *zadoensis*，*Dielasma simplexa*，*Timorhynchia sulcata*；珊瑚 *Axosmilia* sp.，*Stylosmilia* sp. 199.2 m

～～～～～～ 不 整 合 ～～～～～～

下伏地层：**吉塘群** 灰色砂岩、粉砂岩、硅质岩

【地质特征及区域变化】 肖茶卡群在分布范围内均以灰岩为主，局部夹砂页岩。地层厚度变化不大，一般为 576～1 370 m。其中的生物化石主要为底栖型的腕足类、珊瑚、双壳类等，腕足类 *Caucasorhynchia* sp.，*C. baliana*，*C.* cf. *worbievi*，*Mentzeliodes* sp.，*Sulcatothyris* sp.，*Septamphiclina* sp.，*Rhaetinopsis* cf. *zadoensis*，*Timorhynchia sulcata* 等；双壳类 *Halobia fallax*，*H. yandongensis*，*H. parallela*，*H. superbescens*，*H. pluriradiata*，*Amonotis* sp. 等，其时代均为晚三叠世。腕足类、双壳类化石的主要分子与藏东昌都地区的波里拉组中的成分类同，显示两地有着密切的联系，代表弧背或弧内盆地沉积。

结扎群 $T_{2-3}J$ (06-54-0718)

【创名及原始定义】 青海区调队 1970 年创名，其建组剖面位于青海省扎多县结扎（现名结杂）。由一套浅海一滨海相的碎屑岩和碳酸盐岩组成，在唐古拉山地区，包括四个岩组由下往上：①下部紫红色砂砾岩组，不整于二叠系等老地层之上；②下石灰岩组；③灰色碎屑岩组；④上石灰岩组。

【沿革】 青海南部的结扎群，向东南延伸，经囊谦县进入西藏昌都地区，即与原“巴贡煤系”（李璞 1955）实为一体。在唐古拉山土门格拉地区，1976 年青海区调队又将此套地层创名为土门格拉群，本次对比研究后将分布于青南、藏北的这一套共同的岩石地层均用结扎群一名代替。建议停止使用西藏境内的土门格拉群和巴贡群。

【现在定义】 指分布于唐古拉—昌都地区，超覆于古生代地层或早、中三叠世地层之上，整合于察雅群或不整合于雁石坪群等新地层之下的，由碎屑岩和碳酸盐岩夹少量火山岩等组成的地层，上部含煤。富含双壳类、腕足类、头足类和植物等化石。从老到新包括甲丕拉组、波里拉组和巴贡组。在西藏昌都地区，以及土门格拉和巴青地区广泛分布，露头良好，三个岩性段层序清楚。即下部紫红色碎屑岩——甲丕拉组；中部碳酸盐岩——波里拉组；上部含煤碎屑岩——巴贡组。

甲丕拉组 $T_{2-3}j$ (06-54-0719)

【创名及原始定义】 四川三区测队（1974）创名。其建组剖面位于昌都城东甲丕拉山妥坝乡、普果弄。原指岩性为红色碎屑岩夹火山岩的沉积，厚度为 0～3 000 m 的一套地层，平

行不整合或不整合于中、下三叠统之上或不整合于古生界老地层之上。时代为卡尼期。

【沿革】 甲丕拉组创名以来一直沿用至今，并将其时代均置于卡尼期。仅在江达地区，四川区调队邹成敬等（1985）把原称甲丕拉组的红色地层称江达组，将出露于类乌齐一左贡一带的甲丕拉组底部的灰岩段单独划分出来创名东达村组。饶荣标（1987）将昌都县拉多区玉曲乡夏日多，山穷一带的甲丕拉组底部的石灰岩夹砂页岩段，单独创名为夏日多组。杨锡彬等（1980）在土门格拉西洋姜湖创名的洋姜湖群与甲丕拉组亦大致相当。

经本次对比研究后，仍沿用甲丕拉组一名。以其广泛可见的不整合界面为底界，波里拉组灰岩的出现为顶界，其间所夹的岩石地层均称甲丕拉组。岩石特征与原始含义大体相当。

【现在定义】 主要指超覆于妥坝组页岩、粉砂岩地层及夏牙村组之上的一套红色碎屑岩地层体，局部夹安山岩、石灰岩等，含双壳类、腕足类等。顶界与波里拉组石灰岩地层整合接触。

【层型】 正层型为昌都县妥坝乡普果弄剖面（即原称甲丕拉剖面）(E97°25′, N31°10′)，四川三区测队（1974）测制，四川区调队（1990）重测，层序如下：

上覆地层：波里拉组　灰色灰岩、白云岩

——————— 整　合 ———————

甲丕拉组	总厚度 2 471.01 m
41. 紫红色页岩夹薄层石英粉砂岩，局部偶夹灰紫色页岩及灰色薄层石英粉砂岩，底部有少量紫灰或灰紫色石英粉砂岩。细砂岩中平行层理发育具剥离线理构造	399.47 m
40. 灰白色中—厚层状石英细砂岩，底部有少量粗粒砂岩，平行层理发育	177.09 m
39. 灰紫色薄至中层，少量厚层石英粉砂岩与石英细砂岩互层。平行层理发育，见剥离线理构造、垂直与斜交层面的虫孔，上部见少量平行层面的虫迹	98.51 m
38. 浅灰色厚层—块状粗砂质中粒石英砂岩，少量粗粒石英砂岩。大型板状层理发育	9.16 m
37. 紫色厚层岩屑石英砂岩，局部为石英粉砂岩。细砂岩中平行层理发育。见剥离线理构造	27.85 m
36. 浅灰色中粒砂质岩屑石英粗砂岩。见铁质矿物氧化后形成的孔洞。局部见板状交错层理	11.11 m
35. 紫红色、紫色中—厚层，部分块状岩屑石英细砂岩夹中粒岩屑石英砂岩，底部有少量粗砂岩。下部交错层理发育。上部平行层理发育	32.95 m
34. 紫灰色长石石英粗、中粒岩屑石英砂岩与含砾砂岩呈正粒序式互层，底部为厚3～4 m厚层细砾岩屑砾岩	85.33 m
33. 紫灰色薄层—中层细砂质中粒岩屑石英砂岩，板状斜层理发育	39.35 m
32. 浅灰—灰色薄—厚层岩屑石英细砂岩夹暗紫灰色粉砂岩及细砂岩，浅灰色砂岩中见板状与楔状层，粉砂岩中见水平层理	92.76 m
31. 紫灰色薄—中层含钙质岩屑石英细砂岩与钙质粉砂岩互层；细砂岩中含钙质泥屑	15.83 m
30. 灰—浅灰色薄—厚层细砂质中粒岩屑石英砂岩夹紫红色粉砂岩、页岩见板状、楔状交错层理及平行层理	85.29 m
29. 暗紫色薄—厚层粉砂岩夹浅灰、浅灰绿色中—厚层长石石英粗砂岩，长石石英细砂岩，紫色页岩，粗砂岩主要位于此层中、下部，并有部分为含砾不等粒长石石英砂岩	177.08 m
28. 暗紫色薄—厚层粉砂岩与浅灰色薄—厚层长石细砂岩，及少量紫红色页岩	54.54 m
27. 暗紫色薄—厚层粉砂岩与浅灰色薄—厚层长石细砂岩，与砂质中粒长石砂岩互层	17.74 m

26. 紫红色页岩夹紫红色中粒砂质长石石英细砂岩，局部夹浅灰色厚层长石粗砂岩与含砾长石粗砂岩 76.68 m

25. 浅灰色砾岩，具大型板状斜层理，砾石顺板状层和细层具定向排列 3.17 m

24. 紫红色页岩夹紫红色粉砂岩及浅灰色长石粗砂岩、含砾长石粗砂岩 61.41 m

23. 浅灰色中—厚层含砾岩屑长石石英中粗粒砂岩与岩屑长石石英粗砂岩互层。底部见厚 0.6 m 的砾岩，上部夹紫红色页岩，见大型交错层理，其中的砾石一般沿层理的细层呈定向排列 22.90 m

22. 紫红色页岩夹紫灰色中粒砂质长石石英细砂岩及紫红色钙质细粒石英砂岩，在中部夹一层厚 2.5 m 的浅灰色含砾长石石英粗—中粒砂岩 31.02 m

21. 浅灰色厚层—块状含砾岩屑石英粗砂岩夹砾岩及紫红色页岩。交错层理发育 40.00 m

20. 紫红色页岩夹浅灰绿色长石石英粗砂岩及含砾长石石英粗砂岩 100.02 m

19. 砾岩—含砾石英粗砂岩—岩屑石英粗砂岩组成一正粒序层 12.30 m

18. 紫红色页岩夹浅灰色厚层中粒—粗粒岩屑石英砂岩，含砾岩屑石英粗砂岩及少量紫色含砾长石石英粗砂岩、砾岩、细砂岩、粉砂岩 125.12 m

17. 紫红色、浅紫灰色岩屑石英粗砂岩，含砾粗砂质岩屑石英中粒砂岩和灰紫色含钙质中粒砂岩互层，夹少量浅灰色长石石英粗砂岩，偶夹紫红色页岩 21.29 m

16. 紫红色页岩夹紫红色薄—中层含钙质结核、钙质粉砂岩及少量含钙质粗砂质岩屑石英中粒砂岩 14.72 m

15. 浅灰绿色厚层—块状含砾长石岩屑石英粗砂岩，偶夹紫红色细砂岩。见大型板状斜层理。含砾砂岩之砾石顺细层略显定向排列 31.33 m

14. 紫红色页岩夹浅灰色中—厚层含砾长石岩屑石英粗砂岩及少量灰紫色含钙质细粒长石石英砂岩，见大型板状层理 37.11 m

13. 灰绿色厚层—块状粗粒石英砂岩与砾岩近于互层，砂岩中局部含砾 18.43 m

12. 紫红色、灰绿色页岩夹紫红色、灰绿色粗—粉砂岩。偶夹泥质岩团块 29.37 m

11. 浅绿灰色—浅灰绿色厚层—块状含粒长石石英粉砂岩夹块状砾岩，顶部含砾砂岩中砾石减少，见大型板状斜层理 36.97 m

10. 浅灰色含砾长石石英粗砂岩与长石石英粗砂岩互层，夹杂色页岩及水云母高岭石粘土岩和灰岩凸镜体，下部夹少量砾岩。砂岩中板状层理发育 63.88 m

9. 灰、深灰、灰绿色，局部紫红色绢云母板岩夹少量薄层粉砂岩。中部的灰绿色粉砂岩中可见植物碎片 24.25 m

8. 浅灰色薄—厚层、细—粗粒岩屑石英砂岩，偶夹砾岩凸镜体和灰色薄层粉砂岩及页岩；粗砂岩中见平行层理、板状斜层理、楔状层理 44.03 m

7. 灰色厚层砾岩夹少量薄—中层长石石英粗砂岩或凸镜体。砾岩中局部由砾石的定向排列形成板状斜层理 27.21 m

6. 灰色厚层—块状含砾岩屑石英粗砂岩夹岩屑石英粗砂岩，顶部夹少量紫红色石英细砂岩。此层平行层理发育 27.09 m

5. 浅灰色薄—中层细粒岩屑石英杂砂岩夹极少量灰色薄层长石石英粉砂岩及页岩。底部偶夹含砾粗砂岩。平行层理发育 17.43 m

4. 紫红色薄—厚层粗粒岩屑石英砂岩与中粒岩屑石英砂岩互层，偶夹紫红色页岩。粗粒砂下部较多，且部分含砾。其中板状交错层理与槽状交错层理发育 111.18 m

3. 紫红色中—厚层含砾粗粒岩屑石英砂岩与粗粒岩屑石英砂岩近于互层。偶夹浅灰色厚层长石石英粗砂岩及紫红色薄层细砂岩；含砾砂岩略多 50.67 m

2. 灰紫色厚层，块状砾岩夹紫红色薄—中层粗—细粒砂岩及页岩。砾岩与砂页岩之比约 10∶1 88.53 m

1. 紫灰色薄—厚层含钙质岩屑石英粗砂岩夹紫红色页岩　　30.84 m

～～～～～～ 不 整 合 ～～～～～～

下伏地层：妥坝组　灰绿色页岩、粉砂质页岩、细砂岩、砂质白云岩互层夹灰黑色碳质页岩及少量砾岩

【地质特征及区域变化】　甲丕拉组主要分布于昌都、察雅、类乌齐等地。向西延伸至巴青、安多、土门格拉及青海南部唐古拉山地区。其岩性在昌都地区为紫红色、灰紫色块状砾岩、含砾砂岩、夹长石砂岩、粉砂岩。在昌都甲丕拉，厚度 2 264 m，在类乌齐桑多剖面厚度为 1 239 m，在安多与巴青之间，厚度仅 100 余米。在土门格拉西北的赤布张湖地区、洋姜湖东侧，发现一套 500 m 厚的杂色、紫红色、暗色、深灰色的晚三叠世卡尼期的地层，原称洋姜湖群，主要岩性为泥岩、泥灰岩、砂岩。产丰富的双壳类，其面貌为卡尼期的常见分子。此套岩石与昌都地区甲丕拉组基本一致，仅岩石粒度细一些（杨锡彬、连玉秋，1980）。因此，原洋姜湖群应为甲丕拉组的同物异名，代表甲丕拉组在羌北-昌都地层区最西端的分布点。在双湖以西，已无甲丕拉组红层的分布报道。由上可见，从昌都地区，沿唐古拉山向西北延伸，甲丕拉组的岩石粒度由粗变细，地层厚度由厚变薄，以致消失或相变。

甲丕拉组内化石稀少。局部仅有少量双壳类 *Palaeocardita* sp.，*Pleuromya* sp.，*Halobia* sp. 等（据饶荣标，1987）。因其与上覆地层波里拉组灰岩（主要为诺利期）整合接触，因此，将甲丕拉组置于晚三叠世早期是适当的；局部有拉丁期的沉积（昌都、类乌齐等地），地质时代应为中晚三叠世。

甲丕拉组超覆在唐古拉-昌都陆块上，主要呈现为海侵初期的红色磨拉石的快速堆积，是金沙江洋盆向唐古拉-昌都陆块俯冲时形成的弧内盆地沉积（参见图 5－1）。

波里拉组　T_3b　(06－54－0720)

【创名及原始定义】　四川三区测队 1974 年命名，创名剖面为该队同年所测的察雅县波里拉山剖面。其岩性为一套碳酸盐岩，厚度 52～500 m，产腕足类、双壳类、菊石、珊瑚等。时代属晚三叠世。

【沿革】　波里拉组创名以后，一直沿用至今。

【现在定义】　主要指夹持于下伏地层甲丕拉组红色碎屑岩与上覆地层巴贡组含煤碎屑岩之间的一套石灰岩地层体，含丰富的双壳类、腕足类、菊石等。上、下界线均为整合接触。

【层型】　正层型为察雅县波里拉剖面（E97°36′，N30°54′），位于察雅县波里拉山。由四川三区测队 1974 年测制，层序如下：

上覆地层：巴贡组　黑色页岩夹石英砂岩

════════ 断　层 ════════

波里拉组　　厚度 481.7 m

4. 灰白色、灰色中厚层状灰岩，产腕足类 *Rhaetinopsis ovata*　　177.5 m

3. 灰黑色厚层块状灰岩，产腕足类 *Rhaetina ovata*，*Sanquiaothyris* aff. *elliptica*，*Robinsonella* sp.，*Adygella* sp.，*Amphiclina* sp.，*Septaliphoria* sp.，*Lobothyris* sp.　　260.9 m

2. 灰黑色厚层—块状大理岩　　14.6 m

1. 浅灰色、灰黑色中厚层状泥质灰岩，产腕足类 *Septaliphoria* sp.，*Rhaetinopsis ovata*，*Aulacothyris* sp.　　28.7 m

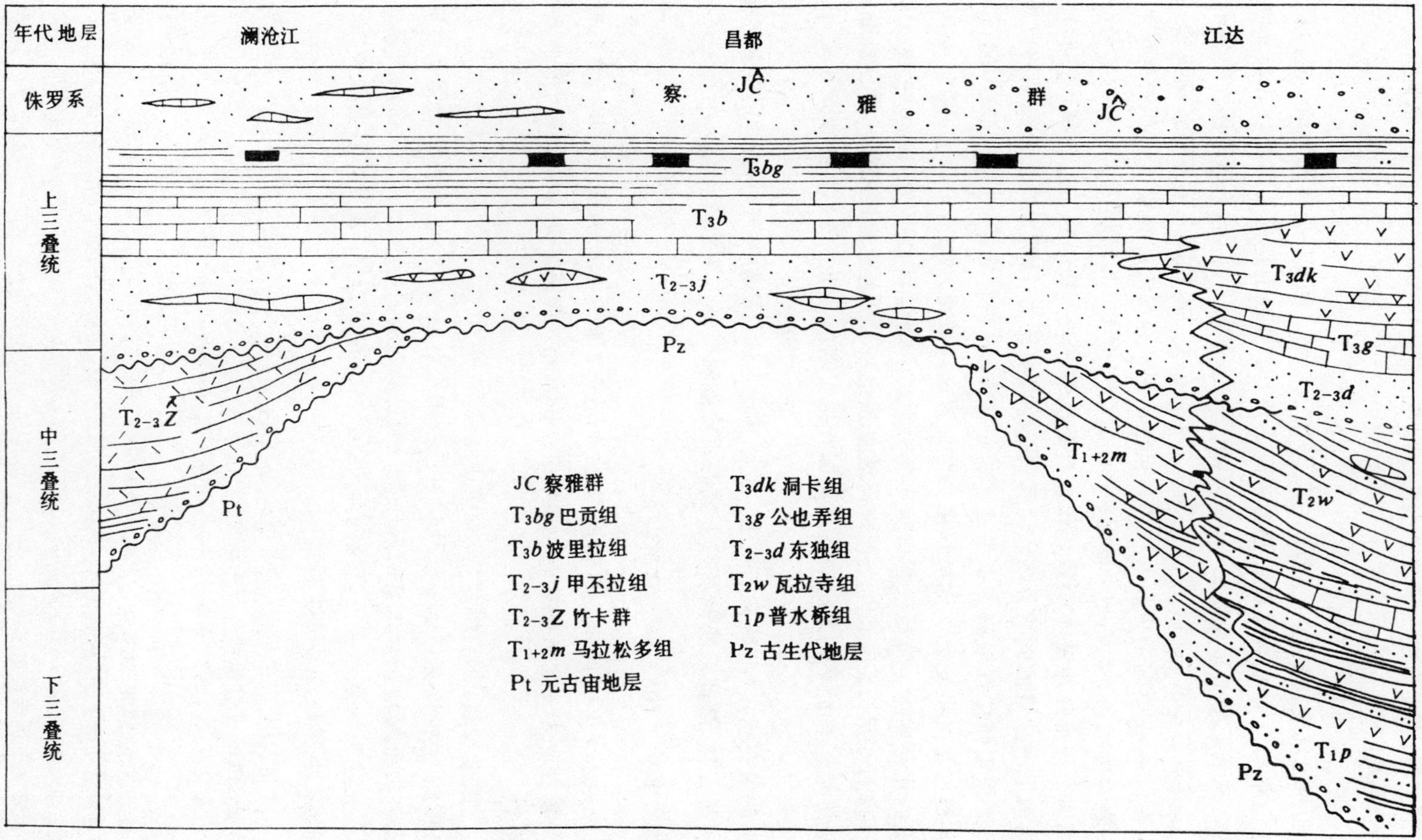

图 5－1　澜沧江—昌都—江达地区三叠纪岩石地层单位时空关系图

——————— 整　合 ———————

下伏地层：甲丕拉组　紫灰色块状粗粒长石砂岩、紫红色粉砂岩，灰绿色泥灰岩

【地质特征及区域变化】　波里拉组石灰岩主要分布于昌都、江达、察雅、类乌齐、安多、土门格拉等地。在分布区内比较稳定，广泛出露，沉积厚度变化不大。仅在东部江达地区厚度较小，约 52 m。在昌都、察雅、类乌齐等地一般厚度 500 m 左右。波里拉组中产丰富的腕足类 *Rhaetinopsis ovata*, *Septaliphoria* sp., *Aulacothyris* sp., *Adygella* sp. 等；菊石 *Parathisbites ronaldshayi*, *Jellinekites barnardi*, *Anatibetites kelvini*, *Cyrtopleurites* sp., *Placites* sp. 等；双壳类 *Halobia* sp., *Myophoria* (*Costatoria*) *napengensis* 等（辜学达，1992）。其时代均为晚三叠世诺利期。

波里拉组灰岩的广泛分布，展示了唐古拉-昌都弧内盆地海侵的极盛时期，海侵范围最广，盆地沉积达到相对稳定时期。波里拉组的顶、底界，均以碳酸盐岩的开始和结束为界，与其上覆地层和下伏地层之间界线清楚。

巴贡组　T_3bg　(06-54-0721)

【创名及原始定义】　中国科学院西藏工作队地质组李璞（1955）在察雅县巴贡进行地质考察时，将该地区的含煤地层称“巴贡煤系”，并分为四层：①黑色页岩，50～80 m，②灰色含云母砂岩及黑色页岩互层，厚 100 m 左右，③上部为灰绿色厚层砂岩，下部为灰色页岩与薄层砂岩相间层，含煤，产植物化石。厚 50～70 m。④灰绿色砂岩及红、灰色砂岩及页岩互层，厚 150 m 左右。其中植物化石经斯行健鉴定有 *Clathropteris*, *Nilssonia* 等，其时代归属早侏罗世。

【沿革】　赵金科（1959）将其称为巴贡群，四川三区测队 1974 年将其改称为巴贡组，分为下部阿堵拉段和上部夺盖拉段。饶荣标等（1987）在研究青藏高原的三叠系时，沿用了巴贡组，代表昌都地区晚三叠世晚期的含煤地层，本书亦从之。

【现在定义】　指整合于波里拉组灰岩之上、察雅群红色碎屑岩之下的一套含煤碎屑岩地层体。岩性为灰一深灰色、长石石英砂岩夹粉砂岩、页岩、泥岩及煤层，产植物、孢粉等化石。

【层型】　次层型为贡觉县夺盖拉剖面（E97°54′，N31°08′），由四川三区测队 1974 年测制，其层序如下：

上覆地层：察雅群　灰绿色长石石英砂岩夹粉砂岩，顶部有豆状铁质结核

——————— 整　合 ———————

巴贡组　　　　总厚度 2 277 m

5. 灰色一深灰色泥质粉砂岩、页岩夹灰色中厚层状长石石英砂岩。产植物化石 *Neocalamites* sp. (cf. *N. carrerei*), *Equisetites* sp., *Clathropteris* sp., *C. meniscioides*, *Pterophyllum* sp., *Otozamites* sp.　　250 m
4. 灰色薄层粉砂岩夹页岩、泥岩、砂岩和煤层（四层煤），含铁质结核。产植物化石 *Neocalamites* sp., *Pterophyllum* sp., *Taeniopteris* sp., *Anomozamites* cf. *major*, *Clathropteris* sp.；双壳类 cf. *Trigonodus kuperinus*　　325 m
3. 深灰色薄层状细粒长石石英砂岩夹页岩，砂质灰岩及煤层（四层煤），产植物化石 *Clathropteris meniscioides*, *Dictyophyllum nathorsti*, *Hyrcanopteris* sp., *Phlebopteris*

sp.，*Pterophyllum* sp.，*Drepanozamites nilssoni*，cf. *Pterophyllum aequale*，*Thaumatopteris* sp.，*Todites shensiensis*；双壳类 *Gervillia* cf. *shaniorum* 250 m

2. 灰一暗灰色薄层状长石石英砂岩夹泥质粉砂岩和页岩，产植物化石 *Neocalamites* sp.，*Taeniopteris* sp.，*Pterophyllum* sp.，*Podozamites* sp.，? *Glossophyllum* sp. 626 m

1. 灰黑色页岩夹薄层状细粒长石石英砂岩，上部夹三层煤线，产植物化石 *Clathropteris* sp.，*Taeniopteris* sp.，*Pterophyllum* sp.，? *Sphenopteris* sp.，另见有双壳类化石 826 m

——————— 整 合 ———————

下伏地层：**波里拉组** 灰色灰岩

【地质特征及区域变化】 巴贡组主要分布于昌都、江达、察雅、巴青、土门格拉等地。是昌都地区和藏北黑河地区的主要含煤地层。为山弧盆地沉积。其有关成煤地质资料，已经比较丰富，巴贡组的含煤及分布特征有以下规律：

（1）巴贡组含煤性的差异

在晚三叠世，唐古拉-昌都地块，在强烈的印支运动中主要表现为抬升运动，截然区别于金沙江及其以北地区的褶皱造山运动形式。巴贡煤系地层即是在这一构造背景中生成的。在昌都地区的巴贡组与西部唐古拉山土门格拉地区的巴贡组仍有一定差异。昌都地区巴贡组的建组剖面中，含煤层 25 层；而在土门格拉，据一钻孔资料，含煤已见到 68 层。

另外，在昌都地区，巴贡组的上覆地层为察雅群红色碎屑岩，现有资料表明，一般是渐变连续沉积。其间以察雅群的红色碎屑的出现作为两组地层的分界标志。而在唐古拉山的土门格拉地区，在巴贡组含煤碎屑岩地层之上，曾有过一短暂时期（T_3^3—J_1^1?）的风化剥蚀阶段。然后再堆积海相的石灰岩和砂页岩——雁石坪群（J*y*）。由此可见巴贡组在唐古拉地区和昌都地区其成煤的环境及时限不完全一致。可以认为从唐古拉山到昌都地区，当时存在有多个不同的沉积环境和发育程度不一的成煤盆地。至少可以说土门格拉和昌都地区是两个最主要的成煤盆地。并且认为巴贡组含煤地层体的顶、底时限是随地而异的，特别是顶界面明显是一个穿时界面。

（2）巴贡组含煤可望地段

巴贡组的分布主要限制于金沙江断裂带与班公湖-怒江断裂之间。而最主要的含煤地区还可以进一步缩小。如昌都地块的东部，以字嘎寺一贡觉一芒康一带为界，其东部江达地区的含煤情况较差，一般为劣质薄煤层，或仅仅是碳质页岩夹层。在昌都陆块的西缘亦有类似的情况，以类乌齐吉塘断裂为界，其西部的类乌齐一左贡地区的巴贡组含煤性极差。而含煤情况较好的地区集中于昌都地块较稳定的中部，以及唐古拉地块的中部，因此，这类稳定地带便是寻找较好成煤盆地的可望地段。1984 年南京地质古生物研究所、文世宣等人研究了巴贡组的植物化石，认为巴贡组的植物化石与云南一平浪组、四川须家河组上部、陕北的延长植物群都可以对比，植物群组合面貌相同，特征一致，属晚三叠世。

东独组 $T_{2-3}d$ （06－54－0725）

【创名及原始定义】 陈炳蔚、艾长兴（1983）创名，未指定层型。其原义指：分布于江达地区的一套紫红色砂砾岩，不整合于中三叠世的瓦拉寺组灰色砂板岩地层之上，整覆于公也弄组石灰岩组之下的紫红色碎屑岩。厚度约 360 m。时代为晚三叠世。

【沿革】 1974 年四川三区测队在昌都地区进行 1：100 万昌都幅地质填图时，将昌都一江达地区的晚三叠世地层划分为甲丕拉组、波里拉组和巴贡组。四川区调队 1986 年在进行 1

：20万德格幅区域地质调查时，把江达地区晚三叠世的地层进行了重新命名：巴贡组（含煤）、波里拉组（灰岩），整合于波里拉组之下的原甲丕拉组则以江达组代替。江达组又分为：上段火山岩为主，中段石灰岩为主，下段紫红色砂砾岩。不整合于下伏老地层之上。

饶荣标、辜学达等（1987、1992）在研究“三江区域地层”三叠系时，沿用了“东独组”这一名称。相当于原江达组下段紫红色砂砾岩地层。本书沿用其名，含义同原始定义。

【现在定义】 指不整合或平行不整合于瓦拉寺组深灰色砂板岩地层之上，整合伏于公也弄组灰岩之下的一套紫红色碎屑岩。岩性主要为紫红色砂砾岩、砂岩、粉砂岩、夹泥灰岩凸镜体，底部以厚层砾岩、石英砾岩为主。

【层型】 选层型为江达县瓦许剖面（E98°17′，N31°29′），其位置在江达县城郊汪达。由四川三区测队1974年测制，层序如下：

上覆地层：**公也弄组** 深灰色、灰黑色泥质灰岩、灰岩，中部为疙瘩状灰岩

——————— 整 合 ———————

东独组 总厚度 376.6 m

3. 紫红色厚层—块状砾岩与粗粒岩屑砂岩互层 27.2 m

2. 紫红、暗紫红色细砂岩、粉砂岩，夹砾岩层 113.4 m

1. 紫红色厚层状砾岩与含砾砂岩及粉砂岩互层 236.0 m

－－－－－－－ 平行不整合 －－－－－－－

下伏地层：**瓦拉寺组** 灰色鲕状灰岩及灰色粉砂岩、砂岩

【地质特征及区域变化】 东独组主要分布在江达地区，江达县瓦许、贡觉县波罗等地。岩性均为一套紫红色碎屑岩。东独组化石稀少，但其上覆地层公也弄组灰岩中化石较多，时代可以确定为晚三叠世早期，其下界与瓦拉寺组呈平行不整合接触，因此其形成时期可以确定为拉丁期一卡尼期。其岩石组合特征反映了一次海侵初期的红色磨拉石堆积，其生成时期和地质特征与邻区昌都地区的甲丕拉组有很多的相似之处。

公也弄组 T_3g (06－54－0726)

【创名及原始定义】 陈炳蔚、艾长兴（1983）创名，地点在江达县同普区江宗公也弄，未指定层型剖面。其原义主要指整合于东独组红色碎屑岩之上，洞卡组火山岩之下的一套灰岩地层，厚度420 m，时代晚三叠世中期。

【沿革】 四川三区测队（1974）曾将其归属波里拉组；四川区调队（1986）将其划归江达组中段；饶荣标（1987）仍称公也弄组，本次对比研究，亦沿用公也弄组一名，含义同原始定义。

【现在定义】 指夹持于东独组紫红色碎屑岩与洞卡组火山岩之间的一套灰岩地层，岩性为生物碎屑灰岩、微晶灰岩、白云质灰岩等。产双壳类、菊石等。与上覆地层洞卡组及下伏地层东独组均为整合接触。

【层型】 选层型为江达县同普区江宗公也弄剖面（E99°81′，N31°29′），位于公也弄西北木拉佣。由四川区调队1986年测制，层序如下：

上覆地层：**洞卡组** 浅灰绿色蚀变中基性凝灰岩夹深灰色薄层层纹状结晶灰岩

——————— 整 合 ———————

公也弄组　　总厚度 848.8 m

16. 灰一深灰色厚层灰质角砾岩、中厚层微粒结晶灰岩、含白云质微粒结晶灰岩、钙质页岩相间呈韵律互层。以含白云质灰岩为主。具鲍玛序列构造　183.3 m

15. 灰一深灰色中厚层生物碎屑灰质角砾岩、薄层微粒结晶灰岩、钙质页岩呈不等厚互层　99.2 m

14. 灰一深灰色厚层生物碎屑灰质角砾岩，与薄层微粒结晶灰岩夹钙质页岩相间，以灰质砾岩为主。产菊石 Trachyceratidae　190.1 m

13. 灰一深灰色中厚层生物碎屑灰质角砾岩，与薄层一厚层微粒结晶灰岩相间，夹褐灰色薄层微粒粉砂质白云岩、白云质灰岩及少量钙质页岩。白云岩层面具波痕，产双壳类化石碎片　91.1 m

12. 灰一深灰色薄层微粒结晶灰岩，厚层灰质角砾岩夹紫红色薄至中层层纹状变质石英粉砂岩。粉砂岩具沙纹波状层理及双向交错层理　159.5 m

11. 灰一深灰色中一厚层状灰质角砾岩白云质微粒结晶灰岩，泥质灰岩等与紫红色层纹状变质石英粉砂岩，粉砂质泥岩相间呈不等厚互层。具水平层理、双向交错层理。产双壳类化石碎片　91.6 m

10. 灰一深灰色中厚层微粒结晶灰岩夹含燧石结核灰岩。产双壳类 *Eumorphotis* ? sp.（10—16 层为原江达组的中段）　34.0 m

——————整　合——————

下伏地层：东独组

9. 上部为紫红色中厚层含砾岩屑粗砂岩，中部为紫红色中厚层钙质岩屑长石石英细砂岩，下部为浅灰色块层石英质砾岩，具板状交错层理、楔状层理

【地质特征及区域变化】 公也弄组主要分布于江达县木拉佣和江达鲁麻村及字呷区得金弄、同普区德翼村等地。厚度 2 000 m 左右。在本组中部灰岩中产菊石 Trachyceratidae，上部产双壳类 *Entolium* sp.，*Posidonia* sp.，*Schafhaeutlia* sp. 等；腕足类 *Adygella pentagonalis*，*Rhaetina taurica*，*R. caucasica*，*Mentzelia* sp. 等。其时代主要为晚三叠世早期。

洞卡组　T_3dk　（06－54－0727）

【创名及原始定义】 陈炳蔚、艾长兴 1983 年创名，创名地同公也弄组，未指定层型剖面。原义主要指夹持于上覆地层波里拉组石灰岩与下伏地层公也弄组石灰岩之间的一套中基性一中酸性火山岩为主的地层体。

【沿革】 四川区调队（1986）将其划归江达组上段；饶荣标等（1987）和辜学达等（1992）仍使用洞卡组一名。分别在《青藏高原的三叠系》等专著中引用。本次对比研究后亦沿用洞卡组一名，含义同原始定义。

【现在定义】 指夹持于下伏地层公也弄组灰岩与上覆地层波里拉组灰岩之间的一套火山岩地层体，岩性以中基性及中酸性火山岩（集块岩、火山角砾岩、玄武质安山岩、凝灰质火山角砾岩等）为主夹变质砂岩及薄层结晶灰岩，产双壳类化石。其顶部与波里拉组灰岩整合接触，与下伏地层公也弄组灰岩为主的地层为连续沉积。

【层型】 选层型为江达县卡贡区鲁麻村剖面（E98° 12′，N31°20′），位于江达县卡贡区鲁麻村。由四川区调队 1986 年测制，层序如下：

上覆地层：波里拉组　灰色巨厚层微一细粒结晶灰岩

—————— 整 合 ——————

洞卡组 总厚度 1 816.76 m

26. 灰褐色中厚层蚀变中—基性含砾岩屑凝灰岩，凝灰质角砾岩 155.16 m

25. 灰绿色厚层蚀变中一基性火山角砾岩，下部见凝灰质集块岩 305.59 m

24. 上部为暗绿色蚀变杏仁状玄武安山岩、枕状玄武安山岩夹少量凝灰质火山角砾岩；下部为灰绿色厚层强烈碳酸盐化中一基性火山角砾岩 119.57 m

23. 上部为暗绿色厚层蚀变玄武质安山岩、枕状玄武质安山岩，下部为灰绿色厚层强烈碳酸盐化中—基性火山角砾岩 84.67 m

22. 灰白色厚层酸性火山岩与灰绿色厚层黄铁矿化玄武质安山岩相间，夹少量中—基性火山角砾岩 137.01 m

21. 灰绿色厚层中—基性火山角砾岩，凝灰质角砾岩；上部夹凝灰岩，靠顶部夹有少量灰白色酸性火山岩 297.95 m

20. 暗绿色厚块层蚀变玄武质安山岩，蚀变中—基性含砾火山岩夹凝灰质火山角砾岩 154.48 m

19. 灰绿色蚀变杏仁状玄武质安山岩、玄武质安山岩 261.35 m

18. 上部为浅灰色中层层纹状碳酸盐化硅质岩与浅灰色、局部灰黑色中厚层蚀变中性凝灰岩互层；下部为灰白色中厚层酸性火山岩 24.64 m

17. 灰绿色厚块层中—基性火山角砾岩，夹少量酸性火山岩及浅灰色凸镜状结晶灰岩 38.95 m

16. 灰绿色钙质粉砂质页岩夹浅灰色薄中层不等粒长石岩屑砂岩 44.97 m

15. 灰绿色厚层强烈碳酸盐化玄武安山质角砾岩、集块岩，夹浅灰色凸镜体含燧石粉晶灰岩 56.72 m

14. 灰绿色厚层中—基性火山角砾岩，夹含砾玄武质安山岩，底部为灰—深灰色中厚层细粒结晶灰岩与火山角砾岩。灰岩呈大的凸镜体产出 135.70 m

—————— 整 合 ——————

下伏地层：公也弄组

13. 浅灰、深灰中厚层结晶灰岩，含燧石结晶灰岩夹生物灰岩。含丰富的腕足类 *Guseripria multicostata*，*G. bittneri*，*Septaliphoria firsicostata*，*Koninckina telleri* 等

【地质特征及区域变化】 洞卡组主要分布于江达县鲁麻村，字呷区得金弄，同普区德翼村等地，主要岩石类型均可分三段：下部为灰绿色玄武质安山岩、安山岩夹凝灰质页岩；中部为中性凝灰岩夹英安凝灰岩、流纹岩、熔结凝灰岩；上部为中酸性角砾状熔岩夹英安凝灰岩、流纹岩、熔结凝灰岩。含双壳类、植物、叶肢介等化石。其厚度变化较大，在江达县鲁麻村一车所剖面中，厚度 1 816 m，在江达县字呷区得金弄，厚度 564 m，在江达县同普区德翼村剖面，厚度为 1 933 m，江达县城郊汪达剖面，厚度为 351 m。再向东西追索便逐步减薄，逐渐尖灭，其分布西不超过字呷寺断裂，东不超过金沙江断裂带。向北方向的延展，可延到江达县汪布顶区卡松渡的查格（1：20 万竹庆幅报告，四川区调队，1984)。

洞卡组火山岩是江达岛弧火山岩的组成部分。江达岛弧火山活动始于早三叠世，在晚三叠世，卡尼晚期达到高潮后结束。喷发环境：早三叠世为陆相一滨海相；中三叠世为半深海相，晚三叠世为滨海相一陆相；晚三叠世火山-沉积岩系在加多岭铁矿一带发育得最完整，共有 7 个喷发-沉积旋回。岩石类型有玄武岩、安山岩、英安岩、英安流纹岩、流纹岩及中酸性凝灰岩、角砾凝灰岩、熔结火山角砾岩。岩系下部以基性火山岩为主，中部安山质火山岩为主，厚度最大，喷发最强烈，上部以酸性火山岩为主（莫宣学等，1993)。

若拉岗日群　$T_{2-3}R$　(06-54-0728)

【创名及原始定义】　西藏区调队1986年创名，创名剖面位于若拉岗日西北红泥河东沟。原义主要指分布于改则北羊湖—若拉岗日一带，具浅变质的一套砂板岩复理石建造的晚三叠世地层，其化石稀少，未见顶、底。

【沿革】　1993年《西藏地质志》引用若拉岗日群一名，代表若拉岗日地区上三叠统。本次对比研究后，仍沿用若拉岗日群一名，含义基本同原始定义。

【现在定义】　指分布于改则县北羊湖—若拉岗日一带的一套复理石沉积，岩性为细砂岩、粉砂岩、页岩、砾岩、灰岩之韵律沉积，并夹有硅质岩、玄武岩等基性火山岩及二叠纪的灰岩块体，化石稀少，而厚度巨大。未见顶、底。

【层型】　正层型为双湖特别行政区西北红泥河东沟剖面（E88°20′，N35°18′），西藏区调队1986年测制，其层序如下：

若拉岗日群	厚度>1 545 m
13. 灰色薄—中厚层状粉砂岩夹薄层细砂岩。（未见顶）	200 m
12. 灰色深灰色厚层—块状灰岩，含泥质灰岩	20 m
11. 绿色、灰绿色、褐黄色薄—中厚层状砂岩，细砂岩与薄层粉砂岩间层	300 m
10. 褐色、灰色厚层—块状砂岩	200 m
9. 灰色青灰色厚层—块状灰岩，含泥质灰岩，灰岩中偶见燧石结核和燧石条带	50 m
8. 灰色深灰色厚层—块状砾岩，砾石成分主要为石英岩、花岗岩，分选及滚圆度较好	20 m
7. 灰色薄层—中厚层状细砂岩	200 m
6. 灰色、深灰色厚层—块状变质的复成分砾岩	160 m
5. 青灰色、深灰色厚层—块状灰岩，含泥质灰岩	150 m
4. 灰色、灰绿色薄—极薄层变质基性熔岩质碎裂岩，泥质粉砂岩夹黑色碳质页岩，碳质粉砂岩	120 m
3. 浅黄色、褐黄色薄—极薄层云母质粉砂岩夹黑色、深灰色粉砂质页岩	15 m
2. 绿色、灰绿色阳起绿泥片岩夹变质粉砂岩	60 m
1. 变质杏仁状玄武质碎裂岩。（未见底）	>50 m

【地质特征及区域变化】　若拉岗日群具滑塌堆积特征。向西延伸，在改则县北部羊湖地区已尖灭。向东延伸可能与青海境内的西金乌兰湖—玉树巴塘一带的三叠纪地层——巴塘群有密切关系。若拉岗日群在若拉岗日剖面中出露厚度5 800 m，在改则县北小长沟东南剖面中出露厚度5 500 m。在改则玉龙河剖面，该组灰岩夹层中含有珊瑚 *Retiophyllum* sp.，*Thecosmilia* cf. *clathria*，*Myriophyllum* 等，在双湖陷车河剖面中的粉砂岩中含双壳类 *Halobia* sp.，因此，若拉岗日群的地质时代为中—晚三叠世。

巴颜喀拉山群　TB　(06-54-0729)

【创名及原始定义】　1961年北京地质学院创建巴颜喀拉群（玛多—竹节寺），青海区调队1970年在《1∶100万玉树幅区域地质调查报告》中介绍。原义指一套厚度巨大的类复理石杂砂质碎屑岩建造，分别称上巴颜喀拉山群，中巴颜喀拉山群和下巴颜喀拉山群，分别代表三叠系上、中、下三统。

【沿革】 西藏区调队（1986）引用巴颜喀拉山群一名，代表羊湖北、卧牛湖至向阳湖一带的晚三叠世地层。《西藏地质志》1993 年仍沿用其名，本书亦从之。

【现在定义】 指分布于可可西里—巴颜喀拉山地区的一套厚度巨大的、几乎全由砂岩、板岩组成的地层，难见顶、底，偶见不整合于布青山群之上、年宝组之下。化石稀少，属种单调，主要有双壳类、腕足类和头足类等。西藏境内巴颜喀拉山群的岩性为一套类复理石杂砂质砂岩、板岩夹少量灰岩、页岩等。化石稀少，有少量双壳类、腕足类。

【层型】 正层型位于青海省境内，地层主体在青海省境内，向西延伸进入西藏北部边境一带。区内次层型位于改则县城东北得雨湖东北约 20 km 的车驰口（E87°33′，N35 °46′），由西藏区调队 1986 年测制。

上覆地层：唢纳湖组　紫红、黄色砂岩、砾岩

~~~~~~~~~~ 不 整 合 ~~~~~~~~~~

巴颜喀拉山群　　总厚度＞2 300 m

5. 灰色、灰白色薄—中厚层变质细粒长石岩屑砂岩，粉砂岩夹页岩及砂质页岩　400 m
4. 灰色、深灰色、灰白色中厚层状碎裂变质的粗粒长石岩屑砂岩夹厚层状变质的含砾粗粒长石岩屑砂岩及粉砂质页岩　500 m
3. 灰色、深灰色页岩与薄层砂岩、粉砂岩互层，页岩中含较多的砂质及菱铁质结核　300 m
2. 黑色、深灰色纸状页岩、粉砂质页岩夹砂质结核　500～800 m
1. 黑色深灰色页岩、粉砂质页岩、粉砂岩及碳质粉砂岩不等厚互层；产双壳类 *Halobia* sp.，*H. substyriaca*，*H.* cf. *substyriaca*，*H. convexa*。（未见底）　300 m

【地质特征及区域变化】 巴颜喀拉山群在西藏北部地区主要出露于羊湖北、卧牛湖、玉尔巴扎钦山、向阳湖和若拉岗日一带。岩性均为浅变质的灰—深灰色复理石砂板岩、粗砂岩、细砂岩、粉砂岩、板岩、粉砂质页岩夹灰岩、泥灰岩、砂质结核、含碳质页岩等，组成韵律沉积。具前陆边缘海盆快速堆积的沉积特征。其厚度一般为 3 200 m～4 825 m，在改则县北长高山北厚度为 4 300 m，在车驰口东南厚度为 2 300 m，在北湃浪河至沙塘河地区厚度为 3 200 m。在砂板岩中含少量双壳类、腕足类。其中双壳类 *Halobia substyriaca*，*H. talauana*，*H. convexa*；*H. fallax*，*H. ganziensis*，*Modiolus* sp.；腕足类 *Sinucosta bittner*。结合邻省资料，本书暂将其地质时代置于三叠纪。

雁石坪群　*JY*　（06－54－0821）

【创名及原始含义】，1957 年詹灿惠、韦思槐（手稿）创名“雁石坪岩系”。西藏综合队 1979 年介绍。原义指：“在哈尔金山、雁石坪、温泉等地发育一套海相侏罗系，分为上、中、下岩系。上岩系分为温泉层、雁塔层；中岩系分为上灰岩层、上碎屑岩层；下岩系包括下灰岩层、下碎屑岩层。”

【沿革】 在西藏北部羌塘地区。1985 年吴瑞忠等将雁石坪群自上而下划分为拉相错群、长梁山组、那底岗群，并认为前二者之间存在沉积间断。西藏区调队于 1986 年在拉雄错—那底岗日一带，将其自上而下划分为白龙冰河组、雁石坪群，且在这一带地区，其底部火山岩较发育，单独划出被称为那底岗日群。西藏区调队于 1987 年在拜惹布错等地又将其自上而下划分为淡水河组、雁石坪群、拜惹布错组。郭铁鹰等于 1991 年在阿里地区将其称为热维尔组。《西藏地质志》（1993）中将下部的火山岩称那底岗日群，其上的灰岩和碎屑岩组成的地层以
~~~~~~~~~~

龙木错-查桑-澜沧江断裂带为界，在南部的称为佣钦错群，北部的自上而下称为白龙冰河组、雁石坪群，在不同的地段、不同的单位和个人，对此套地层的命名与划分差别较大，这主要与工作程度和划分标准不同有关。本书仍沿用雁石坪群一名，含义同原始定义。

【现在定义】 指不整合于结扎群及其以前地层之上，为一套碎屑岩夹灰岩，下部局部地区夹火山岩组成的地层。产双壳类、腕足类、腹足类、菊石和孢粉等化石。由下而上由雀莫错组、布曲组、夏里组、索瓦组、雪山组并合而成。各组之间均为整合接触。

西藏境内指以海相碳酸盐岩与碎屑岩为主组成多个旋回沉积。底部岩性一般为紫红色细砂岩、粉砂岩等，局部地区为火山岩；中下部为灰至深灰色中厚至厚层状灰岩、凝灰岩；上部为灰绿、紫红色中细粒砂岩、粉砂岩及薄层石英砂岩；顶部为深灰色厚层状灰岩夹钙质泥岩、砂岩等。在双湖东北地区含大量石膏夹层。在拉雄错一那底岗日底部夹火山岩不整合于肖茶卡群之上，含丰富的双壳类、腕足类、菊石等，上未见顶。

【层型】 正层型在青海省境内。西藏境内的次层型位于改则县北查桑那底岗日西山(E87°59′,N33°41′)，由西藏区调地队1986年测制，其层序如下：

雁石坪群

上灰岩段 总厚度 3 475.37 m

29. 灰色、黄灰色薄至极薄层变质细粒岩屑砂岩。产双壳类化石碎片。(未见顶) 84.94 m
28. 杂色中层状砂岩、变质细粒岩屑砂岩及粉砂岩与页岩、泥岩、粉砂质砾岩不等厚互层 127.34 m
27. 灰色、黄灰色薄层粉砂岩及粉砂质页岩，夹薄层泥灰岩及生物碎屑灰岩。产双壳类 *Astarte* sp.，*A.* cf. *amdoensis*，*Modiolus* sp.，*M. imbricatus*，*Pseudotrapezium cordiforme*，*Myopholas multicostata tenuistriata* 123.00 m
26. 深灰色、灰白色、黄灰色薄层泥灰岩、生物碎屑灰岩与同色薄层砂岩、钙质砂岩、页岩呈不等厚互层。产双壳类 *Protocardia subtrigonia*，*P.* cf. *hepingxiangensis*，*P. stricklandi*，*P. qinghaiensis*，*Opis lunlatus*，*Gervillella orientalis*，*G.* cf. *siliqua*，*Myopholas multicostata tenuistriata*，*Peregrinoconcha* sp.，*Astarte* cf. *amdoensis*，*Camptonectes lens*，*C. laevis*，*Pseudotrapezium cordiforme*，*Inoperana sowerbyana* 195.34 m
25. 灰色、灰绿色、黄绿色页岩、变质页岩，夹粉砂岩、泥灰岩、生物灰岩及4层石膏。产双壳类 *Modiolus imbricatus*，*Myopholas multicostata tenuistriata*，*Astarte* cf. *amdoensis*，*Pseudotrapezium cordiforme* 198.22 m
24. 深灰色、灰黑色薄层泥灰岩、含泥质灰岩与页岩、粉砂质页岩不等厚互层，夹石膏层 68.23 m
23. 白色、灰白色石膏、硬石膏层 10.65 m
22. 灰色、灰黑色、青灰色薄层至叶片状灰岩、泥灰岩，夹生物碎屑灰岩 12.50 m
21. 白色、灰白色厚层状石膏及纤维石膏、硬石膏、雪花石膏 29.23 m
20. 黑色、深灰色中厚层状灰岩、含泥质灰岩及生物碎屑灰岩 58.80 m

上砂岩段

19. 灰色、黄灰色、灰绿色薄至中层状变质细粒长石岩屑砂岩，夹杂色薄层泥灰岩、生物碎屑灰岩及粉砂质页岩。产双壳类 *Astarte* sp. 150.00 m
18. 杂色页岩、粉砂质页岩、钙质页岩及薄层粉砂岩、钙质粉砂岩呈不等厚互层，夹薄层泥灰岩及2～3层石膏。底部为红色泥岩 316.60 m

17. 青灰色、灰白色薄至中层状灰岩、含泥质灰岩、生物碎屑灰岩，夹薄层粉砂岩。产双壳类 *Protocardia* sp.，*Pholadomya* sp.，*Danlengiconcha* sp.，*Liostrea birmanica*，*Camptonectes laminatus* 322.43 m

16. 黑色、灰色薄—中厚层状灰岩、含泥质灰岩及生物碎屑鲕状灰岩与页岩、粉砂质页岩组成小韵律。产双壳类 *Lopha* cf. *rostellaris*，*Camptonectes* sp.；腕足类 *Holcothyris flexa*，*H. subovalis*，*H. pinguis* 197.06 m

15. 黑色、灰白色薄至中层状灰岩、含泥质灰岩、生物灰岩与页岩、粉砂质页岩不等厚互层，间夹薄层粉砂岩、细砂岩。产双壳类 *Lopha asella*，*Modiolus* sp.；腕足类 *Holcothyris subovalis*，*H. depressa*，*H. undulata*，*H. curvata*，*H. macra*，*Kutchithyris* cf. *lingularis* 280.10 m

14. 灰色、黄灰色、灰绿色页岩，钙质页岩、粉砂质页岩与杂色薄层粉砂岩呈不等厚互层，夹灰岩、生物灰岩 47.56 m

13. 黑色、深灰色、灰白色中层状灰岩，含泥质灰岩、生物灰岩组成小韵律。产双壳类 *Trigonia* sp.，*Plagiostoma* cf. *channoni*，*Ceratomya concentrica*；腕足类 *Holcothyris subovalis*，*H. trigonaris*，*H. pinguis*，*H. cooperi*，*H. curvata*，*H.* cf. *luichangensis*，*H. flexa*，*Kutchithyris* sp.，*Burmirhynchia shanensis*，*B. hasipawensis*，*B. irregularis*，*Sphaeroidothyris* sp. 118.82 m

12. 灰色、深灰色薄层泥灰岩与杂色页岩不等厚互层，夹薄层粉砂岩及2～3层石膏 159.39 m

11. 白色厚层石膏、硬石膏层。中部夹一层厚14 m的泥灰岩 88.74 m

下砂岩段

10. 紫红色、土红色、黄绿色页岩，黄绿色页岩、泥岩与薄层中粒岩屑长石砂岩不等厚互层，夹薄层变质细粒岩屑长石砂岩及泥灰岩 151.06 m

9. 灰色、黄灰色薄层泥灰岩与页岩、粉砂质页岩不等厚互层，夹薄层粉砂岩及厚3 m的石膏层 52.26 m

8. 红色、紫红色、黄色中厚层粗砂岩、细砂岩夹砾岩 19.60 m

7. 红色、紫红色、棕黄色中厚层状砾岩，夹粗砂岩、细砂岩及泥岩 102.89 m

6. 红色紫红色中厚层熔结角砾凝灰岩、流纹质角砾熔结凝灰岩、粗面安山岩与灰绿色流纹角砾凝灰岩不等厚互层 25.00 m

5. 灰绿色安山质岩屑晶屑凝灰岩含少量砾岩。砾石成分为安山岩、玄武岩 30.00 m

4. 暗绿色安山岩 40.00 m

3. 暗绿色安山质角砾熔岩。底部为安山质凝灰熔岩和少量安山质角砾凝灰熔岩 20.00 m

2. 深灰色薄层状钠化多斑玻基安山岩，其中常见2～3 cm大的灰岩捕虏体，中部夹安山质凝灰岩、玄武玢岩、流纹岩和砂岩凸镜体 600.00 m

1. 灰色厚层状砾岩。砾石为下伏上三叠统灰岩 3～5.00 m

~~~~~~~~~~ 不 整 合 ~~~~~~~~~~

下伏地层：肖茶卡群　粉红色中厚状厚层至块状灰岩。产腕足类、珊瑚等

【地质特征及区域变化】　雁石坪群岩性为灰色碳酸盐岩与杂色碎屑岩之互层，在拉雄错—那底岗日一带底部为中—酸性熔岩及火山碎屑岩。生物化石有双壳类、腕足类、腹足类、珊瑚、菊石、苔藓虫、层孔虫等。为浅海台地碳酸盐岩和滨浅海碎屑岩夹陆相地层，局部为泻湖膏盐相。岩石未变质。含丰富的石膏矿。广泛超覆于三叠纪或古生代老地层之上，未见顶。

雁石坪群在西雅尔岗以西地区被古生代地层分隔为南北两支，北支沿拜惹布错—布若错—多格错仁一带分布；南支沿多玛—康托—日干配错—昂达尔错—索县—丁青之北一带分布，
~~~~~~~~~~

总体呈近东西向延伸。在区域上岩性较稳定，仅在拉雄错—那底岗日一带其底部发育一套厚度大于1 670 m的中-酸性火山岩。出露厚度变化于数百米至5 270 m之间，西段和东段较薄，数百米至2 500 m，在中段改则县康托至佣钦错一带及那底岗日等地厚度大，一般为4 583～5 270 m。岩性无较大的变化。以陆表浅海沉积环境为主，局部为泻湖沉积环境，含石膏矿。

所产菊石有 *Coroniceras* sp.，*Virgatosphinctes* cf. *subfrequens*，? *Paraboliceras* sp.，*Properisphinctes* sp.，*Subplanites* sp.，*Progeronia* sp.，*Alligaticera* sp.；双壳类 *Lopha asella*，*Liostrea birmanica*，*Myopholas multicostata tenuistriata*，*Pseudolimea*，*Gervillella orientalis*；腕足类 *Burmirhynchia* sp.，*Holcothris* sp.，*Pleuromya* cf. *spitiensis*；腹足类 *Elegantella* sp.，*E. conoidalis*，*E. avundaensis*，*Pseudomalania* cf. *kouzenetsoui pcelinceu*；珊瑚 *Scizosmilia rollieri koby*，*Dermoseris delogaboi*，*Dermosmia dobrogana*，*Montlivatia bifiba*；层孔虫 *Parastromatopora*；刺毛虫 *Bauneacapri*，时代为辛涅缪尔期至基里期。顶部时代在白龙冰河以东及改则县康托至昂达尔错一带为卡洛期，白龙冰河-拜惹布错及多玛等地可达基末里期；底部时代在广大地区都为巴通期，在错尼为巴柔期，而在拜惹布错一带为辛涅缪尔期。

察雅群 JĈ (06-54-0822)

【创名及原始含义】 1974年四川三区测队创名，并划分为下组、上组，创名地点在察雅县香堆。原始定义系指连续沉积于巴贡组（T_3bg）之上代表下中侏罗统的一套红色碎屑岩，上与香堆群整合接触。划分标准主要为年代地层。

【沿革】 察雅群创名以来，赵喜进等1985年将其自下而上划分为：大野组（J_1）、达布卡组（J_2）、肯做尕组（J_3）。四川区调队于1990年，又将其自下而上划分为：査郎嘎组（J_1）、土拖组（J_2）、东大桥组（J_2）、小索卡组（J_3）。云南第三地质队1991年在芒康、盐井地区将其自下而上划分为：洋江组（J_1）、花开左组（J_2）、坝注路组（J_3），1992年在察雅地区将其自下而上划分为：汪布组（J_1）、察雅组（J_2）及肯做尕组（J_3）。但划分出来的这些组岩性差别甚小，可能还存在构造重复，可填图性较差，所以本次对比研究仍统称其为察雅群。

【现在定义】 指整合覆于巴贡组灰、灰黑色页岩、砂岩之上的一套以紫红色为主的杂色的泥岩、粉砂岩、砂岩夹泥灰岩、生物介壳灰岩、泥晶白云岩及砾岩的岩石地层。产双壳类、腹足类、孢粉及脊椎动物化石。顶部与香堆群紫红、灰绿、黑色砂岩、粉砂岩夹页岩的地层为平行不整合接触。

【层型】 正层型为察雅县香堆剖面（E98°00′，N30°35′），四川三区测队1974年测制，层序如下：

上覆地层：**香堆群** 紫红色粉砂岩

——————— 平行不整合 ———————

察雅群	总厚度 2 699.47 m
10. 浅灰-深灰色厚层状灰岩，具假鲕状构造	25.56 m
9. 紫红色粉砂岩夹暗紫色厚层状细粒岩屑石英砂岩，上部夹灰绿色粉砂质页岩	699.80 m
8. 灰紫色厚层状细粒岩屑石英砂岩夹粉砂岩；下部以粉砂岩为主	245.50 m
7. 灰白色厚层状中-细粒岩屑石英砂岩夹少量红色粉砂岩	99.28 m
6. 紫红色粉砂岩夹细砂岩	216.20 m
5. 暗紫色厚层状长石砂岩夹粉砂岩	219.50 m
4. 紫红色粉砂岩为主夹细砂岩	262.10 m

3. 紫红色粉砂岩夹厚层状细粒岩屑石英砂岩，顶部夹灰绿色泥质粉砂岩　260.00 m

2. 紫红色泥质粉砂岩与细粒岩屑石英砂岩互层，夹少量黄褐色砂岩；上部为灰绿色薄层状泥质粉砂岩　470.35 m

1. 灰绿色页岩、紫红色粉砂岩、砂岩夹灰绿色泥岩、砂岩　201.18 m

——————— 整　合 ———————

下伏地层：巴贡组

灰黑色长石石英粉砂岩、页岩夹黑色碳质页岩。产植物化石 *Pterophyllum* sp.，*Nilssonia* sp.，*Neocalamites* sp. 等

【地质特征及区域变化】　察雅群岩性以紫红色兼有杂色的泥岩、页岩、砂岩、粉砂岩为主，夹泥灰岩、生物介壳灰岩、泥晶白云岩及砾岩凸镜体。以成熟度高的石英岩至粉砂岩为主，成熟度低或较低的岩屑石英砂岩、长石石英砂岩及长石砂岩较少；结构成熟度低等。出露厚度 358～3 000 m。化石稀少，产双壳类、腹足类、腕足类、孢粉及脊椎动物化石。以陆相为主，夹海相地层，自下而上由海陆交互相过渡到湖相再过渡到河流相。具坳陷盆地沉积的特点，是一重要的含盐地层，岩石未变质。与下伏地层的接触关系一般都认为是整合关系，但也有人认为是平行不整合关系。

察雅群分布于类乌齐县所乡、察雅、芒康及盐井一带，呈北西向延伸。岩性、厚度变化都较大，岩性有向北变粗的特征。西部产海相化石，东部尚未发现海相化石。在昌都县大野乡达布卡产爬行类脊椎动物化石。厚度以昌都-察雅一带最厚约 2 700～3 000 m。

察雅群产双壳类有 *Liostrea* cf. *birmanica*，*Lopha* cf. *acella*，*L. namtuensis*；腕足类 *Burmirhynchia namyauensis*；脊椎动物群 *Megalosaurus dapukaensis*，*Lancangiangosaurus*，*Changdusaurus laminaplacodus*。该群地质时代属侏罗纪。

第六章
晚侏罗世—第三纪

晚侏罗世—第三纪，羌北-昌都地层区及其以北的巴颜喀拉地层区已经全面抬升成陆，而其南部的冈底斯-腾冲地层区和喜马拉雅地层区还是一片汪洋大海。

在这一地史阶段中，羌北-昌都地层区和巴颜喀拉地层区主要堆积了一些陆相红色碎屑岩，现有6个岩石地层单位：美日切错组、铁隆滩组、香堆群、贡觉组、拉屋拉组、石坪顶组，其中仅有铁隆滩组一个单位是海陆交互相地层。记述于后：

美日切错组 K_1m （06-54-0935）

【创名及原始定义】 西藏区调队（1986）创名，创名剖面位于双湖县美日切错北岸。原义指一套粗安岩、安山岩、碱玄岩。

【沿革】 1993年《西藏地质志》引用美日切错组一名，代表双湖县以东美日切错地区晚白垩世的火山岩沉积。本次对比研究后，沿用其名，含义同原始定义。

【现在定义】 岩性为一套碱性的陆相中基性火山岩。由辉石粗安岩、黑云粗安岩、霞石碱玄岩组成。未见顶、底。

【层型】 正层型为双湖县美日切错北岸美日切错剖面（E89°37′，N34°44′），由西藏区调队（1986）测制，层序如下：

美日切错组	总厚度＞2 550 m
5. 辉石黑云粗安岩。（未见顶）	500 m
4. 黑云辉石粗安岩	450 m
3. 辉石黑云粗安岩，局部含辉石黑云角闪粗安岩	400 m
2. 辉石安山岩	200 m
1. 黄灰色霞石碱玄岩。同位素年龄值为106 Ma。（未见底）	＞1 000 m

【地质特征及区域变化】 美日切错组仅分布于美日切错北岸，局限在东西长12 km，南北宽2～7 km的范围内。据美日切错组下部同位素年龄值为106 Ma（K-Ar法），相当于中阿尔比期，暂将美日切错组的时代归属于早白垩世。

铁隆滩组　K_2t　（06－54－0936）

【创名及原始定义】　新疆石油管理局地调处（1975）创名于英吉莎县南吐依洛克。原始定义：棕红色砂质泥岩、膏泥岩夹薄层灰岩。

【沿革】　地质矿产部青藏高原地质调查队（以下简称“地矿部高调队”）（1986）在日土县欧利，创名欧利群，分为下组和上组，其中下组部分地层与铁隆滩组相当。本次对比研究后将原铁隆滩群降级为铁隆滩组，并扩大其含义，包括原欧利群下组地层。并推测上组和下组之间为不整合接触。

【现在定义】　棕色、棕红色泥岩、膏泥岩夹白色石膏及薄层灰岩。下以白色厚层—块状石膏与下伏整合的依格孜牙组灰黄色中—厚层灰岩分界，上被阿尔塔什组不整合或平行不整合覆盖。

在西藏岩性由紫红色灰岩、生物灰岩、砂岩组成，产有非海相的双壳类、腹足类和植物碎片，以及海相固着蛤、圆笠虫、腹足类、海胆、层孔虫。其与下伏地层雁石坪群不整合接触，与上覆地层牛堡组（E_1）不整合接触。

【层型】　正层型为新疆英吉莎县南吐依洛克剖面。西藏日土县欧利为次层型（E80°03′，N34°58′），由“地矿部高调队”1986年测制，本书略做修改。其层序如下：

上覆地层：**牛堡组**

10. 黄灰、黄绿色薄一中层状泥灰岩、藻礁灰岩，下部夹少量钙质砂岩。后者含箭石 *Hibolithes* sp.	＞100 m

～～～～～～～～ 不 整 合？ ～～～～～～～～

铁隆滩组	总厚度 1 096.8 m
9. 灰黄、褐黄色砂岩，含砾砂岩夹钙质砂岩	450.0 m
8. 黄绿色薄层状砂岩	22.7 m
7. 褐黄色砾岩夹灰色薄层状钙质砂岩	74.6 m
6. 浅灰色薄层状砂质灰岩	55.7 m
5. 褐黄色砾岩	10.7 m
4. 杂色薄层状钙质砂岩夹灰黑色砂质灰岩及砾岩。含植物 *Neocalamites* sp. 和双壳类、腹足类、珊瑚等化石	321.4 m
3. 暗灰色薄层状灰岩，黄褐色砂质生物灰岩，含腹足类 *Nerinea*（*N.*）*parahicoriensis*，*Nerineopsis acuta*，*Climolithium minutum*，*Glauconia*（*G.*）*cylindrica*	74.9 m
2. 黄褐色薄层状砾岩、含砾灰岩	32.6 m
1. 褐色砾岩	54.2 m

～～～～～～～～ 不 整 合 ～～～～～～～～

下伏地层：**雁石坪群**

【地质特征及区域变化】　铁隆滩组自喀拉山口—天文点（新疆境内），经阿克赛钦湖—郭扎错，到帮达错地区，铁隆滩组在平面上的分布呈一舌形展露，延伸长约400 km，宽100 km。主体地层分布在新疆南部，西藏的东罗克宗山一带是其东延部分，在班公错之东的多玛地区亦有零星分布。在西藏的东罗克宗山地区铁隆滩组为海陆交替沉积，厚度在1 240 m以上，含有固着蛤、圆笠虫、腹足类、海胆、层孔虫和非海相的双壳类、腹足类和介形类（?）等化石。与下伏地层雁石坪群不整合接触。在日土县多玛地区为粗碎屑岩和灰岩，厚度160～1 097 m

以上。含有珊瑚、双壳类、海娥螺和植物等化石，与下伏地层雁石坪群不整合接触。在多玛西北约 7 km，铁隆滩组下部为泥质生物碎屑灰岩和鲕状灰岩，中部为含砾砂岩夹灰岩和硅质岩凸镜体，上部为石英砂岩与钙质粉砂岩及泥砂质灰岩互层。产双壳类、腹足类和植物碎片等。地层厚度大于 160 m。在阿克赛钦湖一郭扎错（里田湖）一帮达错（雅协湖）一带，铁隆滩组下部地层分布较广，相当于诺林的"A—Q 层"，包括五个沉积旋回（"A—C、D—G、H—I、J—O、P—Q"）。各旋回皆由下部的紫、灰色砂岩、砂砾岩、砾岩和上部的浅红、浅黄、灰色生物灰岩、灰岩两部分组成，总厚度大于 1 240 m，但不排除有构造重叠存在。上部仅见于帮达错北岸，相当于诺林的"R 层"，由含煤屑及煤膜的砂质页岩与粘土质细砂岩组成互层，未见顶。

铁隆滩组下部产：*Praeradiolites*，*Exogyra*，*Orbitolina*，西藏区调队在相应层位找到上阿尔比期（?）一赛诺曼期的 *Sauvagesia* cf. *texana*；固着蛤 *Radiolites angeiodes*。因此，本书将铁隆滩组的时限归属于晚白垩世。

香堆群　K*X*　(06－54－0937)

【创名及原始定义】　四川三区测队（1974）创名于察雅县香堆。原义指岩性为紫红、灰紫色中厚层中细粒钙质长石石英砂岩夹少量泥质粉砂岩，或以粉砂岩为主夹砂岩及含砾砂岩、砾岩的地层体，厚度 2 575 m。未见顶。与下伏地层察雅群整合接触。主要是以生物地层划分。时代为侏罗纪一白垩纪。

【沿革】　四川区调队和中科院南古所（1982）将香堆群划分为"上香堆组"和"下香堆组"；赵喜进等（1986）在香堆和老然等地发现了丰富的恐龙等脊椎动物化石，并系统测制了剖面，另建老然组和宗谷组两个单位；云南省地矿局第三地质队（1991）在芒康、盐井幅进行 1∶20 万区域地质调查工作中，按《中国的白垩系》(1986）划分方案，将该地区之白垩系划分为下白垩统景星组，中白垩统南新组，上白垩统虎头寺组。上述各家的划分均缺少岩石组合特征的依据，地质填图中难以应用，本书仍沿用香堆群一名。

【现在定义】　岩性为紫红、灰紫色长石石英砂岩、泥质粉砂岩、粉砂岩、砂岩、含砾砂岩、砾岩组成，产恐龙、鱼、龟、鳖、双壳类、介形虫、植物、虫迹等化石。与下伏地层察雅群平行不整合接触，其上未见顶。

【层型】　正层型为察雅县香堆镇香堆剖面（E97°45′，N30° 35′），由四川三区测队 1974 年测制，层序如下（略有修改）：

香堆群	总厚度＞2 575.4 m
15. 紫红色石英粉砂岩夹岩屑石英砂岩，底部有少许同生砾岩。(未见顶)	1 290.0 m
14. 灰绿色长石石英砂岩，中部为紫红色钙质粉砂岩	649.0 m
13. 紫红色钙质粉砂岩，薄层细砂岩及长石石英砂岩	242.4 m
12. 黑色泥质页岩夹石英砂岩	26 m
11. 紫红色粉砂岩夹岩屑石英砂岩，底部有砾岩凸镜体	368.0 m
——————— 平行不整合 ———————	
下伏地层：察雅群	
10. 浅灰、深灰色厚层状灰岩，具假鲕状构造	25.26 m

【地质特征及区域变化】　香堆群主要分布于昌都、察雅、芒康等地。在措瓦一起塘牛场

一带，香堆群的下部由砂岩、钙质砂岩、泥岩、粉砂质泥岩、钙质泥质砂岩等组成，其间夹钙质岩屑砾岩及含钙质粉砂质粘土岩。措瓦一带厚度2 575 m，起塘牛场附近厚度1 605 m。在查假、徐中一带，香堆群下部的岩性为砂岩夹砂质泥岩、钙质复理石岩屑砾岩，砂岩中含植物碎屑。大拉足一带厚度约2 400 m，徐中、次基等地厚度约750 m。在老然地区，香堆群下部为泥岩含钙质结核，砂岩以含有长石为特征，水平层理及微层理发育，反映了炎热、干旱的山间湖沼沉积特点。在香堆厚度998 m，在尚卡区所乡，厚度410 m。香堆群下部化石较丰富，其化石组合与滇西景星组基本相同。在波落、措瓦、目然公、扎冲戛、美多扎吉、普松、肚子拉等地产有双壳类、孢粉、介形虫、植物等化石；在察雅县香堆，还产恐龙、鱼类和龟、鳖等化石；在芒康县西侧产植物化石等。在徐中一带，香堆群中、上部岩性为中厚层状中粒钙质砂岩为主，其上部泥岩夹层较多，常具水平层理，并有直管状虫迹分布；中部钙质粉砂岩、钙质泥岩增多，局部有少量石膏层和白云质泥质灰岩产出；下部夹厚层状钙质长石石英砂岩，发育大型斜层理，出露较全，厚度达350.6～986 m。在芒康--徐中一带，香堆群中、上部以颜色单一，厚度较稳定，岩性变化不大，粒度较粗，局部直管状虫迹发育等为特点。在徐中一带厚度增加到986 m。在鲁然、香堆和类乌齐县所乡地区，香堆群中、上部的紫、褐色砂、泥岩组成互层，夹砾岩等，厚度141～453 m。除芒康县鲁然区之外，在类乌齐县所乡的香堆群中、上部是紫褐色具微层理的粉砂岩与含钙质结核泥岩互层，底部为砾岩，厚度371 m；在察雅县香堆为紫红、暗紫色泥岩夹斜层理发育且含大量泥屑的粉砂岩和细砂岩，厚度141 m；可见香堆群中、上部粗碎屑的砂岩、砾岩，泥屑增多，显然较香堆群下部具有更充分的水动力条件。

香堆群产脊椎动物 cf. *Asiatosaurus kwangshiensis* 等。其中 *Megacervixosaurus tibetensis* 与常见于晚白垩世的 Titanosaurinae 亚科 *Titanosaurus* 属类似。还有 *Ornithomimus* sp.，Hadrosauridae。淡水双壳类 *Nakamuranaia*，*Koreanaia*，*Nippononaia*，*Sinonaia*，*Peregrinoconcha* 等；植物 *Elatides* sp. 及 *Brachyphyllum* sp.，*Elatocladus* sp. 等，介形类化石 *Cristocypridea demiorbiculata*。综上所述，香堆群的时代应为白垩纪。

底界确定标志：香堆群底部为紫红色粉砂岩夹岩屑石英砂岩，底部有砾岩凸镜体与下伏地层察雅群（J）浅灰、深灰色厚层状灰岩呈整合或平行不整合接触，在芒康县碧龙沟至老然，香堆群底部为灰褐色砾岩与下伏地层察雅群顶部红色泥岩夹砂岩平行不整合接触。

贡觉组　$E_{1-2}g$　(06－54－1028)

【创名及原始含义】　李璞（1955）命名的“贡觉红层”演变而来。未指定层型。原义指昌都地区贡觉县至江达一带的西北格里刹卡新生代（或三叠纪）陆相红色碎屑岩沉积。

【沿革】　四川三区测队（1974）根据贡觉县油扎剖面中的孢粉、介形虫等化石，将其划归下第三系，称“贡觉群”。何书元（1983）在“贡觉群”中采到 *Sabalitites*，将贡觉群改为贡觉组。但时代尚有争议。

【现在定义】　为一套不整合于鹜曲组灰岩等老地层之上的红色、紫红色、杂色含盐碎屑岩、砾岩、泥砾岩、砂岩、砂砾岩、泥岩地层体，产植物、孢粉等。上未见顶。

【层型】　选层型为贡觉县油扎乡蹦白剖面（E98°26′，N30°45′），位于贡觉县的130°方向23 km蹦白附近。由何书元等（1983）测制，层序如下：

贡觉组　　　　　　　　　　　　　　　　　　　　总厚度＞2967.0 m

14. 紫红色细粒长石石英砂岩、粉砂岩、泥质粉砂岩韵律层。(未见顶) >136.6 m

13. 暗紫红色泥岩夹泥质粉砂岩及灰绿色页岩。上部夹一层灰绿色含铜钙质粉砂岩和一层灰绿色含铜页岩凸镜体 129.6 m

12. 暗紫红色粉砂质页岩夹绿色页岩及少量薄层状钙质粉砂岩。其中另夹含铜石膏质灰岩一层及含铜铁矿质石膏一层 164.5 m

11. 暗紫红色页岩夹灰绿色页岩及少量瓦片状钙泥质粉砂岩。下部页岩局部含石膏结核，并见一层烟灰色泥灰岩 109.0 m

10. 暗紫红色泥岩夹杂色钙质页岩。底部一层钙泥质粉砂岩，含石膏结核及虫迹 117.5 m

9. 紫红色泥质粉砂岩夹中粗粒岩屑砂岩，上部为粉砂质泥岩。泥质粉砂岩普遍含石膏结核 200.3 m

8. 暗紫红色泥岩夹灰绿色页岩及少量泥质粉砂岩。中、上部夹两层石膏凸镜体，底部有少量含砾粗砂岩 151.6 m

7. 暗紫红色粗砾岩，砾质粗砂岩，含砾泥质粗砂岩韵律层。上部泥质粗砂岩含石膏结核，底部粗砂岩含钙质结核，偶见大型直线斜层理 323.2 m

6. 杂色块状砾岩。偶夹粗砾岩屑砂岩，大型直线斜层理发育 504.6 m

5. 暗紫色粗砾岩，砾质粗砂岩，含砾粗砂岩韵律层，直线斜层理发育 275.2 m

4. 暗紫色、红色泥质粗粒岩屑砂岩，大型斜层理极为发育 250.0 m

3. 灰褐色薄层状细—中粗粒岩屑砂岩，泥质粉砂岩韵律。泥质粉砂岩局部含砾，也含石膏结核 368.7 m

2. 灰褐色薄—中层状钙泥质砂岩，泥质粉砂岩韵律层。中上部泥质粉砂岩含石膏结核 100.0 m

1. 灰红色泥质粉砂岩。局部含细砾，也含石膏结核 136.2 m

~~~~~~~~~ 不 整 合 ~~~~~~~~~

下伏地层：**甏曲组** 石灰岩

【地质特征及区域变化】 贡觉组为一套不整合于前新生代地层之上的含盐杂色砂砾岩，它分布于昌都地区的江达、昌都、贡觉、察雅、芒康、左贡等地，为沿断裂带之断陷盆地沉积，横向上自南而北厚度加大，由不夹火山岩，逐渐过渡为夹火山岩。在江达县的生达地区为火山岩和碎屑岩组成，厚度719～1 000 m。再延入青海玉树县。属于蒸发湖泊环境沉积。其中所含的植物、孢粉、盐类表明形成于干旱、炎热的热带一亚热带气候环境。

贡觉组所含孢粉化石丰富。在江达县青泥洞乡卡龙弄剖面产植物 *Palinia* (?) sp.，*Aistonia* sp.，*Salix* sp.，*Sparaganium antiguum*，*Carpinus* sp.，*Equisetum* sp.。在贡觉县波罗乡惹果剖面、江达县郭美乡剖面产孢粉 *Charites* sp.，*Meliaceoidites* sp.，*Leiosphaeridia* sp.，*Schizacoisporites* sp.，*Ephedrotes fusiformis*，*Triporopollenites* spp.，*Plicapollis granulatus*，*P.* sp.，*Subtriporopollenites tuberus*，*Ulmipollenites minor*，*Caryapollenites lepeodermis*，*C.* sp.，*Euphorbiacites* sp.，*E. reticulates*，*Tricolpites* sp.，*Cupuliferoipollenites* sp.，*Tricopollenites* sp.，*Retitricolpites* sp.，*Meliaceoidites* sp.，*Picea*，*Pinus*，*Betula*，*Carpinus* 等。在贡觉县爱玉乡剖面产植物 *Sabalites*。在江达草曲沟西侧的火山岩夹层获得锆石（U-Pb）一致曲线年龄 15～39 Ma（参考值），但这些成果的样品均采自顶部较高层位。孢粉组合主要为始新世面貌（宋之琛，1982），植物棕榈 *Sabalites* 是老第三纪重要化石，这些化石层位之下还有上千米的砂砾岩，极有可能包括了古新世沉积。因而贡觉组的时代置于古新世一始新世，但不排除有渐新世甚至中新世沉积之可能。贡觉组以产石膏、石盐、钾盐等盐类矿产闻名。
~~~~~~~~~

拉屋拉组 Nl （06－54－1029）

【创名及原始含义】 四川三区测队（1974）创名，创名地点位于芒康县的280°方向18 km拉屋拉附近。原义指上部为紫红色或灰黄色凝灰质砂砾岩；下部为中酸性或碱性火山岩。

【沿革】 1959年李璞等称洛隆红色砾岩夹酸性火山岩及凝灰岩，未正式创名。四川三区测队创名拉屋拉组后，中国科学院青藏高原综合科学考察队（1984）、四川区调队（1990）、青海区调队（1990）均引用。1993年《西藏地质志》亦沿用其名，含义均大体相当。本书从之。

【现在定义】 为一套不整合于香堆群红层之上的紫红色、灰白色、黄绿色等砂砾岩、泥岩、粉砂岩及砂岩，局部含凝灰质及薄煤层、煤线；中部为中酸性、碱性粗面岩、粗安岩、石英粗安岩、黑云母石英粗面岩等，间夹杂色砂砾岩。上未见顶。

【层型】 正层型为芒康县拉屋拉乡剖面（E98°04′，N29°46′），位于芒康县的280°方向18 km拉屋拉乡附近。由云南第三地质队（1987）重新测制（见：1990，1：20万芒康幅、盐井幅区域地质调查报告），层序如下：

拉屋拉组	厚度＞1 023.5 m
10. 灰白色长石砂岩夹粉红色泥岩，薄至中层砂岩。（未见顶）	＞103.0 m
9. 上部灰白色长石砂岩，夹灰色泥岩，含植物碎片，下部黄灰色中厚层状砂岩	183.7 m
8. 黄灰色沉火山角砾凝灰岩	33.8 m
7. 灰紫色粗面质凝灰熔岩	13.2 m
6. 灰色粗面岩	145.7 m
5. 浅灰色粗面岩及少量碳酸盐化粗面质构造角砾岩	66.6 m
4. 中上部灰、浅灰色玻基斑状粗面岩；下部浅紫灰色弱碳酸盐化黑云母粗面岩	322.0 m
3. 浅灰紫色弱碳酸盐化沉凝灰岩	7.6 m
2. 浅紫灰、灰一灰白色高岭土化含黑云母粗面岩	138.2 m
1. 浅灰色带黄色砂砾岩，夹黄灰色砂岩、泥岩，底部为砾岩	9.7 m

～～～～～～～ 不 整 合 ～～～～～～～

下伏地层：**香堆群** 红色砂砾岩、泥岩

【地质特征及区域变化】 拉屋拉组分布于怒江以东的昌都地区、芒康、贡觉、类乌齐甲桑卡、察雅等地，下部岩性为紫红色中酸性火山岩为主，安山集块岩、安山玢岩、粗面岩等。不整合于贡觉组及其它岩石地层之上。上部为紫红色、灰黄色凝灰质砂岩夹粉砂岩、长石石英砂岩、泥岩和薄煤层。总厚度420 m，局部仅59 m，最厚达1 700 m。

拉屋拉组含丰富的孢粉 *Equisetum* sp.，*Betula mankongensis*，*B.* cf. *utilis*，*B.* cf. *vera*，*Carpinus* cf. *fargesiana*，*C. grandis*，*Sorbus* cf. *wilsoniana*，同层的孢粉有 *Lonicera*，*Chenopodium*，*Polygonum*，*Artemisia* 等，反映了乔木和灌木组成的亚热带山区落叶阔叶林特点。在类乌齐县甲桑卡孟城一底江剖面，贡觉组上部粉砂岩和薄煤层中含植物化石 *Alnus* sp.，*Salix* sp.，*Ulmus* sp.，*Populus* sp. 等，与下伏地层贡觉组不整合接触。类乌齐县甲桑卡和芒康县拉屋拉的植物群和孢粉（陶君容，1987）面貌与噶尔县原“野马沟组”（现大竹卡组）和南木林县乌郁盆地芒乡组上部的植物群可以进行对比，时代为中新世。在芒康县南则巴牛场的拉屋拉组上部层位碳质泥岩、砂岩中含植物 *Pinus* sp.，*P. yunnanensis*，*Equisetum* sp.，*Cyperacites* sp.，*Salix angusta*。拉屋拉乡以东的公路垭口产介形类：*Stenocypia fischeri*，*Candoniella donschanensis*；腹足类 *Australorbis* cf. *pseudoammonius*；轮藻 *Obtusochara* sp. 均为

上新世分子。上部含煤碎屑岩中的植物 *Pinus yunnanensis*，*Equisetum* sp.，*Cyperacites* sp.，*Salix angusta* 等为上新世晚期的常见组合。其中 *Pinus yunnanensis* 为滇西三营组的重要分子。下部粗面岩与滇西剑川组粗面岩可能为同时代之喷发产物。底部砂砾岩可与滇西双河组对比。故将拉屋拉组地质时代归属晚第三纪。

石坪顶组 $N_2Q\hat{s}$ (06-54-1027)

【创名及原始含义】 西藏区调队（1986）命名。位于改则县的 27°方向 430 km 沉鱼湖西石坪顶。原义分上、下两段，上段岩性为辉石安山岩和粗面安山岩，全岩同位素年龄值为 9.4 Ma，白云湖东岩性则为气孔玄武岩、辉石安山岩、玄武安山岩、玄武碱性粗面岩、流纹质晶屑凝灰岩及凝灰岩。

【沿革】 1993 年《西藏地质志》引用石坪顶组一名，时代置于上新统。本次对比研究后，仍沿用其名，时限置于上新世—早更新世。代表可可西里南、羌塘北部广大地区，在第三纪晚期—早更新世的一次重要的碱性火山活动。

【现在定义】 为一套碱性、中基性粗面质玄武岩、安山岩及中酸性火山碎屑岩组成。不整合覆于唢纳湖组红色砂岩之上，其上未见顶。

【层型】 正层型为改则县沉鱼湖剖面（E86°10′，N35°45′），由西藏区调队（1986）（见：1：100 万改则幅地质报告）测制，层序如下：

石坪顶组	总厚度＞95 m
5. 灰黑色气孔状辉石安山岩。气孔具明显拉长。（未见顶）	30 m
4. 暗紫色气孔状辉石玄武安山岩	15 m
3. 浅黄绿色黑云绿纤石化辉石安山岩	15 m
2. 暗紫色、灰色辉石玄武安山岩	20 m
1. 灰黑色气孔状辉石安山岩	15 m

～～～～～～～ 不 整 合 ～～～～～～～

下伏地层：**唢纳湖组** 红色粉砂岩

次层型剖面：改则县黑石北湖南岸 1 号火山熔岩剖面（E82°33′，N35°26′），位于改则县的 340°方向 560 km 黑石北湖南岸。西藏区调队（1986）测制，层序如下：

石坪顶组	总厚度 109 m
3. 灰褐、红褐、紫红色气孔状、角砾状流动构造玄武岩（以隐晶质为主，少数玻璃质），大多为针状、棒状，且指向喷发中心。（未见顶）	69 m
2. 灰紫、紫褐色气孔状流动构造玄武岩夹角砾状玄武岩，岩石结构以火山岩为主，流动纹层向喷发中心倾斜，倾角 15°～25°	40 m
1. 灰、灰黑、烟灰色气孔状玄武熔渣，气孔密集，约占体积的 70%	

～～～～～～～ 不 整 合 ～～～～～～～

下伏地层：**巴颜喀拉山群** 砂岩、页岩或松散砾石层

【地质特征及区域变化】 石坪顶组的下部岩性多为气孔状安山岩、气孔状辉石安山岩、玄武安山岩、玄武碱性粗面岩、流纹质晶屑凝灰岩、流纹质强熔结凝灰岩及凝灰岩，厚度大于 200 m。其中流纹质晶屑凝灰岩（K-Ar 法）同位素年龄值为 10.6 Ma，

石坪顶组主要分布于南昆仑、可可西里、羌塘北部广大地区，露头零星分散，与唢纳湖组或松散沉积物均为不整合接触。横向上岩性变化很大，岩石同位素年龄值为10.6～9.4 Ma，时限跨入中新世晚期，但碱性—基性岩同位素年龄误差很大，根据区域构造岩浆演化规律，碱性岩类一般时代很新，因而将其下限置于上新世晚期（主体部分），上限可能跨入了第四纪。为此，将石坪顶组主体部分置于晚上新世—早更新世。东部羌北地区局部较老，在黑石北湖、巴毛穷宗因与松散沉积物不整合，时代较新，因而它具有穿时性或所跨时限较长。

第二篇　藏滇地层大区

西藏境内的藏滇地层大区，主要包括羌南-保山地层区、冈底斯-腾冲地层区和喜马拉雅地层区。南部与印度地层大区相邻，其间以喜马拉雅山前“A 型”俯冲带为界。

藏滇地层大区的地层有以下一些主要的特征：(1) 据已有资料研究表明喜马拉雅地层区的基底岩石和盖层属于印度古陆边缘向北延伸的部分，这里有自震旦纪—寒武纪至第三纪的连续海相沉积岩。(2) 在喜马拉雅地层区和冈底斯-腾冲地层区中，自奥陶纪—早石炭世，均属稳定型的浅海相沉积岩石类型。以陆缘碳酸盐岩和碎屑岩为主，不含火山岩，基本未变质。(3) 晚石炭世—早二叠世，因受冈瓦纳古陆冰川的影响，广泛发育冰碛岩及相应的冷水动物群。在陆缘地区（如定日县的曲布等地）产舌羊齿植物群。现将区内主要岩石地层叙述于下。

第七章
前震旦纪

藏滇地层大区的前震旦纪基底岩石地层，主要分布于喜马拉雅地层区的南缘高喜马拉雅地区，呈东西向带状展布于南迦巴瓦、亚东、聂拉木—普兰一带地区（参见图 2－1，西藏前寒武纪岩石地层分布图）。另外在藏南拉轨岗日地区，以及冈底斯-腾冲和羌南-保山地层区中还有少许露头。其岩石均为中深变质程度的各种片岩、片麻岩等。原岩同位素年龄值自 581～2 250 Ma 之间，各地不等。

前震旦纪的岩石地层单位共有 5 群 6 组（参见表 7－1），现叙述于后：

表 7－1　前震旦纪岩石地层单位一览表

<table>
<tr><th colspan="5">藏　滇　地　层　大　区</th></tr>
<tr><th colspan="2">喜马拉雅地层区</th><th colspan="2">冈底斯-腾冲地层区</th><th rowspan="2">羌南-保山地层区</th></tr>
<tr><th>高喜马拉雅地层分区</th><th>康马-隆子地层分区</th><th>措勤-申扎地层分区</th><th>班戈-八宿地层分区</th></tr>
<tr><td>聂拉木群 { 江东组
曲乡组</td><td>拉轨岗日群</td><td>念青唐古拉群</td><td>嘉玉桥群 { 怒江组
瞎绒曲组</td><td>吉塘群 { 西西组
恩达组</td></tr>
</table>

聂拉木群　AnZ*N*　（07－54－0001）

【创名及原始定义】　张旗（1981）命名。其创名剖面为聂拉木县县城南北波曲沿岸友谊桥—肉切村剖面。原义主要指分布于聂拉木县县城南北的一套东西向延展的前震旦纪变质片岩、片麻岩、变粒岩、混合岩及大理岩等。

【沿革】　应思淮（1974）最初将聂拉木县县城南北波曲沿岸，自友谊桥—肉切村之间的前震旦纪的变质岩地层命名为珠穆朗玛群。并从下往上划分为达来玛桥组、丁仁布桥组、康山桥组和加曲桥组四个地层单位。张旗（1981）鉴于珠穆朗玛群一名早在1925年已被Odll使用于珠穆朗玛峰顶部的地层的单位，故将珠穆朗玛群更名为聂拉木群。尹集祥（1984）将聂拉木群划分为上、下两个组。下部为比丘冲断层（主中央冲断层）与曲乡（香）冲断层之间的这段变质岩石地层被称为丁仁布桥组；上部以主北冲断层（江林花岗岩）与曲乡（香）冲断层之间的这段变质岩地层被称为康山桥组。茅燕石等（1985）进一步测制并研究了聂拉木县友谊桥—肉切村剖面，认为聂拉木群并非都是南老北新的单斜地层，确定了康山桥以南的单斜构造为一组轴面平行的紧闭倒转褶皱，其北为轴面略向北倾斜的宽缓背向斜。只有自江林花岗岩以北才为向北倾的单斜地层。同时将聂拉木群从下往上（自南而北）划分为友谊桥组、曲乡组和江东组三个地层单位。

西藏区调队（1983）分别在1∶100万日喀则幅和噶大克幅区域地质填图中采用了聂拉木群，代表高喜马拉雅地区的前震旦纪变质岩地层。《西藏地质志》（1993），将聂拉木群又划分为“下部结晶岩系”和“上部结晶岩系”，其间以康山桥断层为界，把康山桥断层到友谊桥之间的变质岩地层称“下部结晶岩系”，康山桥断层到江林花岗岩（断裂带）之间的变质岩地层称“上部结晶岩系”。“下部结晶岩系”以原岩为富铝贫钙的杂砂岩、泥页岩变质而来的各种片麻岩为特征。属于富铝硅酸盐岩岩石类型。“上部结晶岩系”以原岩富铝、富钙的钙铝硅酸盐岩岩石（杂砂岩、泥页岩、碳酸盐岩等）变质而来的云母片岩、片麻岩、变粒岩、混合岩、大理岩等为特征，属于富铝、富钙硅酸盐岩岩石类型。“上部结晶岩系”相当于茅燕石（1985）所划分的江东组；“下部结晶岩系”大致相当于曲乡组和友谊桥组。

《西藏地质志》（1993）对聂拉木群的研究与划分意见最接近岩石地层单位的划分命名原则，在岩石组合特征、变形变质特征和原岩类型以及区域划分对比等方面都显示了聂拉木群上、下两部分岩石地层的重要区别。本次对比研究后以江东组代替“上部结晶岩系”，扩大曲乡组含义代替“下部结晶岩系”。

【现在定义】　聂拉木群包括下部曲乡组和上部江东组。

【地质特征及区域变化】　聂拉木群组成高喜马拉雅地层分区的主体地层，又被称为“中央结晶岩带”，主要分布于我国西南边境以及印度、锡金、不丹、尼泊尔等地，沿高喜马拉雅地区呈近东西向带状展布。在印度库蒙以及斯匹提地区被称为“歪克瑞塔岩系”（Vaikrita System），在尼泊尔境内被称为“杜普片麻岩”（Dhumpu Gneiss），在锡金境内被称为“大吉岭片麻岩”，在不丹境内被称为“廷布岩系”（Thimpu Series）。在中国门隅、洛瑜以及南迦巴瓦地区被命名为“南迦巴瓦群”和“赛拉群”（苏班西里地区），在吉隆、普兰一带被称为“纳木那尼群”和“希夏邦玛峰群”等。这些地层单位名称以及与此相当的单位均可视为聂拉木群的同物异名。

在我国境内自西部扎达县楚鲁松杰经什布奇、普兰、聂拉木、亚东至西巴霞等地边境一带出露，长约1 800 km，宽约40～50 km。其岩性均由上、下两部分组成，即下部原岩为富铝而贫钙的杂砂岩、泥页岩变质而来的各种片麻岩为特征，属富铝硅酸盐岩岩石类型。上部以原岩为富铝富钙的钙铝硅酸盐岩（杂砂岩、泥页岩、碳酸盐岩等）变质而来的云母片岩、片麻岩、变粒岩、混合岩、大理岩等为特征，属富铝富钙硅酸盐岩岩石类型。在东部南迦巴瓦地区聂拉木群厚度为10 000 m，在亚东地区厚度为6 563 m，聂拉木地区厚度为7 698 m，吉隆地区厚度为8 710 m，在什布奇地区厚度为6 120 m。

关于聂拉木群的时代，据李光岑等（1988）资料，在亚东地区，聂拉木群上部的石榴黑云母片麻岩选用锆石U－Pb等时线测年为718±158 Ma，与邻区尼泊尔和锡金等地的年龄值比较接近。在尼泊尔的纳瓦科特推覆体的白云石英岩中，用白云母测得岩石同位素年龄值为 728±2 Ma（Krummenacher，D，1961）。在锡金的查尔群中用角闪石测得岩石同位素年龄值为 819±80 Ma（Krummenacher，D，1961）。其年龄值应属晚元古代。

许荣华（1985）在聂拉木县亚里对聂拉木群中的黑云斜长片麻岩测得锆石U－Pb等时线年龄值为1 250 Ma，与侵入于东喜马拉雅的达岭（Daling）-布萨（Buxa）岩系中的林格斯（Lingtse）花岗岩Rb－Sr等时线年龄值1 050 Ma（Achargga，S K，1980）比较接近。其年龄值应属中元古代。许荣华（1986）在聂拉木群中的3个花岗岩和1个片麻岩的锆英石测得一些同位素年龄值数据，其中最老一个年龄为2 250 Ma。在库蒙地区“中央结晶带”的Muniari片麻岩中Thakur（1977）和Saini（1982）还测得过全岩等时线年龄值为1 800±100 Ma，Alleger等（1982）基于Manaslu花岗岩中低的$^{143}Nd/^{144}Nd$比值（0.51 138±），推论在高喜马拉雅存在岩石年龄值为1 100～2 300 Ma间的基底。

综上所述，聂拉木群是喜马拉雅地层区最老的结晶基底岩石地层，其主体时代为元古宙。由于后来经受多期变形变质作用，特别是在第三纪以来强烈的喜马拉雅造山运动的作用下，在聂拉木群的主体岩石中可能混入部分较新和较老的构造岩块。故本书仍将其时代置于前震旦纪。另外，聂拉木群的变质年龄值也已获得了较多的可靠资料。卫管一等（1986）根据中国科学院贵阳地球化学研究所Rb－Sr和U－Pb全岩等时线年龄值以及成都地质学院第九教研室锆石U－Pb和K－Ar法测定结果，认为聂拉木群有两组变质作用年龄值。一组集中在644～664 Ma，另一组为8.59～94.92 Ma。据Mehee（1975）的资料，在Himachal的Lahaul地区，Roheang山口片麻状花岗岩中，也曾获得全岩等时线年龄值（Rb－Sr法）为581±9 Ma与644 Ma和664 Ma。这表明聂拉木群经历了两次主要的变质作用。其变质程度最高达角闪岩相。

曲乡组　AnZ*q*　（07－54－0002）

【创名及原始定义】　茅燕石等（1985）命名。创名剖面为聂拉木县南友谊桥一肉切村剖面。原义指以粗粒白云母片麻岩为基本特征的一段变质岩地层体。

【沿革】　应思淮（1974）将康山桥断裂以南至友谊桥之间的这段变质岩地层划分为达来玛桥组、丁仁布桥组、康山桥组和加曲桥组；尹集祥（1984）将其主要称丁仁布桥组；茅燕石（1985）则将其命名为友谊桥组和曲乡组；卫管一（1986）也将其称之为友谊桥组和曲乡组；《西藏地质志》（1993）则将此段岩石地层称之为“下部结晶岩系”。本书扩大曲乡组的含义（包括原友谊桥组和曲乡组），其岩石组合和顶底界线划分与“下部结晶岩系”相当。

【现在定义】　主要指原岩为富铝硅酸盐岩岩石（杂砂岩、泥页岩）变质而来的各种片岩（石英片岩、云母片岩、蓝晶石片岩、十字石片岩）、片麻岩组成。未见底，整合伏于江东组混合岩、变粒岩及大理岩地层之下，以大理岩层的出现作为两组间的分界标志。

【层型】 正层型为西藏聂拉木县友谊桥—肉切村剖面(E85°58′,N28°00′),系地矿部高调队(1986)重测。聂拉木群所属曲乡组、江东组连续地层剖面如下(卫管一等,1989年发表):

上覆地层:肉切村群 条带状透辉黑云母片岩,夹角闪斜长石英片岩、黑云母斜长石英片岩

═══════ 断 层 ═══════

江东组 总厚度5 294.1 m

24. 黑云斜长变粒岩,黑云二长变粒岩,夹黑云长石石英片岩、角闪长石石英岩 527.2 m
23. 条带状黑云斜长变粒岩,透辉硅灰片麻岩,条带状角闪透辉大理岩薄层或凸镜体 635.9 m
22. (矽线)黑云斜长变粒岩,黑云斜长(二长)变粒岩,条痕状混合岩,局部为混合片麻岩 685.1 m
21. 大眼球状矽线黑云钾长(二长)混合岩,夹黑云钾长变粒岩 498.5 m
20. 黑云二长(钾长)变粒岩,含石榴黑云斜长变粒岩和条纹—条痕状矽线黑云混合片麻岩,夹黑云二长片麻岩和方柱透辉片麻岩、黑云大理岩凸镜体 372.9 m
19. 矽线黑云石英岩和石榴黑云石英片岩互层,夹矽线石英片岩 17.4 m
18. 矽线黑云二长(钾长)变粒岩,黑云斜长变粒岩,夹黑云石英岩、浅粒岩、黑云石英片岩,曲乡以北变为眼球—条痕矽线黑云混合片麻岩 2 131.4 m
17. 矽线黑云(二云)斜长(二长)片麻岩夹矽线黑云斜长(二长)变粒岩、矽线二云石英片岩、白云石英片岩,偶见石榴角闪变粒岩和石榴透辉大理岩凸镜体 425.7 m

——— 整 合 ———

曲乡组 总厚度>2 404.0 m

16. 条带状二云石英片岩,矽线黑云斜长(二长)变粒岩,夹矽线黑云片麻岩、浅粒岩、黑云石英岩,偶夹凸镜状石榴变粒岩、方解石榴(角闪)变粒岩 186.7 m
15. 矽线二云二长(钾长)变粒岩,矽线二云二长(钾长)片麻岩互层,夹浅粒岩和石榴角闪变粒岩 171.1 m
14. 条带状含石榴二云斜长石英片岩,条带状矽线二云(黑云)石英片岩,夹二云斜长片麻岩和含石榴二云片岩 49.8 m
13. 含石榴(矽线)黑云(二云)斜长片麻岩和含石榴二云(黑云)变粒岩,夹含石榴二长石英片岩、云母片岩、石榴角闪变粒岩,偶夹角闪片岩薄层,樟木以南变为二云母混合片麻岩 450.7 m
12. 含石榴(矽线)黑云(二云)斜长片麻岩,条带状二云斜长片麻岩,夹黑云斜长变粒岩、石榴角闪变粒岩 528.6 m
11. 含石榴(矽线)黑云钾长片麻岩,矽线二云钾长片麻岩,夹黑云斜长变粒岩,偶夹石榴角闪变粒岩,上部夹二云斜长石英片岩、含石榴黑云石英片岩、黑云片岩 260.9 m
10. 二云长石石英岩,含石榴二云石英片岩,夹石榴角闪斜长石英岩(或石榴角闪变粒岩),下部夹石英岩 105.3 m
9. 石榴矽线二云斜长片麻岩,石榴黑云石英片岩,夹黑云斜长变粒岩和石榴角闪变粒岩 16.9 m
8. 含石榴二云斜长石英片岩,夹石英岩和石榴角闪变粒岩 41.5 m
7. 含石榴二云石英片岩夹云母片岩 63.0 m
6. 黑云斜长变粒岩,夹二云石英片岩和石榴角闪变粒岩 94.0 m

═══════ 断 层 ═══════

5. 黑云石英片岩,含石榴黑云石英片岩,夹薄层状石榴蓝晶黑云片岩 145.9 m
4. 蓝晶黑云片岩,含十字石榴蓝晶黑云片岩,夹(含石榴)黑云石英片岩 80.5 m
3. 石榴黑云斜长变粒岩,夹黑云石英片岩,上部夹石榴角闪斜长变粒岩 66.9 m
2. 黑云石英片岩,含十字石榴二云石英片岩互层 11.2 m

1. 蓝晶黑云片岩，含石榴黑云斜长石英片岩互层，夹黑云斜长变粒岩。（未见底） >131.0 m

【地质特征及区域变化】 曲乡组下部主要为蓝晶黑云片岩，（含石榴）黑云石英片岩，夹石榴黑云斜长变粒岩，石榴角闪斜长变粒岩，二云石英片岩等，以存在富铝硅酸盐岩矿物蓝晶石为特征；上部主要为含石榴二云石英片岩夹石英岩，黑云斜长变粒岩等，含石榴矽线黑云斜长片麻岩，含榴二云（黑云）变粒岩夹二云石英片岩，石榴角闪变粒岩等，矽线黑云片麻岩。在聂拉木地区厚度大于 2 404 m；在吉隆地区厚度大于 4 400 m；在札达县什布奇地区，厚度大于 5 970 m；在亚东地区厚度为 4 466 m；在南迦巴瓦地区厚度为 4 500 m。变质相主要为高角闪岩相，经受了多期变质作用，尤以喜马拉雅期变形变质最强烈。曲乡组原岩主体年龄 1 100～2 300 Ma，代表了早、中元古代沉积。

江东组 AnZ*j* (07－54－0003)

【创名及原始含义】 茅燕石等（1985）命名。创名剖面为友谊桥一肉切村剖面。原义指整合于曲乡组之上的一套变粒岩、混合岩、片麻岩夹大理岩的变质岩地层。与上覆肉切村群板岩、千枚岩及片岩断层接触，与下伏地层曲乡组整合接触。

【现在定义】 由一套富铝富钙硅酸盐岩（原岩为杂砂岩、泥页岩、碳酸盐岩）变质而来的各种片岩、片麻岩、变粒岩、混合岩、大理岩及混合质片麻岩组成。底部大理岩整合伏于曲乡组之上，与上覆地层肉切村群浅变质的片岩、板岩、千枚岩断层接触。

【层型】 正层型为西藏聂拉木县友谊桥一肉切村剖面（参见 07－54－0002）。

【地质特征及区域变化】 江东组下部以黑云变粒岩为主，夹黑云混合岩和少量黑云片麻岩，最为特征的是其中夹有钙硅酸盐岩片麻岩和大理岩，往上则逐渐变为主要岩石类型。矽线黑云眼球状混合岩发育，也是重要特征；上部主要为黑云母变粒岩，夹黑云石英片岩、透辉石大理岩和角闪石英片岩。在聂拉木地区厚度 5 294.1 m；在吉隆地区厚度大于 4 310 m，在什布奇地区仅 150 m 左右；在亚东地区厚度 2 097 m；在南迦巴瓦地区厚度约 5 500 m。江东组同样经受了多期区域变质作用，尤以喜马拉雅期最强烈，最高达角闪岩相。江东组中测有岩石同位素年龄值大致为 718±158 Ma、819±80 Ma，其地质时代为前震旦纪。

拉轨岗日群 AnZ*L* (07－54－0004)

【创名及原始定义】 刘世坤、姚宗富（1994）新创名的岩石地层单位，主要指沿藏南低分水岭地区，拉轨岗日短轴背斜核部地带分布的一套中深变质岩石地层，岩性为铁铝榴石石英片岩、云母石英片岩夹大理岩，局部见蓝晶石片岩、十字片岩、角岩、角闪石片岩、花岗片麻岩、混合片麻岩及变质基性火山岩等。

【沿革】 武汉地质学院、西藏第二地质队（1980）最初将康马县城以北约 10 km 处的变质岩地层命名为“少岗群”，它包括上部碳酸盐岩夹变质砂岩（波林浦组）及下部的一套中深变质岩（包括雇孜组和朗巴组），将其时代归属石炭纪；西藏区调队在 1∶100 万日喀则幅报告中（1983）将这套地层定为前石炭纪；张旗、尹集祥及日本地质考察团（1984）分别将其定为前寒武纪和古一中生代花岗岩化地层或者二者兼有之。《西藏地质志》（1993）又改变了“少岗群”的含义，将其中部的“雇孜组”改称为“少岗群”，将其下部的“朗巴组”划为时代不明的变质岩。本书将原“少岗群”上部（碳酸盐岩）划归亚里组，下部中深变质岩与聂拉木群对比，岩石组合特征、变质特征基本一致，且侵入于康马中深变质岩中的花岗岩的同位素年龄值为 484.45～630 Ma。故将其时代置于前震旦纪。考虑到原“少岗群”含义出现混乱，不便于代表拉轨岗日短轴背斜的特殊变质岩石地层，另因其组成拉轨岗日短轴背斜核部地层，且出露于拉轨岗日、哈金桑惹、康马等地，故将其新创名为拉轨岗日群。以康马县德弄剖面为其正层型。

【现在定义】 为一套石英片岩、云母石英片岩、铁铝榴石石英片岩、混合岩，局部见蓝晶石片岩、十字石片岩、角岩、角闪石片岩、白云母片麻岩、二云母片麻岩、花岗片麻岩及混合片麻岩、夹角闪岩及基性火山岩的变质地层体。未见顶、底。

【层型】 正层型为康马县德弄剖面（E89°39′，N28°37′），位于康马县的 313 °方向 12 km 之德弄西沟。由西藏第二地质队、武汉地质学院 1980 年测制，层序如下：

上覆地层：亚里组

8. 灰黄色薄层－板状大理岩，顶部与灰黑色硬绿泥石板岩互层

══════ 断 层 ══════

拉轨岗日群	总厚度＞480 m
7. 深灰色钙质片岩，下部为石榴石云母绿泥片岩。（未见顶）	100 m
6. 灰色石英云母片岩，十字石榴片岩，夹数层中厚层角闪片岩	约 100 m
5. 灰黄色薄中层金云母大理岩，夹少量角闪片岩凸镜体	约 50 m
4. 黑云方解片岩和黑云片岩互层，下部夹石榴云母片岩	约 40 m
3. 灰黄色薄—中层大理岩和黑色石榴黑云母片岩、石榴二云母片岩互层，夹数层薄层蓝晶石片岩	150 m
2. 蓝晶石片岩，十字石蓝晶石片岩和石榴黑云片岩	约 40 m

══════ 断 层 ══════

1. 白云母片麻岩、二云母片岩、花岗片麻岩夹角闪岩凸镜体。（未见底）

【地质特征及区域变化】 拉轨岗日群主要分布于藏南低分水岭的康马-隆子地层分区，见于康马至止步拉一带，组成康马、苦玛、若堆、止步拉、拉轨岗日等几个短轴背斜或穹窿构造的核部。

拉轨岗日群的岩性（自下而上）与聂拉木群的层序基本一致，由蓝晶石、十字石片岩、二云母片岩、黑云母片岩组成，由含基性火山物质、泥砂质向上逐渐过渡为含钙质碳酸盐岩及泥砂质岩组合。其中绿片岩成分较多则是拉轨岗日群一重要特征。拉轨岗日群和聂拉木群同样经受了多期区域变质作用，变质相从高绿片岩相到低角闪岩相。在区域上由东向西、其厚度增大。其中的混合岩、花岗片麻岩数量增多，皆成穹窿形在平面图上呈东西向串珠状排列。由于混合岩化发育，在山南地区常形成有一定规模的可供开采利用的云母矿床及宝玉石矿（化）点。

拉轨岗日群被同位素年龄值为 484～630 Ma 的花岗岩侵入，其原岩同位素年龄值显然应为晚元古代或更老。日本地质学家认为：纳木那尼峰深变质岩属拉轨岗日变质岩带，其南与聂拉木群可能相连接。尹集祥（1984）认为此中深变质岩可与聂拉木群对比。本书参考了上述意见将拉轨岗日群置于前震旦纪。

念青唐古拉群 AnZ*Nq* （07－54－0005）

【创名及原始定义】 由念青唐古拉片麻岩演变而来。李璞等 1959 年在《西藏东部地质

及矿产调查资料》一书中，首次称之为“念青唐古拉片麻岩”。原始定义：它组成念青唐古拉轴部，在杨井宗（现羊八井）学古拉（现雪古拉）到当雄一带所见到的岩层以粗粒斑状云母片麻岩及石榴子石黑云母花岗片麻岩为主，并含少许角闪片麻岩及角闪岩凸镜体或条带；并含大量石榴子石、白云母伟晶花岗岩脉。片理及线理方向皆为北47°～58°东，向南东作20°～40°倾斜。估计总的厚度在3 000公尺以上。时代暂定为前寒武纪。未指定层型剖面。

【沿革】 西藏综合队（1979）将其称之为念青唐古拉群，西藏区调队（1983）和《西藏地质志》（1993）均引用其名，含义均同原始定义。本书从之。

【现在定义】 岩性为黑云二长片麻岩、黑云斜长片麻岩、绿帘斜长角闪片岩、透辉石大理岩、长石石英岩及石英岩、石英片麻岩、花岗片麻岩、板岩、千枚岩组成的一套变质地层体。未见顶、底。

【层型】 选层型为西藏南木林县堪珠剖面（E89°42′，N29°44′），位于南木林县的83°方向60 km堪珠村。由西藏区调队（1983）测制，层序如下：

上覆地层：林子宗群 中性熔岩

～～～～～～ 不 整 合 ～～～～～～

念青唐古拉群	总厚度＞3 316 m
8. 黄褐色黑云斜长片麻岩	80 m
7. 糜棱岩	300 m
6. 薄至厚层状长石石英岩	66 m
5. 薄层状钾长透辉大理岩	＞1 000 m
4. 条带状含阳起斜长大理岩	70 m
3. 角闪透辉大理岩	＞200 m
2. 条带状黑云二长片麻岩	600 m
1. 条带状混合岩。(未见底)	＞1 000 m

【地质特征及区域变化】 念青唐古拉群在冈底斯-腾冲地层区多被中新生代地层所覆盖，仅在措勤-申扎地层分区有少量露头，主要见于念青唐古拉主脊及其以北一些地区，其上、下均为断层与古生代或中生代地层接触。另外，在拉萨-察隅地层分区的林芝、波密、察隅一带有一大套中、深变质岩地层，《西藏地质志》(1993) 将其称为时代不明变质岩。由于资料较粗略，本书暂不做清理。念青唐古拉群的岩石特征，以含有累积厚度大于1 300 m的大理岩和厚度大于1 000 m的混合岩及黑云(斜)长片麻岩最为重要。念青唐古拉群的变质程度已达角闪岩相。刘国惠（1985）曾发现其中局部变质程度可达麻粒岩相。

许荣华 (1981) 在羊八井冷青拉附近用U-Pb法测得念青唐古拉群片麻岩的锆石残余年龄值为1 250 Ma，与高喜马拉雅地区的聂拉木群下部曲乡组的岩石同位素年龄值相当，其时代亦应归属于前震旦纪。另外，地矿部地质力学研究所测得念青唐古拉群中混合花岗岩的岩石同位素年龄值为40～10 Ma，事实上念青唐古拉群几乎被这些混合花岗岩、混合岩和糜棱岩所包围，表明它参与了喜马拉雅期强烈的变形、变质作用过程，可能是喜马拉雅早期底劈剪切于地表。这与聂拉木群遭受强烈的喜马拉雅期变形、变质作用大体相当。

嘉玉桥群 AnZ*J* （07-54-0006）

【创名及原始定义】 由李璞等（1959）所创“嘉玉桥变质岩系”演化而来。创名地点位于洛隆县城东嘉玉桥。原义指分布于洛隆县嘉玉桥及怒江沿岸的一套变质地层。

【沿革】 四川三区测队（1974）和西藏综合队（1979）曾将其划为上古生界。富公勤等（1982）将其改称为嘉玉桥群，自下而上划分为瞎绒曲组（以大理岩为主）和怒江组（片岩为主）。艾长兴（1986）、杨暹和（1986）等人曾在嘉玉桥群中获得古生物化石，因而将其时代先后归属石炭纪—二叠纪、前泥盆纪等。1993 年《西藏地质志》将其创名为他念他翁山群，置于前上二叠统。本次对比研究后，沿用嘉玉桥群一名与富公勤等（1982）厘定的嘉玉桥群含义相当。

【现在定义】 嘉玉桥群包括瞎绒曲组和怒江组。

【地质特征及时代】 嘉玉桥群主要分布于羌南-保山地层区，东部地段见于八宿县的冷曲，洛隆县的瞎绒曲、板登等地。其变质相一般为绿片岩相，局部达角闪岩相。未见顶、底，在侧向上与不同时代的岩石地层单位均呈断层接触。沿走向延伸与吉塘群呈角度相交，其中的碳酸盐岩是重要标志层。富公勤（1982）根据其沉积建造分析，认为岩石共生类型和地层序列可与印度孔达岩系对比。在嘉玉桥群上部绿帘钠长片岩中已测得岩石（Sm－Nd 法）同位素年龄值为 1 230±59 Ma（周祥等，1995）。地质时代为中元古代。

本书认为嘉玉桥群属于变质结晶基底岩石地层。其主体时代与念青唐古拉群、聂拉木群等可进行对比，属同一类型基底岩石地层，其地质时代均为前震旦纪。由于经受多期构造变质、变形作用，混入部分时代较新或较老的岩块是完全可能的。

瞎绒曲组 AnZ*x* （07－54－0007）

【创名及原始定义】 富公勤等（1982）在洛隆县瞎绒曲创名。原义指嘉玉桥群的下部，岩性为一套大理岩夹含隐晶质石墨的白云母片岩。

【现在定义】 岩性为一套以大理岩为主，夹隐晶质石墨的白云母片岩、片麻岩、变粒岩、变质砂岩、石榴石二长片麻岩及片岩。下未见底，顶部与怒江组整合接触。

【层型】 正层型为洛隆县瞎绒曲剖面（包括怒江组和瞎绒曲组）（E96°14′，N30°53′），由富公勤等 1982 年测制［见：富公勤等，1982，成都地质学院院报，(3)］，层序如下：

上覆地层：**甲丕拉组** 砂岩

═══════ 断 层 ═══════

嘉玉桥群

怒江组　　总厚度＞3 776 m

22. 二云钠长片岩、夹绿帘阳起钠长片岩，绿泥绿帘阳起片岩，绿泥白云母片岩和薄至中层状含白云母方解大理岩。（未见顶）　＞620 m
21. 灰色薄至中层状含白云母石英钠长方解石大理岩夹钙质绿泥钠长片岩，绿帘、绿泥钠长片岩，白云绿泥片岩　117 m
20. 灰色块状粒屑细晶大理岩　15 m
19. 绿泥白云母钠长岩及白云绿泥片岩，白云母石英片岩，夹厚层块状和层纹状白云母细晶大理岩　219 m
18. 绿泥白云母片岩和绿泥白云母石英片岩，夹少量薄层细晶大理岩　116 m
17. 绿泥白云母钠长片岩，夹薄层细晶大理岩　324 m
16. 白云母石英片岩与层纹状细晶大理岩互层　263 m
15. 灰色绿泥白云母钠长片岩，上部夹层纹状绿泥白云母细晶大理岩　107 m

14. 绿泥白云母片岩与层纹状细晶大理岩互层		263 m
13. 灰绿色绿泥白云母钠长岩，含方解石大理岩凸镜体		635 m
12. 灰色含石英白云母细晶大理岩，夹钙质绿泥白云母片岩		136 m
11. 暗灰色绿泥白云母片岩夹细晶大理岩		961 m
———— 整 合 ————		
瞎绒曲组		总厚度＞2 225 m
10. 灰色含石英白云细晶大理岩		300 m
9. 暗灰色含石墨白云母片岩，中部夹绿泥白云变粒岩		336 m
8. 灰色含白云母石英的变质粒屑细晶大理岩，夹薄层细晶石英白云质方解大理岩		119 m
7. 灰白色块状白云母中细晶方解大理岩		42 m
6. 薄层层纹状含石墨和白云母的中、细晶方解大理岩，具中一大型斜层理，顶部和底部为一层厚 2～3 m 石墨绢云岩		88 m
5. 薄层状中一细晶含白云母方解大理岩		335 m
4. 灰白色块状含石英、白云母方解大理岩，含少量绿泥石		343 m
3. 浅灰色薄层状细晶白云母方解大理岩		160 m
2. 浅灰色薄至中厚层砂岩、砾屑细晶大理岩，夹块状中晶、粉晶方解大理岩		160 m
1. 浅至绿灰色中层状含二云母石英方解大理岩，夹多层二云母钠长片岩，绿泥二云钠长片岩，大理岩中偶见斜层理。(未见底)		342 m

【地质特征及区域变化】 瞎绒曲组分布于昌都、八宿县冷曲、洛隆县绒曲、板登等地，沿班公湖-怒江断裂带附近出露。另外，在双湖县的鄂日冈、阿木岗及安多县的果曲乡等地亦有一些片岩夹大理岩组成的变质岩石地层（原称阿木岗群和戈木日群。西藏区调队，1986）与本组岩石地层可能相当。瞎绒曲组一般变质程度以绿片岩为主，局部达角闪岩相。本书将其地质时代暂置于前震旦纪。

怒江组 AnZ*n* (07－54－0008)

【创名及原始定义】 富公勤等（1982）创名的“怒江片岩组”演变而来。原义指整合于瞎绒曲组之上的一套以片岩为主的变质岩石地层。

【沿革】 经本次对比研究，改称为怒江组。

【现在定义】 指整合于瞎绒曲组之上的一套原岩为泥砂质岩夹不纯石灰岩变质而来的岩石地层。主要为云母质钠长片岩、板岩及千枚岩、大理岩等。上未见顶。

【层型】 正层型为洛隆县瞎绒曲剖面。由富公勤等 1982 年测制。描述参见瞎绒曲组（07－54－0007）。

【地质特征及区域变化】 怒江组分布于昌都、八宿县冷曲、洛隆县瞎绒曲、板登等地，沿班公湖-怒江断裂带附近出露。

怒江组变质程度一般为低绿片岩相，部分地区为高绿片岩相，局部达角闪岩相。该组原岩中含有一定量的火山物质或中基性碎屑物质，基本上为碎屑岩-火山碎屑岩-碳酸盐岩建造。这种建造在安多兹格丹错、鄂错，双湖县西南的恰格勤拉附近尤为发育。在恰格勤拉该组变质砂岩中常夹砂板岩、中酸性凝灰岩、变质玄武岩、绿片岩，还有强碳酸盐化超镁铁岩和薄层硅质岩。说明原岩沉积环境属于地台边缘。该组属于嘉玉桥群中部分岩石地层，其地质时代亦暂置于前震旦纪。

怒江组中有大理岩可供开采利用。

吉塘群　AnZ*Jt*　（07－54－0009）

【创名及原始定义】　李璞等（1959）所创建的“吉塘变质岩”演变而来。原义指澜沧江北段吉塘地区的变质岩，时代被置于前寒武纪。

【沿革】　李璞等（1959）最早将澜沧江北段（类乌齐—吉塘—碧土）一带的变质岩分别称为“吉塘变质岩”、“泄巴变质岩”和“类乌齐变质岩”，并都归属于“前寒武纪——金沙江岩系”。西藏第一地质队（1977），将吉塘群下部以片麻岩为主的地层称“吉塘群”，而将其上部的片岩和变质砂砾岩称“酉西群”，时代置于古生代。1986年，陈炳尉、艾长兴在《对西藏东部嘉玉桥群及吉塘群地质时代问题的讨论》一文中正式更名为吉塘群，并经雍永源（1990），张峰根等（1987），以及常承法、杨暹和等人的工作和研究后，将吉塘群的含义扩大，主要指分布于丁青—类乌齐—吉塘—登巴—碧土一带的变质岩地层，即位于北澜沧江大断裂带的西侧，南北延伸达500余公里，东西宽3～30 km的变质岩地层。其西界被晚三叠世甲丕拉组不整合覆盖。本书沿用吉塘群一名，并进一步扩大其含义，将沿龙木错-查桑-澜沧江断裂带南侧分布的，原“戈木日群”、“阿木岗群”、“安多片麻岩”主体与“吉塘群”进行对比，它们均由上下两部分变质岩石地层组成，下部以片麻岩、混合岩为主，变质程度达角闪岩相，局部达麻粒岩相；上部以各种片岩为主，变质程度为绿片岩相，局部见角闪岩相。

【现在定义】　吉塘群包括下部恩达组，上部酉西组。

【地质时代】　李璞等（1959）将吉塘群时代置于前寒武纪；四川三区测队（1974）将其置于古生代；周云生等（1981）将其确定为晚古生代；陈炳尉等（1986）将其置于泥盆纪；雍永源等（1990）将下部名为吉塘群，时代归属于前寒武纪；上部称为酉西群，时代归为早古生代。雍永源（1987）测得吉塘群下部恩达组的片麻岩同位素年龄值（Rb－Sr法）为757.1±268.4 Ma；周祥等（1995）测得吉塘群下部恩达组中混合花岗岩的模式年龄值（Sm－Nd法）为2 802±45 Ma；据上述研究表明，吉塘群的主体年龄值应为元古宙，暂归于前震旦纪，由于经受多期变形、变质作用，同时也可能混入一些时代较新或较老的岩块。

恩达组　AnZ*e*　（07－54－0010）

【创名及原始定义】　杨暹和等（1986）根据类乌齐县恩达剖面创名，《西藏地质志》1993年介绍。主要指吉塘群下部以片麻岩、混合岩为主的一套变质岩地层。其岩石组合特征与雍永源等（1990）所称的“吉塘群”相一致，且与上覆的“酉西群”呈断层接触。

【沿革】　参见吉塘群（07－54－0009）

【现在定义】　岩性为一套黑云母二长片麻岩、黑云斜长片麻岩、黑云片麻岩、花岗片麻岩、混合岩、石英片岩、长石石英片岩、白云母片岩夹变粒岩和角闪片岩。其下未见底，（在多穷剖面）顶部与酉西组不整合接触。

【层型】　正层型为类乌齐县恩达剖面（E96°44′，N31°06′），位于类乌齐县135°方向13 km的黑昌公路边。由杨暹和等1986年测制，层序如下：

碎裂花岗岩

══════ 断　层 ══════

吉塘群

酉西组　　　　总厚度＞194 m

22. 浅灰绿色云母石英片岩，夹少量白云斜长变粒岩和石英片岩、条带状长石石英片岩　>65 m
21. 坡积层（见有绿帘角闪绿泥变粒岩及变质中基性火山岩转石）　43 m
20. 上部为绿泥变粒岩，下部为云母片岩，透辉角闪岩，石英岩及绿泥变粒岩互层，见褐铁矿细脉，有粗粒花岗岩脉侵入　35 m
19. 石英云母片岩夹云母石英片岩及石英岩，有花岗岩脉侵入　51 m

═══════ 断　层 ═══════

恩达组　总厚度 1 486 m

18. 白色（碎裂）长石石英片岩　9 m
17. 条带状矽线片麻岩及花岗片麻岩，偶见斜层理，中夹 1 m 厚的眼球状片麻岩　48 m
16. 中粗粒花岗片麻岩及条带状云母石英片岩，中部夹 40 cm 厚的角闪片岩凸镜体，下部夹眼球状黑云片麻岩　31 m
15. 上部为花岗片麻岩与石英云母片岩，黑云二长片麻岩互层，下部为黑云二长片麻岩　96 m
14. 条带状黑云二长片麻岩，夹少量眼球状片麻岩及石英云母片岩，有花岗岩脉侵入含细脉状镜铁矿　54 m
13. 条带状黑云二长片麻岩，夹少量混合岩有伟晶岩脉贯入（多被掩盖）　233 m
12. 细粒片麻状花岗岩（穹窿状）　25 m
11. 条带状黑云二长片麻岩　196 m
10. 条带状黑云二长片麻岩（下部被掩盖）　137 m
9. 黑云二长片麻岩夹花岗片麻岩（下部被掩盖）　137 m
8. 黑白间色条带状片麻岩　46 m
7. 粗粒眼球状片麻岩夹黑云斜长片麻岩　45 m
6. 黑白间色条纹条带状片麻岩，上部夹变粒岩及薄层黑云母片岩，见条痕。下部夹眼球状片麻岩及混合岩，有花岗岩及伟晶岩脉贯入　86 m
5. 绿白间色条带状绿帘绿泥变粒岩　9 m
4. 黑白间色条带状黑云片麻岩　44 m
3. 黑白间色肠状混合岩（基体为黑云片岩）。上部夹角砾状混合岩及黑云片麻岩，具中型波痕。下部夹黑云片岩，有细粒花岗岩脉穿插　202 m
2. 黑白间色条纹条带状片麻岩有花岗岩和伟晶岩脉贯入　88 m
1. 眼球状黑云片麻岩夹条带状片麻岩及细粒花岗片麻岩。（未见底）

【地质特征及区域变化】　恩达组为一套以片麻岩、混合岩及变粒岩为主的变质岩地层。其变质程度一般为角闪岩相。分布于龙木错-查桑-澜沧江断裂带附近，主要见于左贡、吉塘、类乌齐、安多、戈木日等地。在吉塘、类乌齐一带，恩达组的角闪片岩（Sm－Nd 法）年龄值为 1 800～2 300 Ma，时代为早、中元古代（周祥等，1995）。本书将其时代归属前震旦纪。

酉西组　AnZ*y*　（07－54—0011）

【创名及原始定义】　由酉西群降级而来。西藏第一地质队（1977）在类乌齐县创名酉西群，未指定层型剖面，雍永源等（1990）介绍。原义主要指不整合于原“吉塘群”之上的一套片岩及变质砂砾岩地层体。时代归属古生代。

【沿革】　参见吉塘群（07－54－0009）。杨暹和等（1986）将酉西群改称为酉西组，其时代归属前寒武纪。1993 年《西藏地质志》仍称酉西组，时代归属前石炭纪。本书沿用酉西组一名，主要指吉塘群上部的片岩段，推测与吉塘群下部的恩达组片麻岩段呈不整合接触。

【现在定义】　指不整合于恩达组之上的一套片岩及变质砂砾岩地层体。主要岩性：中下部为黑云母石英片岩、绿泥白云钠长片岩、变质玄武岩、绿片岩，上部为云母钠长片岩、变质砂岩和石英岩、板岩、千枚岩。上未见顶。

【层型】 选层型为西藏察雅县吉塘多穷沟剖面（E97°18′，N30°44′），由雍永源等（1986）测制，层序如下：

上覆地层：**甲丕拉组** 砂岩、页岩

═══════ 断 层 ═══════

西西组	总厚度＞4 004 m
21. 绿泥石白云石英片岩	312 m
20. 绿泥白云钠长片岩	676 m
19. 白云石英片岩夹斜长角闪片岩	364 m
18. 石英片岩	156 m
17. 斜长角闪片岩	156 m
16. 绿泥白云更长片岩	260 m
15. 斜长角闪片岩	416 m
14. 二云长英片岩夹白云石英片岩	416 m
13. 黑云石英片岩	260 m
12. 糜棱岩化绿泥石英片岩	104 m
11. 变质砾岩夹变质砂砾岩、钠长绿泥片岩	468 m
10. 绢云片岩夹含砾绢英片岩	260 m
9. 变质含砾长英质砂岩夹紫色千枚岩	156 m

~~~~~~~~ 不 整 合（?） ~~~~~~~~

下伏地层：**恩达组**	厚度＞2 081 m
8. 混合岩化黑云变粒岩夹浅粒岩	667 m
7. 混合岩化黑云斜长片麻岩夹长英片岩	417 m
6. 角砾状、树枝状混合岩	417 m
5. 混合英云闪长岩—混合花岗岩	500 m
4. 同 6 层	
3. 同 7 层	
2. 同 8 层	

═══════ 断 层 ═══════

1. 绿泥石化压碎片麻岩	80 m

【地质特征及区域变化】 西西组主要分布于左贡、吉塘、类乌齐、安多、双湖县西阿木岗、改则北戈木日等地，为一套片岩及变质砂砾岩地层体。其变质程度一般仅达绿片岩相，局部地区因花岗岩化而出现矽线石-十字石-普通角闪石组合，达角闪岩相。该组上未见顶，其底部浅变质含砾砂板岩不整合于恩达组顶部混合岩、浅粒岩、变粒岩及片麻岩之上（雍永源，1990）。在区域上两者间多为韧性剪切断层接触。

在安多片麻岩中常承法（1986）曾获得 530 Ma 锆石 U－Pb 年龄值，时代为中寒武世。但是在吉塘西西组片麻岩中，雍永源（1986）曾获得 757.1±268 Ma 的 Rb－Sr 变质年龄值（相关系数 0.892 966 9）变质时代为震旦纪。为此，本书暂将其地质时代置于前震旦纪。
~~~~~~~~

第八章
震旦纪—寒武纪

西藏境内藏滇地层大区的震旦纪—寒武纪地层主要沿高喜马拉雅地层分区的南北两侧分布，见于卡门河、亚东、聂拉木、普兰等地。其岩性主要为一套绿片岩相的浅变质岩，以泥砂质碎屑岩为主夹碳酸盐岩，地层厚度小。未发现生物化石。与其上覆地层甲村群为整合过渡关系。其下与聂拉木群可能为不整合接触。故暂将其时代置于震旦纪—寒武纪。本章仅记述了肉切村群和米里群。

肉切村群　Z∈*R*　(07－54—0013)

【创名及原始定义】　穆恩之等（1973）创名。剖面位于聂拉木的28°方向30 km附近的肉切村。肉切村群原义分上下两个岩组："上岩组"为黄灰色结晶灰岩（黄带层）；"下岩组"为灰黑色条带状透辉石石英片岩，夹细粒二云母片岩及大理岩等，与上覆地层甲村群含化石的深灰色灰岩连续沉积。

【沿革】　1983年西藏区调队将原肉切村群上部结晶灰岩（黄带层）划归甲村群底部，将肉切村群限于"下岩组"。1993年《西藏地质志》沿用此划分意见。本书从之。

【现在定义】　为一套深灰色浅变质的云母质、钙质石英片岩、板岩及千枚岩，夹灰岩、结晶灰岩、变质砂岩。与下伏地层江东组断层接触，与上覆含化石的甲村群整合接触。

【层型】　正层型为聂拉木县肉切村剖面（E86°07′，N28°22′），系中国科学院青藏高原综合科学考察队穆恩之等1973年测制，层序如下：

上覆地层：**甲村群**

3. 灰色，风化呈黄灰色结晶灰岩，中下部内产生紧闭的微型小褶曲。矿物呈定向排列，石英、黑云母具波状消光　　50 m

——————　整　合（?）　——————

肉切村群　　总厚度约110 m

2. 灰黑色条带状透辉石石英片岩，夹细粒二云母片岩。岩石属于矽卡岩型接触变质岩，层内具顺层分布的白色注入混合岩脉。倾向NW322°，倾角28°　　70 m

═══════　断　层　═══════

下伏地层：**江东组**

1. 黄白色糜棱岩，向下过渡为白云母片麻岩 35～40 m

次层型：西藏普兰县普鲁沟—阮弄巴剖面（E81°16′，N30°14′），位于普兰县的147°方向15 km之阮弄巴。由西藏区调队1985年测制，层序如下：

上覆地层：达巴劳群 砂岩

——————— 整 合 ———————

肉切村群 总厚度>2 453.3 m

8. 灰、深灰色千枚状钙质板岩，钙质粉砂质板岩互层，由下而上钙质逐渐增多 266.5 m
7. 浅褐色、灰褐色千枚岩状钙质板岩、板岩 348.1 m
6. 灰绿色、灰色砂质结晶灰岩、钙质砂岩 60.7 m
5. 浅褐色、灰黄色千枚状含砂质的钙质板岩夹变质磁铁矿层 78.0 m
4. 浅灰色、灰白色透辉方柱石大理岩，岩层中多见含电气石富石英花岗岩、白云母富石英花岗岩侵入 >600.0 m
3. 上部为黄灰色薄层—薄板状含砂微晶灰岩、夹极薄层钙质粉砂岩、钙质页岩；下部为灰黄色含砂质逐渐增多。长英质岩脉、电气石花岗岩脉十分发育，呈肠状、不规则状顺层或斜交层理贯入 500.0 m
2. 灰绿色、灰黑色方解绿泥长石片岩，钙质绿泥斜长片岩，绿泥石英片岩、黑云石英片岩。岩石中普遍含钙质，多见长英质脉体呈肠状顺层或斜交层理贯入，揉皱褶曲发育 >600.0 m
1. 灰色、灰黑色黑云母石英片岩，斜长二云片岩，白云母石英片岩。受构造挤压在断层带见有糜棱岩及千糜岩。（未见底） 70.2 m

═══════ 断 层 ═══════

下伏地层：江东组 黑云片岩

次层型：波密县城北剖面，是西藏境内目前唯一具有生物化石的寒武纪地层剖面，剖面位于波密县城北2 km的山坡上。由朱伟元等1993年测制，层序如下：

肉切村群（原称波密岩组） 总厚度>71.3 m

5. 浅灰色薄层状凝灰质细粒变质砂岩，在与花岗岩接触带，变质为浅灰绿色凝灰角岩。产丰富的微古植物化石 *Leiopsophosphaera minor*, *L. solida*, *L. apertum*, *L.* cf. *apertum*, *Trachysphaeridium rugosum*, *T.* cf. *rude*, *T. simplex*, *T. cutum*, *T. inceassatum*, *Lophosphaeridium* sp., *Reliculum simplex*, *R.* cf. *simplex*, *Asperatopsophosphaera* sp., *Veryhachium* sp., *Micrhystridium* sp., *Leiofusa* cf. *crassa*, *Dictyosphaeridium* sp., *Synsphaeridium conglutinatum*, *Zonosphaeridium* sp., *Macroptycha uniplicata*, *Ooidium* sp., *Trematosphaeridium minutum*, *Polyedryxium* sp., *Lignum* sp.。（未见顶） 2.3 m
4. 浅灰色—灰白色厚层—块状含硅质条带大理岩，硅质条带呈宽0.3～1 cm，长0～15 cm的扁豆体，微波状弯曲，风化后突出于岩石表面，大理岩风化后可呈糖粒状 54.0 m
3. 暗绿色厚层状安山岩 10.0 m
2. 深灰色厚层状黑云母斜长片岩，风化面和裂隙中见褐铁矿化 5.0 m
1. 浅灰色厚层—块状含硅质条带细粒大理岩，夹安山岩，岩石本身呈灰色与灰白色相间的细条带；硅质条带呈波状弯曲的扁豆体，被第四纪洪冲积砂砾石覆盖。（未见底）

【地质特征及区域变化】 肉切村群主要分布于北喜马拉雅地层分区，见于亚东多塔、聂拉木县肉切村、普兰县科加等地。均为一套浅变质的板岩、千枚岩、片岩及结晶灰岩组成的台地浅水碳酸盐岩一类复理石沉积。

在亚东，刘国惠（1985）用锆石 U－Pb 法，测得肉切村群岩石同位素年龄值 686 Ma，其中偶尔发现有海百合茎化石，时代应属震旦纪范围；肉切村群的上覆地层含头足类化石 *Dicoactinoceras*，*Sactoceras robayashii*，其同位素年龄值（U－Pb 法）为 410～515 Ma，属晚寒武世一奥陶纪沉积。据郭铁鹰报道，在亚东多塔“黄带层”中采得早奥陶世的腕足类化石，可能代表了早奥陶世最早沉积，表明整合伏于其下的肉切村群包含有寒武纪沉积。根据地层层序和位置，肉切村群应为震旦纪—寒武纪时期的沉积。因此，将肉切村群置于震旦纪—寒武纪。

肉切村群下部因断层而未见底，其顶部碎屑岩与上覆地层甲村群碳酸盐岩作为分界标志。下部与江东组除断层接触关系外，卫管一、郭铁鹰等认为从沉积关系推测应为不整合接触。

另外，朱伟元等 1993 年报道了波密县城的一个早寒武世的地层剖面，其中产大量微古植物化石，是西藏目前唯一有生物化石依据的寒武纪地层，其出露厚度小于 100 m，未见顶、底。岩性为变质砂岩、大理岩夹安山岩等，表明藏东波密地区有寒武纪地层的沉积。

“波密岩组”剖面是正在开展的 1∶20 万波密幅区调地质工作的最新成果之一，本书先将其列出来，以为研究震旦纪—寒武纪岩石地层的分布特征作参考。“波密岩组”这一地层单位名称，仅作为非正式岩石地层单位，未列入本次对比研究的范围。

米里群 Z∈*M* （07－54－0014）

【创名及原始定义】 印度瓦第亚喜马拉雅地质研究所 A K Jain（1974）创名，创名地点为西藏珞渝米里。原义指自上而下包括“潘金碎屑岩组”，“米里石英岩组”，“阿波尔火山岩组”，“达里灰岩组”，“吉西白云岩组”，“英肯碎屑岩夹安山岩组”及“波木多砂砾岩组”。

【沿革】 A K Jain（1974）创名时将其时代定为前寒武纪－中古生代。常承法、郑锡澜（1979）将其归入震旦纪—寒武纪，相当于印度地台的文迪亚系，并认为其下部岩性与高喜马拉雅地层区的震旦纪—寒武纪地层肉切村群大致可以对比。据《西藏地质志》（1993）划分意见：下部的“波木多砂砾岩组”和“英肯碎屑岩夹安山岩组”为钙质的砂泥质复理石建造，并夹少量火山岩，地质时代大体与肉切村群相当。其上部的“吉西白云岩组”和“达里灰岩组”，为白云质灰岩、白云岩夹紫红色页岩，可能属奥陶纪沉积，“阿波尔火山岩组”、“米里石英岩组”和“潘金碎屑岩组”，可能属志留纪沉积。经对比研究后本书沿用米里群一名，将其地质时代置于震旦纪—寒武纪。

【现在定义】 为一套浅变质岩石地层，包括下部碳酸盐岩夹细碎屑岩；中部为中基性火山岩；上部为粗碎屑夹砂板岩等。与下伏地层聂拉木群片麻岩和上覆地层冈瓦纳群含砾板岩均呈断层接触。

【层型】 现以西藏珞渝米里剖面为米里群的正层型（E95°00′，N28°00′），由印度瓦第亚喜马拉雅地质研究所（1974）测制，层序如下：

都登片麻岩、花岗岩

═══════ 断 层 ═══════

米里群 **总厚度 2 870 m**

7. 泥灰岩、砾岩、钙质板岩和石英岩（原潘金碎屑岩组） 820 m

6. 石英岩、长石砂岩及少量紫红色页岩，条带状板岩和薄层状砾岩（原米里石英岩组） 900 m

5. 暗绿色具层状构造玄武岩、火山角砾岩（原阿波尔火山岩组） 100 m

4. 白云质灰岩及钙质页岩（原达里灰岩组） 200 m

3. 白云质灰岩、白云岩、紫红色页岩（原吉西白云岩组） 250 m

2. 砂岩、粉砂岩、页岩韵律层和绿色—红色页岩、夹少量石英岩和火山岩（原英肯碎屑岩夹火山岩组） 300 m

1. 条带状石英岩、灰岩、千枚岩和板岩（原波木多砂砾岩组） 300 m

═════ 断 层 ═════

下伏地层：**冈瓦纳群**　砾岩、含砾板岩

【地质特征及区域变化】　米里群主要分布于低喜马拉雅地层区，在西藏境内主要见于门隅、洛渝等地。与其上覆的冈瓦纳群和下伏的聂拉木群均呈断层接触，未见顶底。岩性均为一套含中基性火山岩的浅变质碎屑岩地层，变质程度仅达绿片岩相。总体上为近大陆边缘中陆地带的坳陷沉积。本书暂将其时代归属震旦纪—寒武纪，不排除包含有更新的岩石地层的可能性。

第九章
奥陶纪—早石炭世

藏滇地层大区的奥陶纪—早石炭世地层，在喜马拉雅地层区、冈底斯-腾冲地层区和羌南-保山地层区都有分布。其中，北喜马拉雅分区的奥陶纪—早石炭世地层发育齐全，出露完整，层序清楚。自亚东向西经定结、定日、聂拉木、吉隆至普兰地区，其分布呈东西向狭窄的带状延展。在其余地区，由于中新生代地层的掩盖，岩石露头稀少，出露不全。

该地层大区中奥陶纪—早石炭世的岩石地层均以稳定型的浅海相碳酸盐岩和碎屑岩沉积为主。基本不含火山岩，不变质或浅变质。其中共包括24个岩石地层单位（参见表9-1）。记述于后：

表9-1　奥陶纪—早石炭世岩石地层单位一览表

藏滇地层大区			
喜马拉雅地层区	冈底斯-腾冲地层区		羌南-保山地层区
	措勤-申扎地层分区	拉萨-察隅地层分区	
纳兴组	永珠组	诺错组	然物群
亚里组	查果罗玛组	松宗群	
波曲组	达尔东组	春节桥组	
凉泉组	扎弄俄玛组	东卡组	
普鲁组	德悟卡下组	桑曲组	
石器坡组	申扎组		
红山头组	刚木桑组		
甲村群	柯尔多组		
下拉孜组			
达巴劳组			

达巴劳组　O_1db　（07-54-0201）

【创名及原始定义】　西藏区调队（1987）据札达县达巴劳—下拉孜剖面创名。系指出露于下拉孜下组和端真龙日组之间的砂岩、钙质砂岩夹泥质灰岩。

【沿革】 郭铁鹰（1991）将其进一步划分为下部端真龙日组，时代归属寒武纪—早奥陶世早期；上部称为达巴劳下组和达巴劳上组，时代归为早奥陶世晚期，其划分标准主要是年代地层。经对比研究沿用达巴劳组一名，扩大其含义。包括原端真龙日组。

【现在定义】 指整合于下拉孜组灰褐色砂岩夹页岩及泥灰岩或生物碎屑灰岩、微晶灰岩之下的碎屑岩及少量碳酸盐岩。岩性主要为杂色中、薄层石英砂岩、长石石英砂岩、粉砂岩及页岩夹生物碎屑灰岩、泥质灰岩等。下未见底。

【层型】 正层型为札达县波林达巴劳—下拉孜剖面（E79°33′，N31°11′），为郭铁鹰等（1991）重测，其层序如下：

上覆地层：**石器坡组** 杂色砂板岩

——————— 整 合 ———————

下拉孜组　　总厚度 1 038.7 m

17. 灰黑色中厚层状生物微晶灰岩。含珊瑚 *Kenophyllum* cf. *subcylindricum*，*Plasmoporella kiaeri*；腹足类 *Gyronema* sp.；腕足类及藻类等　　100.00 m

16. 青灰色薄层状细粒长石石英砂岩、长石砂岩夹砂、泥质灰岩。含腕足类*Rafinesquina aranea*，*Leptaena rugosa*；腹足类、海林檎及海百合茎等　　400.00 m

15. 灰—灰绿色薄层状长石石英砂岩夹紫红色细—粉砂岩、泥质灰岩，含腕足类 *Fascifera ngariensis*，Pentamerid；三叶虫 Asaphidae　　270.00 m

14. 灰色薄层状钙质长石石英砂岩、粉砂岩夹泥质、砂质灰岩及少量页岩。含腕足类 *Lingullela* sp.，双壳类及腹足类碎片和遗迹化石 *Quebecichnus* sp.，*Fucusopsis* sp.　　222.5 m

13. 灰褐色中薄层状中细粒长石石英砂岩、夹少量灰绿色页岩及泥灰岩。含腕足类 *Fascifera ngariensis*，*F. dalmanelloidea*，*F. subcarinata*，*Mimella sulcata* 及腹足类等　　46.2 m

——————— 整 合 ———————

达巴劳组　　总厚度>1 890.55 m

12. 暗灰—黑色薄层细粒石英砂岩与钙质石英细—粉砂岩互层，局部有砂泥质灰岩。含腹足类 *Ophilata* cf. *plana*，*Gyronema* sp.；腕足类 *Fascifera subcarinata*；头足类 "*Cameroceras*" *zandaensis*，*Endoceras* sp.，Michelinoceratidae　　333.00 m

11. 浅灰—灰绿色块状泥质灰岩　　11.25 m

10. 褐灰、褐黄色薄层状石英砂岩，粉砂岩与灰绿色页岩互层，局部有生物碎屑微晶灰岩，页岩结核中含化石碎片，头足类 *Manchuroceras* sp.，腹足类、三叶虫、海百合茎等　　166.30 m

9. 灰黄色中薄层状钙质砂岩夹石英杂砂岩，含腹足类 *Ecculiomphalus* sp.，*Pararaphistoma qualteriatum*；头足类 *Protocycloceras* sp.，*Ngariceras ngariensis*，"*Orthoceras*" sp.，*Manchuroceras* sp.；三叶虫 *Isoteloides bolinensis*，*Megistaspis* (*Megistaspidella*) sp.，*Hystricurus dabalaoensis*，*Ngaricephalus ngariensis*，Pilekiinae，asaphid　　100.00 m

8. 灰—灰黄色中薄层状石英杂砂岩夹钙质砂岩，交错层理、波痕、泥裂发育。含遗迹化石：*Skolithus linearis*，*Phycodes dabalouensis*　　100.00 m

7. 灰绿、灰黄色中厚层状细粒变质石英砂岩　　50.00 m

6. 暗紫色、深灰色泥质砂岩。暗紫色砂岩含小型腕足类化石（内核）　　30.00 m

5. 灰绿色粉砂质板岩及变质砂岩韵律互层　　100.00 m

4. 深灰色厚层状细粒长石石英砂岩夹深灰色砂质板岩，砂岩中含白云质灰岩凸镜体　　500.00 m

3. 暗紫红色中厚层状砂岩夹灰绿色砂质板岩，砂岩中波痕发育　　70.00 m

2. 灰绿、灰紫色中厚层状含砾中—粗粒变石英砂岩，发育斜层理和波痕　　30.00 m

1. 灰绿色厚层细粒变石英砂岩，石英杂砂岩夹深灰色砂质板岩。(未见底)　　　　>400.00 m

【地质特征及区域变化】　达巴劳组见于札达县波林，以碎屑岩为主，下部为灰色暗紫色变质石英砂岩夹含砾变质砂岩、砂质板岩及白云质灰岩凸镜体；下部具韵律层，交错层理、波痕、泥裂发育，向西延出国界，向东至普兰附近与甲村群碳酸盐岩呈相变关系。中上部为灰色、浅灰色、黄褐色细粒石英砂岩，泥质砂岩夹钙质粉砂岩、页岩组成。厚度 625～1 890 m，产头足类 *Ngariceras ngariensis*, "*Cameroceras*" *zandaensis*；三叶虫 *Isoteloides bolinensis*, *Hystricurus dabalaoensis*, *Ngaricephalus ngariensis* 等，地质时代为早奥陶世。

下拉孜组　$O_{2-3}x$　(07-54-0202)

【创名及原始定义】　西藏区调队 (1987) 据札达县波林达巴劳—下拉孜剖面创名下拉孜群，原指整合于下志留统和达巴劳下组之间的地层。下拉孜群下部岩性为长石石英砂岩夹少量砂质、泥质灰岩、页岩；下拉孜群上部岩性为灰岩。

【沿革】　郭铁鹰等 (1991) 将其进一步划分为下拉孜下组和下拉孜上组，本次对比研究后因其上部灰岩不稳定，不单独分出来，且降群为组，含义与原始定义相当。

【现在定义】　指整合于达巴劳组石英砂岩与钙质石英砂岩互层之上和石器坡组杂色砂板岩之下的碎屑岩及碳酸盐岩，岩性主要为灰色长石石英砂岩夹生物灰岩、泥灰岩、砂质灰岩等。产珊瑚、腕足类等。

【层型】　正层型为札达县波林达巴劳—下拉孜剖面 (见达巴劳组 07-54-0201 正层型剖面第 13—17 层)。

【地质特征及区域变化】　下拉孜组岩性较稳定，由下向上碳酸盐岩逐渐增多。底部为石英砂岩、钙质砂岩及生物碎屑灰岩，微晶灰岩夹泥质砂岩；中部为石英砂岩夹泥质砂岩、砂质板岩及泥灰岩；上部为生物碎屑微晶灰岩、鲕状灰岩夹砂岩组成的正常地层序列。产珊瑚 *Kenophyllum* cf. *subcylindricum*, *Plasmoporella kiaer*；腕足类 *Rafinesquina aranea*, *Fascifera ngariensis*, *Mimella sulcata* 等，时代为中—晚奥陶世。厚度 400～1 040 m。由札达波林向西延出国界，向东至普兰附近与甲村群碳酸盐岩呈相变。

甲村群　OJ　(07-54-0203)

【创名及原始定义】　中国科学院西藏科学考察队穆恩之等 (1973) 创名，并分为甲村群下组和甲村群上组。指出露于聂拉木县北甲村一带的一套碳酸盐岩夹少量碎屑岩，含丰富的头足类、腕足类等化石。

【沿革】　汪啸风等 (1980) 将其进一步划分为肉切村群上组、甲村组和沟陇日组。陈挺恩 (1984) 又将其划分为下部珠穆朗玛峰组，中部甲村组，上部阿来组，顶部泉上组。1993年《西藏地质志》又引用沟陇日组代替泉上组，代表上奥陶统，下奥陶统则引用阿来组和甲村组，并扩大了甲村组的底界，将“黄带层”(尹集祥，1974) 划归甲村组底部。本次对比研究后恢复使用原甲村群，含义稍有扩大，其底部即按照 1993 年《西藏地质志》的处理意见，明确甲村群的底部以灰黄色薄层结晶灰岩、泥灰岩的出现为其底界，与下伏肉切村群灰色二云片岩和石英片岩整合接触。其顶部则以灰岩的结束或上覆地层红山头组杂色、紫红色砂页岩的出现为界。

【现在定义】　为一套以碳酸盐岩为主夹碎屑岩的地层体，产丰富的头足类、腕足类、珊瑚等。其下与肉切村群呈断层接触，其上与红山头组棕灰色、棕红色页岩整合接触。

【层型】 正层型为聂拉木县甲村—亚里剖面（包括红山头组和甲村群）（E86°07′，N28°21′），该剖面距聂拉木县37°方向，约28 km。由穆恩之、尹集祥、王义刚等（1973）测制，其层序如下：

上覆地层：**石器坡组** 灰白色石英砂岩

——————— 整 合 ———————

红山头组

10. 棕灰色浅棕灰色，紫红色钙质、粉砂质页岩夹有几层同色细砂岩 约70 m

——————— 整 合 ———————

甲村群 总厚度>775 m

9. 浅紫红色、灰白色中厚层石灰岩及泥质石灰岩，由下向上颜色渐深。富含头足类、海百合茎和少量的腹足类化石。头足类 *Sinoceras densum*，*S. chinense*，*Michelinoceras paraxuanxianensis*，*M. yaliense*，*M. paraelongatum*，*Eosomichelinoceras huananense*，*Actinomorpha simplex*，*Dideroceras nyalamense*，*D.* sp.，*Curtoceras* sp.，*Beloitoceras xizangense*，*Paradnatoceras yaliense*；海百合茎 *Pentagonopentagonalis nyalamensis*，*P.* ex gr. *tridens*，*P.* ex gr. *compositus*，*Ellipsoellipticus himalayaensis*；腹足类 *Maclurites nyalamensis*，*Tropidodiscus chiatsunensis*；腕足类 *Orthambonites* ? sp. 131 m
7. 深灰色石灰岩与浅灰色薄层细砂岩互层，中部夹有多层灰色白云质灰岩。富含头足类、腕足类和少量腹足类。头足类 *Ordosoceras nyalamense*，*Wutinoceras remotum*，*Ormoceras nyalamense*；腕足类 *Aporthophyla perelegans*，*Leptellina* sp.，*Dactylogonia* ? sp.，*Xizangostrophia* sp.，*Lirioamera* sp.，*Orthambonites* sp.，*Glyptomena* cf. *sculpturata*；腹足类 *Maclurites* cf. *kotoi* 118 m
6. 灰色、深灰色中至薄层石灰岩，钙质粉砂岩，下部为灰岩与砂质灰岩互层。含头足类、腕足类、三叶虫、腹足类化石。头足类 *Manchuroceras* sp.，*Ormoceras* sp.，cf. *Hopeioceras*；腕足类 *Orthambonites* cf. *rotundiformis*，*O. minusculus*，*Aporthophyla perelegans*，*Leptellina deminuta*，*Murinella* ? sp.，*Xizangostrophia* sp.，cf. *X. sinensis*；三叶虫 Asaphidae；腹足类 *Maclurites* cf. *magnus*，*M. subconicus*，*M. xizangensis*，*M. parviumbilicatus*；三叶虫 *Eucalymen tuberculata* 166 m
5. 以灰色、深灰色薄层石灰岩为主，上部时夹白云质灰岩条带，下部夹几层白云质灰岩，含腕足类、三叶虫。三叶虫 *Eucalymene tuberculata*；腕足类 *Orthambonites* sp.，*Aporthophyla perelegans*，*Murinella* ? sp.，*Xizangostrophia sinensis* 76 m
4. 灰至深灰色薄至厚层石英岩，中部时夹钙质粉砂岩及鲕状石灰岩。含头足类、腕足类、三叶虫、腹足类化石。头足类 cf. *Hopeioceras*，*Ordosoceras chiatsunense*，*O. yaliense*；腹足类 *Maclurites xizangensis*；腕足类 *Tritoechia* sp.，*Hemipronites* sp.，*Orthambonites* sp.，*Aporthophyla perelegans*，*Leptellina deminuta*，*Xizangostrophia sinensis*；三叶虫 *Eucalymene tuberculata* 121 m
3. 深灰至黄灰色薄至中厚层状石灰岩，夹白云质石灰岩条带。含腕足类、头足类、腹足类化石。腕足类 *Aporthophyla perelegans*，*Orthambonites* cf. *rotundiformis*，*O. minusculus*，*O.* cf. *minusculus*，*Nanambonites paucus*，*Leptellina deminuta*，*Xizangostrophia sinensis*；腹足类 *Maclurites* sp.；头足类 *Ordosoceras contractum*，*Ormoceras* sp.，cf. Hopeioceras 73 m
2. 灰色块状石灰岩 约40 m

1. 黄灰色中薄层石灰岩　约 50 m

═══ 断　层 ═══

下伏地层：聂拉木群　糜棱岩，向下逐渐过渡为白云母花岗片麻岩

【地质特征及区域变化】　甲村群岩性以灰岩、白云质灰岩为主；底部为结晶灰岩，硅质条带结晶灰岩；下部为灰岩夹白云质灰岩，钙质粉砂岩，细砂岩；上部为紫红色泥质灰岩组成的正常地层序列，产丰富的头足类 *Pomphoceras chiatsunense*，*P. nyalamense*，*Wutinoceras remotum*，*Ormoceras nyalamenese*，*Paradnatoceras yaliense*，*Michelinoceras xuanxianense*，*Sinoceras chinense*；腕足类 *Orthambonites* cf. *minusculus*，*Nanambonites paucus*，*Leptellina deminuta*，*Xizangostrophia sinensis*，*Aporthophyla perelegans*；腹足类 *Maclurites* cf. *acuminatus*，*M. nyalamensis*，*M. xizangensis*，*Tropidodisucs chiatsunensis*；珊瑚 *Lambelasma pachythecum*，*Brachyelasma burangensis*；牙形石 *Eoplacognathus suecicus*，*E. robustus*，*E. lindstroemi*，*Cordylodus horridus*，*Periodon aculeatus*，*Protopanderodus liripipus*，*P. varicostatus*，*Amorphognathus tvaerensis*，*Dapsilodus similaris*，*Hamarodus europeaus* *Prioniodus* sp.，等，时代为奥陶纪。厚度 80～1 080 m。甲村群自亚里向东至亚东多塔，厚度减少，向西至普兰县科加岩性为碳酸盐岩夹碎屑岩，至札达县幕霞和松木松则变为碳酸盐岩与碎屑岩互层，均具浅变质，所含化石，以珊瑚类为主。在普兰县西甲村群与达巴劳组和下拉孜组发生相变。

红山头组　O_3S_1h　(07－54－0204)

【创名及原始定义】　中国科学院西藏科学考察队穆恩之等（1973）创名，命名地点为聂拉木县甲村。指整合于原石器坡群下组和原甲村群上组之间的页岩夹砂岩。

【沿革】　自创名以后均沿用其名，顶、底界线没有变动，本书亦从之。

【现在定义】　指整合于甲村群紫红色泥灰岩之上，石器坡组石英砂岩之下的一套杂色钙质、粉砂质页岩夹几层细砂岩组成的地层体，偶含头足类 *Michelinoceras* sp.。

【层型】　正层型为聂拉木县甲村一亚里剖面（参见甲村群 07－54－0203 剖面）。

【地质特征及区域变化】　红山头组在聂拉木地区厚度 70 m，在西部普兰强拉札达县松木松、幕霞，由紫红色、灰绿色为主的碎屑岩及钙、泥质岩石组成，厚度为 100～300 m。产腕足类、珊瑚等。地质时代为晚奥陶世—早志留世。

柯尔多组　$O_{2-3}k$　(07－54－0205)

【创名及原始定义】　夏代祥（1979）创名，西藏区调队 1983 年介绍。建组剖面位于申扎北约 28 km 的柯尔多。原指整合于刚木桑组之下的条带状灰岩、薄层灰岩。

【沿革】　陈挺恩（1986）将其改称为雄梅组，1993 年《西藏地质志》引用柯尔多组一名，含义同原始定义，本书从之。

【现在定义】　指整合于刚木桑组钙质页岩之下的碳酸盐岩及碎屑岩。下未见底。

【层型】　正层型为申扎县柯尔多、刚木桑剖面（包括柯尔多组和刚木桑组）(E88°27′,N31°11′)，该剖面距申扎县 349°方向，约 28 km。由西藏区调队（1979）测制，层序如下：

上覆地层：申扎组

5. 笔石页岩 约 2 m

———— 整　合 ————

刚木桑组 总厚度 260.85 m

4. 深灰色中薄层瘤状灰岩，生物碎屑灰岩 114.15 m

3. 上部为灰绿色黄褐色钙质页岩、页岩夹薄层灰岩。页岩中含饼状结核及粉砂质结核，结核中产三叶虫、笔石化石。向下灰岩逐渐增多或为互层。其中笔石有 *Glyptograptus* sp.，*Diplograptus* sp.，*Climacograptus* sp.，*Orthograptus* sp.；三叶虫？*Birmanites* sp.，成都地质矿产研究所采得头足类 *Geisonoceras* sp.；三叶虫 *Encrinuroides* sp. 146.70 m

———— 整　合 ————

柯尔多组 总厚度>238.75 m

2. 灰色、浅灰色薄层状灰岩，产少量三叶虫碎片及头足类化石 138.75 m

1. 紫灰色、紫红色薄至中厚层状条带灰岩，产角石、海百合茎化石。其中头足类 *Discoceras* cf. *eurasiaticum*，*Tripteroceras* sp.，成都地质矿产研究所采得头足类 *Eosomichelinoceras* sp.。（未见底） >100.00 m

【地质特征及区域变化】 柯尔多组分布于申扎县北柯尔多、刚木桑、门德俄玛、日阿觉等地，岩性较稳定，灰岩中具条带状、瘤状、疙瘩状和网纹状构造。下部为薄层状钙质、泥质条带状粉砂岩；中部为泥质条带灰岩夹生物碎屑灰岩；上部为灰岩、云质灰岩组成的正常地层序列，富含头足类 *Discoceras* cf. *eurasiaticum*，*Michelinoceras pararegulare*，*M. paraelongatum*，*Trocholites yunnanensis*，*Xainzanoceras xainzaense*，*Actinomorpha xizangensis*，*Sinoceras chinense*，*Jiangshanoceras zangbeiense*，*Eurasiaticoceras* cf. *eurasiaticum*，*Richardsonoceras yongshunense*，*Madiganella sinensis*，*Eosomichelinoceras huananense*，*Ormoceras* cf. *allumettense*，*Sigmorthoceras* cf. *pravum*，*Paradnatoceras modestum*，*Centroonoceras xainzaense* 等。厚度 146.3～389 m，其下未见底，地质时代为中—晚奥陶世。

刚木桑组 $O_{2-3}g$ (07-54-0206)

【创名及原始定义】 夏代祥（1979）根据申扎县城 28 km 的刚木桑创名，西藏区调队 1983 年介绍。原指位于申扎组和柯尔多组之间的瘤状灰岩、生物碎屑灰岩及钙质页岩、页岩。

【沿革】 自创名后林宝玉（1981），黄枝高（1982），陈挺恩（1986）均沿用其名，顶、底界线的划分变动不大，本书亦从之。

【现在定义】 指整合于申扎组笔石页岩之下和柯尔多组薄层灰岩之上的含结核的碳酸盐岩及页岩。含丰富的头足类、笔石、三叶虫等。

【层型】 正层型为柯尔多、刚木桑剖面（E88°37′，N31°11′）（参见柯尔多组正层型剖面 07-54-0205），由西藏区调队（1979）测制。

【地质特征及区域变化】 刚木桑组分布于申扎县的日阿觉阿布多、刚木桑、5118 高地和文部县吉瓦张恩等地，岩性稳定，含饼状钙质结核。上部为深灰色泥质页岩、灰岩、瘤状灰岩夹生物碎屑灰岩，钙质页岩；下部为灰绿色黄褐色页岩夹灰岩，含饼状钙质、砂质结核，富含头足类 *Michelinoceras huangnigangense*，*M. fenxiangense*，*M. variabilum*，*Pleurorthoceras chinensis*，*Paramiamoceras minutum*，*Distoceras xainzaensis*，*D. depressa*，*Yushanoceras minutum*，*Xiazhenoceras xizangense*，*Antipletoceras shamattawaense*，*Digenoceras latum*；三叶虫 *Lonchodomas xainzaensis*，*Paraceracurus tibetensis*，*Neseuretus robustus*；笔石 *Glyp-*

tograptus sp.，*Diplograptus* sp.，*Climacograptus* sp.；牙形石 *Amorphognathus superbus* 等，厚度 103～477.7 m，时代为中—晚奥陶世。

申扎组　$O_3S_1\hat{s}$　(07-54-0207)

【创名及原始含义】倪寓南等（1981）创名。创名地位于申扎县城北 10 km 的刚木桑与门德俄玛之间。指整合于德悟卡下组黑色笔石页岩之下和刚木桑组结核灰岩之上的页岩及碳酸盐岩。

【沿革】　林宝玉（1983）将其划分为上部日阿觉阿布多组和下部申扎组，陈挺恩（1986）以及 1993 年《西藏地质志》等仍沿用原申扎组一名，其含义与原始定义大体相当。本书从之。

【现在定义】　指整合于刚木桑组结核灰岩之上，德悟卡下组黑色笔石页岩之下的一套灰、土黄色泥岩、页岩为主的地层体，产丰富的笔石、腕足类、三叶虫等。

【层型】　正层型为申扎县北约 10 km 的刚木桑与门德俄玛沟剖面（E86°40′，N31°09′），由陈挺恩等 1980 年测制，倪寓南等 1981 年发表，层序如下：

上覆地层：**德悟卡下组**

7. 深灰色、土黄色钙质泥岩夹灰岩，下部产笔石 *Glyptograptus* ex gr. *persculptus*，*Climacograptus normalis*，*C.* cf. *angustus*，*Diplograptus* sp.　1.75 m

——————— 整　合 ———————

申扎组　总厚度 14.09 m

6. 深灰色泥灰岩，灰岩，风化后为土黄色，产腕足类 *Hirnantia*，*Kinnella*，*Cliftonia*，*Paromalomena*，*Hindella*，*Aphanomena*　2.52 m
5. 深灰色泥灰岩，质地较硬，风化后为土黄色，产腕足类 *Cliftonia*，*Paromalomena*，*Dalmanella*，*Hirnantia*　6.30 m
4. 土黄色粉砂质钙质泥岩，产笔石 *Glyptograptus* ex gr. *persculptus*，*Climacograptus miserabilis*；腕足类 *Dalmanella*　1.94 m
3. 岩性同上，笔石化石丰富，有 *Diplograptus orientalis*，*D. bohemicus*，*Climacograptus normalis*，*Glyptograptus* sp.　1.45 m
2. 土黄色钙质粉砂质泥岩，产笔石 *Orthograptus* sp.，*Diplograptus* ex gr. *modestus*，*Glyptograptus* sp.　0.58 m
1. 岩性同上产笔石 *Diplograptus* ex gr. *modestus*，*Orthograptus* sp.，*Glyptograptus* sp.　1.30 m

——————— 整　合 ———————

下伏地层：**刚木桑组**　灰白色、灰黑色薄层灰岩，含腕足类“*Ptychoglyptus*”；腹足类 *Hormotoma*，*Lophospira* 及苔藓虫

【地质特征及区域变化】　申扎组分布于申扎县柯尔多、刚木桑、5118 高地、日阿觉阿布多等地，向西至吉瓦张恩变薄至尖灭。下部为页岩、粉砂质泥岩、钙质泥岩，上部为灰色泥灰岩、灰岩组成的正常地层序列。产笔石 *Climacograptus normalis*，*C. miserabilis*，*C. succinctus*，*C. politus*，*Diplograptus orthothecatus*，*D. orthothecathus minutus*，*D. bohemicus*，*D. bellatulus*，*D. polymorphus*，*Amplexograptus* cf. *suni*，*A. disparatus*，*A. olerus*；腕足类 *Hirnantia* sp.，*Kinnella* sp.，*Cliftonia* sp.，*Paromalomena* sp.，*Hindella* sp.，*Aphanomena* sp.，*Dalmanella* sp.；三叶虫 *Dalmanitina* 等化石，地层厚度为 2.5～14.09 m，时代为晚奥陶世—

早志留世。

桑曲组　O_1s　(07－54－0208)

【创名及原始定义】 四川三区测队(1974)在察隅县古琴发现了下奥陶统,陈炳蔚等1982年,根据古琴剖面东侧相邻的桑曲桥将其创名为桑曲组。陈氏划分标准为岩石组合特征,原义指平行不整合于春节桥组之下和整合于古琴群之上的碳酸盐岩。

【沿革】 中国科学院青藏高原科学考察队(1984)将其创名“古金组”,1993年《西藏地质志》引用桑曲组,据创名优先权,本书仍沿用桑曲组,含义与原始定义相当。

【现在定义】 指平行不整合于春节桥组砂砾岩之下的一套碳酸盐岩。岩性为灰色薄至中厚层状角砾状灰岩、白云质灰岩、燧石带条灰岩及生物瘤状灰岩等夹少量砂页岩,产腕足类化石。下未见底。

【层型】 正层型为察隅古琴剖面(E97°15′,N29°08′),位于古琴西南侧。由陈炳蔚等(1982)测制,层序如下:

上覆地层:**春节桥组**　紫红色砂砾岩

－－－－－－－ 平行不整合 －－－－－－－

桑曲组	总厚度>178 m
12. 灰黑色生物碎屑瘤状灰岩,含腕足类 *Aporthophyla* sp., *Leptellina* sp., *Orthis* 等	50 m
11. 灰色薄板状灰岩具燧石条带	28 m
10. 灰白色薄层白云质灰岩	27 m
9. 灰色薄层细砂岩及页岩互层,夹灰色中层角砾状灰岩	51 m
8. 灰色中厚层含生物碎屑角砾状砂岩。(未见底)	22 m

【地质特征及区域变化】 桑曲组仅出露于察隅县古琴附近,四周均被断层所截。岩性较稳定,其底部为角砾状灰岩具瘤状构造和燧石细条带;下部为砂页岩互层夹角砾状灰岩;中上部为白云质灰岩、燧石条带灰岩、生物碎屑瘤状灰岩、结晶灰岩组成的正常地层序列,其下未见底,厚度95～216.5 m。产腕足类 *Aporthophyla* sp., *Leptellina* sp., *Orthis* sp., “*Orthis*” *neichiensis*,“*O.*” *irravadica*,“*O.*” *ellipsoides*,“*O.*” *calligramma* var. *intercalare*,“*O.*” *chinensis* 等化石。时代为早奥陶世。

石器坡组　$S_1\hat{s}$　(07－54－0301)

【创名及原始定义】 穆恩之等(1973)根据亚里南1 km,中尼公路边,西侧的石器坡剖面将聂拉木县亚里地区的志留纪地层创名为石器坡群(划分为石器坡群下组和石器坡群上组,分别代表下志留统和中志留统)。穆氏1984年又将其修订为下部石器坡组(代表下志留统)与原石器坡群下组相当,上部另创名普鲁组(代表中、上志留统)与原石器坡群上组相当,原义指一套砂页岩为主夹泥灰岩的地层。

【沿革】 林宝玉(1982)将石器坡群下组划分为鹅那组和荣吉嘎组,1984年将聂拉木县东侧定日县帕着区的志留系下部地层从下至上创名为次仁美组、扎嘎曲组。杨曾荣(1985)在聂拉木地区将其又改称为跃目组,在定日县可德又创名为特乌组,在定结共巴强又称其为共巴强组,林宝玉(1989)在定日地区又将其划分为扎嘎曲组、强莎日组和可德组。经对比研究后本书仍沿用石器坡组一名,与原始含义相当。上述各组与石器坡组或为同物异名或相当其一部分，建议在区内停止使用。

【现在定义】 指整合于红山头组杂色钙质粉砂质页岩之上、普鲁组灰岩之下的一套灰色砂页岩夹泥灰岩的地层体，产笔石等。

【层型】 正层型为聂拉木县亚来西山剖面（包括普鲁组和石器坡组）（E86°05′，N28°23′），由穆恩之等（1984）重新测制，层序如下：

上覆地层：凉泉组

12. 浅灰色，风化后棕黄、褐色薄层钙质泥岩、泥岩、单层厚1 cm左右，含竹节石 *Styliolina* sp.，*Nowakia acuaria*；牙形刺 *Icriodus* cf. *beckmanni*，*Spathognathodus optimus*，*Polygnathus perbonus*，*P.* sp.，*Ozarkodina* sp.，*Hindeodella* sp. 约 3 m

——— 整 合 ———

普鲁组 总厚度约 35 m

11. 灰色、风化面呈黄灰色薄至中层灰岩，含鹦鹉螺 *Kopaninoceras jucundum*，*K. capax*，*K. dorsatum*，*K. ferganense*，*Spyroceras* cf. *discretum*，*Geisonocerina* sp. A，*Geisonoceras severum*，*Dawsonoceras* sp.，*Michelinoceras* spp.；牙形刺 *Spathognathus inclinatus inclinatus*，*S. remscheidensis*，*S. steinhornensis eosteinhornensis*，*Plectospathodus extensus*，*Ozarkodina media*，*Neoprioniodus latidentatus*，*Trichonodella symmetrica*，*Hindeodella* sp.；双壳类 *Cardeola* cf. *docens*，*Cardiola* sp. 约 15 m

10. 灰白色薄层灰岩，泥质含量较少，富含鹦鹉螺 *Michelinoceras michelini*，*M. extenuatum*，*M. transiens*，*M. chiatsunense*，*Columenoceras priscum*，*Virgoceras polemon* 约 20 m

——— 整 合 ———

石器坡组 总厚度约 101.5 m

9. 黄灰色钙质、粉砂质页岩，含笔石 *Oktavites circularis*，*Streptograptus* ex gr. *lobiferus*，*Climacograptus* ? sp.，*Pristiograptus* sp. 约 8 m

8. 黄褐色粉砂质页岩，风化面具褐色，含笔石 *Streptograptus lobiferus*，*Oktavites* sp. 约 35 m

7. 灰黄色，风化后黄褐色薄—中层粉砂岩夹砂岩 约 5 m

6. 黄褐、灰褐色含硅质页岩，上部含铁质，化石丰富，含笔石 *Rastrites* cf. *peregrinus*，*Oktavites involutus*，*Streptograptus lobiferus*，*S.* cf. *barrandei*，*S. xizangensis*，*Pristiograptus incommodus*，*Climacograptus* sp.，下部泥质、硅质成分高，化石较少，含笔石 *Streptograptus lobiferus*，*Pristiograptus* sp.，*Glyptograptus* sp.，*Climacograptus rectangularis*，*Oktavites* ex gr. *communis*，*Pernerograptus* cf. *revolutus*，*Demirastrites* sp. 约 4 m

5. 上部灰黑色，风化后灰白色纸状页岩，下部纸状页岩与粉砂质页岩互层，化石少，含笔石 *Climacograptus rectangularis*，*Rhaphidograptus* ? sp. 约 8 m

4. 黄褐、黑褐色细砂岩，局部为含砾砂岩，砾石直径均小于1 cm，上部夹硅质层 约 5 m

3. 灰黑色、风化后灰白色页岩。呈明显的白色条带状分布。上部含笔石 *Climacograptus scalaris*，*C. medius*，*C. rectangularis*，*Orthograptus* ex gr. *vesiculosus*；下部含笔石 *Climacograptus normalis*，*C. scalaris*，*C. medius* 33 m

2. 黄色硅质、钙质页岩，层面上具有铁染之红色，劈理发育。钙质页岩中含笔石 *Climacograptus normalis*，*Glyptograptus* ? sp. 约 2 m

1. 棕褐、棕黄色含铁硅质岩，局部含细砂及砾石，风化后似具角砾状，含海百合茎化石 1.5 m

——— 整 合 ———

下伏地层：**红山头组** 棕色钙质、粉砂质页岩

【地质特征及区域变化】 石器坡组分布于定结、定日、聂拉木、普兰县丁松和札达县下拉孜，岩性稳定，下部为石英砂岩、硅质钙质页岩，中上部为纸状页岩，钙质粉砂质页岩及粉砂岩，细砂岩，局部夹少量泥灰岩，含砾石，厚度12.3～181.3 m。含丰富的笔石 *Oktavites circularis*，*O. involutus*，*O. rostratus*，*O. proteus*，*O. spiralis*，*O. tullbergi* cf. *spiraloides*，*Streptograptus lobiferus*，*S.* cf. *barrandei*，*S. xizangensis*，*S. runcinatus*，*Pristiograptus incommodus*，*P. argutus*，*P.* aff. *hisingeri*，*P. kueichihensis*，*Glyptograptus* sp.，*G.* aff. *tamariscus*，*Climacograptus rectangularis*，*C. scalaris*，*C. medius*，*C. normalis*，*Pernerograptus* cf. *revolutus*，*Monograptus priodon*，*M. halli*，*M. marri* 等。时代为早志留世。

普鲁组 $S_{2+3}p$ （07－54－0302）

【创名及原始定义】 穆恩之（1984）创名，创名地点位于定结县萨尔区普鲁村东山，与穆恩之等（1973）命名的石器坡群上组含义相当，指的都是聂拉木地区同一套碳酸盐岩。

【沿革】 1984年林宝玉将其称为可德组、嘎样组、帕卓组，1985年杨曾荣在定日地区将上述同一套地层又创名为楚姆组、极久组、可德组、扎西中组等，1987年西藏区调队在普兰地区将该套岩石地层命名为强拉群，1989年林宝玉继用嘎样组、帕卓组，1990年西藏区调队在扎达县德尼塘嘎又新建德尼塘嘎群。这些单位所指均系同一套岩石地层，本书沿用普鲁组。

【现在定义】 指整合于石器坡组之上和凉泉组之下的一套碳酸盐岩地层体。岩性主要为灰黄、灰白色泥质条带灰岩、砂质灰岩、泥灰岩等为主夹少量粉砂岩。产头足类、牙形刺、三叶虫等。

【层型】 正层型为定结县萨尔区普鲁村剖面（E87°44′，N28°14′），由穆恩之等（1984）测制，层序如下：

上覆地层：**凉泉组**

7. 灰黄色、灰白色中厚层泥质灰岩，风化后棕黄色，含牙形刺 *Spathognathodus* sp，*Ancoradella ploeckensis*，*Trichonodella* sp.

——————— 整　合 ———————

普鲁组　　总厚度 79.8 m

6. 灰黄、灰白色厚层泥质条带灰岩，泥质条带常常在层面上呈网纹构造，含少量鹦鹉螺 *Geisonoceras* sp.　　14.6 m
5. 灰色，风化后灰白色中、厚层灰岩，含鹦鹉螺 *Kopaninoceras jucundum*，*K. capax*，*K.* sp.；牙形刺 *Protopanderodus* sp.，*Ozarkodina* sp.　　14.6 m
4. 灰黄及灰白色厚层泥质条带灰岩，泥质条带呈网状。中部夹2 m左右薄层泥质灰岩。含鹦鹉螺 *Kopaninoceras capax*，*Michelinoceras michelini*；牙形刺 *Spathognathodus pennatus procerus*　　12.6 m
3. 灰黄色中层泥质、粉砂质灰岩，风化后呈土黄色，质疏松。下部富含鹦鹉螺 *Michelinoceras mechelini*，*M. transiens*，*M. simiale*；牙形刺 *Kockelella variabilis*，*Plectospathodus* sp.；三叶虫 *Warburgellid*　　38.0 m

——————— 整　合 ———————

下伏地层：**石器坡组**

2. 黄灰、黄褐色页岩，含少量笔石 *Streptogratus* sp.，*S. lobiferus*，*Climacograptus* sp.，*Diplograptus* cf. *tortithecatus* 4.3 m

【地质特征及区域变化】 普鲁组分布于定结、定日、聂拉木，普兰县丁松，札达县德尼塘嘎，岩性较稳定，以泥质灰岩为主，东部含泥质较多，具条状和疙瘩状构造，西部含砂质增加，厚度变大，具轻变质；主要岩石为泥质粉砂质灰岩、泥质条带灰岩、砂质大理岩、片理化含泥质灰岩、疙瘩状灰岩夹条带状灰岩、粉砂岩、砂岩和板岩、片岩。产头足类 *Kopaninoceras jucundum*，*K. capax*，*Michelinoceras mechelini*，*M. transiens*；牙形石 *Dapsilodus obicuicostatus*，*Panderodus gracilis*，*Ozarkodina excavata excavata*（以上产于普鲁村）；珊瑚 *Covilasma* sp.，*Amplexoides* sp.，*Heliolites* sp.，*Cladopora* sp.（以上化石产于普兰县丁松），*Kodonophyllum* sp.，*Heliolites* sp.，*Guizhoustriatopora* sp.，*Amplexoides* sp.，*Thamnopora zandaensis*，*Cladopora* sp.（以上化石产于札达县德尼塘嘎）；笔石 *Monoclimacis vomerina subgracilis*，*Pristiograptus dubius*（产于甲村—亚里等），地层厚度 21.8～700 m，在聂拉地区普鲁组的地质时代为中晚志留世为主，在普兰丁松和札达县德尼塘嘎地区，普鲁组的地质时代为中晚志留世跨早志留世。

德悟卡下组　S_1d　（07－54－0303）

【创名及原始定义】 西藏综合队（1979）创名，西藏区调队（1983）在 1：100 万日喀则幅地质报告中刊出。命名地点在申扎县永珠乡德悟卡下。原指平行不整合于达尔东组之下，以及刚木桑组之上的一套灰岩及笔石页岩。

【沿革】 林宝玉（1981，1983）将其顶部 26 m 厚的浅灰色钙质页岩单独划分出来创名为扎弄俄玛组，其余仍称德悟卡下组。喻洪津（1985）又将其顶部（扎弄俄玛组之下）21 m 厚的中厚层灰岩再次划分出来称扎弄俄玛组，而将原相当扎弄俄玛组的砂页岩另创名门德俄约组。倪寓南（1986）将上述扎弄俄玛组和门德俄约组合并统称扎弄俄玛组，其余仍为德悟卡下组。经本次对比研究，本书沿用其名。含义与倪寓南（1986）所称的德悟卡下组相当。指岩性为一套深灰色含笔石页岩与薄层灰岩呈互层的地层。

【现在定义】 指整合于刚木桑组泥灰岩之上、扎弄俄玛组浅灰色中厚层灰岩之下的一套页岩与灰岩呈互层的地层体，产笔石等。

【层型】 正层型为申扎县德悟卡下剖面（E88°40′，N31°08′），由西藏综合队 1979 年测制，西藏区调队（1983）发表，层序如下：

上覆地层：**扎弄俄玛组** 厚度 47.25 m

5. 浅灰色钙质页岩及少量深灰色薄层状灰岩，顶部为一层厚约 4～10 cm 之褐铁矿风化壳断续分布。页岩中富含笔石，并产海绵动物化石及海绵骨针。笔石 *Climacograptus rectangularis*，*C. medius*，*C. nanjingensis*，*C.* cf. *premedius* 26.25 m

4. 浅灰色中厚层状灰岩，含黄铁矿晶体 21.00 m

——————— 整　合 ———————

德悟卡下组 总厚度 182.74 m

3. 黄灰色钙质页岩夹深灰色薄层灰岩，富含笔石及小型腕足类化石碎片，笔石 *Climacograptus medius*，*C.* cf. *normalis*，*C. rectangularis*，*Pristiograptus* sp.，*P.*

atavus, *Rhaphidograptus minutus*, *Bulmanograptus macilentus*, *Akidograptus* cf. *ascensus*, *Diplograptus* sp. 70.28 m

2. 深灰色灰岩与浅灰色泥灰岩，钙质页岩互层 46.80 m

1. 深灰色、暗紫色钙质页岩，下部间夹薄层泥灰岩，底部为数米厚之深灰色页岩，富含化石。笔石 *Climacograptus normalis*, *C. miserabilis*, *C.* cf. *minutus*, *Monograptus clematis*, *Pristiograptus gregarius*, *Diplograptus*sp.；腕足类 *Eospirifer* sp.；双壳类 *Modiomorpha* sp. 65.66 m

———— 整 合 ————

下伏地层：刚木桑组 灰色薄层灰岩

【地质特征及区域变化】 德悟卡下组分布于申扎县永珠和文部县吉瓦张恩，其岩性稳定，岩石类型简单，下部为黑色钙质页岩与薄层灰岩互层；上部为土黄色、黄灰色钙质页岩夹薄层灰岩组成的正常地层序列，与下伏地层申扎组灰岩、泥灰岩整合接触，部分地区因申扎组尖灭而与刚木桑组泥质灰岩整合接触。德悟卡下组页岩及泥灰岩中产丰富的笔石 *Climacograptus medius*, *C.* cf. *normalis*, *C. rectangularis*, *C. miserabilis*, *C.* cf. *minutus*, *Rhaphidograptus minutus*, *R.* cf. *sinicus*, *R. toernquisti*, *Bulmanograptus macilentus*, *Akidograptus* cf. *ascensus*, *A. acuminatus*, *Diplograptus* sp., *D.* cf. *orientalis*, *D. forticaudatus*, *D. elongatus*, *D. modestus*, *Pristiograptus atavus*, *P. argutus*, *P. cyphus*, *P. regularis*, *P. gregarius*；腕足类 *Eospirifer* sp. 等化石。时代为早志留世。

扎弄俄玛组 Sẑ (07-54-0304)

【创名及原始定义】 1981年林宝玉将原“德悟卡下组”（包括上部石灰岩、中下部页岩与灰岩互层体）顶部地层分出，创名扎弄俄玛组。创名地同德悟卡下组。

【沿革】 1981年许汉奎又将林宝玉(1981)所创名的“扎弄俄玛组”下部称扎弄俄玛组；1985年喻洪津又将原德悟卡下组顶部以灰岩为主的地层新命名为门德俄约组，下部仍称扎弄俄玛组；1986年倪寓南仍沿用扎弄俄玛组一名，主要指下部页岩夹灰岩地层。本书沿用扎弄俄玛组一名，主要指西藏综合队1979年所称的“德悟卡下组”的上部浅灰、灰白色中厚层灰岩。

【现在定义】 指整合于德悟卡下组钙质页岩之上，以及平行不整合于达尔东组深灰色薄层泥灰岩之下的一套灰白色中厚层状灰岩，含头足类、笔石、牙形刺等化石。

【层型】 正层型为申扎县永珠乡德悟卡下剖面(E88°38′, N31°03′)，由西藏综合队1979年测制，西藏区调队1983年发表，层序如下：

上覆地层：达尔东组 薄层状泥质灰岩

—————— 平行不整合？——————

扎弄俄玛组 总厚度>27 m

6. 灰白色中厚层状灰岩，含头足类，牙形石等化石。牙形石 *Ozarkodina excavata*, *O. typica*, *Trichonodella inconstans*, *Panderodus* sp. >27 m

———— 整 合 ————

下伏地层：德悟卡下组

5. 浅灰色钙质页岩夹少量深灰色薄层灰岩，富含笔石 *Climacograptus rectangularis*, *C. medius* 26 m

【地质特征及区域变化】 扎弄俄玛组的分布与德悟卡下组一致，岩性稳定，局部含白云质，时代以中晚志留世为主，在柯尔多南含早志留世化石；岩性主要为紫红色、深灰色、灰色中厚层状灰岩、结晶灰岩、薄层灰岩夹钙质页岩，白云质灰岩夹泥灰岩，平行不整合于达尔东组泥质灰岩、厚层灰岩或白云质灰岩之下，整合于德悟卡组钙质页岩、砂质页岩、页岩之上。厚度 27～175 m。产牙形刺 *Ozarkodina excavata*，*O. typica*，*O. media*，*Trichonodella inconstans*，*Panderodus serratus*，*P. recurvatus*，*Spathognathodus sagitta bohemicus*，*S. inclinatus inclinatus*，*Kockelella variabilis*，*Ligonodina silurica*，*Hindeodella equidentata*，*Neoprioniodus excavatus*，*Plectospathodus extensus*；头足类 *Michelinoceras*（*Kopaninoceras*）cf. *capax*；笔石 *Streptograptus* sp.（柯尔多南）。

东卡组 *Sd* （07-54-0305）

【创名及原始定义】 梁寿生等（1978）将班戈县东卡错附近划为志留系的一套浅变质地层，其下部岩性以碳酸盐岩为主的部分创名为东卡组；上部以千枚岩、板岩、大理岩为主的部分称中、上志留统。

【沿革】 1979 年西藏综合队将其下部和上部合称东卡错群，1988 年饶靖国将下部称下志留统东卡组，上部创名为克尔木群。1993 年《西藏地质志》将其统称为东卡错群。本次对比研究后，暂将其统称为东卡组。

【现在定义】 岩性为上部黑绿色绢云母、绿泥石千枚岩、砂质板岩、石英岩夹石英片岩、白云母结晶灰岩，泥、砂质条带灰岩具 3～5 个韵律；下部为白云质结晶灰岩和结晶灰岩互层夹生物灰岩，生物碎屑灰岩和角砾状灰岩等。未见顶、底。

【层型】 正层型为班戈县董跟骇剖面（E90°29′，N31°50′），位于东卡错东北约 6 km。由梁寿生等（1978）测制，层序如下：

东卡组　　总厚度>1 643.62 m

7. 为一套钙质砂板岩，石英岩，千枚岩到泥砂质条带薄层状灰岩组成五个韵律旋回，中部夹白色大理岩，多闪长玢岩脉顺层贯入。（未见顶）　>385.00 m
6. 由墨绿色绢云母、绿泥石千枚岩夹石英片岩到灰一深灰色白云质结晶灰岩所组成三个韵律旋回，顶部为白色大理岩　316.00 m
5. 上部：灰色似角砾状白云质结晶灰岩；下部：灰一灰黑色结晶灰岩互层夹生物灰岩。产单、群体珊瑚、水螅类？海百合茎等化石，多已方解石化，现鉴定出的珊瑚化石为 *Amplexoides* sp.　250.22 m
4. 深灰色条带状结晶灰岩和白云质灰岩互层夹生物结晶灰岩，富含珊瑚、水螅类和海百合茎等化石，均已强烈方解石化　153.01 m
3. 灰黑色结晶灰岩和灰色白云质结晶灰岩互层夹生物结晶灰岩和角砾状灰岩，富产珊瑚、水螅类？腕足类和海百合茎等化石，均强烈方解石化　156.39 m
2. 灰色白云质结晶灰岩，灰黑色结晶灰岩及生物碎屑灰岩互层，下部有粗面安山岩夹层。产镣珊瑚 *Catenipora* sp.，恐正形贝 *Dinorthis* sp.，层孔虫 *Clathrodictyon* sp.　196.00 m
1. 深灰色结晶灰岩与生物介壳结晶灰岩互层夹白云质结晶灰岩，豹皮状结晶灰岩。产化石 *Catenipora* sp.，*Palaeofavosites* sp.，*Amplexoides* sp.，*Halysites* sp.，*Propora* sp.，*Dinorthis* sp.，*Clathrodictyon* sp.，*Hormotoma* sp.，*Harrisoceras* sp. 等。（未见底）>187.00 m

【地质特征及区域变化】 东卡组只出露于班戈县东卡错附近，下部为碳酸盐岩含白云质，见中酸性火山岩夹层，上部以浅变质碎屑岩为主，具韵律层，岩性稳定。下部灰岩产珊瑚化石 *Amplexoides* sp.，*Catenipora* sp.，*Palaeofavosites* sp.，*P.* cf. *legibilis*，*P.* cf. *suurikuensis*，*P. felix*，*P. dongqiaoensis*，*P. clarus*，*Halysites* sp.，*Propora* sp.，*P.* aff. *conferta*，*P. conferta* var. *dongkaensis*；腕足类 *Dinorthis* sp.；头足类 *Harrisoceras* sp.，*H.* cf. *reeves*，*Allanoceras xizangensis*，主要时代为志留纪，不排除有更老或较新时代的可能。

凉泉组 D_1l （07－54－0401）

【创名及原始定义】 中国科学院青藏高原综合科学考察队穆恩之等（1973）根据亚里南500 m处，中尼公路东侧的凉泉创名，其代表剖面为聂拉木县北甲村—亚里剖面，并据此剖面将泥盆纪地层划分为两个地层单位，上部主要为石英砂岩，创名为波曲群，整伏于其下的一套灰色页岩、灰岩、泥灰岩，创名为凉泉组。其底部与晚志留世地层断层接触。根据凉泉组中的笔石、竹节石、头足类等将其时代归属早泥盆世。

【沿革】 饶靖国、张正贵等人（1980）在西藏聂拉木县以东的定日县怕卓区可德拉南1 km处，测制了泥盆纪地层剖面，将岩性以石英砂岩为主的地层仍称波曲群，而将整伏其下的薄层灰岩及粉砂岩划分为先穷组、凉泉组、嘎弄组三个地层单位；林宝玉等（1982）也根据上述同一剖面，将波曲群石英砂岩以下的地层创建了两个新地层单位：扎西岗组、可德拉组。上述先穷组、嘎弄组、扎西岗组和可德拉组的划分，主要是根据其中所含的笔石、竹节石、牙形刺化石来确定的，其顶、底界线在缺乏生物化石的地段，便无法确定和划分了。因此原扎西岗组、可德拉组、先穷组、嘎弄组，不是岩石地层单位（见表9－2），区内停用。

表9－2 普兰—聂拉木地区泥盆纪地层划分沿革表

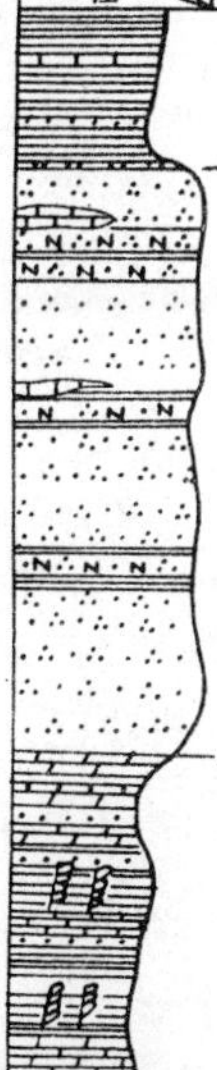

单位 作者 岩性柱	王义刚 1974	万子益 1982	林宝玉 1983	西藏区调队 1985	饶靖国 1986	《西藏地质志》1993	郭铁鹰等 1991	本书
	亚里组 C_1	亚里组 C_1	亚里组 C_1 沟陇日组下段 D_3 章东组	亚里组 C_1	亚里组上段 C_1 亚里组下段	亚里组 C_1 D_3 章东组	亚里组 C_1	亚里组
	波曲群 D_{2+3}	波曲群 D_{2-3}	波曲群 D_{2-3}	波曲群 D_{2+3}	波曲群 D_{2+3}	波曲群 D_{2-3}	曲门夏拉组 D_{2-3}	波曲组
	凉泉组 D_1	? 凉泉组 D_1 ?	凉泉组 D_1：可德拉组 扎西岗组	凉泉组	嘎弄组 D_{1-2} 凉泉组 先穷组	嘎弄组 D_{1-2} 凉泉组 D_1 先穷组 D_1	强拉组 D_1	凉泉组
	石器坡群上组 S_{2+3}	普鲁组 S_{2+3}	帕卓组 S_3-D_1	强拉组 S	扎西中组 S_3	扎西中组 S_3		普鲁组

1978—1983 年，西藏区调队在开展 1∶100 万日喀则幅区域地质填图时，将聂拉木、定结、亚东一带的泥盆纪地层划分为两个填图单元，即上部波曲群，下部凉泉组。

1984—1987 年西藏区调队在普兰江隆马、强拉山口、多浪、丁喀及札达县底雅等地工作时，将东部的波曲群和凉泉组引用到这些地区。把分布于仲巴县岗久、拉昂错、曲嘎等地的泥盆纪地层，创名为先钦组和中上泥盆统曲门夏拉群。其中原先钦组的岩性以深灰一黑色薄层灰岩，泥灰岩为主夹粉砂岩；曲门夏拉群以中粗粒一中细粒石英砂岩为主夹石灰岩，砂质灰岩等。岩性特征分别与北喜马拉雅地层区东部的凉泉组和波曲群类同，为相同的岩石地层体东、西段而已。故喜马拉雅地层区的泥盆纪岩石地层单位均可用凉泉组和波曲群代表。

【现在定义】 指整合覆于普鲁组之上、伏于波曲组石英砂岩之下的一套深灰一灰色的砂页岩与薄层灰岩，泥灰岩互层的地层体。含丰富的笔石、牙形刺、腕足类、双壳类等。

【层型】 正层型为聂拉木县甲村一亚里剖面(包括波曲组和凉泉组)(E86°06′,N28°20′)，由穆恩之、尹集祥、王义刚等 1973 年测制，层序如下：

上覆地层：**亚里组** 总厚度 88 m

21. 灰色中厚层状石灰岩。含菊石 *Imitoceras xizangense*，*I. yaliense*；腕足类 *Tylothyris* cf. *pseudopostera*，*Girtyella* sp. 23 m

20. 黑色、灰绿色、浅灰色页岩，底部夹有一层薄层砂岩 65 m

——————— 整　合 ———————

波曲组 总厚度 246 m

19. 浅灰色中至厚层石英砂岩，上部偶含粘土质结核、上部含植物化石碎片 218m

18. 浅灰色石英砂岩 28 m

——————— 整　合 ———————

凉泉组 总厚度 40 m

17. 灰白色页岩与灰黑色薄层石灰岩互层。石灰岩中产竹节石 *Guerichina xizangensis*，*Nowakia acuaria*，*N.* aff. *acuaria*，*N. lepida*，*Crassilina praevia*，*Viriatellina exigna*，*Metastyliolina nyalamensis*，*Styliolina* cf. *minuta*；双壳类 *Leiopteria* sp.；头足类 *Michelinoceras* (*Kopaninoceras*) *nyalamensis*；腕足类 *Crurithyris* 11 m

16. 浅砖灰色粉砂质页岩、页岩。含丰富的笔石 *Neomonograptus himalayensis*，*N. atopus*，*N. latus*，*Monograptus thomasi*，*M.* cf. *yukonensis*，*M. nyalamensis*，*M. yaliensis*，*M. immuturus*；竹节石 *Nowakia acuaria*，*Styliolina*? sp. 29 m

——————— 整　合 ———————

下伏地层：**普鲁组**

15. 浅灰色、深灰色石灰岩。产头足类 *Michelinoceras* (*Kopaninoceras*) *jucundum* 6 m

【地质特征及区域变化】 凉泉组主要分布于喜马拉雅地层区，普兰、扎达、仲巴、聂拉木亚里、定日县怕卓区可德拉、定结、亚东等地。西段和东段的沉积厚度较大，一般为 400 m 左右，而在中段聂拉木地区，其沉积厚度较小，一般厚度为 40～45 m，岩性较稳定。

凉泉组泥灰岩、灰岩中产丰富的竹节石、笔石、腕足类、珊瑚等，从下至上，竹节石带有 *Paranowakia bohemica* 带，*Nowakia acuaria* 带，*Guerichina* - *Nowakia acuaria* 带，*Nowakia bavrandi* 带，*Nowakia* aff. *cancellata*，*Styliolina minuta* 带；笔石 *Neomonograptus himalayensis* 带等。其时代为早泥盆世。

波曲组 $D_{2+3}b$ (07-54-0402)

【创名及原始定义】 穆恩之等1973年根据亚里中尼公路西侧的波曲（小河）创名波曲群，创名剖面为聂拉木县甲村—亚里剖面。原义主要指剖面第13—19层厚度约256 m的浅灰色石英砂岩，其上与亚里组，其下与凉泉组均为整合接触。时代主要为中、晚泥盆世。

【沿革】 因其岩性较单一，各学者对波曲群的岩石组合，上、下地层界线的划分基本上没有过大的分歧意见，本书将波曲群降为波曲组。

【现在定义】 主要指夹持于凉泉组薄层泥灰岩与砂页岩互层体与亚里组深灰—黑色页岩之间的一套浅灰色中粗粒石英砂岩为主的地层体。与下伏地层凉泉组和上覆地层亚里组均为整合接触关系。波曲组的底界、顶界以石英砂岩的开始和结束为分界标志。

【层型】 正层型为聂拉木北甲村—亚里剖面，由穆恩之、尹集祥、文世宣、王义刚等（1973）测制。原剖面的第18—19层为波曲组。参见凉泉组（07-54-0401）层型剖面。

【地质特征及区域变化】 波曲组主要分布于普兰、札达、仲巴、聂拉木、定日、亚东一带。其岩性基本稳定，仅在普兰县强拉及札达地区，石英砂岩地层中往往夹有碳酸盐岩层，向上部石英砂岩层逐渐减少，灰岩夹层有所增加，地层厚度340 m。在聂拉木、定日、亚东一带地区，地层厚度在70～230 m间，均为一套较纯的石英砂岩。

在聂拉木县甲村—亚里剖面中，于波曲组顶部砂岩中含有植物化石碎片及粘土质结核，区域资料表明，泥盆纪的早中期是浅海沉积环境，晚期海水变浅，以滨岸沉积环境为主，反映整个泥盆纪时期由浅海—滨岸的海退沉积过程。

波曲组的石英砂岩，在普兰—聂拉木—亚东一带，以至整个喜马拉雅地层区、相邻国家和地区都是一套易于识别和划分的标志地层体，向东延伸，自亚东至不丹境内的Tang chu附近，中、上泥盆统波曲组均为一套粗碎屑岩，石英砂岩为主：向西延伸，从普兰一带出境至尼泊尔（Tilichopass Fm），印度库蒙（Muth Seri）都是一套石英砂岩为主体特征的地层体。可见波曲组石英砂岩，在喜马拉雅地层区均显示了一个滨海相近岸的沉积环境，当时的陆缘碎屑来源应是印度古大陆。

波曲组中含植物，孢粉等化石，地质时代为中晚泥盆世。

达尔东组 D_1d (07-54-0403)

【创名及原始定义】 由达尔东群降级而来。1979年夏代祥根据申扎县永珠北达尔东泥盆纪地层剖面，创建了达尔东群（分为下组和上组），代表中下泥盆统。西藏区调队1983年介绍。岩性以薄层灰岩、生物灰岩、泥灰岩为主夹砂页岩。

【沿革】 林宝玉（1981）重新研究达尔东剖面后，将达尔东群降级为达尔东组，称其含义与西藏综合队的达尔东群下组相当。将其时代归属早泥盆世。许汉奎（1981）根据腕足类、笔石等，又将原达尔东群中、下部称达尔东组，上部新建日阿觉组。先后还有杨式溥等（1981）、饶靖国等（1988）等人研究过达尔东地层剖面并提出了各自的划分意见（表9-3）。

【现在定义】 为一套深灰色薄层灰岩，生物碎屑灰岩、泥灰岩为主的地层体，含丰富的竹节石、腕足类、珊瑚等。底界与扎弄俄玛组之间为平行不整合接触，顶界与查果罗玛组整合接触。

【层型】 正层型为申扎县永珠乡达尔东剖面（E88°30′，N31°11′），位于申扎县北约30 km，申扎至雄梅公路的左侧达尔东。由西藏综合队1979年测制，层序如下：

表 9-3 申扎县永珠桥北查果罗玛—达尔东泥盆纪地层划分沿革表

	夏代祥等 1979	林宝玉 1981	许汉奎等 1981	杨式溥 范影年 1981	林宝玉 1983	夏代祥 1983	林宝玉 1984	饶靖国 1988	本书
砂页岩	永珠群下组	永珠群下组		永珠段	永珠公社组	永珠群	永珠公社组		永珠组
浅灰、灰色中厚层状石灰岩	查果罗玛组	灰岩层	灰岩层	巴日阿朗寨段 C_1	洛工组 C_1	查果罗玛组 D_3	洛工组 C_1	查果罗玛组 D_3	查果罗玛组
		查果罗玛组 D_3	查果罗玛组 D_3	德日昂玛组 朋嘎段	查果罗玛群 D_3		朋嘎组 C_1		
				德日昂玛组 多那个里段			多那个里组 C_1		
				查果罗玛组 D_3			木纠布曲组		
		朗玛组 D_{1-2}	朗玛组 D_{2-3}		朗玛群		郎玛组 D_{1-2}		
		德日昂玛组 D_1	德日昂玛组 D_1		德日昂玛组 D_1		德日昂玛组	德日昂玛组 D_2	
深灰色薄层灰岩泥灰岩	达尔东组 上组		日阿觉组 D_1	达尔东组	达尔东组 D_1	达尔东群	达尔东群上组	上朗玛沟组	达尔东组
	达尔东组 下组	达尔东群 D_1	达尔东组 D_1					达尔东组 D_1	
				朗玛沟组				张恩组 D_1	
薄层灰岩夹砂页岩	德吾卡下组	扎弄俄玛组 S_{2-3}	页岩夹灰岩层 S	门德俄约组 S_2	扎弄俄玛组 S_{2+3}	德悟卡下组 S_1	门德俄约组 扎弄俄玛组 S_{2-3}	S_3	扎弄俄玛组

达尔东组　　总厚度>483.82 m

9. 灰黑色薄层灰岩，组成向斜核部。（未见顶）　10.20 m

8. 浅灰、深灰色变质石英粉砂岩，层面虫迹特别发育，富产竹节石 *Nowakia acuaria*　6.10 m

7. 浅灰、深灰色薄层生物碎屑灰岩夹青灰色薄层灰岩，富含腕足类、珊瑚、苔藓虫及三叶虫；其中珊瑚 *Keriophyllum* sp.，*Pachycanalicula* sp.，*Favosites* sp.；腕足类 *Stropheodonta* sp.，成都地质矿产研究所在相当该层中、上部采有珊瑚 *Charactophyllum antiquum*，*C. stereoseptatum*，*Temnophyllum* sp.；腕足类 *Desquamatia desquamata*，*D. hunanensis*，*D. magna*，*D. alpha* 等，下部采得珊瑚 *Temnophyllum* sp.，*Spongophyllum* cf. *sedgwicki*，*Hexagonaria hexagona*，*Favosites xinjiangensis*，*F. aculeatus*，*F. weissermeli*，*F. kulukensis*　108.00 m

6. 灰一深灰色中薄层灰岩夹土黄色薄板状泥灰岩，产少量竹节石 *Nowakia* aff. *acuaria*，*Nowakia* sp.，*Guerichina* cf. *xizangensis*　81.15 m

5. 灰一深灰色板状灰岩夹条带状泥质灰岩，富产竹节石 *Nowakia acuaria* cf. *xizangensis*，*Nowakia acuaria*，*N. praecuesor*，*N. funneliforme*，*N. xainzaensis*，*Guerichina xainzaensis*，*Styliolina* sp.　112.00 m

4. 深灰色薄层状含生物碎屑灰岩夹薄层灰岩，产海百合茎、腕足类、珊瑚、苔藓虫、三叶虫等化石，其中腕足类 *Atrypa* sp.，珊瑚 *Caliapora* sp.　41.00 m

3. 灰色、瓦灰色中厚层灰岩，含星点状黄铁矿；产腕足类、海百合茎及少量竹节石化石　38.60 m

2. 深灰色薄层状泥质灰岩，泥质条带灰岩，富含腕足类、珊瑚化石，其中腕足类 *Atrypa* sp.　73.51 m

1. 浅灰色、灰白色角砾状灰岩、白云质灰岩，含不规则褐灰色石英砂岩团块，大者近 $1m^3$　13.26 m

——————— 平行不整合 ———————

下伏地层：扎弄俄玛组　灰一黄绿色灰岩与页岩互层。（未见底）

【地质特征及区域变化】 达尔东组主要出露于申扎县达尔东、柯尔多、他尔玛、吉瓦区张恩。在他尔玛和吉瓦区张恩两地，达尔东组岩性有一定的变化，其中薄层钙质页岩、粉砂岩含量增多。在他尔玛地区其沉积厚度最大，约 1 300 m，在吉瓦张恩和申扎地区厚度变化不大，厚度约 500 m。

达尔东组中、下部含有丰富的竹节石 *Nowakia acuaria*，*Nowakia praecuesor*，*Nowakia funneliforme* 等，其时代主要表明为布拉格期；达尔东组上部产珊瑚 *Favosites aculeatus*，*Temnophyllum* sp.；腕足类 *Spinatrypa aspera*，*Indospirifer* sp. 等；竹节石 *Styliolina* sp.，其时代为布拉格一兹利霍夫期。因此达尔东组主要为早泥盆世。

达尔东组的底界以深灰色薄层泥质灰岩、粉砂岩与下伏地层扎弄俄玛组紫红色、灰黄色中厚层一薄层灰岩、砂页岩分界。其间为平行不整合接触。

查果罗玛组　$D_2C_1\hat{c}$　(07-54-0404)

【创名及原始定义】 夏代祥等(1979)创名，1983 年发表，建组剖面位于申扎县城北 28 km，申扎一班戈公路的左侧，距公路边约 3 km。其岩性主要为灰一灰白色白云岩、石灰岩、竹叶状灰岩等，厚约 1 116 m，时代为晚泥盆世。

【沿革】 杨式溥等(1981)、林宝玉(1984)、饶靖国(1988)先后在原查果罗玛组石灰岩地层中划分出了巴日阿朗寨段、德日昂码组(朋嘎段、多那个里段)、洛工组、朋嘎组、多那个里组、木纠布曲组等。这些组从岩性特征方面又难以从原查果罗玛组中区分出来，这些单位均不属于岩石地层单位。因此，本书仍沿用原查果罗玛组(见表 9-3)。

【现在定义】 主要指整伏于达尔东组深灰色薄层生物灰岩、泥灰岩之上，永珠组砂岩、页岩地层体之下的一套浅灰色厚层—块状石灰岩、白云质灰岩的地层体。

【层型】 正层型为申扎县北查果罗玛剖面(E88°29′,N31°09′)，位于申扎县城北 28 km 的查果罗玛。由西藏综合队 1979 年测制。其层序如下：

上覆地层：**永珠组** 灰绿色粉砂质页岩夹石英砂岩

——————— 整 合 ———————

查果罗玛组　　总厚度 1 263.0 m

16. 浅灰、灰白色厚层状灰岩，夹灰色中厚层状生物碎屑灰岩及砾状灰岩、含砾灰岩，砾石成分为石英，顶部为厚 3～5 m 的紫红色生物碎屑灰岩，产珊瑚 *Zaphrentis* sp. 腕足类 *Martinia* sp. , *Productella* sp. , *Spirifer* sp. , *Dielasma* sp. , 在甲布弄一普嘎路线上见到相当层位地层不整合于念青唐古拉变质岩系之上，并采得珊瑚、腕足类 *Keriophyllum* sp. , *Cyrtospirifer* sp. , *Yunnanella* sp.　　273.8 m
15. 灰—浅灰色厚层竹叶状灰岩　　154.3 m
14. 灰—浅灰色厚层—块状结晶灰岩，夹生物碎屑灰岩，产珊瑚 *Pseudozaphrentis* sp.　　425.6 m
13. 灰—灰白色中厚层状条纹状灰岩　　30.5 m
12. 灰白—浅灰色厚层状结晶灰岩，偶夹鲕状灰岩　　196.0 m
11. 灰、深灰色薄—中厚层状白云岩　　182.8 m

——————— 整 合 ———————

下伏地层：**达尔东组** 灰—灰黑色薄层灰岩，含竹节石

【地质特征及区域变化】 查果罗玛组主要出露于申扎县查果罗玛、班戈县多巴区孔弄孙果、文部县吉瓦张恩等地。其厚度变化较大，在班戈县多巴区孔弄孙果，厚度达 2 300 m；在申扎县查果罗玛剖面其厚度为 1 263 m。向西至文部县吉瓦张恩剖面，厚度变薄仅 95.8 m。

该组含珊瑚、腕足类、牙形刺等。在吉瓦张恩，本组块状泥质灰岩中产牙形刺 *Palmatolepis glabra pectinata*, *Polygnathus communis*(张正贵等，1988)，时代为晚泥盆世。在申扎，本组下部厚层灰岩中采到 *Spathognathus frankenwaldensis*, *Polygnathus gronbergi* 等，时代为中泥盆世。因此，在申扎地区本组最低层位仍以中泥盆世为主；在吉瓦张恩地区的时代主要为晚泥盆世。据西藏区调队 1983 年资料，在申扎县东北木纠错，还采到 *Cyrtospirifer* 和 *Yunnanella* sp. 等晚泥盆世的腕足类。1981 年范影年等在查果罗玛组上部石灰岩地层中采到珊瑚 *Yuanophyllum*, *Humboldtia*, *Siphonophyllia* 等，以及腕足类 *Onispirifer*, *Spirifer* 等，其时代为早石炭世。

从上可以看出，查果罗玛组的时代以中、晚泥盆世为主，在申扎地区可延至早石炭世。

春节桥组 $D_1\hat{c}$ (07-54-0405)

【创名及原始定义】 陈炳蔚等 1982 年创名，其创名剖面在察隅县古琴。原义指岩性为一套紫红色粗碎屑岩沉积，层位和厚度均较稳定，在古琴见其与下伏地层的下奥陶统桑曲组呈平行不整合接触，而与上覆地层含化石的中、上泥盆统地层松宗群为整合接触。在雅则附近，见到与上覆地层松宗群灰岩一起褶皱，组成背斜轴部，并为晚燕山期闪长岩体所侵入(陈炳蔚，

1982)，因此归属下泥盆统。

【沿革】 创名后，1993 年《西藏地质志》引用其名，代表下泥盆统，本书亦沿用其名，含义同原始定义。

【现在定义】 指夹持于桑曲组石灰岩与松宗群石灰岩之间的一套紫红色砂砾岩地层体。其底界与桑曲组石灰岩为平行不整合接触，顶界与松宗群石灰岩为连续沉积。

【层型】 正层型为察隅县古琴剖面(E97°54′,N29°23′)，其位置在察隅县古琴春节桥西头，桑曲河边。由陈炳蔚等 1982 年测制，层序如下：

上覆地层：松宗群 灰色中厚层灰岩

——————— 整 合 ———————

春节桥组 总厚度 358 m

16. 紫红色细砂岩—粉砂岩 214 m

15. 底部为白色含砾砂岩，向上为灰黑色细砂岩，紫红色砂砾岩 23 m

14. 下部为黑色页岩，近上部夹有黄色薄层粉砂岩，上部为灰绿色页岩 83 m

13. 紫红色砂岩、粉砂质泥岩及砾岩互层，下部夹有少量白色含砾粗砂岩 38 m

－－－－－－－ 平行不整合 －－－－－－－

下伏地层：桑曲组 灰黑色生物碎屑瘤状灰岩，含 *Aporthophylla* sp.，*Leptellina* sp. 等

【地质特征及区域变化】 春节桥组分布局限，仅见于察隅县古琴和八宿县然乌雅则两地。厚度较小变化不大，厚度约 300 m。关于春节桥组的时代，1974 年四川三区测队在进行昌都幅 1∶100 万区域地质填图中，将八宿然乌地区的红色碎屑岩与昌都察雅地区第三纪的拉屋拉组红色碎屑岩对比，并认为其不整合于古生界及晚燕山期花岗岩之上，于是归属拉屋拉组。陈炳蔚等，1982 年实测了八宿然乌雅则和察隅古琴春节桥的地层剖面，根据其整合于中、晚泥盆世松宗群石灰岩之下这一实际资料，及平行不整合于早奥陶世桑曲组之上的关系，将其时代归属于早泥盆世。本书从之，亦将其地质时代置于早泥盆世。

松宗群 $D_{2-3}S$ (07－54－0406)

【创名及原始定义】 李璞等(1959)创建的松宗系演变而来。原义指出露在八宿县松宗地区的一套石灰岩，时代归属中、晚泥盆世。未指定层型剖面。

【沿革】 陈炳蔚等(1982)根据八宿县然乌区雅则剖面正式将原松宗系改名为松宗群，1984 年中国科学院青藏高原综合科学考察队，尹集祥等在八宿然乌区雅则公社附近观测了泥盆纪灰岩地层剖面，采集了大量的腕足类、珊瑚、苔藓虫等，进一步创名了雅则组(D_2^3)、贡布山组(D_3^{1-2})、念淌组(D_3^{1-1})，主要是生物地层划分。本书沿用松宗群一名，含义同原始定义。

【现在定义】 指夹持于春节桥组紫红色碎屑岩与诺错组灰色、黑色砂板岩之间的一套石灰岩、白云质灰岩为主的地层体。含丰富的腕足类、珊瑚、苔藓虫等。顶、底均为整合接触。

【层型】 选层型为八宿县然乌区雅则、来姑剖面(E96°45′;N29°24′)，起点位于然乌区雅则乡西 1 km 的念淌。由陈炳蔚等 1982 年测制，其层序如下：

上覆地层：诺错组 灰黑色钙质板岩，砂质板岩夹薄层生物灰岩、泥质灰岩，产珊瑚 *Barrandeophyllum* sp.；腕足类 *Spirifer* sp.，*Dictyoclostus* sp. 等 30 m

——————— 整 合 ———————

松宗群 总厚度 700 m

7. 灰色，深灰色薄层灰岩，产腕足类 *Cyrtospirifer* sp.，*Productella* sp.，及珊瑚、苔藓虫 200 m

6. 砖红色中厚层状白云质灰岩、泥质灰岩，含海百合茎生物灰岩 100 m

5. 深灰色中厚层状灰岩、硅质岩，含层孔虫化石 400 m

——————— 整 合 ———————

下伏地层：**春节桥组** 紫红色砂质泥岩，泥质砂岩 30 m

【地质特征及区域变化】 松宗群主要分布于八宿县然乌雅则、松宗，察隅古琴等地，岩性以浅灰、灰白色石灰岩为主夹白云质灰岩及硅质岩。在八宿县松宗其厚度为 3 206 m；在察隅古琴整合于春节桥组紫红色碎屑岩之上，顶部出露不全，地层厚度 900 m。在八宿县然乌区雅则，其整合覆于诺错组之下，整合于春节桥组之上，厚度为 700 m；在上部灰岩中产珊瑚、腕足类等，腕足类有 *Cyrtospirifer* sp.，*Productella* sp.，*Emanuella* cf. *transversa*，*Indospirifer* sp.，*Athyris* spp.（据尹集祥，1984）。

松宗群下部灰岩中未发现化石，仅根据其与上、下地层的接触关系，不能排除中泥盆世地层的存在，因此，将松宗群时代归属于中、晚泥盆世。

然物群 $D_{2+3}R$ （07－54－0408）

【创名及原始定义】 四川区调队等 1982 年创名，命名地点在左贡县然物。原义指怒江沿岸的一套具火山岩夹层的晚泥盆世地层。然物群仅见于左贡县然物，分布局限。

【沿革】 1991 年云南第三地质队将其称上泥盆统，经本次对比研究，沿用然物群一名，含义同原始定义。

【现在定义】 指分布于怒江沿岸左贡县然物地区的一套含基性火山岩的石灰岩地层。岩性以灰岩、白云质灰岩为主夹玄武岩， 产珊瑚化石。下未见底，整覆于卡贡群砂板岩之下。

【层型】 正层型为左贡县然物剖面（E97°59′，N29°12′），由四川区调队 1982 年测制，层序如下：

上覆地层：**卡贡群**

8. 灰色、深灰色绢云板岩 10 m

——————— 整 合 ———————

然物群 总厚度＞950.9 m

7. 中、上部为浅肉红色白云质灰岩，下部为灰－灰白色中厚层－块状薄层状结晶灰岩，含珊瑚 *Phacellophyllum* ? sp.，*Zaphrentis* sp. 82.4 m

6. 米黄色中厚层状白云岩夹玄武岩 46.2 m

5. 米黄色厚层状白云质结晶灰岩 61.5 m

4. 暗灰色杏仁状玄武岩夹厚层状大理岩凸镜体 182.8 m

3. 上部为浅灰黄色块状砂质灰岩，下部为黄褐色中层状变质粉砂岩夹砂质灰岩 131.0 m

2. 灰色薄层－中厚层状白云质灰岩 199.7 m

1. 中、上部为灰色中厚层状结晶灰岩和钙质板岩互层夹紫红色页岩，下部为灰色厚层状灰岩夹 3～7 层玄武岩，在下部灰岩内含小型单体珊瑚。（未见底） 329.7 m

【地质特征及区域变化】 然物群分布局限，仅见于左贡县然物怒江边，厚度约 900 m。然物群中的变玄武岩，厚度约230 m，夹于白云岩和灰岩中，占该群的10%，向南延至德钦—维西望城坡一带，均见泥盆纪白云质灰岩、灰岩地层中夹变玄武岩，反映较为封闭的海相环境。玄武岩主要为大陆溢流型玄武岩。

根据其上部层位中所产珊瑚 *Zaphrentis* sp.，*Phacellopyllum* ? sp.，结合区域地质特征考虑，将其时代暂置于中、晚泥盆世。

亚里组　D_3C_1y　(07-54-0502)

【创名及原始定义】 穆恩之等1973年于聂拉木县章东区亚里命名。原义指整覆于波曲组之上的一套页岩与薄层灰岩的互层体，下部以页岩为主，上部以灰岩为主，夹有页岩，厚度126 m，在灰岩中产菊石。

【沿革】 1983年西藏区调队将亚里组下部含晚泥盆世双壳类的地层划归中、上泥盆统波曲群。1984年王义刚亦据此将亚里组分为上、下两段分别划归于上泥盆统(下段)和下石炭统(上段)。1983年梁定益等以及西藏区调队将康马地区与该层位相当的因岩体附近变质的一套大理岩和片岩命名为少岗群。在札达底雅相应层位的岩石地层被西藏区调队(1987)和梁定益等(1991)年命名为底雅组。1989年林宝玉根据牙形石及孢子组合将聂拉木地区亚里组又划分为三个段(参见表9-4)；本书沿用亚里组一名，恢复创名时的基本含义。

【现在定义】 为一套以灰黑色灰岩或白云岩、页岩为主，夹砂岩的地层体。产菊石、双壳类及少量腕足类、珊瑚化石。其底部以灰黑色页岩或灰岩与下伏地层波曲组浅灰色、灰白色厚层石英砂岩整合接触，顶部灰岩或白云岩与上覆地层纳兴组粗砂岩或含砾砂岩、细砾岩整合接触。

【层型】 正层型为聂拉木县章东区亚里南1 km公路东侧剖面(E86°07′，N28°23′)，由林宝玉、邱洪荣1982年重测，1989年发表(见地矿部地质专报(二)地层古生物，第11号，喜马拉雅岩石圈构造演化·西藏地层)，其层序如下：

上覆地层：纳兴组

16. 灰色中厚层状石英砂岩

———— 整　合 ————

亚里组	总厚度 89.3 m
15. 灰色中—薄层状页岩夹灰岩，灰岩中含海百合茎及牙形石。*Gnathodus semiglaber*，*G. antetexanus*，*G. typicus*，*Euprioniodius microdentata*	10.0 m
14. 黑色薄层状钙质页岩，风化后呈灰白色	7.0 m
13. 深灰色薄层灰岩夹页岩。牙形石(灰岩中采)*Siphonodella isoticha*；孢子(页岩中采) *Verrucosisporites nitidus*，*Auroraspora hyalina*，*A. macra*，*Emphanisporites* sp.，*Vallatisporites vallatus*，*Hymeonozotrites subgranulatus*，*Leiotriletes minutissimus*，*L. falsus*，*L. notus*，*Retusotriletes planus*，*Punctatisporites lasius*，*Apiculiretusispora septalata minor*，*Cyclogranisporites commodus*，*Lophotriletes minutissimus*，*Verrucosisporites tuberculatus*，*Dictyotriletes submarginatus*，*Grassispora trychera*，*G. dilectua*，*G. subgranulata*，*Cingulizonatus bialatus*，*Aneurospora durusculata*，*Endoculeospora gradezinskii*，*Spelaeotriletes baltialus*	7.0 m
12. 灰色微带绿色薄层钙质页岩	5.0 m
11. 深灰色中薄层灰岩夹页岩，灰岩中含海百合茎及牙形石化石 *Ozarkodina delicata*	

Siphonodella isoticha, *Neoprioniodus singularis* 5.0 m

10. 深灰色薄层状钙质页岩夹2～3层薄层灰岩，含海百合茎及牙形石化石等。*Neoprioniodus sinularis*, *Ozarkodina* sp. 10.0 m

9. 深灰色薄层灰岩夹钙质页岩，灰岩中含牙形石 *Polygnathus lobatus inflexus*, *Neoprioniodus sinularis*, *Polygnathus purus purus* 5.0 m

8. 深灰色钙质页岩夹薄层灰岩，牙形石 *Siphonodella cooperi*, *S. duplicata*, *S. quadruplicata*；孢子 *Retispora lepidophyta minor*, *R.* ? *lepidophyta*, *Retusotriles incohatus*, *Tumulisporites raritubeculata*, *Vallatisporites verrucosus*, *V. vallatus*, *Apiculatisporis rotundiformis*, *Acanthotriletes spinosus*, *Rugospora flexuosa*, *Dictyotriletes distinctus*, *Tumulispora variverrucata*, *Speleaotriletes* sp., *Grandispora cassis*, *G. microdecora* 4.0 m

7. 深灰色薄层灰岩夹页岩，底部层厚10～30 cm的灰岩中含牙形石化石 *Polygnathus purus purus*, *Bispathodus aculeatus aculeatus*, *B. aculeatus anteposiconis*, *Pseudopolygnathus vogesi*, *P. primus*, *Neoprichiodus barbatus*, *Siphonodella sulcata* 2.0 m

6. 灰色薄一中厚层状生物碎屑灰岩，顶部10 cm富含菊石，牙形石等化石 *Siphonodella sulcata*, *Pseudopolygnathodus dentilineatus*, *P. nodomarginatus*, *Spathognathodus cristulus*, *Polygnathus purus purus*, *Protognathodus kockeli*, *Pseudopolygnathus primus* 0.5 m

5. 灰色，棕灰色薄层含砂质条带灰岩，可过渡为钙质砂岩，钙质页岩或相间。含少量的海百合茎及丰富的牙形石化石。*Bispathodus spinulicostatus*, *B. costatus*, *B. aculeatus aculeatus*, *Polygnathus communis communis*, *P. purus purus*, *Pseudopolygnathus dentilineatus*, *Protognathodus kockeli* 10.0 m

4. 灰色厚层状砂质灰岩，底部砂质增多，与下伏地层岩性逐渐过渡，孢子 *Retispora lepidophyta*, *Apiculiretusispora plicata*, *Retusotriletes communis*, *R. fammenensis*, *Grandispora crassis*, *G. spinulosa*, *G. serenusa*, *Punctatisporites lasius*, *Dictyotriletes rotundatus*, *Geminospora nanus*, *Archaeozonotriletes variabilis* 0.8 m

3. 灰色薄层状页岩，风化后呈灰白色或棕黄色，偶夹薄层砂岩凸镜体，孢子 *Retispora lepidophyta*, *Aneurospora greggsii*, *Vallatisporites verrucata*, *V. pusillites*, *Samarisporites practervisus*, *Emphanisporites hibernicus*, *E. rotatus*；疑源类 *Veryhachium trispicosus*；虫牙 *Arabellites commendobilis* 11.0 m

2. 深灰色页岩夹数层厚10～40 cm的砂岩凸镜体。孢子 *Retispora lepidophyta*, *Retusotriletes inchatus*, *R. simplex*, *Apiculiretusispora* sp., *Aneurospora greggsii*, *Lophotriletes gramosus*, *Acanthotriletes ignatus*, *Convolutispora* sp., *Dibolisporites* sp., *Vallatisporites verrucata*, *Asperispora acuta*, *Cyrstospora* sp., *Archaeozonotriletes variabilis*, *Geminospora compactus*, *Cyclogranisporites rugosus*, *Diseerisporites micromanifestes*, *Ancyroapora* sp., *Emphanisporites hibernicus*, *Perotriletes* sp., ?*Archaeopersaccus* sp., *Laevigatosporites rarus*；疑源类 *Hapsidopalla invenusta*, *Micrhystridium* sp.；虫牙 *Langeites* sp., *Leogenus* sp. 7.0 m

1. 深灰色薄片状页岩，夹数层3～5 cm厚的砂岩。含孢子 *Stenozonotriletes speteandus*, *Grandispora cornuta*, *G. macrospinosa*, *Acinosporites* cf. *acanthomammillatus*, *A. macrospinosus*, *Corystatisporites minutus*, *Emphanisporites hibernicus*, *E. rotatus*, *Cymbosporites decorsus*, *Convolutispora cancellothyra*, *Retispora lepidophyta*, *Retusotriletes simplex*, *Acathotriletes parvispinosus*, *Verrucosisporites nitidus*, *Dictyotriletes nigratus*, *Geminospora nanus*, *Diaphanospora scolecophara*。（未见底） 5.0 m

……………… 掩 盖 ………………

下伏地层：波曲组 石英砂岩

表 9-4 喜马拉雅地层区石炭纪地层划分、对比沿革表

穆恩之等 1973 聂拉木	穆恩之等 1973 康马	尹集祥 1976 定日	施雅风 刘东生 1982 希夏邦马	梁定益等 1983 康马	西藏区调队 1983 定日	西藏区调队 1983 康马	王义刚 1984 聂拉木—定日	西藏区调队 1987 札达	范影年 1988 聂拉木	林宝玉 1989 聂拉木—定日	梁定益 1991 札达	本书
色龙群	康马组	曲布组	港门穹群 P—C：色隆组	康马群 P_1；柯浦组 C_2	色龙群	康马组	色龙群；曲布组	马阳组；曲嘎组；? 丁波群 ?	色龙群……	曲布组	马阳组；忙宗荣组 P_1：上组	色龙群；康马组
	比聋组	基龙组 P_1—C_3：查雅石英砂岩段	康乌丽组		基龙组 C_2	破林浦群 C_2	基龙组 C_3：查雅石英砂岩段	杰胜群 C_2；打昌群 ?		基龙组 C_3—C_2：查雅石英砂岩段	杰胜组 C_1；忙宗荣组 P_1：中组	基龙组：查雅段
		含 *Stepanovi-ella* 砂质粉砂岩段					砂质粉砂岩段			粉砂岩段	下组	
	柯窝西嘎组 ?	扎达日杂砾岩段					扎达日杂砾岩段			扎达日杂砾岩段	马阳组	扎达日段
纳兴组 C_3—C_1：上部 …?…		曲宗组 C_2	港井组	少岗群 C_1；破林浦组	纳兴组 C_1	少岗群 C_1：石英质砂岩大理岩	纳兴组 C_1：上段	底雅群上组 C_1	永珠阶 C_1；纳兴组	纳兴组 C_1	底雅组 C_1；杰胜组 C_1	纳兴组
中部						板岩云母片岩	中段					
下部							下段		上亚里组			
亚里组 C_1		绒嘎玛组 C_2		雇孜组；朗巴组	亚里组	结晶大理岩	亚里组：上段；下段	底雅群下组 C_1	岩关阶 C_1；下亚里组	亚里组 C_1—D_3：腊扎浦段；沟陇日段；亚里东沟组		亚里组
波曲群 D		C_2	希夏邦马群 AnC	?	波曲群 D	AnC		波曲群 D	波曲组 D	章东组 D	曲门夏拉组 D	波曲组

【地质特征及区域变化】 亚里组分布于聂拉木、定日、康马、札达底雅等地，在区域上的岩性组合较稳定，厚度变化大。亚里一带页岩与灰岩之比约为1：1，厚度大于80～126 m，向东页岩数量渐减，至阿嘎拉山口一带全部为灰岩，厚度约100 m。向北，厚度增大。康马一拉轨冈日一带，由于受热穹窿影响，岩石有不同程度的变质，灰岩常为大理岩，页岩变质为斑点板岩，各种云母石英片岩、云母片岩，厚为440 m。至札达底雅为结晶灰岩、泥灰岩、大理岩、细晶白云岩、夹板岩、钙质粉砂岩。厚度820 m。

根据亚里组下部所含双壳类 *Paracyclos* cf. *dubia* 及上部所含菊石 *Gattendorfia* 等，确定其地质时代为晚泥盆世晚期至早石炭世早期（参见图9-1）。

纳兴组　C_1n　（07-54-0503）

【创名及原始定义】 穆恩之等1973年据聂拉木县章东区赖西（纳兴）剖面创名纳兴群。原义指一套浅海相碎屑岩沉积，夹少量砂质石灰岩。其中碎屑岩以页岩和石英砂岩为主，粉砂岩、钙质页岩次之，砾岩最少。总厚1 888 m。时代为早石炭世晚期至晚石炭世。

【沿革】 1982年施雅风、刘东生等将聂拉木县色龙港门穹地区的石炭纪砂页岩地层命名为港门穹群港井组，下未见底。顶部以灰、灰绿色页岩与原康乌丽组灰色石英砂岩整合。1983年梁定益、王为平及西藏区调队将康马县附近的一套石炭纪砂页岩地层划归少岗群，其顶部以页岩、砂质页岩与柯浦组（原柯窝西嘎组杂砾岩）整合。1987年西藏区调队在札达县底雅将碳酸盐岩之上的地层命名为底雅群上组，其上部包括有夹含砾板岩、含砾砂岩的一套板岩。1988年范影年重测亚里至纳兴剖面时，将纳兴组限于永珠阶（大塘阶）晚期，而将纳兴组之中下部命名为上亚里组（参见表9-4）。上述聂拉木章东区、色龙、康马县附近及札达县底雅地区的石炭纪地层均属同一套岩石地层体，本次对比研究将此套地层仍称为纳兴组。

【现在定义】 为一套碎屑岩，其岩性以页岩和石英砂岩为主，粉砂岩，钙质页岩次之。含丰富的双壳类、腕足类及少量的方锥石、腹足类等化石。底部与下伏地层亚里组灰岩或白云岩整合接触，顶部与上覆地层基龙组含砾砂质板岩整合接触。

【层型】 正层型为聂拉木县亚里至纳兴剖面（E86°07′，N28°24′），由章炳高等1966年测于聂拉木县北章东区亚里乡至赖西村间之中尼公路边。资料发表于中科院西藏综合科学考察队1974年《珠穆朗玛峰地区科学考察报告（1966—1968）·地质》。剖面层序如下：

上覆地层：**色龙群**

62. 褐灰色泥灰岩

══════ 断　层 ══════

纳兴组	总厚度＞1 868 m
61. 灰白色、棕灰色厚层状细粒石英砂岩	122 m
60. 灰色薄层状粉砂质页岩，上部夹有棕褐色粉砂岩	18 m
59. 黄灰色、灰白色厚层状中至细粒石英砂岩	6 m
58. 灰色薄层状中粒石英砂岩与深灰色薄层页岩互层，向上砂岩增多	17 m
57. 灰黑色薄层状粉砂质页岩，上部夹有多层灰色中至薄层状砂岩及粉砂岩	22 m
56. 灰色、黄灰色粉砂质页岩	48 m
55. 灰白色至白色中层状中至细粒石英砂岩，具斜交层理	30 m
54. 深灰色薄层粉砂质页岩夹几层灰色钙质粉砂岩	43 m

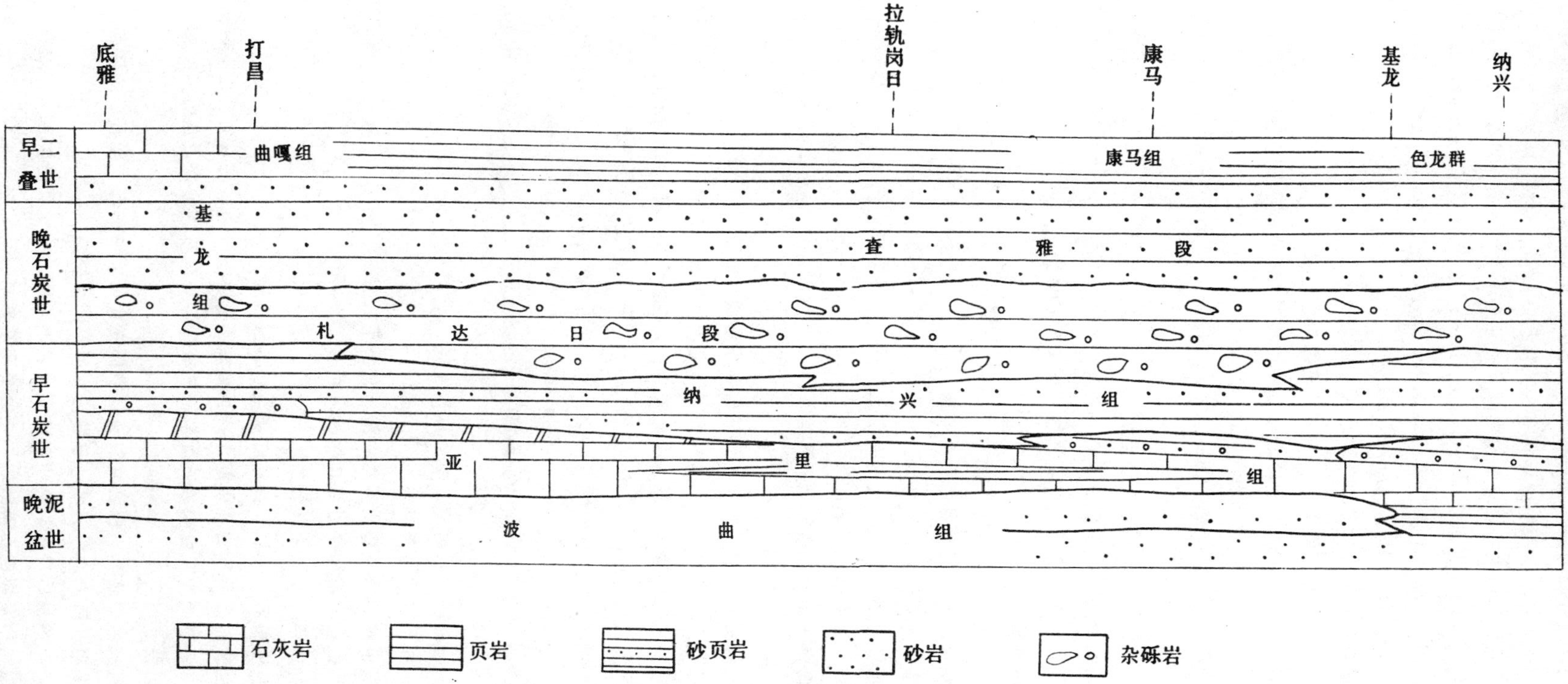

图9-1 喜马拉雅地层区石炭纪岩石地层单位时空关系图

53. 灰色薄层状钙质细砂岩与灰白色粉砂质页岩互层，产双壳类化石 *Wilkingia* sp. 63 m

52. 灰白色中、厚层状细粒石英砂岩；有双壳类化石 *Wilkingia* sp. 29 m

51. 以深灰色粉砂质页岩为主，在底部和中部夹有几层薄层状砂质石灰岩，在砂质石灰岩中产有丰富的化石，腹足类 *Retispira nyalamensis*；双壳类 *Clinopistha oblonga*，*Schizodus* sp.，Pectinacea，*Aviculopecten* sp.，*Streblopteria* sp.，*Sanguinolites omalianus*，*S. xizangensis*；*Wilkingia neilamuensis* 33 m

50. 深灰色、灰绿色粉砂质页岩及粉砂岩，向上砂岩增多 141 m

49. 灰色薄层状砂质石灰岩、钙质砂岩与灰色至深灰色薄层页岩互层 50 m

48. 灰黑色及灰绿色页岩、砂质石灰岩及粉砂质页岩，顶部的砂质石灰岩中产化石，双壳类 *Aviculopecten* spp.，*Pernopecten* cf. *clypeatus*，*Wilkingia* sp.；腹足类 *Retispira nyalamensis*；腕足类 *Tolmatchoffia* sp.，*Marginirugus* cf. *magnus*，*Syringothyris lydekkeri* 131 m

47. 棕黄色、灰黄色薄层状钙质及粉砂质页岩 39 m

46. 灰白色中至细粒薄层至厚层石英砂岩 18 m

45. 棕色薄层细砂岩与深灰色薄层页岩互层，向上页岩增多 11 m

44. 灰绿色、黄色页岩 24 m

43. 灰黑色、黄灰色薄层页岩 61 m

42. 灰黑色薄层状页岩与灰色薄层状页岩互层 12 m

41. 灰色钙质页岩和钙质砂岩，底部为砂质页岩，含有很多的化石碎片 67 m

40. 下部以灰色粉砂质页岩为主，夹有几层细砾岩；上部为黑色、灰黑色薄层页岩 147 m

39. 灰色细砾岩层，夹有多层石英砂岩 52 m

38. 灰白色、乳白色中粒石英砂岩及石英岩 31 m

37. 黑色、深灰色薄纸状页岩 41 m

36. 灰色、灰褐色薄层状细粒至中粒石英砂岩与粉砂质页岩互层 93 m

35. 以浅灰色中粒石英砂岩为主，下部常夹有薄层黑色页岩，底部为一薄砾岩层，砾岩层中夹有少数石灰岩凸镜体，砾石成分较复杂，主要为呈长条形出露的黑色页岩及石英颗粒，前者长约 10 cm，后者直径约 1 cm。下部黑色页岩层中产有化石，腕足类 *Schuchertella* cf. *gueizhouensis*，*Ovatia* sp.，*Fusella yaliensis*，*F. transversa*，*Eochoristites* sp.，*Composita tibetensis*，*Girtyella* sp.；双壳类 *Euchondria* sp.；腹足类 *Bellerophon* sp.；方锥石 *Conularia haydeni* 9 m

34. 灰绿色、灰黑色页岩 111 m

33. 棕红色、棕灰色粉砂质页岩与灰黑色页岩互层 28 m

32. 灰色至灰白色厚层状中粒至细粒石英砂岩 66 m

31. 以灰色至深灰色页岩为主，夹有几层浅灰色石英砂岩 21 m

30. 浅灰色薄层状细粒石英砂岩，夹几层浅灰色砂质页岩 19 m

29. 浅钢灰色、灰白色中粒石英砂岩 16 m

28. 灰色至浅灰色中粒石英砂岩夹几层红灰色粉砂质页岩 18 m

27. 浅灰色中粒至粗粒石英砂岩，中部含有少量扁圆形粘土砾岩，砾石直径 2～5 cm 46 m

26. 含有少量泥质结核的浅灰色粉砂质页岩，夹有多层灰色石英砂岩，上部还夹有一层细砾岩，砾石岩性与层 25 中砾石相似 62 m

25. 浅灰色，浅钢灰色中粒至粗粒石英砂岩，中部夹有一层细砾岩，砾石成分复杂，主要为棕红色页岩及砂岩，浑圆度一般较好，但磨圆度较差 59 m

24. 灰黑色页岩，灰色粉砂质页岩与浅灰色石英砂岩互层，中部页岩较多 23 m

23. 浅钢灰色厚层状中至粗粒石英砂岩，上部夹薄层砂岩 41 m

—————— 整　合 ——————

下伏地层：亚里组

22. 深灰色、灰黑色中厚层状细晶石灰岩与棕红色、灰色及灰黑色页岩、粉砂质页岩互层 37 m

【地质特征及区域变化】 纳兴组分布于聂拉木县色龙以西一定日县扎西岗一亚东县阿嘎拉山口一线及札达底雅、拉轨岗日、哈金桑惹、康马等处。纳兴组的岩性和厚度在区域上均较稳定，只是在聂拉木县纳兴一亚里地层厚度大于 1 888 m，上未见顶。其它地区，厚度明显减少，但层位较稳定，为 300～500 m，在亚里、阿嘎拉山口、康马、底雅等处均见底部含砂岩或细砾岩与亚里组灰岩整合接触；除赖西（纳兴）外，其余各处顶部均与基龙组杂砾岩整合接触。

根据其中腕足类 *Syringothyris* - *Marginirugus* 组合，确定其时代为早石炭世。

纳兴组的岩石类型较简单，其中砂质岩石主要为粉砂岩、细砂岩，下部有较多的中粒—粗粒砂岩。其碎屑主要为分选和圆度均较好的石英，少量棱角状、次棱角状的长石，组成石英砂岩，含长石石英砂岩。粘土岩则以砂质页岩为主，次为页岩和粉砂质页岩。砾岩为灰色凸镜层状层间砾岩，均见于下部或近底部。砾石磨圆度及分选性较好，砾径为 0.5～5 cm。此外，尚有少量砂质灰岩，灰岩呈凸镜状，薄层状产出。

据微量元素分析结果 Sr/Ba、V/Ni、Cu/Ni 比值均较大，表明皆为海相沉积。根据砂岩的碎屑结构及胶结物成分，推测纳兴地区砂岩是在地壳较稳定，温湿气候及地形平坦的条件下，可能来自酸性火成岩及沉积岩风化后，使石英和少量长石于近海地区沉积下来。根据岩石类型和粒度规律，纳兴组由下而上为一个由粗一细的沉积旋回，参考微量元素的分布可进一步划分为三个次一级的沉积韵律。表明该区在早石炭世海水曾经历逐渐海退到规模不大的海侵，复又到平稳地海退趋势。

永珠组　C_1y　(07 - 54 - 0507)

【创名及原始定义】 由永珠群降级而来。1979 年夏代祥等在申扎永珠命名中、下石炭统永珠群，1983 年发表。原义指申扎地区查果罗玛组灰岩之上的灰黑色砂页岩，含砾砂岩夹薄层生物泥灰岩，厚度为 1 840 m。并进一步划分为下石炭统永珠群下组。

【沿革】 1982 年林宝玉又将永珠群下组更名为永珠公社组，永珠群上组命名为拉嘎组。1981 年杨式溥、范影年根据腕足类和珊瑚化石，将该套地层划分为上石炭统朗玛日阿组、昂杰组、中石炭统斯所组，下石炭统大塘阶永珠段。1983 年西藏区调队同样依据生物化石将该套地层之下部砂页岩夹薄层灰岩及其以下原查果罗玛组灰岩之上部分合称下石炭统永珠群，而将其上的大套砂岩、含砾砂岩夹页岩称上石炭统朗玛日群、斯所组、昂杰组。

本书用永珠组一名代表原永珠群下部的灰黑色砂页岩，并维持其原来的底界，上界以砂砾岩的出现为界。

【现在定义】 指整合于查果罗玛组灰岩之上、拉嘎组含砾砂岩之下的一套浅海相碎屑岩，其主要岩性为细粒石英砂岩、页岩、少量粉砂岩，夹多层灰岩或钙质砂岩，韵律明显。其中化石主要为珊瑚、腕足类、少量双壳类、三叶虫等。

【层型】 正层型为申扎县永珠剖面（E88°53′，N30°57′），由西藏综合队 1978 年测于申扎县永珠乡德日昂玛一昂杰。资料由夏代祥等（1979）在拉萨召开的“地矿部青藏高原地质科学讨论会”上首次发表。其层序如下：

上覆地层：**拉嘎组**

18. 灰黑色页岩、粉砂质页岩，下部夹数层薄层状含砾中砂岩。(为原永珠群下组)

——————— 整 合 ———————

永珠组	总厚度 989.41 m
17. 灰白色薄—中厚层细—中粒长石石英砂岩，交错层理发育	19.56 m
16. 暗紫色含钙质细—中粒砂岩夹泥灰岩凸镜体	95.36 m
15. 灰白色薄—中厚层状长石石英砂岩，上部为中—粗粒石英砂岩	70.40 m
14. 灰绿色薄层状中粒砂岩夹棕褐色薄层石英砂岩	65.55 m
13. 深灰色、灰绿色页岩夹薄层状钙质粉砂岩，下部夹含砾生物碎屑灰岩，产腕足类、腹足类化石，腹足类 *Amphalonema* ? sp.，*Bellerophon* sp.；双壳类 *Posidoniella* cf. *vetusta*，*Neocyricardium* sp.，*N.* sp.，*Aviculopecten chuniukouensis*；腕足类 *Brachythyris lata*，*Buxtonia* sp.	189.66 m
12. 灰黄色薄层状石英砂岩	53.25 m
11. 灰—浅灰色钙质含砾粗砂岩、砂砾岩夹生物碎屑灰岩，含保存不好的化石	3.00 m
10. 暗绿—灰绿色中粒砂岩夹灰白色中厚层状砂岩	41.67 m
9. 灰绿—暗绿色中粗粒砂岩，含星点状黄铁矿，中夹饼状铁质及泥质结核	67.81 m
8. 灰白色中厚层状中粒石英砂岩	10.00 m
7. 灰绿色、暗绿色中粒砂岩，含铁质结核	55.81 m
6. 灰色中厚层状石英砂岩	115.54 m
5. 灰绿色中厚层状砂岩	35.00 m
4. 灰白色石英砂岩，具水平层理及交错层理	39.06 m
3. 灰绿色—深灰色砂岩、粉砂质页岩，中夹一层生物灰岩	44.54 m
2. 浅灰—灰色薄层状生物碎屑灰岩，含丰富的刺毛虫、百合茎及腕足类化石，*Marginifera* cf. *vuenina*	7.68 m
1. 灰绿色粉砂质页岩夹黄褐色钙质石英砂岩，下部为钙质砂岩、泥岩夹含砾钙质砂岩	75.52 m

——————— 整 合 ———————

下伏地层：**查果罗玛组** 浅灰—灰白色厚层状灰岩夹灰色中厚层状生物碎屑灰岩及砾状灰岩、含砾灰岩

【地质特征及区域变化】 永珠组在区域上的岩性及厚度变化都不大，永珠剖面以中—粗粒石英砂岩为主，与细粒石英砂岩、页岩组成不等厚互层或韵律层，夹多层生物碎屑灰岩，厚度 962 m。德日昂玛一带砂岩为中—细粒石英砂岩、页岩数量增多，厚度 895 m，底界稳定，均以灰绿色页岩整合覆于查果罗玛组顶部紫—紫红色灰岩之上。在古昌附近含生物碎屑灰岩夹层，未见底界。根据珊瑚 *Rhopalolasma*，*Mirusophyllum*，腕足类 *Balakhonia*，*Chonetipustula* 等确定永珠组之时代为早石炭世晚期。

诺错组 C_1nc (07-54-0510)

【创名及原始定义】 尹集祥 1984 年根据八宿县雅则乡来姑（拉古）村诺错北剖面创名。原划为两个岩性段，总厚度 281 m。下段以灰色粉砂质板岩夹细砂岩（单层厚度 2～3 cm）或为互层，以及中薄层灰岩。含丰富的腕足类及少量苔藓虫、角石、海百合茎及三叶虫等。上段岩性为灰色泥质灰岩及粉红色花斑状或瘤状泥质灰岩，新鲜面上含浅灰色、绿灰色的斑点。含菊石及大量海百合茎碎片和少量角石及珊瑚等化石，厚度 31 m。认为包含了下石炭统杜内阶及韦宪阶。

【沿革】 1982年陈炳蔚将八宿县雅则一带泥盆纪灰岩之上的板岩夹砂岩、灰岩、火山岩的地层称为下石炭统倾多群。1984年尹集祥创名诺错组时，不包括其上部火山岩和其下部的含砾板岩层。1985年云南第三地质队将察隅县日东一带的该套地层称为下二叠统日东组第一段。1992年四川区调队文沛然将八宿—察隅一带的该套地层自下而上划分为峨罗组、日东组。本次对比研究恢复沿用诺错组，含义同原始定义。

【现在定义】 指夹持于下伏地层松宗群灰岩与上覆地层来姑组含砾板岩之间的一套板岩和碳酸盐岩。岩性以灰色粉砂质板岩为主夹细砂岩，顶部以灰色泥质灰岩及灰、紫色瘤状灰岩为主，产丰富的腕足类。底部以粉砂质板岩与下伏地层松宗群大套灰岩，顶部以灰岩（大理岩）与上覆地层来姑组含砾砂岩或细砾岩均为整合接触。

【层型】 正层型为八宿县雅则—来姑剖面（E96°50′，N29°18′），由尹集祥等1984年测于八宿县雅则乡来姑村，层序如下：

上覆地层：来姑组

3. 下部深灰色碳质砂岩、钙质砂岩及灰色中厚层中细粒长石石英砂岩，夹含海绵骨针板岩及粉砂质板岩；上部深灰色板岩夹粉砂岩 179 m

——————整　合——————

诺错组 总厚度 281 m

2. 灰色中厚层泥质灰岩及灰，紫色花斑状泥质灰岩或瘤状灰岩、含黄铁矿小晶体及发育缝合线构造，风化面呈黄灰色及紫灰色，含角石、海百合茎、珊瑚及菊石 *Beyrichoceratoides* sp. 31 m

1. 下部灰色粉砂质板岩夹细砂岩（50 m），其底部和上泥盆统松宗群过渡处为板岩夹薄层灰岩。板岩中产丰富的腕足类等化石；中部为板岩夹中薄层灰岩（100 m），灰岩中产腕足类、角石化石；上部为灰色板岩（钙质板岩）与细砂岩互层。局部砂岩层面上有压模（100 m），产丰富的腕足类及少量海百合茎化石，腕足类 *Schuchertella* sp.，*Composita* sp.，*Tylothyris pseudoposterus*，*Fusella* cf. *tornacensis*，? *Tomiopsis* sp.，*Marginatia* sp.；苔藓虫 *Fenestella* cf. *donaica*；三叶虫 *Cyrtosymbole* (*Semiproetus*) sp.，*Ditomopyge* sp.，*Neoproetus* sp.；海百合茎 *Cyclocyclicus* sp.，*Pentagonocyclicus* sp.；双壳类 *Dunbarella* sp. 250 m

——————整　合——————

下伏地层：松宗群　深灰色中层灰岩，顶部夹燧石条带生物碎屑灰岩，含腕足类化石

【地质特征及区域变化】 诺错组的岩性和厚度变化较大，在雅则—来姑一带短距离内厚度由280 m变为690 m。在察隅日东一带则以灰岩、白云岩为主夹粉砂质板岩，下未见底；顶部以白云岩与上覆地层来姑组板岩整合，厚度大于1 100 m。含珊瑚、腕足类以及少量双壳类、腹足类、有孔虫等，根据 *Barrandeophyllum*，*Schizophoria* 等及上下地层接触关系，将其地质时代置于早石炭世。

第十章
晚石炭世—早二叠世

藏滇地层大区的晚石炭世—早二叠世地层在喜马拉雅地层区、冈底斯-腾冲地层区和羌南-保山地层区都有分布。

晚石炭世—早二叠世这一地史阶段是最具特色的一个时期，在喜马拉雅和冈底斯-腾冲地层区中，有典型的冈瓦纳相地层、冰碛岩及相关的冷水动物群，后期发育典型的冈瓦纳相植物群（*Glossopteris*）。在羌南-保山地层区中特别是沿龙木错-查桑-澜沧江断裂带的南侧，未见典型的冈瓦纳相沉积，但具有火山岩的泥砂质复理石沉积（霍尔巴错群、卡贡群、沙龙组等），显示了一个活动沉积带的面貌。在这一地史时期中的岩石地层单位有 23 个群、组和段（参见表 10-1）

表 10-1　晚石炭世—早二叠世岩石地层单位一览表

藏滇地层大区							
喜马拉雅地层区				冈底斯-腾冲地层区		羌南-保山地层区	
低喜马拉雅地层分区	北喜马拉雅地层分区	康马-隆子地层分区	札达-仲巴地层分区	措勤-申扎地层分区	拉萨-察隅地层分区	多玛地层分区	丁青-吉塘地层分区
冈瓦纳群	色龙群：曲布日嘎组 曲布组	白定浦组 康马组 基龙组：查雅段 扎达日段	曲嘎组	下拉组 昂杰组 拉嘎组	洛巴堆组 来姑组	龙格组 吞龙共巴组 霍尔巴错群：曲地组 展金组 擦蒙组	东坝组 卡贡群

冈瓦纳群　CPG　（07-54-0501）

【创名及原始定义】　冈瓦纳群（Gondwana Gr.）最早在 1872 年由 H B Medlicott 根据印度中央邦的 Kingmd 得名。原义主要指底部为冰川沉积，上部为河流相和湖泊相沉积的地层。时代为晚石炭世—早侏罗世。其分布主要在大三角形地区的两侧。北边从恒河三角洲的阿散索尔起往西经多尔顿甘杰，至纳巴达河上游近东西向延展。西南边沿着哥达瓦里河呈北西-南东向展布。另外沿着东海岸的克塔克、特纳利和马德拉斯，以及拉杰斯坦邦的德塔尔沙漠中的贾萨梅尔一带和古吉拉特邦的布季和莫尔雅一带还有分布（主要为上冈瓦纳群）。

【沿革】 根据 M S Krihnan 的意见将原冈瓦纳群划分成上、下两部分，下部以 *Glossopteris* 植物群为特征，上部以 *Ptilophyllum* 植物群为特征，并认为上、下两部分之间有一地层间断。由此而演变为下冈瓦纳群（下部）和上冈瓦纳群（上部）。1974 年，印度瓦第亚地质研究所，将低喜马拉雅地区邦迪拉一西巴霞曲以东地区的一套冰碛岩和陆缘碎屑岩，厚约 400 余米，称之为冈瓦纳岩系，首次将冈瓦纳相地层引用到低喜马拉雅地区，自下而上分为四个岩性段（略有修正）：(1) 卵石泥岩段，(2) 长石石英砂岩段，(3) 黑色页岩段，(4) 复成分碎屑岩段。并将其时代置于石炭一二叠纪。本次对比研究后将其更名为冈瓦纳群。

【现在定义】 冈瓦纳群为一套陆缘碎屑岩和冰碛岩、含砾板岩等，未见顶底。其南侧与西瓦里克群陆缘红色岩石地层断层接触，北侧与米里群断层接触。分布于错那县以南邦迪拉卡门河至西巴霞曲一带。

【地质特征及区域变化】 分布在低喜马拉雅地层分区的冈瓦纳群，其研究程度较差，现在暂缺实测剖面资料。在卡门河西恩一带地区，尹集祥曾介绍了这一地区的“冈瓦纳岩系”，即本书所称的冈瓦纳群，其底部岩石称为“吉兰特含砾板岩”，含 *Eurydesma* 动物群。向上连续过渡到含 *Stepanoviella* - *Cyrtella* - *Paraconularia* 组合的含碳质结核泥质粉砂岩。

低喜马拉雅地区冈瓦纳群的下部岩石特征大致与南亚地区的塔尔切尔（Talchir）漂砾层、盐岭的 Tobra 漂砾层和锡金北部的 Lachi 杂砾岩可以对比。均属冰海相沉积的杂砾岩与冈瓦纳群上部（Damuda）含煤地层相当，只是未见含煤层位。由此，本书拟定的冈瓦纳群与南亚地区的“下冈瓦纳群”的中、下部大致可以对比，其时代对比为石炭纪一二叠纪。

基龙组 C*j* （07 - 54 - 0504）

【创名及原始定义】 尹集祥、郭师曾 1976 年根据定日县曲宗南基龙贡巴东山剖面创名。原指分布于查雅山头、基龙贡巴至扎达日间整合于曲宗组之上的深灰色杂砾岩、黄褐色细砂岩、石英砂岩夹页岩。基龙组下部为冰海相沉积的杂砾岩，简称扎达日砾岩段，厚度约 30 m；中部为厚度 0.5～1 m 的生物碎屑砂质粉砂岩。产腕足类、单体珊瑚等化石，称为含 *Stepanoviella* 砂质粉砂岩段；上部为细砂岩和石英砂岩夹少量页岩，厚度约 700 m，称为查雅石英砂岩段。其地质时代为晚石炭世至早二叠世。

【沿革】 1974 年章炳高将康马县白定浦之含砾板岩命名为柯窝西嘎组，其上之石英岩状砂岩命名为比聋组，认为其地质时代为二叠纪。1982 年施雅风、刘东生在色龙一带将与之相当的含冰海相砾石及其以上的地层命名为港门穹群康乌丽组。1983 年梁定益等将康马地区的含砾板岩连同其上的灰白色石英岩状砂岩及其以上之板岩皆划为康马群柯浦组。1987 年西藏区调队将札达县底雅地区的夹含砾板岩的地层及其以上的碎屑岩划分为底雅群上组和杰胜群。札达以北打昌一带地区的称打昌群，松宗丁波一带因受花岗岩夹持而变质的碎屑岩者称丁波群。1991 年梁定益等根据生物化石，认为底雅一带缺失上石炭统，而将该套地层划分为下石炭统杰胜组和下二叠统马阳组、忙宗荣组。但原组段名称不符合岩石地层单位命名原则，其中含“*Stepanoviella* 砂质粉砂岩段”厚度太小，无填图价值，将其归并于上部岩性段。

【现在定义】 基龙组分为两个岩性段，即：下部称 扎达日段，上部称查雅段。

【层型】 正层型为定日县基龙贡巴东山剖面（E86°52′，N28°16′），由尹集祥等 1975 年测于定日县曲宗南，发表于1976年《地质科学》第4期。距珠穆朗玛峰北约33 km，绒布寺北之基龙贡巴东山。基龙组（扎达日段和查雅段）剖面层序如下：

基龙组　　总厚度约731 m

查雅段　　厚度701 m

5. 白色风化后呈黄褐色中薄层石英砂岩夹粉砂岩。(未见顶)　　约400 m

4. 灰色，风化后呈黄灰色细砂岩夹灰色砂质页岩　　约300 m

3. 深灰色，风化后呈褐灰色生物碎屑砂质粉砂岩，性坚硬。产腕足类、单体珊瑚、三叶虫和双壳类等；生物碎屑尚有海百合茎、苔藓虫等。腕足类（金玉玕鉴定）：*Stepanoviella gracilis*，"*Punctospirifer*" *jilongoco*，*Attenuatella convexa*，*Martinia* sp.，*Lissochonetes* cf. *geinitzianus*，*Trigonotreta* cf. *narsahensis*，*Lialosia* sp.，*Waagenoconcha* sp.；珊瑚（吴望始鉴定）：*Empodesma* sp.；三叶虫（袁金良鉴定）：Ditomopyginae，双壳类（陈楚震鉴定）：Myolinidae　　约0.5～1 m

——————整　合——————

扎达日段　　厚度30 m

2. 灰色杂砾岩，上部含少量腕足类化石　　30 m

——————整　合——————

下伏地层：纳兴组

1. 灰色页岩和砂质页岩，顶部产海百合茎化石 *Cyclocyclicus kuangtugensis*（穆恩之鉴定）。页岩内含钙质结核及扁豆体　　600 m

【地质特征及区域变化】基龙组在喜马拉雅地层区内分布广泛，大体与纳兴组相同，但在亚里至纳兴（赖西）的剖面上因断层破坏未出露。另在札达县曲松一曲龙及仲巴一萨嘎一带也有分布，但因研究程度差或岩石变质无法分段。其岩石组合及层位皆较稳定，顶底界线明显，含砾板岩和石英岩状砂岩是十分良好的分层、填图标志，分段清楚。

扎达日段　Cj^2　(07-54-0505)

【创名及原始定义】　尹集祥、郭师曾1976年于定日县曲宗南基龙贡巴至扎达日间命名扎达日杂砾岩段，原定义为：基龙组下部冰海相沉积的深灰色杂砾岩，厚度约30 m。其下与曲宗组深灰色砂质页岩、页岩连续过渡。其上为含 *Stepanoviella* 砂质粉砂岩段。

【现在定义】　主要指一套冰海相杂砾岩。主要岩性为深灰色、墨绿色含砾板岩、含砾砂质板岩、含砾砂岩、夹页岩、砂岩。底部以含砾板岩与下伏地层纳兴组砂质页岩整合接触，顶部以含砾板岩与上覆基龙组查雅段粉砂岩整合接触。

【层型】　正层型为定日县基龙贡巴东山剖面。剖面层序见基龙组（07-54-0504）。

【地质特征及区域变化】　由于杂砾岩本身的不稳定性，扎达日段的岩性和厚度在区域上有一定的变化。在定日县基龙贡巴东山为灰色杂砾岩，地层厚度30 m。康马县城附近和定日与扎达日地区相同，但厚度增至40～200 m。而港门穹一带为两层含砾砂岩夹石英砂岩、粉砂质页岩，总厚度720 m。在札达县底雅则以石英岩、板岩为主，夹多层厚度为24～89 m的含砾板岩、含砾石英岩，总厚度790 m。除定日县基龙棍巴未见可靠之底界外，其余各处均以含砾板岩与下伏地层或上覆地层为界，且整合接触。

该段内仅见化石碎片，根据有时代依据的下伏地层纳兴组和上覆地层查雅段确定其地质时代为晚石炭世早期。

杂砾岩的岩性特征为：在粉砂、细砂及泥质的基质中，稀散地分布着各种不同大小的砾石，无分选，排列不规则，大约每平方米面积有一个漂砾，漂砾最大长径达 35 cm。砾石形状不规则，多呈棱角状、次棱角状。成分主要为石英岩，次为砂岩、板岩、燧石、灰岩等，康马附近还见有花岗岩、白云岩、条带状硅质岩等。砾石含量一般 3%～5%，由于分布不均匀，个别地段集中者则为砾岩，个别地段无砾石则过渡为砂岩，它们与含砾板岩间均无明显的界线。少数砾石表面具擦面、刻沟、压坑和擦痕，个别具有两个磨面相交而成的棱脊，部分中小砾岩具有未经磨蚀过的、不平整的断面，为砾石在冰体中互相碰撞破裂之后，或由原先已碎裂之砾岩而形成。

查雅段　Cj^c　(07－54－0506)

【创名及原始定义】　尹集祥、郭师曾（1976）于定日县曲宗南基龙贡巴东山命名“查雅石英砂岩段”演变而来。原义指基龙组上部细砂岩和石英砂岩夹少量页岩，厚度 700 m，其下与厚度仅 0.5～1 m 的含 *Stepanoviella* 砂质粉砂岩段整合，上未见顶。

【现在定义】　主要岩性为灰白色石英砂岩或石英岩状砂岩，灰色细一中粒砂岩夹粉砂岩，砂质页岩。含冈瓦纳相腕足类、双壳类。下与扎达日段含砾板岩整合接触，未见顶。层型外可见顶部以灰白色石英砂岩或石英岩状砂岩与色龙群粉砂岩、砂质页岩或康马组板岩，或曲嘎组灰岩整合接触。

【层型】　正层型为定日县基龙贡巴东山剖面。剖面层序见基龙组（07－54－0504）。

【地质特征及区域变化】　查雅段岩性较稳定，区域上的变化小。其上覆地层变化较大：基龙贡巴东山剖面虽未见顶，邻近的二叠纪的曲布剖面见查雅段顶部灰白色石英砂岩整合于含舌羊齿植物群的曲布组砂质页岩之下，康马之查雅段几乎全为石英岩状砂岩，厚度 30～80 m，整合于康马组板岩之下。而在底雅和打昌等处的上覆地层则为曲嘎组灰岩。

查雅段内的化石呈局部集中状，以腕足类为主，次为双壳类、单体珊瑚、少量三叶虫。所产腕足类 *Stepanoviella*，双壳类 *Eurydesma* 所示时代为晚石炭世晚期—早二叠世早期，亦代表冷水动物群。该段属于与冰川作用相联系的浅海相沉积。

顶部的石英岩状砂岩或石英砂岩为灰白色、厚层状、坚硬，其碎屑物全为滚圆度好的石英颗粒，粒度均匀，粒径 0.3 mm 左右，胶结物亦为硅质。

拉嘎组　C_2l　(07－54－0508)

【创名及原始定义】　1983 年林宝玉在申扎县永珠乡创名，用以代表他本人 1981 年命名的永珠群上组。指原“永珠群上组”岩性为灰白一灰黄色含砾砂岩、石英砂岩，与其下伏地层的“永珠公社组”砂、页岩夹含砾砂岩连续过渡。

【沿革】　1979 年夏代祥将该套地层划人永珠群上部，1981 年林宝玉、1983 年夏代祥将永珠群划分为上、下组。1981 年杨式溥、范影年根据腕足类化石将该套地层划分为上石炭统昂杰组，石炭一二叠系过渡层朗玛日阿组。1983 年西藏区调队将该套地层划人朗玛群昂杰组。1991 年梁定益等将噶尔羊尾山、札日南木错北木若山等地呈零星分布的含砾板岩地层命名为那子夺波组。其所指基本都属同一套地层。本书沿用拉嘎组，含义与原始定义相当。

【现在定义】　以一套含砾砂岩为特征的粗碎屑岩。主要岩性为灰白、灰黄、灰绿色石英砂岩、含砾砂岩、含砾板岩、粉砂岩、页岩、夹薄层砾岩。含冷、暖水相珊瑚及腕足类。底部与下伏地层永珠组石英砂岩，顶部与上覆地层昂杰组灰岩或页岩均为整合接触。

【层型】 正层型为申扎县北永珠剖面（E88°53′，N30°57′），由西藏综合队1978年测于申扎县永珠乡德日昂玛一昂杰。资料由夏代祥等1979年在拉萨召开的“地矿部青藏高原地质科学讨论会”上首次发表。其层序如下：

上覆地层：**昂杰组**

39. 灰白一浅灰色中厚层状灰岩夹薄层生物灰岩，底部含石英砂岩、砾岩	15.08 m

——————— 整　合 ———————

拉嘎组	总厚度 960 m
38. 灰绿色含砾粗砂岩夹凸镜状中砾岩，顶部为一层厚约25 cm之粗砾岩，砾石成分为石英砂岩、花岗岩及生物碎屑灰岩	79 m
37. 灰黄色中厚层状粗粒石英砂岩	27 m
36. 灰白一灰黄色中一厚层状含砾粗砂岩	38 m
35. 灰白色中厚层状细一中粒石英砂岩	24 m
34. 灰白色中厚层状细砾岩	10 m
33. 灰绿色薄层状砂岩夹浅灰色中厚层状石英细砂岩	22 m
32. 灰黄色、灰色含砾粗砂岩夹细砾岩	55 m
31. 浅灰色、略带绿色石英砂岩	51 m
30. 灰至灰白色薄至中厚层状石英砂岩	60 m
29. 深灰一灰绿色泥岩夹砂岩及含砾中粒砂岩	53 m
28. 黄褐色石英砂岩夹细砾岩	41 m
27. 深灰色含砾中粒砂岩夹中厚层状钙质砂岩及细砾岩凸镜体	145 m
26. 深灰色板岩、砂质板岩，板岩中含磷约5%～7%	46 m
25. 深灰色板岩夹砂岩、含砾砂岩	44 m
24. 浅灰色中厚层状石英砂岩夹细砾岩凸镜体	40 m
23. 灰黑一灰绿色中粒砂岩夹棕色薄层状砂岩及灰色含砾中粒砂岩	125 m
22. 黄绿色薄层状细砂岩，下部为灰黄色中粒石英砂岩	30 m
21. 灰黑色页岩、粉砂质页岩，下部夹数层薄层状含砾中砂岩，产腕足类化石 *Cancrinella undata*	70 m

——————— 整　合 ———————

下伏地层：**永珠组**

20. 灰白色薄一中层细一中粒长石石英砂岩，交错层理发育

【地质特征及区域变化】 拉嘎组在区域上的变化不大，由东向西泥质物有所增加：申扎一带为石英砂岩、含砾砂岩，局部夹灰岩薄层或凸镜体，厚度860～1 380 m。底部含砾砂岩与下伏地层永珠组灰白色石英砂岩整合接触，顶部含砾砂岩与上覆地层昂杰组底部灰岩整合接触。至仲巴县隆格尔出现含砾板岩、泥岩。木若山为板岩、含砾板岩夹砂岩，下未见底，上覆地层与下拉组浅灰色灰岩整合接触。在狮泉河羊尾山为石英砂岩、钙质砂岩、板岩、含砾板岩，下未见底，顶部以褐色含砾板岩与上覆地层昂杰组黑色板岩整合接触。厚度570 m。

拉嘎组中生物化石稀少，局部富集，以腕足类为主，少量小型单体珊瑚。产腕足类 *Stepanoviella*，珊瑚 *Amplexocarinia*，同时产我国华南型腕足类 *Phricodothyris*。其时代为晚石炭世。

含砾砂岩中砾石成分复杂，分选性差，一般1～3 cm，小者0.5～1 cm，最大7～8 cm，高

及宽各 3～4 cm。砾石中可见压坑。说明可能受到冈瓦纳冰川影响。

昂杰组　C_2P_1a　(07-54-0509)

【创名及原始定义】　夏代祥 1979 年于申扎县永珠昂杰创名，1983 年发表。原义指：上石炭统昂杰组，岩性为灰黑色粉砂岩，下部夹砂岩、页岩，中上部夹棕褐色生物碎屑灰岩及钙质砂岩，顶部为灰黑色页岩；底部为厚约 10 m 的灰白色含砾生物碎屑灰岩，其中产双壳类、腕足类，厚度 118 m。

【沿革】　1981 年杨式溥、范影年根据昂杰组化石将上部细碎屑岩夹生物灰岩划归下二叠统下拉组，将下部灰岩及其以下（相当于拉嘎组上部）的石英砂岩、含砾砂岩称为石炭系一二叠系过渡层朗玛日阿组。而将其下伏的粉砂岩、页岩夹含砾砂岩、含砾粉砂岩（相当于拉嘎组下部及永珠组上部）称为上石炭统昂杰组。1983 年西藏区调队亦据生物化石将昂杰组中上部划归下拉组，将其下部灰岩及以下整个含砾层都称为昂杰组。1979 年西藏综合队将拉萨以北含砾板岩之上的板岩和灰岩命名为洛巴堆组。1984 年陈楚震将林周等乌鲁龙含砾板岩之上、大套灰岩之下的板岩夹薄层灰岩称为乌鲁龙组。1991 年梁定益等将零星出露于狮泉河羊尾山的该套地层创名为那子夺波组上部。本书维持昂杰组原有含义，并延伸至拉萨一察隅地区，其岩石组合特征及地层层位均与原昂杰组相当。

【现在定义】　指整合于拉嘎组含砾砂岩与下拉组灰岩之间的一套以细碎屑岩、灰岩为特征的地层体，局部含火山物质。产双壳类和腕足类。

【层型】　正层型为申扎县永珠剖面（E88°53′，N30°57′），由西藏综合队夏代祥等 1978 年测于申扎县永珠乡德日昂玛一昂杰。夏代祥等 1979 年在拉萨“地矿部青藏高原地质科学讨论会”上首次发表。其层序如下：

上覆地层：下拉组

38. 上部为灰色薄一中厚层条带状灰岩，下部为紫红色生物碎屑灰岩，富产海百合茎、珊瑚及少量腕足类

——————整　合——————

昂杰组　　总厚度 118.63 m

37. 灰黑色粉砂岩，顶部为灰黑色页岩、砂质页岩，中上部夹棕褐色生物碎屑灰岩及钙质砂岩凸镜体，下部夹砂岩，具水平层理，底部为页岩　　103.55 m

36. 灰白一浅灰色中厚层状灰岩夹薄层状生物碎屑灰岩，底部夹石英砂岩砾石，产苔藓虫、刺毛虫、海百合茎及少量腕足类、双壳类。腕足类 *Spirifer tastubensis*, *Martinia* sp.；双壳类 *Aviculopecten alternatoplicatus*?　　15.08 m

——————整　合——————

下伏地层：拉嘎组

35. 灰绿色含砾粗砂岩夹凸镜状中砾岩，顶部为一层厚约 25 cm 之粗砾岩

【地质特征及区域变化】　昂杰组分布于噶尔一申扎一纳木错一林周一墨竹工卡及谢通门县北梅巴切勤一多汝普曲一带。主要岩性为灰一灰黑色页岩、粉砂岩、灰岩夹砂岩。在纳木错以东渐含火山凝灰质。底部以灰岩或页岩与下伏地层拉嘎组含砾砂岩、砂岩，或来姑组含砾板岩整合接触；顶部以页岩或薄层状泥灰岩与上覆地层下拉组或洛巴堆组整合过渡，以大套灰岩的出现为界。厚度 60～176 m。

昂杰组在区域上的变化不大，总的为中部砂质含量较多，厚度较大，向东西两侧砂质减少，厚度减小。申扎一带为页岩夹多层石英砂岩、粉砂岩、钙质砂岩及灰岩，厚度118 m，底部以灰岩与下伏地层拉嘎组含砾砂岩整合接触，顶部以钙质页岩或页岩与上覆地层下拉组底部灰岩整合接触。噶尔县羊尾山为黑色板岩夹灰岩，厚度66 m，底部以黑色板岩与下伏地层拉嘎组顶部砂岩整合接触；顶部以黑色板岩与上覆地层下拉组底部厚层灰岩整合接触。向东纳木错一带，为灰绿色泥质粉砂岩、粉砂质泥岩夹凝灰质粉砂岩、泥灰岩，顶部以板岩与上覆地层下拉组底部灰岩整合。在林周一带为黑色板岩夹凝灰质砂岩，上部为泥灰岩夹钙质砂岩，厚度170 m。底部以黑色板岩与下伏地层来姑组含砾板岩整合接触；顶部以板岩或泥灰岩与上覆地层洛巴堆组致密灰岩整合接触，厚度170 m。

昂杰组内生物化石主要为腕足类和小型单体珊瑚，次为双壳类、海百合茎。根据*Neospirifer*，*Lophophyllidium*，*Wannerophyllum* 等，其地质时代为晚石炭世至早二叠世，本书将该组置于晚石炭世。根据其上覆地层下拉组和洛巴堆组的底界所示，昂杰组的顶界自西向东层位渐高，有明显的穿时现象（图10-1）。

来姑组　C_2P_1l　(07-54-0511)

【创名及原始定义】　由来姑群演变而来，1974年四川三区测队将松宗—日东一带一套以碎屑岩为主夹火山岩和少量碳酸盐岩的地层命名为石炭系中上统来姑群。创名剖面为雅则—来姑剖面。其岩性以板岩，砂质板岩为主，根据化石，将下部夹含砾板岩和厚达600 m的中基性火山岩，总厚3 000余米的部分划为下石炭统韦宪阶。

【沿革】　1955年李璞将拉萨以北旁多县附近含“碎屑”板岩夹砂岩、火山岩的地层命名为石炭系“旁多群”。将工布江达县附近的同一套地层创名为“太昭系”；波密倾多拉—易贡宗一带由于花岗岩侵人，变质为千枚岩、角岩及片岩（亦含“碎屑”）被称为“倾多系”。1984年尹集祥等以地名更正为由，将来姑群更名为拉古组。其含义包括下部的火山岩及板岩夹含砾板岩，而将上部大套含砾板岩命名为银朶组和扎东错组。1985年云南区调队，将察隅日东地区的该套地层划为日东组第二、三段及第四段底部。1992年四川区调队文沛然将雅则—来姑剖面上的该套地层从下至上划分为倾多组、然乌组、来姑组。本书沿用来姑组一名，含义同尹集祥（1984）所称拉古组（来姑组）定义相当。

【现在定义】　指夹于下伏地层诺错组细碎屑岩夹灰岩与上覆地层洛巴堆组灰岩之间的一套以含砾板岩为特征的地层体。含双壳类、珊瑚、腕足类化石。与诺错组和洛巴堆组均为整合接触。

【层型】　正层型为八宿县雅则—来姑（拉古）—银朶牧场剖面，位于八宿县雅则乡—来姑（拉古）村银朶牧场（E96°55′，N29°24′）。由四川三区测队、中科院南古所1982年重测（略修改），层序如下：

上覆地层：**洛巴堆组**　灰色灰岩

———————— 整　合 ————————

来姑组　　　　　　　　　　　　　　　　　　　　　　　　　总厚度4 384.7 m

17. 灰黑色板岩夹少量含砾砂质板岩，底部具厚15 m含白云母细砂岩　　279.5 m
16. 灰黑色、青灰色板岩夹少量含云母砂岩，产双壳类 *Pseudomonotis* ? sp.，*Edmondia*? sp.，*Posidonia*? sp.，*Posidoniella*? sp.；苔藓虫 *Rhombopora* sp. 及珊瑚等　　259.5 m

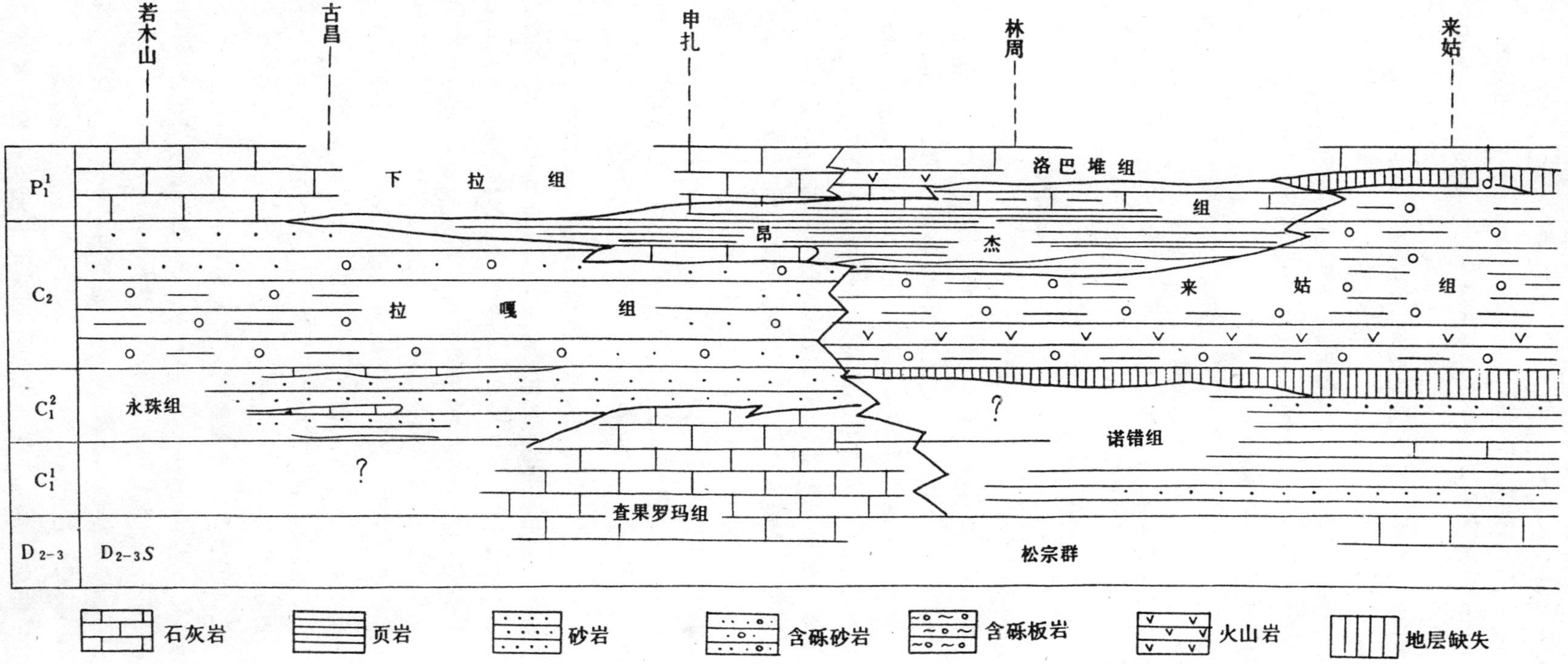

图 10-1 冈底斯-腾冲地层区晚泥盆世—早二叠世岩石地层单位时空分布示意图

15. 上部含砾板岩，下部含砾砂质板岩 430.6 m

14. 细粒石英砂岩和板岩互层 181.5 m

13. 板岩、砂质板岩、含砾砂质板岩互层，下部石英砂岩和粉砂质页岩互层 211.9 m

12. 灰黑色板岩夹生物碎屑灰岩薄层；后者产双壳类 *Schizodus* sp.，*Stutchburia* sp.，及腹足类 62.7 m

11. 石英砂岩和粉砂质页岩互层，产双壳类 *Allorisma* sp.，*Edmondia* sp.；棘皮动物 *Hetrecblastus* sp.，*Cyclocyclicus* ex gr. *acutulus* 248.2 m

10. 灰黑色板岩、千枚岩状板岩夹粉砂质板岩、凸镜状生物碎屑灰岩；后者产珊瑚 *Barrandeophyllum* sp.；腕足类 *Torynifer* sp.，*Dictyoclostus* sp.，*Striatifera* sp. 752.6 m

9. 灰黑色板岩、砂质板岩夹石英砂岩 772.1 m

断　层

8. 灰黑色千枚状板岩夹薄层—凸镜状石英砂岩、大理岩 145.4 m

7. 安山岩、杏仁状安山玄武岩、安山集块岩 600.0 m

6. 灰黑色板岩、钙质板岩、粉砂质板岩夹凝灰质砂　砾岩 145.1 m

5. 灰黑色板岩夹石英砂岩、含砾石英砂岩，底部为砾岩 295.6 m

整　合

下伏地层：**诺错组**　灰黑色板岩，顶部具厚几十厘米的大理岩

【地质特征及区域变化】　来姑组的岩性为板岩、砂质板岩、含砾砂质板岩或含砾砂岩组成不等厚互层，夹石英砂岩、细砾岩、中—基性火山岩，间夹少量灰岩薄层或凸镜体。底部以细砾岩或含砾砂岩与下伏地层诺错组顶部灰岩整合接触，顶部以灰色含砾砂、板岩与上覆地层洛巴堆组灰岩或昂杰组黑色板岩、薄层泥灰岩整合接触。厚度 400～4 849 m。由于含砾板岩和火山岩本身的不稳定性和变质程度的差异，来姑组在区域上有一定的变化，在雅则—来姑（拉古）一带向斜东翼含砾板岩多达 10 层，除一薄层夹于近底部外，其余均集中于上部，累计厚度 1 182 m，其中最厚的一层达 697 m。向斜西翼含砾板岩即减至 4 层，累计厚度 673 m。火山岩较复杂，有安山—玄武岩、安山岩、英安岩、杏仁状粗玄岩及安山质熔岩角砾岩，近距离内厚度由 417 m 增至 600 m。全组总厚度 4 849 m。底部以不稳定的砾岩或砂岩与诺错组顶部灰岩整合接触，顶部以含砾板岩与洛巴堆组含䗴类灰岩整合。该组向东南延至日东一带未见火山岩，含砾层共 4 层较均匀地分布于上、中、下各层位，其岩性为含砾砂质板岩，含砾细砂岩、含砾含砂泥质粉砂岩，累计厚度 1 230 m，全组总厚度 2 303 m。底部以板岩夹粉砂岩与诺错组白云岩整合接触，顶部以钙质含砾石英砂岩与洛巴堆组灰岩整合接触。拉萨—波密广大地区有数条地质观察路线，均未见底，研究程度较差，仅林周乌鲁龙测有一条不完整的剖面，来姑组仅测了 400 余米，上部为含砾板岩与含砾细砂岩不等厚互层夹石英粉砂岩、细砂岩及泥质灰岩条带，下部为中性火山岩、火山角砾碎屑岩夹含砾砂岩，墨竹工卡—波密一带由于花岗岩的侵入，泥质岩局部变质为千枚岩、片岩和角岩。火山岩为安山岩、安山凝灰岩，厚度大于 1 500 m。

来姑组内生物贫乏且多破碎，局部富集。主要为腕足类、少量双壳类、苔藓虫、单体珊瑚等。在旁多产腕足类化石 *Bandoproductus* (*Stepanoviella*)，可与印度“乌马利亚海相层”的生物化石对比，时代为晚石炭世；在八宿县雅则—来姑（拉古）一带于上部产苔藓虫化石 *Terrakea*，*Penniretepora* 等，时代为早二叠世。因此来姑组的时代为晚石炭世至早二叠世早期，具穿时性，由西向东其顶部层位渐高。

含砾砂质板岩的岩性特征为：块状无层理，偶见下部泥质和粉砂质基质中稀散分布的砾

石密度及砾径明显地向上部递减而显递变性，但不具底模构造和韵律性。砾石成分复杂，有石英砂岩、板岩、片岩、灰岩、脉石英、片麻岩、花岗岩、闪长岩、火山岩、辉绿岩及辉长岩等，后述数种均非原地下伏地层所有。磨圆度差，常见三角、多角等棱面体。砾径一般 2～5 cm，小者 0.5～1 cm，最大可达 2.4 m×1.3 m×0.4 m。少数砾石具擦痕、擦面，有的具新鲜的未经磨蚀过的断面。可推测其堆积过程中部分未经底流搬运，可能是浮冰环境直接坠入到正常浅海相砂泥质沉积物中。由于砾石分布的不均匀性，往往在走向上相变为砾岩或具层纹构造的板岩，其与含砾板岩之间无明显的分界线。林周县乌鲁龙尚见滑塌浊积构造及具载荷构造的假落石。尹集祥、郭师曾等对含砾板岩的基质做了镜下观察及粒度统计，其颗粒来源不一，粒度较细，形状不规则，原始颗粒形态没有经过改造，其平均圆度（Po）、分选系数（Soϕ）、主要粒度系数（Pϕ）、主要结构系数（Td）等与一般已知各冰碛岩类型均难对比，但与新疆库鲁克塔克震旦纪冰碛层中的含砾板岩的统计数据十分一致。

【其他】冈底斯-腾冲地层区的杂砾岩的特征差异

冈底斯-腾冲地层区的杂砾岩主要分布于措勤-申扎地层分区和拉萨-察隅地层分区，在西部措勤-申扎地层分区的称拉嘎组，在东部拉萨-察隅地层分区的称来姑组。其间的主要差别在于：措勤-申扎地层分区的拉嘎组杂砾岩以含砾砂岩为主，其间的夹层也多为砂岩，无火山岩，总厚度 200～3 500 m，未变质，泥质岩石多为页岩。拉萨-察隅地层分区来姑组的杂砾岩则为含砾板岩，其中的夹层也以泥质岩为主，火山岩发育，总厚度大于 5 000 m。轻度变质泥质岩为板岩，局部地区为千枚岩、片岩、角岩。

霍尔巴错群　CP*H*　（07 - 54 - 0512）

【创名及原始定义】　由诺林（Norin）1946 年所称的霍尔巴错岩系（Horpatso Series）演变而来。诺林认为与克什米尔的集块板岩（Agglomeratic Slate）可对比，同属于冈瓦纳相，将时代归属石炭-二叠纪。岩石从下到上划分为：①下泥砂质碎屑岩；②灰色、绿色石英砂岩夹粗结晶玄武岩及火山岩；③上泥砂质碎屑岩；④砂质页岩夹少量薄层灰岩。创名地点为日土县北霍尔巴错（富尔巴错）。

【沿革】　1976 年章炳高等在霍尔巴错（窝尔巴错）之西约 50 km 的龙木错发现了同一套地层，从下至上划分为上石炭统龙木错群（碎屑岩夹火山岩）；下二叠统（吞龙共巴组，民卓茶卡灰岩）（见章炳高、何国雄，1984）。1982 年梁定益等在日土县多玛区北的吉普村将其下部碎屑岩地层更名为霍尔巴错群，并进一步划分为（由下往上）：擦蒙组，展金组，曲地组，将章炳高、何国雄 1976 年所称的民卓茶卡灰岩创名为龙格组。西藏区调队（1987）在日土县盐湖区木实热不卡又创名了木实热不卡群，实际上与龙木错群和霍尔巴错群为同物异名。据创名优先权，本书沿用霍尔巴错群。建议区内停止使用与之相当的其他地层单位。

【现在定义】　霍尔巴错群从下至上包括擦蒙组、展金组、曲地组。

擦蒙组　C_2c　（07 - 54 - 0513）

【创名及原始定义】　梁定益等 1982 年于日土县多玛区吉普村北擦蒙创名。原义指岩性由砂岩、板岩、含砾板岩、含砾粉砂岩及辉绿岩等组成的一套地层，厚度大于 500 m。

【沿革】　参见霍尔巴错群（07 - 54 - 0512）。1993 年《西藏地质志》引用其名，将其时代置于晚石炭世早期。本书沿用其名，含义大体同原始定义。

【现在定义】　指整合于展金组碎屑岩夹火山岩之下的一套以含砾板岩为主的地层。岩性以含砾砂质板岩为主，夹含砾粉砂岩、砂砾岩、板岩，局部夹基性火山岩薄层。下未见底。

【层型】 正层型为日土县多玛区吉普村北擦蒙一展金河剖面（E80°12′，N34°07′），由梁定益等1982年测制，层序如下：

上覆地层：**展金组**

5. 灰黑色薄层状粉砂质板岩，中厚层状钙质粉砂一细粒石英砂岩夹辉绿岩及凝灰岩

——————— 整　合 ———————

擦蒙组	总厚度＞500 m
4. 黑色一灰褐色含砾粉砂质板岩夹灰绿色砂岩凸镜体	200 m
3. 下部灰绿色砂岩、砂砾岩，上部灰黑色板岩夹肉红色中厚层含铁质石英砂岩	100 m
2. 灰绿色板岩，含砾板岩夹基性火山岩	约50 m
1. 灰褐色含砾板岩，含砾粉砂岩。(未见底)	＞150 m

【地质特征及区域变化】 擦蒙组在区域上岩性较稳定，在擦蒙其厚度为480 m，含砾层位共4层，夹较多砂岩、板岩（约占可见厚度的1/3)。在托和平错出露的含砾砂岩、板岩达8层之多，最大厚度438 m，地层总厚度大于1 350 m，常含火山凝灰质。粉砂岩、板岩呈夹层出现。含砾板岩或含砾粉砂岩的岩石特征为：在灰褐、灰绿、灰黑色泥质或粉砂质的基质中，稀疏而不协调地分散着各种砾石，砾石成分复杂，有花岗岩、火山岩、石英岩、板岩、片岩、灰岩、大理岩等，大小悬殊，砾径1～3 cm或3～10 cm不等，最大砾径60 cm。磨圆度一般次圆一次棱角状，以后者为主，少量为棱角状者。部分砾石表面具擦痕、擦面及压坑，它本身不显层理，但常夹具有水平或交错层理的砂岩、砂砾岩，其基质的平均圆度（Po)、分级圆度差（R一A)、分选系数（Soϕ)、主要粒度系数（Pϕ)、胶结物含量系数（C)、主要结构系数（Td）等与南沱组含砾砂岩、新疆库鲁克塔克群的含砾板岩对比都具有同样的冰碛相岩石学特征。该组未发现生物化石，但整合于含*Eurydesma*的展金组之下，暂定其时代为晚石炭世。

展金组　$C_2\hat{z}$　(07-54-0514)

【创名及原始定义】 梁定益等1982年于日土县多玛区吉普村北展金河命名。原义指以砂岩、板岩互层夹多层基性火山岩，厚度3 254 m，含有复理石相觅食遗迹化石及浊积岩的一些结构特征，其中的凝灰岩也具有韵律结构的滑动层理。含有海相冈瓦纳岩系最典型的双壳类*Eurydesma*动物群。

【沿革】 1993年《西藏地质志》引用其名将其时代置于阿舍尔期晚时。本书沿用其名，含义同原始定义。

【现在定义】 主要指整合于擦蒙组含砾板岩与曲地组碎屑岩之间的一套以含火山岩为特征的地层体。其岩性为石英砂岩、粉砂岩、砂质板岩，夹多层中—酸性火山碎屑岩和少量基性熔岩。顶、底均以火山岩的出现和结束为界。

【层型】 正层型为日土县多玛区吉普村北擦蒙一展金河剖面（E80°12′，N34°07′），由梁定益等1982年测于日土县吉普村展金河两岸（1983年发表）。剖面层序如下：

上覆地层：**曲地组**　灰黑色中厚层状中细粒长石石英砂岩间夹粉砂质板岩

——————— 整　合 ———————

展金组 总厚度 2 491 m

29—22. 灰黑色板岩及中厚层状长石石英砂岩互层，夹数层基性火山岩（辉绿岩） 220 m

21—16. 黄白色中厚层状长石石英砂岩夹灰黑色板岩，含遗迹化石 *Ovatichnus* sp. 430 m

15—12. 灰黑色薄层状粉砂质板岩夹辉绿岩及凝灰岩 84 m

11—7. 底部为辉绿岩，往上为灰绿色板岩夹中薄层状砂岩，含遗迹化石：*Brookvalichnur* sp. 573 m

6. 灰绿色、灰黑色薄层状粉砂质板岩夹辉绿岩及数层含砾钙质砂岩或砂质灰岩；钙质砂岩含化石。腕足类 *Martinia chamongensis*，*Anidanthus fusiformis*，*Ambikella* sp.；双壳类 *Eurydesma perversum*，*Nuculopsis* sp.；腹足类 *Mourlonia*（*Pseudobaylea*）cf. *frenegensis*；珊瑚 *Amplexocarinia* cf. *muralis*，*Cyathaxonia* sp.，*Rotiphyllum* ? sp.，*Calophyllum* ? cf. *nagativa*，*Lophophyllidium* sp.，*Protomichelira* sp. 粉砂质板岩中产遗迹化石：*Aliichnus* sp.，*Rhabdoichnus* sp.，*Ovatiichnus* sp.，? *Archaeichnum* sp. 411 m

5. 灰黑色薄层状粉砂质板岩，中厚层状钙质粉砂岩—细粒石英砂岩夹辉绿岩及凝灰岩 773 m

———— 整　合 ————

下伏地层：擦蒙组

4. 黑灰—灰褐色含砾粉砂质板岩夹灰绿色砂岩凸镜体

【地质特征及区域变化】 展金组中的火山岩以流纹质火山碎屑为主，其次有部分玄武岩和少量的安山岩和英安岩。它们与砂岩、粉砂岩、板岩等呈互层，有时也由岩性相近的若干层连续出露组成一个“火山岩段”，这种组合在横向上的延伸性差，不能划分出正式的岩性段，由于火山岩本身的不稳定性，展金组在区域上有所变化。在展金河一带火山岩以夹层出现，以基性熔岩（辉绿岩）为主，火山碎屑岩（凝灰岩）较少，厚度 2 491 m。除在多玛区吉普村北擦蒙、展金河等地以外，其余地区火山岩的数量和岩石类型均有增加。在托和平错附近共见 7 层火山岩，其中最厚为 200 m，累计厚度大于 750 m。岩性为流纹质含砾凝灰岩及凝灰岩。厚度 1 850 m。在木实热不卡，由于下部出露不全，仅见 4 个火山岩层位，其中最厚者大于 226 m，累计厚度大于 329 m。主要岩石类型为蚀变含火山角砾岩屑晶屑凝灰岩、流纹质凝灰岩、少量杏仁状玄武岩、含角砾安山岩和黑云母英安岩等。全组出露厚度 504 m。在窝尔巴错一带亦有多层变质沉凝灰岩、流纹质晶屑凝灰岩，累计厚度约 940 m。

展金组内生物化石较丰富，呈局部富集状。主要门类为小型腕足类、小型单体珊瑚及双壳类、腹足类，以含冈瓦纳相双壳类化石 *Eurydesma*，*Ambikella* 为特征，时代为晚石炭世。

曲地组 CP*q* (07-54-0515)

【创名及原始定义】 梁定益等 1982 年命名于日土县多玛区吉普村北西脱塔拉。原义指时代为萨克马尔中晚期—阿丁斯克期的地层。

【沿革】 1993 年《西藏地质志》引用其名，认为代表萨克马尔最晚期。本书沿用其名，主要指展金组火山岩、碎屑岩之上的一套细碎屑岩，岩性以粉砂质板岩为主夹灰岩、硅质岩。

【现在定义】 指整合于下伏地层展金组火山岩、碎屑岩与上覆地层吞龙共巴组灰岩夹碎屑岩之间的一套细碎屑岩。岩性以粉砂质板岩（局部为石英砂岩）为主，其次为板岩夹灰岩、硅质岩。

【层型】 正层型为脱塔拉剖面（E80°12′，N34°04′），由梁定益等（1982）测于日土县多玛区吉普村北西脱塔拉（1983 年发表）。剖面层序如下：

上覆地层：**龙格组**　灰白色中厚层状生物碎屑灰岩

——————— 整　合 ———————

曲地组　　总厚度 2 098.42 m

73. 深灰色薄层状粉砂质板岩　　109.24 m

72. 浅灰色厚层状钙质长石石英砂岩，局部夹含砾砂质灰岩，富含腕足类 *Subansiria ranganensis*, *Toutalania rostrata*, *Cyrtella naymagensis*, *Neospirifer fasciger*, *N. ambiensis*, *N. semicircularis*, *Licharewia tsaregradsryi*, *Neochonetes* cf. *granulifer*, *Paraderbyria duomaensis*，方锥石等　　9.79 m

71—68. 底部为粗粒砂岩，下部为灰白色厚层状钙质砂岩，往上为灰黑色粉砂质板岩，中部夹中细粒石英砂岩，下部产双壳类 *Schizodus tibeticus*, *Oriocrassatella stokesi*, *O. intermedia*, *Permophorus gregarius*, *Megadesma* sp.　　210.59 m

67—66. 底部为含砾粗砂岩、砾岩，往上为黄绿色—肉红色中厚层状长石石英砂岩及含介壳碎屑砂岩；含双壳类 *Oriocrassatella intermedia*, *Phestia thompsoni*；遗迹化石 *Chondrites* sp., *Thalassinoides* sp.　　32.81 m

65—61. 底部为灰白色粗粒长石石英砂岩，向上为中细粒石英砂岩夹粉砂岩和板岩；顶部产遗迹化石 *Thalassinoides* sp.；底部含双壳类 *Oriocrassatella intermedia*, *Stutchburia brasiliensis*, *Schizodus fitzroyensis*　　214.39 m

60—50. 含砾粗砂岩或生物碎屑砂砾岩，长石石英砂岩及灰黑色粉砂质板岩的韵律层　444.44 m

49—47. 下部为灰白色石英岩状石英砂岩，中部为灰黑色粉砂岩，上部为细粒石英砂岩，上部产遗迹化石：*Planolites* sp.　　303.39 m

46—44. 底部为灰白色厚层状长石石英砂岩、含砾粗砂岩，向上变为灰黑色薄层状粉砂质板岩夹砂岩及泥灰岩凸镜体；粉砂质板岩中产遗迹化石：*Cosmorhape* sp.　　48.47 m

43—42. 下部为含砾粗砂岩、钙质长石石英砂岩，向上变为灰黑色粉砂质板岩夹长石石英砂岩；含砾砂岩中产双壳类 *Eurydesma playfordi*, *E. mytiloides*, *E.* cf. *globosum*, *E. subovalum*, *Palaeoneilo* ? sp., *Schizodus occidentalis*, cf. *meekanus*, *Megadesma* sp.　　28.45 m

41—40. 灰绿—灰黑色中—薄层状粉砂质板岩，下部夹长石石英砂岩　　71.85 m

39—30. 灰黑色中厚层状中细粒长石石英砂岩间夹粉砂质板岩　　625.00 m

——————— 整　合 ———————

下伏地层：**展金组**

29—22. 灰黑色板岩及中厚层状长石石英砂岩互层，夹数层基性火山岩（辉绿岩）

【地质特征及区域变化】　曲地组在区域上的变化较大，在脱塔拉以石英砂岩为主，且多粗粒者，夹数层含砾粗砂岩，较多的粉砂质板岩，少量泥质板岩、钙质砂岩或砂质灰岩，化石丰富，厚度 2 087 m。向东至清水河一带为泥质页岩、粉砂质页岩和石英砂岩呈互层状，夹多层硅质岩和砂质灰岩、泥灰岩。不含化石，厚度 2 350 m。在木实热不卡地区则以泥质粉砂岩为主，下部夹累计厚度约 130 m 的生物碎屑灰岩、泥质灰岩、砂质灰岩、灰岩。其上部的泥质粉砂岩中夹一薄层杏仁状玄武岩。该组内化石丰富，地层厚度 910 m。在托和平错为石英砂岩和板岩不等厚互层夹灰岩薄层和粉砂岩，未发现生物化石，未见顶。厚度大于 1 500 m。往北至黑山头—拜惹布错一带夹有累计厚度大于 800 m 的硅质岩、硅质页岩。

曲地组中生物化石主要为双壳类、腕足类、䗴类、苔藓虫，及少量珊瑚、腹足类等。不仅含特提斯相的 *Triticites*, *Pseudofusulina*，也含冈瓦纳相的 *Subansiria*, *Stepanoviella*。其时限为晚石炭世晚期至早二叠世早期，有明显的穿时现象；在空喀拉山口东南科尼羌玛于顶部砂岩所夹的灰岩中发现早二叠世栖霞期的䗴类 *Polydiexodina*；而那扎西山、散尔多山一带直接整合覆于曲地组砂质板岩、砂岩之上的吞龙共巴组内含晚石炭世晚期的䗴类 *Triticites*，*Pamirina* 等。

曲地组的砂岩中发育大型斜层理或交错层理，有保存较好的遗迹化石。砂、板岩具粒序层、象形印模及混杂、撕裂构造等浊流相的一般标志。而岩性和生物又表现为滨海—浅海相沉积。生物以冷、暖水混生或交替出现，局部富集的现象等。都反映出多玛地区晚石炭世的水温、水化学条件、水动力条件十分复杂。是由于受冈瓦纳冰川冷水及特提斯暖水相互影响及地壳相对较活动的结果。

卡贡群　C_1K　(07－54－0516)

【创名及原始定义】　西藏第一地质队（1979）在察雅县卡贡创名。原义指代表察雅县卡贡地区的下石炭统，其岩性以千枚岩为主的含铁矿地层。

【沿革】　西藏第一地质队（1979）据察雅县卡贡剖面将石炭纪的一套深灰色千枚岩、板岩为主的地层创名为卡贡群；云南区调队（1985）在 1∶20 万德钦幅将同一套地层划分为莫得群；四川区调队（1990）在 1∶20 万昌都幅报告中仍用卡贡群一名；云南第三地质队（1990）在芒康、盐井地区将与之相当的地层划分为古米组；贵州区调队（1992）在察隅县扎恩、八宿县邦达等地区将卡贡群进一步划分为帮达组和错绒沟组。本文沿用卡贡群一名。与此相当的岩石地层单位由卡贡群取代。

【现在定义】　以千枚岩、板岩为主，夹变质砂岩、灰岩（大理岩），并组成韵律层。常夹火山岩，化石稀少，含赤铁矿工业矿体。未见顶、底。层型外，在古米、帮达，与下伏地层然物群灰白色大理岩呈整合接触；在东坝，与上覆地层东坝组底部砾岩呈平行不整合接触。

【层型】　正层型为察雅县卡贡剖面（E97°33′，N30°35′），由西藏第一地质队 1979 年测制（西藏第一地质队，1983 年发表），其层序如下：

卡贡群	总厚度＞1 218 m
7. 深灰色板岩夹变质砂岩、粉砂岩、顶部为红柱石角岩。（未见顶）	＞340 m
6. 深灰色板岩，少量千枚岩夹变质砂岩，粉砂岩凸镜体，含赤铁矿体	116 m
5. 深灰色板岩、千枚岩夹变质砂岩、粉砂岩，见数层不稳定碳质板岩和极薄层煤层，顶部为灰色不纯灰岩。含赤铁矿工业矿体。	346 m
4. 灰色千枚岩夹碳质板岩、变质砂岩、粉砂岩及结晶灰岩凸镜体，含赤铁矿。顶部板岩中产植物化石：*Cardiopteridium spetsbergense*	243 m
3. 石墨化千枚岩夹板岩、千枚岩、浅灰色条纹结晶灰岩。底部为不稳定的杂色千枚岩	194 m
2. 浅灰－灰色凸镜状片理化酸性火山岩（熔岩或凝灰岩？）	56 m
1. 杂色绢云母石英片岩夹石墨化千枚岩、绢云母片岩、绿泥石片岩及不稳定的变质砾岩、凸镜体状结晶灰岩、大理岩等。（未见底）	263 m

【地质特征及区域变化】　卡贡群主要分布于察雅县卡贡、左贡县东坝、八宿县邦达、云南德钦、昌都、芒康、盐井、察隅县扎恩等地。在左贡县东坝，主要岩性为变质砂岩、砂质板岩、绢云板岩，夹变质玄武岩，厚度 1 083 m。未见顶、底。在左贡县察瓦龙一带，主要为千枚岩、板岩、绢云石英微晶片岩、变质石英砂岩、绢云板岩、砂质板岩、钙质板岩、绿泥片岩、片理化安山玄武岩、凝灰岩、片理化变质基性火山岩，夹大理岩、灰岩、结晶灰岩中

产海百合茎化石，顶底出露不全，厚度 5 810 m。在察隅县扎恩一带，主要为钙质、粘土质板岩、结晶灰岩、板岩、黑云硅质板岩、白云质大理岩、石榴石空晶石斑点状板岩、电气石一硅化长石黑云绢云微晶片岩，夹燧石条带状及泥质灰岩、灰质白云岩、灰岩、砂岩、砂砾岩，顶、底出露不全，厚度 2 406 m。在碧土县古米一带，主要为绿泥石钙质板岩、砂质板岩、结晶灰岩、白云质大理岩、砂质绢云板岩，夹砂质灰岩、变质砂岩，未见顶，与下伏地层然物群白云质灰岩呈平行不整合接触。厚度 5 010 m，在白云质大理岩中产海百合茎化石。

在八宿县邦达一带，主要为变质灰岩、大理岩、绢云母千枚岩、钙质石英砂岩、钙质云母千枚岩夹千枚岩，含孢粉、虫迹化石。厚度 1 819 m，未见顶，与下伏地层然物群大理岩呈整合接触。在怒江桥错绒沟口一带，为一套变质钙质砂岩、碎裂化云斜煌斑岩，夹石英脉条带、辉绿岩体，顶、底出露不全，厚度 1 061 m。在变质砂岩中产双壳类和腕足类化石，在含砾粉砂岩介壳层中产双壳类和少许腹足类化石。在察雅县卡贡谢瓦一带，主要为板岩、片岩、石英砂岩和石英岩，夹变质砂岩，含热液赤铁矿，有花岗岩侵入，顶、底出露不全，厚度 353 m。向东南到维贡—勤察一带，为一套板岩间夹变质砂岩夹煤，富含植物化石碎片、孢粉等。在金多为一套变质石英砂岩间夹板岩及夹一层大理岩，见闪长岩岩体。板岩中富含孢粉化石，厚度 1 402 m。

据贵州区调队（1992）研究，底部产孢粉 *Lycospora pusilla*，*Crassispora trychera*，*Densosporites anulatus* 等；植物化石 *Cardiopteridium spetsbergense*；顶部产动物化石 *Diphyphyllum* 和 *Gigantoproductus*。因此，结合地层层序及所产化石，将卡贡群的时代归属早石炭世。

色龙群　*PS*　（07－54－0601）

【创名及原始定义】　中国希夏邦马峰登山队科学考察队 1964 年命名，1982 年发表，创名剖面位于聂拉木县希夏邦马峰北色龙村。原称“色隆组”，为港门穹群最上一个组，以页岩、粉砂岩为主要组分，有时在上部夹有少数石灰岩条带。主要分布在港门穹山北坡一带，未见其顶。出露厚度为 240 m。

【沿革】　色龙群最初由中国科学院西藏工作队地质组李璞等人 1952 年在定日县曲布一带工作时，将此套厚 1 600 余米的碎屑岩夹灰岩地层归属晚二叠世。1966—1968 年，中国科学院西藏科学考察队对色龙剖面再次工作，将原“色隆组”改称色龙群，同时在定日县热久乡苏热山将同一套地层又创名为扎卡组；1975 年，又对定日县曲布剖面详细研究后，又创名曲布日嘎组，而将下伏地层含舌羊齿植物群的石英砂岩命名为曲布组。1980 年“地矿部高调队”在聂拉木县色龙、土隆和定日县帕卓生米村考察后，饶荣标、张正贵将此套地层的一部分命名为：生米组、门多组、扒嘎组、尼玛洛什杂组。郭铁鹰、梁定益等人 1991 年将札达县马阳村忙宗荣一带的下三叠统泥质灰岩之下的含砾碎屑岩命名为马阳组、忙宗荣下组、中组、上组，而忙宗荣中组以下地层均含砾，仅忙宗荣上组与曲布日嘎组岩性相同。但上述这些地层单位所指均属同一套岩石地层体，后者大多是依据生物化石特征创名，其岩石宏观特征差异不明显，且分布非常局限，无可填图性。因而恢复使用色龙群。

【现在定义】　色龙群包括下部曲布组和上部曲布日嘎组。

曲布组　P_1q　（07－54－0602）

【创名及原始定义】　尹集祥、郭师曾 1976 年命名，创名剖面位于定日县曲布。原义指岩性为白色石英岩状砂岩，夹含舌羊齿植物化石的页岩组成的一套地层体，厚约 20 m。

【沿革】 王玉净等将其时代归属早二叠世早期。成都地质矿产研究所张正贵（1989）在定日县帕卓区生米创名早二叠世卡当组，并将卡当组之上的 29 m 含砾石英砂岩划归曲布组，经对比研究后，本书将原卡当组及其以上的 29 m 含砾石英砂岩全部划归下伏地层（现基龙组）。《西藏地质志》1993 年沿用其名，指岩性为白色中细粒石英砂岩夹黑色页岩，局部含煤厚约 20 m 的地层。本书沿用其名，含义同原始定义。

【现在定义】 指岩性为含舌羊齿植物化石的石英岩状砂岩夹页岩的一套地层体。与下伏地层基龙组断层接触，与上覆地层曲布日嘎组为整合接触。

【层型】 正层型为定日县曲布剖面（E86°47′，N28°25′），位于定日县曲布西山。由尹集祥、郭师曾 1976 年测制，层序如下：

上覆地层：**曲布日嘎组**

5. 褐灰色、灰色中厚层铁质粉砂岩、粘土质粉砂岩夹灰色钙质粉砂岩 40 m

——————— 整 合 ———————

曲布组 总厚度＞20.0 m

4. 白色风化呈黄白色中层中细粒石英岩状砂岩 10.2 m
3. 灰黑色页岩，含粉砂质页岩，夹薄层石英细砂岩，局部砂岩呈波状弯曲，顶部产丰富的舌羊齿植物。经徐仁鉴定：*Sphenophyllum speciosum*，*Glossopteris communis*，*G. indica*，*Dizeugotheca qubuensis*，*Raniganhia qubuensis*，*Dichotomopteris qubuensis* 5.2 m
2. 白色，风化呈黄白色中层中细粒石英岩状砂岩 4.6 m

═══════ 断 层 ═══════

下伏地层：**基龙组**

1. 深灰色泥岩、粉砂岩夹细砂岩，含粘土质结核扁豆体，层内搓动面发育，顶部产海百合茎化石

【地质特征及区域变化】 曲布组为一套含陆生植物化石的碎屑岩，岩性以砂岩、石英砂岩为主夹粉砂质页岩和碳质页岩。在定日县曲布见其与下伏地层基龙组石英砂岩和上覆地层曲布日嘎组含海相动物化石的碎屑岩和生物碎屑灰岩为整合接触。曲布组在区内分布局限，仅出露于聂拉木县色龙、定日县曲布、曲宗、及定结县库间。尹集祥曾在此套地层中发现植物的根、干及横穿层理的现象，推测可能系经流水搬运至河湖相的环境中堆积下来的，由于与上覆地层浅海相层位关系为连续过渡，因此，此组应为离岸较远的滨海沉积。在定日县曲布，该组产：*Glossopteris*，*Raniganhia*，*Sphenophyllum*，*Dizengotheca*，*Dichotomopteris* 等植物化石。徐仁（1976）研究该化石群后，与印度、非洲南部、南极洲和澳大利亚对比，将时代定为晚二叠世早期。章炳高（1974），张守信、金玉玕（1976）和王玉净（1980）等人根据其上覆海相地层动物化石时代，认为其时代不应晚于早二叠世早期，本书与王玉净等的划分一致，地质时代为早二叠世。

曲布日嘎组 P*qb* (07-54-0603)

【创名及原始定义】 尹集祥、郭师曾 1976 年命名，创名剖面位于定日县曲布。原义指曲布组之上的粉砂岩夹生物碎屑石灰岩和砂质页岩。产腕足类等化石，厚度 375 m，出露在曲布西山的曲布日嘎一带。

【沿革】 李璞等（1959）在定日县曲布工作时，将 1 600 m 厚的碎屑岩夹灰岩地层定为

晚二叠世。饶荣标、张正贵（1985）在定日县帕卓等地将相当于曲布日嘎组的部分地层又创名为生米组、门多组、扒嘎组、尼玛洛什杂组。西藏区调队（1987）在札达县马阳创名马阳组，为一套不含舌羊齿植物化石的砂板岩，其岩性和地层层位与曲布日嘎组相当。1991年郭铁鹰、梁定益等人将札达县马阳村忙宗荣一带下三叠统泥质灰岩以下的含砾碎屑岩创名为马阳组和忙宗荣下组、中组、上组，其中忙宗荣上组与曲布日嘎组大体相当。本书沿用曲布日嘎组一名，含义同原始定义。与之相当的地层单位名称，建议省内停止使用。

【现在定义】 指一套细碎屑岩和灰岩组成的地层体。岩性由砂岩、粉砂岩、砂质页岩、灰岩和生物碎屑灰岩组成。与下伏地层曲布组及上覆地层土隆群底部白云岩均为整合接触。

【层型】 正层型为定日县曲布剖面（E86°47′，N28°25′），位于定日县曲布西山。由尹集祥、郭师曾1976年测制，其层序如下：

上覆地层：土隆群

17. 生物碎屑白云质石灰岩，产菊石、双壳类、鲨鱼化石

——————— 整　合 ———————

曲布日嘎组　　总厚度 355.1 m

16. 深灰色页岩，含粘土质结核，结核内含生物碎屑双壳类 *Phestia darwini*，*Aviculopecten* sp.，*Nuculopsis* sp.；腹足类 *Retispira* sp.	34.6 m
15. 灰色砂质页岩（多被掩盖）	51.7 m
14. 褐灰色、紫灰色生物砾屑灰岩，含丰富的腕足类、苔藓虫化石	2.5 m
13. 褐灰色细粒含岩屑砂岩	20.0 m
12. 灰色生物砾屑灰岩、生物碎屑粉砂岩	46.5 m
11. 灰色砂质页岩	51.5 m
10. 灰色生物碎屑灰岩	2.0 m
9. 灰色砂质页岩、粘土岩和铁质粉砂岩、细砂岩互层，粉砂岩含铁质，局部褐铁矿化为铁质岩，砂岩中含少量腕足类化石	41.0 m
8. 灰色介屑粘土岩夹页岩，富含腕足类和少量苔藓虫化石	3.5 m
7. 黑色页岩和褐紫色介屑铁质粉砂岩、介屑粉砂岩、铁质粉砂岩互层；粉砂岩中含少量腕足类化石	56.0 m
6. 灰色、褐灰色生物碎屑灰岩（苔藓虫屑为主）粘土岩，夹铁质粉砂岩	5.8 m
5. 褐灰色、灰色中厚层铁质粉砂岩、粘土质粉砂岩夹灰色钙质粉砂岩	40.0 m

——————— 整　合 ———————

下伏地层：曲布组

4. 白色，风化呈黄白色中细粒石英岩状砂岩

【地质特征及区域变化】 曲布日嘎组岩性由砂岩、砂质页岩、粉砂岩和生物灰岩组成，生物化石有腕足类、珊瑚、苔藓虫、菊石和双壳类。腕足类 *Taeniothaerus* cf. *subquadratus*, *Spiriferella*, *Marginifera*, *Chonetella*, *Chonetinella*, *Neospirifer*, *Mayangella*, *Calliomarginatia*, *Costiferina*, *Cancrinella* 等，根据张守信、金玉玕（1976—1977）研究，分为三个不同的化石组合，自下而上为：①*Taeniothaerus* 组合；② *Calliomarginatia* 组合；③ *Chonetella* 组合。珊瑚主要为 *Lytvolasma*，*Tachylasma*，*Lophophyllidium* 等，菊石类仅见 *Uraloceras*，*Paraceltites*，苔藓虫以 *Fistuliramus* 等常见。

曲布日嘎组与下伏地层接触关系比较清楚，在有曲布组存在的地方，与曲布组的石英砂

岩夹页岩为整合接触，没有曲布组分布的地方，该组直接与下伏地层基龙组石英砂岩整合接触。与上覆地层关系在区内尚不一致，在札达县马阳、吉隆县公达、定结县库间，与上覆地层土隆群白云质灰岩为平行不整合接触；而在聂拉木县色龙、土隆、定日县帕卓生米、曲布，则与上覆地层土隆群白云质灰岩为整合接触。

该组岩性、厚度由西向东有一定的变化，在札达县马阳，厚度为300余米，以砂板岩为主，在吉隆县公达厚度约1 000 m，其中灰岩厚度增大；在聂拉木县色龙，厚度约300 m，灰岩夹层出现在上部，其厚度不大；在聂拉木县纳兴，地层出露厚度不到300 m，其中泥灰岩和灰岩占1/3。在定日县曲布，厚度为355 m，其中生物碎屑灰岩仅占1/7左右；在定日县库间厚度约150 m，其中灰岩仅呈凸镜体产出于砂页岩中，而到冈巴县吉汝，地层出露厚度约150 m，全部为粉砂质泥灰岩。

曲布日嘎组的时代在各地有所不同，在札达县马阳，吉隆县公达，定结县库间为早二叠世，在聂拉木县色龙、土隆，定日县曲布和帕卓生米则为整个二叠纪（参见图10-2）。

【问题讨论】 王玉净等（1980）在《对西藏喜马拉雅区二叠系的一些新认识》一文中，以定日县曲布剖面为代表，新建“定日阶”，代表冈瓦纳相，相当于我国华南地区的栖霞阶，由于西藏境内冈瓦纳相典型地区出露不多，研究欠详，尚不具备建阶条件。本书对此年代地层未进行进一步研究。

康马组　P_1k　(07-54-0604)

【创名及原始定义】 章炳高（1974）命名，创名剖面位于康马县东白定浦。原义指一套灰色斑点板岩夹石灰岩，偶见薄层石英岩。厚度约200 m，时代早二叠世。

【沿革】 1983年梁定益、王为平在《青藏高原地质文集（2）》中，新创名康马群和柯浦组，柯浦组与章氏所划柯窝西嘎组、比聋组和康马组的总和相当。西藏区调队（1983）在康马地区进行1∶100万区调工作时，基本采用了章氏的划分。吴浩若（1984）修订原康马组的含义，专指其下部板岩为主的地层体。

【现在定义】 为一套黑灰色板岩偶夹大理岩或结晶灰岩凸镜体。含少量腕足类、珊瑚。与下伏地层基龙组查雅段石英砂岩（区域上），与上覆地层白定浦组结晶灰岩均为整合接触。

【层型】 正层型为康马县白定浦剖面（E89°48′，N28°32′），位于康马县城东白定浦。由中国科学院西藏科学考察队章炳高等1974年测制，层序如下：

上覆地层：**白定浦组**

4. 深灰色厚层－块状结晶灰岩

——————— 整　合 ———————

康马组　　总厚度＞230 m

3. 灰－深灰色砂质页岩夹薄层石英砂岩及灰岩凸镜体　　50 m

2. 深灰－浅灰色薄－中厚层状石灰岩、富含双壳类、腕足类及珊瑚等。其中腕足类 *Spiriferella* cf. *rajah*, *Stenoscisma* sp., *Choristites* sp., *Martinia* sp.；双壳类 *Nuculopsis* sp.；珊瑚 *Wannerophyllum* sp., *Verbeekiella* sp., *Lophophyllidium* sp.　　100 m

1. 为灰－深灰色砂质页岩夹泥质粉砂岩，组成背斜核部。第四系覆盖，露头差。（未见底）80 m

【地质特征及区域变化】 康马组以细碎屑岩为主夹灰岩或大理岩。在定日县古龙，地层厚度为100 m；在康马县白定浦厚度为200 m，在康马县瓦姐拉厚度为270 m，其中石灰岩夹

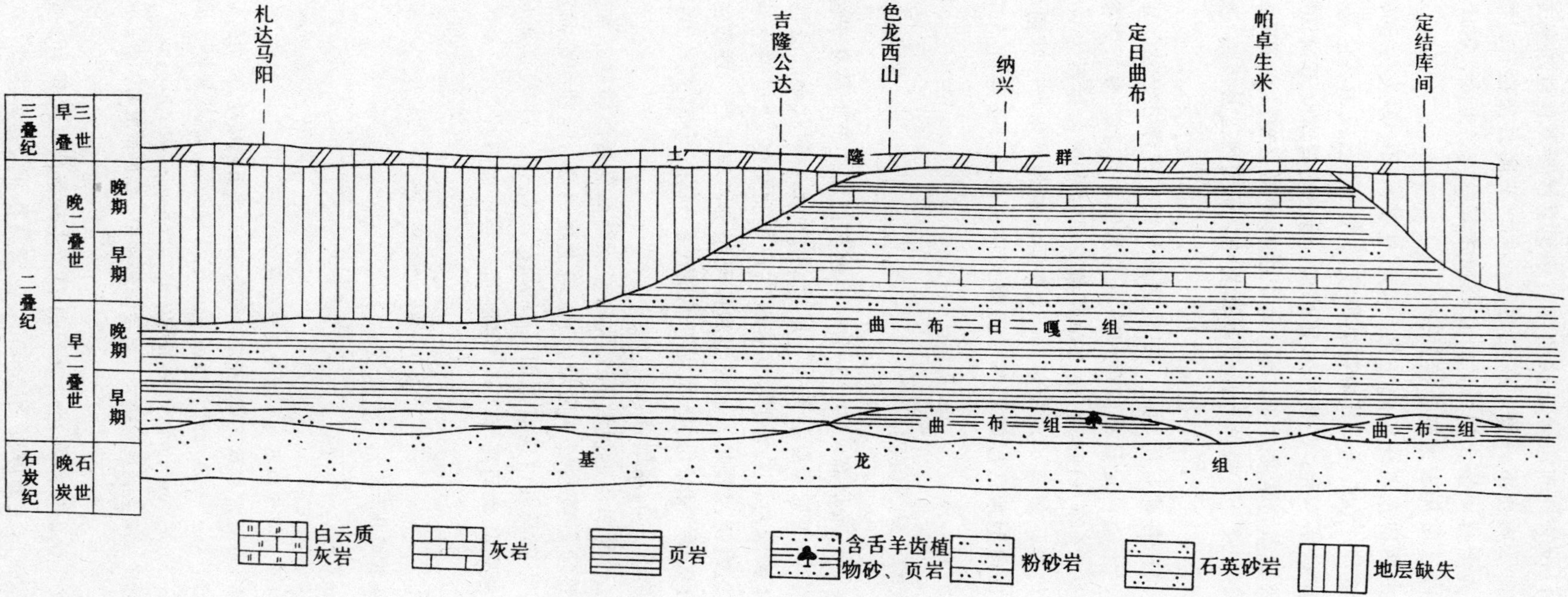

图 10-2　北喜马拉雅地层分区二叠纪岩石地层单位时空分布图

层厚达 100 m。可见康马组由西向东，随着灰岩夹层增加，厚度也有所增大。生物化石有腕足类 *Stenoscisma*，*Martinia*，*Spiriferella*，*Choristites* 等，珊瑚 *Verbeekiella*，*Lophophyllidium*，*Wannerophyllum*，显冷温型特点。岩石变质程度西部深东部浅。

白定浦组 P_1b （07－54－0605）

【创名及原始定义】 章炳高（1974）命名，命名剖面位于康马县东白定浦。原义主要指厚度约 100 m 的石灰岩，已受轻度变质，大部分是浅灰色结晶石灰岩，局部可见结晶较好的大理岩。其中的苔藓虫化石因受变质而看不清构造，而成为黑色的细条带或不规则的蠕虫状构造。含腕足类化石。该组之上是一层黑色含黄铁矿晶体的千枚岩（吕村组）。

【沿革】 1983 年梁定益等又将白定浦组归属康马群。西藏区调队（1983）在康马地区做 1∶100 万区调工作时，采用章氏划分。1984 年吴浩若将下伏地层上部所夹结晶灰岩或大理岩凸镜体均划归此组。

【现在定义】 为一套灰色结晶灰岩，含腕足类及珊瑚。与下伏地层康马组板岩为整合接触，与上覆地层吕村组板岩为平行不整合接触。

【层型】 正层型为康马县白定浦剖面（E89°48′，N28°32′），位于康马县城东白定浦。由中国科学院西藏科学考察队 1974 年测制，层序如下：

上覆地层：吕村组

5. 黑色含黄铁矿晶体的千枚岩　　150 m

－－－－－－ 平行不整合 －－－－－－－

白定浦组　　总厚度 100 m

4. 浅灰白色结晶石灰岩，局部可见到结晶较好的大理岩。苔藓虫化石因受变质而成黑色的细条带或不规则的蠕虫状构造。产腕足类化石 *Chonetella nasuta*，*Stenoscisma gigantea*，*Athyris extra*　　100 m

———— 整　合 ————

下伏地层：康马组

3. 灰色斑点板岩，斑点为黄铁矿晶体，在康马附近夹有钙质板岩和石灰岩，偶有石英岩薄层　　200 m

【地质特征及区域变化】 白定浦组岩性为一套纯碳酸盐岩。其变质情况西部较深东部较浅，在定日县古龙一带为大理岩，康马县瓦姐拉一带为结晶灰岩。与下伏地层康马组细碎屑岩夹灰岩为整合接触；与上覆地层吕村组板岩为平行不整合接触。在定日县古龙地层厚度 200 m，在康马县白定浦厚度为 100 m，而在康马县瓦姐拉厚度达 3 000 m 左右。含腕足类 *Stenoscisma*，*Calliomarginatia*，*Chonetella*，*Linoproductus*，*Marginifera*，*Costiferina*，*Dictyoclostus* 等；珊瑚 *Lytvolasma*，*Tachylasma*，*Plerophyllum*，*Lophophyllidium*，*Lophocarinophyllum*，*Euryphyllum*，等。其时代为早二叠世。

曲嘎组 P_1qg （07－54－0606）

【创名及原始定义】 西藏区调队 1987 年创名，创名剖面位于札达县曲嘎。原义指上部以石英砂岩、板岩、片岩为主，夹灰岩、页岩；下部为灰岩、砂岩、千枚岩、片岩不等厚互层。富产腕足类，次有珊瑚、双壳类、腹足类、海百合茎和少量菊石类。厚度为 2 047.7 m。

【沿革】 早在1903年Diener就提出“西藏相”，1962年盛金章等使用西藏群（《中国的二叠系》）。1983年，西藏区调队在1∶100万日喀则—亚东幅的雅鲁藏布江地区使用了巨日浦组一名。1987年，西藏区调队对1∶100万噶达克幅的香孜—霍尔地区的札达县曲嘎、嘎尔松布达若、仲巴帮玛昌翁等地的三叠纪地层研究后，新建曲嘎组。1991年郭铁鹰、梁定益等在《西藏阿里地质》一书中将札达县曲松热卡拉的二叠系地层创名为热卡拉群，这些地层单位所指均属同一套岩石地层。本次对比研究后仍沿用曲嘎组一名。

【现在定义】 岩性以碎屑岩、石英砂岩、粉砂岩、板岩、页岩为主夹灰岩，主要含腕足类和珊瑚、菊石，双壳类次之。顶、底出露不全。

【层型】 正层型为札达县曲嘎剖面（E79°52′，N31°40′），剖面位于札达县北40 km的曲嘎。由西藏区调队1987年测制，层序如下：

曲嘎组 总厚度＞2 097.7 m

36. 深灰色中—厚层含藻屑细晶灰岩夹钙质泥岩。产腕足类Chonetacea，Spiriferacea，*Juresania*，*Sinomarginifera*？等。（未见顶） 23.4 m

35. 浅灰黄色薄—中层状含藻屑粉晶灰岩 29.6 m

34. 浅灰色、灰色片理化灰岩与千枚岩互层。产腕足类*Neospirifer* cf. *kubeiensis*，*Lamnimargus himalayensis*，*Plicatifera*，*Kochiproductus*，*Sinomarginifera*？ 16.9 m

33. 黑灰色强片理化微晶藻屑灰岩 15.0 m

32. 浅灰色中层变钙质粉砂岩夹薄层砂屑细晶灰岩 9.3 m

31. 灰色中—厚层亮晶藻屑灰岩，夹钙质粉砂岩、钙质砂岩 14.3 m

30. 灰—灰黑色强片理化钙质泥岩与泥质灰岩互层 82.0 m

29. 浅灰色薄—中层含砂质结晶灰岩夹薄层泥质条带灰岩 4.4 m

28. 深灰色千枚状板岩、铁质石英千枚岩。产腕足类*Cancrinella cancriniformis*，*C.* sp.，*Fusispirifer marcouiformis*，*Compressoproductus*，Spiriferacea 212.4 m

27. 浅黄褐色中—薄层变钙质泥质粉砂岩夹极薄层—薄层粉砂质泥岩 27.8 m

26. 浅灰色中—厚层含砂屑灰岩夹钙质粉砂岩 37.0 m

25. 浅灰色、白色中—厚层状杂砂岩夹钙质泥质粉砂岩 22.7 m

24. 深灰色薄—中层结晶灰岩夹钙质千枚岩，千枚岩中含钙质结核。产腕足类*Aulosteges* sp.，*Fusispirifer marcouiformis*，*Kochiproductus*等 11.2 m

23. 灰白色、灰色石英千枚岩夹薄层泥质灰岩。千枚岩中含钙质结核 130.3 m

22. 浅灰黄色钙质粉砂质板岩夹极薄层结晶灰岩，产腕足类*Fusispirifer* sp. 41.0 m

21. 黑色千枚岩夹极薄层绢云母化钙质粉砂岩、泥质微晶灰岩 119.2 m

20. 灰色、灰白色石英千枚岩夹薄层含泥质砂屑灰岩 8.6 m

19. 灰色薄—中厚层细晶灰岩，含生物碎屑灰岩，灰色千枚岩组成韵律 31.2 m

18. 浅灰黄色粉砂质板岩夹中层粉砂质细晶灰岩 100.4 m

17. 深灰色、灰色千枚状板岩 59.7 m

16. 深灰色、灰黑色石英千枚岩 90.5 m

15. 浅黄色、灰黄色略带绿色钙质千枚岩，粉砂质千枚岩，夹泥质结晶灰岩，含钙质结核，产腕足类*Lamnimargus himalayensis*，*Stenoscisma* cf. *purdoni*，*Athyrisina* sp.，*Spiriferella* sp.，*Cleiothyridina*，*Paramarginifera*，*Punctospirifer*等 338.8 m

14. 灰色中—厚层强片理化含泥质结晶灰岩夹页片状钙质粉砂岩，与千枚岩互层。产腕足类*Paramarginifera*，*Athyrisina*。于剖面北松山相应层位采得腕足类*Hustedia indica*，*Tomiopsis*，*Lamnimargus himalayensis*，*Stenoscisma timorensis*，*Permundaria*，

Anidanthus sinosus 等　80.0 m

13. 浅灰黄色钙质千枚岩　65.0 m

12. 结晶灰岩与千枚岩互层，千枚岩中含钙质结核。产腕足类 *Mayangella mayangensis*, *Lamnimargus himalayensis*, *Stenoscisma timorensis*, *S.* cf. *purdoni*, *Anidanthus sinosus*, *Neospirifer* cf. *kubeiensis*, *Cancrinella* sp., *Paramarginifera*, *Paraplicatifera* 等　28.0 m

11. 灰色、灰白色石英岩状砂岩　14.0 m

10. 灰色薄—中层状生物结晶灰岩。产腕足类 *Spiriferella* sp., *Fusispirifer* sp. 及珊瑚 *Verbeekiella* sp. 和苔藓虫、刺毛虫等化石　20.0 m

9. 浅灰色、黄褐色厚层状石英岩状砂岩、钙质石英砂岩。产腕足类 *Permundaria* sp. 及珊瑚化石　10.0 m

8. 浅灰色钙质板岩夹灰色、浅黄灰色钙质粉砂岩　80.0 m

7. 浅灰色灰白色薄—中层状结晶灰岩夹薄层砂岩　70.0 m

6. 浅灰色钙质片岩夹灰白色薄层钙质石英砂岩　30.0 m

5. 浅灰色块状砾岩，砾石为石英、钙质砂岩、泥灰岩和灰岩等。砾石大小不等，最大者 10～20 cm，磨圆度较差　15.0 m

4. 浅灰色中层状钙质石英细砂岩，产腕足类 *Cyclocyclicus* 及海百合茎　20.0 m

3. 灰白色浅灰色中—厚层状石英岩状砂岩夹浅灰色含钙质板岩　100.0 m

2. 浅灰色、灰白色厚层状石英岩状细砂岩，夹有两层厚约 20～30 m 的灰白色生物碎屑微晶灰岩　80.0 m

1. 灰白色厚层状石英岩状细砂岩。产腕足类 *Tomiospsis* ? sp., *Spiriferella*。（未见底）　60.0 m

【地质特征及区域变化】　曲嘎组为一套碎屑岩夹灰岩地层，其地层厚度在札达县曲嘎厚度达 2 000 m 左右，向西在曲松县仅 360 m，向东到噶尔县松布达若厚度大于 1 000 m，在札达县丢乌厚度为 950 m，在仲巴县帮玛昌翁厚度大于 290 m，在仲巴县巨日拉厚度达 1 129 m。其顶、底大多出露不全。在札达县曲松乡与下伏地层基龙组石英片岩为整合接触，与上覆地层姜叶马组泥质灰岩为不整合接触，在札达县丢乌与下伏地层基龙组石英砂岩为整合接触。生物化石以腕足类最丰富，其次为珊瑚、双壳类、腹足类和少量菊石及䗴类。腕足类 *Taeniothaerus*, *Neospirifer*, *Spiriferella*, *Stenoscisma*, *Fusispirifer*, *Lamnimargus*, *Mayangella* 等；珊瑚 *Zaphrentites*, *Lytvolasma*, *Lophophyllidium*, *Amplexocarinia*；双壳类 *Guizhoupecten*, *Atomodesma*, *Pernopecten perrmophorus*；菊石 *Timorites*, *Krafftoceras*, *Propinacoceras* 等；䗴类 *Parafusulina*，生物化石以冷温型为主，兼有温水型。时代为早二叠世。

下拉组　P_1x　(07-54-0608)

【创名及原始定义】　夏代祥、徐仲勋 1979 年命名，夏代祥 1983 年介绍，创名剖面位于申扎县永珠下拉山。原义指岩性为灰色、灰白色结晶灰岩、生物碎屑灰岩、条带状灰岩。含䗴类、珊瑚、腕足类和双壳类。其时代大致相当于我国南方的栖霞期—茅口期。厚度 552 m，其上被含晚侏罗世—早白垩世菊石和植物化石的碎屑岩不整合覆盖。

【沿革】　1957 年地质部青海石油普查大队王文彬等最先发现申扎北部地区的二叠纪地层，并命名为“米酒雄灰岩系”。1979 年随着西藏区调队对该地区 1：100 万区调地质工作的开展，先后有中国地质科学院、中国科学院南京地质古生物研究所、成都地质矿产研究所等单位数次在该区进行研究工作。大多数学者称这套灰岩为下拉组。

【现在定义】 主要指一套碳酸盐岩，局部夹少量碎屑岩的地层体。含䗴、珊瑚和腕足类。与下伏地层昂杰组为整合接触，上未见顶。

【层型】 正层型为申扎县下拉剖面（E88°42′，N31°12′）。位于申扎县北约 30 km 之永珠下拉山。由西藏综合队 1978 年测制。层序如下：

下拉组 总厚度 502.30 m

7. 深灰色中厚层状灰岩，富产䗴类及腕足类化石，䗴类 *Nankinella* sp.。（未见顶） 100.00 m
6. 灰一深灰色薄一中厚层状生物灰岩夹深灰色灰岩，产䗴类、腕足类及螺类化石。䗴 *Nankinella* sp. 37.68 m
5. 灰一深灰色中一厚层含硅质团块灰岩，产动物化石 16.20 m
4. 灰一深灰色中厚层状灰岩夹薄层紫红色砂质灰岩。产䗴类、腕足类、头足类化石，头足类 *Temnocheilus* sp.，*Domatoceras*? sp.，*Melacoceras*? sp. 44.50 m
3. 灰一深灰色薄一中厚层状生物灰岩，下部为灰色中厚层状灰岩，富产腕足类、珊瑚、䗴类、双壳类、三叶虫、海百合茎化石。腕足类 *Squamularia* cf. *inaequilateralis*，*S.* sp.，*Meekella* sp.，*Leptodus* cf. *nobilis*，*Stenoscisma* sp.，*Costiferina* cf. *indica*，*Linoproductus* sp.，*Dielasma* sp.，*Martinia* sp.；双壳类 *Aviculopecten kunlunensis*；三叶虫 *Phillipsia* sp.；珊瑚 *Waagenophyllum indicum*，*Iranophyllum* sp.，*Michelinia* sp.；䗴类 *Nankinella* sp.，在下拉山顶采得珊瑚 *Iranophyllum* sp.，*Syringopora* sp.，*Metasinopora crassa* 99.90 m
2. 灰一浅灰色厚层白云质中粒结晶灰岩，下部夹紫红色灰岩，产大量海百合茎、腕足类、苔藓虫。腕足类 *Neospirifer* sp.，*Costiferina* sp. 164.02 m
1. 上部为灰色薄一中厚层状条带灰岩，下部为紫红色生物碎屑灰岩，富含海百合茎、珊瑚及少量腕足类 40.00 m

——————整 合——————

下伏地层：昂杰组 灰黑色页岩、砂质页岩

【地质特征及区域变化】 下拉组岩性为一套碳酸盐岩，该组厚度稳定，岩性变化不大，除在革吉县谷穷，其下部夹有砂岩外，其余地区岩性多为灰岩。在噶尔县左左，其顶部含白云岩。在狮泉河羊尾山，地层厚度为 1 300 m，革吉县谷穷 600 m 左右，改则县多桑 1 236 m，申扎县下拉为 500 m 以上，申扎县他尔玛厚度大于 800 m，班戈县思玛日大于 230 m。其中生物化石主要为䗴类：*Neoschwagerina*，*Pseudodoliolina*，*Chusenella*，*Parafusulina*，*Schwagerina*，*Pseudofusulina*，*Pseudoschwagerina*，*Nankinella*，*Chenia* 等；珊瑚 *Lytvolasma*，*Lophophyllidium*，*Lophocarinophyllum*，*Tachylasma*，*Wannerophyllum*，*Iranophyllum*，*Waagenophyllum*；腕足类 *Stenoscisma*，*Costiferina*，*Spiriferella*，*Neospirifer*，*Linoproductus*，*Squamularia* 等；苔藓虫 *Fistulipora*，*Fenestella*，*Polypora*。以上生物既有冷温型，又有暖水型。其时代主要为早二叠世，但个别出现在晚石炭世。在班戈县思玛日，其时代便可下跨晚石炭世，在噶尔县左左可上跨晚二叠世。在狮泉河羊尾山其下限仅为早二叠世中晚期。由上述，下拉组为一穿时地层体。

洛巴堆组 P_1l (07-54-0610)

【创名及原始定义】 李璞 1955 年创名洛巴堆群，创名剖面位于林周县洛巴堆。其岩性下部为灰岩，中部安山岩，上部灰岩夹石英岩。含䗴、腕足类和双壳类。时代为二叠纪。

【沿革】 盛金章（1962）、西藏综合队（1979）、西藏区调队、中国科学院南京地质古生物研究所（1982）、魏振声（1983）、中国科学院青藏高原综合科学考察队（1984）等单位和个人对该套地层做过不少研究工作，均沿用洛巴堆群这一单位名称。本书亦从之。

【现在定义】 指岩性为灰岩、白云质灰岩或大理岩，局部夹中基性火山岩的一套地层体。产有䗴、珊瑚及腕足类等。顶、底出露不全。

【层型】 正层型为林周县洛巴堆剖面（E90°55′，N30°00′），位于林周县城西北洛巴堆水库旁。由陈楚振等1984年重测，层序如下：

上覆地层：**查曲浦群** 黑色板岩、石灰岩、石英砂岩 10 m

═══════ 断 层 ═══════

洛巴堆组 总厚度>530 m

3. 灰色、深灰色中层石灰岩夹灰色凝灰细砂岩及灰绿色安山岩 150 m
2. 灰绿色凝灰岩、中基性火山岩夹含黑色燧石团块的石灰岩和泥灰岩。灰岩中产化石。䗴类 *Parafusulina shaksgamensis*，*Neoschwagerina* sp.；*N. craticulifera*，*Misellina* sp. 等 200 m

═══════ 断 层 ═══════

1. 灰色，具黑色斑点的中层状大理岩、结晶灰岩，向上夹灰黄色同生角砾灰岩，有煌斑岩脉贯入。同生角砾岩中产下列化石：䗴类 *Neoschwagerina margaritae*，*Yabina shiraiwensis*，*Y. multiseptata*；珊瑚 *Iranophyllum* sp.；腕足类 *Martinia* sp. 180 m

═══════ 断 层 ═══════

下伏地层：**塔克那组** 紫红色粉砂岩

【地质特征及区域变化】 洛巴堆组分布于林周县乌鲁龙、墨竹工卡县蒙拉附近、嘉黎县阿扎湖西岸和八宿县来姑等地。岩性比较稳定，但厚度有一定的变化，在林周洛巴堆一带为一套灰岩夹中基性火山岩，厚度大于530 m，在林周县乌鲁龙为灰岩，厚度大于460 m，在墨竹工卡县蒙拉附近，主要为灰岩、白云岩，厚度达1 158 m，而在嘉黎县阿扎湖西岸为浅灰色厚层状结晶灰岩，厚度仅10～30 m；在波密县康玉古杂拉，为300 m厚度的黑色中厚层灰岩，在八宿县来姑为338 m厚的灰岩、白云质灰岩。在申扎地区洛巴堆组与下伏地层昂杰组以及八宿地区的来姑组均为整合接触。

洛巴堆组产䗴类 *Neoschwagerina*，*Verbeekina*，*Yabeina*，*Misellina*，*Chusenella*，*Nankinella*，*Yangchienia*；珊瑚 *Iranophyllum*，*Waagenophyllum*，*Wentzelella*；腕足类 *Neospirifer*，*Spiriferella*，*Marginifera*，*Leptodus* 等；苔藓虫 *Fenestella*，*Polypora* 等。其时代为早二叠世中、晚期。

吞龙共巴组 C_2P_1t (07-54-0613)

【创名及原始定义】 章炳高、何国雄（1976）创名，1984年发表，代表剖面在日土县多玛区吞龙共巴西沟。吞龙共巴组原指岩性为一套碎屑岩夹多层灰岩或泥质灰岩的地层，厚度大于600 m。产䗴类化石，时代为早二叠世早期。

【沿革】 1946年诺林将日土多玛区的二叠系称塔什拉克湖群，1983年梁定益等称此套地层为脱塔拉组。1986年西藏区调队将改则一带的二叠系统称鲁谷组。吴瑞忠等（1983）将双湖县一带此套地层称角木茶卡组，西藏区调队在日土一带工作，又称财那哈组。1989年，成都地质矿产研究所张正贵将改则一班戈一带此段地层改称鲁谷组，并与双湖角木茶卡组进行对比。1990年，西藏区调队李才等将该组和下伏地层上部新建绒马组。本书引用吞龙共巴组。

【现在定义】 为一套细碎屑岩与灰岩或泥灰岩的不等厚互层，产䗴、腕足类，其次为珊瑚、非䗴类有孔虫、双壳类和苔藓虫。未见顶、底；层型外与下伏地层曲地组板岩夹石英砂岩和上覆地层龙格组灰岩均为整合接触。

【层型】 正层型为日土县多玛区吞龙共巴西沟剖面（E80°22′，N34°19′），由中国科学院青藏高原综合科学考察队章炳高、何国雄1976年测制，层序如下：

吞龙共巴组	总厚度＞721 m
14. 灰色砂岩 。（未见顶）	100 m
13. 灰白色厚层状灰岩	30 m
12. 灰黄色砂岩	80 m
11. 灰色中厚层状灰岩，产腕足类 *Composita* sp.，*Gratiosina gratiosus*；苔藓虫 *Rhomboporella quolidiana*	30 m
10. 暗红色局部呈黑色砂岩	30 m
9. 灰黄色、棕色砂岩	30 m
8. 灰白色块状灰岩	8 m
7. 中厚层状灰黑色灰岩	10 m
6. 厚层状灰白色灰岩，夹一层厚30 cm的黑色泥灰岩，产 腕足类 *Spinomarginifera sintanensis*、*Semibrachythyrina* sp；苔藓虫 *Fenestella binodata densimura*	30 m
5. 中厚层状灰黑色灰岩	8 m
4. 厚层灰色灰岩，化石丰富，有腕足类 *Gratiosina gratiosus*；䗴类 *Schwagerina hupehensis*，*S*. cf. *longipertica*，*Monodiexodina sutschanica*，*M. kattaengis*，*M. wanneri*，*M*. ? *domarensis*，*Pseudofusulina pseudosuni*，*P. houjiguanica*，*Parafusulina cincta*，*P. elliptica*，*P*. aff. *rothi*	15 m
3. 灰绿色砂岩	30 m
2. 灰黑色厚层状灰岩	20 m
1. 灰绿色至灰黄色砂岩，夹灰绿色、灰黑色页岩。（未见底）	300 m

【地质特征及区域变化】 该组岩性为碎屑岩夹灰岩，但各地出露厚度有所差异；在日土县多玛区胜利山南可见厚度达700 m，灰岩厚度大于碎屑岩。在吞龙共巴西沟可见厚度，碎屑岩总厚略大于灰岩。在热合盘可见厚度大于1 600 m，以碎屑岩为主。而在改则鲁谷可见厚度600 m，其中灰岩略多于碎屑岩。所含䗴类 *Monodiexodina*，*Schwagerina*，*Parafusulina*，*Pseudofusulina*，*Triticites*，*Rugosofusulina* 等；腕足类 *Gratiosina*，*Spinomarginifera*，*Neospirifer*，*Stenoscisma*；珊瑚 *Waagenophyllum*，*Yatsengia* 等。该组在延伸范围内，如日土县那扎西山、改则县鲁谷等地，其底部含晚石炭世生物化石（*Triticites* 等），故将其地质时代置于晚石炭世—早二叠世。

龙格组 P_1lg （07-54-0614）

【创名及原始定义】 梁定益等1982年命名，创名剖面位于日土县欧拉。原义指岩性为块状结晶灰岩、生物礁灰岩、含砂灰岩、白云岩及部分鲕状灰岩组成的一套地层体。富含䗴类和群体珊瑚、苔藓虫、钙藻及部分腕足类、腹足类化石，时代为茅口期。

【沿革】 1946年诺林将日土以北地区的灰岩地层命名为塔什拉克湖群。1957年，王文彬将甘尔宝一带的灰岩命名为甘尔宝群。1984年，中国科学院青藏高原综合科学考察队章炳高等将日土县民卓茶卡一带的灰岩称民卓茶卡灰岩。后由西藏区调队和成都地质学院吴瑞忠等，先后在日土县多玛、改则县鲁谷、双湖角木茶卡一带命名了先遣组、鲁谷组、肖茶卡组等。以上这些组均指同一套灰岩地层。

【现在定义】 指岩性以灰岩为主的一套地层体，主要岩石为灰色厚层至块状结晶灰岩、生物礁灰岩、含砂灰岩、白云岩及鲕状灰岩等，产䗴类、珊瑚及腕足类。顶、底不全。

【层型】 正层型为日土县多玛区欧拉剖面（E80°28′，N33°35′），由梁定益等1982年测制（1983年发表），层序如下：

上覆地层：欧拉组　白云岩

…………关系不明？……………

龙格组　　总厚度＞441.45 m

9－7. 浅灰－深灰色块状灰岩，下部含大量化石。䗴类 *Neoschwagerina* cf. *yanyuanensis*，*N. guoi*，*Chusenella* sp.，*Schubertella* sp.，*Kahlerina pulchra*，*Yangchienia thompsoni*，*Toriyamaia* sp.，*Verbeekina verbeeki*，*V. sinensis*，*V. inique*，*V. laxispira*，*V.* (*Armenina*) *parawangi*，*Colania aulaensis*，*C. ngariensis*，*Rugosofusulina tibetica*，*Staffella* ? sp.；珊瑚 *Iranophyllum curvaseptatum*，*I. xangbeiensis*，*I. splendens* 以及腕足类、腹足类等化石　　338.92 m

6－5. 灰白色厚层－块状灰岩，含䗴类 *Neoschwagerina cheni*，*Yabeina* cf. *inouyei*，*Kahlerina* sp.，*Chusenella tingi*　　13.64 m

4－2. 灰白色中－厚层状结晶灰岩砂质灰岩、鲕状灰岩，含䗴类 *Verbeekina* (*Armenina*) *parawangi*　　34.89 m

1. 灰白色厚层灰岩，含䗴类 *Neoschwagerina sphaerica N. colaniae*，*N. craticulifera*，*Verbeekina grabaui*，*V. verbeeki*，*V.* (*Armenina*) *crassispira*，*V.* (*Armenina*) *aulaensis*，*Colania duomaensis*。（未见底）　　＞54.00 m

【地质特征及区域变化】 龙格组在多玛一带主要为灰岩，在茶布－查桑一带为灰岩夹基性火山岩，局部火山岩厚度达600 m以上，且具枕状构造，表明在浅海碳酸盐岩沉积的同时，部分地区有海底多期火山岩喷发。在该地区与下伏地层关系为连续过渡。在科尼羌马、清水河、改则茶布等地与上覆地层为平行不整合接触。在日土胜利山出露厚度233 m，在欧拉厚度为500 m，在吉普村厚度为171 m，而在木实热不卡厚度达1 200 m以上，在改则县茶布厚度达5 000 m以上。由上可见龙格组厚度有西薄东厚的趋势。生物化石有䗴类 *Neoschwagerina*，*Verbeekina*，*Yabeina*，*Neomisellina*，*Parafusulina*，*Polydiexodina*，*Schwagerina*，*Chusenella*，*Yangchienia*，*Monodiexodina*；珊瑚 *Waagenophyllum*，*Wentzellophyllum*，*Polythecalis*，*Iranophyllum*，*Szechuanophyllum*；腕足类 *Plicatifera*，*Marginifera*，*Spinomarginifera*，*Leptodus*，*Spiriferella*，*Stenoscisma*，*Squamularia*，时代为早二叠世。

东坝组　P_1d　（07－54－0616）

【创名及原始定义】 云南第三地质队1990年命名，创名剖面位于左贡县东坝。原义指一套灰色变质石英砂岩、深灰色粉砂质板岩及结晶灰岩、绢云板岩组成的地层体。下部夹少量变质玄武岩，上部夹多层结晶灰岩，偶夹砾石。厚逾 1 967 m，与下伏地层卡贡群平行不整合接触，与上覆地层下二叠统沙龙组平行不整合接触。时代为早二叠世。

【沿革】 创名后沿用至今。

【现在定义】 为一套浅变质碎屑岩、结晶灰岩和白云质灰岩组成的地层体。含有䗴、海百合茎及腕足类。与下伏地层卡贡群变质砂板岩和上覆地层沙龙组变质玄武岩均为平行不整合接触。

【层型】 正层型为左贡县东坝剖面（E98°20′，N29°58′），由云南第三地质队 1990 年测制，层序如下：

上覆地层：**沙龙组** 灰绿色变质玄武岩

——————— 平行不整合 ———————

东坝组	总厚度 724.9 m
13. 灰色厚层状内碎屑白云岩	180.0 m
12. 灰色薄层状粉砂质绢云板岩夹灰色中厚层状变质石英砂岩	231.6 m
11. 灰色厚层状结晶灰岩	31.5 m
10. 下部灰色厚层状砾岩；上部灰黑色含砂板岩	6.5 m
9. 深灰色粉砂质板岩与灰色变质石英砂岩互层	86.2 m
8. 深灰色中至厚层状结晶灰岩，含泥质结晶灰岩，含䗴类 *Parafusulina* cf. *splendens*；海百合茎及腕足类碎片	118.7 m
7. 深灰色变质石英粉砂岩夹板岩，底为砾岩	70.4 m

——————— 平行不整合 ———————

下伏地层：**卡贡群**

6. 灰色厚层状变质中细粒石英砂岩与深灰色薄层状粉砂质板岩、绢云板岩互层

【地质特征及区域变化】 东坝组在丁青、吉塘地区分布局限，仅在左贡县东坝一带出露。岩性为碎屑岩夹石灰岩，厚度为 783 m，具轻微变质。所产䗴类 *Parafusulina*，*Pseudofusulina*，*Schwagerina*，*Misellina* 等，时代为早二叠世。

第十一章
晚二叠世—中三叠世

晚二叠世—中三叠世，藏滇地层大区，以致西藏绝大部分地区均显示为一次广泛的海退运动。这与龙木错-查桑-澜沧江古特提斯的闭合以及羊湖-金沙江洋盆的强烈活动紧密相关。

晚二叠世，在喜马拉雅地层区所见到的二叠纪地层均是含早二叠世生物化石的灰岩或砂页岩。仅在札达县姜叶玛，见到含有少量晚二叠世暖水型的䗴和珊瑚的灰岩块体。另外在定日县曲布可能包含有晚二叠世的沉积，但仍缺少生物化石依据。1987 年，饶荣标等在聂拉木—定日一带研究二叠纪、三叠纪地层的过渡层时，将土隆群之下的一套厚度为 4～18 m 的砂页岩地层创名为“扒嘎组”，其中产四射珊瑚、腕足类和牙形刺，认为属晚二叠世晚期沉积。总之，喜马拉雅地层区的晚二叠世地层露头极少见。可能与原始沉积缺失有关。因此，郭铁鹰等人 1982 年提出“藏南运动”，认为在二叠纪末期有一次区域性地壳抬升运动。

在冈底斯-腾冲地层区中，至今仅有两个露头可能属晚二叠世地层，一是改则县夏岗江地区，为一套含煤碎屑岩（坚扎弄组）含冈瓦纳植物群和华夏植物群的砂页岩地层。另外是拉萨北部堆龙德庆县却桑温泉的列龙沟组，为与上覆早、中三叠世的查曲浦组连续沉积的一套硅质岩，含腕足类化石，认为属晚二叠世。

早、中三叠世的岩石地层在藏南地区均显示为一种稳定型的沉积，多以碳酸盐岩为主，不含火山岩，地层厚度小，地层露头少，分布范围小。除北喜马拉雅地区的早、中三叠世地层为狭窄的带状分布外，其余地区仅在拉轨岗日、仲巴县穷果、拉孜县中贝等少数几个地点有地层的露头（吕村组、穷果组）。

在冈底斯-腾冲地层区，早、中三叠世，绝大部分地区均处于剥蚀状态，仅在其南北两侧，接近班公湖-怒江海槽和雅鲁藏布江海槽的边缘地区有少许地层露头。其余绝大部分地区都缺失早、中三叠世的沉积，在措勤、申扎、嘉黎、察隅一带只见中侏罗世的马里组砂页岩、砾岩直接不整合于下拉组洛巴堆组等老地层之上，其间缺失了三叠纪和早侏罗世的沉积。

在这一地史阶段中发育的岩石地层包括有 12 个群和组（表 11 - 1）。

姜叶玛组　P_2j　（07 - 54 - 0607）

【创名及原始定义】　郭铁鹰、梁定益等 1982 年命名，创名剖面位于札达县姜叶玛，原义指札达县姜叶玛剖面第 26 层，厚度 26.3 m 的一套灰色—肉红色珊瑚礁灰岩，含珊瑚、䗴类和非䗴类有孔虫。

表 11-1 晚二叠世—中三叠世岩石地层单位一览表

藏滇地层大区				
喜马拉雅地层区	冈底斯-腾冲地层区		羌南-保山地层区	
	措勤-申扎地层分区	拉萨-察隅地层分区	多玛地层分区	丁青-吉塘地层分区
穷果群 吕村组 土隆群 姜叶玛组	坚扎弄组	希湖群 查曲浦组 列龙沟组 蒙拉组	欧拉组 吉普日阿组	沙龙组

【沿革】 西藏区调队 1987 年在 1∶100 万噶大克幅区调报告中，将上述剖面第 1—25 层的一套灰岩、生物灰岩、夹变质玄武岩地层，新创名为西兰塔组，并与第 26 层的原姜叶玛组为整合接触，而原姜叶玛组与上覆地层穷果群紫红色微晶灰岩也为整合接触，本书扩大原姜叶玛组含义，包含原西兰塔组。

【现在定义】 以灰岩为主夹基性火山岩。含䗴类、非䗴类有孔虫、珊瑚和菊石类。未见底，与上覆地层穷果群紫红色微晶灰岩整合接触。

【层型】 正层型为札达县姜叶玛剖面，位于札达县姜叶玛东侧（E80°43′，N30°42′）。由西藏区调队 1987 年重新测制，层序如下：

上覆地层：穷果群

27. 紫红色薄层含菱铁矿结核和菊石微晶石灰岩

——————整　合——————

姜叶玛组　　　总厚度 1 463.1 m

26. 灰白色、肉红色中层状碎屑灰岩，含硅质凸镜体和结核，夹珊瑚礁灰岩，产丰富的珊瑚 *Waagenophyllum indicum crassiseptatum*，*W. gigateum*，*Sinkiangopora pulanensis*，*Favosites* sp.；䗴类 *Reichelina media*，*R. cribrosepta*，*R. turgita*，*R. changshingensis*，*R. simplex*，*Codonofusiella schubertelloides*，*C.* aff. *japonica*，*Nankinella rariroluta*，*N. xilantaensis*，*N. minima* 以及有孔虫，计有 26 属 97 种，称 *Colaniella* -*Robuloides acutus* 组合，其中占优势的主要种有 *Colaniella parva*，*C. lepida*，*C. nana*，*C. pulchra* 等和腕足类　26.3 m

25. 灰白色厚层灰岩，产珊瑚 *Ipciphyllum* sp.，*Waagenophyllum* spp.　34.8 m

24. 灰绿—灰黑色气孔—杏仁状绿泥石，绿帘石化球粒玄武岩　23.9 m

23. 灰白色厚—块状灰岩夹海百合茎灰岩，斜层理发育，产复体珊瑚？*Lophophyllidium*，*Ipciphyllum* sp.　93.3 m

22. 灰白色厚层灰岩夹几厘米厚的玄武岩，灰岩中产复体珊瑚 *Waagenophyllum* sp.　7.7 m

21. 灰黑色气孔—杏仁状变质玄武岩，见有两处面积 2 m^2 的海百合茎灰岩凸镜体　120.5 m

20. 紫红色中层含海百合茎碎屑灰岩，层面上常见硅质结核　18.3 m

19. 角砾状灰岩，产䗴类 *Neoschwagerina* sp.，*Verbeekina* sp.　29.7 m

18. 灰白色中厚层状含生物碎屑微晶灰岩夹薄层灰岩，产䗴类 *Neoschwagerina* sp.，*Ver-*

beekina sp.；珊瑚？*Wentzelellites* sp. 24.0 m

17. 青灰色角砾状灰岩，富产䗴类 *Yangchienia haydeni*，*Verbeekina* cf. *verbeeki*，*Neoschwagerina douvillei* 308.4 m
16. 灰白色中层灰岩，产䗴 *Verbeekina* sp.，*Neoschwagerina douvillei*，*Yangchienia* sp. 137.4 m
15. 紫灰色灰岩，产䗴 *Verbeekina* sp.，*Neoschwagerina* sp.；珊瑚？*Waagenophyllum* sp. 97.4 m
14. 灰白色中厚层含䗴及有孔虫灰岩，产䗴 *Neoschwagerina douvillei*，*Verbeekina* sp. 21.9 m
13. 灰绿、绿灰色变质玄武岩 66.1 m
12. 灰白色中层状灰岩，顶部见烘烤现象，产珊瑚 *Thomasiphyllum* sp. 及海绵化石 92.3 m
11. 灰褐色薄层状微晶灰岩 14.1 m
10. 灰白色中厚层状生物碎屑微晶灰岩，产腕足类、双壳类和苔藓虫等化石 36.5 m
9. 灰白色中厚层似生物碎屑微晶灰岩，产䗴 *Verbeekina* sp. 42.0 m
8. 灰色角砾状灰岩、方解石脉发育，产䗴 *Neoschwagerina* sp. 33.8 m
7. 青灰色薄层状含生物碎屑微晶灰岩夹 5 cm 的珊瑚礁灰岩，产䗴 *Pseudodoliolina pulchra*，*Yangchienia* sp.，*Schwagerina* sp.；珊瑚 *Sinopora* sp.，*Prowentzelellites* sp.，？*Zaphrentites* sp.，？*Wentzellophyllum* sp. 47.4 m
6. 深灰色中厚层生物碎屑微晶灰岩，产䗴 *Chusenella douvillei* 及珊瑚 35.7 m
5. 灰白色中厚层含鲕粒生物碎屑灰岩，产䗴 *Pseudodoliolina* cf. *pulchra* 12.2 m
4. 深灰色中厚层状生物碎屑微晶灰岩夹紫灰色薄层灰岩，产䗴 *Yangchienia tobleri*，*Polydiexodina* sp.，*Pseudodoliolina* cf. *ozawai*；珊瑚 *Sochkineophyllum* sp.，及苔藓虫 72.3 m
3. 紫灰色中层状灰岩，产䗴 *Polydiexodina* sp. 12.3 m
2. 紫灰色中—厚层状含海百合茎灰岩夹薄层含䗴灰岩，产䗴 *Schwagerina* sp.；珊瑚？*Lophophyllidium* sp. 及海百合茎 15.8 m
1. 紫灰色中—厚层状含海百合茎灰岩。(未见底) 39.0 m

【地质特征及区域变化】 姜叶玛组在区内分布非常局限，除札达县姜叶玛外，中国科学院青藏高原综合科学考察队，1984 年所命名的“岗久灰岩”、“拉赛拉灰岩”，与该组为同一套地层。同样，“浪错组”、“加拉山口组”等，也可能相当于该组东延的一些零星断块。

该组主要产䗴 *Neoschwagerina*，*Verbeekina*，*Pseudodoliolina*，*Chusenella*，*Yangchienia*，*Schwagerina*，*Polydiexodina*，*Reichelina*，*Codonofusiella*，*Nankinella* 等；非䗴有孔虫 *Colaniella*，*Paracolaniella*；珊瑚 *Ipciphyllum*，*Waagenophyllum*，*Lophophyllidium*，*Lytvolasma*，*Verbeekiella*，*Wentzellophyllum*，*Amplexocarinia*；菊石 *Neocrimites*，*Popanoceras*，*Agathiceras*，*Timorites*，*Paraceltites*，暂将其时代置于晚二叠世。

坚扎弄组 $P_2 j\hat{z}$ (07-54-0609)

【创名及原始定义】 李星学、吴一民等 1985 年命名，创名剖面位于措勤县夏岗江雪山坚扎弄沟。原指一套陆相的含煤碎屑岩建造，代表该区下二叠统。

【沿革】 西藏第四地质队（1971）首次发现该套地层，并命名为尖扎辽旺组，时代归侏罗纪或三叠纪—侏罗纪，但无实测剖面，资料也未公开发表。1983 年，蒋忠惕、徐正余将其时代改为晚二叠世。1985 年李星学等在此实测了地质剖面，采集了大量古生物化石，创名坚扎弄组，发表于同年古生物学报，24（4）。本书采用坚扎弄组一名，含义同原始定义相当。

【现在定义】 为一套含煤陆相碎屑岩：下部以砂岩、砾岩为主，中部为粉砂岩夹粗—细砂岩及薄煤层；上部为粉砂岩夹细砂岩。产植物化石等。未见顶、底。其分布局限。

【层型】 正层型为措勤县夏岗江坚扎弄剖面（E85°07′，N31°50′），位于措勤县夏岗江坚扎弄沟。由李星学、吴一民（1985）测制，层序如下：

坚扎弄组	总厚度＞740.96 m
23. 浅灰色细砂岩与黑色页岩互层。（未见顶）	119.95 m
22. 浅灰色细砂岩夹黑色页岩	33.94 m
21. 灰色粉砂岩，偶夹灰色薄层细砂岩或黑色页岩	69.99 m
20. 灰色细砾岩	19.98 m
19. 深灰色粉砂岩，产丰富的植物化石 *Phyllotheca* sp.（cf. *P. australis*），? *Schizoneura* sp.（cf. *S. gondwanensis*），*Noeggerathiopsis hislopii*，*Pecopteris* sp.，*Carpolithus* sp.，*Sphenopteris* sp.，不能鉴定的楔叶类化石 *Phyllotheca* sp.，（cf. *P. australis*），*Pecopteris* aff. *arcuata*，? *Alethopteris* sp.，*Cardiocarpus* sp.	18.93 m
18. 冲积或坡积物	49.75 m
17. 深灰色粉砂岩	29.64 m
16. 冲积或坡积物	43.62 m
15. 深灰色泥岩	4.29 m
14. 黑色碳质泥岩夹煤线	0.86 m
13. 煤层，黑色，条痕褐黑色，金刚光泽，碎块状，含菱铁矿结核，煤质属中灰，低硫，中发热量的贫煤	0.30 m
12. 顶部为灰黑色泥岩，其余为深灰色粉砂岩，含植物化石 *Phyllotheca* sp.（cf. *P. australis*），? *Schizoneura* sp.（cf. *S. gondwanensis*），*Sphenopteris xiagangjiangensis*，*Pecopteris* sp.，? *Plagiozamites oblongifolius*	26.58 m
11. 上部黑色泥岩、碳质泥岩、含煤屑。中下部灰黑、黑色细砂岩	27.62 m
10. 灰、深灰色泥岩，夹薄层粉砂岩、含菱铁矿结核	30.49 m
9. 灰色细砂岩与细砾岩互层，偶夹深灰色泥岩	27.29 m
8. 灰、深灰色泥岩，局部夹灰色粉砂岩和细砂岩	48.25 m
7. 灰、深灰色粉砂岩与细砂岩互层，硅质胶结，产植物化石碎片	27.71 m
6. 冲积或坡积物	53.06 m
5. 黄褐色细砾岩夹浅灰色石英细砂岩，砾径一般 4～6 cm，最大可达 15 cm	27.60 m
4. 浅灰色粗砂岩	21.55 m
3. 浅灰、灰色含砾粗砂岩与细砾岩互层，砾径大小悬殊，一般为 5 cm，最大者在 15 cm 以上，滚圆度中等	13.49 m
2. 冲积或坡积物	25.57 m
1. 灰白、灰色粉砂岩，中部夹黄褐色细砾岩，砾石成分以大理岩为主，次为石英岩，砾径 1～10 cm，以 3～4 cm 者居多，为半滚圆状，产植物化石 ? *Squamous leaf*，*Pecopteris* sp.，*Noeggerathiopsis* sp.。（未见底）	20.50 m

【地质特征及区域变化】 坚扎弄组含植物化石 *Phyllotheca*，*Noeggerathiopsis*，*Pecopteris*，*Sphenopteris*，*Carpolithus*，*Cardiocarpus* 等，这些植物化石具有冈瓦纳—华夏混合型植物特点，既无典型的冈瓦纳相舌羊齿植物分子，也无典型的华夏型植物分子，是一个具有特殊意义的混合植物群。坚扎弄组是西藏的含煤层位，其中煤质属中灰，低硫，中发热量的贫煤。该

组地层分布十分局限，除上述剖面以外，还未见第二个与之相当的露头点。本书将其地质时代暂置于晚二叠世。

蒙拉组 P_2m （07－54－0611）

【创名及原始定义】 徐宪等1982年据创名剖面附近的蒙拉山创名，剖面位于墨竹工卡县门巴区德忠乡日布雄沟。原义为一套浅海相细碎屑岩夹少量碳酸盐岩，地层厚度较大，向东变质程度加深，时代为晚二叠世。

【沿革】 该组地层首先由西藏综合队1979年在1∶100万拉萨幅区调报告中发表，但未命名，后徐宪等1982年将这套地层称蒙拉群。成都地质矿产研究所张正贵（1985）将其改称为蒙拉组。

【现在定义】 指岩性为碎屑岩夹少量灰岩的一套地层体。含微体化石。与下伏地层洛巴堆组灰岩为平行不整合接触，上未见顶。分布局限。

【层型】 正层型为墨竹工卡县门巴区德忠乡剖面（E91°55′，N28°58′），位于墨竹工卡县门巴区德忠乡日布雄沟。由西藏综合队1979年测制，层序如下：

蒙拉组　　总厚度＞6 390 m

3. 灰色、米黄色石英砂岩、石英岩，偶夹白云岩，局部为黑云母石英片岩、含二云母长石石英岩，组成较大之向斜，有大量花岗岩侵入。(未见顶)　　2 900 m
2. 灰色砂岩夹板岩及薄层灰岩，局部为含钙硅质板岩，板岩中偶见双壳类碎片（?），灰岩中产微体化石　　2 180 m
1. 紫色砂岩、灰色石英砂岩及灰岩，局部夹紫色泥岩、绿色含砾砂质泥岩，含砾鲕状砂质泥岩，底部见一层厚约2.88 m的砾岩，砾石以灰岩为主，分选中等，磨圆度较好　1 310 m

－－－－－－－ 平行不整合 －－－－－－－

下伏地层：**洛巴堆组**　灰色白云质灰岩

【地质特征及区域变化】 蒙拉组主要分布于墨竹工卡县门巴区德忠地区，岩性为一套碎屑岩夹碳酸盐岩的变质地层，变质程度由西向东有加深的趋势，由于其中化石稀少，仅根据其与洛巴堆组的平行不整合接触关系，暂将其地质时代置于晚二叠世。有关该组的分布、地质时代及变质特征都有待今后进一步工作解决。

列龙沟组 P_2l （07－54－0612）

【创名及原始定义】 西藏综合队1976年创名，1979年发表，创名剖面位于堆龙德庆县却桑北列龙沟。原义指整合于查曲浦组结晶灰岩之下的灰白—浅灰色硅质岩，时代归入下三叠统。

【沿革】 1979年孙东立等，在却桑温泉列龙沟又补采了化石，通过这些化石研究后，将此套硅质岩划归晚二叠世。

【现在定义】 指一套岩性为浅灰—灰白色硅质岩地层体。产腕足类、双壳类及苔藓虫。下未见底，与上覆地层查曲浦组结晶灰岩为整合接触。

【层型】 正层型为堆龙德庆县却桑寺剖面（E90°45′，N30°10′），位于堆龙德庆县却桑寺北列龙沟。由西藏综合队（1976）测制，层序如下：

上覆地层：**查曲浦组**

4. 上部为灰一深灰色中一厚层结晶灰岩，下部为薄层硅灰石大理岩夹泥质灰岩　5 m

——————— 整　合 ———————

列龙沟组　总厚度＞180.86 m

3. 深灰色一灰褐色绢云母板岩，夹凝灰岩，安山岩凸镜体，产苔藓虫 *Fenestella* sp.　2.22 m
2. 灰白一浅灰薄、中厚层硅质岩，细一微粒结构和块状构造，产腕足类？*Peltichia* sp.，*Transennatia* aff. *gratiosus*，*Spinomarginifera* sp.，*Crenispirifer* cf. *dzhulfensis*，*Streptorhynchus* sp.；双壳类 *Guizhoupecten* cf. *regularis*，*Sedgwickia* sp.；苔藓虫 *Fenestella* sp.　44.92 m
1. 浅灰色中、厚层硅质岩。(未见底)　133.72 m

【地质特征及区域变化】　列龙沟组岩性特殊，厚度不大，分布局限，至今仅见于却桑温泉一个露头点。含腕足类？*Peltichia*，*Transennatia*，*Spinomarginifera*，*Crenispirifer* 等，双壳类 *Guizhoupecten* 等。时代为晚二叠世。

吉普日阿组　P_2jp　(07-54-0615)

【创名及原始定义】　梁定益、聂泽同、郭铁鹰等1983年命名，创名剖面在日土县多玛区吉普村东北吉普日阿。原义指下部为砾岩、砂砾岩、钙质砂岩或砂质灰岩、粉砂岩互层，含腕足类，海百合茎碎屑，厚度650 m。上部为浅灰色一深灰色白云质灰岩，局部夹安山岩，含单体珊瑚和群体珊瑚，厚度大于500 m的地层体。

【沿革】　西藏区调队1987年在该区进行1∶100万日土幅区调工作中，沿用了梁定益等人的划分。成都地质矿产研究所张正贵(1989)仍用“吉普日阿组”。吴瑞忠、蓝伯龙(1990)研究了该区多玛热合盘剖面和清水河剖面后，新建“热合盘组”和“清水河组”，并认为以上两个地层单位与吉普日阿组所指属同一套地层体。本书沿用吉普日阿组，含义与原始定义相当。

【现在定义】　为一套碎屑岩和白云质灰岩为主夹中性火山岩的地层体，下部以碎屑岩为主，上部为白云质灰岩夹少量中性火山岩。含䗴类、珊瑚。与下伏地层龙格组不整合接触，与上覆地层欧拉组整合接触。

【层型】　正层型为日土县多玛区吉普村剖面(E80°32′，N33°59′)，位于日土县多玛区吉普村东吉普日阿。由梁定益等1980年测制(1983年发表)，层序如下：

上覆地层：**欧拉组**　白云岩夹粗玄岩，含放射虫硅质岩

——————— 整　合 ———————

吉普日阿组　总厚度＞1 156.57 m

2. 浅灰色一深灰色白云质灰岩，局部夹安山岩，含单体珊瑚及群体珊瑚，保存较差，能鉴定的仅有 *Waagenophyllum* sp.　＞500.00 m
1. 砾岩、砂砾岩、钙质砂岩或砂质灰岩、粉砂岩互层，含腕足类、海百合茎碎屑　656.57 m

~~~~~~~~~~ 不整合 ~~~~~~~~~~

下伏地层：**龙格组**　灰黑色生物碎屑泥晶灰岩

【地质特征及区域变化】　吉普日阿组分布于日土县吉普日阿、清水河、热合盘、科尼羌马、改则县茶布等地。岩性变化较大，在吉普日阿一清水河一热合盘一带由碎屑岩、灰岩夹中
~~~~~~~~~~

基性火山岩组成。在科尼羌马为杂色碎屑岩，在改则县茶布区为长石石英砂岩；顶部出露不全。地层厚度在科尼羌马为300 m，在吉普日阿厚度可达1 100 m，清水河可见厚度500 m，热合盘可见厚度875 m以上，在改则县茶布可见厚度仅200 m。含䗴类*Palaeofusulina*，*Codonofusiella*，*Reichelina*等；珊瑚*Waagenophyllum*，*Lophophyllidium*等。地质时代为晚二叠世。

沙龙组　P_2s　(07-54-0617)

【创名及原始定义】　云南第三地质队1990年创名，创名剖面位于左贡县沙龙。原义指以玄武岩、凝灰岩为主，其次为石英砂岩、板岩夹岩屑砾岩及灰岩扁豆体的地层；厚度1 046.3～1 572 m，仅据平行不整合于东坝组之上，并大致可与滇西澜沧江带之上二叠统砂板岩夹变质玄武岩地层对比，故暂定为上二叠统。

【沿革】　本书沿用其名，含义同原始定义，时代仍置于晚二叠世。

【现在定义】　为一套玄武岩、凝灰岩为主，次为石英砂岩、板岩夹少量岩屑砾岩，及灰岩扁豆体的地层。平行不整合于东坝组之上，未见顶。

【层型】　正层型为左贡县沙龙剖面（E98°06′，N29°14′），由云南第三地质队1990年测制，层序如下：

沙龙组	总厚度＞1 046.3 m
8. 灰绿色片理化白云石化变质凝灰岩，夹灰色硅化结晶灰岩扁豆体。(未见顶)	165.0 m
7. 暗绿、紫灰色碳酸盐化变质玄武岩	102.2 m
6. 灰色变质岩屑砾岩夹变质石英砂岩及板岩	6.9 m
5. 灰绿色碳酸盐化变质玄武岩、杏仁状变质玄武岩，偶见气孔构造	178.0 m
4. 灰、灰绿色变质玄武质凝灰岩，偶夹灰岩凸镜体	154.3 m
3. 灰色变质岩屑砾岩	22.3 m
2. 灰绿色致密块状变质玄武岩、杏仁状变质玄武岩，顶为凝灰质板岩、含黄铁矿星点	402.6 m
1. 灰色变质岩屑砾岩	15.0 m

——————— 平行不整合 ———————

下伏地层：东坝组　泥灰岩

【地质特征及区域变化】　沙龙组分布局限，仅见于左贡县沙龙，盐井县登巴、曲登。岩性以碎屑岩为主局部发育火山角砾岩。根据其与下伏地层东坝组碳酸盐岩为平行不整合的接触关系，推断其时代为晚二叠世。

土隆群　$T_{1-3}T$　(07-54-0701)

【创名及原始定义】　穆恩之等1973年根据聂拉木县北土隆村剖面创名。原义指以生物碎屑灰岩、砂质石灰岩为主夹砂页岩的一套地层，分为上、中、下三组，分别代表上统下部、中三叠统和下三叠统，厚度340 m，时代为早三叠世至晚三叠世卡尼期。

【沿革】　1983年西藏区调队在藏南地区进行1∶100万日喀则幅区域地质填图时，采用了三叠纪的三个地层单位（土隆群、曲龙共巴组、德日荣组）为北喜马拉雅地区的填图单位。

1984年王义刚等，将土隆群的原上、中、下三组，又分别命名为札木热组，代表卡尼期（T_3^1）；赖布西组代表中三叠统（T_2）和康沙热组代表下三叠统（T_1）。1987年成都地质矿产研究所饶荣标等，进一步重测了聂拉木县土隆村剖面后，对原土隆群进行了重新划分和命名。相当于原土隆群下组的地层称土隆组，时代为早三叠世；原土隆群中组被创名为曲登共巴组，时代为中三叠世；相当原土隆群上组则被创名为康沙热组，时代为卡尼期。

1991 年郭铁鹰等，在普兰地区研究了札达县马阳普色拉的三叠系剖面，将平行不整合于色龙群顶部的曲布日嘎组 (P_1) 黑色页岩之上的一套灰黄色薄至中层状泥灰岩、瘤状灰岩地层创名为当贡拉组和邓公组 (T_2^1)，其顶部又被含 *Daonella* 的深灰色泥灰岩及墨绿色页岩的地层 (原名多让群) 整合复盖。其中原邓公组和当贡拉组总厚度 45 m，岩性均为灰黄色薄层泥灰岩含有丰富的菊石、双壳类、牙形刺、腕足类等，时代为早三叠世至中三叠世早期。据上述两组岩石组合和生物化石特征及地层层序空间位置，完全与东部聂拉木地区的土隆群相当。即为土隆群向西的延伸。

综上述扎木热组、赖布西组、曲登共巴组、康沙热组、土隆组的划分主要以生物化石为依据进行的。其顶、底界线在区域地质填图中难以识别，可填图性差。原当贡拉组和邓公组与土隆群所指均属同一套地层体。因此本次对比研究恢复使用土隆群一名，含义同原始定义。

【现在定义】 以生物碎屑灰岩、砂质石灰岩为主的地层体，底部常见一层紫红色白云质灰岩、泥灰岩，含丰富的菊石、双壳类、腕足类、珊瑚、牙形刺等。与下伏地层色龙群之黑色页岩平行不整合接触，其顶界与上覆地层曲龙共巴组页岩为主的地层整合接触。

【层型】 正层型为聂拉木县土隆村剖面 (E86°10′, N28°27′)，位于聂拉木县土隆村。由尹集祥、王义刚、张明亮 1974 年发表，层序如下：(土隆群、曲龙共巴组、德日荣组连续剖面)

上覆地层：**聂聂雄拉群**　灰色砂、页岩及砂质石灰岩

——————— 整　合 ———————

德日荣组　　总厚度 591 m

28. 白色，风化呈黄白、褐色中厚层石英砂岩，底部以泥质细砂岩为主，含双壳类碎片；中部以石英粗砂岩夹细砾岩及碳质砂岩为主，含碳化的植物化石碎片；上部以石英岩状砂岩及含砾石英粗砂岩为主　　394 m
27. 灰色中—薄层含铁石英细砂岩和含铁质、粘土质石英细砂岩互层；顶部为厚约 2.5～3 m 的黄灰色中层砂质白云岩及砂质、泥质石灰岩，含黑色燧石小砾石；顶部砂质灰岩中产双壳类 *Myophoria* sp., *Palaeocardita mansuyi*；底部细砂岩中的双壳类 *Myophoria* sp., *Myophoria cardium tulongense*, *Palaeocardita mansuyi*, *Nuculana perlonga*, *Indopecten* sp.　　197 m

——————— 整　合 ———————

曲龙共巴组　　总厚度 465 m

26. 灰色砂质页岩，夹含长石石英砂岩，底部夹一中层状石英砂岩；含植物化石碎片　　55 m
25. 灰色砂质页岩为主和中层石英砂岩不等厚互层，向上砂岩增多，底部产双壳类　　46 m
24. 灰色砂质页岩夹多层白色、黄褐色钙质长石石英细砂岩，下部夹泥质石灰岩凸镜体 (长 1 m，宽 10 cm)；产丰富的化石；菊石 *Juvavites subinterruptus*, *Distichites harpalus*, *Paratibetites* cf. *adolphi*, *Pinacoceras* cf. *metternichi*, *Placites sakuntala*；双壳类 *Plagiostoma* sp., *Unionites griesbachi*；腕足类 *Lingula* cf. *nanimemis*；鱼龙 *Himalayasaurus tibetensis*　　105 m
23. 灰色钙质粉砂岩，上部产菊石 *Paratibetites* sp.　　9 m
22. 灰色砂质页岩夹粉砂岩及细砂岩凸镜体，下部产双壳类 *Plagiostoma* sp.　　35 m
21. 灰色砂质页岩和粘土质粉砂岩及钙质粉砂岩互层，夹多层砂质石灰岩、介壳砂质石

灰岩的凸镜体，于下部页岩中含钙、磷质结核距顶面以下 3 m 处产菊石 *Distichites tingriensis*，*Metatibetites cyclolobus*，*Indoclionites gracilis*；双壳类 *Plagiostoma* sp.，*Indopecten serraticostus*，*I. margariticostatus*，*Myophoricardium tulongense*，*Cassianella* sp.，*Palaeocardita langnongensis*；腹足类 *Trypanostylus* cf. *hoernesi*，*Omphaloptycha multispiralis*，*Coelostylina micra*。其下又产菊石？*Dimorphites weberi*，*Anatomites* sp.，*A. caroli*，*Metacarnites hendersoni*，*M. xizangensis*，*Indojuvavites angulatus*，*Juvavites* cf. *continuus*，*Arcestes* sp.，*Cyrtopleurites weberi*，*Discophyllites patens*；鹦鹉螺 *Indonantilus tulungensis*，*Pleuronautilus tulungensis*；双壳类 *Halobia* sp.，*Palaeocardita rhomboides* 215 m

——————— 整　合 ———————

土隆群

总厚度 564 m

20. 灰色中层含砂生物碎屑灰岩、砂质石灰岩和钙质粉砂岩、砂质页岩互层，含磷结核，在顶层面下 15 m 处含菊石 *Stenarcestes* cf. *liostracus*，*Arcestes* sp.，*Paratibetites wheeleri*，*Anatibetites* sp.；双壳类 *Burmesia lirata*，*Indopecten serraticostus*，*I. variocostata*，*I. himalayensis*，*Unionites griesbachi*，*Palaeocardita langnongensis*，*P. rhomboides*；腕足类 *Eoseptaphoria* aff. *stenoglobosa*，*Himairhynchia media*。其下又产菊石 *Metatibetites* cf. *elegans*，*Paratibetites wheeleri*；双壳类 *Palaeocardita rhomboides*，*Unionites griesbachi*，*Indopecten variocostata*；腕足类 *Himairhynchia media*，*Rhaetina* spp. 48 m

19. 灰色砂质页岩和生物介壳石灰岩互层，菊石 *Juvavites* cf. *subinterruptus*，*Anatomites* sp.，*Griesbachites* sp.，*G. pseudomedleyanus*，*Guembelites* sp.，*Paratibetites* sp.；双壳类 *Nuculana perlonga*，*Myophoricardium* sp.，*Indopecten serraticostus*，*I. variocostata*，*I. himalayensis*，*Unionites griesbachi*，*Porotrigonia seranensis*，*Burmesia lirata*，*Palaeocardita rhomboides*，*P. langnongensis*，*Palaeonucula tulongensis*；腹足类 *Trypanostylus* (*Turristylus*) cf. *costellatus*；腕足类 *Neoretzia asiatica*，*Zygmayeria* aff. *julico*，*Himairhynchia media*，*Eoseptaphoria tulungensis*；鹦鹉螺 *Indonautilus* cf. *meridianus*。其下又产菊石 *Nodotibetites nodosus*，*Juvavites* sp.；腕足类 *Himairhynchia media*，*Eoseptaphoria* sp.；珊瑚 *Montlivaltia* sp. 48 m

18. 灰色中厚层砂质、泥质石灰岩夹砂质页岩，含钙质碎屑磷结核中部产菊石 *Nodotibetites nodosus*，*Anatibetites kelviniformis*；腹足类 *Zygopleura* (*Xizangospira*) *multisriata*，"*Holorhynchia*" sp. 9 m

17. 灰色石灰岩和页岩互层，含粘土质结核，产菊石 *Paratibetites* cf. *angustosellatus*，*Nodotibetites nodosus*；双壳类 *Nuculana perlonga*；腹足类 *Undularia* sp.；腕足类 *Laballa suessi*，*Adygella* sp.，*Guserplia* sp. 40 m

16. 灰色生物碎屑石灰岩，含磷生物碎屑石灰岩和砂质页岩互层，双壳类 *Halobia xizangensis*；腕足类 *Oxycolpella oxcolpos*，*O. guserplica*；菊石 *Carnites multilobatus*，*Parahaurites acutus*，*Timortropites subglobosus*，*Platotropites rotulus*，*Pleuropinacoceras costatum*，*Hoplotropites* sp.。又产 双壳类 *Halobia* sp.，*Palacocardita* sp.；腕足类 *Oxycolpella oxycolpos*；菊石 *Hoplotropites lyelli*，*H. samuelis*，*H. perinsignis*，*Tropites* sp.，*Paratropites saturnus*，*Arcestes* sp.，*Stenarcestes* sp.。其下又产双壳类 *Chlamys* cf. *biformatus*；腕足类 *Oxycolpella oxycolpos*；菊石 Haloritidae；腕足类 *Neoretzia* sp. 43 m

15. 下部含砂生物碎屑石灰岩及砂质页岩、石英砂岩互层，上部产苔藓虫化石 *Paraleioclema multus*，*P. pilula*，*P. paucus* 13 m

14. 砂质页岩，含硅质生物碎屑石灰岩及细砂岩互层，上部产双壳类 *Entolium tennistratum rotundum*；苔藓虫 *Paralieoclema multus*，*P. leioclemidus* 18 m

13. 灰色中厚层砂质生物碎屑石灰岩和黄灰色云母质砂质页岩互层，中部产双壳类 *Myophoria* (*Elegantinia*) sp.；苔藓虫 *Paralieoclema pilula*；腕足类 *Neoretzia* sp. 8 m

12. 灰色页岩夹钙质粉砂岩和含云母的石英砂岩 8 m

11. 灰，黄灰色中薄层含硅泥石灰岩，菱铁矿质石灰岩和砂质页岩互层，上部产腕足类、双壳类 *Cassianella nielamuensis*，*Lilangina nobilis* 10 m

10. 深灰色中层石灰岩、泥质灰岩，产腕足类"*Septaphoriodes*" *vivida* 48 m

9. 灰色泥质页岩和中薄层生物碎屑石灰岩互层，产腕足类 *Halorella* sp. 及海百合茎 10 m

8. 深灰色含生物碎屑石灰岩，及碎片状砂质石灰岩 17 m

7. 灰色中厚层粗粒石灰岩，产菊石及单一的印度鱼鳞蛤灰岩，双壳类 *Daonella indica*，*D. lommeli*；菊石 *Rimkinites intermedius*，"*Ceratites*" *narsingha*，*Ptychites arcestoides*，*Epigymnites himalayanus*，*Gymnites* cf. *calosoma*，*Hyparpadites gracilis*，*Protrachyceras ladinum*；腕足类 *Nudiostralima griesbachi*；牙形刺 *Neogodolella mombergensis* 11 m

6. 灰、黄绿色云母质页岩和黄色中层砂质石灰岩及含凝灰物质的粉砂岩，距顶层面下 10 m 处产菊石 *Hollandites truncus*，*H. voiti*，*Leiophyllites laevis*，*Paracrochodiceras* sp.，*Gymnites* sp. *Beyrichites* sp.；双壳类 *Mysidioptera* sp.；腕足类 *Nudiostralina griesbachi*，*Jolmospirifer strachyi*。下又产菊石 *Hollandites* sp.，*Acrochodiceras* cf. *hyatti*；双壳类 *Posidonia* cf. *bosniaca*，*Cardiomorpha haydeni*；腕足类 *Jolmospirifer strachyi*；腹足类 *Bellerophon* (*Dicellonema*) *decellonematum*，*Spirostylus*? sp.。其下又产菊石 *Leiophyllites* cf. *pitamaha*；双壳类 *Pteria* sp.；腕足类 *Nudiostralina mutabilis* 120 m

5. 灰色中层—中薄层石灰岩，含砂质条带，产菊石 *Hollandites voiti*，*H. devesena*，*H. ravana*，*H.* cf. *airavata*，*Leiophyllites* sp.，*Buddhaites* sp.，*Anagymnites tulungensis*，*Gymnites humboldti*，*G. vastesellatus*，*Japonites* cf. *magnus*；双壳类 *Parallelodon* ? sp. 10 m

4. 紫红色中层石灰岩，含泥质，产菊石 *Proptychitoides kummeli*，*Procarnites xizangensis*，*Eukashmirites pumillus*，*Nodophiceras* cf. *plicatum*，*N. tulungensis*，*Xenodiscoides* cf. *rotula*，*X. ellipticus*，*Pseudaspidites angustus*，*Albanites* sp. 10 m

3. 灰色中厚层石灰岩夹风化呈红色结晶粒状灰岩；产菊石 *Xenodiscoides* sp.，*Paranorites* sp.，*Pseudosageceras multilobatum*，*Owenites* sp.，*Pseudoceltites multiplicatus*，*Flemingites* sp.，*Proptychites* sp.；双壳类 *Claraia* cf. *decidens*；牙形刺 *Neosapathodus waageni*，*Ozarkodina tortilis*，*Cypridodella conflexa*，*Hindeodella* sp.，*Hibbardella* sp.，*Diplododella* sp.，*Prioniodella* sp.，*Prioniodina* sp. 30 m

2. 灰色、浅灰色页岩 50 m

1. 灰色中层生物碎屑石灰岩，底部为厚约 20～30 cm 的白云岩，产菊石 *Gyronites* cf. *superior*，*G. psilogyrus*，*G. evolvens*，*Prionolobus tulungensis*，*P. orbis*，*P. lilangensis*，*Kymatites latisellatus*，*Clypeoceras crassum*，*Flemingites rohilla*，*Koninckites* cf. *varaha*；双壳类 *Eumorphotis* ? sp.；牙形刺 *Neogodolella carinata*，*Neospathodus dieneri*。底部白云岩中产双壳类？*Gervillia* sp. 13 m

——————— 平行不整合 ———————

下伏地层：**色龙群**　深灰色页岩及泥质石灰岩

【地质特征及区域变化】　土隆群在北喜马拉雅地区的岩石组合特征比较稳定，均为不变质的浅海碳酸盐岩为主的沉积，地层厚度变化在 45～650 m 之间，含丰富的菊石、双壳类、腕足类、珊瑚、牙形刺等，地层层序清楚，出露完整，是研究三叠纪岩石地层、生物地层、年代地层等最理想的地区。

从西段到东段，土隆群的厚度变化较大，在西部札达县马阳普色拉，其岩性为灰黄色薄层泥灰岩，厚度 45 m；在普兰县江隆玛，为一套暗紫色、灰黑色灰岩，中一薄层泥灰岩、灰岩、生物碎屑灰岩、瘤状灰岩等，厚度 52 m。在聂拉木土隆村剖面，土隆群厚度增至 650 m。再向东延伸，至定结地区其厚度又减少至 40 m 左右。总观其变化是东、西段沉积厚度小，中部聂拉木地区厚度最大。同时，在厚度最大的中段其地层体的跨时间也最长（见图 11－1）。在东段定日县萨尔区的库间，土隆群厚度 40 m，产菊石 Kashmiritidae，*Pseudoceltites* sp.，*Owenites* sp.，*Proptychitoides decipens* 等，其顶界时代主要为早三叠世，在西段札达县的马阳普色拉剖面中，土隆群底部产 *Pseudoceltites multiplicatus*，*Eukashmirites* 等，其顶部产 *Hollandites* spp.，*Ptychites* spp.，*Paraceratites* sp.，*Acrochordiceras* spp. 等等，其时代显示为早—中三叠世。而在中段聂拉木土隆剖面中，土隆群从下往上包含了菊石生物带：*Otoceras latilobatum* 带，*Ophiceras* 带，*Gyronites psilogyrus* 带，*Owenites* 带，*Procarnites xizangensis* 带，*Hollandites*－*Beyrichites* 带，*Protrachyceras ladinum* 带，*Hoplotrpites* 带，*Parahauerites acutus* 带，*Nodotibetites nodosus* 带，*Griesbachites*－*Gonionotites* 带等，共 13 个菊石带；其时代为早三叠世早期到晚三叠世的早中期。

综观土隆群的空间分布状态，其底界时代较为平稳一致，其顶界时代变化则较大，由东往西，其时限随地而异。在札达县马阳、普色拉，其顶界面的时限为中三叠世。在聂拉木土隆为卡尼期；因此，土隆群这一地层体顶界面为一穿时界面，土隆群地层体在分布范围内亦为一穿时地层体。

土隆群底界的确定，在聂拉木地区，土隆群底部有一层 20 m 厚的白云质泥灰岩，与下伏地层色龙群上部的深灰色页岩界线分明；在札达县马阳，土隆群底部为厚 15 m 左右的暗褐色薄层结晶灰岩与下伏地层的二叠纪色龙群顶部的黑色页岩间为平行不整合接触，其间界线明显。

吕村组　$T_{1+2}l$　（07－54－0704）

【创名及原始定义】　由吕村群降级而来。西藏区调队（1983）测制了康马县涅如区涅如河东三叠系地层剖面，首先创名涅如群和吕村群。其中原吕村群主要指一套含黄铁矿晶体的黑色板岩，向上出现薄层砂岩夹层。厚度 550～650 m，其下平行不整合于早二叠世灰岩或超覆于前石炭纪的中深变质岩之上。

【沿革】　在康马和江孜之间的二叠纪的白定浦组灰岩之上，有一套深灰色一灰黑色粉砂质、钙质板岩，夹较多的厚层石英砂岩及泥灰岩，普遍含黄铁矿晶体，厚达千米。吴浩若等，1984 年将其创名为卓嘎群，其命名地点为康马县卓嘎村，位于江孜一亚东公路线上，北距江孜县城 16 km。原卓嘎群建组剖面地点与康马县涅如两地约相距 45 km，所指地层体为同一套岩石地层。本书将吕村群降级为组，含义与原始定义相当。

【现在定义】　主要指岩性为深灰、黑色的板岩、千枚岩（或页岩）为主的一套地层体，含少量菊石、双壳类。与上覆地层涅如组细砂岩、砂质板岩为主的地层体整合接触；未见底。层型外与下伏地层白定浦组灰岩平行不整合接触。

【层型】　正层型为康马县涅如剖面（E89°51′，N28°25′），位于康马县涅如区涅如河西岸。由西藏区调队 1983 年测制，层序如下：（吕村组、涅如组连续剖面）

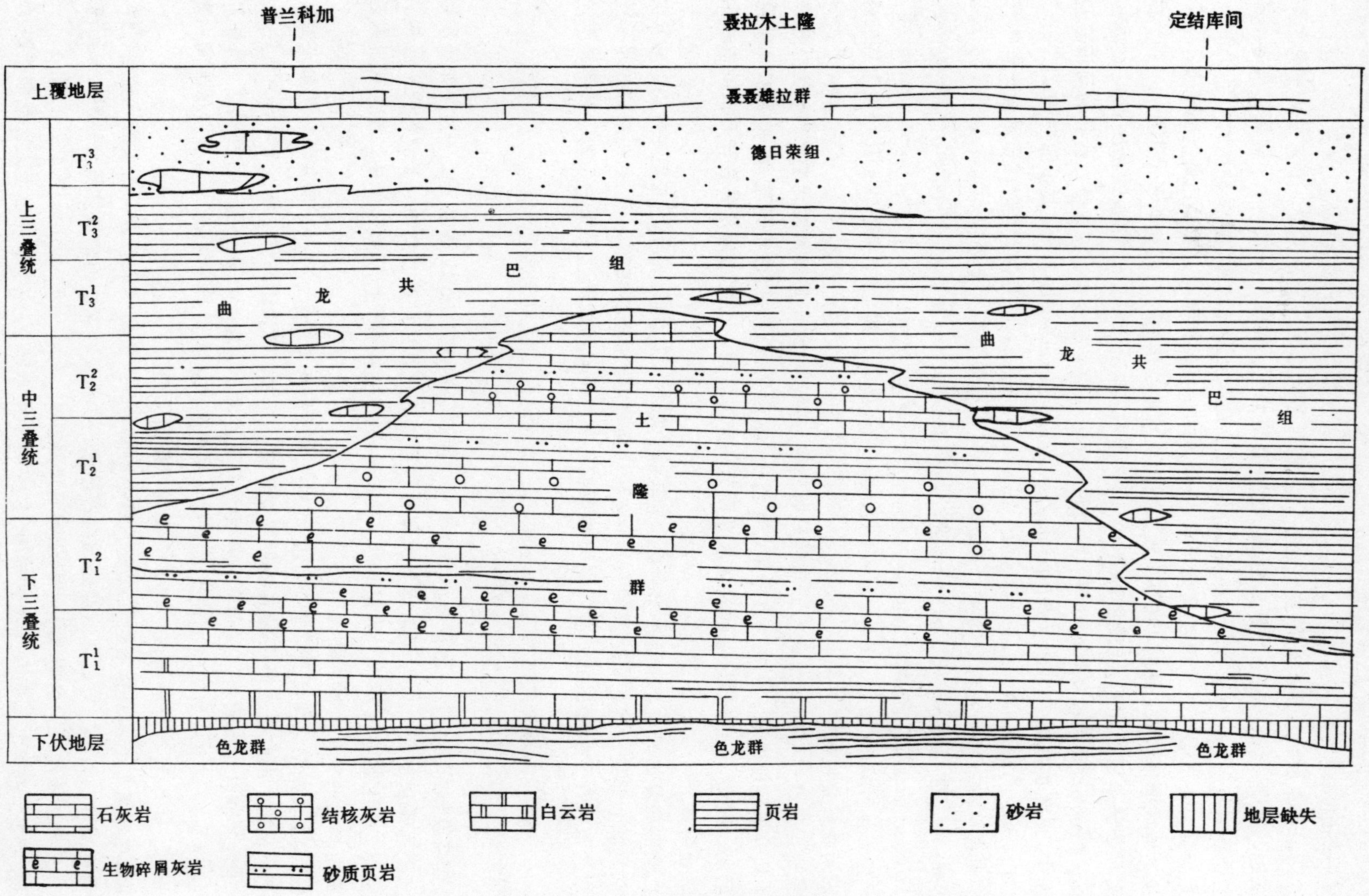

图 11－1　北喜马拉雅地区土隆群、曲龙共巴组和德日荣组时空关系图

上覆地层：田巴群　深灰色钙质页岩

断　层

涅如组	总厚度＞4 170 m
19. 深灰色千枚状板岩夹含粉砂硬绿泥石板岩，含双壳类化石碎片。(未见顶)	200 m
18. 浅灰色板岩夹千枚状板岩，其中含黄铁矿晶体	150 m
17. 浅灰色板岩，含较多的黄铁矿晶体	250 m
16. 深灰色板岩偶夹变质砂岩，板岩中产双壳类 *Pichleria* sp.	170 m
15. 浅灰至深灰色板岩夹变质粉砂岩	150 m
14. 深灰色板岩夹硅质岩及灰岩凸镜体	1 000 m
13. 深灰色薄层状砂质板岩，底部夹薄层状变质粉砂岩	500 m
12. 灰至深灰色板岩，局部夹生物泥硅质岩凸镜体和砂质结核	300 m
11. 深灰色薄层状钙质变质细砂岩夹板岩	400 m
10. 深灰色斑点状（黄铁矿）板岩夹长石石英砂岩	250 m
9. 灰至深灰色斑点状（黄铁矿）板岩夹变质细砂岩，含不能鉴定的动物化石碎片	250 m
8. 深灰色斑点状（黄铁矿）板岩夹少许变质细砂岩	100 m
7. 浅灰带紫色薄层状钙质砂岩夹钙质页岩，水平层理发育	100 m
6. 深灰色砂质页岩（板岩）	150 m
5. 灰白色薄层状泥质粉砂岩夹钙质页岩及砂质结核，其中产菊石 *Distichites* sp.，*Arpadites* sp.	200 m

整　合

吕村组	总厚度＞410 m
4. 深灰色页岩（千枚岩），含砂质结核，其中产菊石 *Trachysagenites* sp.	150 m
3. 浅灰色薄层状泥质砂岩，产双壳类、菊石，其中菊石有？*Protrachyceras* sp.，在附近拣到双壳类的转石 *Halobia* cf. *rugosoides*，*Daonella* cf. *guizhouensis*	40 m
2. 深灰色页岩（千枚岩）夹中厚层状石英砂岩	40 m
1. 钢灰色板岩夹深灰色砂质千枚岩及变质泥质砂岩。(未见底)	＞180 m

【地质特征及区域变化】　吕村组主要分布于藏南低分水岭地区，拉轨岗日、定日县长所、定结县多不榨及康马等地。在分布区内岩石组合特征较稳定，均为一套深灰—黑色的浅变质细碎屑岩，黑色板岩和千枚岩，一些地区夹石英砂岩，生物化石稀少，在康马县涅如剖面中采到少量菊石、双壳类等；地层厚度变化不大，一般为410～650 m 左右。在定日长所等地，吕村组与下伏地层早二叠世白定浦组石灰岩、大理岩之间为平行不整合接触。与其上覆地层的涅如组间为整合接触。

在康马县东涅如区涅如剖面中，产菊石 *Trachysagenites* sp.，*Protrachyceras* sp.，在附近还拣到滚石 *Daonella guizhouensis*，据上述生物化石，吕村组的时代为早、中三叠世。吕村组的底界与下伏老地层间呈平行不整合或不整合接触。

穷果群　$T_{1+2}Q$　(07-54-0706)

【创名及原始定义】　1983 年西藏区调队在 1∶100 万日喀则幅区域地质填图过程中，在仲巴县北的穷果乡测制了早、中三叠世的地层剖面，首先创名穷果群，其地层层序清楚，岩石组合特征明显，岩性主要为深灰色中—薄层状砂板岩、页岩（或千枚岩）夹泥灰岩的一套地层体，在区域上可进行追索填图。

【沿革】 1993年《西藏地质志》引用其名。本书沿用其名，含义同原始定义。

【现在定义】 岩性以深灰—黑色薄层灰岩、泥灰岩与板岩、页岩（或千枚岩）之互层为特征的一套地层体。产双壳类、菊石等。底部平行不整合于姜叶玛组砂、板岩地层之上，其上与修康群复理石砂板岩为整合接触。

【层型】 正层型为仲巴县北穷果剖面（E84°13′，N29°53′），由西藏区调队1983年测制，层序如下：

上覆地层：**修康群**

8. 灰色板岩夹角岩化堇青石含泥质灰岩，其中产早二叠世腕足类及海百合茎化石的大理岩“外来岩块”

——————— 整　合 ———————

穷果群	总厚度 763.24 m
7. 灰色、浅灰色绢云母千枚岩；粉砂质绢云母千枚岩夹粉砂岩，其中含正方形黄铁矿晶体及铁质结核	250.00 m
6. 灰色、浅灰色钙质板岩、钙质粉砂质板岩	250.00 m
5. 灰色薄层板状结晶灰岩与钙质千枚岩互层	50.00 m
4. 灰色、浅灰色钙质粉砂质板岩	40.00 m
3. 灰—深灰色薄—中层状结晶灰岩，下部夹黄色钙质千枚岩	40.00 m
2. 深灰—灰黑色薄层状结晶灰岩与浅灰绿色钙质千枚岩互层	121.24 m
1. 灰色薄层状结晶灰岩，层间具绿泥石条带；底部为厚约1 m的棕色结晶灰岩；产丰富的菊石化石 *Paranorites* sp.，? *Koninckites* sp.，*Xenodiscoides* sp.，*Sibirites* sp.，*Xenoceltites* sp.，*Lytophiceras* sp.	12.00 m

——————— 平行不整合 ———————

下伏地层：**姜叶玛组**　灰色钙质粉砂岩、板岩、钙质板岩，含铁质及灰质结核，其中产菊石 *Propanoceras* sp.，*Krafftoceras* sp.；腕足类 *Neospirifer* sp.，*N.* cf. *kubeiensis*，*Spiriferella rajah*，*Cotiferina alata* 及珊瑚 *Wentzelella* sp.

【地质特征及区域变化】 穷果群主要出露于札达县曲松热卡拉、姜叶玛，仲巴县北穷果，拉孜县修康和仁布县吉雄等地。在札达县曲松热卡拉，其岩性主要为黑色—灰色板岩与薄层泥质灰岩、结晶灰岩呈互层的一套地层。产菊石、双壳类化石。厚度620 m。在仲巴县穷果乡剖面，为一套灰—深灰色粉砂质板岩、钙质板岩与薄层结晶灰岩的互层体。产丰富的菊石，厚度973 m。在拉孜县柳区接奴乡修康，为一套灰—黑色、青灰色及杂色的薄层粉砂岩、页岩与薄层泥灰岩、灰岩的互层体。产丰富的双壳类、菊石化石。厚度304 m。在仁布县吉雄剖面，为一套深灰色、浅黄色硅质板岩、页岩及薄层粉砂岩为主夹青灰色薄层泥灰岩、灰岩。产菊石和双壳类化石。厚度465 m。由上述，可见穷果群的岩性比较稳定，地层厚度变化不大。主要为一套浅海相沉积。穷果群的底部产双壳类 *Claraia concentrica*，中、上部产 *Daonella* spp.，*Halobia* sp.，*Eumorphotis* cf. *multiformis* 等，其地质时代为早、中三叠世。穷果群的底界多为断层截失，未见底，仅在仲巴县穷果剖面中，其底界与晚二叠世地层姜叶玛组呈平行不整合接触。

查曲浦组　$T_{1+2}\hat{c}$　(07-54-0708)

【创名及原始定义】 由查曲浦群降级而来。该群最先由西藏综合队（1975）根据堆龙德庆县却桑寺东沟剖面创名，1979 年发表。其岩性主要为一套中酸性火山岩、碳酸盐岩及硅质岩，厚度 1 376 m，其顶部与原多底沟群（J_{2-3}）灰岩不整合接触。时代为早、中三叠世。

【沿革】 西藏综合队 1979 年在编制 1∶100 万拉萨幅区域地质调查报告时，将查曲浦群改称为旦巴日孜组，并将拉萨河以南的广大地区，西起尼木县的吞普，东到拉萨大桥，嘎则拉至安布拉一带，岩性主要为一套砂岩、板岩、中基、中酸性火山岩及薄层泥灰岩的浅变质地层，统统归入原旦巴日孜组。其代表剖面是却桑寺东沟剖面。嗣后经西藏区调队（1991）1∶20 万拉萨幅区域地质填图工作，进一步研究了原旦巴日孜组，发现除了拉萨以北堆龙德庆县却桑寺剖面是三叠纪地层以外，其余地区，吞普一拉萨大桥一嘎则拉一安布拉一带的原旦巴日孜组都是含圆笠虫的白垩纪地层，已归入塔克那组。从而否定了原旦巴日孜组。西藏综合队（1974）在达孜县一带，将叶巴沟地区以中酸性火山岩与碎屑岩夹薄层灰岩的地层创名为叶巴组，其岩性：下部以灰色板岩为主夹薄层灰岩、大理岩，上部几乎全为中酸性火山岩，在沿走向上变化很大。其中化石稀少，厚度巨大。顶部与中、上侏罗统多底沟组不整合接触。前人将其划分为石炭系一二叠系；三叠系一侏罗系（成都地震大队，1976）；三叠系（西藏区调队，1993）；中侏罗统（青海区调队，待刊）。这套火山岩地层与西段堆龙德庆县却桑寺剖面的查曲浦组应为同一套火山岩地层体：①均为不整合于侏罗纪地层之下的一套中酸性火山岩；②地层结构相同，东、西两段的地层都有同样的二元结构，即下部均以灰色板岩为主夹灰岩及少量火山岩，上部为大量的中酸性火山岩；③两者的火山岩石类型相同，都以安山角砾岩、安山岩、英安岩、火山角砾凝灰岩为主。上述特征表明原叶巴组应是查曲浦组的同物异名，故本书未采用叶巴组一名。

【现在定义】 为一套中酸性火山岩、火山碎屑岩与灰岩、砂板岩的不等厚互层体。其与下伏地层列龙沟组硅质岩整合接触，上被却桑温泉组的砂砾岩不整合覆盖。

【层型】 正层型为堆龙德庆县却桑寺剖面（E90°57′，N30°04′），位于堆龙德庆县却桑寺东沟。由西藏综合队 1975 年测制，1979 年发表，层序如下：

上覆地层：**却桑温泉组**

7. 灰、灰褐色砾岩、砂砾岩、砾石为下覆三叠纪的安山岩。向上变为砂岩夹页岩

~~~~~~~~~~ 不 整 合 ~~~~~~~~~~

查曲浦组　　　　总厚度＞1 196.03 m

6. 厚层状安山质角砾岩为主、次为辉石安山岩夹火山角砾凝灰岩、安山岩、中酸性凝灰岩偶夹凝灰质砂岩及粉砂岩　729.41 m
5. 紫红、灰绿色中厚层状含砂凝灰岩夹英安岩、安山岩及火山角砾岩凸镜体　151.98 m
4. 灰色薄一中厚层状凝灰质生物灰岩、生物碎屑灰岩、结晶灰岩、硅质大理岩夹灰岩条带中部夹有厚 4～5 m 安山岩及凝灰质灰岩。顶部灰岩中产双壳类 *Mytilus* cf. *eduliformis*，*M.* sp.，*Plagiostoma* cf. *costatum*，*Acromytilus* sp.，*Myophoricardium* sp.；腹足类 *Promathildia* sp.，*Straparollus*? sp.，另外尚有保存不好的菊石及腹足类化石　70.35 m
3. 浅灰、灰色厚层状或块状凝灰质砂岩，局部夹有石英砂岩及硅质灰岩凸镜体。下部产双壳类及腹足类化石。双壳类 *Parallerodon beyrichi*；腹足类 *Promathildia* (*Teretrina*) *bolinoides*，*Trypanostylus baueri*，*Goelostylina* sp.，*Discotoma* ? sp.　105.86 m
2. 灰至深灰色中厚层夹薄层及块状结晶灰岩，局部夹泥质条带，含白云质。顶部含火山灰岩，下部夹数层硅质灰岩，底部有一层厚 3.6 m 硅质大理岩，其中产菊石、双壳类。菊石 *Acrochordiceras* (*Acrochordiceras*) sp.，*Judicarites* sp.，*Paraceratites* sp.，*Gym-*
~~~~~~~~~~

nites sp., *Norites* sp., *Cuccoceras* sp., *Nicomedites* sp., *Arcestes* (*Proarcestes*) sp., *Proavites* sp., Beyrichitidae；双壳类 *Entolium* cf. *discites* 138.43 m

———————— 整 合 ————————

下伏地层：**列龙沟组**

1. 灰、灰白色中厚层、薄层硅质岩。产腕足类？*Peltichia* sp., *Transennatia* aff. *gratiosus*, *Spinomarginifera* sp., *Crenispirifer* cf. *dzhulfensis*, *C. iranora*, *Streptorhynchus*, sp.；双壳类 *Guizhoupecten* cf. *regularis*, *Sedgwickia* sp.；苔藓虫 *Fenestella* sp.。(未见底) >181.43 m

【地质特征及区域变化】 查曲浦组分布于冈底斯地区南侧堆龙德庆县却桑寺，达孜县叶巴沟，墨竹工卡县甲马沟一带。查曲浦组的厚度变化较大，东部达孜—墨竹工卡地区厚度可达万米以上，西部厚度较小，在却桑寺厚度千米。其岩石组合，可分上、下两部分，下部厚度小，以碎屑岩、碳酸盐岩、凝灰质砂岩、硅质岩为主；上部以中酸性火山岩、英安岩、安山岩、安山角砾岩、安山凝灰岩、流纹岩等，厚度巨大，变化也较大。另外其顶界被却桑温泉组不整合覆盖；底界连续沉积在含晚二叠世腕足类等化石的列龙沟组硅质岩之上。查曲浦组中部含菊石 *Acrochordiceras* (*Acrochordiceras*) sp., *Sturia* cf. *sansobinii*, *Paraceratites* sp., *Cuccoceras* sp. 等（顾庆阁，1980）。据此将其时代置于早、中三叠世。

希湖群 $T_{1+2}X$ (07-54-0710)

【创名及原始定义】 饶荣标等 1987 年创名，其代表剖面位于洛隆县新荣区希湖村。由饶荣标等 1987 年测制。主要指一套浅变质的黑色砂质板岩夹少量石英砂岩及暗绿色火山岩的地层体，总厚度 5 222.8 m，底界平行不整合在古生界“嘉玉桥群”等老地层之上。时代主要为早、中三叠世。

【沿革】 希湖群与南部洛隆—边坝和比如—哈尔麦一带的浅变质砂板岩地层最初被视为同一套地层，称沙丁板岩（李璞等，1959）。其时代一度众说纷纭，有归属侏罗系（王文林，1957）；中、上三叠统（全国地层会议学术报告汇编，1964，中国的侏罗白垩系）；上侏罗—下白垩统（西藏综合队，1979，1∶100 万拉萨幅）；1983 年韩同林在索县纪路通北多穷卡，发现一套不整合于巴贡组（原土门格拉煤系地层）之下的一套千枚岩、千枚状板岩、夹碳质千枚状板岩、砂岩的地层体，厚度 4 100 m，未见底，属原“沙丁板岩”的一部分，创名为热布千枚岩系，时代归属早、中三叠世。据其岩石组合特征及地层层位，以及所处的构造部位，应与洛隆县新荣地区希湖群地层相当，属同一套地层的东、西段；1987 年饶荣标等对上述沙丁板岩进一步考察研究，将索县一带的原“沙丁板岩”创建了两个地层单位：“希湖群”，“确哈拉群”。其中，希湖群的岩性主要为泥质板岩。

【现在定义】 主要指岩性为一套浅变质的复理石沉积，为砂质板岩、千枚岩夹少量硅质岩的地层体。化石稀少。底界与嘉玉桥群大理岩分界，顶界与上覆确哈拉群砂质板岩、硅质灰岩互层分界，均为平行不整合接触。

【层型】 正层型为洛隆县新荣区希湖村剖面（E95°45′，N30°51′），由饶荣标等 1987 年测制，层序如下：

上覆地层：**确哈拉群** 灰色长石石英砂岩及灰黑色板岩，底部为含砾板岩

—————— 平行不整合 ——————

希湖群　　　　　　　　　　　　　　　　　　　　　　　　　　　　　　　　　总厚度 4 742.8 m

20. 灰至深灰色薄层砂质板岩	629.0 m
19. 灰至灰黑色砂质板岩	95.2 m
18. 灰至深灰色砂质板岩，含少许不规则形的泥质团块	200.0 m
17. 灰至深灰色砂质板岩	76.2 m
16. 灰黑色板岩，夹 3 层厚 1～1.5 m 石英砂岩，板岩富含小红柱石晶体	623.8 m
15. 灰黑色中厚层状含红柱石板岩，夹有厚 3 m 灰绿色火山岩	937.1 m
14. 灰黑色中层状红柱石板岩，红柱石长 4 cm，宽 0.1 cm	28.1 m
13. 深灰色含针状红柱石板岩	34.1 m
12. 灰黑色中层状红柱石板岩	169.3 m
11. 深灰色绢云母片岩，含粗细不等的红柱石	118.2 m
10. 深灰色中层状红柱石片岩，红柱石含量约 5%～20%	98.0 m
9. 灰至深灰色厚层块状红柱石板岩，夹灰色红柱石片岩	163.0 m
8. 灰黑色薄层绢云母板岩	274.0 m
7. 灰至深灰色绢云母板岩	255.8 m
6. 深灰色含红柱石板岩	376.5 m
5. 灰黑色含红柱石绢云母板岩	55.0 m
4. 灰黑色含针状红柱石板岩夹粗大红柱石片岩	244.5 m
3. 灰黑色片岩，含粗大红柱石	362.7 m
2. 灰绿色粉砂质泥岩，白色高岭土，褐色褐铁矿层及黄褐色粉砂质泥岩	2.3 m

——————— 平行不整合 ———————

下伏地层：**嘉玉桥群**　灰白色厚层大理岩，含硅质条带大理岩，含珊瑚 *Favosites* sp.

【地质特征及区域变化】　希湖群分布于索县纪路通、洛隆县新荣、八宿县若卡等地。岩性较单调，均为一套泥质板岩、千枚岩。厚度约 4 100 m 。根据希湖群平行不整合于含Halobidae 双壳类化石的确哈拉群之下，底部又平行不整合于嘉玉桥群大理岩之上的层序，将其时代置于早、中三叠世还是比较合适的。希湖群及其上覆地层的确哈拉群的复理石沉积，显示了在三叠纪时期沿班公湖-怒江断裂带，在东段的索县纪路通至洛隆新荣，向西南到八宿的若卡一带，存在一个活动海槽，尽管受到后期构造破坏和盖层的掩盖；但是，三叠纪的复理石沉积带仍然能清楚地勾绘出来。反映了当时的活动沉积带。

欧拉组　$T_{1+2}o$　(07-54-0712)

【创名及原始定义】　郭铁鹰等（1981）命名。其创名剖面在日土县多玛区吉普日阿。原义指岩性以白云质灰岩为主，下部夹泥灰岩，并含粗玄武岩与放射虫硅质岩，厚度 670 m 的一套地层体。下部产双壳类 *Claraia hubeiensis* - *Eumorphotes inaequicostata*，上部产：*Schafhaeustlia liscaviensis* 等中三叠世的双壳类。其时代归属早、中三叠世。

【沿革】　1987 年，西藏区调队在日土县多玛区普尔错东南约 10 km，发现一套灰色微晶灰岩、硅质灰岩与石英砂岩、长石石英砂岩、粉砂岩相间的一套早三叠世地层，也创名为欧拉组，因其含 *Claraia* sp.，*Astarte* sp. 而归入早三叠世，但未见顶、底。这套地层与多玛吉普日阿的欧拉组比较，岩石特征差别较大，且两地相距 210 km，又属于不同的地层分区。因此西藏区调队在普尔错所创名的“欧拉组”，应归属于拉竹龙分区的三叠纪地层类型，即与羌北地区的康鲁组、硬水泉组进行对比。两地“欧拉组”为同名异物。

沿班公湖-怒江断裂带北侧向东，在双湖以南的董布拉，吴瑞忠等1985年测制了董布拉三叠纪地层剖面，创建了董布拉组和比隆组，相当早三叠世沉积，其岩性均为微晶灰岩、夹泥岩，原比隆组下部还含石英砂岩及油页岩，未见底，其厚度315 m。产双壳类 *Posidonia* cf. *bosniaca*，*Unionites* sp.，*Chlamys* cf. *nerei*，*Plagiostoma beyrichi*，*Cornucardia* sp. 等。认为其时代属早三叠世。原董布拉组和比隆组的岩石组合特征与日土多玛的欧拉组比较，两者有很相类似之处，均以碳酸盐岩为主，同时属于一种局限滞流的浅海沉积环境，并且，都整合伏于日干配错群开阔浅海大套碳酸盐岩之下，因此，考虑用欧拉组代表分区内早、中三叠世的局限浅海碳酸盐沉积是比较适合的。

【现在定义】 指岩性以白云质灰岩、微晶灰岩、泥灰岩为主，夹粗玄岩、放射虫硅质岩的一套地层体。与下伏地层吉普日阿组连续沉积，上未见顶。

【层型】 正层型为日土县多玛区吉普日阿剖面（E80°27′，N33°59′），由郭铁鹰等1981年测制（1991年发表），其层序如下：

欧拉组	总厚度＞600 m
4. 黑灰色中一厚层状白云岩。(未见顶)	500 m
3. 上部基性火山岩（粗玄岩）夹放射虫硅质岩，中下部为灰紫色一紫红色薄层条带状泥灰岩夹放射虫硅质岩、粗玄岩	100 m
——— 整 合 ———	
下伏地层：吉普日阿组	
2. 深灰色中厚层状白云质灰岩及泥灰岩，局部夹安山岩。含双壳类 *Bakevellia* sp.，*Chlamys* sp.，*Leviconcha* sp.，*Schafhaeutlia liscaviensis*，腹足类及海百合茎等	50 m

【地质特征及区域变化】 在日土县多玛吉普日阿，欧拉组底部产 *Claraia hubeiensis*-*Eumorphotis inaequicostata*，上部产 *Bakevellia* sp.，*Schafhaeutlia liscaviensis*，在双湖董布拉欧拉组的泥灰岩中产 *Schafhaeutlia* aff. *mauzavinii*，*Entolium* cf. *subdemissus*，*Pteria* sp.，*Badiotella* cf. *guizhouensis* 等，从化石总体面貌看，将欧拉组时代置于早、中三叠世。欧拉组在该地层分区内分布极为局限，至今，仅发现两个露头：日土县多玛区的吉普日阿。另外就是双湖以南30 km董布拉。而双湖以南地区的早三叠世地层均未见底，在吉普日阿，可见到欧拉组与下伏地层二叠纪的吉普日阿组上部的白云岩、燧石条带灰岩夹安山岩地层整合接触。其底界划分标志比较明显：①深灰一黑色白云岩夹紫红色泥岩者为欧拉组，浅色者为下伏地层吉普日阿组；②含放射虫硅质岩为欧拉组，而含燧石条带灰岩、白云质灰岩为吉普日阿组；③含基性火山岩为欧拉组，含安山岩者为吉普日阿组；④ 欧拉组富产 *Claraia* 等双壳类。欧拉组属班公湖-怒江海槽印支早期拉张裂陷环境的沉积产物。

第十二章 晚三叠世—第三纪

在晚三叠世—第三纪这一地质历史阶段中，藏滇地层大区，以致西藏大部分地区发生过最强烈的地壳运动、火山-岩浆活动及强烈的变形变质作用。实际上这便是新特提斯洋发生、发展和消亡的地质历史，即是班公错-怒江洋盆和雅鲁藏布江洋盆的形成、发展和消亡的各种特征的表现。

在这一地质历史阶段中，班公错-怒江洋盆在三叠纪基本形成，侏罗纪，特别是中侏罗世为极盛时期(以巨厚的复理石沉积——木嘎岗日群以及洋壳型岩石地层——丁青蛇绿岩群、东巧蛇绿岩群为特征)，晚侏罗世洋盆闭合，褶皱造山。雅鲁藏布江洋盆在晚三叠世基本形成，在晚侏罗世—早白垩世为顶盛时期（以巨厚的复理石沉积——修康群、嘎学群以及洋壳型岩石地层——昂仁蛇绿岩群、罗布莎蛇绿岩群、冲堆组等为特征）至晚白垩世洋盆逐渐闭合。到第三纪早期特提斯海水才最后退出本区。由于班公错-怒江洋盆和雅鲁藏布江洋盆的广泛发育，区内沉积了由大陆架—深海洋盆的各类沉积岩：陆缘碎屑岩、碳酸盐岩、远洋沉积岩、蛇绿岩、岛弧火山岩和复理石及类复理石沉积岩等。在这一阶段中，沉积岩石类型复杂，岩石地层单位繁多，计有 86 个群和组（表 12－1）。

曲龙共巴组　$T_{2-3}q$　（07－54－0702）

【创名及原始定义】　顾庆阁 1965 年命名，创名剖面在定日县南龙江乡西约 2 km 的曲龙共巴。原义指以黑色页岩为主的一套地层。代表上三叠统诺利阶。

【沿革】　尹集祥等 1974 年在聂拉木县土隆村测制三叠系剖面时，沿用了曲龙共巴组一名，主要指整合于德日荣组石英砂岩之下，土隆群薄层泥灰岩、生物灰岩之上的一套以页岩为主的地层体，时代属诺利期。王义刚（1984）和饶荣标等（1987）进一步详细研究土隆剖面时，分别把原曲龙共巴组划分为：曲龙共巴组和达沙隆组；曲龙共巴组、亚智组和康沙热组。1991 年郭铁鹰等在普兰、札达地区，创名多让群（T_2^2—T_2^3），其岩性为黑色页岩、细砂岩、生物灰岩互层的地层，这套地层向西延出境，与库蒙地区广义的 Kuti 页岩相当。其顶部被原共足拉组（石英砂岩与石灰岩的互层体）整合覆盖；底部整合于灰黄色薄层生物灰岩、瘤状灰岩的地层体——邓公组之上。此套地层与东部的曲龙共巴组为同物异名（表 12－2）。

【现在定义】　主要指夹于土隆群薄层灰岩与德日荣组石英砂岩之间的一套黑色页岩为特

表 12-1 晚三叠世—第三纪岩石地层单位一览表

藏滇地层大区									
喜马拉雅地层区				冈底斯-腾冲地层区				羌南-保山地层区	
北喜马拉雅地层分区	康马-隆子地层分区	札达-仲巴地层分区	雅鲁藏布江地层分区	措勤-申扎地层分区	拉萨-察隅地层分区	班戈-八宿地层分区	木嘎岗口地层分区	多玛地层分区	丁青-吉塘地层分区
宗浦组 遮普热组 基堵拉组 宗山组 岗巴群：岗巴村口组、察且拉组、岗巴东山组 门卡墩组 聂聂雄拉群 才里群 德日荣组 曲龙共巴组	宗卓组 羊卓雍群 沙堆群 鱼浪白家群 甲不拉组 亚如拉嘎组 维美组 田巴群：遮拉组、日当组 涅如组	柳区群 札达群：香孜组、托林组 修康群	错江顶群：日康巴组、达机翁组 日喀则群：曲贝亚组、帕达拉组、昂仁组 冲堆组 昂仁蛇绿岩群 罗布莎蛇绿岩群 嘎学群	鱼鳞山组 乌郁群 芒乡组 日贡拉组 大竹卡组 秋乌组 茶里错群 捷嘎组 则弄群	帕那组 年波组 典中组 林子宗组 设兴组 塔克那组 楚木龙组 林布宗组 温区组 门中组 桑日群：比马组、麻木下组 多底沟组 却桑温泉组 甲拉浦组 麦隆岗组	康托组 竞柱山组 多尼组 拉贡塘组 桑卡拉佣组 接奴群 马里组 确哈拉群	丁青湖组 牛堡组 东巧蛇绿岩群 丁青蛇绿岩群 沙漠罗组 木嘎岗日群	唢纳湖组 阿布山组 莎巧木组 色哇组 日干配错群	竹卡群

表 12－2　北喜马拉雅地区三叠纪地层单位划分、对比沿革表

<table>
<tr><td>岩　性
（聂拉木）</td><td>顾庆阁
1965
定日</td><td colspan="2">穆恩之等
1973
聂拉木</td><td colspan="2">尹集祥等
1974
珠峰地区</td><td colspan="3">王义刚
1984
喜马拉雅区</td><td colspan="3">西藏区调队
1983
北喜马拉雅区</td><td colspan="2">饶荣标等
1987
聂拉木</td><td>西藏区调队
1987
普　兰</td><td colspan="2">郭铁鹰等
1991
普兰　札达</td><td>本　书</td></tr>
<tr><td>砂质灰岩</td><td>?</td><td colspan="2"></td><td colspan="2">普普嘎组</td><td colspan="3">普普嘎组</td><td colspan="3">普普嘎组</td><td colspan="2">普普嘎组</td><td>J_{1+2}</td><td colspan="2">J_{1+2}</td><td>聂聂雄拉群</td></tr>
<tr><td rowspan="4">石英砂岩</td><td rowspan="3">?</td><td colspan="2" rowspan="4">德日荣组</td><td colspan="2" rowspan="4">德日荣组</td><td rowspan="9">T_3</td><td colspan="2" rowspan="4">德日荣组</td><td rowspan="9">上统</td><td colspan="2" rowspan="4">德日荣组</td><td rowspan="9">T_3</td><td>札木热组</td><td rowspan="2">奇玛拉组</td><td colspan="2" rowspan="4">共足拉组</td><td rowspan="4">德日荣组</td></tr>
<tr><td rowspan="3">德日荣组</td></tr>
<tr><td rowspan="6">江隆玛组</td></tr>
<tr><td rowspan="4">曲龙共巴组</td></tr>
<tr><td rowspan="4">深灰黑色页岩为主</td><td colspan="2" rowspan="4">曲龙共巴组</td><td colspan="2" rowspan="4">曲龙共巴组</td><td colspan="2" rowspan="2">曲龙共巴组</td><td colspan="2" rowspan="4">曲龙共巴组</td><td>曲龙共巴组</td><td rowspan="5">多让群</td><td rowspan="4">忙香鱼组</td><td rowspan="4">曲龙共巴组</td></tr>
<tr><td>亚智组</td></tr>
<tr><td rowspan="4">土隆群</td><td rowspan="2">达沙隆组</td><td rowspan="3">康沙热组</td></tr>
<tr><td rowspan="2">卡岗拉组</td></tr>
<tr><td rowspan="3">薄层砂质灰岩与砂页岩互层</td><td rowspan="3">土隆群</td><td>上组</td><td rowspan="3">土隆群</td><td>上组</td><td>札木热组</td><td rowspan="3">土隆群</td><td>上组</td><td>罗布日组</td><td>扎日那亚组</td><td rowspan="3">土隆群</td></tr>
<tr><td rowspan="2">马香曲组</td><td>中组</td><td>中组</td><td>T_2</td><td>赖布西组</td><td rowspan="2">中下统</td><td>中组</td><td>T_2</td><td>曲登共巴组</td><td>果列组</td><td colspan="2">邓公组</td></tr>
<tr><td>下组</td><td>下组</td><td>T_1</td><td colspan="2">康沙热组</td><td>下组</td><td>T_1</td><td>土隆组</td><td>多浪组</td><td colspan="2">贡拉组</td></tr>
<tr><td>页岩</td><td>?</td><td colspan="2">色龙群</td><td colspan="2">色龙群</td><td colspan="3">色龙群</td><td colspan="3">色龙群</td><td colspan="2">色龙群</td><td>马阳组</td><td colspan="2">忙宗荣组</td><td>色龙群</td></tr>
</table>

征的地层体。含丰富的菊石、双壳类、牙形刺类等。底界与土隆群整合接触，顶界与上覆地层德日荣组石英砂岩亦为整合关系。

【层型】 正层型为定日县南部龙江乡西山剖面(E86°40′，N28°27′)，位于龙江乡西山约2 km的曲龙共巴。由顾庆阁等1965年测制，层序如下：

上覆地层：**德日荣组**

17. 灰色—棕色石英砂岩与灰色黑灰色页岩互层（上部多被掩盖）

——————整　合——————

曲龙共巴组	总厚度 799.5 m
16. 黑灰色薄层状页岩夹棕色细砂岩，页岩中含硅质结核，结核中富含菊石 *Indojuvavites angulatus*，*Metacarnites* sp.，*Paratibetites* sp.，*Tibetites* sp.，*Guembelites* cf. *philostrati*，*Arcestes* sp.，*Stenarcestes* sp.，*Anatomites* spp.，*Anatibetites* sp.；双壳类 *Anodontophora griesbachi*，*Cassianella* sp.	208.0 m
15. 灰色中厚层灰岩，局部含泥质，横向呈凸镜状分布；富含菊石 *Griesbachites* cf. *pseudomedleyanus*，*Parajuvavites* sp.，*Anatomites* sp.，*Stenarcestes* sp.，*Discophyllites* sp.，*Paratibetites tornquisti*，*Cladiscites* sp.，*Gonionotites* sp.，*Hauerites*? sp.	4.0 m
14. 黑灰色黄绿色薄层粘土质页岩	27.4 m
13. 灰黑色含云母细砂岩夹黑色页岩；含菊石 *Paratibetites wheeleri*，*Anatomites* sp.，*Stenarcestes* sp.，*Placites* cf. *oldhami*，*Griesbachites* sp.；双壳类 *Anodontophora griesbachi*，*Pleuromya himaica*，*Indopecten margariticostatus*，*Cardita* sp.，*Schafhaeutlia* sp.	68.8 m
12. 灰绿色、黑色、灰色纸片状页岩，含硅质小结核，上部夹一层厚约0.5 m的棕黄色细砂岩；含下列菊石化石 *Cyrtopleurites* aff. *agrippinai*，*Paratibetites* cf. *adolphi*；双壳类 *Indopecten margariticostatus*，*Cardita* sp.，*Lima* sp.	34.7 m
11. 黄绿、灰绿及灰色页岩夹砂岩含有脊椎动物化石碎片，含下列化石：菊石 *Tibetites ryalli*，*Dittmarites lilliformis*，*Ectolcites* cf. *hollandi*，*Pinacoceras* sp.；双壳类 *Indopecten* sp.，*Anodontophora* sp.，*Halobia* sp.	63.9 m
10. 黑灰色页岩、砂岩与页岩互层，含双壳类化石 *Monotis salinaria*	47.7 m
9. 灰白色略显黄色厚层状石英砂岩，风化面呈褐色，构成陡壁	35.5 m
8. 灰黄、灰黑、灰色薄层状页岩夹棕色细砂岩，砂岩中常见有不能鉴定的菊石印模	48.1 m
7. 棕黄色泥质砂岩、灰白色石英砂岩及黑灰色页岩	125.9 m
6. 黑灰色薄层状页岩夹砂岩	17.7 m
5. 黄灰色中厚层砂岩	57.7 m
4. 灰色薄层—中厚层砂岩与页岩互层	92.5 m
3. 深灰色中厚层石英砂岩夹页岩，见有辉绿岩脉侵入	36.0 m
2. 灰黑色薄层砂岩夹灰色页岩	31.6 m

——————整　合——————

下伏地层：**土隆群**　深灰色中层状石灰岩

【地质特征及区域变化】 曲龙共巴组主要分布于札达县马阳、普兰县江隆马、聂拉木县土隆及定日县南龙江、定结县萨尔至亚东一带。其岩石组合特征从东到西有较大的变化，在东部聂拉木—定日—定结一带，岩性以黑色页岩为主夹少量的粉砂岩、薄层灰岩，在定结县萨尔几乎全为深灰色页岩、粉砂质页岩；向西延伸到札达马阳、普兰县江隆马一带，其岩性组合中黑色页岩已不占优势，而灰岩、泥灰岩、细砂岩夹层的比例有所增加。但黑色页岩夹层仍不失为特殊的标志层。与灰岩、细砂岩互为消长。曲龙共巴组的沉积厚度，在普兰地区稍小，一般厚度为550 m；向东到定结县萨尔区厚度可达1 500 m。

地质时代：在西段札达县马阳剖面中，曲龙共巴组底部产双壳类 *Daonella* sp.，*D. simplicosta*，*D. indica*，*D. bulogensis*；菊石类 *Protrachyceras* sp.，*Joannites* sp. 等；其顶部产菊石类 *Arcestes* sp.，*Paratibetites* ? sp.，*Anatomites caroli*；双壳类 *Halobia comata*，*Neomegalodon* sp. 等。其时代为中三叠世晚期至晚三叠世早、中期。在东段聂拉木—定日一带，曲龙共巴组底部产菊石类 *Juvavites* sp.，*Anatomites* sp.，*Cyrtopleurites* sp.；双壳类 *Halobia* sp.，*Indopecten* sp. 等；其顶部产菊石类 *Placites* sp.，*Paratibetites* sp.，*Pinacoceras* sp. 等。表明其时代主要为晚三叠世。由上述可见曲龙共巴组的底、顶界都随地而异，反映明显的穿时性（图 11－1），曲龙共巴组的底界，以出现黑色页岩为划分标志，与下伏薄层生物碎屑灰岩、泥质灰岩、砂质石灰岩为主的土隆群分界。

德日荣组　T_3d　（07－54－0703）

【创名及原始定义】　穆恩之等1973年命名，创名剖面位于聂拉木县土隆村。原义指几乎全为石英砂岩，下部多细砂岩，上部则多粗砂岩夹细砾岩层的地层体。含晚三叠世双壳类等，其时代主要为诺利晚期。

【沿革】　德日荣组创名以来，西藏区调队（1978—1987）在进行日喀则幅和噶大克幅1∶100万区域地质填图中都沿用此名，以代表北喜马拉雅一带地区的晚三叠世地层，其顶底界线都以石英砂岩的出现或结束为界。

【现在定义】　岩性以灰白色、黄灰色石英砂岩夹细砾岩为主，局部夹灰岩。产植物、双壳类等。整合于曲龙共巴组页岩之上，与上覆地层聂聂雄拉群底部砂质灰岩为连续沉积。

【层型】　正层型为聂拉木县土隆村剖面（E86°06′，N28°27′），位于聂拉木县土隆村。由尹集祥、王义刚、张明亮1974年发表，剖面描述详见本书土隆群层型栏。

【地质特征及区域变化】　德日荣组分布于普兰—聂拉木到亚东一带，呈上千公里的带状展布，其岩性比较稳定，除西段普兰地区石英砂岩减少，出现较多石灰岩夹层外，中段和东段均以石英砂岩为主。其厚度从西向东有逐步增大的趋势，在普兰县江隆玛剖面厚度为60 m，在聂拉木县土隆县厚度为183 m，在东部定结县库间其厚度约为800 m。

在德日荣组底部和中部砂岩中产双壳类：*Indopecten* sp.，*Nuculana perlonga*，*Myophoricardium tulongense*（土隆剖面）；*Pseudolimea* cf. *cumanica*，*Pichleria inaequalis*，*Homomya* sp.，*Monotis*（*M.*）*haueri*（札达到马阳剖面）；*Bermesia lirata*，*Myophoria* sp.（吉隆县贡当剖面）。其时代为晚三叠世中晚期，德日荣组的顶、底界线以石英砂岩开始出现和结束为界。

涅如组　T_3n　（07－54－0705）

【创名及原始定义】　由涅如群降级而来，最先由西藏区调队（1983）根据康马县东涅如区涅如河东三叠系地层剖面创名涅如群和吕村群。其中涅如群的岩性主要为石英细砂岩夹砂页岩、板岩的一套地层体。产双壳类、菊石类，厚度1 150～4 700 m；时代为晚三叠世。

【沿革】　吴浩若（1984）将出露于康马北卓嘎附近的三叠系砂岩、板岩、千枚岩为主的地层统称卓嘎群。饶荣标（1987）引用涅如群，将其时代置于晚三叠世。经本次对比研究，因其岩石组合单一，特征较明显，将其降群为组，称涅如组。

【现在定义】 指夹于吕村组深灰色千枚岩与田巴群底部深灰色页岩之间的一套细砂岩及石英砂岩、砂质板岩为主的地层体。其底界为与下伏地层吕村组整合接触，顶未出露。

【层型】 正层型为康马县东涅如剖面（E89°51′，N28°25′），位于康马县东涅如区政府附近涅如河边。由西藏区调队1983年测制，层序如下：

上覆地层：田巴群　深灰色钙质页岩

断　层

涅如组　　总厚度4 170 m

19. 深灰色千枚状板岩夹含粉砂硬绿泥石板岩，含双壳类化石碎片。（未见顶）	200 m
18. 浅灰色板岩夹千枚状板岩，其中含黄铁矿晶体	150 m
17. 浅灰色板岩，含较多的黄铁矿晶体	250 m
16. 深灰色板岩偶夹变质砂岩，板岩中产双壳类，经李子舜鉴定有 *Pichleria* sp.	170 m
15. 浅灰至深灰色板岩夹变质粉砂岩	150 m
14. 深灰色板岩夹硅质岩及灰岩凸镜体	1 000 m
13. 深灰色薄层状砂质板岩，底部夹薄层状变质粉砂岩	500 m
12. 灰至深灰色板岩，局部夹生物泥硅质岩凸镜体和砂质结核	300 m
11. 深灰色薄层状钙质变质细砂岩夹板岩	400 m
10. 深灰色斑点状（黄铁矿）板岩夹长石石英砂岩	250 m
9. 灰至深灰色斑点状（黄铁矿）板岩夹变质细砂岩，含不能鉴定的动物化石碎片	250 m
8. 深灰色斑点状（黄铁矿）板岩夹少许变质细砂岩	100 m
7. 浅灰带紫色薄层状钙质砂岩夹钙质页岩，水平层理发育	100 m
6. 深灰色砂质页岩（板岩）	150 m
5. 灰白色薄层状泥质粉砂岩夹钙质页岩及砂质结核，其中产菊石 *Distichites* sp.，*Arpadites* sp.	200 m

整　合

下伏地层：吕村组

4. 深灰色页岩（千枚岩），含砂质结核，其中产菊石 *Trachysagenites* sp.

【地质特征及区域变化】 涅如组主要分布于藏南低分水岭地区的定结、定日、康马一带。岩性变化不大。从西到东，沉积厚度有由薄变厚的趋势，在定结县多不榨厚度1 300 m，在康马县涅如区涅如剖面其厚度可达4 200 m。在康马县涅如剖面，其中产双壳类 *Catella nyanangensis*，*Myophoricardium* sp.，*Unionites lutrariaeformis*，*Palaeonucula tulongensis*，*Palaeolima* sp. 等。其地质时代主要为晚三叠世。涅如组与下伏地层吕村组的分界，出现以石英砂岩为主的岩层作为涅如组的底界。

修康群　T_3X　（07-54-0707）

【创名及原始定义】 西藏区调队1983年创名，命名剖面为拉孜县修康剖面，修康群原义代表上三叠统，其下部岩性以深灰色—杂色页岩（板岩）为主夹薄层泥灰岩及长石石英砂岩和硅质岩、安山角砾凝灰岩；上部岩性以长石石英砂岩为主夹石英砂岩及千枚岩；厚度475～1 944 m。含双壳类、菊石，时代为卡尼期—诺利期。

【沿革】 在东部贡噶县郎杰学一带，西藏综合队（1979）在编制1∶100万拉萨幅区调报告时，采用了郎杰学群一名，代表贡嘎、加查一带的上三叠统，岩性主要为一套浅变质的砂岩、板岩夹杂色硅质岩的地层，化石较稀少，主要为浮游型双壳类、菊石，其中双壳类有 *Halobia* sp.，Monotidae，菊石 *Tropites* sp.，*Paratibetites* sp. 等。原郎杰学群向西延伸，与西部拉孜县修康地区的修康群地层属同一套岩石地层。再向西延伸可达仲巴、札达一带，在吉隆县以北地区，尹集祥等（1974）曾将这里的晚三叠世的砂板岩地层创名为吉隆群，实为修康群向西的延伸。郭铁鹰等（1991）在札达县姜叶玛—昂章创建了兰成曲群，其岩性由灰白色石英砂岩、灰绿色、灰紫色长石石英砂岩、杂砂岩、粉砂岩夹杂色放射虫硅质岩，基性火山岩组成，厚度达 1 500 m 以上，与超镁铁岩关系密切，并多处包含有二叠纪或早三叠世的灰岩滑塌体。原兰成曲群上组、吉隆群、朗杰学群与修康群所指均属同一套地层体。因修康群创名以后已为多数地质工作者广泛引用，本书亦从之。

【现在定义】 为一套岩性以杂色页岩、板岩、变质细砂岩、石英砂岩为主夹杂色泥灰岩、硅质岩的地层体、常含二叠纪的灰岩块体。层型外含中基性火山岩。含浮游生物化石菊石、放射虫、双壳类等。底界与穷果群为连续沉积，未见顶。

【层型】 正层型为拉孜县修康剖面（E87°59′，N29°06′），位于柳区接奴乡修康。由西藏区调队 1983 年测制，层序如下：

上覆地层：**嘎学群**

14. 灰色砂岩、页岩、夹青灰色、紫红色硅质岩、细碧岩、蚀变基性角砾状火山熔岩

═══════ 断　层 ═══════

修康群　　总厚度＞242.25 m

13. 黄绿色灰绿色杂色页岩、钙质页岩与薄层灰岩、泥灰岩呈不等厚互层，夹杂色钙质粉砂岩；产双壳类化石碎片　　59.41 m
12. 黄绿色、灰黄色、黑色页岩夹薄层泥灰岩及灰岩凸镜体，含双壳类及菊石化石碎片，双壳类化石有 *Halobia* sp.　　39.78 m
11. 黄绿色页岩、钙质页岩与薄层泥灰岩呈不等厚互层，产双壳类及海百合茎，偶见珊瑚化石；其中双壳类有 *Halobia* sp.　　25.75 m
10. 黄绿色、灰白色、黑色页岩及钙质页岩，夹紫红色薄层粉砂岩、砂岩，碎裂硅质岩，含生物碎屑灰岩、泥灰岩及灰岩凸镜体；产双壳类 *Halobia* sp.　　44.85 m
9. 青灰色、灰绿色等杂色页岩及泥硅质岩夹长石石英砂岩、角砾状粉砂质页岩、粉砂岩及硅质岩凸镜体，含双壳类 *Halobia charlyana*，*H.* cf. *convexa*，*H.* cf. *fallax*，*H. ornatissima*，*Palaeonucula* sp.　　72.46 m

——————— 整　合 ———————

下伏地层：**穷果群**

8. 灰色、灰黄色、灰绿色等杂色页岩及粉砂岩夹薄层灰岩或凸镜体，时呈不等厚互层，页岩中产双壳类 *Daonella indica*、*D. bulongensis*，*D. pichleri* 等；其中还见产早二叠世珊瑚（*Tachylasma*）的灰岩块体　　80.48 m

由于正层型出露不全，现将仲巴县城北穷果剖面（E84°13′，N29°53′）作为次层型。西藏区调队 1983 年测制。

上覆地层：**嘎学群**　灰绿色粉砂岩、安山玄武岩、放射虫硅质岩

═══════ 断　层 ═══════

修康群　　总厚度＞2 003.77 m

22. 灰色薄层状中细粒石英砂岩 15.50 m

21. 灰白色厚层状长石石英砂岩、石英岩状砂岩 184.21 m

20. 糜棱岩 11.37 m

19. 浅灰色薄层状长石石英砂岩 124.90 m

18. 暗紫色钙质千枚岩与灰绿色千枚岩互层，中夹似层状长石石英砂岩 91.35 m

17. 灰白色厚层状中—细粒长石石英砂岩，石英岩状砂岩夹薄层状细粒石英砂岩 91.94 m

16. 下部灰色板岩夹长石石英砂岩及变质凝灰质岩屑长石砂岩；中部为灰至浅灰色薄层状含菱铁质隐晶质灰岩、泥灰岩；上部为中层状变质长石石英砂岩与板岩互层，中夹紫红色薄层硅质岩 241.00 m

15. 灰绿色、绿色变质安山质角砾凝灰岩，夹紫红色硅化钙质粉砂岩及紫红色硅质岩及薄层灰岩 120.00 m

14. 上部为灰、灰黄色变质砂岩，中部为紫红色薄层—中层含菱铁微晶灰岩，灰色、灰白色中层细粒结晶灰岩；下部为浅灰色钙质板岩夹薄层灰岩，底部为灰色板岩、粉砂质绢云母千枚岩 134.00 m

13. 灰绿色中厚层状中细粒变质长石石英砂岩及长石岩屑砂岩，强蚀变长石石英砂岩 35.50 m

12. 灰绿色强蚀变具混合岩化安山角砾凝灰岩 80.00 m

11. 灰色板岩夹粉砂岩及少量强蚀变棕色凝灰质结晶灰岩凸镜体；顶部为黄褐色薄—中层中细粒长石石英砂岩 84.00 m

10. 浅黄色薄层砂岩与灰色板岩、钙质泥岩互层 300.00 m

9. 灰—灰绿色板岩夹粉砂岩及厚层饼状、椭圆状铁质、灰质结核 450.00 m

8. 灰色板岩夹角岩化堇青石含泥质灰岩，其中产早二叠世腕足类及海百合茎化石的大理岩“外来岩块” 40.00 m

——————— 整　合 ———————

下伏地层：穷果群

7. 灰色、浅灰色绢云母千枚岩；粉砂质绢云母千枚岩夹粉砂岩，其中含正方形黄铁矿晶体及铁质结核

【地质特征及区域变化】　修康群沿雅鲁藏布江断裂带或雅鲁藏布江蛇绿岩带南侧分布。西至札达，向东延伸可到贡嘎、郎杰学一带至雅鲁藏布江大拐湾附近地区。修康群的岩石组合特征，主要为一套火山硅质岩建造的地层体，从其中所含放射虫硅质岩，中基性火山岩及大量的外来岩块的特征表明，修康群的沉积环境是地壳处于拉张阶段的产物，是一套典型的厚度巨大的复理石沉积。

其沉积厚度西段较小，东段较大。在札达地区，厚度为 1 500 m；在仲巴地区厚度约 1 800 m，在日喀则附近（梁日暄，1983）厚度可达 9 330 m，在贡嘎县郎杰学剖面可见厚度 2 042 m，含双壳类 *Halobia* spp.，*Monotis* sp. 等（西藏综合队，1979），在曲水、浪卡子、仁布、日喀则一带采有菊石 *Juvavites* sp. 等，在普兰县拉昂错修康群所夹的硅质岩中产放射虫化石 *Hexaloncha* sp.，*Lithocampe* sp.，*Histrastrum* sp.，*Cenosphaera* sp.，*Cenellipsis* sp. 等，从上述生物化石的时代可确定修康群时代为晚三叠世。

修康群在札达、仲巴、贡嘎一带地区广泛出露，组成区内三叠纪岩石地层的绝大部分，而与之整合的下伏地层穷果群的分布地区却极为有限。表明在沿雅鲁藏布江一带地区，在晚三叠世有一次强烈的地壳张裂运动。修康群底界的划分主要考虑以下几点：①含火山岩者作为修康群的开始；②以类复理石—复理石沉积为特征，与穷果群的薄层泥灰岩、粉砂岩分界；③

修康群多含杂色（紫红，灰绿等）硅质岩，而穷果群以深灰色为特征，不含放射虫硅质岩及火山岩。

麦隆岗组 T_3m （07－54－0709）

【创名及原始定义】 由麦隆岗群降级而来，麦隆岗群最早由西藏综合队（1979）创名，未指定层型剖面。原义主要指分布于墨竹工卡县拉东，达孜县麦隆岗，林周县牛马沟、千马沟至洛巴堆一带以石灰岩为主的地层体，东西延伸长达百余公里，其地质时代归属为晚三叠世至早侏罗世。

【沿革】 王乃文（1983）、陈楚震（1984）等研究了达孜县麦隆岗剖面，并将麦隆岗群改称麦隆岗组，时代归属晚三叠世，1986—1988年，夏金宝、刘世坤等分别测制了达孜县麦隆岗剖面，对麦隆岗组做了更详细的工作，认为麦隆岗组时代应为晚三叠世卡尼—诺利期。

【现在定义】 主要指一套灰色薄—中厚层微晶灰岩为主的地层体。含丰富的双壳类、珊瑚、牙形刺等。底部出露不全，顶界与上覆地层甲拉浦组砂页岩呈断层接触。

【层型】 选层型为达孜县唐嘎区麦隆岗剖面（E91°25′，N29°58′），位于拉萨北60 km的麦隆岗村西沟。由刘世坤、刘鸿飞等1988年测制。层序如下：

上覆地层：甲拉浦组

13. 灰色铁质、硅质胶结含砾岩屑石英砂岩，灰黄色细至中粒岩屑石英砂岩，灰绿、黄色粉砂岩粉砂质页岩组成韵律层。（未见顶） 300 m

12. 底部黑色页岩、钙质页岩，中上部为灰绿、黄色粉砂岩、粉砂质页岩，在钙质页岩中产双壳类 *Weyla* sp.，*Astarte* sp.，*Inoceramus* sp.，*Chlamys*（*Radulopecten*）sp.，*Cuspidaria* sp.，*Plagiostoma* sp. 163 m

══════ 断　层？══════

麦隆岗组　　总厚度 1 590 m

11. 青灰、灰黑色薄至中厚层微晶灰岩，夹生物碎屑灰岩、钙质灰岩，产双壳类 *Schafhaeutlia sphaeriodes*，*Palaeocardita langnongensis*，*Unionites* sp. 64 m

10. 灰至灰黑色中厚层微晶灰岩，上部夹同生角砾状灰岩，下部夹钙质页岩，产珊瑚、水螅类及牙形刺 *Epigondolella bidentata* 161 m

9. 青灰，灰色薄层至厚层，块状微晶灰岩，产珊瑚、腕足类、苔藓虫及双壳类 *Cardinia xiangyunensis*，*Pichleria inaequalis*，*Indopecten* sp. 64 m

8. 灰至灰黑色中厚层微晶灰岩，含生物碎屑灰岩，夹钙质页岩 110 m

7. 灰黑色中厚层泥质灰岩及厚层细晶灰岩，往上渐变为薄至中层细粒石英砂岩 201 m

6. 灰黑色薄层、片状微晶灰岩 21 m

5. 上部为灰黑色钙质板岩，下部中至厚层细晶灰岩，含生物碎屑灰岩，产珊瑚、双壳类 *Myophoria*（*Neoschizodus*）*laevigata*，*Prototrigonia xizangensis*，*P. seranensos*，*Palaeocardita mansuyi*，*Myophoria*（*Costatoria*）sp.，*Unionites* sp.，*Minetrigonia qinghaiensis*，*Indopecten* sp.，*Tulongella xizangensis*，*Palaeocardita* sp. 129 m

4. 上部为灰白色中厚层细粒石英砂岩与灰岩呈不等厚互层，下部灰至黑色薄至中厚层砂质灰岩，钙质粉砂岩，产双壳类 *Myophoria* sp.，*Myophoria*（*Costatoria*）*mansuyi*，*M. napengensis*，*Myophoria*（*Neoschizodus*）*laevigata*，*Unionites* sp.，*Plagiostoma* sp.，*Pachyma*（*Arcomya*）sp.，*Gervillia* cf. *foulloni* 213 m

3. 青灰色薄层微晶灰岩及含泥质灰岩，夹黄色粉砂岩，产腕足类 *Rhaetinopsis zadoensis*；

双壳类 *Schafhaeutlia sphaeriodes*, *S.* aff. *astartiformis*, *Pergamidia timorensis*, *Neomegalodon* (*Neomegalodon*) sp. 118 m

2. 青灰色中至厚层细晶灰岩，夹多层粉砂岩，产丰富双壳类 *Modiolus* sp., *Entolium* sp., *Schafhaeutlia* aff. *astartiformis*, *S.* aff. *manzavinii*, *Mysidiella orientalis*, *Palaeocardita rhomboidalis*, *Plagiostoma* sp., *Chlamys dingriensis*, *Pergamidia timorensis* 394 m

1. 底部为薄至中层钙质细砂岩，上部为黑色薄至厚层微晶灰岩，夹浅黄色钙质页岩。产珊瑚、双壳类等。双壳类 *Pteria hofmanni*, *P. frechii*, *Gervillia* (*Odontoperna*) *bouei*, *Chlamys guiyangensis*, *Trigonia* (*Kumatrigonia*) cf. *jingguensis*。（未见底） >115 m

【地质特征及区域变化】 麦隆岗组主要分布于林周县千马沟、牛马沟至达孜县唐嘎区麦隆岗、唐嘎乡一带近百公里的条带上，均为一套石灰岩地层体。地层厚度变化不大，一般厚度为 1 470 m 左右，为一套浅海碳酸盐岩相沉积。麦隆岗组中产丰富的双壳类 *Indopecten* sp., *Pichleria inaequalis*, *Myophoria* (*Neoschizodus*) *laevigata*, *Pteria hofmanni*, *Chlamys guiyangensis*, *Trigonia* (*Kumatrigonia*) cf. *jinggensis* 等。其时代应为晚三叠世。

确哈拉群　$T_{2-3}Q$　(07-54-0711)

【创名及原始定义】 饶荣标等 1987 年创建，创名剖面在丁青县南确哈拉。原义包括三个沉积旋回，每一个沉积旋回，岩性为石英砂岩、砂板岩、硅质灰岩组成，总厚度为 2 660 m，底界与希湖群（T_{1+2}）为平行不整合接触。时代归属晚三叠世。

【沿革】 沿班公错-怒江断裂带向南，在碧土县松尼，云南第三地质队 1990 年测制了一套晚三叠世的复理石砂板岩地层，称“目本组”，地层总厚度 6 000 m 以上。分上、下两段；下段以千枚岩、板岩为主，与希湖群岩石组合相当；上段以砂岩、板岩互层为特征，厚度为 3 200 m，产双壳类、植物化石，其时代为晚三叠世。岩石组合特征与确哈拉群应为同一套地层体。沿班公错-怒江断裂向西，在申扎县尼玛区达则错东，西藏区调队 1983 年在此地测制了三叠纪的地层剖面，创名巫嘎群（T_{2-3}），其岩性以杂色碎屑岩、石英砂岩、粉砂岩为主夹泥灰岩、硅质灰岩，产少量的珊瑚 *Thecosmilia* sp.；双壳类 *Myophoria* sp., *Myophoricardium* sp. 等。将其时代归属中、晚三叠世。从其岩石组合特征和其所处的部位看，与东部洛隆、丁青地区的确哈拉群为同一套地层体。

【现在定义】 主要为一套类复理石—复理石碎屑沉积。岩性为砂岩、粉砂岩、夹硅质灰岩、泥灰岩。层型外局部含中基性火山岩。产双壳类、植物等化石。顶、底出露不全。

【层型】 正层型为丁青县南确哈拉剖面（E95°25′，N31°22′），位于丁青县城通向易达之间的确哈拉山口。由饶荣标等 1987 年测制，层序如下：

上覆地层：**拉贡塘组**　灰白色砂质页岩、粉砂岩、凝灰岩

═══════ 断　层 ═══════

确哈拉群　总厚度>2751.5 m

14. 灰色硅质条带灰岩，微粒硅质灰岩与钙质板岩互层 578.6 m
13. 灰色、黄褐色薄层砂岩及粉砂质板岩 147.5 m
12. 深灰色中厚层状致密硅质条带石灰岩 193.4 m
11. 灰色细砂岩、硅质岩 88.0 m
10. 灰色薄—中层状硅质条带状或块状石灰岩 58.8 m

9. 紫红色粉砂质板岩夹砂岩　12.3 m

8. 灰色中厚层含硅质条带状、团块状石灰岩　21.1 m

7. 灰色、浅灰色板岩、粉砂岩夹泥岩　117.1 m

6. 灰色、灰黑色薄—中层状硅质条带石灰岩，产珊瑚 *Thamnasteria rectilamellosa* 及少量双壳类化石　404.8 m

5. 灰色、灰白色中厚层细粒长石岩屑石英砂岩夹灰黑色板岩及硅质条带灰岩凸镜体，含化石　799.3 m

4. 灰色中厚层细粒长石石英砂岩夹少许板岩、硅质岩　40.9 m

3. 灰色中厚层状硅质条带石灰岩，底部为粉红色钙质板岩、黄色致密块状含泥质灰岩　44.6 m

2. 灰色中厚层状细粒长石石英砂岩夹黑色粉砂质板岩，含化石　227.4 m

1. 灰色、黄褐色长石石英砂岩及灰黑色板岩，局部夹泥灰岩凸镜体，含双壳类碎片，底部为砂岩和厚层砾岩　17.7 m

——————　平行不整合　——————

下伏地层：希湖群　黑色板岩、千枚岩

【地质特征及区域变化】　确哈拉群主要分布于申扎县尼玛达则错，丁青县确哈拉、碧土县松尼等地。在原申扎县尼玛区达则错，其岩性为灰绿色、砖红色、褐灰色砾岩（主要见于底部）、含砾粗砂岩、岩屑砂岩、粉砂岩、板岩、页岩夹泥灰岩，局部见安山质火山角砾岩。在泥灰岩夹层中，产双壳类和腹足类化石，厚度 4 289 m。申扎县尼玛区巫嘎剖面，其岩性为灰绿色、褐灰色石英砂岩、长石岩屑砂岩、薄层粉砂岩、钙质砂岩等。产双壳类化石，厚为 3 705 m。在碧土县松尼剖面，其岩性主要为灰—深灰色杂砂岩、长石石英砂岩、粉砂岩、粘土板岩组成由粗到细的韵律沉积。产双壳类及植物化石，厚度 3 274 m。确哈拉群反映为一套类复理石—复理石沉积，代表了班公错-怒江断裂带早期裂陷的活动型沉积。确哈拉群的底界标志：①确哈拉群与希湖群之间为平行不整合接触；②确哈拉群的底界以大量砂岩与砂质板岩的出现为划分标志，与下伏千枚岩、泥质板岩为主的希湖群相区别。

该群地质时代为中—晚三叠世。

日干配错群　T_3R　（07－54－0713）

【创名及原始定义】　西藏地矿局（1993）创名，命名剖面为改则县森多以东日干配错剖面。原义主要代表日土县多玛，改则县色哇一带的上三叠统。岩性以浅海碳酸盐岩为主夹砂页岩。

【沿革】　西藏区调队（1986）在 1∶100 万改则幅区调报告中，将羌塘地区（羌南、羌北）的三叠纪地层均称肖茶卡群，代表区内晚三叠世沉积，在编写《西藏地质志》时发现，羌南和羌北地区的三叠纪地层以龙木错-查桑-澜沧江断裂为界两侧有显著的差别：①南部的含火山岩，北部的不含火山岩；②地层厚度不同，羌南的一般厚度大，最厚可达万米，羌北的一般数百米到 2 000 m；③羌北的晚三叠世沉积是连续在早、中三叠世浅海—滨海沼泽相之上的不变质的地层，而羌南的晚三叠世地层是在较为活动的环境之下的沉积，均为浅变质地层。由上述几点，《西藏地质志》（1993）保留了羌北地区的肖茶卡群，将羌南的原肖茶卡群改为日干配错群。本书沿用了这一处理意见。吴瑞忠等 1985 年在双湖县西雅尔岗创名了西雅尔冈组，代表晚三叠统，主要为一套石灰岩，含双壳类 *Halobia* sp.，*Indopecten* sp.，*Unionites griesbachi*，*Amonotis* sp. 等，地层厚度 1 100 m，顶、底不全。这套岩石地层与西部改则之东日干配错剖面比较，只相当日干配错群其中一段地层。郭铁鹰等 1991 年在日土县多玛吉普村发现并测制了三叠系地层剖面，岩性以白云质灰岩、厚层块状藻类灰岩为主，厚度 1 100 m，未见底。顶界与雁石坪群（原热维尔组）灰绿色砂页岩平行不整合接触，其中产珊瑚 *Krumbeckia* cf. *tambangensis*，*Triadomegalodon ladakhensis* 等，将时代归属 T_3—J_1，创名吉普村组，其岩石特征与日干配错群上部分相当。

【现在定义】 岩性为一套碳酸盐岩为主夹少量碎屑岩的地层体；层型外其底部含中、基性火山岩。具类复理石韵律沉积特征，浅变质。产双壳类、珊瑚、腕足类等。顶、底出露不全。

【层型】 正层型为改则县日干配错剖面（E86°20′，N32°34′），由西藏区调队 1986 年测制，层序如下：

日干配错群　　　　总厚度＞10 840 m

16. 灰色、灰黑色中厚层状砂质页岩夹紫色砂质灰岩。（未见顶）　900 m
15. 深灰色中至厚层含核形石鲕状灰岩，含生物碎屑灰岩　800 m
14. 深灰色中至厚层灰岩夹灰白色石英砂岩　1 200 m
13. 灰黑色、暗灰色厚层灰岩夹砂质灰岩、钙质砂岩及少量页岩　800 m
12. 绿灰色页岩、石英细砂岩、钙质粉砂岩夹生物碎屑灰岩　600 m
11. 绿灰色、灰黑色页岩，夹生物碎屑砂质灰岩，生物碎屑钙质粉、细砂岩。产双壳类及腹足类 *Rhaenodesma* cf. *kipteiniana*，*Pinna* sp.，*Promyalina*? sp.　900 m
10. 灰色、灰黑色薄层灰岩、生物碎屑灰岩，夹石英砂岩、钙质砂岩及少量绿灰色页岩　650 m
9. 灰色薄层石英细砂岩、钙质砂岩与灰色、绿灰色页岩不等厚互层，夹生物碎屑灰岩、砂质灰岩。生物碎屑灰岩中产腹足类 *Amberleya*? sp.，? *Zygophlenra* (*Xizangospira*) *multistriata*，*Omphaloptycha* cf. *multispiralis*　600 m
8. 灰色薄层中细粒石英砂岩、钙质粉砂岩，夹灰黑色薄层生物碎屑灰岩、砂质灰岩及黄色页岩，生物碎屑灰岩中产丰富的珊瑚 *Thecosmilia fenestrata*，*Thamnasteria* sp. 及苔藓虫化石　1 100 m
7. 灰色薄层石英细砂岩、粉砂岩　900 m
6. 灰色灰黑色薄层灰岩，夹灰色石英砂岩、粉砂岩　150 m
5. 浅灰色、黑色薄层灰岩，夹灰色、黄灰色石英砂岩、粉砂岩　500 m
4. 灰白色长石石英细砂岩，黄灰色钙质石英砂岩，夹生物碎屑灰岩及砂质灰岩　450 m
3. 灰黑色生物碎屑砂质灰岩，夹钙质石英细砂岩、粉砂岩　440 m
2. 灰白色长石石英砂岩、钙质石英砂岩，夹少量暗灰色、灰黑色页岩及生物碎屑砂质灰岩　350 m
1. 灰色、灰白色长石石英细砂岩、粉砂岩、钙质砂岩，夹黄色泥灰岩，灰黑色薄层生物灰岩、砂质灰岩及页岩。产丰富的大型复体珊瑚与单体珊瑚 *Thecosmilia fenestrata*，*T. eudenticulata*，*Montlivaltia norica*，*Margarastrea* sp.，*Thamnasteria rectimellosa*。（未见底）　500 m

【地质特征及区域变化】 日干配错群主要分布于日土县多玛区吉普村，改则县日干配错，双湖县西雅尔岗等地。岩性均以碳酸盐岩为主，其沉积厚度变化较大。西段，在日土县多玛吉普日阿地区厚度较小约 1 100 m。中段，在改则附近，地层厚度最大约 10 800 m 左右。东段，在双湖色哇地区又减少为 500 m 左右。还有一特点就是，越接近班公错-怒江断裂带，地层厚度越大。而远离断裂带则厚度减小。即改则附近其厚度可达万米，但向北远离断裂带至北雷错一带，厚度约3 000 m左右。另外，日干配错群底界一般多为断层缺失，至今尚无与下伏地层欧拉组原始接触关系的报道。在双湖东其香错以北6 km的索布查温泉剖面中，可见日干配错群灰岩与其上覆地层的色哇组底部粉砂岩含菊石 Schlotheimidae 的地层之间为连续沉积。从日干配错群中所采腕足类 *Caucasorhynchia* sp.，*Adygella* sp.，*Mentzeliopsis* sp.，*Cirpinae* sp.；双壳类 *Chlamys* sp.，*Plagiostoma*? sp.，*Halobia* sp.，*Indopecten* sp. 等，可以确定其地质时代为晚三叠世。

竹卡群　$T_{2-3}\hat{Z}$　(07－54－0714)

【创名及原始定义】　云南第三地质队（1990）创名的竹卡组演变而来，建组剖面位于芒康县通沙乡—塔雅乡脚巴拉。原义主要指分布于察雅县则松以南沿澜沧江两岸的一套流纹岩、流纹斑岩、英安岩、屑碎岩、硅质岩、结晶灰岩组成的火山—砂泥质复理石地层，原竹卡组指上部以中酸性火山岩为主的地层体。

【沿革】　云南区调队（1985）将德钦县大丫陇鼓地区的中酸性火山岩及碎屑岩归属中三叠统。1990年云南第三地质队将芒康县脚巴拉出露的同一套地层划分为上部竹卡组和下部塔雅组。辜学达等（1992）将“分布于澜沧江两侧”的上述火山岩及碎屑岩地层统称竹卡群，鉴于其研究程度低，本书仍引用竹卡群一名，含义与之相当。

【现在定义】　为一套火山—砂泥质复理石沉积，以中酸性火山岩、火山碎屑岩为主夹少量砂板岩的地层体。未见顶、底。

【层型】　正层型为芒康县通沙乡—塔雅乡脚巴拉剖面（E98°18′，N29°36′），由云南第三地质队1990年测制，层序如下：

竹卡群　总厚度＞3 664.0 m

14. 灰色糜棱岩化钠长英安岩，顶部灰白色英安质超糜棱岩。（未见顶）　418.0 m
13. 绿灰色块状绿泥石化碎裂粗中粒石英砂岩　111.7 m
12. 灰色块状碳酸盐化蚀变黑云钠质英安流纹岩，局部具流纹构造　148.6 m
11. 浅绿灰、深灰色微碳酸盐化蚀变含黑云钠长英安岩　304.5 m
10. 灰、浅绿色微片理化蚀变钠质英安岩　414.4 m
9. 浅灰绿色碳酸盐化蚀变含黑云母英安岩，微碳酸盐化蚀变含黑云母钠质英安岩，岩石柱状节理发育　1 169.6 m
8. 浅灰绿色微碳酸盐化蚀变钠质英安岩，浅绿灰色碳酸盐化、糜棱岩化含黑云母钠长英安岩　401.7 m
7. 上部紫红色变质中粒石英砂岩，下部浅灰色变质细粒石英砂岩　74.6 m
6. 上部灰、紫、浅褐色糜棱岩化复成分岩屑砾岩，夹浅绿色褐铁矿化片状绿泥阳起石岩，下部紫红色块状微片理化变质复成分砾岩　51.0 m
5. 深灰色绢云板岩与灰色中厚层状片理化不等粒石英砂岩互层，顶部浅灰白色褐铁矿化石英质粗糜棱岩　168.5 m
4. 深灰、灰色绢云板岩、黄铁矿化石英绢云片状糜棱岩，顶部灰绿色钠长绿泥白云石片岩　45.1 m
3. 灰绿、绿色绿帘阳起石片岩　21.7 m
2. 灰色中厚层状片理化变质长石石英砂岩与深灰色含粉砂质绢云板岩互层　155.7 m
1. 灰色绢云板岩，砂质绢云板岩与片理化变质石英砂岩、不等粒变质石英砂岩，变质长

石石英砂岩互层。(未见底) >178.9 m

【地质特征及区域变化】 竹卡群的主要火山岩石类型，包括爆发相、溢流相、侵入相和火山沉积相。其中以英安岩—流纹岩特别发育，属一种碰撞型高 SiO_2，高 Al_2O_3 的英安岩-流纹岩类型。可能为澜沧江洋盆向昌都陆块碰撞的产物（莫宣学等，1993)，这套地层自西藏竹卡—盐井向南延伸至云南境内，和云南的云县—景洪一带的高 SiO_2、高 Al_2O_3 的英安岩—流纹岩岩石类型，属同期、同构造环境的产物。云南第三地质队在创建竹卡组时，认为澜沧江带的中三叠世早期为陆源砂泥质复理石沉积，晚期以中酸性、酸性火山岩喷发和爆发为主。其基本特征与云南德钦、维西、云县、景洪的上兰组、攀天阁组、忙怀组基本一致，具有岛弧或活动大陆边缘的火山岩组合特征。

竹卡群的时代，主要根据其中火山岩的（Rb-Sr）年龄值 238.9 Ma 而确定，结合与邻区云南的上兰组、攀天阁组、忙怀组对比，其时代有可能相当，故暂置于中、晚三叠世。

才里群 $J_{1+2}C$ (07-54-0801)

【创名及原始定义】 西藏区调队 1987 年创名，创名地点为普兰县才里。原始定义指时代为早中侏罗世的一套碳酸盐岩建造。其顶部多数剖面以一层厚度为 2.5～6 m 的紫红色含铁鲕粒钙质砂岩与上覆地层原放马场组黑色含结核页岩之间的平行不整合面为界；其底以灰岩与下伏地层原奇玛拉组顶部的砂岩之间划界，二者为连续沉积关系。

【沿革】 1987 年西藏区调队将札达县曲松南的一套时代为中—晚侏罗世的灰岩称为“曲松群”。郭铁鹰等在札达县波林查嘎沟将相当于才里群中、上部的灰岩划分为“优秀沟组”及“波林组”，又在札达县马阳普色拉，将相当于才里群下部的灰岩称为“普色拉组”，但这三个组岩性近似，填图时难以划分。本书仍沿用才里群。

【现在定义】 指整合覆于德日荣组砂岩之上，平行不整合伏于（层型外）门卡墩组灰黑色含结核页岩之下又以碳酸盐岩为主夹砂页岩的地层。

【层型】 正层型位于普兰县科加西南约 10 km 处的才里（E81°13′，N30°12′），由西藏区调队 1987 年测制，层序如下：

上覆地层：**门卡墩组** 灰黑色、灰绿色页岩、粉砂质页岩

═══════ 断 层 ═══════

才里群 总厚度>279.2 m

11. 灰色、深灰色厚层状泥质生物碎屑灰岩，局部形成为介壳层，产丰富的双壳类 *Camptonectes* (*C.*) *tibeticus*, *Grammatodon* (*Indogrammatodon*) sp., *Parvamussium pumilum* 以及少量腕足类化石、箭石 23.9 m
10. 浅灰色厚层块状鲕粒灰岩夹微晶灰岩 61.9 m
9. 灰黑色厚层块状微晶灰岩夹浅灰色鲕粒灰岩，产双壳类 *Pleuromya* sp., *Entolium* sp., *Anisocardia* sp., *Meleagrinella* sp., *Grammatodon* (*Indogrammatodon*) cf. *virgatus*; 腹足类 *Elegantella* sp., *E. conoidalis*, *Contortella* sp.; 腕足类 *Homoeorhynchia bolinensis* 62.9 m
8. 灰黑色厚层块状微晶灰岩夹鲕粒灰岩，产双壳类 *Chlamys* (*Radulopecten*) sp., *Entolium* sp. 51.1 m
7. 灰黑色中厚层状微晶灰岩与浅灰色鲕粒灰岩互层 12.8 m

6. 浅灰色厚层状微晶灰岩 16.0 m

5. 灰色薄至中层状鲕粒灰岩，含双壳类 *Entolium* sp.，*Astarte* sp.，*Chlamys*（*Radulopecten*）? sp.，*Camptonectes* sp. 11.0 m

4. 浅灰色厚层状泥质灰岩夹中层状细鲕粒灰岩 13.9 m

3. 灰白色中薄层状细粒石英砂岩 2.8 m

2. 浅灰色中薄层状鲕粒灰岩夹黄灰色薄层状钙质砂岩，产双壳类 *Chlamys* sp.，*C.*-cf. *matapwaensis*，*C.*（*Radulopecten*）sp.；腹足类 *Allocosmia*? sp. 13.1 m

1. 灰色薄一中层状泥质灰岩，产腹足类 *Allocosmia*? sp.，*Zypopleuridae*，*Katosira* sp. 9.8 m

——————整　合——————

下伏地层：**德日荣组**　灰白色石英砂岩夹灰岩

正层型剖面因断层破坏未见顶，在离此剖面南 500 m 处可见上述剖面第 11 层以上的地层：

上覆地层：**门卡墩组**　灰黑色灰绿色含结核页岩、粉砂质页岩

－－－－－－－ 平行不整合 －－－－－－－

才里群 总厚度＞97 m

3. 褐紫色、黄灰色薄至中层状粉砂质页岩、泥岩夹薄层砂屑灰岩及泥灰岩，上部夹一层含腕足类碎片厚 1.5 m 的细粒长石石英砂岩，局部可见含铁鲕粒细砂岩，产箭石 *Belemnopsis* sp.；双壳类 *Meleagrinella* sp.；腕足类 *Homoeorhynchia*；菊石碎片等 81 m

2. 黄灰色薄至中层状粉砂质页岩、泥岩与深灰色中层状生物碎屑灰岩呈不等厚互层。产双壳类 *Pseudolimea duplicata*，*Chlamys* sp.，*Camptonectes*（*C.*）sp.，*Pseudotrapezium cordiforme* 9 m

1. 浅灰色中层状介壳灰岩、泥质生物碎屑灰岩。产双壳类 *Anisocardia*（*Antiquicyprina*）*trapezoidalis*，*Camptonectes*（*Camptonectes*）sp.，*Pseudotrapezium cordiforme*，*Myopholas multicostata tenuistriata*，*Pholadomya* sp.，*Modiolus imbricatus*；腕足类 *Homoeorhynchia*，*Nylalamurhynchia*? sp.。（未见底） 7 m

【地质特特及区域变化】　才里群岩石组合为灰白一深灰色厚层块状微晶灰岩、鲕粒灰岩为主，夹生物碎屑灰岩、泥灰岩、砂质或泥质灰岩，偶夹介壳层、石英砂岩。顶部碎屑岩增多，出现较多的钙质砂岩、粉砂质页岩、泥岩等。出露厚度 120～1 850 m。化石组合以双壳类为主，次为腕足类、腹足类、另有少量箭石、菊石、六射珊瑚及刺毛虫等化石。其中鲕粒灰岩的普遍存在，说明处于海水较动荡的浅海环境，以浅海碳酸盐岩台坪沉积环境为主。岩石基本未变质。其与下伏地层德日荣组砂岩与灰岩之不等厚互层呈连续沉积关系，仅在札达县马阳见其平行不整合于三叠纪和晚古生代等老地层之上；其与上覆地层门卡墩组为平行不整合关系。

才里群分布于札达县曲松一吉隆县强拉一带，自西而东其地层走向由 NW 向转为 NWW 向展布。在吉隆县强拉一带西藏区调队在 1：100 万日喀则幅区调报告中称之为聂聂雄拉群，据其岩石组合特征，应归属才里群。在区域上岩性较稳定，向东至强拉一带砂页岩夹层稍有增多。多数剖面出露不全，出露厚度变化于 120～1 850 m 之间，西段的札达县曲松、鲁巴及东段的吉隆县强拉出露厚度大于 1 500 m，其余地区出露厚度较小，介于 120～609 m 之间。在鲁巴、马阳两个剖面才里群出露齐全，但两者厚度相差甚大，分别为 1 550 m 和 120 m。在札达县曲松、波林还产六射珊瑚，在札达县扎布让、波林还产少量菊石，仅曲松剖面产刺毛虫

化石。以双壳类最为繁盛，局部形成介壳层。其中双壳类有 *Weyla ambongoensis - Entolium calvus* 组合，*Costamussium multicostutum - Meleagrinella bulingensis* 组合，*Praeexogyra accuminata*，*Grammatodon* cf. *bathonicus*，*Liostrea wamkaensis*；腕足类 *Homoeorhynchia bolinensis*，*Monsadithyris tritinata*，*Rhynchonelloidella smithi*，*Kutchithyris zamdaensis*；菊石为 *Macrocephalites* 动物群与 *Choffatia*，*Xenocephlites* 共生。说明才里群时代为早、中侏罗世。

聂聂雄拉群　$J_{1+2}N$　(07-54-0802)

【创名及原始定义】　穆恩之等 1973 年创名，命名地点位于定日—聂拉木公路第十一道班至五道班之间的聂聂雄拉附近。原义指北喜马拉雅南部地区早、中侏罗世的一套灰岩、砂质页岩及砂岩的地层。划分的主要标准为生物化石。

【沿革】　在聂聂雄拉群创名之前，中国科学院青藏高原科学考察队和登山队于 1959—1962 年间曾先后将定日县朋曲河流域的侏罗纪地层称为朋曲层 (J)、朋曲群 (J_3 或 J_{2-3})，他们的划分都把现在的门卡墩组包括在内。杨遵仪于 1963 年将其上部称为林卡砂岩 (J_3)，中下部称为定日群 (J_{2-3})。西藏地质局于 1971 年与杨遵仪的划分大致相同，但称谓不同，上部称为朋曲群 (J_3)，中下部称为龙江群 (J_{1-2})。1980 年王义刚将聂聂雄拉群下部又划分出一个普普嘎组 (J_1)，上部由聂聂雄拉群降级为：聂聂雄拉组 (J_2)。地矿部高调队于 1981 年将普普嘎组又划分为普普嘎上组 (J_1^{3-4}) 和普普嘎下组 (J_1^{1-2})，将聂聂雄拉组自上而下划分为：门布下组 (J_3^1)，拉弄拉组 (J_{2-3}) 及聂聂雄拉组 (J_2^1)。1983 年西藏区调队在 1∶100 万日喀则幅区调报告中沿用聂聂雄拉群原始含义和划分。1983—1989 年余光明、徐钰林的划分与地矿部高调队 1981 年的划分一致，并在建群剖面的第 2—3 层中采到早白垩世的菊石，而将其处理为断层所致，划出了部分早白垩世地层。《西藏地质志》(1993) 将其自上而下划分为拉弄拉组 (J_2)、聂聂雄拉组 (J_2) 及普普嘎组 (J_1)。因这些组的岩性差别不大，在区域上更难以划分，且这些群组的创建及其顶底界线的划分主要以生物化石为依据，因此本书恢复使用原聂聂雄拉群。

【现在定义】　指整合于下伏地层德日荣组石英砂岩与上覆地层门卡墩组含结核页岩之间的灰—深灰色灰岩、砂质页岩、砂岩组成的地层体，化石丰富，产双壳类、腕足类、菊石、腹足类、箭石、珊瑚、有孔虫等。

【层型】　正层型为定日—聂拉木公路第十一道班至五道班剖面 (E86°10′，N28°31′)，由王义刚、张明亮等 (1973) 测制，层序如下：

上覆地层：**门卡墩组**　深灰色、灰绿色粉砂质页岩、粉砂岩及细砂岩

——————　整　合　——————

聂聂雄拉群　　总厚度 2 060 m

10. 深灰色中薄层状灰岩、砂质灰岩、石英砂岩互层，向上砂质灰岩增多，夹有几层黑灰色灰岩、砂质页岩，在砂质页岩中含有菊石 Macrocephalitidae 科的菊石　180 m
9. 灰色、灰黑色砂质灰岩，有时夹灰黑色、黄绿色页岩、砂质页岩　80 m
8. 深灰色厚层状灰岩，上部灰岩中含有砂质，见有腹足类、双壳类碎片　241 m
7. 灰白色中厚层状中至粗粒石英砂岩，夹多层灰黑色灰岩，中部夹厚约 30 m 的鲕粒灰岩，顶部砂质灰岩夹层中产双壳类及腕足类，双壳类 *Entolium* sp.　406 m
6. 中、上部为灰色中厚层状灰岩和泥质灰岩互层，夹砂质页岩，产 2 层化石；下部为灰黑色中薄层状灰岩 (厚 37 m)：菊石 *Witchellia tibetica*，*W. sayni*，*Dorsetansia haydeni*，

D. cf. *edouardiana*，*Sonninia*? sp.，双壳类 *Trigonia* (*T.*) cf. *brevicostata*，*Cucullaea* cf. *egertoniana*，*C.* cf. *clathrata*，*Camptonectes lens*；腹足类 *Pictavia pictaviensis* 135 m

5. 灰白色中、粗粒石英砂岩，含有小砾石，下部产双壳类 *Camptonectes lens*，*Cucullaea* cf. *egertoniana*，*Meleagrinella* sp.，*Variamussium pumilum* 145 m

4. 上部为灰黑色中薄层状灰岩和石英砂岩互层，产双壳类、腹足类，厚 196 m；下部为灰黑色中层状石灰岩夹石英砂岩，产腹足类、珊瑚、双壳类和菊石，厚 182 m；双壳类 *Variamussium pumilum*，*Camptonectes* cf. *laminatus*，*Goniomya* cf. *trapezicostata*，*Cucullaea* cf. *egertoniana*，*Plicatula* sp.，*Chlamys* sp.，*Ostrea* (*Liostrea*) *acuminata*；腹足类 *Nerinella nyalamensis*，*N. tulongensis*；珊瑚 *Epistreptophyllum diatritum*；菊石 *Dorsetensia xizangensis* 378 m

3. 上部黄绿色中薄层状砂质页岩、粉砂岩及细砂岩，厚 74 m；中部灰色中薄层状钙质砂岩，夹灰岩及生物碎屑灰岩，产菊石及双壳类，厚 103 m；下部浅黄绿色钙质页岩，厚 43 m；双壳类 "*Lima*" sp.，"*Trigonia*" sp.；菊石 *Nyalamoceras nyalamensis* 220 m

2. 上部粉砂质页岩，产菊石、双壳类；中、下部灰绿色中细粒钙质砂岩，产菊石 *Sulciferites* sp.，*Gleviceras* sp.；双壳类 *Inoceramus* sp. 140 m

1. 上部为灰绿色钙质砂岩夹砂泥质灰岩，产菊石、双壳类、有孔虫，厚 37 m；中部为灰色薄层灰岩夹砂质灰岩、鲕状灰岩，厚 55 m 产双壳类；下部薄层砂岩、砂质页岩及砂质灰岩，产双壳类、有孔虫，厚 43 m，菊石 *Schlothemia* sp.，有孔虫 *Pseudocyclammina* sp.，*Rhapydionina urensis*，*R. elliptica*，*Orbitopsella praecursor*；双壳类 *Entolium* sp.，*Oxytoma* sp.，*Camptonectes*? *erectus*，*Astarte* cf. *voltzii*，*Weyla* cf. *amlongoensis*，*Protocardia* sp.；腹足类 *Monoplocus*? *nitidus* 135 m

——————— 整　合 ———————

下伏地层：**德日荣组**　灰白色石英砂岩

【地质特征及区域变化】　聂聂雄拉群岩性组合为灰白色、灰绿色砂岩、页岩与灰—深灰色灰岩的不等厚互层。出露厚度 1 231～1 300 m。产双壳类、腕足类、菊石、腹足类、箭石、珊瑚、有孔虫，以双壳类、菊石、腕足类动物群为主。属滨海—浅海大陆架环境沉积的产物。岩石基本未变质，与上、下岩石地层均为整合接触，以砂、页岩与灰岩之不等厚互层与下伏地层德日荣组灰白色石英砂岩之间整合分界；与上覆地层门卡墩组黑色含结核页岩之间整合分界。

聂聂雄拉群分布于佩古湖—岗巴一带，呈近东西向展布。向西砂、页岩所占比例减小；向东变化不大，但在定日县帮来—帕里一带，中下部因断层破坏未出露，其上部以灰岩为主，而在聂拉木县德日荣桥—定日县休莫一带其上部是以砂、页岩为主夹灰岩。区域上厚度变化不大，厚度约 1 300 m 左右。聂聂雄拉群产菊石类 *Schlothemia* sp.，*Psiloceras* sp.，*Arietites retiformis*，*Witchellia tibetica*，*W. sayni*，*Dorsetensia edouaedinus*，*D. haydeni*，*Hebetoxyites* sp. 及 *Hildoceratid*；双壳类 *Weyla astarte*，*Entolium nieniexionglaensis*；有孔虫 *Orbitopsella praecursor*，地质时代为赫塘期—巴通期。

门卡墩组　$J_{2-3}m$　(07-54-0803)

【创名及原始定义】　穆恩之等 1973 年创名，创名时没有明确指定命名地名，王义刚等 (1974) 指定剖面地点位于定日—聂拉木公路的 11 道班—5 道班间的门卡墩。原义指出露于聂聂雄拉以北，定日—聂拉木公路 6 至 5 道班之间，门卡墩附近的晚侏罗世地层，即定日—聂拉木公路沿线剖面的第 11 层，主要以砂质页岩、结核页岩为主，夹有砂岩层，厚约360 m，富含菊石类。门卡墩组与上覆地层古错组和下伏地层聂聂雄拉群为连续沉积（?）。

【沿革】 1974 年王义刚进一步明确门卡墩组含义。1980 年王义刚将其含义扩大，把原剖面的第 12 层古错组灰岩归入门卡墩组。1983 年西藏区调队在 1∶100 万日喀则幅区调报告中继续沿用此扩大了含义的门卡墩组，前后两种含义的门卡墩组时代都为晚侏罗世。余光明等 1983 年将前述狭义的门卡墩组改称为门布组。在西藏札达—普兰一带于 1987 年西藏区调队在1∶100万噶大克幅区调报告中将与门卡墩组相同的一套岩石地层称为放马场组（J_3）。郭铁鹰等于 1991 年也在札达—普兰地区将相同的岩石地层称为查嘎沟组（J_3^1—K_1^1）。本次对比研究后采用王义刚 1974 年门卡墩组含义，时代总体为中—晚侏罗世。

【现在定义】 指一套黑色、黄绿色含结核的页岩、砂质或粉砂质页岩、粉砂岩夹砂岩的地层体。与下伏地层聂聂雄拉群及上覆地层岗巴群均为整合接触。

【层型】 选层型为定日—聂拉木公路 11 道班至 5 道班剖面（E86°19′，N28°49′），由中国科学院西藏科学考察队王义刚、张明亮（1974）测制，层序如下：

上覆地层：岗巴群 深灰色中厚层状灰岩，其上部夹砂质灰岩 350 m

———————— 整　合 ————————

门卡墩组 总厚度 250 m

11. 上部为深灰色粉砂岩及砂质页岩和灰白色中厚层石英砂岩（30 m）；下部为深灰色、灰绿色粉砂质页岩、粉砂岩及细砂岩，含丰富的粘土质结核，产 3 层化石，菊石 *Pterolytoceras exaticum*，*Haplophylloceras strigile*，*H. pinque*，*Calliphylloceras* sp.，*Berriasella* sp.，*Virgatosphinctes denseplicatus*，*V. contiguus*，*Phylloceras* sp.，*Aulacosphinctoides* sp.；箭石 *Belemnopsis uhligi*；双壳类 *Buchia blanfordiana*；腕足类 *Rhynchonella* aff. *paucicosta* 250 m

———————— 整　合 ————————

下伏地层：聂聂雄拉群

10. 深灰色中薄层灰岩、砂质灰岩、石英砂岩互层，向上砂质灰岩增多，夹有几层黑灰色灰岩、砂质页岩，在砂质页岩中含有菊石 Macrocephalitidae 180 m

【地质特征及区域变化】 门卡墩组主要分布于北喜马拉雅地区，札达、普兰、聂拉木、定日—亚东一带，岩性以黑色含结核的页岩为主，含丰富的菊石类、双壳类、箭石、腕足类等，厚度 241～1 278 m。岩石基本未变质。其上与岗巴群为连续沉积关系；其下在西段与才里群为平行不整合关系，东段其下与聂聂雄拉群为整合接触(但有的学者依据生物带缺失，认为二者之间存在沉积间断)。

在札达县马阳—波林一带，门卡墩组自下而上产箭石类 *Belemnopsis gerardi*；菊石类 *Uhligites*，*Virgatosphinctes*，*Himalayites*，*Spiticeras*，*Berriasella* cf. *aurousei*，*B.* cf. *privasensis*，*Blanfordiceras boehmi*，时代为晚牛津期—贝里阿斯期。在门卡墩一带，门卡墩组自下而上产菊石 *Macrocephalites*，*Indocephalites*，*Reineckeites*，*Reineckeia*，*Phylloceras riazi*，*Grossouvria* cf. *kontkiewiczi*，*Dhosites*，*Perisphinctes*，*Prorasenia* cf. *quensisdeti*，*Katroliceras pottingeri*，*Metagravesia decipiens*，*Aulacosphinctes*，时代为卡洛期—提塘期。在岗巴一带，门卡墩组下部产菊石 *Reineckeia* cf. *greppini*?，*Grossouria* sp.，*Macrocephalites* sp.，顶部未采集到化石，但其上覆地层岗巴群底部产菊石 *Pterolytoceras* sp.，因此在岗巴附近门卡墩组时代为卡洛期

一提塘期或贝里阿斯期。在亚东吉汝附近，门卡墩组自上而下产菊石 *Neocomites* sp.，*Spiticeras* sp.；双壳类 *Astartoides gongbaensis*，*Meleagrinella* cf. *ovalis*。时代为中侏罗世早期一贝里阿斯期。因此门卡墩组自西而东其底界具明显的穿时性，顶界穿时性也较明显。此套地层体西延出境，可与喜马拉雅西段的“Spiti Shale”（斯匹提页岩）对比。

田巴群　$J_{1+2}T$　（07－54－0804）

【创名及原始定义】　西藏区调队（1983）创名，创名地点在康马县田巴，原始定义系指整合伏于维美组板岩、页岩、砂岩之下的浅灰一深灰色灰岩、页岩、粉砂岩、砂岩、板岩及千枚岩组成的地层，内有辉绿岩脉，划分为上组、下组。下与涅如群（T_3）板岩断层接触。时代为早、中侏罗世。

【沿革】　1993 年《西藏地质志》引用其名。本书沿用其名，含义同原始定义。

【现在定义】　田巴群自下而上由日当组和遮拉组组成。

日当组 $J_{1-2}r$　（07－54－0805）

【创名及原始定义】　王义刚等 1976 年创名，命名地点位于隆子县日当区果座朗曲一多巴。原义指时代为早侏罗世的一套灰黑色页岩、泥灰岩夹砂岩、凝灰质砂岩及燧石团块的地层，与上、下伏地层间的接触关系不明。

【沿革】　日当组自创名以来，西藏综合队于 1979 年在 1：100 万拉萨幅区调报告中继续沿用此名。1983 年王乃文等在羊卓雍湖地区将相当于日当组及其上覆的一套火山岩组成的地层统称为打隆群（自下而上为扎日组、陆热组及浪久组），其中的扎日组和陆热组之和相当于本文的日当组。以后文世宣、徐钰林等一直沿用日当组的称谓及含义，本书从之。

【现在定义】　为一套岩性以黑色页岩与泥灰岩或与砂岩互层夹燧石团块、凝灰质砂岩的地层体。含丰富的菊石化石。未见顶、底。

【层型】　正层型位于隆子县果座朗曲一多巴（E92°08′，N28°26′），由王义刚等 1976 年测制，层序如下：

日当组	总厚度＞990 m
7. 灰黑色页岩与灰色钙质页岩互层，含硅质结核，向上钙质增多变为泥质灰岩，结核中产菊石 *Phylloceras* sp.，*Lytoceras* sp.，? *Prodactylioceras* sp.。（未见顶）	25 m
6. 灰黑色、深灰色页岩、时夹钙质页岩，时为互层，并含硅质和泥质灰岩条带，产菊石 *Prodactylioceras enodum*，*Hantheniceras* sp.，*Phylloceras* sp.，*Sulciferites* sp.，*Arietites* sp.	30 m
5. 深灰色、灰黑色页岩，含燧石结核和灰色灰岩团块，产菊石 *Phylloceras* sp.	25 m
4. 灰黑色页岩与灰色泥灰岩和灰黑色钙质粉砂岩互层	300 m
3. 灰黑色页岩及钙质页岩为主，上部时与灰黑色细砂岩互层，下部时与泥质灰岩互层，产菊石？*Galaticeras* sp.	70 m
2. 灰至灰黑色页层状泥灰岩、含镁泥质灰岩、含钙硅质结核，底部为浅灰绿色晶屑凝灰质砂岩	320 m
1. 灰黑色页层状钙质泥灰岩，夹薄层灰岩凸镜体。（未见底）	220 m

【地质特征及区域变化】　日当组岩性以灰一灰黑色泥灰岩与页岩、钙质页岩（或板岩、

千枚岩）的互层为主，夹粉砂岩和砂岩，泥灰岩以页层状为特征，偶夹凝灰质砂岩，地层局部见有辉绿岩脉，出露厚度 330～3 500 m。以产游泳生物化石菊石为主，次有双壳类，腹足类及箭石。局部遭受了轻微的变质。多数剖面见其与上、下伏地层为断层接触。

日当组分布于定日—隆子一带，呈近东西向展布，西段地区定日—康马一带被一些穹窿分隔为南北两支。在定日—康马一带此套地层一直被称为田巴群，东段地区浪卡子—隆子一带称为“日当组”、扎日组、陆热组等。在浪卡子—隆子一带以灰—灰黑色泥灰岩、砂质灰岩及页岩、钙质页岩为主夹粉砂岩，含钙、泥、铁质结核。西部地区定日—康马一带，在拉轨岗日复背斜北翼其岩性为页岩、钙质页岩、钙质砂岩及灰岩，局部地区变质为板岩、千枚岩；南翼以板岩为主夹粉砂岩。东段地区的泥灰岩具页层状层理，并普遍含结核。总的显示为东薄西厚，西段地区最厚可达 3 500 m，东部地区最薄仅 330 m。东部地区仅见游泳型生物化石菊石，西部地区除菊石外还产箭石、双壳类及腹足类。东部地区以深海相为主，西部地区以浅海相为主。在东部边区岩石遭受了绿片岩相的变质作用。在西段地区定日—康马一带日当组直接与上覆地层维美组整合接触，日当组岩石组合为页岩与灰岩的不等厚互层，而维美组是石英砂岩与页岩的不等厚互层，一般以日当组顶部之灰岩与维美组底部的石英砂岩之间划界。日当组与下伏地层涅如组板岩为断层接触。东段浪卡子—隆子一带地区，日当组与上覆地层遮拉组砂、页岩夹火山岩的地层断层接触，与下伏地层涅如组板岩也为断层接触。

在定日—康马一带产菊石 *Primarietites*，*Delecticeras*，*Schlothemia*，*Nyalamoceras nyalamense*；双壳类 *Entolium* cf. *nieniexionglaensis*，时代为早、中侏罗世。在浪卡子—隆子一带，产菊石 *Psiloceras psilonotum*，*P. provincialis*，*Wachneroceras latum*，*Longziceras longziensis*，Arietitidae，*Primarietites*，*Asteroceras*，*Juraphyuites kavasensis*，*Arnioceras arnouldi*，*Euagassiceras*，*Gleviceras*，*Sulciferites*，*Galaticeras*，*Polymorphites*，*Prodactylioceras*，*Hantheniceras enode*，时代为赫塘期—普林斯巴期。说明日当组顶界为一穿时线，由西而东其顶界从中侏罗世下穿至早侏罗世末期。

遮拉组　$J_{2-3}\hat{z}$　（07－54－0806）

【创名及原始定义】　西藏第一地质队 1963 年创建的“遮拉段”演变而来。创名剖面为贡嘎县张达—遮拉山剖面。王乃文 1983 年介绍。原义主要指“朗杰学组”中的上部 40 米厚的一段砂岩。时代为三叠纪。

【沿革】　1963 年西藏第一地质队据贡嘎县杰得秀—朗杰学—遮拉山剖面创名“朗杰学群”，包括（自下而上）：苏诺林段、遮村段和遮拉段。时代均归三叠纪。1983 年王乃文等重新观测了朗杰学—遮拉山剖面将其中的“遮拉段”扩大含义称为遮拉群，包括（自下而上）：滨湖组、夏西组、巴纠淌组。总的岩性为一大套火山岩，凝灰岩，很少一部分页岩、灰岩、硅质岩。时代归属侏罗纪。并同时指定了相邻的夏西村东至羊卓雍错岸边及工波学区舍朗热山南坡至巴纠淌剖面为遮拉群“副层型”。1984 年，吴浩若将江孜县夹中村以南（年楚河北岸）的同一套地层称为“夹中复理石”，与李璞等（1959）所称的“江孜系”大体相当。1989 年，徐钰林将该套地层又创名为下热组，时代置于中侏罗世。1993 年《西藏地质志》引用了遮拉组一名。时代置于中侏罗世。本书沿用遮拉组，含义与《西藏地质志》(1993) 所称遮拉组相当。

【现在定义】　指整合于日当组之上、维美组之下，其间的一套杂色、灰—灰黑色砂质岩互层夹玄武岩、安山岩、英安岩、凝灰岩、硅质岩等火山碎屑岩、灰岩、砾岩块体的地层体。

产菊石、有孔虫等化石。

【层型】 正层型为贡嘎县张达—遮拉山剖面，副层型为浪卡子县工波学区舍朗热山南坡至巴纠淌剖面,两者均出露不完整，现以西藏隆子县拿日雍错—扎西康剖面为次层型（E92°04′，N28°22′），由西藏综合队（1979）测制，层序如下：

遮拉组 总厚度＞6 495.6 m

6. 灰黑色砂岩与页岩互层，夹数层玄武玢岩及灰岩，普遍含硅质结核和泥碳质结核及黄铁矿。（未见顶） 2 940.0 m

5. 灰色粗—细粒砂岩、砾岩、砂砾岩夹玄武玢岩，含硅质结核 556.8 m

4. 深灰绿色—灰黑色玄武玢岩 195.6 m

3. 灰—灰黑色砂页岩互层夹海绿石灰岩及玄武玢岩，普遍含硅质结核及黄铁矿晶体 2 086.4 m

2. 灰色中—细粒砂岩，顶部安山凝灰岩，产丰富的菊石 *Indocephalites* sp.，? *Dolikephalites* sp.，*Reinekeia* sp.，*Garantiana* sp. 586.8 m

1. 深灰绿色杏仁状玄武岩，安山质火山角砾岩，安山岩等 130.0 m

——————— 整 合 ———————

下伏地层：日当组 泥灰岩、页岩

【地质特征及区域变化】 遮拉组岩性为灰—灰黑色砂、页岩互层夹火山岩、灰岩、粉砂岩及砾岩组成韵律层。出露厚度 430～6 496 m，普遍含硅质、碳泥质结核及黄铁矿。仅产游泳生物菊石。可能为裂陷槽中的火山-硅质岩建造。岩石基本未变质。

遮拉组分布于江孜—隆子一带，呈近东西向延伸。在江孜附近原称“夹中复理石”和”江孜组”，在拿日雍错一带曾称为“浪久组”和“遮拉群”。在拿日雍错一带为砂、页岩互层夹基、中性熔岩、火山碎屑岩、砾岩、灰岩。向东至隆子一带出现碳质页岩，且火山岩仅有玄武岩。向西在江孜附近，下部为砂岩、粉砂岩、页岩的韵律层夹英安岩，上部为薄层状灰岩及页层状泥灰岩夹基性熔岩及凝灰岩。厚度 430～6 496 m，向东厚度增大。拿日雍错—隆子一带仅产浮游生物菊石。反映深水沉积环境。本组产有菊石 *Garantiana*，*Indocephalites*，*Dolikephalites*，*Reineckeia*，*Macrocephalites*，*Gulielmiceras*，*Haplophylloceras strigile*。时代为巴柔期—牛津期。

维美组 J_3w （07－54－0807）

【创名及原始定义】 吴浩若 1984 年创名，命名地点位于江孜县城东北约 20 km 的仁拉浦曲北岸之维美村。1984 年在《西藏地层》一书中首次发表维美组的剖面叙述。原义指江孜组上覆的一套厚层砂岩和页岩的互层，时代为提塘期。

【沿革】 创名后各家均沿用其名，含义也无多少变更，本书亦从之。

【现在定义】 指一套灰、灰黑色的页岩与细粒石英砂岩互层为主夹灰岩、粉砂岩的地层体。未见底，顶部与甲不拉组整合接触。主要分布于仲巴—江孜一带地区。

【层型】 正层型为江孜县维美剖面（E89°43′，N28°57′），位于江孜县城东北约 20 km 的仁拉浦曲北岸之维美村。由吴浩若等 1980 年测制（1984 年发表），层序如下：

上覆地层：甲不拉组 硅质页岩、页岩

——————— 整 合 ———————

维美组　　总厚度＞376 m

6. 灰色、黄灰色薄层石英砂岩与灰黑色粉砂质页岩互层，夹有石英砂砾岩凸镜体　　13 m

5. 灰至灰黑色页岩和泥质粗砂岩，含多量铁质、砂质结核，结核中产菊石 *Himalayites* sp.，*Haplophylloceras strigile* 及腹足类 *Ampullospira* sp.　　24 m

4. 灰绿色岩屑石英砂岩，夹灰白色、褐红色石英砂岩，含钙、铁质结核，产菊石 *Himalayites* sp. *Haplophylloceras strigile*　　55 m

3. 灰黑色粉砂质页岩和泥质粉砂岩，夹灰岩凸镜体，含扁豆体、球状硅泥质碳酸盐结核。下部产菊石 *Berriasella* sp.，*Haplophylloceras* sp.；双壳类 *Palaeonucula* sp.　　154 m

2. 灰白色石英砂岩夹灰绿色岩屑石英砂岩凸镜体，并含硅质铁质结核　　48 m

1. 灰黑色粉砂质页岩夹中至细粒石英砂岩凸镜体层。(未见底)　　82 m

【地质特征及区域变化】　维美组岩性为页岩与石英砂岩夹钙质结核或凸镜体，具类复理石沉积特征，出露厚度数百米至1 500 m，产游泳和浮游型生物菊石、箭石等，次有双壳类和腹足类。岩石基本未变质。

维美组分布于仲巴县拉赛拉—江孜一带，近东西向展布。在这一带都被称之为维美组。向东至浪卡子—隆子一带，1∶100万拉萨幅区调报告中，在浪卡子县多却见其整合伏于甲不拉组之下，上部为厚约200 m的凝灰质、粉砂质和泥质页岩，下部为厚约68 m的长石石英砂岩（未见底），时代为中晚侏罗世。应为维美组的东延部分，岩性在区域上较稳定，为页岩和石英砂岩的互层，在西段的仲巴县拉赛拉—萨迦县昌果一带灰岩或泥灰岩夹层增多，局部（拉赛拉）出现厚度达1 000 m的粗安岩。出露厚度330～3 574 m。普遍含铁质、钙质、硅泥质、硅铁质结核，局部出现钙硅质岩和硅质页岩。产游泳和浮游型生物菊石、箭石，局部见有虫迹化石。次为双壳类、腹足类化石。菊石有 *Himalayites*，*H*. aff. *breceli*，*Phylloceras* sp.，*Spiticeras* sp.，*Haplophylloceras*，*Berriasella*，*Neocomites*；箭石 *Belemnopsis uhligi*，*Hibolithes verbeeki*。据上述，本书暂将其地质时代置于晚侏罗世。

甲拉浦组　T_3J_1j　(07-54-0808)

【创名及原始定义】　王乃文于1984年创名，系从原麦隆岗群顶部划分出来的一个组，创名地点在林周县甲拉浦上游。原始定义系指平行不整合覆于上三叠统麦隆岗组含海相化石以灰岩为主的地层之上的黑色页岩、碳质页岩与灰岩的地层，代表下侏罗统。下与麦隆岗组灰岩以不整合面为界，上与第三纪火山岩以不整合面为界。

【沿革】　刘世坤、刘鸿飞（1988）及西藏区调队（1991）曾将其称为查果切群。本书仍沿用甲拉浦组。

【现在定义】　指平行不整合于麦隆岗组灰岩之上的一套灰—灰黑色砂岩、页岩、灰岩、粉砂岩夹火山岩的地层，顶部被林子宗群火山岩不整合覆盖。

【层型】　正层型为林周县甲拉浦剖面（E91°08′，N30°04′），位于林周县城320°方向约20 km处。由王乃文等1983年测制，层序如下：

上覆地层：**林子宗群**　安山岩、英安岩

～～～～～～ 不 整 合 ～～～～～～

甲拉浦组　　总厚度 530 m

4. 灰黑色中层状致密微晶灰岩　　100 m

3. 上部灰黑色页岩、碳质页岩与薄层状石英砂岩互层，夹薄煤层；下部为灰岩与灰黑色页岩互层，煤层中产植物 *Equisetua* cf. *sarrani*, *Coniopteris* sp., *Neocalamites* sp. 200 m

2. 灰色中层状夹薄层状灰岩，间夹砂页岩 200 m

1. 灰褐色砾岩，胶结紧密，砾石多为石英岩或脉石英 30 m

——————— 平行不整合 ———————

下伏地层：**麦隆岗组** 灰岩

【地质特征及区域变化】 甲拉浦组零星分布于林周—达孜一带，岩石组合为砂页岩夹灰岩和火山岩，局部夹薄煤层，厚度为 260～630 m，在林周一带灰岩夹层增多，在达孜一带以砂、页岩为主夹火山岩，1∶20 万拉萨幅区调报告中被称为查果切组。产植物化石、双壳类、腹足类、苔藓虫等，为海陆交互沉积环境。除在甲拉浦上游见其与下伏地层麦隆岗组为平行不整合接触外，在达孜一带与麦隆岗组为整合接触。

甲拉浦组产植物化石 *Equisetum* cf. *sarrani*, *Coniopteris* sp., *Neocalamites* sp.，时代为瑞替期—里阿斯期；孢粉 *Calamospora tener*, *Todisporites minor*, *Rhaetipollis germanicus*，时代为瑞替期—里阿斯期；双壳类 *Schafhaeutlia sphaeriodes*, *Palaeocardita langnongensis*, *Astarte* cf. *voltzii*, *Weyla* sp., *Inoceramus* sp., *Chlamys* (*Radulopecten*)，时代为诺利期—早中侏罗世，但上述双壳类都共生在一起，故将甲拉浦组时代暂定为瑞替期—早侏罗世。

却桑温泉组 J_2q （07-54-0809）

【创名及原始定义】 王乃文 1984 年创名，命名地点在堆龙德庆县却桑温泉。原义指多底沟群灰岩之下的砂、页岩为主的地层。与其上覆地层多底沟灰岩整合接触，其底以砾岩与查曲浦组安山岩不整合接触。

【沿革】 西藏综合队（1979）将多底沟灰岩及整合其下的碎屑岩统称多底沟群，时代归属中晚侏罗世。王乃文（1983）将多底沟群下部的碎屑岩划分出来创名却桑温泉组，时代置于卡洛阶至牛津阶。本书沿用其名，含义同原始定义，时代置于中侏罗世。

【现在定义】 指不整合覆于查曲浦组火山岩之上，整合于多底沟组灰岩之下的灰、灰褐色页岩、砂岩互层的一套地层体。产双壳类、腹足类及植物化石碎片。

【层型】 正层型为堆龙德庆县却桑温泉剖面（E90°47′，N29°59′），位于却桑寺东沟。由王乃文等 1983 年测制，层序如下：

上覆地层：**多底沟组** 灰白色灰岩

————— 整 合 —————

却桑温泉组 总厚度 233.5 m

3. 灰色钙质页岩、粉砂质页岩与灰褐色中层砂岩互层，页岩中含双壳类、腹足类化石，有酸性岩墙穿入 200.0 m

2. 灰褐色中层状长石石英砂岩夹粉砂岩与页岩，页岩与粉砂岩中产双壳类、腹足类化石 18.5 m

1. 灰色、灰褐色砾岩、砂砾岩，砾石成分为下伏三叠系的安山岩，向上渐变为砂岩夹页岩、粉砂岩中含植物化石碎片 15.0 m

～～～～～～ 不 整 合 ～～～～～～

下伏地层：**查曲浦组** 杂色安山岩、蚀变安山玄武岩夹灰绿色岩屑凝灰岩、角砾状玄武岩及凝灰质砂岩，双壳类 *Astartoides dingriensis*, *A. ganbaensis*, *Ostrea* sp., *Protocardia* sp., *Anisocardia* sp.；腹足类 *Pleurotomaria spitiensis*；底部植物化石有 *Ptilophyllum* sp.，

Zamites sp. 等

【地质特征及区域变化】 却桑温泉组仅见于堆龙德庆县却桑温泉一带，在拉萨西郊油库，墨竹工卡等地也有零星出露。岩性为砂、页岩互层，底部为砾岩、砂砾岩，厚度为233 m。产植物化石，中上部产双壳类及腹足类化石，为海陆交互相沉积环境，产薄层高岭土矿。

却桑温泉组产植物化石 *Ptilophyllum* sp.，*Zamites* sp.；双壳类 *Astartoides dingriensis*，*A. ganbaensis*，*Protocardia* sp.，*Ostrea* sp.，*Anisocardia* sp.；腹足类 *Pleurotomaria*。地质时代为中侏罗世。

多底沟组 $J_{2-3}d$ （07-54-0810）

【创名及原始定义】 源于1961年西藏地质局谌义睿命名的多底沟灰岩，未指定层型。西藏综合队1979年介绍。创名地点位于拉萨北郊多底沟。原义指侏罗系的一套灰岩。

【沿革】 1979年西藏综合队在1∶100万拉萨幅区调报告中将此套灰岩及其以下的砂页岩统称多底沟群。1983年王乃文将此套灰岩单独划分出来称多底沟组。《西藏地质志》(1993)仍继续沿用多底沟群。西藏区调队在1∶20万曲水幅区调报告中采用多底沟组。本书亦采用其名。含义同王乃文（1983）所称多底沟组，时代置于中、晚侏罗世。

【现在定义】 指整合伏于林布宗组砂板岩夹煤层的岩石地层之下的一套碳酸盐岩地层。产植物化石及双壳类、腹足类化石。下未见底。

【层型】 选层型为拉萨市北郊林布宗南多底沟剖面（E91°10′，N29°46′），由西藏综合队1979年测制，层序如下：

上覆地层：**林布宗组**

4. 灰—灰黑色板岩，局部夹灰岩、泥灰岩及薄煤层或凸镜体，产双壳类及植物化石　240.0 m

——————— 整　合 ———————

多底沟组　总厚度 716.9 m

3. 灰黑色蠕虫状结晶灰岩夹石英细砂岩及黑色斑点状板岩　100.0 m
2. 上部灰黑色中厚层状灰岩，下部为灰白色中厚层状结晶灰岩，含泥质和黄铁矿细粒　190.0 m
1. 灰白色大理岩化灰岩，近花岗岩处有厚度不大的大理岩及矽卡岩化现象。(未见底)　426.9 m

【地质特征及区域变化】 多底沟组分布于堆龙德庆县—墨竹工卡县甲马一带及堆龙德庆县却桑一带。岩性为灰—深灰色灰岩、泥质灰岩、泥灰岩、生物碎屑灰岩夹砂、页岩组合，在区域上延伸稳定。出露厚度为496～1 741 m，总体是南部厚北部薄。生物组合为珊瑚、腹足类、双壳类、苔藓虫、海百合茎等。为碳酸盐台坪相和滨浅海沉积环境。灰岩中产腹足类 *Cossmanea* sp.，*Ptygmatis* sp.，*Nerinea* sp.，*Diozoptyxis* sp.；珊瑚 *Lochmaeosmilia radiata*；有孔虫 *Pseudocyclammina* ex gr. *lituus*，*P. maynci*；钙藻 *Salpingoporella* cf. *johnsoni*，*S. annulata*。考虑到化石层位多产于该组中、上部，故将其地质时代暂置于中—晚侏罗世。

接奴群 $J_{2-3}J$ （07-54-0811）

【创名及原始定义】 西藏区调队于1983年创名，创名地点位于班戈县接奴。原始定义系指代表中上侏罗统的一套灰色灰绿色、紫红色砾岩、砂岩、粉砂质泥岩及砂质页岩夹火山岩、含砾砂岩及砂质灰岩的地层，产双壳类、腹足类、珊瑚及菊石化石。未见顶，不整合伏于丁青湖组砂岩、含砾砂岩或平行不整合于朗山组灰岩之下；其下普遍未见底，仅在改则县绒果见其不整合于下拉组灰岩之上。

【沿革】 李璞（1955）曾建班戈错层，1957年青海石油普查大队将其改称为砂页岩系，1968年西藏第四地质大队将其自上而下划分为冰雹山组（J_{2-3}）、黑山组（J_{1-2}）、生马杂则组（J_{1-2}），该队于1973年又自上而下将其重新划分为蛤蟆山组（J_{2+3}）、龟山组（J_{1-2}），该队于1974年又把龟山组改为中上侏罗统，把蛤蟆山组划到白垩系。1983年1：100万日喀则幅区调报告把龟山组更名为接奴群，本书沿用接奴群一名，并将措勤县雪上勒和申扎县则固的原达雄群划归接奴群。

【现在定义】 指分布于措勤—申扎一带的一套由白色、灰色、绿色、紫红色砾岩、砂岩、粉砂质泥岩、砂质页岩夹火山岩、含砾砂岩及砂质灰岩组成的岩石地层。产双壳类、腹足类、珊瑚及菊石化石。未见顶、底。

【层型】 正层型为班戈县接奴—窝如日居剖面（E89°40′，N31°51′），由西藏区调队1983年测制，层序如下：（该剖面中原第6—10层为第1—5层断层重复）

接奴群	总厚度 1 187 m
5. 灰色粉砂质页岩夹少量薄层砂岩及钙质粉砂岩。页岩中含钙质结核或灰岩小凸镜体。（未见顶）	100 m
4. 灰色巨厚层状砾岩夹含砾砂岩	467 m
3. 灰色中粗粒砂岩夹含砾砂岩和砾岩，组成下粗上细的韵律，上部夹灰色薄层生物碎屑灰岩（厚1.5 m），砂岩普遍含泥灰岩结核；生物碎屑灰岩及泥灰岩结核中产大量的化石，双壳类 *Astarte subcardiformis*，*Goniomya trapezicostata*，? *Corbula* sp.，*Grammatodon* (*Indogrammatodon*) *virgatus*，*Pseudolimea* sp.；腹足类 *Nerinella dayi*；六射珊瑚 *Montlivatia cupuciformis*；菊石类 *Protetraganites* sp.	82 m
2. 暗紫红色厚—巨厚层状砾岩夹含砾粗砂岩	211 m
1. 灰色中厚层状杂砂岩、变质细粒岩屑石英砂岩，夹灰绿色安山岩、安山角砾岩、灰岩、生物碎屑灰岩凸镜体及页岩，下部见辉绿岩、辉长岩脉侵入。（未见底）	327 m

【地质特征及区域变化】 接奴群岩性为灰白、灰、灰绿、灰紫色粗—细粒碎屑岩夹火山岩组合。其中的碎屑岩是以结构、成分成熟度都低的砾岩、含砾砂岩、杂砂岩、长石砂岩、长石石英砂岩、岩屑石英砂岩组成为特征，并夹中基性—酸性熔岩和火山碎屑岩。化石较少，有双壳类、腹足类、珊瑚、菊石等。为滨海—浅海沉积环境。厚度为1 150～3 700 m，反映为快速堆积的产物，岩石基本未变质。

接奴群在措勤—申扎一带，呈近东西向延伸。在班戈县接奴一带曾称为龟山组等。1989年林宝玉等还将其自上而下划分为接奴组、卧荣沟组、大黄山组等地层单位，但难以理清与接奴群的对应关系，在区域上也难以划分，本书将雪上勒及则固两地的原达雄群地层归并到接奴群中。岩性在区域上较稳定，仅在申扎县学晏安及改则县绒果两地泥质成分增多，局部（学晏安）不夹火山岩。除前述化石外，在改则县雪上勒还见有植物化石碎片。地层厚度以申扎县南和雪上勒两地最厚，分别为3 700 m和2 950 m。多数剖面都是上未见顶、下未见底，仅在改则县绒果见其不整合于下拉组（P_1）灰岩之上，在改则县川巴见多尼组砂、页岩平行不整合于上，其余地区见林子宗群、邬郁群等不整合于其上。

据所产双壳类 *Praeexogyra acuminata*，*Lopha gregarea*，*Meleagrinella* cf. *ovalis*，*Lima* sp.，? *Gresslya abducta*，*Astarte* sp.，*Coelopis* sp.，? *Fimbria dingriensis*；腹足类 *Nerinea* sp.；菊石 *Protetragonites* sp.，*Himalayites* sp.，*Lilloetia* sp.，*Pseudocadoceras* cf. *pelelini*。该群地质时代为中、晚侏罗世。

马里组　J_2m　(07-54-0812)

【创名及原始定义】　据史晓颖等（1985）在洛隆县城76°方向45 km处的马里创名，是将原柳湾组下部的碎屑岩单独划分出来建立的。岩性为浅灰色粗—细粒砂岩夹粉砂岩、含砾砂岩及粉砂质页岩，其下不整合于嘉玉桥群片岩之上，上与原柳湾组灰岩整合接触。时代为中侏罗世。

【沿革】　1955年李璞将洛隆地区的侏罗系地层称为拉贡唐层，1962年顾知微以年代跨纪为由将其改称为拉贡唐群（J_2—K_1），1972年四川三区测队在1∶100万昌都幅中将拉贡唐群上部以页岩为主的地层称为拉贡唐组（J_3），而将碎屑岩以下的碳酸盐岩称柳湾组（J_2），1985年史晓颖等又将柳湾组灰岩之下的碎屑岩划出来称为马里组（J_2^1），其上的灰岩仍称柳湾组（J_2^1—J_2^3），1990年四川区调队在1∶20万洛隆幅区调报告中将柳湾组又改称为桑卡拉佣组（J_2），1992年在《怒江—澜沧江—金沙江区域地层》一书中则将这一带的侏罗系地层称为雁石坪组（J_2），1993年《西藏地质志》把相当于桑卡拉佣组及马里组之和称为桑巴群。本书引用马里组一名，含义同原始定义。

【现在定义】　指不整合覆于嘉玉桥群之上、整合伏于桑卡拉佣组灰岩之下的一套浅灰、灰绿、紫红、黄褐色砾岩、砂岩、粉砂岩夹含砾砂岩、泥岩的地层体，产双壳类、腕足类化石等。

【层型】　正层型为洛隆县马里剖面（E96°04′，N30°40′），位于洛隆县马里。由史晓颖等1983年重测〔现引用的剖面资料发表于徐钰林等著（1989）的《西藏侏罗、白垩、第三纪生物地层》〕。剖面层序如下：

上覆地层：**桑卡拉佣组**　灰色薄—块状灰岩

—————— 整　合 ——————

马里组　　总厚度170.33 m

4. 上部浅灰色粉砂质灰岩及浅灰色中--厚层状粉砂岩夹浅灰色薄层灰岩；下部为浅灰色中层状细砂岩，底部为石英砾岩；含双壳类 *Myophorella clavellata*，*M.* cf. *maliensis*，*Trigonia* sp.，*Protocardia stricklandi*，*P. globosa*，*Astarte* (*Coelastarte*) *reginae*，*Cardinia hylorida*，*Chlamys* (*Chlamys*) sp.，*Cucullaea* sp.，*Mactromya* sp.；腕足类 *Loboidothyris perovalis*　　15.50 m
3. 上部浅灰色中厚层状砂岩局部夹粉砂岩；下部浅灰色薄—中层状细粒砂岩，底部夹浅灰色粉砂岩，产双壳类 *Protocardia stricklandi*，*P. globosa*，*P. maliensis*，*Myophorella* cf. *formosa*，*M. maliensis*；腕足类 *Loboidothyris perovalis* 和菊石？*Stephanoceras* sp.　　49.13 m
2. 上部浅灰色中层状粗砂岩夹含砾粗砂岩；下部为浅灰色砂岩与含砾粗砂岩互层　　50.70 m
1. 紫红色石英砂岩　　55.00 m

～～～～～～ 不 整 合 ～～～～～～

下伏地层：**嘉玉桥群**　石英片岩、板岩

【地质特征及区域变化】 马里组的岩性为浅灰、灰绿、紫红、黄褐色粗—细碎屑岩组合，厚度 168～2 405 m，产丰富的双壳类化石，次为腕足类、菊石、植物化石碎片，还可见超镁铁质岩构造侵位于其中。岩石基本未变质。其下不整合于较老地层之上，与上覆地层桑卡拉佣组灰岩连续沉积。

马里组断续分布于嘉黎—洛隆—八宿—扎玉一带，岩性为一套杂色粗—细粒碎屑岩，在马里一带以砂岩为主。在嘉黎桑巴一带以砂岩、砾岩为主，在八宿一带以砂岩、粉砂岩为主，但普遍都夹含砾砂岩，总的是自西而东（或东南）由粗变细。碎屑岩在结构、成分的成熟度都较低。在八宿瓦达一带见有超镁铁质岩构造侵位于马里组中，并见夹有安山岩层，厚度变化较大 168～2 405 m，以嘉黎桑巴一带最厚（2 405 m），洛隆县之东最薄（168 m），八宿一带厚度中等（1 170～1 649 m）。除产海相的双壳类、腕足类及菊石外，还见有植物化石碎片。为滨海碎屑岩沉积环境。据其所产双壳类 *Protocardia stricklandi*，*Myophorella clavellata*，*Trigonia* sp.，及腕足类 *Loboidothyris perovalis*。该组地质时代为中侏罗世。

桑卡拉佣组 J_2s （07－54－0813）

【创名及原始定义】 四川区调队于 1990 年据洛隆县马里乡剖面命名，创名地点位于洛隆县马里乡瓦合断裂南，原指位于洛隆县马里乡瓦合断裂南的中侏罗世灰岩地层。相当于四川三区测队 1974 年引用云南滇西地区的柳湾组上部的碳酸盐岩。

【沿革】 史晓颖等（1985）、徐钰林等（1989）所称的柳湾组（J_2）也是专指这套碳酸盐岩组成的地层。在嘉黎县桑巴，西藏综合队 1979 年将上部碳酸盐岩和下部碎屑岩统称为桑巴群。本书沿用桑卡拉佣组。含义同原始定义。

【现在定义】 指整合于马里组碎屑岩之上和拉贡塘组页岩之下的一套灰、灰黄、深灰色泥灰岩、砾屑灰岩及泥质灰岩夹生物碎屑灰岩的地层，产腕足类、双壳类、海胆化石。

【层型】 正层型为洛隆县马里乡剖面（E96°04′，N30°40′），由史晓颖等 1983 年重测，剖面出处同马里组，其层序如下：

上覆地层：拉贡塘组 黑色页岩，含大量钙质结核

——————— 整 合 ———————

桑卡拉佣组 总厚度 67.74 m

6. 上部为灰色块状灰岩，下部为泥灰岩，产双壳类 *Lopha solitaria*；腕足类 *Holcothyris elliptica*，*Tubithyris* cf. *whathyensis*，*Charttonithyris* cf. *phroidea*，*Avonothyris dostorta*，*Lobthnyris moquensis*，*Striphithyris* sp.，*Kutchithyris lingularis*，*K. anduoensis*，*K.* cf. *ingluviosa*，*K. propinqua*；顶部产菊石 *Macrocephalites* sp. 32.20 m

5. 灰色薄—块状灰岩，产腕足类 *Tubithyris globata*，*T. whathyensis*，"*Tevebratula*" *lignifera*，*Kutchithyris pinqua*，*K. lingularis*，*K. degensis*，*K. zemdaensis*，*Avonothyris disforta*，*Sogxienthyris pentagonalis*；双壳类 *Chlamys* (*Rodulopecten*) *baimaensis*，*C.* (*R.*) *vagens*，*Entolium renevieri*，*Costigervillia* cf. *minima*，*Pseudolima* sp.，*Lopha* cf. *costata*，*L. solitria*，*L. maliensis*，*L. changduensis*，*Myophorella formosa*，*M. clavellata*，*Homomya hortulana*，*H. gibbosa*，*Pholadomya hemicardia*，*P. socialis qinghaiensis*，*Goniomya inflata*，*Mactromya luonongensis*，*Cereomya* (*Caphllimya*) sp.，*Ceratomyopsis striata*，*Placunopsis* sp.，*P.* cf. *socialis*，*Astarte* (*Coelastarte*) *reginae*，*Pseudotrazium cordiforme*；菊石 *Leptosphinctes* sp.，*Oppel* sp. 35.54 m

———————— 整　合 ————————

下伏地层：马里组　粉砂岩

【地质特征及区域变化】　桑卡拉佣组分布于怒江西南侧的嘉黎县桑巴—洛隆县马里—左贡县小打坝一带，呈 NW－SE 向断续延伸。在嘉黎县桑巴一带属原“桑巴群”上部，在洛隆县马里一带曾称为“柳湾组”。岩性为灰色薄—块状灰岩、泥灰岩，在桑巴一带夹细砾岩及砂岩，产植物化石碎片，在左贡县小打坝一带夹粘土岩及页岩，在马里一带全为碳酸盐岩。在马里厚度为 68 m，在桑巴和小打坝厚度较大，分别为 1 002 m 和 550 m，产双壳类、腕足类及少量菊石、珊瑚、海百合茎。以碳酸盐岩占绝对优势，为碳酸盐台地浅水沉积环境。岩石基本未变质。与上、下地层均为整合接触关系。

产腕足类 *Monsardith yrisvantricosa*，*Sphaeroidothyris lenthayensis*，*Pseudotobithyris plowerstockensis*，*Cereithyris intermedia*，*Epithyris oxonica*，*Dorsoplicathyris* sp.，*Kutchithyris* sp.，*K. jooraensis*；双壳类 *Lopha qamsimdoensis*，*Chlamys* (*Radulopecten*) *baimaensis*，*Pseudotrazium cordiforme*，*Pronoella* sp.。该组时代为晚巴柔期—卡洛期。

拉贡塘组　$J_{2-3}l$　(07－54－0814)

【创名及原始定义】　由“拉贡塘层”演变而来。李璞（1955）首称拉贡塘层，创名地点位于洛隆县腊久区西卡达至藏卡扎乌沟。原义代表上侏罗统。岩性为石英砂岩夹粉砂质页岩、页岩及灰岩的地层，产双壳类及植物化石碎片。

【沿革】　顾知微（1962）称之为拉贡塘群（J_2—K_1）。刘茂修（1983）将其自上而下又划分为拉贡塘组和协雄组。中国科学院南京地质古生物研究所等单位在《川西藏东地区地层与古生物》、文世宣等在《西藏地层》、四川区调队在 1∶20 万洛隆幅区调报告及《西藏地质志》都沿用拉贡塘组一名。本书亦从之。

【现在定义】　指整合覆于桑卡拉佣组灰岩之上、平行不整合伏于多尼组含煤砂岩之下的一套灰、深灰色页岩、粉砂质页岩为主夹长石石英砂岩、石英砂岩、粉砂岩、凸镜状灰岩的地层体。产菊石、双壳类等。

【层型】　正层型为洛隆县腊久区西卡达—藏卡扎乌沟剖面（E96°20′，N30°20′），由四川三区测队 1974 年重测，层序如下：

上覆地层：多尼组　灰黑色、灰色砾岩

－－－－－－－ 平行不整合 －－－－－－－

拉贡塘组　　总厚度 2 117.1 m

8. 灰、深灰及灰白色厚层—块状细粒石英砂岩夹深灰色薄层灰岩，上部产菊石 *Virgatosphinctes* sp.，*Euaspidoceras* sp.，*Aulacosphinctoides* sp.　229.3 m
7. 灰、灰白色薄—中层状石英砂岩夹紫红色细粒石英砂岩　154.4 m
6. 灰、灰白色中—厚层状石英砂岩夹灰色凸镜状灰岩　100.7 m
5. 深灰色薄层状长石石英砂岩夹灰白色石英砂岩及黑色页岩　171.0 m
4. 灰黑色粉砂质页岩与黑色页岩互层，夹薄层状灰色长石石英砂岩。砂岩中含铁质结核，产植物化石　338.4 m
3. 灰黑色、黑色长石石英砂岩及灰白色石英砂岩夹黑色页岩　274.3 m
2. 黑色页岩夹灰黑色长石石英砂岩及灰白色石英砂岩　411.3 m

1. 黑色粉砂质页岩及灰色长石石英砂岩夹白色石英砂岩，产双壳类 *Astarte* sp.，*Chlamys* sp. 437.7 m

——————— 整 合 ———————

下伏地层：**桑卡拉佣组** 灰岩

【地质特征及区域变化】 拉贡塘组分布于班戈—那曲—洛隆—八宿一带，自西而东由近东西向转为北西向延伸。岩性为灰—灰黑色页岩、粉砂岩与砂岩、泥岩的不等厚互层。其中的砂岩一般以成熟度高的石英砂岩为主。砂、页岩常组成韵律层。页岩中普遍含菱铁质或铁泥质结核，出露厚度 350～7 155 m。产菊石、双壳类及少量腹足类、腕足类、珊瑚、海胆、海百合茎等化石，局部还产植物化石碎片。局部夹陆相地层及火山岩。岩石基本未变质。上与多尼组不整合接触，下与桑卡拉佣组灰岩连续沉积。

在班戈地区，其中泥岩增多并夹砾岩及火山岩，在洛隆—八宿地区局部夹白云岩。地层厚度以边巴县尼木一带最厚，达 7 155 m，总的是西厚（1 003～1 748 m）东薄（349～714 m）。以浅海环境为主，局部为次深海环境，局部还夹陆相地层。普遍产游泳生物化石菊石，多数剖面都产固着蛤或底栖生物，如珊瑚、腹足类、腕足类等，洛隆—八宿一带有的剖面产植物化石或碎片，其上与多尼组常为平行不整合或不整合接触，但局部地区，如索县军巴和八宿加东也见二者为整合接触关系。拉贡塘组产菊石 *Alligaticeras* cf. *alligatus*，*Reineckeia* sp.，*Peltoceratoides semirugosus*，*Prososphinctoides* cf. *manialensis*，*Metapeltoceras* sp.，*Virgatosphinctes denseplicatus*。该组时代为卡洛期—提塘期。

木嘎岗日群 J*M* （07－54－0815）

【创名及原始定义】 文世宣于 1979 年命名，创名地点位于改则县木嘎岗日主峰木格各波日东南。原义指不整合伏于第三系棕红色碎屑岩之下代表中侏罗统的一套深灰色、灰黑色、灰绿色砂岩、泥岩夹硅质灰岩、灰岩凸镜体的地层，下未见底。

【沿革】 木嘎岗日群自创名以来，西藏区调队在 1∶100 万改则幅、日土幅及《西藏地质志》中都继续沿用此名，但其所代表的年代地层各异，依次分别为侏罗系、中侏罗统、中—上侏罗统。郭铁鹰等的《西藏阿里地质》则将日土一带与此相同的一套地层称日松群，并自上而下划分为笤波组、麻嘎藏布组，代表中侏罗统。向东，在东巧—丁青一带沿蛇绿岩分布的一套砂页岩韵律层在 1∶100 万拉萨幅区调报告中称之为拉贡塘组（J_3l）。

【现在定义】 系指沿班公错-怒江断裂带分布的一套深灰色、暗绿色、灰黑色泥质板岩与变质砂岩、粉砂岩夹灰岩、硅质灰岩为主的地层体。化石稀少，有少量双壳类、腕足类等。其下未见底，顶部与康托组红色碎屑岩不整合接触。

【层型】 正层型为改则县木嘎岗日主峰木格各波日东南剖面（E87°32′，N32°20′），由文世宣等 1979 年测制，层序如下：

上覆地层：**康托组** 棕红色碎屑岩

~~~~~~~~~~ 不 整 合 ~~~~~~~~~~

木嘎岗日群 总厚度 2 200 m

2. 深灰色，灰黑色泥质板岩夹硅质灰岩。泥板岩中夹粉砂岩和粉砂质泥板岩。硅质灰岩风化后为褐黄色，块状，近顶部的一层灰色石灰岩凸镜体中产六射珊瑚 *Plesiosmilia* cf. *truncata* 1 200 m
~~~~~~~~~~

1. 暗绿色变质细砂岩与变质粉砂质泥岩互层。(未见底) 1 000 m

【地质特征及区域变化】 沿班公错、改则、丁青一带分布，与蛇绿岩带相伴延伸，西段连续分布，东段常呈构造凸镜体零星出露。岩性组合为砂、板岩夹灰岩、硅质灰岩组成的复理石沉积。厚度巨大，出露最大厚度可达 14 780 m。化石稀少，仅见少量珊瑚、腹足类、双壳类等。具沟模、槽模及重荷模构造，并含有二叠纪、三叠纪的灰岩岩块，为边缘复理石相。变形变质程度相对于相邻同时代地层较强，可见硬绿泥石、葡萄石等变质矿物。反映其变质期压力较高的环境。

在区域上岩性较复杂，为砂岩、粉砂岩与板岩或泥岩、页岩的韵律层，局部夹浊积砾岩或砂砾岩、凝灰岩、玄武岩及硅质岩、粒屑灰岩等。出露厚度一般为 1 500～4 000 m，最大厚度见于改则县哦坐错附近 (14 700 m)，在丁青县罗冬附近最薄，仅 618 m。木嘎岗日群与相邻地层多为断层接触关系。在班公错—狮泉河一带见朗山组砂、页岩不整合于其上；另在改则—哦坐错一带有同位素年龄值为 111 Ma 的火山岩，不整合在木嘎岗日群之上。

木嘎岗日群产珊瑚 *Stylina* cf. *kachensis*，*Epistreptophyllum diatritum*，*Mitrodendron*? sp.，*Calamophyllia* sp.，*Thecosmilia* sp.；腹足类 *Itieria* cf. *globosa*，其时代为中晚侏罗世，考虑到其下部还有很厚一段地层未采集到化石，暂将该组地质时代确定为侏罗纪。

沙木罗组 $J_3\hat{s}$ (07-54-0816)

【创名及原始定义】 西藏区调队 (1987b) 创名，创名地点在革吉县盐湖区沙木罗。原义指出露于阿翁错—盐湖一带岩性为富含化石的未变质的浅海相碳酸盐岩和碎屑岩的上侏罗统。主要按年代地层划分。

【沿革】 该组自创名以来，范和平 (1988)、《西藏地质志》(1993) 等沿用此名。本书也沿用其名，含义与原始定义大体相当。

【现在定义】 指平行不整合伏于朗山组灰岩之下的一套灰白色石英砂岩、含砾粗砂岩、粉砂岩夹钙质页岩、生物碎屑灰岩的地层。下未见底。

【层型】 正层型为革吉县盐湖区沙木罗剖面 (E82°25′, N32°18′)，由西藏区调队 1987 年测制，层序如下：

上覆地层：**朗山组** 灰白色中粒石英砂岩夹泥灰岩，产有孔虫 *Orbitolina* cf. *minuscula*

——————— 平行不整合 ———————

沙木罗组 总厚度 340.2 m

3. 灰白色中厚层状石英砂岩及粉砂岩，产珊瑚 *Epistreptophyllum* sp.，*Heliocoenia* sp.，*H.* cf. *orbignyi*，*H. meriani*，*Latiastrea* sp.，*Stylina* sp.；菊石 Perisphinctinae 82.8 m
2. 灰白色中厚层状中粗粒石英砂岩夹青灰色薄层状生物碎屑灰岩，产双壳类 *Ostrea* sp.，*Buchia* sp. 及珊瑚、有孔虫碎片 12.3 m
1. 灰白色中层状中粒石英砂岩、灰褐色含粒粗砂岩夹钙质页岩；产双壳类、有孔虫及菊石碎片。(未见底) 245.1 m

【地质特征及区域变化】 沙木罗组分布于革吉县阿翁错—盐湖一带，呈 NWW 向延伸。岩性为碎屑岩组合，产珊瑚、菊石、双壳类及有孔虫化石，为浅海沉积环境，未变质，出露厚度 340～400 m。所产珊瑚有 *Heliocoenia* cf. *orbignyi*，*H. meriani*，*Dermoseris deloguboi*，

Stylina lobata, *Thecosmilia magna*, *Axosmilia* cf. *marcou*, *Plesiosmilia* sp.；层孔虫 *Parastromatopora* sp.，*Xizangstromatopora* sp.。时代为晚侏罗世，主要为牛津期—基末里期。

东巧蛇绿岩群 *JD* (07-54-0817)

【创名及原始定义】 刘世坤、滕云（1994）创名，最初称东巧蛇绿岩岩群，主要指分布于姜索日、罗布中、东巧西水邦屋、察曲一带的蛇绿岩地层体。其岩石组合（由下往上）：橄榄岩、异剥橄榄岩、异剥辉石岩、辉长岩、辉绿岩、玄武岩。其上被早白垩世地层不整合覆盖（王希斌等，1987）。

【沿革】 1987 年王希斌等首次详细从岩石、矿物学等方面研究了东巧超镁铁岩体。本书更其名为东巧蛇绿岩群，含义与原始定义相当。

【现在定义】 指班公错-怒江蛇绿岩带中段的东巧—安多一带自下而上由变形橄榄岩、堆晶杂岩、席状岩（床）墙群、枕状玄武岩及硅质岩组成的一套特殊地层。

【层型】 正层型（复合层型）为东巧西岩体东段剖面、蓬湖西剖面、安多东捷日窝玛剖面及东巧西水邦屋剖面（E90°43′，N32°02′），由王希斌等于 1987 年测制，层序如下：

水邦屋剖面：

东巧蛇绿岩群	总厚度>466 m
6. 硅质岩及硅质页岩。（未见顶，厚度不详）	
5. 粗玄岩	188 m
4. 枕状玄武岩	86 m
3. 辉绿岩	66 m
2. 枕状玄武岩。（未见底）	>126 m

（玄武岩分层厚按总厚度及剖面图上宽度比例分配）

捷日窝玛剖面

东巧蛇绿岩群	总厚度 870 m
2. 辉绿岩岩墙群与角砾状辉绿岩岩墙、石英粒玄岩岩墙呈不等厚互层排列	800 m
1. 辉长岩。（未见底）	70 m

蓬湖西剖面：

木嘎岗日群砂、页岩

——————— 断　层 ———————

东巧蛇绿岩群	总厚度 500 m
4. 层状辉长岩、纯橄榄岩及橄长岩互层	362 m
3. 纯橄榄岩	46 m
2. 层状辉长岩	92 m
1. 片状蛇纹岩	

（该剖面层 2、3、4 的厚度是据其总厚度和各层在剖面图上的宽度按比例分配）

东巧西剖面：

东巧蛇绿岩群

方辉橄榄岩，内有纯橄榄岩及异剥钙榴岩凸镜体，底部岩石发生片理化。（未见顶、底）

出露宽度 3 000 m

【地质特征及区域变化】 东巧蛇绿岩群西起奇林湖，东至那曲东侧，北达安多，南至纳木湖。它属于班公错-怒江蛇绿岩带的一部分。由互相近于平行的几个亚带构成，自北而南可分为：安多亚带、伦坡拉-东巧亚带、白拉-拉弄亚带、永珠-纳木湖亚带。呈近东西向展布。自下而上岩性为：(1) 变质橄榄岩，都为方辉橄榄岩。(2) 堆晶岩，由纯橄榄岩、异剥橄榄岩、异剥辉石岩、橄榄岩、橄长岩、含长橄榄岩、长橄岩、层状辉石岩、层状辉长岩及均质辉长岩组成。一般是偏基性的端元在下，偏酸性的端元在上，有的因玄武岩浆多次涌入岩浆房呈现为互层或韵律层，最后出现均质辉长岩。(3) 席状岩墙（床）群，岩性为辉绿岩、辉长岩、角砾状辉绿岩、石英粒玄岩等。(4) 枕状玄武岩。(5) 放射虫硅质岩和硅质页岩。这样的岩性完全可和现代洋壳对比。变形橄榄岩出露宽度可达 3 000 m。堆晶岩 200～500 m，但是，江错剖面仅均质辉长岩就厚达 1 000 m。席状岩（床）墙厚 800～2 400 m。枕状玄武岩厚可达 400 m。硅质岩厚可达 100 m。自下而上为上地幔残渣相、堆晶岩相、扩张通道相、海底溢流相及远洋放射虫硅质岩相。含铬铁矿。层序顶部以及夹在熔岩层中的放射虫硅质岩的时代均为侏罗纪，并被上侏罗统沙木罗组砾岩和下白垩统朗山组灰岩等不整合覆盖。

在东巧剖面中产有放射虫 *Sethocyrtis* sp.，*Dictyomitra* sp.，*Cyrtocalpis* (?) sp.，*Cenosphaera* sp.，*Archicapsa* sp.，不整合于其上的木嘎岗日群所产珊瑚、水螅、层孔虫有 *Enallhelia* sp.，*Microsolena agariciformis*，*Epismilia* (?) sp.，*Etallonia* (?) sp.，*Actinastrea* sp.，*Spongiomorpha* (*Heptcstylopsis*) *asiatica*，*Parastromatopora delicata*，时代为晚侏罗世，说明东巧蛇绿岩群时代早于晚侏罗世。

丁青蛇绿岩群 T_3J_3D (07-54-0818)

【创名及原始定义】 刘世坤、滕云（1994）创名，最初称“丁青蛇绿岩岩群”，原指分布于丁青、沙贡、宗白等地的蛇绿岩地层体，其岩石组合（由下往上）：纯橄榄岩、辉长岩、玄武岩。最早形成时代为晚三叠世—侏罗纪，定位时代为晚侏罗世。

【沿革】 四川地质局 108 地质队最早在丁青附近超基性岩体做过铬铁矿普查工作，1981 年和 1987 年王希斌等对丁青—怒江地区超基性岩体做过岩石学、矿物学、地球化学等方面的研究，并在沙贡北见到白垩纪地层不整合在超基性岩体之上，表明该地区超基性岩定位于白垩纪之前。本书更其名为丁青蛇绿岩群，含义与原始定义相当。

【现在定义】 指分布于丁青县色扎—类乌齐县卡马多一带，岩性自下而上：变质橄榄岩、堆晶岩、席状岩（床）墙杂岩、枕状玄武岩及硅质岩组成的一套地层体。与周边地层均呈断层接触。

【层型】 正层型（复合层型）为丁青县亚宗剖面（E95°31′，N31°33′）和丁青县娃日拉剖面复合而成。郑海翔等（1983）测制，层序如下：

丁青亚宗剖面

丁青蛇绿岩群　总厚度约 1 380 m

7. 灰色硅质岩及硅质、泥质页岩和粉砂岩	15～35 m
6. 下部为厚层块状自碎角砾玄武岩；上部为细碧岩化枕状玄武岩	约 115 m
5. 数条约 5 m 厚的辉绿岩、粗玄岩平行排列的岩墙，产状与上覆基性熔岩近乎一致	30 m
4. 紫红色薄—中层状放射虫硅质岩	100 m
3. 辉长辉绿岩	50～100 m
1. 斜辉橄榄岩，斜辉辉橄岩及纯橄岩	>1 000 m

丁青娃日拉剖面

上覆地层：**木嘎岗日群**　砂页岩

断　层

丁青蛇绿岩群　厚度>8 300 m

5. 厚层状含单辉橄榄岩，具水平层理	250 m
4. 薄—厚层纯橄榄岩与橄榄岩递变层，具微细层理	350 m
3. 层状橄榄岩夹厚层状纯橄榄岩	400 m
2. 具隐层理的橄榄岩夹数米厚的纯橄榄岩，两者界线不清	300 m
1. 斜辉橄榄岩，斜辉辉橄岩及纯橄岩	>7 000 m

断　层

下伏：**木嘎岗日群**　砂页岩

【地质特征及区域变化】　丁青蛇绿岩群的层序和岩性基本可与东巧蛇绿岩群对比，但岩性较复杂。变质橄榄岩中除斜辉橄榄岩外，还有斜辉辉橄岩；堆晶岩等在娃日拉剖面上全由层状的超镁铁质岩组成，无基性堆晶岩，而在丁青县沙贡剖面上则为辉长苏长岩、二辉岩；席状岩墙群除辉绿岩、辉长辉绿岩外还出现了石英闪长岩；玄武岩除拉班玄武岩外还出现了蛇纹石化霓玄岩及枕状钛辉玄武岩，自下而上也依次出现上地幔残渣相、堆晶岩相、扩张岩（床）墙相、洋底溢流相及深海放射虫硅质岩相。普遍遭受了变形和蚀变。下部变质橄榄岩为上地幔被萃取出玄武岩浆后余下的难熔产物；堆晶岩为玄武岩浆在岩浆房中按岩浆结晶分异规律依次沉淀而成；席状岩墙群为洋脊扩张产物，也为玄武岩浆海底溢流的通道；枕状玄武岩系在洋脊处玄武岩浆海底溢流而成；硅质岩为深海盆地环境，不过丁青蛇绿岩群中出现了物质成分来自陆地的粉砂岩，说明洋盆的扩张是有限的。局部含铬铁矿小凸镜体。与周围的地层都呈断层接触关系。

硅质岩中的放射虫难以鉴定，但据不整合覆于丁青蛇绿岩群之上时代为晚侏罗世的紫红色砂砾岩中见到超基性岩的砾石，再结合其周围地层时代为三叠纪和侏罗纪考虑。因此，本书将丁青蛇绿岩群的时代暂定为晚三叠世至中晚侏罗世。

色哇组　$J_{1-2}s$　(07－54－0819)

【创名及原始定义】　文世宣于 1979 年命名，创名地点在色哇的沙巧木山北坡及加玉马头一带。原义指“中区”（玛尔盖茶卡至江尼茶卡一线与木嘎岗日北坡至其香错一线之间）岩性和化石都有别于雁石坪群的下部地层。其下部为灰色钙质泥岩（未见底）；中部为灰色灰岩、泥灰岩；上部为灰黑、深灰及灰色泥页岩夹泥灰岩。

【沿革】　色哇组自创名以来，多家沿用，如吴瑞忠等 1986 年也称为色哇组（J_2^1），其上与莎巧木组（J_2^{2-3}）整合接触，其下与原则松组（J_1）连续沉积。1986年西藏区调队也称之为色哇组（J_2^1），但其上与雁石坪群（J_2）整合接触，其下与原曲色组（J_1）连续沉积。1993年《西藏地质志》将色哇组上覆地层莎巧木组更名为佣钦错群。因色哇组与下伏地层原曲色组或原则松组的岩性近似而难以划分，因此本书将色哇组含义扩大，包括下伏地层原曲色组（或则松组）。

【现在定义】 系指分布于双湖县色哇、曲色一带的一套灰—灰黑色页岩、泥岩、泥灰岩为主的地层体。产菊石、双壳类。未见顶、底。

【层型】 正层型为双湖县色哇加玉马头—莎巧木山北坡剖面（E89°42′，N32°30′），由文世宣等1979年测制，层序如下：

色哇组	总厚度＞1 240 m
3. 灰黑、深灰及灰色泥页岩夹泥灰岩，产菊石 *Calliphylloceras* sp.，*Zetoceras* sp.，*Oppelia* sp. 等。（未见顶）	790 m
2. 灰色灰岩及泥灰岩	150 m
1. 灰色钙质泥岩。（未见底）	300 m

【地质特征及区域变化】 色哇组仅见于双湖县色哇地区，其显著特点是泥质成分含量较高，厚度大于2 284 m，为海湾沉积环境。产菊石 Schlotheimiidae，Arietitidae，Oxynoticeratidae，Proplanulitinae 等科、亚科的分子，*Lytoceras* cf. *fimbriatum*，*Tinoceras* sp.，*Maconiceras* sp.，*Eleganticeras* sp.，*Hildaites* sp.，*Sonninia* sp.，*Shirbnirnia* cf. *buckman*，*Indocephalites* sp.。该组时代为早、中侏罗世。

莎巧木组　$J_2\hat{s}q$　（07－54－0820）

【创名及原始定义】 吴瑞忠等于1986年创名，创名地点在双湖县色哇区莎巧木山。原义代表中侏罗世中晚期的沉积。岩性主要为灰色岩屑砂岩、石英砂岩与泥岩及泥灰岩的互层。下与色哇组连续沉积，上未见顶。

【沿革】 创名后，徐钰林（1989）引用其名，时代仍置于中侏罗世。本书亦从之。

【现在定义】 指整合覆于色哇组泥、页岩及泥灰岩之上的一套浅灰—灰黑色石英砂岩与灰黑色、黑色泥岩互层夹粉砂岩的地层体。产菊石、双壳类、珊瑚及腹足类化石。未见顶。

【层型】 正层型为改则县色哇区莎巧木山剖面（E89°45′，N32°32′），由吴瑞忠等1985年测制，层序如下：

莎巧木组	厚度＞1 015 m
18. 灰绿、灰黑色岩屑石英砂岩与泥岩互层，夹介壳灰岩，双壳类 *Modiolus* sp.，*Mytilus* sp.，*Liostrea* cf. *dubiensis*，*L. birmanica*，*Chlamys griesbachi*，*C. laevis*。（未见顶）	450 m
17. 灰色岩屑砂岩和泥岩互层，双壳类 *Lopha asella*，*L. namtuensis*，*Chlamys griesbachi*，*Protocardia stricklandi* 及六射珊瑚、腕足类等	135 m
16. 浅灰色岩屑石英砂岩与黑色泥岩互层	430 m

——————整　合——————

下伏地层：**色哇组**　灰黑色泥岩和微晶灰岩，含菱铁矿结核，双壳类 *Protocardia* sp.，*Camptonectes* sp.

【地质特征及区域变化】 莎巧木组分布于双湖县莎巧木山一带，向西至比洛错北原划入雁石坪群中的油页岩及再向西至佣钦错附近。原划入雁石坪群中的页岩和石英砂岩是其西延的一部分。岩性组合主要为深色的泥质岩石，与成熟度高的石英砂岩呈互层。在莎巧木一带厚度为1 015 m。化石以双壳类为主，次有珊瑚、腕足类。可能继色哇组沉积之后仍处于海湾沉积环境。

产双壳类，有 *Lopha asella*，*L. namtuensis*，*Chlamys griesbachi*，*C. laevis*，*Protocardia stricklandi*，*Liostrea* cf. *dubiensis*，*L. birmania*，*Mytilus* sp.；腕足类 *Burmirhynchia* sp.；珊瑚 *Stylina* cf. *kachensis*。该组时代为中侏罗世。

岗巴群　JK*G*　(07－54－0901)

【创名及原始定义】 海登（Hayden，H）(1907) 创名的康巴（现今称岗巴）岩系演变而来。创名地点在岗巴县岗巴村。原义指分布于岗巴村附近含有双壳类、有孔虫、菊石的一套海相砂页岩夹灰岩、泥灰岩的地层。时代为白垩—第三纪。

【沿革】 文世宣（1974）曾将定日—岗巴地区原岗巴岩系更名为岗巴群、宗山组和基堵拉组。王义刚等（1980）又把岗巴群进一步划分为岗巴东山组、察且拉组和岗巴村口组。岗巴群的地层相当于郭铁鹰等（1991）在札达县划分的嘎姐组；徐钰林等（1989）在定日、岗巴划分的休莫组、东山组、察且拉组、冷青热组、夏吾除波组、旧堡组。本书沿用岗巴群一名（表12－3）。

【现在定义】 岗巴群从下至上划分为：岗巴东山组、察且拉组、岗巴村口组。

岗巴东山组　J_3K_1g　(07－54－0902)

【创名及原始定义】 王义刚等（1980）创名，命名地点位于岗巴县岗巴村东山。原义指以页岩为主夹灰岩、泥灰岩的地层。

【沿革】 文世宣（1984）将岗巴东山组底部的一段结核页岩夹灰岩层划归为下伏门卡墩组。徐钰林（1989）将其创名为下部休莫组和上部东山组，经本次对比研究后，仍称岗巴东山组，含义同原始定义。

【现在定义】 指岩性以灰黑、深灰色页岩为主，夹有灰色灰岩、泥灰岩的地层体，产菊石、双壳类、有孔虫等化石。与下伏地层含结核页岩的门卡墩组，与上覆地层察且拉组黄绿色薄层页岩均整合接触。

【层型】 正层型为岗巴县岗巴村东山剖面（E88°27′，N28°13′），由文世宣等1974年测制，层序如下：

上覆地层：**察且拉组**　黄绿色薄层页岩

——————— 整　合 ———————

岗巴东山组	总厚度 101 m
5. 深灰色泥灰岩与页岩互层	11 m
4. 灰色中厚层—块状灰岩，产菊石 *Mortoniceras* sp.	7 m
3. 灰黑—深灰色，薄层状页岩，底部夹薄层灰岩。产菊石 *Pterolytoceras* sp.	83 m

——————— 整　合 ———————

下伏地层：**门卡墩组**

2. 含结核黑色页岩，夹细砂岩与石灰岩凸镜体

表 12－3　北喜马拉雅地区白垩纪地层单位划分、对比沿革表

岩　性	海　登 1907 岗　巴	西藏地质局 1971 定日、岗巴	文世宣 1974 定日、岗巴	王义刚等 1980 定日、岗巴	西藏地矿局 1983 定日、岗巴	文世宣 1984 定日、岗巴	郝诒纯 1986 定日、岗巴	徐钰林等 1989 定日、岗巴	郭铁鹰等 1991 札　达	《西藏地质志》 1993 定日、岗巴	本　书 定日、岗巴
石英砂岩	岗巴岩系 K：铁质砂岩 E	强惹组 E_1?	基堵拉组 K_2	基堵拉组 K_2	基堵拉组 K_2	基堵拉组 K_2	基堵拉组 K_2	基堵拉组 K_2		基堵拉组 K_2	基堵拉组
灰岩、钙质页岩夹泥灰岩	堆拉灰岩 K 峭壁灰岩 K	吞拉组 K_2	宗山组 K_2	宗山组 K_2	宗山组 K_2	宗山组 K_2	宗山组 K_2	宗山组 K_2	波林夏拉组 K_2	宗山组 K_2	宗山组
页岩、钙质页岩为主，夹有泥灰岩	半星海胆页岩 K	岗巴组 K_2	岗巴群（古错灰岩） J_3?	岗巴村口组 K_2	岗巴群：岗巴村口组 K_2	岗巴群：岗巴村口组 K_2	岗巴群 K_{1-2}	旧堡组 K_2 夏吾除波组 K_2	嘎姐组 $K_1—K_2$	岗巴群：岗巴村口组 K_2	岗巴群：岗巴村口组
页岩为主，上部局部含砂岩	岗巴页岩 K	乃隆群 K_1		察且拉组 K_{1-2}	察且拉组 K_1	察且拉组 K_1		冷青热组 K_2 察且拉组		察且拉组 K_{1-2}	察且拉组
页岩为主，夹灰岩、泥灰岩	吉里灰岩 K	协格尔组 K_1		岗巴东山组 K_1	岗巴东山组	岗巴东山组		东山组 K_1 休莫组 J_3		岗巴东山组	岗巴东山组
页岩	斯匹提页岩		门卡墩组 J_3	门卡墩组 J_3	（古错灰岩）门卡墩组 $J_3—K_1$		J_3	门布组 $J_2—J_3$	查嘎沟组 $J_3—K_1$	门卡墩组 $J_3—K_1$	门卡墩组

【地质特征及区域变化】　岗巴东山组分布于札达、定日、岗巴等地。在察且拉岗巴东山组的厚度为310 m。到堆纳之南的热烈青姆山，厚度大于700 m，且碳酸盐岩夹层有所增加；向西碎屑岩渐多，颗粒变粗。至古错变为粉砂岩、页岩夹薄层细砂岩，厚度大于700 m。到札达县波林—香扎一带，该组仅见下部地层出露，岩性为石英细砂岩、粉砂质页岩夹海绿石砂岩及含砾细砂岩，含有菊石、双壳类等，厚度160～510 m。

据王义刚等（1980、1984）研究，岗巴东山组底部菊石类 *Pterolytoceras* sp. 等为晚侏罗世—早白垩世，顶部菊石 *Cleoniceras xizangensis*，*Dipoloceras cristatum*，*D. subodelauei*，*Mortoniceras*（*Perviquieria*）sp. 等产于阿尔比期。因此，岗巴东山组的地质时代为晚侏罗世—早白垩世。该组底部灰岩与下伏地层门卡墩组页岩整合接触。

察且拉组　$K_{1-2}\hat{c}$　（07－54－0903）

【创名及原始定义】　王义刚等（1980）将岗巴群中部以页岩为主夹砂岩的岩性段单独分出来创名察且拉组。命名地点位于岗巴县察且拉。原义指一套以黑、灰色页岩为主的地层。

【沿革】　徐钰林等（1989）又将察且拉组上部创名为冷青热组，下部仍保留原名。《西藏地质志》1993年引用察且拉组，含义同王义刚等（1980）之察且拉组原始定义。本书沿用其名。

【现在定义】　岩性为黑、灰色页岩为主，局部含砂岩的地层体。含有孔虫、双壳类、菊石等化石。与下伏地层岗巴东山组以顶部灰岩夹层的结束或以本组底部页岩的出现为两组地层的分界标志，与上覆地层岗巴村口组页岩夹泥灰岩分界，均为整合接触。

【层型】　正层型为岗巴县察且拉剖面（E88°31′，N28°10′），由文世宣等1974年测制，层序如下：

上覆地层：**岗巴村口组**　页岩夹泥灰岩

——————整　合——————

察且拉组　　　总厚度 240 m

7. 深灰色砂岩和页岩，含钙质，风化后呈蓝灰色　　30 m

6. 黑色、灰色页岩，后者风化后呈灰绿色　　210 m

——————整　合——————

下伏地层：**岗巴东山组**　黑色页岩，含许多铁质结核

【地质特征及区域变化】　察且拉组主要分布于定日、岗巴一带。其岩性和厚度较为稳定，在岗巴村东山剖面厚度125 m，热烈青姆山厚度为98 m。据万晓樵（1985、1987）研究，在岗巴村东山剖面的该组下部含 *Ticinella roberti* 为代表的有孔虫组合，其伴生分子有 *Globigerinelloides algeriana*，*G. eaglefordensis*，*G. bentonensis*，*Hedbergella planispira* 等，时代属晚阿尔比期；在岗巴村东侧的该组上部，产 *Rotalipora appenninica* 为代表的有孔虫组合，并包括 *R. evoluta* 及共生的菊石 *Calycoceras newboldi* 等，时代为早赛诺曼期。因此，察且拉组的地质时代为阿尔比期到早赛诺曼期。

岗巴村口组　K_2g　（07－54－0904）

【创名及原始定义】　王义刚等（1980）将岗巴群顶部的页岩为主夹泥灰岩的地层划分出

来，创名岗巴村口组，创名于岗巴县宗山，原义指以灰色页岩为主夹多层泥灰岩的地层体。

【沿革】 徐钰林等（1989）将其相当岗巴村口组的下部地层改称为夏吾除波组，上部为旧堡组。文世宣（1986）、《西藏地质志》（1993）均沿用岗巴村口组一名，本书亦从之，含义与原始定义相当。

【现在定义】 岩性以灰色页岩、钙质页岩为主夹有多层泥灰岩的地层体。产菊石、双壳类、海胆和有孔虫等化石。与下伏地层察且拉组薄层状泥灰岩夹页岩及上覆地层宗山组泥灰岩均为整合接触。

【层型】 正层型为岗巴县宗山岗巴村口剖面（E88°40′，N28°10′），由文世宣等1974年测制，层序如下（包括岗巴村口组、宗山组）：

上覆地层：**基堵拉组** 褐色中细粒石英砂岩，含铁质

——————整 合——————

宗山组 总厚度 278 m

22. 灰色砂质灰岩，厚层状，中部为薄层，含介形类化石 *Bairdia* sp.，*Cytherella tuberculifera* 6 m

21. 灰色含砂有孔虫灰岩，中部为块状，坚硬，形成陡崖，向上渐变为中薄层，化石很丰富。有孔虫 *Omphalocyclus* sp.；藻类 *Cymopolia tibetica*，*Archaeolithothamnium lugeoni*；珊瑚 *Stylosmilia kangpaensis*，*Madracis rotiformis*，*Paracyathus kangpaensis*，*Cyathoceras ellipticus*；海胆 *Himalayechinus typius*，*H. longus*，*Domechinus sinensis*；双壳类 *Neithea quadricostata*；腹足类 *Calliostoma kangpaense*；介形类 *Bairdia* sp.，*Phlyctenophora arcuata* 38 m

20. 灰色厚层至中层含砂有孔虫灰岩，中部夹一薄层砂质岩灰岩，上部夹一薄层黄色中细粒砂岩，质软。含有孔虫及介形类，有孔虫 *Orbitoides apiculata*；介形类 *Bairdia* sp. 6 m

19. 灰色块状灰岩，致密坚硬，形成陡崖地形 7 m

18. 灰色中层含砂有孔虫碎屑灰岩，致密，化石比较丰富。有孔虫 *Orbitoides media*；藻类 *Cymopolia eochoristosporica*；腹足类 *Actaeonella* cf. *crassa*；介形类 *Bairdia* sp.，*Xestoleberis eximia*；海胆 *Gongrochanus acutus*；双壳类 *Bournonia tibetica*，*B. haydeni*，*Endocostea haydeni* 22 m

17. 灰色钙质页岩夹泥灰岩 13 m

16. 灰色灰岩，下部厚层，向上渐变为薄层，化石很丰富。有孔虫 *Orbitoides media*，*O. apiculata*，*O.* sp.，*Omphalocyclus macroporus*；海胆 *Hemipneustes compressus*，*Pygurostoma* cf. *morgani*，*Hardouinia* cf. *aequorea*，*Rhychopygus lapiscancri*，*Nucleopygus* cf. *minor*，*N. gangbensis*；藻类 *Trinocladus radoicicae*；双壳类 *Bournonia tibetica*，*B. haydeni*；介形类 *Bairdia ventrirotunda*，*Xestoleberis* sp. 32 m

15. 深灰色灰岩，下部薄层，向上渐变为厚层，化石较丰富。有孔虫 *Orbitoides apiculata*，*O. media*，*Omphalocyclus macroporus*；海胆 *Petalobrissus lefebuei*；双壳类 *Bournonia haydeni* 19 m

14. 灰色钙质页岩夹泥灰岩，均为薄层状，化石比较丰富。有孔虫 *Goupillaudina lecointrei*，*Sulcoperculina inaequalis*，*Orbitoides tissoti*；双壳类 *Exogyra ostracina*，*E. zonshanensis*，*Gryphaea* sp.，*Neithea aequicostata*；腹足类 *Glauconaia* sp.；海胆 *Bolbaster madagacriensis*，*Globator* cf. *tataensis*；介形类 *Cytherelloidea biloculata* 8 m

13. 灰色钙质页岩夹含砂灰岩，部分被掩盖 39 m

12. 灰色钙质页岩，夹含有孔虫泥灰岩。有孔虫 *Globotruncana stuarti*，*G. linneiana tricarinata*，*Goupillaudina lecointrei*；双壳类 *Exogyra ostracina*；海胆 *Bolbaster compressus*，*B. madagascriensis* 36 m

11. 灰色薄层灰岩，含泥质，风化后为褐黄色，成陡崖地形，含有孔虫 *Globotruncana linneiana tricarinata*，*Heterohelix* sp. 45 m

10. 深灰带蓝色厚层状灰岩，含泥质 7 m

——— 整　合 ———

岗巴村口组 总厚度 344 m

9. 灰色钙质页岩夹泥灰岩，风化后为灰白色 31 m

8. 灰色页岩夹泥灰岩，泥灰岩沿走向断续分布。有孔虫 *Neoflabellina* cf. *ovalis*，双壳类 *Gryphaea* sp.，*Pycnodonte vesiculosa* 28 m

7. 灰色页岩夹少量钙质页岩 162 m

6. 灰色页岩夹泥灰岩，泥灰岩风化后为结核状。有孔虫 *Rotalipora* cf. *cushmani*，*R.* cf. *appenninica*，*Praeglobotruncana* cf. *stephani*；菊石 *Calycoceras newboldi*，*Acanthoceras* sp. 60 m

5. 深灰色页岩夹少量钙质页岩 63 m

——— 整　合 ———

下伏地层：**察且拉组**　薄层状泥灰岩夹页岩

【地质特征及区域变化】　岗巴村口组主要分布于定日、岗巴。在岗巴村一带，岗巴村口组岩性较稳定，厚度 344～500 m；向西到札达县波林地区，岗巴东山组之上即为宗山组的碳酸盐岩。在岗巴村东山，岗巴村口组产菊石 *Mantelliceras laticlavium*；另据万晓樵（1985，1987）研究，该组产有丰富的有孔虫，代表分子有 *Rotalipora greenhorensis*，*R. cushmani*，*Praeglobotruncana helvetica*，*Hedbergella murphi*，*Globotruncana schneegansi*，*G. renzi* 等。据王义刚等（1980，1984）研究，其中产菊石 *Calycoceras newboldi*，*Acanthoceras* sp.；双壳类和海胆 *Pycnodonte*（*Phygraea*）*vesiculosa*，*Camptonectes*（*C.*）*curvatus*，*Hemiaster front-acutus* 等。

从有孔虫和菊石的时代看，岗巴村口组的地质时代主要应为中—晚赛诺曼期至三冬期。然而，万晓樵（1985，1987）曾在宗山组之下 15 m 厚的泥灰岩（相当于岗巴村口组顶部）内发现早坎潘期的有孔虫 *Globotruncana elevata* 等，故该组的上限亦可穿时到坎潘期。

宗山组　K_2z　（07－54－0905）

【创名及原始定义】　文世宣（1974）创名，命名地点位于岗巴县宗山，原义指一套石灰岩。

【沿革】　郭铁鹰等（1991）在札达地区又创名为波林夏拉组。相当于海登（1907）岗巴岩系的峭壁灰岩、堆拉灰岩或西藏地矿局（1971）在定日、岗巴地区划分的吞拉组。与宗山组相当的地层单位建议区内停止使用。本书沿用宗山组一名。

【现在定义】　岩性为灰色灰岩、钙质页岩夹泥灰岩的地层体。产丰富的有孔虫、双壳类、腹足类、海胆、珊瑚、介形类和藻类等化石。其与下伏地层岗巴村口组钙质页岩夹灰岩及上覆地层基堵拉组灰白色石英砂岩均为整合接触。

【层型】　正层型为岗巴县宗山剖面（E88°30′，N28°11′），由文世宣等 1974 年测制，地层层序见岗巴村口组正层型剖面（07－54－0904）。

【地质特征及区域变化】 宗山组主要分布于定日、岗巴，札达县波林地区。在岗巴一定日地区，宗山组岩性较稳定，厚度223～278 m；到札达县波林地区，为较纯的微晶灰岩或厚层块状灰岩，中部夹泥灰岩、砂质灰岩、钙质砂岩或岩屑砂岩，相当于该组的下段，厚度180～485 m以上。产有孔虫、双壳类、海胆、介形类等化石，与岗巴地区面貌一致。

宗山组下部仅产浮游有孔虫*Globotruncana ventricosa*，*G. carinata*，*G. linneiana tricarinata*；共生的底栖有孔虫*Sulcoperculina inaequlis*，*Orbitoides tissoti*；菊石*Menabites pauciturculatus*，*M.*（*Delawarella*）*subdelawarensis*，*Submortoniceras*，*Baculites*，*Pseudoschloenbachia*等，都是中坎潘期重要分子。宗山组上部以含有大量底栖有孔虫*Omphalocyclus* sp.，*Orbitoides*和海胆*Hemipneustes compressus*，并出现固着蛤*Bournonia*为特征。其中*Orbitoides media*，*O. apiculata*，*O. gensacius*（产自岗巴村东山）和*Omphalocyclus macroporus*都是马斯特里赫特期化石。宗山组的地质时代为晚白垩世（坎潘期至马斯特里赫特期）。该组底部深灰色含泥质灰岩与下伏地层岗巴村口组灰色钙质页岩夹灰岩整合接触。

亚如那嘎组　K_1y　（07-54-0906）

【创名及原始定义】 西藏区调队（1987）创名于札达县亚如那嘎。原义指一大套灰岩夹碎屑岩。

【沿革】 创名后沿用至今，本书沿用其名，含义同原始定义。

【现在定义】 岩性以灰色灰岩、生物碎屑灰岩、鲕粒灰岩为主夹碎屑岩的地层体。产菊石、双壳类、少量珊瑚、腹足类。其下未见底，其上被札达群杂色、红色砂砾岩不整合覆盖。

【层型】 正层型为札达县亚如那嘎剖面（E80°30′，N31°00′），由西藏区调队1987年测制，层序如下：

上覆地层：札达群　杂色含砾砂岩

～～～～～～～～ 不 整 合 ～～～～～～～～

亚如那嘎组	总厚度＞1 265 m
6. 青灰色、灰白色微晶灰岩	350 m
5. 深灰色、灰黑色薄层状碳质板岩，岩石中含有大小不等的钙质结核。产丰富的菊石 *Partschiceras* sp.，*Sarasinella* sp.，*Neocomites* sp.，*Calliptychoceras* sp.，*C. calliptychus*，*Berriasella everesti*和双壳类*Inoceramus* sp.；腹足类*Elegantella* sp.，*Contortella* sp.，*Auroraella* sp.等	80 m
4. 青灰色，灰白色薄层状细晶灰岩，生物碎屑灰岩	200 m
3. 黄褐色中厚层状细砂岩夹灰白色薄至中层状石英砂岩	85 m
2. 灰白色砂粒状细、微晶灰岩	500 m
1. 青灰色薄至中层状微晶灰岩及鲕粒灰岩。产双壳类。（未见底）	50 m

【地质特征及区域变化】 亚如那嘎组分布于札达—仲巴地区，为一套碳酸盐岩沉积，下部夹钙质板岩，岩性稳定。在札达县亚如那嘎，地层厚度为350 m，向东到札达县姜叶玛—嘎果错一带，厚度增加为2 400 m。据西藏区调队（1987）资料，该组碳质板岩中产菊石*Neocomites*，Berriasellidae，*Sarasinella*，*Calliptychoceras*；双壳类*Inoceramus*（*Mytiloides*）*everesti*。据以上生物化石和与邻区地层对比，亚如那嘎组的地质时代应为早白垩世。

甲不拉组 K_1j (07-54-0907)

【创名及原始定义】 西藏煤田地质队于1957年在江孜县甲不拉北沟所创名的“上加不拉岩系”、“下加不拉岩系”演变而来，王义刚（1976）介绍。原义指岩性以灰黑色页岩为主含较多的硅质和钙质的地层。时代为中晚侏罗世。厚度1 055～1 207 m，与下伏地层上侏罗统维美组整合接触。

【沿革】 孙云铸和刘桂芳（1962）将其改称为“加不拉阶”。杨遵仪和吴顺宝（1962）正式命名为“加不拉组”。王义刚等1976年重新厘定其含义，改称为“甲不拉组”。西藏区调队（1983）和《西藏地质志》（1993）沿用王义刚（1976）厘定的含义，并略修改了两组的界线。本书仅沿用甲不拉组一名。含义与原始定义相当。

【现在定义】 岩性以黑色页岩、硅质泥页岩为主夹灰岩、砂岩组成。具滑塌堆积和浊流沉积。产菊石、箭石、双壳类、腹足类等化石。与下伏地层维美组板岩、页岩与石英砂岩，上覆地层宗卓组灰黑色钙质、硅质页岩均为整合接触。

【层型】 正层型为江孜县甲不拉北沟剖面（E89°41′，N28°50′），由吴浩若等1974年重测，层序如下（包括宗卓组和甲不拉组）：

上覆地层：**甚堵拉组** 灰白色厚层中粒石英砂岩

——————— 整　合 ———————

宗卓组　　　　总厚度约1 230 m

14. 灰黑色页岩夹砂岩，下部以页岩为主，上部页岩与砂岩互层，页岩中含较多硅质并有碧玉团块　　120 m
13. 深灰—灰黑色页岩夹多量砂岩、砂砾岩、硅质灰岩和碧玉岩凸镜体及岩块，大小形状不一，大多顺层分布，与页岩界线不清，页岩的页理也不清楚。碧玉岩具同生角砾构造，含放射虫　　250～300 m
12. 灰黑色薄板状硅质页岩及燧石层，含放射虫及海绵骨针　　20～30 m
11. 灰黑色含粉砂的钙—硅质页岩夹红、绿色泥质生物碎屑灰岩凸镜层、凸镜层厚度可达10～15 m，含大量浮游有孔虫 *Globotruncana stuarti*, *G. stuartiformis*, *G. linneiana tricarinata*, *Rugoglobigerina* sp., *Heterohelix* sp., *Pseudotextularia* sp., *Planomalina* sp.　　40～50 m
10. 灰黑色至灰绿色细粉砂岩至中粗粒岩屑石英砂岩组成旋回，由下往上由细变粗　　80～100 m
9. 岩性同层7，但硅质较高，含浮游有孔虫 *Globotruncana* sp.　　150 m
8. 深灰—灰黑色含细粉砂的钙质—硅质页岩　　40～50 m
7. 灰黑色含细粉砂的钙—硅质页岩夹大量灰岩、硅质泥岩、砂岩和碧玉的砾石、岩块或凸镜体，页岩及凸镜体都含较多的黄铁矿，上部见 *Douvilleiceras* cf. *mammilatum*　　430 m

——————— 整　合 ———————

甲不拉组　　　　总厚度约1 197 m

6. 深灰色至灰黑色含细粉砂的钙—硅质页岩，含丰富的黄铁矿。中下部见菊石 *Beudanticeras* sp.　　780 m
5. 灰黑色硅质页岩夹燧石层及灰岩凸镜体。产箭石 *Hibolithes* sp., *Belemnopsis* sp.；产双壳类 *Inoceramus* sp.　　130～260 m
4. 灰黑色页岩，夹多量灰岩凸镜体及少量砂岩凸镜体。产箭石 *Hibolithes* sp., *Belemnopsis* sp.　　73～85 m

3. 黑色纸片状页岩夹灰岩结核和凸镜体。产菊石 *Calliptychoceras* sp.，*Berriasella* sp.，*Neohaploceras* sp.，*Pterolytoceras exoticum*；双壳类 *Inoceramus*（*Mytiloides*）*everesti* 72 m

——————— 整 合 ———————

下伏地层：维美组 灰黑色粉砂质页岩夹砂岩凸镜层和凸镜体

【地质特征及区域变化】 甲不拉组主要分布于仲巴—江孜、东起哲古湖，西至札达县香扎等地，为深水碎屑岩、钙硅质复理石沉积。在羊卓雍错地区，甲不拉组岩性变化不大，仅在下部含有安山岩、火山角砾岩、凝灰质砂岩等，且出现砂岩、砂砾岩、砾状硅质灰岩等，该地区的甲不拉组厚约 1 215 m。其下部产菊石、双壳类、腕足类、腹足类等；上部主要产菊石。

向西岩性变化较大。到仲巴县巴巴扎东，甲不拉组为石英砂岩、钙质页岩夹灰岩、硅质岩及玄武岩，厚度大于 4 110 m。其岩性类似羊卓雍错地区，但碎屑成分更多；到了札达县香札与姜叶玛之间的桑查马拉—奇阿嘎尔地区，甲不拉组大致与原“九马尔砂岩”或称“下复理石”(Hiem，A and Gansser，A，1939）相当，其岩性主要由海绿石砂岩的灰绿—紫红色粉砂岩、页岩组成，厚度约 500 m。

甲不拉组产菊石 *Thurmanniceras*，*Subthurmannia*，*Sarasinella*，*Calliptychoceras*，*Kilianella*，*Neocomites*，*Blanfordiceras*，*Spiticeras*，*Eulytoceras*，*Pseudohaploceras*，*Oxytropidoceras*，*Beudanticeras*，*Douvilleiceras* cf. *mammilatum*；双壳类 *Inoceramus*（*Mytiloides*）*everesti*；腕足类 *Peregrinella multicarinata*。因此，甲不拉组的地质时代为早白垩世。

宗卓组 $K_2z\hat{z}$ (07-54-0908)

【创名及原始定义】 西藏煤田地质队（1957）在江孜县宗卓所创“宗卓岩系”演化而来。创名剖面为江孜县甲不拉北沟剖面。原义指岩性为含砂、钙硅质页岩、砂岩、页岩夹火山岩及灰岩凸镜体。与下伏地层甲不拉组，与上覆地层基堵拉组石英砂岩均为整合接触。吴浩若 1984 年介绍。

【沿革】 孙云铸和刘桂芳（1962）将其改称“下宗卓阶”和“中宗卓阶”。杨遵仪和吴顺宝（1962）正式将其称为“宗卓组”。王义刚等（1976）将“宗卓组”归入上白垩统。西藏区调队（1983）沿用王义刚等（1976）的划分，并略修改了两个组的界线。本书沿用宗卓组一名，含义同原始定义。

【现在定义】 岩性以灰、黑、深灰色钙、硅质页岩、页岩、砂岩为主偶夹灰岩凸镜体组成。产有孔虫、菊石等化石。与下伏地层甲不拉组深灰、灰黑色含细粉砂的钙、硅质页岩，上覆地层基堵拉组灰白色石英砂岩均为整合接触。

【层型】 正层型为江孜县甲不拉北沟剖面，位于江孜县 123°方向 22 km 处，由吴浩若等 1974 年重新测制，剖面描述见甲不拉组（07-54-0907）层型栏。

【地质特征及区域变化】 宗卓组在江孜地区的滑塌堆积规模宏大，单层厚度可达 400 多米，自甲不拉向西北到维美，其层位稳定，延伸达 20 km 以上。在江孜以东的穷堆村，出露有深灰色硅质岩凸镜体，其中产放射虫，这就为岩块的滑塌堆积的时代提供了有力的证据（吴浩若、李红生，1982）。

向东，在羊卓雍错地区，火山物质增多。上部夹有火山碎屑岩和玄武岩，含有孔虫等，厚度为 1000～1200 m 以上。下部为钙质页岩、泥灰岩夹硅质页岩、灰岩，含菊石和双壳类、腕足类，厚度 200～300 m。到萨迦以西，其中石英砂岩增多，硅质岩减少。在香扎—拉昂错—

江曲藏布一带，宗卓组与原“上复理石”(Heim, A and Gansser, A, 1939) 相当，由放射虫硅质岩、砂页岩、中基性火山岩夹灰岩组成，含放射虫和有孔虫等，厚度约 1 000 m。

据《西藏地质志》，宗卓组含浮游有孔虫 *Globotruncana* 动物群：*G. fornicata*, *G. globigerinoides* 化石等；放射虫 *Pseudodictyomitra*, *Pseudomacrocephala*, *Hemicryptocapsa* cf. *tuberesa*, *Dictyomitra*, *Novixitus* 等。因此，其地质时代为晚白垩世。

鱼浪白加群 J_3K_1Y （07-54-0909）

【创名及原始定义】 王乃文等（1983）在浪卡子县绒多区卡东—多久—卓玛丁拉创名（在羊卓雍错地区进一步划分为卡东组、桑秀组、日莫瓦组）。原义指岩性为砂岩、砂质页岩、钙质页岩、安山岩、砂砾岩、灰岩、泥灰岩为主的地层。产菊石、双壳类，时代为晚侏罗世—早白垩世。

【沿革】 本书只引用鱼浪白加群一名，因卡东组、桑秀组、日莫瓦组之间，岩性类同，岩石界线难分，多以生物地层划分，在此，建议区内停止使用。

【现在定义】 岩性为黄、灰、蓝灰、灰绿、灰黄、浅灰色砂岩、页岩为主夹砂砾岩、砾状硅灰岩、灰岩、安山岩及泥灰岩组成。产菊石、双壳类、腹足类、箭石等。未见底，与上覆地层沙堆群整合接触。

【层型】 正层型为浪卡子县绒多区卡东—多久—卓玛丁拉剖面（E90°50′, N28°40′），由王乃文等 1976 年测制，层序如下（包括羊卓雍群、沙堆群、鱼浪白加群）：

羊卓雍群	总厚度>1 470 m
20. 黄绿色、灰绿色凝灰岩、凝灰质砂岩，皆呈薄层状。(未见顶)	300 m
19. 灰绿色凝灰质砂岩	10 m
18. 斑状玄武岩	10 m
17. 灰绿色火山角砾岩、集块岩、凝灰质胶结，夹灰岩凸镜体，含箭石	50 m
16. 灰绿色硅质粉砂岩夹灰、红色灰岩凸镜体，后者可达 5 m 厚。红色灰岩凸镜体中含浮游有孔虫 *Globotruncana linneiana*, *G. stuarti*, *G. carinata*, *Pseudotextularia*, *Heterohelix* 等	30 m
15. 灰绿色及肝红色燧石层	30 m
14. 灰绿色硅质页岩夹红色灰岩凸镜体	15 m
13. 浅灰绿色石英砂岩，砂砾岩及硅质角砾岩，砾径不大于数厘米	25 m
12. 灰绿色硅质页岩为主，中夹一套厚 400 m 的石英砂岩、砂砾岩和一套厚 20 m 的绿色厚层燧石，碧玉岩，页岩中可见小型灰色灰岩凸镜体及凝灰质层	>500 m
11. 灰绿色凝灰质页岩、硅质页岩，中夹一套厚 30 m 的肝红色燧石、碧玉岩，底部有 50 m 厚玄武岩，页岩中时含灰绿色坚硬中细粒砂岩结核，碧玉岩中含丰富放射虫	>500 m
~~ ? 不 整 合 ~~~~~~~~~~	
沙堆群	总厚度 1 100 m
10. 深灰色钙质页岩，泥灰岩与层数较少、厚度较小的灰黄色（风化为土黄色）页岩互层，间夹灰绿色含硅质页岩、灰色含硅质页岩、灰色致密泥灰岩凸镜体或夹层，富含黄铁矿球状结核，小者如指头，大者如鹅卵。含菊石 *Protexanites*	300 m
9. 灰黄色（风化后为土黄色）含硅质页岩与深灰色钙质页岩互层，间夹泥灰岩，并含灰色泥质灰岩结核。含菊石 *Leymeriella*, *Oxytropidoceras* 及双壳类 *Buchia* 等	400 m
8. 灰黄色（风化后为土黄色）硅质页岩，夹数层（每层厚 5～20 m）含灰色泥质灰质结	

核或凸镜体的硅质页岩，结核大多呈瘤状，大者如拳或西瓜状。瘤状泥质灰岩中含菊石 *Desmoceras*，*Acanthohoplites*，页岩中含小型箭石 200 m

7. 灰黄色（风化为土黄色）含铁硅质结核的硅质页岩，结核大者似鸡卵，中夹一层厚 30 m 的深灰色含碳质页岩，底部有 20 m 厚的灰黄色带微绿色铁硅质粉砂岩。含碳质粉砂岩层中见有未能鉴定的菊石，底部粉砂岩中含菊石 *Pseudohaploceras* 及双壳类 *Parainoceramus* 等 200 m

——————— 整　合 ———————

鱼浪白加群　总厚度＞600 m

6. 浅灰色、灰色、灰绿色粉砂质页岩、粉砂岩夹灰色钙质页岩。含双壳类 *Parainoceramus* 等 150 m
5. 灰色、灰黄色、灰绿色砂岩、砂页岩、砾状硅质灰岩、生物灰岩、泥灰岩、钙质页岩。含菊石 *Olcostephanus* sp.；腹足类 *Pleurotomaria spitiensis*，*Nerinea* sp.；双壳类 *Buchia* sp. 及丰富的箭石 50 m
4. 灰色、灰绿色粉砂质页岩夹薄层砂岩，含菊石 *Kilianella* sp.，*Neocomites* sp.，*Calliptychoceras* sp.，*Protetragonites* sp.，*Haplophylloceras* 及球形菊石 150 m
3. 灰色、蓝灰色粗、细晶质安山岩（局部为英安岩），间夹灰色硅质页岩 50 m
2. 上部 50 m 为灰色粉砂质页岩、钙质页岩、粉砂岩、含大量砂质或砂钙质结核顶部 15 m 含菊石 *Kilianella* sp.，*Neocomites* sp.；双壳类 *Inoceramus everesti*，以下 15 m 含菊石 *Berriasella* sp.，*Blanfordiceras* sp.，*Spiticeras* spp.，*Euthymiceras* sp.，Baculitidae；双壳类 *Inoceramus everesti*；下部 20 m 产菊石 *Himalayites* sp.，*Haplophylloceras strigile*，化石层以下 50 m 为灰色、灰绿色硅质页岩、粉砂岩与页岩 150 m
1. 灰黄色（风化面常为褐色）中层夹薄层中粗粒石英砂岩，夹少量灰色、蓝灰色薄层粉砂岩、粉砂质页岩、钙质页岩。砂岩局部含砾，砾石由泥质岩屑、硅质岩等组成，砾径由 1～2 厘米至十几厘米。（未见底） 50 m

【地质特征及区域变化】　鱼浪白加群主要分布在浪卡子县卡东村西北山坡，桑秀山至多久区址西山地区。岩性和厚度较为稳定。总体具有沉陷陆缘的沉积特点

王乃文、刘桂芳等（1983）在该组下部采到菊石 *Himalayites*，确定其时代应属提塘阶；其中部菊石 *Berriasella*，*Spiticeras*，*Blanfordiceras*，*Euthymiceras*，确定为贝里阿斯阶；据上部菊石 *Olcostephanus* 确定为上凡兰吟阶、欧特里夫阶，可能包括部分巴雷姆阶。故鱼浪白加群的地质时代主要为早白垩世。

沙堆群　KŜ　（07－54－0910）

【创名及原始定义】　王乃文等（1983）在浪卡子县卡多—特拉创名。在羊卓雍错地区，王氏等将沙堆群从下至上划分为扎旺子组、多久组。原义指岩性为深灰、灰黑、灰黄色硅质页岩，硅质砂岩、钙质页岩夹灰岩，泥灰岩凸镜体。产菊石、双壳类、小型箭石化石，时代为白垩纪。厚度 110 m。与下伏地层鱼浪白加群整合接触。

【沿革】　因扎旺子组、多久组之间岩石界线不清，岩性雷同，多以生物地层划分，差别小，野外难于区分，在此，建议上述两个组区内停止使用。本书仍沿用沙堆群，含义同原始定义。

【现在定义】　岩性为深灰、灰黑、灰黄色钙质、硅质页岩夹泥灰岩、硅质砂岩。产有菊石、双壳类、小型箭石等。与下伏地层鱼浪白加群砂质页岩、粉砂岩整合接触，其上与羊卓

雍群凝灰质页岩、硅质页岩可能呈不整合接触。

【层型】 正层型为浪卡子县绒多区卡东—多久—卓玛丁拉剖面。剖面描述见鱼浪白加群层型栏（07-54-0909）。

【地质特征及区域变化】 沙堆群主要分布于扎旺子村至多久村和麦如龙拉山地区。自浪卡子县卡多向北到麦如龙拉山一带，沙堆群厚度减少到780 m，有逐渐尖灭的趋势。该群产菊石，双壳类化石。沙堆群属浅—半深海“优地槽相”的硅质泥质岩及泥质碳酸盐岩。该群底部灰黄色带微绿色铁、硅质粉砂岩与下伏地层鱼浪白加群灰色、灰绿色粉砂质页岩、粉砂岩夹钙质页岩整合接触。地质时代为白垩纪。

羊卓雍群　K_2Y　（07-54-0911）

【创名及原始定义】 王乃文等（1983）在浪卡子县绒多区卡东—多久—卓玛丁拉创名（包括工波学组、卓玛丁拉组）。原义指岩性为灰绿色硅质页岩、砂岩、硅质砂岩、凝灰岩夹火山岩及灰岩凸镜体。灰岩凸镜体中产有孔虫，厚度1 200 m以上。与下伏地层沙堆群可能呈不整合接触，上未见顶。

【沿革】 本书只采用羊卓雍群一名，并重新厘定其含义，建议据生物化学划分的工波学组和卓玛丁拉组区内停止使用。

【现在定义】 岩性为灰绿色砂岩、砂砾岩、硅质页岩、硅质砂岩、放射虫硅质岩、凝灰岩、玄武岩、火山角砾岩、集块岩及灰岩凸镜体组成。产放射虫、有孔虫、箭石等。与下伏地层沙堆群钙质页岩、泥灰岩可能不整合接触，其上未见顶。

【层型】 正层型为浪卡子县卡东—多久—卓玛丁拉剖面（E90°50′，N28°40′）。剖面描述见鱼浪白加群层型栏（07-54-0909）。

【地质特征及区域变化】 羊卓雍群主要分布在浪卡子县卡东桥以南至遮拉，即羊卓雍错中、南部地区。在羊卓雍湖一带，羊卓雍群上部被羊卓雍湖水体掩盖，该群下部厚度变化不大，岩性稳定。产放射虫、有孔虫、双壳类、腕足类、箭石类等化石。据王乃文等（1983）研究，该群上部含有孔虫 *Globotruncana stuarti* 等，确定其时代为坎潘期—马斯特里赫特期。故羊卓雍群的地质时代为晚白垩世。

嘎学群　J_3K_1G　（07-54-0912）

【创名及原始定义】 西藏区调队（1983）最早把萨嘎县嘎学村的一套火山-硅质岩地层划分为“侏罗—白垩系”称嘎学群。原义指岩性由板岩、放射虫硅质岩、变玄武岩和辉绿岩组成的一套地层。

【沿革】 《西藏地质志》（1993）沿用其名，本书亦从之，含义同原始定义。

【现在定义】 指沿雅鲁藏布江蛇绿岩带两侧断续分布的一套杂色千枚岩、板岩、放射虫硅质岩、硅质板岩、变玄武岩、辉绿岩、中基性火山熔岩等组成的地层体。产放射虫。未见顶、底。

【层型】 正层型为萨嘎（噶）县嘎学村剖面（E85°16′，N29°31′），位于萨嘎县北北东约13 km加拉之北的嘎学村。由西藏区调队1983年测制，层序如下：

嘎学群　　总厚度>2 379.55 m

13. 绿色、灰绿色熔岩角砾岩（糜棱岩化构造角砾岩）。（未见顶）　　259.90 m

12. 深绿色中基性熔岩（强蚀变玄武岩），其中见两处宽 40～80 m 的片理化结晶灰岩岩块　428.99 m

11. 绿色千糜状中基性火山熔岩（含钙质泥硅质糜棱岩及绿泥石英千糜岩，强动力变质岩）　395.25 m

10. 紫红色中厚层状硅质岩及硅质泥岩　146.81 m

9. 泥硅质糜棱岩或绢云绿泥千糜岩，偶夹硅质泥岩　224.21 m

8. 灰绿色硅泥质糜棱岩或绿泥石英千糜岩　105.90 m

7. 绿色中基性熔岩夹紫红色硅质岩，硅质泥岩　227.25 m

6. 杂色厚层块状硅质岩夹中薄层状绿色熔岩　100.87 m

5. 灰绿色、绿色中基性火山熔岩夹熔岩角砾岩（蚀变基性构造角砾岩或强绿帘石化角砾岩）　7.78 m

4. 紫红色为主间夹白色、灰绿色条带的杂色厚层块状硅质岩　94.74 m

3. 绿色中基性火山熔岩（绿帘石化蚀变玄武岩）　225.78 m

2. 紫红色为主，灰白色厚层块状含放射虫硅质岩　57.71 m

1. 浅灰绿色中基性厚层块状熔岩（蚀变玄武岩），与超基性岩、基性岩呈断层接触。（未见底）　104.36 m

【地质特征及区域变化】　嘎学群主要沿雅鲁藏布江蛇绿岩带南侧断续分布，西自阿伊拉山，东到泽当—扎囊地区都有出露。嘎学群实际上存在着两种洋底沉积组合类型，即雅鲁藏布江蛇绿岩带南侧的放射虫硅质岩-层状变玄武岩、褐土岩等；其北侧的以蛇绿质碎屑岩为主的蛇绿质碎屑岩-放射虫硅质岩-枕状玄武岩组合。分布于北侧的嘎学群经郑海翔（1984）、吴浩若（1984）、肖序常（1984）、J L Mercier（1984）研究，证实这套洋底沉积直接覆于枕状玄武岩之上，并与日喀则群呈连续沉积的接触关系。沿走向，嘎学群的岩性变化较大。在日喀则地区，其中放射虫硅质岩发育，在昂仁以西则火山岩发育；向东到扎囊—泽当地区，嘎学群位于超镁铁岩之南，岩性以细碧岩为主，次为石英片岩、千枚岩和凝灰质砂岩等，下部有一层放射虫硅质岩，厚度大于 465 m；往西到阿伊拉山，它由灰黑色和紫红—灰绿色的粉砂质板岩、砂岩和泥页岩、泥灰岩、硅质岩、中基性火山岩组成，厚度大于 1 575 m。据 P. 普拉弗克和 D. 琼斯（1980）研究，雅鲁藏布江南侧嘎学群中含有放射虫 *Acanthocircus multicostata*，*Eucyrtis micropora* 等，时代为晚侏罗世提塘期至早白垩世晚期；吴浩若（1988）研究，其中放射虫有 *Mirifusus guadalupensis*，*M. bailieyi*，*Tripocyclia joneoi*，*Ristola hsui*，“*Eucyrtis*” *dicera*，为晚基末里期至早提塘期，以及 *Cecrops septemporata*，为晚凡兰吟期至欧特里期；据余光明，王成善等（1990）研究，放射虫硅质岩-层状玄武岩组合的时代基本属于晚侏罗世—早白垩世。本书将嘎学群的地质时代归属为晚侏罗世—早白垩世；而分布于蛇绿岩带北侧的蛇绿质碎屑岩-放射虫硅质岩-枕状玄武岩组合的时代基本上属于早白垩世，较之南带放射虫硅质岩-层状玄武岩组合略新。它们可能是同一扩张脊不同发展阶段的产物。

昂仁蛇绿岩群　J_3K_1A　(07-54-0913)

【创名及原始定义】　刘世坤、滕云（1994）根据萨迦县吉定区也弄村剖面创名，指整合或平行不整合于冲堆组之下的一套蛇绿岩石地层体（从下往上）：地幔橄榄岩、堆积杂岩、席状岩床群、枕状熔岩岩石系列组合。主要形成于晚侏罗世，定位于早白垩世。分布于昂仁至日喀则一带。

【沿革】 60年代，中国科学院组织了对西藏高原又一次大规模考察，其中包括对雅鲁藏布江超基性岩的专题考察。常承法（1973）提出了雅鲁藏布江蛇绿岩套的存在。肖序常（1978）专门研究了日喀则蛇绿岩，王希斌等（1981）找到了包括堆积杂岩在内的完整蛇绿岩剖面，并从岩石学、矿物学、地球化学方面做了大量工作。钱定宇（1992）首次创名“雅鲁藏布江组”代表雅鲁藏布江地区蛇绿岩地层上部含放射虫硅质岩的地层。

【现在定义】 指沿雅鲁藏布江接合带中段分布于萨迦、昂仁、日喀则、白朗、仁布一带的蛇绿岩石地层体。其岩性自下而上为：地幔橄榄岩（斜辉橄榄岩和少量二辉橄榄岩），堆积（堆晶）杂岩，主要为异剥橄榄岩和橄榄异剥岩、席状岩床（墙）群（辉长岩、辉绿岩和粗玄岩）、枕状熔岩（玄武岩、细碧岩）。其下未见底，上与冲堆组整合接触。

【层型】 正层型为萨迦县吉定区也弄村剖面（E88°21′，N29°08′），由王希斌等1987年测制。层序如下：

上覆地层：冲堆组

6. 蛇绿质硅质复理石。下段由硅质页岩、粉砂岩夹放射虫硅质岩组成，上段是砂、页岩互层

——————— 整　合 ———————

昂仁蛇绿岩群　　总厚度 4 200 m

5. 玄武岩段。由枕状玄武岩和块状玄武岩组成，具杏仁构造。顶部厚度为100 m角砾状蚀变玄武岩；其下是枕状玄武岩，上部具球粒结构和中空结构，下部显微斑状结构；块状玄武岩见于下部层位，具间粒结构和间隐结构，已蚀变成细碧岩　　500 m

4. 辉绿岩段。由辉绿岩岩床群（上部岩床群）组成。主要为辉绿岩和粒玄岩，具辉绿结构和间粒结构，有一定层位。下部含少量囊状辉长岩　　600 m

3. 辉长岩段。由具“堆积杂岩”特征的辉长岩组成。上部（非层状杂岩）非层状的均质辉长岩，厚度约150～200 m；下部（层状杂岩）为层状辉长岩，具层纹构造，厚度约300～350 m。有后期辉绿岩岩墙群（下部岩墙群）穿切　　450～550 m

2. 橄榄异剥岩—异剥橄榄岩段。即岩石学上的“底部临界带”，由最底部的异剥橄榄岩和其上的橄榄异剥岩组成超镁铁“堆积杂岩”，具垂直分异特点，但无层纹构造。也见后期辉绿岩岩墙穿入　　40～50 m

1. 日喀则橄榄岩。为“地幔橄榄岩”。自上而下可划分成三个段或亚带、上段（上亚带）以不含单斜辉石为特点，除少量纯橄榄岩外，主要由斜辉橄榄岩组成，成分单一，约500 m；中段（下亚带）以普遍含有单斜辉石为特点，单斜辉橄榄岩和少量二辉橄榄岩组成，普遍具蛇纹石化，厚度约1 500 m；下段（底部亚带）为蛇纹混杂岩，主要特征是以剪切破碎的蛇纹岩为基质，夹杂有硅质岩、角闪岩、变辉绿岩、细碧岩、异剥钙榴岩等各种岩块的混杂体，厚度约500 m。（未见底）　　2 500 m

【地质特征及区域变化】 该套岩石地层厚度变化大，在昂仁—仁布一带出露较好，包括“日喀则橄榄岩”的北侧，出露宽约2～3 km，其中以仁布—吉定一段的层序发育最全；在昂仁以西到萨嘎（噶）县大吉岭之间已部分被断失，仅在桑桑东南和然嘎等地有残留的玄武岩段（具枕状构造）。在日喀则县大竹卡、得几、白朗县白岗和萨迦县也弄等地，组成完整的蛇绿岩地层，其层序为四套层，由于发育条件和构造因素的限制，其中的辉长岩段和橄榄异剥岩—异剥橄榄岩段部分有缺失，而且其岩性有新老差异。

据美国P Plafker，Dave Jones电子扫描和王乃文薄片鉴定，在日喀则县群让，相当于玄

武岩段上部的枕状熔岩中，夹含放射虫的硅质岩，产放射虫 *Dictyomitra* sp.，*Cromymma* cf. *tuberoulata*，*Cryptocapsa* sp.，*Amphisphaera* sp. 等，在晚侏罗世至白垩纪均可出现。据王希斌等（1987）研究，确定蛇绿岩洋壳的形成时代最可取的方法是借助于其中大洋型花岗岩中锆石（U - Pb）法年龄的测定，采自仁布县大竹区蛇绿岩剖面的钠长花岗岩中的锆石年龄（U - Pb）为 139 Ma（2 个平均值），可能代表蛇绿岩洋壳的形成时代，为早白垩世。蛇绿岩的侵位时间：在地幔橄榄岩底部中的石榴石角闪岩是蛇绿岩侵位时产生的动力热变质产物，其角闪石的年龄（K - Ar 法）测定为 81 Ma，该年龄值代表喜马拉雅-特提斯海封闭的时间，可见雅鲁藏布江蛇绿岩应是晚白垩世末或者中始新世末发生的构造侵位。据吴浩若（1984）在日喀则县冲堆、萨迦县纳虾（位于也弄附近）等地，于距昂仁蛇绿岩群玄武岩段的枕状熔岩顶界 4.5～30 m 范围内的冲堆组底部，发现有丰富的放射虫，其中 *Archaeospongoprunum tehamaense* 是北美西部早赛诺曼期 *A. tehamaense* 带的带化石；*Napora praespinifera* 的时限为晚阿尔比期至赛诺曼期，还有晚赛诺曼期重要分子 *Thanarla pulchra* 的亲近种。所以，据化石组合的时代，定为晚阿尔比期—早赛诺曼期。上述研究表明，昂仁蛇绿岩群所含放射虫，同位素年龄以及上覆地层冲堆组底部的时代确定，昂仁蛇绿岩洋壳的形成时代为晚侏罗世—早白垩世（阿普第期）。

冲堆组　$K_1\hat{c}d$　（07 - 54 - 0914）

【创名及原始定义】　曹荣龙（1981）创名，命名剖面在日喀则县冲堆。原义指下部高硅质复理石段；上部低硅质复理石段；顶部碳酸盐岩段。产放射虫、有孔虫等。时代为早白垩世晚期—晚白垩世早期。厚度 175 m。这套地层连续于枕状熔岩之上，向上连续过渡为昂仁组复理石。

【沿革】　创名后《西藏地质志》（1993）沿用其名，本书从之，含义同原始定义。

【现在定义】　岩性可划分为下部高硅质复理石段，中部低硅质复理石段，上部碳酸盐岩段。主要岩性为翠绿色、紫红色泥质、硅质粉—细砂岩、放射虫硅质岩夹火山角砾岩、玄武岩及灰岩凸镜体组成。产丰富的放射虫化石。其下与昂仁蛇绿岩群枕状熔岩整合接触，上未见顶。层型外：在萨迦县纳虾一带与上覆地层日喀则群的昂仁组呈平行不整合接触。

【层型】　正层型为日喀则县冲堆剖面（E88°57′，N29°06′），位于日喀则县冲堆乡。由吴浩若 1984 年测制，层序如下：

冲堆组　　总厚度＞175 m

5. 翠绿色薄层状、薄板状硅质泥岩、泥质粉砂岩、细砂岩的韵律层，夹少量厚层中粗砂岩。放射虫较少。（未见顶）　90 m
4. 绿色玄武岩夹紫红色硅岩凸镜体，含放射虫 *Patellula* sp.，*Thanarla praeveneta*，*Dictyomitra* aff. *napacnsis*，*Pseudodictyomitra lodoganensis*，*Novixitus* sp.，*Protunuma* sp.　5 m
3. 紫红、翠绿色硅质粉砂岩和粉砂质泥岩互层，夹泥质粉砂质硅质岩，含较多放射虫化石 *Praeconocaryomma* aff. *lipmanae*，*Patellula* sp.，*Archaeodictyomitra squinaboli*，*Thanarla praeveneta*，*Dictyomitra* aff. *napacnsis*，*Pseudodictyomitra* sp.，*Novixitus* sp.，*Protunuma* sp.　40 m
2. 紫红色、翠绿色薄板状粉砂质硅岩及硅质粉砂岩互层，底部夹较纯之硅质岩，顶部夹灰岩。富含放射虫化石 *Patulibracchium grapevinensis*，*Halesium* sp.，*Crucella* sp.，*Patellula* sp.，*Archaeospongoprunum tehamaense*，*Vitorfus* sp. C，*Dicroa* sp.，*Cassideus*

sp.，*Petasiforma* sp.，*Ultranapora* cf. *praespinifera*，*Holocryptocapsa* sp.，*Thanarla praeveneta*，*Dictyomitra* sp.，*Pseudodictyomitra* sp.，*Novixitus* sp.，*Pseudoeucyrtis micropoma*，*Protunuma* sp. 40 m

——————整　合（?）——————

下伏地层：昂仁蛇绿岩群

1. 绿色枕状熔岩，顶部为砾状或角砾状，由紫红色硅质胶结

【地质特征及区域变化】　冲堆组分布于雅鲁藏布江蛇绿岩带南北两侧，日喀则冲堆、纳虾及查雪增等地。岩性稳定，在萨迦县纳虾地区厚度为197 m；在查雪增附近，冲堆组上部有20 m厚的火山角砾岩，向西侧很快尖灭，出露厚度约73 m。似可见到冲堆组和昂仁组的连续过渡关系。而实际上冲堆组与昂仁组均是陆坡转变成外脊时，在外脊两侧形成的大致同时异相的地层体。该组为翠绿色、紫红色泥质、硅质粉—细砂岩、放射虫硅质岩夹火山角砾岩、玄武岩及灰岩，产有放射虫化石。该组属深海相沉积。据吴浩若（1984）研究，冲堆组富含放射虫化石 *Patulibracchium grapevinensis*，*Vitorfus* sp.，*Ultranapora praespinifera*，*Thanarla praeveneta*，*Cassideus*，*Petasiforma* 等。其时代属于阿尔比期。

冲堆组底部紫红色、翠绿色薄板状粉砂质硅岩及硅质粉砂岩互层，底部夹较纯硅质岩与下伏地层昂仁蛇绿岩群顶部绿色枕状熔岩整合接触。

罗布莎蛇绿岩群　TK_1L　（07－54－0915）

【创名及原始定义】　刘世坤、滕云（1994）根据曲松县罗布莎剖面创名，主要指分布于桑日、曲松县罗布莎、加查一带的蛇绿岩岩石地层体。岩石组合特征（由下往上）为：斜辉橄榄岩、变形橄榄岩、堆积杂岩、脉状辉绿岩、基性熔岩（细碧岩及角斑岩）。其形成时代为晚三叠世—中白垩世，定位于早白垩世。

【沿革】　1965年西藏第二地质队在罗布莎地区开展以铬铁矿为主的普查、勘探工作，对这一地区超基性岩的岩石学、地球化学、矿物学积累了大量资料。王希斌等（1981、1987）详细研究了罗布莎地区的蛇绿岩，资料主要发表于《西藏蛇绿岩》这一专著中。

【现在定义】　指沿“雅鲁藏布江接合带”分布于泽当、曲松、朗县和雅鲁藏布江大拐弯附近的米什米山等地区的蛇绿岩地层体。其岩性从下往上由地幔橄榄岩（斜辉辉橄岩）；堆积（堆晶）杂岩（纯橄岩，辉石岩）；席状岩床（墙）群（辉绿岩，辉长岩）；枕状熔岩（球粒玄武岩和块状玄武岩，细碧岩，角斑岩）及硅质岩组成。顶、底不详。

【层型】　正层型为曲松县罗布沙剖面（E92°13′，N29°11′），王国庆、夏斌1987年测制，层序如下：

罗布莎蛇绿岩群　总宽度＞2 800 m

5. 硅质岩呈条带状夹于细碧-角斑岩中，紫红色、绿、灰绿色，含放射虫。（未见顶） 20 m

══════ 断　层 ══════

4. 基性熔岩主要为细碧岩及角斑岩，有少量石英角斑岩，常与板岩、硅质岩互层产出，角斑岩常为灰绿色 571 m

3. 辉绿岩脉，辉绿岩一般以岩脉状产出 9 m

2. 基性、超基性堆积杂岩，岩石类型主要有：底部主要由纯橄岩，含辉橄岩组成，向上有辉石岩、橄榄辉石岩、单辉橄榄岩，上部为堆积辉长岩及均质辉长岩 900 m

1. 变形橄榄岩主要由斜辉辉橄岩，并夹有少量纯橄岩异离体，还可见少量二辉辉橄岩。

（未见底）　　1 300 m

【地质特征及区域变化】　罗布莎蛇绿岩群主要分布于扎囊—泽当、曲松、郎县和雅鲁藏布江大拐弯附近的米什米山等地区。在扎囊—泽当地区，出露厚度约 2 300～2 500 m。硅质岩中产 *Cenosphaera* spp.，*Dictyomitra* sp. 等放射虫，据梁定益等（1979）研究，超基性岩与晚三叠世地层呈侵入接触关系，在接触带有接触变质现象。而王国庆等（1987）认为罗布莎超基性岩与晚三叠世地层主要是呈断层接触关系，没有明显的接触变质作用；在罗布莎地段的乌金岭超基性岩体中金云母橄榄岩的同位素年龄值为 107.1 Ma，时代为晚白垩世。陕西区调队[①] 曾在罗布莎蛇绿岩群顶部硅质岩中获有三叠纪放射虫化石，因此，本书将罗布莎蛇绿岩群的时代归属为晚三叠世—早白垩世。

日喀则群　$K_{1-2}R$　（07－54－0916）

【创名及原始定义】　日喀则群源于“日喀则系”。中国科学院西藏工作队地质组王大纯等 1952 年首次将昂仁—日喀则一带地层命名为“日喀则系”，文世宣（1974）介绍。原义主要指昂仁—日喀则一带地区，东西长 500 余公里南北宽约 20 余公里的一套砂页岩为主，厚度巨大、化石稀少的类复理石地层。

【沿革】　1974 年文世宣等《在珠穆朗玛峰地区科学考察报告》一书中将“日喀则系”称为日喀则群，时代置于晚白垩世。西藏区调队（1983）和《西藏地质志》（1993）沿用日喀则群，将其进一步划分为（从下自上）恰布林组、昂仁组、帕达那组和曲贝亚组，时代置于白垩纪。经本次对比研究后，本书仍沿用日喀则群一名，（从下至上）包括昂仁组、帕达那组和曲贝亚组。主要属晚白垩世的产物。

【现在定义】　日喀则群包括下部昂仁组，上部帕达那组和曲贝亚组。

昂仁组　$K_{1-2}a$　（07－54－0917）

【创名及原始定义】　吴浩若等（1977）创名于昂仁县亚党。未指定层型剖面。原义从下至上包括：（1）砂泥质复理石；（2）泥质复理石；（3）泥钙质复理石；（4）砂质复理石；（5）砂泥质复理石与砂质复理石。厚度大于 2 785 m，与下伏地层桑祖岗组灰岩不整合接触。

【沿革】　本书扩大昂仁组的含义，包括吴浩若等（1977）划分的原昂仁组和桑祖岗组，其中桑祖岗组为整伏于原昂仁组之下的凸镜状灰岩、泥灰岩地层体，由于岩性不稳定，不具填图性，故将其归并于现昂仁组之下。扩大后的昂仁组与尹集祥、刘成杰等（1988）在日喀则昂仁地区划分的日喀则群（包括着巴屯撒组，桑祖岗组，昂仁组）三个地层单位所包含的岩石地层相当；与徐钰林等（1989）和余光明等（1990）所划分的日喀则群（包括桑祖岗组和昂仁组）两个地层单位所包含的岩石地层为同一地层体，与此相当或相矛盾的地层单位建议区内停止使用。

【现在定义】　主要为一套复理石的细碎屑岩地层。岩性主要以含砾砂岩、粗砂岩、细砂岩、粉砂岩、页岩类及泥晶灰岩组成的韵律沉积。其中化石稀少。未见顶、底。层型外，可见其底部与下伏地层冲堆组放射虫硅质岩平行不整合接触，顶部与上覆非复理石帕达那组整

---

① 陕西区调队，1993，1：20 万泽当幅地质调查报告（送审稿）。

合接触。

【层型】 本书指定选层型为修订含义后的昂仁组的代表剖面。选层型为日喀则县甲列—达拉—卡堆剖面（E89°30′，N29°00′），由尹集祥等1988年测制。层序如下：

日喀则群

昂仁组 总厚度>2 785 m

5. 砂泥质复理石与砂质复理石的交替：岩性为细砂岩，粉砂岩与页岩，中—中厚层砂岩与页岩，粉砂岩，细砂岩与页岩呈韵律层。含放射虫化石。（未见顶） 600 m

4. 砂质复理石：主要为中厚层—厚层杂砂岩（单层厚30～40 cm，个别厚近1 m）夹中薄层砂岩页岩或与之间互，但以砂岩为主。深灰、灰色中细粒砂岩、中粒砂岩、含砾砂岩、细砂岩、中粗粒砂岩呈韵律沉积 85 m

3. 泥钙质复理石：岩性为黄灰—灰色细砂岩（单层厚约2～3 cm），页岩（单层厚约10 cm），粉砂岩（单层厚2 cm），板状泥晶灰岩（单层厚约2～4 cm，最厚达10 cm）之规则韵律沉积 400 m

2. 泥质复理石：主要为黄灰色页岩与薄层细砂岩（单层厚2～4 cm），粉砂岩（单层厚4～5 cm）的韵律层。偶夹粗粒杂砂岩和条带泥晶灰岩 800 m

1. 砂、泥质复理石：岩性以灰黄—灰色中层粉砂岩、细砂岩、粗砂岩（单层厚10～20 m）与灰黑色砂质页岩、页岩的韵律层。局部夹含砾砂岩及扁豆状、团块状黑色硅质灰岩。（未见底） 900 m

【地质特征及区域变化】 昂仁组主要分布于雅鲁藏布江以南的日喀则至大竹卡、昂仁、萨嘎（噶）等地区。在日喀则县卡堆以西约180 km的桑桑，曾见到复理石相的昂仁组向上过渡到非复理石相的帕达那组；又在西约20 km的桑祖岗村，昂仁组为一套灰黑色页岩、深灰色厚层灰岩、灰色砂质页岩夹泥灰岩、生物碎屑灰岩及砾岩、砂岩凸镜体，厚度约148～907 m。产有孔虫、双壳类及腹足类等化石。与下伏地层一般为断层接触。在昂仁—仁布间较发育，岩性主要为灰色—杂色页岩、粉砂岩与石英砂岩、杂砂岩互层，含灰岩、泥灰岩、砂岩、砾岩的凸镜体和钙质结核，一般厚度为218～967 m。灰岩中含有丰富的圆笠虫、腹足类、固着蛤、珊瑚等化石。在大竹卡—尼思拉剖面见昂仁组与上覆地层帕达那组呈整合接触。在日喀则县纳虾剖面见昂仁组底部砂砾岩、含砾粉砂岩互层与下伏地层冲堆组平行不整合接触，在查雪增附近也可见到昂仁组与冲堆组似为连续过渡关系。在桑桑和昂仁—亚党剖面（吴浩若等，1977），缺失第一、二段，仅有三、四、五段出露。在日喀则西南约15 km处，昂仁组由粗砂岩、细砂岩、砂质泥岩、黑色泥岩和少量灰岩组成韵律条带。砂岩具明显递变层理，条带底部有大量印模、虫洞、砂袋，在砂质灰岩条带中含远洋有孔虫；在日喀则西山出露较全，但厚度减至2 000 m；再往东到大竹卡—尼腮拉剖面，厚度仅802 m。

据吴浩若等（1977）研究，圆笠虫 *Orbitolina concava* 确定为赛诺曼期；据A. 泽奇和R. 施罗德（1981）研究和重新鉴定了产自日喀则和平机场附近的有孔虫 *Palorbitolinoides hedini*，*Orbitolina*（*Mesorbitolina*）sp.，“*Cuneolina scarcellai*”和藻类 *Marinella lugeoni* 等；其中的圆笠虫组合时代为晚阿普第期至阿尔比期；据何炎（1976）发现阿尔比阶下部重要分子 *Orbitolina*（*Mesorbitolina*）*texana* 和早白垩世晚期的 *Palorbitolina lenticularis*，且共生腹足类 *Trochocyathus* sp.，*Thamnopora* sp.，*Plesioplocus* sp.，*Oligoptyxis* sp. 等，据上述研究，再结合上覆、下伏地层时代分析，昂仁组的地质时代置于早白垩世晚期到晚白垩世早期。

帕达那组 K_2p （07-54-0918）

【创名及原始定义】 刘成杰（1988）创名。创名剖面位于昂仁县桑桑帕达那沟。原义指一套砂岩、砂质泥岩及泥灰岩。

【沿革】 刘成杰（1988）在昂仁县桑桑帕达那沟创名帕达那组。相当于吴浩若等（1977）划分的“昂仁组”中部地层和西藏区调队（1983）划分的“昂仁组”中、上部地层。本书沿用帕达那组一名。含义同原始定义。

【现在定义】 为一套以灰、灰绿、紫红色砂岩、砂质泥岩及泥灰岩组成的地层体。产双壳类、腹足类、腕足类、植物等化石。与下伏地层昂仁组复理石整合接触，未见顶。

【层型】 正层型为昂仁县桑桑帕达那沟剖面（E86°50′，N29°20′），由刘成杰等1988年测制，层序如下：

帕达那组 总厚度>1 233.49 m

第三段，红色粉砂岩、砂质泥砂岩段

10. 紫红色粉砂岩夹灰黄色砂质泥岩，后者含双壳类、腹足类，中部夹灰绿色细砂岩。双壳类 *Lima* sp.，*Plagiostoma* sp.。（未见顶） >30.00 m

9. 紫红色夹少量灰绿色细砂岩，后者含双壳类 *Placunopsis* sp.，*Caestocorbula* (*Parmicorbula*) cf. *elegans* 84.99 m

8. 紫色细砂岩夹灰绿色粉砂岩，灰色同生砾岩，介壳灰岩及灰黄色生物碎屑砂岩，含双壳类 *Placunopsis* sp. 31.57 m

7. 紫红色砂质泥灰岩夹灰绿色钙质粉砂岩（1～2 m），灰紫色砂岩（砾径小于0.5 cm）和介壳灰岩凸镜体 21.12 m

6. 灰紫色细砂岩，含砾钙质砂岩夹灰色岩屑长石砂岩和灰绿色钙质粉砂岩 48.77 m

第二段，杂色砂岩与红色粉砂岩互层段

5. 灰色砂岩（4～5 m）与紫红色粉砂岩互层，夹同生砾岩（10 m），砾岩中含植物化石碎片 129.68 m

4. 灰绿色含砾岩屑长石粗砂岩、细砂岩与紫色粉砂岩互层，夹多层砂砾岩。灰色砂质泥灰岩凸镜体中产双壳类 *Astarte* sp. 48.00 m

3. 灰色、灰绿色细砂岩与紫红色粉砂岩互层，夹薄层细砾岩（30～40 m），粉砂岩中含植物化石碎片 136.06 m

第一段，灰色砂岩、砂质泥灰岩段

2. 底部一层（5～6 m）灰色细砂岩，含植物 *Protophyllum longifolium* 及双壳类，下部灰色钙质砂岩夹杂色粉砂岩薄层，中部为薄层泥质细砂岩，含腹足类 *Cerithium lassullum*，*C. clarandum* 上部为灰绿色中、薄层粉砂岩夹砂质页岩 24.62 m

1. 灰色中层钙质细砂岩（4～6 m）与薄层粉砂岩及生物碎屑泥灰岩，钙质砂页岩呈韵律层。产丰富的动物化石，计有双壳类、腹足类、掘足类、珊瑚及节肢动物蟹类等。双壳类 *Lima* sp.，*Arctica* aff. *forbesiana*，*Pholadomya* (*P.*) cf. *fabiana*，*Cyprimeria alaloga*，*C.* sp.，*Thracia* (*T.*) sp.，*Cardita* sp.，*Inoceramya xizangensis*，*Neithea* (*Neitheops*) aff. *quadricostata*，*Camptonectes* (*C.*) *virgatus*，*Parvamussium* cf. *sulcatellum*；腹足类 *Haustator turriformis*，*H. sangsangensis*，*Euspira spissata*，*Aporrhais* (*Helicaulax*) *rectialsata*，*Alaria acicularis*，*Hindsia eximia*，*Latirus reussianus*，*Cythara cretacea*；掘足类 *Dentalium* aff. *divisiense* 61.89 m

——————整 合——————

下伏地层：**昂仁组**　灰色砂页岩韵律层

【地质特征及区域变化】　帕达那组主要分布于仲巴县错江顶、桑桑和大竹卡等地，在冈仁波齐峰的东南也有出露。在错江顶地区，帕达那组的上部为杂色砂、页岩夹多层钙、泥质砂岩和泥灰岩凸镜体，厚度377 m，产双壳类、腹足类和植物碎片等化石。下部为灰色砂岩夹页岩、砾岩、厚度356 m，含腹足类碎片。在萨嘎（噶）县比日道班，相当于帕达那组中、上部为绿色、灰黄色钙质粉砂岩、砂质泥灰岩，产双壳类等；在冈仁波齐峰东南的札贡日阿至巴茅沟一带，其岩性为紫、灰、灰绿色砂岩，含砾砂岩、砾岩与页岩、粉砂岩等组成不等厚互层，具大型斜层理，含植物枝干碎片，厚度1 000～2 000 m，反映了滨岸环境；向东到大竹卡—尼腮拉一带，帕达那组连续沉积于昂仁组之上，仅有下部地层出露，为浅灰色变质砂岩、细砂岩夹千枚岩，厚度大于370 m。据刘成杰等（1988）研究，在错江顶剖面的帕达那组之上的曲贝亚组下部，含晚坎潘期有孔虫组合。帕达那组的顶部时代为早坎潘期，因此将整合于昂仁组之上的帕达那组归属于康尼亚克期至早坎潘期。

曲贝亚组　K_2q　（07－54－0919）

【创名及原始定义】　西藏区调队（1983）创名于仲巴县穷果乡错江顶东南侧的曲贝亚俄约山。原义指一套砾岩、砂岩、泥岩、粉砂质泥岩为主的地层体。地质时代为晚白垩世最晚期。

【沿革】　创名后，刘成杰等（1988）重新测制了剖面，厘定了它的含义，仍用曲贝亚组一名。本书引用刘等（1988）的划分，并将其上覆的原“曲下组”归属于“错江顶群”。

【现在定义】　指由灰、灰绿色砂质泥灰岩、钙质砂岩夹生物碎屑灰岩、砂岩、泥岩组成的一套地层体。产双壳类、腹足类、大型有孔虫化石等。与下伏地层帕达那组杂色砂页岩及上覆地层错江顶群杂色砂砾岩均为整合接触。

【层型】　正层型为仲巴县穷果乡错江顶剖面（E84°20′，N29°50′），位于错江顶东南侧的曲贝亚俄约山。由刘成杰等1988年重测，层序如下：

上覆地层：**错江顶群**

11. 下部杂色砂砾岩，中部为含红色泥砾的杂色粉砂岩，上部为灰色含砾岩屑粗砂岩

——————— 整　合 ———————

曲贝亚组　　总厚度430 m

上段：杂色砂页岩、泥灰岩段

10. 灰色与紫红色粉砂质页岩，产大型有孔虫 *Lepidorbitoides minor*，*Sulcoperculina* sp.　　1 m

9. 下部灰红色钙质粉砂岩夹钙质砂岩，产大型有孔虫及双壳类；中部灰绿色薄层细砂岩和粉砂岩；顶部为灰白色岩屑粗砂岩。有孔虫 *Lepidorbitoides minor*，*Sulcoperculina* sp.；双壳类 *Lima* sp.　　3 m

8. 灰黄色砂质有孔虫泥灰岩为主，夹泥质粉砂岩和薄层细砂岩；顶部为紫红色泥质粉砂岩。产大型有孔虫、珊瑚、双壳类、腹足类、菊石和海胆化石，上部98 m采到有孔虫 *Lepidorbitoides minor*，*L. blanfordi*，*Sulcoperculina* sp.；菊石 *Libycoceras zhongbaensis*，*Pachydiscus* cf. *hidakaensis*；双壳类 *Pholadomya*（*P.*）spp.；*Amphidonte ostracina*；*Gryphaea* sp.，*Inoceramya xizangensis*，*Gervillia* sp.；下部采到有孔虫 *Lepidorbitoides zhongbaensis*，*Pseudorbitoides yini*，*Sulcoperculina* sp.，*Omphalocyclus*

sp.；菊石 *Manambolites cuojiangdingensis*，*M. pivaeteaui*，*Libycoceras tibeticus*，*L. zhongbaensis* 189 m

下段：钙质砂岩夹生物碎屑灰岩段

7. 下部灰色砂质页岩与中层钙质砂岩互层产大型有孔虫、双壳类、腹足类及少量珊瑚、菊石、海胆、苔藓虫等化石，上部 30 m 内采有孔虫 *Lepidorbitoides zhongbaensis*，*Pseudorbitoides yini*，*Sulcoperculina* sp.；菊石 *Manambolites cuojiangdingensis*；双壳类 *Pholadomya*（*P.*）*radiatula*，*P.*（*Pholadomya*）spp.，*Gryphaea* sp.。下部 30 m 采有孔虫 *Lepidorbitoides gangdisicus*，*Sulcoperculina* sp.；菊石 *Manambolites pivaeteaui* 60 m

6. 灰色中层钙质岩屑砂岩，生物碎屑泥灰岩；下部灰色岩屑砂岩夹钙质粉砂岩。上部 20 m内采到有孔虫 *Lepidorbitoides gangdisicus*；菊石 *Manambolites pivaeteaui*，*Libycoceras tibeticus*，*L. zhongbaensis*；双壳类 *Plagiostoma* sp.，*Lima* sp.，*Gervillia* sp.，*Inoceramya* cf. *xizangensis*，*Pholadomya*（*P.*）spp.，*Oxytoma*（*O.*）sp.，*Plicatula* sp.，*Crassatella*（*C.*）cf. *divisiensis*；腹足类 *Velutina orientalis*，*Fasciolaria rigidi* 等 98 m

5. 灰色砂质页岩为主，夹砂质泥灰岩。产双壳类、腹足类和菊石等，偶见苔藓虫和节肢动物蟹类化石碎片，菊石 *Sphenodiscus* sp.；双壳类 *Cyprimeria* sp.，*Opis*（*Trigonopsis*）sp.，*Crassatella*（*C.*）cf. *divisiensis*，*C.*（*Pachythaerus*）sp.，*Amphidonte ostracina*，*Gervillia* sp.，*Pholadomya*（*P.*）spp.，*Pinna*（*P.*）aff. *complanata*，*Inoceramya xizangensis*；腹足类 *Cancellaria annulata* 79 m

——————— 整　合 ———————

下伏地层：帕达那组

4. 灰色、灰绿色、紫色粉砂岩、砂页岩，夹多层含介壳钙质砂岩；顶部为灰色岩屑粗砂岩。中部钙质砂岩中含植物化石碎片 159 m

【地质特征及区域变化】　曲贝亚组主要分布于错江顶至如角藏布地区，在比日道班也有零星出露。自仲巴县穷果乡错江顶往东 50 km 到萨嘎（噶）县如角藏布，曲贝亚组下部为黄绿色钙质砂岩夹 3 层厚约 2 m 的生物碎屑泥质灰岩，产双壳类和腹足类；上部为灰色中细粒砂岩夹黄绿、紫红色钙质粉砂岩，其中泥灰岩有所减少。厚度约 1 000 m。

在比日道班，相当于曲贝亚组上部为砂质泥灰岩，产大型有孔虫、双壳类、腹足类等化石。据刘成杰（1988）研究，曲贝亚组含三个大有孔虫组合，自下而上为：①*Lepidorbitoides gangdisicus* 组合，②*Pseudorbitoides yini*，*Lepidorbitoides zhongbaensis* 组合，还伴生 *Omphalocyclus* sp.，*Sulcoperculina* sp. 等，③*Lepidorbitoides minor*，*L. blanfordi* 组合。另外还产菊石 *Libycoceras*，*Manambolites* 和 *Pachydiscus*，*Sphenodiscus*；腹足类 *Velutina orientalis*，*Cancellaria annulata* 等，时代均属坎潘期至马斯特里赫特期；故曲贝亚组的地质时代为晚白垩世。

则弄群　J_3K_1Z　（07－54－0920）

【创名及原始定义】　西藏区调队（1983）创名于申扎县东则弄附近的不尔嘎。原义指岩性为杂色复成分砾岩、中酸性凝灰岩及火山角砾岩、砂岩与页岩互层，夹淡黄色生物碎屑砂岩及灰岩，厚度 991 m。产双壳类化石，时代为早白垩世。未见底，与上覆地层捷嘎组整合接触。

【沿革】　在申扎县不尔嘎地区，青海石油普查大队黑河中队（1957）最早把此套地层称为“堡尔嘎岩系”，仅相当于现则弄群的下部以及西藏区调队（1986）在木嘎岗日地区划分的原“去申拉组”；则弄群已为广大地质工作者所习用。本书沿用则弄群一名。

【现在定义】 指岩性为杂色砂岩、火山岩、变质砾岩、页岩、泥岩夹硅质岩、生物碎屑灰岩组成的一套地层体。产双壳类、腕足类、腹足类、介形类、珊瑚和轮藻等化石。未见底，与上覆地层捷嘎组灰白、灰黑色灰岩整合接触。

【层型】 正层型为申扎县不尔嘎剖面（E88°50′，N30°50′），由西藏区调队 1983 年测制，层序如下：

上覆地层：**捷嘎组** 灰白、灰黑色灰岩夹砂页岩

——————— 整 合 ———————

则弄群	总厚度>991 m
5. 浅绿色、灰紫色、灰黄色薄层变质中粒长石岩屑砂岩与黑色页岩、泥岩互层，间夹十余层淡黄色生物碎屑钙质砂岩和灰色生物碎屑薄层灰岩。双壳类有 *Cyprina teolluensis*，*Cyprimeria* cf. *quadrata*，*Veneridae meritix*（本层相当于原剖面第 2 层）	591 m
4. 灰色复成分砾岩	60 m
3. 灰白色片理化酸性弱熔结火山角砾凝灰岩（以上 3—4 层相当于原剖面第 1 层）	90 m
═══════ 断 层 ═══════	
2. 暗绿色蚀变安山质凝灰熔岩	50 m
1. 紫红色灰绿色蚀变酸性火山角砾岩。（未见底）	>200 m

【地质特征及区域变化】 则弄群主要分布于措勤—申扎地区，在查里错和查孜—仁堆等地也有零星出露。在申扎县永珠桥地区，则弄群下部为灰黑色灰岩夹少量硅质团块，产腹足类、海胆、层孔虫，厚度约 300 m；中部以凝灰岩为主，夹有灰岩、粉砂岩、泥岩等，产腕足类，厚度大于 228 m。可见永珠桥地区的则弄群火山物质减少，碎屑变细。在纳木湖西岸，则弄群下部为中基性—中酸性熔岩及火山碎屑岩，夹细砂岩和砂质泥岩等。产介形类，厚度约 1 965 m；上部为紫红色砾岩、砂岩、砂质泥岩及凝灰质砂岩，产介形类、轮藻，厚度大于950 m，与上覆地层捷嘎组为连续沉积。可见，纳木湖西岸的则弄群与不尔嘎地区类似，但厚度巨大，泥质增多且有淡水生物存在。在分布区西部则弄群仅见于查理错地区，由砂岩、含砾砂岩、粉砂岩、页岩夹安山岩、玄武岩和凝灰岩组成，厚度 695～905 m，整合伏于捷嘎组之下。在查孜—仁堆地区，则弄群为灰黑、紫红色变质砂岩、含钙泥质粉砂岩夹页岩（板岩）及蚀变中酸性火山岩，厚度大于 400 m。与不尔嘎地区类似。在查理错地区，该群底部砂岩、含砾砂岩、页岩夹安山岩、玄武岩和凝灰岩与下伏地层下拉组为不整合接触。

则弄群下部产层孔虫 *Cladocoropsis*，仅见于晚侏罗世，腕足类 *Zellerina walkeriformis* 为贝里阿斯期分子；介形类 *Cypridea*，*Lycopterocypris* 等组合，时代主要是早白垩世；双壳类 *Cyprina teolluensis* 和 *Cyprimeria* cf. *quadrata*，时代主要为早白垩世。因此，则弄群的时代为晚侏罗世提塘期—早白垩世阿普第期。

捷嘎组 K_1jg (07-54-0921)

【创名及原始定义】 西藏区调队（1987）创名。命名剖面位于革吉县捷嘎。原义指岩性为青灰色灰岩、生物碎屑灰岩、圆笠虫灰岩、岩屑砂岩、凝灰岩，中下部夹多层火山碎屑岩、玄武岩、安山岩、流纹岩、熔凝灰岩以及硅质燧石岩的一套地层，厚度 627～5 944 m。含固着蛤、圆笠虫等，时代为白垩纪。与下伏地层则弄群整合接触。

【沿革】 地质部青海石油普查大队黑河中队（王文彬，1957）在申扎地区最先创名“堡

尔嘎岩系”，西藏区调队（1983）将其改称为不尔嘎组；西藏区调队（1986）在木嘎岗日地区又将此套地层创名为去申拉组。捷嘎组已为广大地质工作者采用，本书沿用捷嘎组一名以代表狮泉河、措勤、申扎一带地区早白垩世的火山岩、碎屑岩夹灰岩的地层体。

【现在定义】 指岩性为杂色变质砂岩、砾岩、灰岩及变质火山岩（玄武岩、安山岩、流纹岩、熔凝灰岩）及火山碎屑岩、灰岩的一套地层体，产双壳类、腹足类、圆笠虫等化石。与下伏地层则弄群石英砂岩整合接触，与上覆地层茶里错群不整合接触。

【层型】 正层型为革吉县捷嘎剖面（E81°05′，N32°20′），由西藏区调队 1985 年测制，层序如下：

上覆地层：**茶里错群** 紫红色细砂岩

～～～～～～～～ 不 整 合 ～～～～～～～～

捷嘎组 总厚度约 6 070.3 m

34. 灰白色玻质晶屑凝灰岩 40.0 m
33. 灰色辉石黑云母安山岩 45.0 m
32. 紫红色、灰绿色厚层状巨砾岩，砾石成分为安山岩，次圆—卵圆形，分选较好，砾径一般 2～15 cm，最大 90 cm，凝灰质胶结 71.0 m
31. 浅紫色中层状辉石安山岩 77.5 m
30. 青灰色厚层状泥质生物碎屑灰岩。产双壳类 *Ostrea* sp.，Radiolitidae；圆笠虫 *Orbitolina* sp.；腹足类 *Nerinella dayi*，*Glauconia* sp.，*G. trotteri* 305.5 m
29. 灰绿色、紫红色火山角砾岩夹 9 m 厚的青灰色中厚层状微晶灰岩，产圆笠虫化石 61.9 m
28. 青灰色中厚层状微晶灰岩，产双壳类 *Oxytoma* sp.；腹足类 *Ampullospira* sp.；圆笠虫 *Orbitolina* sp. 10.7 m
27. 灰绿色、紫红色凝灰质火山角砾岩，夹数层青灰色、灰白色圆笠虫灰岩。含圆笠虫 *Orbitolina* spp. 44.7 m
26. 紫红色、灰绿色中厚层状凝灰岩，凝灰质火山角砾岩，夹圆笠虫灰岩团块 18.2 m
25. 青灰色中厚层状含泥质生物碎屑灰岩，隐晶质灰岩。产圆笠虫 *Orbitolina* spp.；双壳类 *Pleuromya* sp.，*Cardinia* sp.，*Inoceramus* sp.，*Bournonia* sp.；腹足类 *Ampullina xainzaensis*，*Confusiscala* sp.，*Tylostoma* sp.，*Pullospira* sp.，*Polyptyxis* sp.；甲壳虫（虾或蟹类）*Decapoda* 86.0 m
24. 灰绿色辉石安山岩，气孔发育 120～251.0 m
23. 紫红色杏仁状玄武岩夹数层厚约 2 m 的浅紫红色细砂岩 106～200.0 m
22. 青灰色中厚层状含生物碎屑隐晶质灰岩夹 1 层 2 m 厚的粗砂岩 67.0 m
21. 紫红色沉火山角砾岩 62.0 m
20. 紫红色薄至中层状含生物碎屑灰岩，局部夹细砂岩及火山角砾岩。灰岩中产双壳类 *Lopha* sp.，*Ostrea* sp.，*Chama* sp.，*Neithea* (*Neitheops*) *quadricostata*，*Biradiolites* sp.；腹足类 *Nerinea* cf. *pauli*，*N.* cf. *libanolica*，*Nerinella* cf. *dayi*，*Plesioptyxis* aff. *langshanensis*，*Trochactaeon* sp.；圆笠虫 *Orbitolina* spp. 及少量海百合茎化石 36.3 m
19. 紫红色薄至中层状玻屑凝灰岩 6.3 m

═══════ 断 层 ═══════

18. 灰绿色蚀变安山岩 209.5 m
17. 灰黑色燧石层夹白色硅质岩条带 290.9 m
16. 灰绿色厚层状英安岩 290.0 m
15. 灰绿色中厚层状玄武岩及中长玄武岩 306.8 m

14. 灰绿色薄至中层状岩屑晶屑凝灰岩，顶部有15 m厚的火山集块岩，中部夹紫红色含砾粗砂岩 274.0 m

13. 青灰色厚层块状含生物屑鲕粒灰岩。产圆笠虫 *Orbitolina* sp.；腹足类 Nerineidae 及海百合茎等 430.0 m

12. 紫红色流纹质凝灰岩与灰绿色岩屑晶屑凝灰岩互层，偶夹薄层灰岩。夹有数层2～3 m厚的砾岩层 219.0 m

11. 灰绿色岩屑晶屑凝灰岩与灰白色粘土化流纹质凝灰岩 536.0 m

10. 黄灰色蚀变流纹质英安岩 460.0 m

9. 灰黑色钠长石化玄武岩 72.0 m

8. 棕红色安山岩及黑云母玻质安山岩 175.0 m

7. 灰黑色含黑云母气孔状玄武岩 240.0 m

6. 土红色、灰黑色变质玄武岩 647.0 m

5. 棕褐色玻质安山岩（角岩） 34.0 m

4. 灰黑色气孔状玄武岩及玻质玄武岩 206.0 m

3. 灰白色中厚层状大理岩 291.0 m

———— 整　合 ————

下伏地层：则弄群

2. 灰白色中层状石英岩

【地质特征及区域变化】　捷嘎组主要分布于狮泉河、措勤、申扎地区。在狮泉河之南的鲁玛大桥—果仓卖地区，其岩性由灰色厚层或中—薄层砂砾岩、灰岩夹玄武岩和英安岩组成，产有孔虫、固着蛤等化石，厚度大于2 410 m。在申扎县不尔嘎，捷嘎组相变为灰岩，产固着蛤、海娥螺等化石，厚度仅100 m。在查孜—仁堆地区，其岩性为中厚层结晶灰岩、生物碎屑灰岩、含圆笠虫泥质灰岩夹变质砂岩、泥质粉砂岩、泥硅质角岩、火山物质明显减少，厚度145～2 300 m。捷嘎组底部灰白色中厚层大理岩与下伏地层则弄群浅绿、灰紫、灰黄色中厚层石英砂岩整合接触。捷嘎组产丰富的有孔虫 *Orbitolina* spp.；双壳类 *Neithea*（*Neitheops*）*quadricostata*，*Inoceramus* sp.；腹足类等。时代为早白垩世。

桑日群　J_3K_1S　(07-54-0922)

【创名及原始定义】　西藏第二地质队（1979）[①] 创名于桑日县附近，从下到上分为：麻木下组、比马组、旦师庭组。未见顶、底。

【沿革】　西藏第二地质队钱定宇（1979）将桑日群划分为（麻木下亚群、比马亚群）；西藏区调队（1991，1993）未用桑日群一名，单独引用其中的麻木下组、比马组、旦师庭组；《西藏地质志》用则弄群取代桑日群；青海区调队（1994）划分的桑日群（包括麻木下组、比马组），将旦师庭组中岩性以陆相火山岩为主的部分，单独划分出来（与下伏地层多为不整合接触）置于晚第三纪。本书沿用桑日群一名，含义与青海区调队（1994）划分的桑日群大致相当。

【现在定义】　从下到上划分为麻木下组、比马组。

---

① 西藏第二地质队，1979，西藏扎囊县—桑日县1∶5万区域地质简测报告。

麻木下组　J_3K_1m　(07-54-0923)

【创名及原始定义】　西藏第二地质队（1979）① 创名于桑日县马门，原义指岩性主要由安山岩、灰质砾岩、粉砂岩、大理岩、结晶灰岩等组成，厚度大于650 m。

【沿革】　西藏第二地质队钱定宇（1979）称为麻木下亚群；本书沿用麻木下组。

【现在定义】　岩性主要为灰、灰绿色安山岩、灰质砾岩、粉砂岩、角岩夹大理岩、结晶灰岩等。未见底，与上覆比马组整合接触。

【层型】　正层型为桑日县马门剖面（E91°54′，N29°16′），由西藏第二地质队1979年测制，层序如下：

上覆地层：比马组

7. 灰绿色钠长石角闪安山岩夹变质安山岩质晶屑凝灰片岩　74.93 m

——————— 整　合 ———————

麻木下组　总厚度 700.52 m

6. 灰—灰绿色厚层状矽卡岩化石质砾岩　44.02 m
5. 灰绿—淡绿色巨厚砾状钙质矽卡岩　11.50 m
4. 灰绿色巨厚碎裂状矽卡岩化砾状灰岩，中有安山质熔岩凸镜体　67 m
3. 上部为灰绿色辉石角岩，中下部为巨厚层砾状石英透闪石帘石岩及石英石榴石透辉石矽卡岩　349.3 m
2. 浅绿—灰绿色砾状透辉石绿帘石矽卡岩　42.20 m
1. 暗绿—黑绿色安山岩、石英安山岩，其中夹有变质粉砂岩。（底部闪长岩侵入）　186.50 m

【地质特征及区域变化】　麻木下组主要分布在雅鲁藏布江断裂带的北侧西崇—桑日，贡嘎和泽当—绒区一带。在桑日县马门附近地区，由于中酸性岩体的侵入，麻木下组地层不连续，常呈零星块体出露。主要由暗灰色安山岩，浅绿、灰绿色灰岩质砾岩，灰绿色辉石角岩，灰绿色石英透闪石帘石，灰色结晶灰岩等组成。厚度大于650 m。在中酸性岩体的接触处，由于接触交代作用，矽卡岩化强烈常形成矽卡岩带。向西到贡嘎县昌果区一带，主要为灰白色角砾岩、条带状泥灰岩、砂岩夹安山、火山灰质岩及硅质岩，层理平直。角砾状灰岩由大小不一的灰岩砾块堆积而成，下部具砾块主要由含浅水生物的礁灰岩和少量泥灰岩、砂岩组成。在横向上变化较大，该组下部具滑塌堆积沉积特征。

据西藏第二地质队在桑日县附近，相当该组角砾状灰岩中采有较多化石，经杨胜秋等鉴定，计有腹足类 *Nerinea* sp.，*Multiptyxis* sp.，*Aptyxiella* sp.；双壳类 *Metaceriturn* sp.，*Plagiostoma* cf. *muddoerensis*，*Trigonia*? sp.，*Astarte* sp.；珊瑚 *Discocyathus* sp.，*Hexacoralla* sp.；海百合茎 *Pentacrinus* sp.。西藏区调队（1991）在生物碎屑灰岩中采有珊瑚 *Thecosmilia*? sp.，*Caladophyllia*? sp.，*Montlivaltia* sp.。因此，该组时代为晚侏罗世—早白垩世。

比马组　K_1b　(07-54-0924)

【创名及原始定义】　西藏第二地质队（1979）①创名于桑日县城附近桑日剖面，原义指岩性为一套“优地槽型”海相火山岩、泥岩及碳酸盐岩建造。厚度大于4 119 m。

---

① 见前页注①。

【沿革】 西藏第二地质队钱定宇将桑日群中上部称比马亚群；西藏区调队（1991，1994）单独引用比马组、旦师庭组；《西藏地质志》将桑日群均对比为则弄群；青海区调队（1994）将桑日群中部称比马组，并把上部旦师庭组代替以“丁拉组”。本书沿用比马组一名，扩大其含义，相当于原桑日群中上部，与此相当的比马亚群，为比马组的同物异名。建议区内停止使用与此相当的其他地层单位。

【现在定义】 岩性主要为灰绿、灰色火山岩、砂岩、泥岩、灰岩、大理岩。产珊瑚等化石。与下伏地层麻木下组顶部灰、灰绿色矽卡岩化灰岩质砾岩呈整合接触，未见顶。

【层型】 正层型为西藏桑日县桑日剖面（E92°11′，N29°28′），由西藏第二地质队1979年测制。层序如下：

比马组　　总厚度 7 346.26 m

54. 暗绿色安山角砾熔岩、安山质火山角砾岩、夹变角闪安山岩。（二长岩侵入，未见顶）200.00 m
53. 角闪安山岩、石英安山岩、变安山质熔角砾岩　150.00 m
52. 砂质砾岩及片理化安山岩、角斑岩、角砾凝灰岩　150.00 m
51. 灰绿色—浅灰黄色巨厚层状含凝灰质红柱石绢云母角岩　3.65 m
50. 浅灰—灰色、绿色、灰黄色斑点状凝灰质角岩夹英安岩、安山岩凸镜体　17.30 m
49. 灰绿色—深灰色黝帘石红柱石角岩夹安山岩凸镜体　19.82 m
48. 浅灰色红柱石角岩　7.36 m
47. 灰绿色变质泥质粉砂岩及变质石英粉砂岩　34.72 m
46. 浅灰色薄层状变质含电气石石英粉砂岩　22.50 m
45. 深灰色薄—中厚层状变质细—粉砂岩夹绿泥石绢云母角岩；上部夹有蚀变安山岩凸镜体　33.90 m
44. 浅灰绿色厚层状变质石英粉砂岩　35.85 m
43. 绿灰色薄层状变质凝灰质粉砂岩　28.83 m
42. 灰绿—深灰色中厚层状红柱石绢云母角岩　109.96 m
41. 灰绿色—深灰色巨厚层状红柱石绢云母角岩、变质含砾凝灰质砂岩　14.18 m
40. 灰绿色—灰紫色中—厚层状变质含砾岩、变质粉砂岩，其中夹红柱石绢云母角岩　22.22 m
39. 浅黄灰色—深灰色红柱石绢云母角岩　24.33 m
38. 浅灰色巨厚状红柱石绢云母角岩夹含石英碎屑结晶灰岩　20.08 m
37. 浅灰—深灰色厚—巨厚层状条带状结晶灰岩、结晶生物碎屑灰岩、蠕虫状大理岩化灰岩及符山石柘榴石大理岩，中夹少量流纹质凝灰熔岩及红柱石绢云母角岩　158.12 m
36. 深灰色绢云母角岩　11.06 m
35. 浅灰—深灰色厚—巨层状生物碎屑大理岩、条带状大理岩、蠕虫状结晶灰岩、含矽卡岩团块的结晶灰岩等　63.06 m
34. 柘榴石符山石矽卡岩、含矽卡岩团块大理岩及柘榴石硅质角岩　41.56 m
33. 浅灰色巨厚层状透辉石大理岩、含生物碎屑大理岩　113.54 m
32. 浅灰色中厚—厚层状石英钠长石白云母角岩、石英云母角岩　221.81 m
31. 浅灰色厚层状结晶灰岩、条带状不纯结晶灰岩　18.86 m
30. 浅灰—灰黄色变质凝灰质砂岩　38.56 m
29. 浅灰色中厚层状大理岩、结晶生物骨屑灰岩及矽卡岩团块大理岩、大理岩化灰岩等　112.86 m
28. 黑灰色薄层状变质碳质粉砂岩、石英粉砂岩与碳质绢云母板岩、绿泥石板岩互层　318.90 m
27. 浅灰色中厚—厚层状英安岩，晶屑凝灰岩、蚀变英安质熔岩　137.76 m
26. 浅灰色厚层状凝灰质砂岩夹含粉砂泥灰岩、硅质灰岩凸镜体，底部为灰绿色含砾杂

砂岩及砂砾岩　152.93 m

25. 浅灰色厚层状大理石化含泥质灰岩及含石英碎屑大理岩化泥质灰岩　172.04 m
24. 深灰色薄层状变质钙质硅质凝灰岩、凝灰岩硅质岩夹钙质硅质岩及泥质结晶灰岩凸镜体　145.30 m
23. 深灰色薄层状变质粉砂岩、变质安山岩夹薄层结晶灰岩凸镜体　54.15 m
22. 深灰—黑灰色薄—中厚层状斑点凝灰质板岩、红柱石云母板岩　207.18 m
21. 灰绿色—深灰色糜棱岩、千枚岩　55.69 m
20. 灰—深灰色薄层状红柱石硬绿泥石绢云母板岩夹有次闪化角安山岩　33.87 m
19. 灰色—肉红色薄层状变质砂岩、硬绿泥石红柱石砂质板岩　23.33 m
18. 浅灰色变质黑云母石英粉砂岩　8.42 m
17. 浅灰—深灰色薄层状硬绿泥石红柱石绢云母板岩、红柱石绢云母板岩夹粉砂质绢云母板岩、蚀变安山岩及细粒斜长角闪片岩　156.11 m
16. 绿帘石、透闪石片岩、变质英安质凝灰岩夹变质安山岩　40.21 m
15. 灰绿色薄层硬绿泥石绢云母板岩夹薄层条带状硅质灰岩、泥灰岩凸镜体　7.67 m
14. 浅灰—灰绿色斑点状硬绿泥石绢云母板岩夹大理石化灰岩及细粒斜长角闪片岩　36.19 m
13. 灰绿色变质玄武安山岩、安山岩及绿帘石阳起石化玄武安山岩等　88.07 m
12. 灰绿色红柱石硬绿泥石石墨板岩、红柱石硬绿泥石变质凝灰质石英砂岩夹变质玄武岩，底部为杂色变砾岩　43.96 m
11. 上部为灰色条带状结晶灰岩，中部为灰紫色片状变质安山晶屑—玻屑凝灰岩，下部为灰紫色安山质火山角砾岩　125.18 m
10. 紫色—浅砂紫色变质角闪安山岩　90.40 m
9. 灰紫色变质安山质凝灰片岩夹变质安山岩凸镜体　116.20 m
8. 黄绿色变质安山质晶屑凝灰岩夹暗紫色变质角闪安山岩凸镜体　34.49 m
7. 灰绿色钠长石化角闪安山岩夹变质安山质晶屑凝灰片岩　74.93 m

——————— 整　合 ———————

下伏地层：麻木下组　灰—灰绿色厚层砾状矽卡岩化灰岩质砾岩

【地质特征及区域变化】　比马组主要分布于桑日县一带，在西崇、明则、沃卡、贡嘎县昌果，乃东县温区等地均有出露。为一套火山岩沉积岩层，在区域上分布较稳定，特征突出，标志明显。它与下伏地层麻木下组同属于岛弧沉积环境。在桑日县沃卡一带，以安山质火山岩为主，与板岩、细砂岩、粉砂岩呈互层状产出，夹较多的碳酸盐岩，产有孔虫、海绵，在邻区还产双壳类、腹足类、珊瑚等化石，上未见顶，下未见底。厚度大于 1 309 m。西到乃东县温区查卡学一带，比马组上部，岩性主要为安山质熔岩、火山角砾岩、凝灰岩夹少量砂板岩及大理岩。厚度大于 1 468 m。未见底，与上覆地层门中组底部灰白色石英砂岩、石英岩呈接触关系不清。在沃卡乃东等地与上覆门中组呈不整合接触①。在西到贡嘎县昌果一带，岩性组合由火山质熔岩、火山碎屑岩、凝灰质粉砂岩、板岩、层凝灰岩、粉砂岩、泥灰岩及大理岩等呈韵律状互层组成。厚度大于 1 246 m。与下伏麻木下组顶部灰白色砾状大理岩化灰岩呈整合接触。

西藏第二地质队（1979）在桑日采有羚角蛤（K_1）、海娥螺（J_2—K_1）、双枝褶螺（J_2—K_1）、固着蛤（J_3—K_2）、柯氏双枝褶螺（J_3—K_1）；根据该组与下伏麻木下组整合接触，而麻

① 陕西区调队，1994，1∶20 万沃卡幅、泽当幅区域地质调查报告（送审稿）。

木下组时代为晚侏罗世—早白垩世，与上覆地层门中组亦为整合接触，西藏区调队（1991）将门中组的时代定为早白垩世晚期—晚白垩世早期。本书根据化石及其上、下接触关系，将比马组时代归属于早白垩世。

门中组　$K_{1-2}m$　（07－54－0925）

【创名及原始定义】　为西藏第二地质队（1977）①创名（野外创名，1979年编成内部报告）。命名剖面在乃东县温区门中。原义指下部岩性段以暗灰色细砂岩、砂岩为主，底部多见白色石英砂岩夹硅质砾岩；上部岩性段是以灰色、深灰色泥质砂岩、大理岩夹灰岩、砾岩、凝灰质英安岩及凝灰质绿泥石绢云母板岩。与上覆地层温区组均为整合接触；与下覆比马组接触关系不清。

【沿革】　西藏第二地质队（1979）又将此套地层称为泽当群，并在同年又命名为陈巴组，与泽当群相当。西藏区调队（1991）则引用门中组，《西藏地质志》对比为捷嘎组下部。本书仅沿用门中组一名。建议区内停止使用与此相当的其他地层单位。

【现在定义】　岩性为暗灰、灰、深灰色变质细砂岩、砂岩、泥质灰岩、大理岩为主，夹石英砂岩、硅质砾岩、凝灰质英安岩及凝灰质绿泥石绢云母板岩。区域上与下伏地层比马组硅质岩呈整合接触，未见顶。

【层型】　正层型为乃东县温区门中剖面（E91°43′，N29°28′），由西藏区调队1986年重测，层序如下：

门中组　　总厚度 3 484.88 m

12. 细晶大理岩、中晶灰石夹砂岩，底部为粉砂质板岩。（花岗闪长岩侵入，未见顶）　909.93 m
11. 上部细晶灰岩；下部粉砂质绿泥绢云板岩　94.34 m
10. 以大理石化灰岩为主，其次为石英岩、透闪石大理岩。底部为硅质岩和石榴石矽卡岩；顶部为凝灰质英安岩　124.78 m
9. 上部变质黑云母石英粉砂岩、大理石岩化结晶灰岩；底部灰白色石英岩　82.87 m
8. 灰白色细晶灰岩，中部夹石榴石矽卡岩、硅质岩　62.66 m
7. 上部含磷灰石绿帘白云石英岩；下部黑云母石英岩。其上为黑云母花岗岩侵入　315.43 m
6. 石英砾岩，砾径 1～3 cm，大者 5～6 cm，最长可达 10 cm　168.73 m
5. 石英绢云母片岩　225.98 m
4. 石英绿帘石片岩，中部为青灰色薄灰岩　214.10 m
3. 上部为粉屑灰岩；下部为灰色灰岩　179.24 m
2. 变质石英砂岩　1087.37 m
1. 灰白色厚层状石英砂岩、石英岩、中部夹复成分砾岩，以硅质成分砾石为主。1、2层有钾长花岗岩侵入　19.45 m

……………… 接触关系不清 ………………

下伏地层：比马组　硅质岩

【地质特征及区域变化】　门中组主要分布于乃东县温区门中，堆龙德庆县柳梧区一带。在蛮拉—拖浪拉复向斜的南北两翼，由于岩体的侵吞和断层的切割，出露不甚完整。在门中—默巴一带出露最为完整。在德嘎朗、章多、宾珠雄、帮皮岗、江巴日、德阳沟一带亦有零

---

① 西藏第二地质队，1979，西藏扎囊县—桑日县 1∶5 万区域地质简测报告。

星出露。其总厚度已达3 052 m，岩性和厚度在横向上变化较大。

在温区一带，岩性以暗灰、灰、深灰色变质细砂岩、泥质灰岩、大理岩为主夹石英岩、硅质砾岩、砾岩、凝灰质英安岩及凝灰岩质绿泥石绢云母板岩为特征的岩性组合。与下伏地层比马组及上覆地层温区组均呈整合接触。从温区向西侧到默巴一带，厚度变薄，岩性变为白色细砂岩夹板岩、泥灰岩为特征的岩性组合。在昌果，相当该组的下部，岩性为细砂岩夹砂质板岩，底部被断层切割，出露不全。在达章，七百昌库一带，下部岩性由暗灰色细砂岩夹绢云母板岩组成，常夹薄层灰岩、凝灰岩、板岩和硅质岩。再向西到直拉以北和章结拉以东地带，门中组下部以暗灰色砂岩为主夹板岩，地层中尚见白色细—中粒凸镜状石英砂岩和凝灰岩、大理岩、火山岩及凝灰岩夹层。到德阳沟，该组下部为砂岩夹粉砂质板岩及板岩组成。在苦仁一带，该组上部为块状粗晶大理岩，仅顶部为大理岩夹砂岩、板岩和泥灰岩组成。在嘎巴、思日一带，厚度达2 000 m。往西到丁拉、章多一带，门中组上部为泥质灰岩、粒状灰岩、大理岩夹变质砂岩、石英岩、板岩及安山岩组成、厚度达1 000 m，未见顶。在丁拉以北的德嘎朗及宾珠雄一带，门中组上部岩性为火山岩、泥灰岩夹层急剧增多，部分板岩中富含火山泥球。而灰岩、大理岩大量减少，组成以泥灰岩、砂岩、绿泥绢云千枚岩和火山凝灰岩、火山岩、绢云石英片岩互层。再向北延伸，基本上是以火山凝灰岩、绢云石英片岩夹凸镜状大理岩及砂板岩组合。在帮皮岗、江巴日、德阳沟和跃进沟一带，该组上部岩性为结晶灰岩、生物碎屑灰岩夹砂岩、砂质板岩及凝灰岩组合。其中含有海娥螺 *Adizoptyxis* sp.；固着蛤 *Capyina* sp.；有孔虫 *Orbitolina* sp.，等。

据《西藏地质志》记载，该组产有菊石 *Acanthoceras*? sp.；双壳类 *Pachytraga* sp.，*Monopleura* sp.，*Nuculana* sp.，*Astarte* sp.，*Caprotinidae*；腹足类 *Nerinea* sp.，*Plesioploclina* spp.；藻类 *Lithotamnium*? sp.；刺毛虫 *Bauneia* sp. 及珊瑚等。因此，将门中组的时代暂归于早白垩世晚期—晚白垩世早期。

温区组 K_2w （07-54-0926）

【创名及原始定义】 西藏第二地质队（1979）① 创名于乃东县温区附近。原义指岩性由深灰色板岩、砂质板岩组成。与下伏地层门中组整合接触，与上覆地层茶里错群为不整合接触。

【沿革】 西藏第二地质队（1979）又将其称为泽当群（资料未公开发表）；同年又将其部分更名为陈巴组；温区组相当于泽当群，或陈巴组的上部层位。西藏区调队（1991）沿用温区组。《西藏地质志》将其归并在捷嘎组上部。本书引用温区组一名。建议区内停止使用与此相当的其他地层单位。

【现在定义】 为一套黑色钙泥质板岩、粉砂质板岩、凝灰质板岩为主夹流纹岩的地层体。下未见底，与上覆地层茶里错群火山角砾岩呈不整合接触。

【层型】 正层型为乃东县温区剖面（E91°49′，N29°28′），由西藏区调队1986年重新测制，层序如下：

上覆地层：**茶里错群** 火山角砾岩

～～～～～～ 不 整 合 ～～～～～～

① 西藏第二地质队，1979，西藏扎囊县—桑日县1∶5万区域地质简测报告。

温区组	总厚度>1 598.38 m
7. 砂质绢云母板岩、绿泥绢云母千枚岩夹粉砂质板岩	350.29 m
6. 砂质绢云母板岩，顶底夹绿色帘石化凝灰岩、板岩及流纹斑岩	149.38 m
5. 黑色含碳质绢云母板岩夹千枚岩、粉砂质板岩	146.30 m
4. 暗灰色流纹岩夹长石石英细砂岩	45.41 m
3. 灰色含石墨石英绢云母板岩	647.44 m
2. 绢云母板岩	171.02 m
1. 黑色绢云母石英片岩。(底部未出露，被花岗闪长岩吞噬)	88.54 m

【地质特征及区域变化】 温区组仅分布于乃东县温区、普下、达孜县帕热朗一带，范围较小。在温区一带，该组岩性为深灰色含碳质绢云千枚岩、石英绢云板岩、绿泥绢云千枚岩状板岩夹少量薄层砂岩、大理岩和变质流纹岩。厚度达 1 598 m。在昌果普下一带，温区组为砂质灰岩、结晶灰岩和凸镜状大理岩。顶部被茶里错群不整合覆盖，厚度达 812 m。产珊瑚、菊石、双壳类和有孔虫化石。在达孜县帕热朗一带，该组岩性以钙质泥质板岩、绢云母板岩、硅质板岩为主，夹粉砂质岩和凸镜状细砂岩，底部夹一层安山玢岩。顶部被岩体侵入，厚度达 2 000 m。产有植物化石。

温区组岩性单一，主要为砂泥质和钙泥质板岩。东部夹少量流纹岩和凝灰板岩；西部常夹泥灰岩、灰岩；北部除底部见一层安山玢岩外，主要夹粉砂岩和凸镜状细砂岩。因该组上部与茶里错群火山角砾岩不整合接触，暂将温区组时代归属于晚白垩世。

林布宗组 J_3K_1l (07-54-0927)

【创名及原始定义】 罗中舒（1973）创名于拉萨市以北林布宗。原义指岩性为一套板岩、砂岩夹粉砂岩及碳质泥岩，厚度约 717 m。产植物化石，时代为早白垩世。与下伏地层中上侏罗统板岩及灰岩整合接触。

【沿革】 《西藏地质志》确定了林布宗组的上部地层时代为凡兰吟期。本书沿用其名，含义同原始定义。

【现在定义】 指岩性为灰黑色砂岩、板岩、碳质泥岩，含煤 4～8 层。产植物、菊石、双壳类等化石。与下伏地层多底沟组灰岩及上覆地层楚木龙组砂岩均为整合接触。

【层型】 正层型为拉萨市北郊林布宗—果拉剖面(E91°11′,N29°45′)，由西藏区调队 1991 年重测，层序如下：

上覆地层：楚木龙组 灰白色砂岩

——————— 整 合 ———————

林布宗组	总厚度 1 486.8 m
7. 灰—暗灰色砂岩和板岩互层	213.5 m
6. 灰黑色粉砂岩夹石英砂岩，偶夹碳质页岩	281.1 m
5. 安山质凝灰岩及凝灰质砂岩	480.0 m
4. 灰黑色粉砂岩，含钙质结核泥岩互层夹黑色板岩	42.1 m
3. 灰黑色粉砂岩夹碳质泥页岩，含两个煤层。产植物化石 *Weichselia reticulata*, *Elatides curvifolia*, *Equisetites* sp., *Pterophyllum* sp. 等	126.2 m
2. 灰色及灰黄色石英砂岩、钙质砂岩及泥岩	72.2 m
1. 黑色斑点板岩夹石英砂岩凸镜体	271.7 m

——————— 整　合 ———————

下伏地层：**多底沟组**　灰岩

【地质特征及区域变化】　林布宗组主要分布于堆龙德庆县的却桑和向阳煤矿，拉萨之北的林布宗以及林周县澎波农场的牛马沟等地，在墨竹工卡县以南的巴洛区至多嘎一带也有出露，分布比较局限。从林布宗组—设兴组可能为一套弧内盆地沉积。林布宗组岩性稳定，主要为含煤细碎屑岩，一般厚度为 700～1 000 m，最厚在楚木龙达 2 641.1 m。段淑英等（1977）在此套煤系地层中采得植物化石 *Weichselia reticulata*，*Cladophlebis browniana* 是英国早白垩世韦尔登植物群（Wealden plant）标志化石；*Zamiophyllum buchianum* 为晚侏罗世至早白垩世，且在韦尔登期最为繁盛的植物。

王乃文等（1983，1984）在却桑寺采得菊石 *Virgatosphinctes* sp.，*Aspidoceras* sp.，*Aulacosphinctes* sp.；双壳类 *Pseudomonotis inoratus*，*Ps. amoena*，*Nuculana* spp. 和植物 *Ptilophyllum acutifolium*，*P. cutchense*，*Cycadolepsis* sp.，cf. *Elatocladus*，*Desmiophyllum* sp.，*Axes* sp. 等化石。其时代为晚侏罗世提塘期。综上所述，林布宗组的时代为晚侏罗世至早白垩世。

楚木龙组　$K_1\hat{c}m$　（07－54－0928）

【创名及原始定义】　罗中舒（1973）创名，命名剖面位于林周县楚木龙。原义指一套下部岩性为暗灰、灰绿及紫红色千枚状板岩、砂岩和砾岩，上部为灰黑色粉砂岩夹煤 2～3 层和石灰岩的地层体，厚度 794 m，与下伏地层林布宗组整合接触，与上覆地层塔克那组整合接触。主要以生物地层划分。时代为早白垩世。

【沿革】　王乃文等（1983）将此套地层进一步划分为楚木龙组、朗巴组；陈楚震和王玉净（1984）指出其上部的含圆笠虫灰岩实属塔克那组；本书采纳陈、王（1984）的划分意见，将其上部的圆笠虫灰岩归属于塔克那组，下部以砂岩为主夹薄煤层的地层，仍用楚木龙组一名。

【现在定义】　岩性为暗灰、灰黑、灰绿色、紫红色粉砂岩、石英砂岩为主夹较多的砂砾岩层、板岩、页岩的一套地层体。含煤 2～3 层。产植物、双壳类、腹足类等化石。与下伏地层林布宗组砂岩和板岩互层及上覆地层塔克那组灰岩均为整合接触。

【层型】　正层型为拉萨北郊林布宗—林周县楚木龙剖面（E91°13′，N29°52′），由罗中舒等 1973 年测制，层序如下：

上覆地层：**塔克那组**

14. 灰绿及黄绿色粉砂岩夹泥岩及石灰岩、石灰岩中产腹足类及双壳类化石 *Oonia* sp.，*O. amygotoloides* 等　　151.1 m

——————— 整　合 ———————

楚木龙组　　总厚度 794.9 m

13. 厚层暗灰及灰黑色粉砂岩、泥页岩和砂岩。沿本层走向西至白朗煤矿、楚木龙煤矿；向东至墨竹卡门唐加区一带，有含煤地层出现，夹灰岩及煤层 2～3 层。在楚木龙煤矿灰岩中产化石 *Orbitolina* sp. 等　　210.7 m
12. 暗灰色粉砂岩夹灰白色石英砂岩和深灰色钙质砂岩，有褶曲及断裂　　234.8 m
11. 暗灰、灰绿、紫红色千枚状板岩和粉砂岩夹石英砂岩，含铁石英砂岩及灰色砾岩　　318.7 m
10. 灰色砾岩，成分以石英为主，半棱角状，砾径 1～2 cm，最大 5 cm。夹板岩　　30.7 m

——————— 整 合 ———————

下伏地层：**林布宗组**

9. 灰及暗灰色板岩与砂岩互层 213.5 m

【地质特征及区域变化】 楚木龙组分布于拉萨、堆龙德庆、林周等地，其岩性稳定。地层一般厚度 325～795 m，最厚达 1 590 m 以上（腾林宗）。在澎波农场牛马沟剖面的楚木龙组内产植物（吴一民，1985）*Weichselia reticulata*，*Zamiophyllum buchianum*，*Cladophliebis* sp.，*Equisetites* sp. 等，双壳类 *Protocardia* sp.；腹足类 *Globularia* sp.，*Pseudomuta* sp. 等。其中的植物化石组合属韦尔登植物群，故将本组时代归属早白垩世。

塔克那组 K_1t （07－54－0929）

【创名及原始定义】 罗中舒（1973）创名，命名剖面位于林周县澎波农场的塔克那。原义指岩性为紫红、红、灰绿及蓝灰色泥页岩、粉砂岩和砂岩为主夹石灰岩的地层，厚度约 978 m。产腹足类、双壳类、棘皮类等动物化石，时代为晚白垩世早期。与下伏灰色含煤砂页岩地层、与上覆地层设兴组火山岩均呈整合接触。

【沿革】 王乃文等（1983）将原塔克那组上部红层分出并另建“设兴组”，将塔克那组仅限于红色地层以下的灰色钙质层；本书沿用塔克那组一名。其岩石组合相当于罗中舒（1973）划分的原塔克那组下部灰色钙质层，与王乃文等（1983）所称塔克那组基本一致。

【现在定义】 岩性为灰、灰绿、深灰色灰岩、泥灰岩等碳酸盐岩及砂岩、泥页岩地层体。产双壳类、圆笠虫、脊椎动物、菊石、海胆、腹足类及虾、蟹等化石。与下伏地层楚木龙组及上覆地层设兴组红层均呈整合接触。

【层型】 正层型为拉萨市北林布宗—林周县塔克那剖面（E91°11′，N30°10′），由罗中舒等 1973 年测制（略修改），层序如下：

上覆地层：**设兴组**

16. 灰绿及黄绿色粉砂岩和泥页岩夹砂岩。在澎波农场澎龙内丘曲南岸塔克那村东，泥页岩中产 *Orbitolina* sp. 等

——————— 整 合 ———————

塔克那组 总厚度 335.2 m

15. 灰及灰绿色粉砂岩和泥页岩夹砂岩，泥灰岩。产有孔虫 *Orbitolina* sp.；海胆 *Hemiaster* (*Mecaster*) sp.；腹足类 *Ampullina* sp.；双壳类 *Neithea quinguecostata*，*Astarte* sp.，*Plagiostoma* sp. 等 184.1 m

14. 灰绿色及黄绿色粉砂岩夹泥岩及灰岩 151.1 m

——————— 整 合 ———————

下伏地层：**楚木龙组**

13. 厚层暗灰及灰黑色粉砂岩、泥页岩和砂岩。沿本层走向西至白朗煤矿，楚木龙煤矿，向东至墨竹工卡唐加区一带，有含煤地层出现，夹灰岩及煤层 2～3 层。在楚木龙煤矿灰岩中产化石 *Orbitolina* sp. 等

【地质特征及区域变化】 塔克那组出露零星，主要见于澎波农场的塔克那、牛马沟、表心和林周农场的说龙、确果、纳嘎、容当、香嘎以及堆龙德庆县的设兴、却桑温泉等地。塔克那组岩性稳定，一般厚度 230～364 m，最大厚度 573 m（香嘎）。向西渐变薄，在却桑村南

的朗巴沟，厚度仅 170 m。该组化石丰富，产圆笠虫 *Praeorbitolina cornugi*；脊椎动物化石 cf. *Lepidotus*，cf. *Astaracanthus*；菊石 *Parahoplites* cf. *melchioris*，*Acanthohoplites* sp.。该组地质时代为早白垩世。

设兴组　$K_2\hat{s}$　(07-54-0930)

【创名及原始定义】　王乃文等（1984）创名，命名剖面位于堆龙德庆县设兴公社所在地东侧山坡。原义指岩性为红色页岩、熔结凝灰岩、安山岩及层凝灰岩，夹砂砾岩、砂岩、泥灰岩。厚度 1 000 m。含腹足类化石，时代为晚白垩世。与下伏地层塔克那组呈整合接触，与上覆地层林子宗群呈不整合接触。

【沿革】　李璞（1955）创名“林子宗红层”（其下部即与现设兴组相当）。罗中舒（1973）在林周、澎波地区创名塔克那组（其上部的紫红色砂岩、粉砂岩为主的地层与现设兴组下部相当）。王乃文（1983）在堆龙德庆县设兴公社测制了地层剖面，将原塔克那组划分为下部塔克那组（夹海相灰色灰岩层）和上部设兴组（以陆相红色砂、页岩为主）。1993 年《西藏地质志》沿用这一划分意见。经本次对比研究后仍沿用其名，并明确设兴组底界以其陆相红色碎屑岩的出现或以下伏塔克那组海相灰岩夹层消失作为两组地层的分界标志。

【现在定义】　由一套海陆交互相的杂色砂岩、泥岩、页岩、泥灰岩凸镜体砂砾岩、中酸性火山岩等组成。产介形虫、牡蛎和孢粉等化石。与下伏地层塔克那组以其海相灰岩夹层消失为界，呈整合接触，与上覆地层林子宗群凝灰质砂岩、砂砾岩和安山岩不整合接触。

【层型】　正层型为拉萨市堆龙德庆县设兴剖面（E90°52′，N29°51′），由王乃文等 1980 年测制，层序如下：

上覆地层：**林子宗群**　火山岩

~~~~~~~~ 不 整 合 ~~~~~~~~

设兴组　　　　总厚度 1 000 m

4. 上部为暗红色及浅绿色熔结凝灰岩、安山岩及层凝灰岩，夹杂色凝灰质砂砾岩，下部为红绿、杂色含凝灰质砂页岩、砂砾岩夹凝灰岩。（注：该创名地火山岩，经后人核实，实为脉岩）　　300 m
3. 上部为红色页岩夹中薄层砂岩及灰绿色页岩，下部为厚数米至十几米的灰黄色泥质灰岩或泥灰岩　　300 m
2. 上部为红色页岩夹中薄层砂岩，下部为一层厚 15～20 m 厚的灰色、灰黄色泥灰岩、泥质灰岩与钙质页岩，含牡蛎与腹足类化石　　200 m
1. 红色夹绿色页岩，间夹砂砾岩　　200 m

———— 整　合 ————

下伏地层：**塔克那组**　灰岩

【地质特征及区域变化】　设兴组主要分布于南木林县、堆龙德庆县却桑寺及林周县塔克那一带地区。其岩性稳定，局部夹有海相层和中酸性火山岩，厚度一般为 500～1 723 m，最厚 2 435 m（典中—那玛和联岗—种畜场），最薄仅 284 m（说龙—确果）。在澎波农场种畜场和那玛—典中等地，设兴组中含介形虫及孢粉化石。可见设兴组红色地层连续沉积于塔克组之上，其上被林子宗群火山岩不整合覆盖。设兴组主要是在氧化环境下形成的碎屑岩及碳酸盐岩，产有海相和陆相生物化石，属淡水—微咸水的滨海湖盆沉积。
~~~~~~~~

在林周农场的典中—那玛剖面，设兴组（王思恩等，1986①）上部产介形类 *Altanicypris* aff. *bispinofera*，*Cypridopsis* aff. *bugintsavicus*，时代为晚白垩世；其中孢粉 *Tricolpites* 见于赛诺曼期。徐钰林等（1986）② 在澎波农场医院—育种场的设兴组中部，采到牡蛎 *Pycnodonte* (*Phygraea*) *vesiculosa*，*Amphidonte ostracina*，*Aetostreon zhongshanensis*，时代相当于晚白垩世。故设兴组的地质时代应为晚白垩世。

多尼组 K_1d (07-54-0931)

【创名及原始定义】 李璞（1955）将洛隆县附近多尼的白垩纪含煤地层称为“多尼煤系”。未指定层型。原义指分布于洛隆、八宿地区的一套白垩纪的含煤砂页岩地层。

【沿革】 1964 年全国地层委员会将其改称为多尼组。1974 年四川三区测队在洛隆县腊久区西卡达—藏卡扎乌沟的多尼测制了剖面。此套地层向西延伸至班戈地区，与韩湘涛（1983）创名的曲松波群相当。西藏区调队（1983）又进一步将曲松波群划分为多巴组和川巴组。其岩性均为一套灰色的含煤碎屑岩，砂岩、泥岩夹砾岩。本书仍用多尼组一名。

【现在定义】 为一套灰色—深灰色含煤碎屑岩地层体。岩性主要为泥岩、砂岩、板岩、页岩、粉砂岩、石英砂岩、长石石英砂岩，局部含火山岩。产植物、菊石、双壳类、腹足类、珊瑚、层孔虫、海胆、腕足类和介形类等化石。与下伏地层拉贡塘组平行不整合接触，上未见顶。

【层型】 选层型为洛隆县腊久区西卡达—藏卡扎乌沟多尼剖面（E95°55′，N30°35′），由四川三区测队 1974 年测制，层序如下：

多尼组　　总厚度>861.4 m

12. 灰色厚层状长石石英砂岩夹黑色粉砂质页岩。（未见顶）　　>132.4 m
11. 黑色粉砂质页岩夹长石石英砂岩，产双壳类 *Volsella* cf. *imbricata*，*Chlamys* (*Radulopecten*) cf. *ineaquicostata*，*Astarte* sp.，*Cucullaea* sp.，*Trigonia* sp.，*Inoceramus* sp.，*Pseudotrapezium* sp. 及菊石和海百合茎等　　398.0 m
10. 黄灰色薄层条带状钙质细砂岩夹黑色粉砂岩、页岩　　176.0 m
9. 灰黑色—灰色砾岩。砾石主要为灰岩，其次为砂岩　　155.0 m

——————— 平行不整合 ———————

下伏地层：拉贡塘组

8. 灰—深灰色及灰白色厚层—块状细粒石英砂岩夹深灰色薄层灰岩

【地质特征及区域变化】 多尼组主要分布于日土、改则、班戈、洛隆、八宿等地区。岩性为一套细碎屑岩夹煤层，厚度大于 1 685 m，产植物化石。在班戈地区多尼组上部为一套海陆交互相煤系和浅海碎屑岩，厚度 100～4 779 m，产植物、菊石、双壳类、腹足类、珊瑚、层孔虫和海胆等化石；多尼组下部为一套杂色碎屑岩夹火山岩及灰岩凸镜体，厚度 128～1 700 m，产圆笠虫、双壳类、腹足类、腕足类、菊石、珊瑚和介形类等化石。与下伏地层沙莫罗组呈不整合接触。在八宿县叶巴地区，主要为灰白色细碎屑岩，含煤 18 层，其中有 10 层局部可采，产植物化石，厚度 603 m。在瓦达地区，主要为深灰、灰白色细碎屑岩，含煤 27 层，其中 15 层局部可采，产植物化石，厚度 1 036 m。在边坝县达孜地区，主要为灰黑、深灰、暗

① 王思恩等，1986，西藏的白垩系（转引自《西藏地质志》209 页）。
② 徐钰林等，1986，西藏白垩系（转引自《西藏地质志》210 页）。

灰、灰白、黄绿、黄灰、紫红色细碎屑岩，产腕足类、双壳类、植物化石等，无含煤层，厚度 4 462 m。在狮泉河—川巴等地，多尼组下部（前人称川巴组）以碎屑岩为主，夹火山岩、灰岩，局部含硅质岩，产植物化石等，厚度大于 1 000 m；向东到仓木错东北，厚度约 300 m，含煤线 3～4 层，产有以原始松柏类为主，海金沙科占相当优势；到了川巴，煤系厚度约 400 m，含煤 6 层，局部可采 4 层，产植物化石等。在川巴以东到多巴，多尼组下部主要为浅海相泥岩、砂岩等，夹生物碎屑灰岩，局部还夹玄武岩、碧玉岩，偶含煤线和植物碎片，厚度 279～843 m，产有丰富的海相化石。在桂牙，多尼组下部产菊石、珊瑚、双壳类、腹足类和层孔虫、海胆、有孔虫等。向东到东巧，多尼组下部仅厚度 100 余米，不整合于超基性岩体之上，底部砾岩含超基性岩砾石，往上为铬尖晶石砂岩、含砾砂岩、砂岩夹碳质页岩及煤线、灰岩。灰岩中产层孔虫、腹足类、珊瑚、双壳类、植物化石等，与狮泉河地区有某些类似性。在比如—洛隆和八宿以南的多尼组下部（斯行健、周志炎，1964）连续于拉贡塘组之上，变为海陆交互相砂、页岩，含凸镜状灰岩，局部夹薄煤层，厚度 1 036～2 250 m，最厚 4 462 m（边巴县达孜）到 4 779 m（索县南）。产植物、孢粉、海胆、有孔虫、淡水双壳类，以及腕足类、腹足类、海百合茎等化石。多尼组上部（前人称多巴组），在夏康坚—多巴地区，以灰黑—杂色砾岩、砂岩、泥岩组成韵律沉积，碳酸盐岩数量少而成分杂，化石少含圆笠虫类，一般厚度 1 300～1 600 m，最大厚度 1 836 m（郎钦山），在郎钦山以西的龙马沟口，产有孔虫、双壳类、海胆、腹足类等化石，层位相当于多尼组顶部；在桂牙，多尼组上部产双壳类、腹足类、海胆、珊瑚和腕足类等；在夏康坚，产腹足类和菊石等；在申扎县切布拉，产珊瑚等；在雄梅区色林乡当穷南坡，产淡水双壳类；在马窑，以泥岩、泥灰岩为主，中部有少量细砂岩、粉砂岩，顶部夹灰岩并与郎山组整合接触，仅厚 128 m，但化石丰富，有圆笠虫、双壳类、腹足类、介形类等，最薄仅 194～216 m（跑龙羊扎）；在伦坡拉盆地南缘，由灰、深灰色灰岩、生物碎屑灰岩和泥灰岩组成韵律层，碳酸盐岩明显增多。化石较南部的夏康坚—多巴地区丰富得多，唯不见圆笠虫，厚度约 400～720 m，最厚大于 1 700 m。

在八宿一带，多尼组底部为灰色薄层状细粒长石石英砂岩夹深灰色粉砂岩与下伏地层拉贡塘组（J_3）黑色页岩夹凸镜体状粉砂岩呈平行不整合接触；在班戈一带，多尼组底部为灰黑、黑色板状页岩、含粉砂质泥质结核与下伏地层沙莫木组（J_3）灰白色中厚层石英砂岩、粉砂岩夹钙质砂岩呈不整合接触。

据《西藏地质志》称其植物面貌和孢粉组合，具有欧洲威尔登植物群特点，并以蕨类、苏铁、本内苏铁、种子和松柏类为主，反映了较干热的亚热带—热带气候，时代属晚侏罗世贝利阿斯期到早白垩世尼欧克姆期；菊石组合时代为贝利阿斯期到凡兰吟期；层孔虫组合属晚侏罗世至早白垩世；双壳类中有广泛分布于特提斯海区的早白垩世标准化石 *Pterinella*；其余如腹足类、海胆、珊瑚等，也都属晚侏罗世—早白垩世；圆笠虫皆为阿普第期典型分子；双壳类中 *Xenocardita*, *Fenestricardita fenestriata* 为阿普第期；因此，现将多尼组的时限归属于早白垩世贝里阿斯期至阿尔比期。

郎山组　K_1l　（07-54-0932）

【创名及原始定义】　西藏第四地质队（1973）创名，1978 年介绍，命名剖面位于班戈县郎钦山。原义指一套灰岩、生物灰岩和泥灰岩地层。

【沿革】　李璞（1955）在班戈地区创名门德洛子群（其中、上部地层与本组相当）；郭铁鹰等（1991）在狮泉河地区又将其创名为革吉组；《西藏地质志》（1993）进一步拟定其下部界线和时限。本书沿用郎山组一名，含义同原始定义。与此相当的地层单位，建议区内停止使用。

【现在定义】 岩性为灰、深灰、灰黑色灰岩、生物灰岩和泥质灰岩为主，偶夹粉砂岩、粉砂质泥岩和细砂岩，局部夹火山岩。产圆笠虫、固着蛤、海娥螺等化石。与下伏地层多尼组整合接触，上未见顶。

【层型】 正层型为班戈县郎钦山剖面（E89°46′，N31°17′），由西藏区调队1983年重测，层序如下：

郎山组　　总厚度>1 052 m

6. 灰色、深灰色厚层状灰岩，夹深灰色泥质圆笠虫灰岩，向上圆笠虫含量减少，而固着蛤、珊瑚大量出现。其中双壳类有 *Radiolites* sp.，*Bournonia* sp.。（未见顶）　　336 m

5. 深灰色含少量圆笠虫灰岩，块状灰岩与圆笠虫灰岩不等厚互层，产双壳类及有孔虫化石。其中双壳类有 *Neithea attokensis*；有孔虫 *Orbitolina* cf. *aperta*、*Stomatoecha plummerae*　　457 m

4. 深灰色含圆笠虫泥质灰岩、灰岩夹钙质泥岩、钙质砂岩，产双壳类、珊瑚、海百合茎等化石。其中双壳类有 *Lima* sp.，有孔虫 *Orbitolina* sp.　　259 m

———— 整　合 ————

下伏地层：多尼组

3. 暗紫红色泥质粉砂岩、粉砂质泥岩，夹灰绿色含砾岩屑粗中粒砂岩及数层炭屑，向上灰质成分增加

【地质特征及区域变化】 郎山组主要分布在日土、革吉、班戈县纳木错北岸等地，在日土—革吉地区，郎山组为灰岩夹少量砂、泥岩，局部含玄武岩。产圆笠虫、固着蛤、珊瑚、菊石、腹足类等化石。整合于多尼组之上，厚度1 000～2 000 m，最厚大于4 300 m（革吉）；到改则县川巴，郎山组为灰岩夹石英砂岩，夹含砾砂岩等，局部地区（去申拉）下部夹中基性火山岩，化石较少，一般厚度为900～1 400 m；到纳木错北岸，其岩性由灰岩、泥灰岩夹粉砂岩、砂岩等组成。上部是凝灰质砂岩、砾岩、粉砂岩夹薄层泥灰岩。产圆笠虫、腹足类和固着蛤等化石，连续于多尼组之上，厚度为300～360 m。

据上述表明，郎山组为一套较稳定的碳酸盐岩沉积，夹少量碎屑岩。西段（日土—革吉）含少量基性火山岩，厚度最大4 300 m以上；向东减薄（1 000～1 600 m），其生物门类和数量都最丰富；到纳木错仅厚300余米，且碎屑物质逐渐增多（碳酸盐岩仅占6%）。它是冈底斯地区白垩纪中期一次较大规模海侵的产物。同时反映了沉积盆地具边缘相特点。该组的特点和分布说明，其沉积场所为一东窄西宽的楔形盆地。

郎山组中产有孔虫 *Orbitolina* (*Mesorbitolina*) *texana*，*O.* (*M.*) *birmanica*；腹足类 *Adiozoptyxis coquandiana*，*Diptyxis* sp.，*Neoptyxis astrachanica*，*Plesioptyxis langshanensis*，*Glauconia* (*Paraglauconia*) *trotteri* 等；海胆 *Macraster*，*Douvillaster*，*Balanocidaris dixoni* 等，上述化石时代为阿普第—阿尔比期。

竟柱山组　K_2j　（07-54-0933）

【创名及原始定义】 西藏第四地质队（1973）创名于班戈县竟柱山，1978年介绍。原义指一套砂砾岩、砂岩、粉砂岩、泥岩。

【沿革】 李璞（1955）在班戈地区最早称此套地层为渠生堡群；西藏综合队（1979）在丁青地区将此套地层创名为宗给组，陈金华（1983）将此套地层创名为八宿组，《西藏地质志》（1993）沿用竟柱山一名并厘定了含义。本书沿用竟柱山组一名，含义同原始定义。与此相当的地层单位名称，建议区内停止使用。

【现在定义】 岩性为红色、灰紫色砾岩、砂岩、粉砂岩、泥岩，局部夹灰岩、泥灰岩，产双壳类、圆笠虫等化石。未见底，与上覆地层牛堡组红层不整合接触。层型外底部整合或不整合覆于多尼组及不同时代的老地层之上。

【层型】 正层型为班戈县多巴竟柱山剖面（E89°40′，N31°29′），由西藏第四地质队1973年测制，层序如下：

上覆地层：牛堡组 灰紫色巨砾岩夹砂砾岩

~~~~~~~~~~~ 不 整 合 ~~~~~~~~~~~

竟柱山组 总厚度 4 127 m

5. 灰紫色厚层状砾岩夹紫红色中—粗粒砂岩，含砾砂岩。砾岩中圆笠虫灰岩砾石占60%以上，磨圆及分选均差。含砾砂岩中具明显的冲刷面构造与斜层理 1 873 m
4. 紫红色、紫灰色含砾粗砂岩夹紫红色中—细粒砂岩及泥质粉砂岩，大型交错层及斜层理十分发育，并具有明显的冲刷面构造和波痕 405 m
3. 灰色、灰紫色中厚层状砾岩夹紫红色薄层状含钙粉细砂岩。砾石中石灰岩占90%以上 545 m
2. 含砾粗砂岩、粗砂岩、灰白色中—薄层状长石石英砂岩及粉砂质泥岩组成韵律层。长石石英砂岩中具有紫红色粉砂质泥岩角砾，发育有大型斜层理 270 m
1. 紫红色中—薄层中—粗粒含钙长石石英砂岩夹少量细砾岩及含砾粗砂岩凸镜体。（未见底） 1 034 m

【地质特征及区域变化】 竟柱山组主要分布于班公错、改则、班戈、洛隆、八宿等地。在班公错南岸和革吉地区，竟柱山组下部为紫红色复成分砾岩、砂砾岩、岩屑砂岩夹砾屑亮晶灰岩等，厚度200～300 m。其下不整合于郎山组或中酸性侵入岩（同位素年龄值119 Ma）之上；该组上部为灰岩，厚数十米。在革吉县的侧马日，竟柱山组可见砾屑灰岩的胶结物中含有少量圆笠虫、固着蛤。在班公错南岸产淡水双壳类。在改则县洞巴错向东到洞错—甲热布错以南的羊木等地，竟柱山组为紫色砂岩、砾岩，厚度600～1 650 m，砾石中含白垩纪和晚三叠世腹足类化石。不整合在木嘎岗日群之上。在申扎县永珠桥之西的舍尔戈山，竟柱山组下部为灰黄色砂砾岩夹砂岩、粉砂岩、灰岩、泥灰岩和安山岩，厚度200 m；其上为紫红色砾岩、砂砾岩夹粉砂岩，厚度500 m。在纳木错的西扎山地区，竟柱山组下部不整合在郎山组的圆笠虫灰岩和灰色块状灰岩之上，由紫红、灰绿色凝灰质砾岩、含砾砂岩、砂岩和少量粉砂岩组成具冲刷面和斜层理的韵律层与灰色砾岩层，厚度1 350 m。具斜层理，杂色韵律层中夹数层圆笠虫灰岩、生物碎屑泥灰岩；产圆笠虫和少量腕足类碎片，厚度大于450 m。在西扎山东北的懂错地区，竟柱山组覆于拉贡塘组之上，厚度约515 m。其岩性类似于西扎山地区的竟柱山组，但细碎屑的泥质粉砂岩、泥岩等明显增多，且见到对称波痕。说明懂错地区的竟柱山组虽以湖相占优势的河湖相沉积为主，亦含有滨海相沉积，反映为残留海盆的沉积的特点。自纳木错以南到比如—洛隆地区，竟柱山组不整合在多尼组或拉贡塘组之上，为紫红色砾岩、砂岩夹粉砂岩，局部夹安山岩，厚度为461～1 150 m，最厚大于2 500 m（索县之南）。在底部的安山玢岩中测有83 Ma的同位素年龄（比如之北）。在八宿地区，竟柱山组为红色碎
~~~~~~~~~~~

屑岩夹灰岩，底部整合覆于多尼组之上。

竟柱山组中产圆笠虫 *Orbitolina concava*；双壳类 *Trigonioides* (*T.*) *sinensis*，*T.* (*Diversitrigonioides*) *bangongcoensis*，*T.* (*D.*) *xizangensis* 等，为赛诺曼期，由于竟柱山组覆于郎山组或早白垩世晚期（103～119 Ma）中酸性侵入岩之上，伏于牛堡组之下，且含晚白垩世圆笠虫化石，故将竟柱山组的时限归属于晚白垩世。

阿布山组　K_2a　(07-54-0934)

【创名及原始定义】　吴瑞忠等（1986）在双湖县阿布山所创阿布山群演变而来。原义指一套红色砂岩、砾岩夹砂砾岩及泥灰岩。

【沿革】　《西藏地质志》(1993) 引用其名，将其时代置于早白垩世。本书沿用其名，含义同原始定义，将其时代置于晚白垩世。

【现在定义】　为山间磨拉石杂色碎屑岩建造，由红色砂岩、砾岩、砂砾岩夹泥灰岩、粉砂岩、泥质粉砂岩组成。产植物、淡水软体动物和介形类等化石。其下不整合于日干配错群灰岩之上，其上被牛堡组灰紫色巨砾岩夹砂砾岩不整合覆盖。

【层型】　正层型为双湖县阿布山剖面（E89°35′，N33°40′），由吴瑞忠等 1986 年测制，层序如下：

上覆地层：**牛堡组**

15. 灰紫色巨砾岩夹砂砾岩，向上渐变为砂砾岩，石英砂岩与泥灰岩互层

～～～～～～～ 不 整 合 ～～～～～～～

阿布山组	总厚度 950 m
14. 紫灰色粗砂岩、细砂岩与粉砂岩韵律层	76 m
13. 灰紫色含砾砂岩、细砂岩、泥质粉砂岩与泥岩互层	61 m
12. 灰紫色细砂岩与钙质粉砂岩，含银杏粉 *Ginkgoretectina* sp.，无孔多胞孢 *Multicellaeporites* sp.，槐叶苹孢 *Salviniaspora* sp.，桤木粉 *Alnipollenites* sp.	90 m
11. 暗紫色砾岩、砂砾岩、含砾粗砂岩、长石石英砂岩和钙质粉砂岩	76 m
10. 紫灰色长石石英砂岩夹砂砾岩和泥灰岩，产植物 *Cupressinocladus* sp.，冬青粉 *Ilexpollenites* sp.，杉科粉 *Taxodiaceaepollenites* sp. 石松粉 *Lycopodiumsporites* sp.，环纹藻 *Concentricystis* sp.	125 m
9. 土红色粗砂岩与含砾砂岩互层	48 m
8. 土红色含砾砂岩与砂砾岩呈不等厚互层	105 m
7. 暗紫色砂砾岩夹细砾岩和粉砂岩，产孢粉 *Classopollis* sp.，*Taxodiaceaepollenites* sp.，菊科粉 *Compostcipollenites* sp.，铁杉粉 *Tsugaepollenites* sp.，*Ginkgoretectina* sp.	120 m
6—5. 紫灰色砾岩与粗砂岩互层	71 m
4. 暗紫色砾岩夹砂岩、粉砂岩	135 m
3. 紫灰色巨砾岩	43 m

～～～～～～～ 不 整 合 ～～～～～～～

下伏地层：**日干配错群**　灰岩

【地质特征及区域变化】　阿布山组主要分布于双湖县阿布山和美日切错等地，往西到改则县的友谊沟和亭共拉，往东到唐古拉山的温泉等地也有出露。在双湖县阿布山地区该组由紫、紫灰、土红色砂岩、砂砾岩、含砾砂岩、粗砂岩、细砂岩、粉砂岩夹泥灰岩组成韵律层，

厚度950 m。产植物、孢子、藻类等化石。向西到改则县的友谊沟，阿布山组由紫、灰色含砾砂岩、石英砂岩和泥岩组成韵律层，厚度大于2 249 m，产硅化木化石。与下伏地层雁石坪群呈不整合接触。在阿布山东侧，阿布山组底部灰、浅紫色灰岩质砾岩与下伏雁石坪群角砾状灰岩和厚层灰岩呈平行不整合接触。

阿布山组中产孢粉 *Cupressinocladus* sp.，*Classopollis annulatas*，*Taxodiaceaepollenites* sp.，*Ginkgoretectina* sp.，和 *Lycopodiumsporites* sp.，其时代一般为白垩纪—第三纪。剖面层序清楚，与下伏地层，在那底岗日与雁石坪群不整合接触。据上述化石时代及地层层序特征，暂将阿布山组时限归于晚白垩世。

基堵拉组　E_1j　(07-54-1002)

【创名及原始定义】　穆恩之等（1973）创名。创名地点在岗巴县城附近宗山的基堵拉。原义指岗巴宗山（基堵拉）剖面第23—31层，其岩性以褐色、灰白色及灰绿色石英砂岩为主，中、下部夹砂质灰岩。

【沿革】　海登（Hayden，1907）将其称为“铁质砂岩”。1971年西藏第一地质队将其创名为“强惹组”（西藏区调队1983年介绍），但无实测剖面资料，也未被后人引用。本书采用基堵拉组。与此相当的地层单位名称建议区内停止使用。

【现在定义】　为整合于宗浦组和宗山组石灰岩之间的一套褐色、灰白色及灰绿色石英砂岩为主的地层体。

【层型】　正层型为岗巴县宗山剖面（E88°21′，N28°16′），由文世宣等1966—1968年测制，层序如下：

上覆地层：宗浦组　灰色中薄层石灰岩和风化后为结核状的石灰岩互层，后者层理不明显　25 m

——————整　合——————

基堵拉组　总厚度188 m

31. 灰绿色石英砂岩，风化后呈褐黄色　18 m
30. 白色石英砂岩，有油脂光泽，质较纯，分选较差，坚硬，块状　11 m
29. 灰色及灰绿色铁质钙质砂岩，含许多小圆结核，块状　12 m
28. 灰白色石英砂岩　45 m
27. 深灰色砂质石灰岩，含介形虫、有孔虫及藻类化石。有孔虫 *Verneuilina* sp.，Miliolidae，Rotaliidae；介形类 *Bairdia acrocaudalis*，*Uroleberis inflata*，*U. imparillis*，*Cytherella firma*；藻类 *Acicularia* sp.　13 m
26. 褐黄色含铁质砂岩，中粒，有许多褐铁矿小点，厚层状，可见到斜层理　39 m
25. 深灰色砂质石灰岩，层理不明显，含有孔虫、介形类和藻类化石。有孔虫 *Verneuilina* sp.，Miliolidae，Rotaliidae；介形类 *Bairdia plana*，*B. fabaeformis*，*B. ventrirotunda*，*Propontocypris arrosa*，*Brachycythere xizangensis*，*Xestoleberis kangpaensis*，*Uroleberis inflata*，*Cytherella* sp.；藻类 *Cymopolia tibetica*，*Acicularia antiqua*，*Ovulites kangpaensis*　10 m
24. 白色中粒石英砂岩，坚硬，风化后为浅黄褐色　27 m
23. 褐色中细粒石英砂岩，含铁质　13 m

——————整　合——————

下伏地层：宗山组

22. 灰色砂质石灰岩，厚层状，中部薄层状，含介形类化石 *Bairdia* sp.，*Cytherella tuber-*

culifera

【地质特征及区域变化】 基堵拉组分布于北喜马拉雅定昌一带，其岩性为一套夹持于宗浦组和宗山组之间的“铁质砂岩层”，顶底界线清楚，区域延伸稳定。定日地区厚度稍大，约为 380 m。向东或向西均减薄，一般厚度 170 m。从基堵拉组至遮普惹组为一套连续的残留海盆沉积。

基堵拉组在岗巴县宗山剖面产有孔虫、介形虫及藻类，经万晓樵（1983）、文世宣（1984）进一步研究，建立了 *Rotalia - Lockhartia* 有孔虫组合。主要分子有 *Rotalia dukhani*，*R. hensoni*，*Smoutina cruysi*，最早发现于南美古新世早期的 Plaines 组。*Rotalia dukhani*，*R. hensoni* 局限于古新统下部。这一小型有孔虫组合分子在下伏地层的宗山组中没有出现。而产于宗山组的底栖大型有孔虫类 *Orbitoides media* 等在基堵拉组中已绝迹。另外，介形虫 *Uroleberis*，*Propontocypris* 以及 *Bairdia moutiformis*，时代都不早于第三纪。据上所述的主要生物的演替特征，将基堵拉组石英砂岩的时代置于古新世早期，即丹尼期（Danian）的下部。

宗浦组 $E_{1-2}z$ （07-54-1003）

【创名及原始定义】 穆恩之等（1973）创名，称为宗浦群。创名地点位于岗巴县城北宗浦溪内。原义指整合于基堵拉组之上的一套石灰岩，富含有孔虫，厚度 383 m，时代为古新世。

【沿革】 1907 年海登将岗巴县岗巴村东北宗浦河两岸的第三纪地层（从下至上）划分为“腹足类石灰岩”、“*Operculina* 石灰岩”、“*Spondylus* 页岩”、“*Orbitolites* 石灰岩”、“砂质页岩”和“*Alveolina* 石灰岩”。中国登山队科考队（1962）将其划分为白垩系。杨遵仪等（1963）将其创名为遮不里群，代表第三系，并从下至上进一步划分为巨厚层灰岩段、下货币虫灰岩段、页岩段和上货币虫灰岩段。创名后不久，降群为组，沿用至今，本书亦从之，含义同原始定义。

【现在定义】 指整合于基堵拉组石英砂岩与遮普惹组页岩之间的一套石灰岩地层。含丰富的有孔虫、双壳类等化石。

【层型】 正层型为岗巴县宗浦剖面（E88°23′，N28°16′），由文世宣等 1966—1968 年测制，层序如下：

上覆地层：遮普惹组

12. 灰绿色和灰色钙质页岩

——————— 整　合 ———————

宗浦组　　总厚度 580 m

11. 灰色厚层状灰岩　　25 m
10. 黄绿色页岩夹紫红色页岩和泥灰岩　　60 m
9. 深灰色厚层状、瘤状灰岩，含有孔虫化石 *Orbitolites complanatus*，*Fasciolites ellipsoidalis*　　26 m
8. 深灰色厚层灰岩　　6 m
7. 深灰色厚层状灰岩，含有孔虫化石？*Opertorbitolites gracilis*，*Fasciolites* (*Glomalveolina*) *subtilis*，*F. tibetitcus*　　15 m
6. 灰色厚层瘤状灰岩，夹砂岩，产有孔虫化石 *Miscellanea miscella*　　7 m
5. 深灰色致密块状灰岩，含有孔虫化石 *Fasciolites rutimeyeri*，*F. kangpaensis*，*Miscel-*

lanea miscella 45 m

4. 暗灰色薄层泥质灰岩，含有孔虫和介形类化石。有孔虫 *Lockhartia haimei*，*Smoutina* sp.；介形类 *Bairdia spissa*，*B. dignata*，*Monsmirabilis ovata*，*M. subglobosa*，*Trachyleberis parva*，*Quadracythere kangpaensis*，*Q. hemicrotunda*，*Xestoleberis lenis*，*Cytherella rectiangula*；腹足类 *Kangpaya xizangensis*；双壳类 *Spondylus* sp. 31 m

3. 深灰色瘤状灰岩，产有孔虫、介形虫及腹足类化石。有孔虫 *Pseudophragmina* sp.，*Miscellanea miscella*，*Fasciolites miscella*，*Actinosiphon tibetica*；介形类 *Bairdia angusta*，*Xestoleberis kangpaensis*，*Uroleberis sinensis*，*U.* cf. *glabella*；腹足类 *Campanile* sp. 111 m

2. 深灰色致密块状灰岩，有孔虫 *Keramosphaera tergestina*；腹足类 *Keilostoma multispirallum*，*Confusiscala indica*，*Amplogladius kangpaensis* 254 m

———— 整 合 ————

下伏地层：基堵拉组

1. 灰白色石英砂岩，含铁质，厚层状

【地质特征及区域变化】 宗浦组分布于定日、定结、岗巴，亚东一带。岩性十分稳定，均为一套石灰岩。代表了早第三纪残余海盆的稳定型沉积。产丰富的有孔虫、介形虫、双壳类、腹足类、藻类、鹦鹉螺等。宗浦组从下至上主要含有三个有孔虫化石层和藻类组合：① *Keramosphaera* 层，以 *Keramosphaera* 为主，还有 *Lockhartia hunti*，*Verneuilina* 等，绿藻 *Dissocbadella deserta*，*Fucoporelladiplopora*，共生有 *Fucoporella diplopora*；② *Actinosiphon* 组合，其中以古新世的有孔虫 *Miscellanea* 和 *Actinosiphon* 的出现和 *Keramosphaera* 的绝灭为特征，同层产出的还有丰富的腹足类 *Campanile brevius*，*Bhinoclavis pissarroi*，*Crommium pervicina*，*Cepatia* cf. *obliquistria* 等，完全可与巴基斯坦信德地区的 Ranikot 统中许多种进行对比；③ *Miscellanea* - *Daviesina* 组合。其中有孔虫属种繁多，尤以 *Miscellanea* 和 *Daviesina* 最为发育，它们与双壳类 *Spondylus rouaulti*、腹足类 *Architectonica vredenburgi* 等同层产出。因此，宗浦组的时代应为古新世—始新世，主要为中、晚期，即主要包括坦尼特期（Thanetian）和蒙得期（Montian），底部有少部丹尼期（Danian）的岩石地层。

遮普惹组 $E_2\hat{z}$ （07-54-1004）

【创名及原始定义】 由中国登山队科学考察队（1962）创名为遮普惹群，文世宣（1974）介绍时改称遮普热组。创名剖面位于定日县的 278°方向 42 km 遮普惹山贡扎。原义指分布于定日遮普惹山北坡的第三纪地层，上部为厚度大于 318 m 块状灰岩，化石较少，下部深灰色页岩为主夹泥灰岩，化石极少，厚度 967 m。

【沿革】 李璞（1955）将其置于第三系。杨遵仪等（1963）将其称为遮不里群，并从下至上进一步划分为巨厚层灰岩段、下货币虫灰岩段、页岩段和上货币虫灰岩段。文世宣（1974）将上货币虫灰岩和页岩段改称为遮普热组，时代归属始新世，此后西藏区调队（1983）和《西藏地质志》（1993）均沿用遮普惹组，本书亦从之。

【现在定义】 指整合覆于宗浦组灰岩之上的一套页岩及灰岩相间的地层体。产丰富的有孔虫。上未见顶。

【层型】 正层型为定日县贡扎剖面（E86°44′，N28°41′），由中国科学院西藏科学考察队文世宣等 1974 年重测，层序如下：

遮普惹组 总厚度 1 285 m

21.	灰色厚层石灰岩。(未见顶)	220 m
20.	底部为厚层浅灰黄色中粒结晶灰岩，含泥质，向上渐变为灰黑色致密灰岩，含介形类 *Monsmirabilia* sp.，? *Xestoleberis* sp.，*Cytherella* sp.	81 m
19.	灰黑色细粒结晶石灰岩，块状，含介形类 *Brachycythere* sp.，*Bairdia* sp.	17 m
18.	灰白色厚层石英砂岩，夹灰黑色石灰岩，表面为土黄色	7 m
17.	灰色砂质泥岩与灰黑色钙质页岩互层	194 m
16.	灰黑色厚层细粒结晶砂质石灰岩，有许多褐铁矿小点	41 m
15.	灰黑色钙质页岩	36 m
14.	灰色、微带黄色纯石英砂岩	17 m
13.	灰色薄层泥灰岩	57 m
12.	浅黄色细粒砂岩，含钙质，节理发育	27 m
11.	灰色粉砂质钙质页岩	83 m
10.	灰色薄层泥灰岩	39 m
9.	灰黑色薄层钙质粉砂质页岩	96 m
8.	浅灰黑色块状石灰岩	18 m
7.	灰黑色薄层钙质粉砂质页岩	30 m
6.	灰黑色钙质泥岩	91 m
5.	灰色粉砂质页岩，含钙质，局部为灰黑色	56 m
4.	灰色页岩，表面深绿色，碎裂后细块状	59 m
3.	灰色泥质粉砂岩，风化后为灰绿色	27 m
2.	深灰色薄层泥岩	58 m
1.	深灰色页岩，表面为灰绿色。(未见底)	31 m

【地质特征及区域变化】 区域上，遮普惹组为一套整合于宗浦组石灰岩之上的页岩、灰岩。以定日一带最发育，岗巴一带厚度较小，在亚东地区仅有零星出露。

遮普惹组产丰富的有孔虫，少量介形虫、藻类、腹足类、双壳类等化石。其中以有孔虫最繁盛，演化迅速。从下至上含 3 个有孔虫化石组合。下部是 *Orbitolites* - *Fasciolites* 组合，其中圆板虫最发育，形成"圆板虫灰岩"，主要分子有 *Orbitolites complanatus*，*Opertorbitolites*? sp.，*Fasciolites* (*Glomalveolina*) 等。并有少量 *Assilina*，*Nummulites*，尤其是 *Fasciolites* (*Glomalveolina*)，*Opertorbitolites* 两属仅限于始新世早期。中部为 *Assilina* - *Nummulites* 组合，主要分子有 *Nummulites*，*Assilina*，*Fasciolites* 等，其中 *Nummulites atacicus*，*N. wadai*，*N. rotularius*，*N. laevigatus* 是特提斯海区分布最广泛且限于鲁帝特期的种，下伏地层中限于伊普里斯期的 *Opertorbitolites*，*Fasciolites* (*Glomalveolina*)，未延到此层位的中部。上部以 *Globorotalia* - *Globigerina* 组合为主。其代表分子有 *Globorotalia spinulosa*，*Globigerina quachitaensis*，见于世界各地，多限于中始新世至晚始新世早期的地层中，仅有 *Nummulites incrassatus* 和 *Discocyclina sowerbyi* 两种在南亚地区出现于 Khithar 层（始新统中上部）。为此，西藏最高海相层位尚难达到上始新统 Ledian 阶，最多只能达到巴尔通阶（Bartonian）。所以，遮普惹组地质时代主要为始新世。

柳区群　$E_{1-2}Lq$　(07 - 54 - 1012)

【创名及原始定义】 西藏区调队（1983）创名。创名剖面位于拉孜县的 80°方向 24 km

拉孜柳区西北。原义指分布于萨嘎、昂仁、白朗等地岩性为紫红色、黄绿色的复成分砾岩，含砾砂岩等，产植物、淡水双壳类、腹足类，厚度大于 1 869 m。

【沿革】 1993 年《西藏地质志》沿用其名，时代置于早第三纪。本书亦从之。

【现在定义】 为一套紫红色、土红色、杂色砂砾岩、巨砾岩、含砾砂岩及泥岩和页岩组成的磨拉石沉积类型的地层体。产植物、淡水双壳类等。未见顶、底。

【层型】 正层型为拉孜县柳区剖面（E87°56′，N29°09′），由尹集祥等 1988 年重测，层序如下：

柳区群 总厚度＞1 130 m

10. 紫红色砾岩夹粗砂岩。从下而上显示由砾岩至灰绿色含砾砂岩或粗砂岩至粉砂岩的旋回层。砾岩成分以紫红色硅质岩为主。砾径 5～15 cm。(未见顶) ＞150 m

9. 灰绿色砂砾岩夹紫红色砂砾岩 80 m

8. 红色砂砾岩 100 m

7. 红色厚层砾岩与黄绿色、黄灰色、黄褐色砂岩互层，夹砂砾岩 100 m

6. 红色厚层砾岩与黄绿色粗砂岩间层，夹少量砂岩 130 m

5. 黄灰色砾岩与黄绿色粗砂岩间层，夹红色砾岩（单层厚 1 m）至细砾岩（单层厚 1 m）至粗砂岩的多个韵律层。在每 1 韵律层顶部多为厚 20～50 cm 不等的灰色砂质泥岩凸镜体。顺走向延伸十几米便尖灭。产丰富的植物化石及少量淡水双壳类化石碎片。植物有 *Ginkgoites layaminensis*，*Magnolia ingleifiedi*，*Annona prereticulata*，*Ficus protobenjamina*，*Milletia* sp.，*Melanourrhonea alaska*，*Caesalpinites* sp.，*Eucalyptophyllum* sp.，*Cyclosurus neruosus*，*Sabalites* sp.，*Litesaphyllum presanguinea*，*Laurophllum* sp.，*Myrica* sp.，*Sapindus* sp.，*Nephelium* sp.， ＞20 m

4. 紫红色厚层块状粗砾岩（砾径一般 15～40 cm）与细砾岩（砾石双径＜10 cm）互层，夹红色粗砂岩 150 m

═══════ 断 层 ═══════

3. 下部紫红色砾岩（厚 6 m），上部红色砾岩夹黄绿色砂岩，灰色泥质砂岩，后者产丰富的植物化石 *Juglandites sinuatus*，*Myrica* sp.，*Annona prereticulata*，*Willisia rentoensis*，*Rhamnus marginatus*，*Eucalyptophyllum geinitzii*，*E. ohlongifolia*，*Meliosma* sp.，*Liviseoma tibetica*，*Sapindus* sp.，*Viburnum speciosum* 10 m

═══════ 断 层 ═══════

2. 下部，红绿色块状粗砾岩，细砾岩至粗砂岩的旋回，上部紫红色砂砾岩 360 m

1. 灰色块状极粗砾岩，成分复杂，大小混乱堆积，砾径 1～2 cm 至 1 m 以上，多呈棱角状。基质为细砂岩，砾石成分主要为红色硅质岩，灰绿色砂岩，板岩及玄武岩。(未见底) ＞30 m

【地质特征及区域变化】 柳区群为一套红色、土红色、杂色泥页岩、粗砂岩、砂砾岩、砾岩、巨砾岩等山前磨拉石沉积。不整合于下伏老地层及基性、超基性岩体之上，侧向多为断层接触。柳区群的时代，据尹集祥在柳区采集的大量植物化石的研究（陶君容，1988），认为所产的植物群面貌与秋乌组可以对比，时代主要为始新世。其植物化石多为桉、榕、榆阔叶类，代表了低纬度区低海拔热带、亚热带雨林潮湿炎热的环境沉积。鉴于该组下部砾岩段未获化石并结合区域地质特征，暂将其地质时代置于古新世—始新世。

札达群　$N_2Q_1\hat{Z}$　（07－54－1005）

【创名及原始定义】　张青松、王富葆（1981）创名。创名地点位于札达县的338°方向43 km附近札达县香孜农场内。原义指一套含三趾马、古小长颈鹿、孢粉及腹足类的半胶结—松散状态泥岩、粉砂岩、砂岩、砂砾岩及砾岩组合。厚度大于1 300 m。

【沿革】　西藏区调队（1987）所称的普兰群、札达组与札达群所指的地层均属同一套地层体。中国科学院青藏高原综合科学考察队（1974）在聂拉木地区创名的沃马组、达梯古湖组、聂聂雄拉组、贡巴砂砾岩及野博康加勒群、布隆组也基本与之相当或部分相当。本书沿用札达群，与之相当的地层单位建议区内停止使用。

【现在定义】　包括下部托林组和上部香孜组。

托林组　N_2t　（07－54－1006）

【创名及原始定义】　钱方等（1983）创名。创名地点位于札达县城南托林贡巴沟内。原义指托林贡巴沟创名剖面1～3层，厚度大于380 m的灰色、灰绿色、青灰色河、湖相沉积砾岩、砂岩及粘土层岩石。以产丰富的云杉、松针叶树种的孢子花粉为特征。时代上新世。

【沿革】　计宏详、黄万波（1981）将吉隆县附近的上新世河湖相沉积的砂页岩创名为沃马组，中国科学院西藏科学考察队（1974）在聂聂雄拉北创名达涕组、野博康加勒群、聂聂雄拉组，1993年《西藏地质志》沿用了札达群包括下部托林组和上部香孜组。本书沿用托林组一名，含义同原始定义。

【现在定义】　指一套河湖相细砾岩、砂岩、粘土岩、细碎屑岩的地层体。下未见底，上与香孜组整合接触。层型外，其底部一般不整合覆于前始新世老地层之上。

【层型】　正层型为札达县城南托林贡巴沟剖面（E81°12′，N30°19′），由钱方等（1983）测制，层序如下：

上覆地层：**中、上更新统**　厚层状黄土、粘土层	20～30 m
——————整　合——————	
香孜组	总厚度＞525 m
6. 黄灰色、灰色粉砂质粘土层，浅灰色细砾岩互层，产介形虫	155 m
5. 浅灰、灰白色砂质泥土夹灰色砂层和灰色细砾岩条带，具完整韵律	30～250 m
4. 灰色砾岩、灰绿色砂岩互层	＞120 m
——————整　合——————	
托林组	总厚度＜400 m
3. 灰绿—青灰色粘土层，具薄层理，有时夹灰色砂岩凸镜体	180 m
2. 灰色砾岩层、砾径一般3～5 cm，成分有灰岩、变质岩等	70 m
1. 青灰色砂质泥土层与灰色细砂岩互层，含铁质。（未见底）	＜150 m

【地质特征及区域变化】　托林组整合伏于香孜组砂泥岩之下，又不整合覆于下伏老地层之上。托林组见于札达、普兰、聂拉木、仲巴、拉萨地区、索县等地。以产丰富的三趾马、古长颈鹿及腹足类、云杉、冷杉、松针叶类孢粉组合为特征的山间盆地沉积。反映古气候干凉的森林—草原环境。据磁性地层研究，托林组地质时代距今6.3～3.4 Ma，结合区域地质特征，暂将其置于上新世。

香孜组　Q_1x　（07-54-1007）

【创名及原始定义】　钱方等（1983）创名。创名地点位于札达县城南托林贡巴沟内。原义指整合于托林组之上的一套河湖相砾岩、砂岩、粘土岩、粉砂岩较松散的岩石地层。时代为更新世。

【沿革】　参见托林组（07-54-1006）。

【现在定义】　指连续沉积于托林组之上的一套灰色、灰绿色砂岩和砾岩相间的地层体。产丰富的木本阔叶孢粉等化石。

【层型】　正层型为札达县城南托林贡巴沟剖面（E79°47′，N31°29′），由钱方等（1983）测制，层序见托林组（07-54-1006）剖面。

【地质特征及区域变化】　香孜组主要分布于喜马拉雅地区，以一套河流相为主的松散砂、砾岩，与下伏地层托林组或已固结成岩的岩石地层单元连续或不整合。香孜组以木本阔叶孢粉组合占优势，反映了温热气候环境。据磁性地层研究，距今3.4～1.9 Ma，下限值有所偏高，属高斯-松山期。因此香孜组的时代为下更新世。

错江顶群　$E_{1-2}C$　（07-54-1008）

【创名及原始定义】　西藏区调队（1983）创名。创名地点位于仲巴县的300°方向39 km错江顶附近。原义指整合覆于曲贝亚组砂岩及页岩之上的一套碳酸盐岩与砂砾岩为主的地层体。时代早第三纪。

【沿革】　西藏区调队（1983）和《西藏地质志》（1993）均沿用错江顶群一名，并进一步划分为下岩性段，以砂页岩及大量货币虫灰岩为主夹砾岩为特征；上岩性段以砂、页岩为主夹中酸性火山岩、砾岩及少量灰岩夹层。西藏区调队（1987）在噶尔县达机翁地区又将其统称为达机翁组（即相当于原错江顶群）。郭铁鹰等（1991）又将其创名为日康巴组（亦与原错江顶群相当）。经对比研究后，本书沿用错江顶群一名，并拟定达机翁组代替其下部岩性段，日康巴组代替其上部岩性段。并明确日康巴组的底界以中部砾岩的出现为标志。

【现在定义】　包括下部达机翁组和上部日康巴组。

达机翁组　E_1dj　（07-54-1009）

【创名及原始定义】　西藏区调队（1987）创名。创名地点位于噶尔县的180°方向76 km达机翁附近。原义指岩性为一套粗碎屑岩与碳酸盐岩相间的地层体。其下与燕山期侵入岩呈不整合接触，其上未见顶。自下而上共分5个岩性段：Ⅰ、底部砾岩段，未见化石，厚度78.7 m；Ⅱ、灰岩夹页岩段，厚度123 m；Ⅲ、中部砾岩段，厚度201 m；Ⅳ、灰岩与砂页岩互层段，厚度209 m，产丰富的有孔虫、腹足类、双壳类、珊瑚化石等；Ⅴ、上部砾岩段，厚度189.7 m，化石主要是有孔虫。

【沿革】　参见错江顶群（07-54-1008），经重新厘定后的达机翁组仅相当于西藏区调队（1987）的原噶尔县达机翁剖面的Ⅰ、Ⅱ岩性段。

【现在定义】　为不整合于燕山期花岗岩之上的一套灰岩、生物灰岩及少量砂砾岩的地层体。产有孔虫、腹足类等。与上覆地层日康巴组砂砾岩整合接触，以日康巴组底部厚层砾岩段的出现作为其顶界划分标志。

【层型】　正层型为噶尔县达机翁剖面（E80°02′，N31°49′），由西藏区调队（1987）测制，层序如下：

错江顶群

日康巴组　　总厚度＞595.3 m

19. 灰绿色、灰黑色薄层状钙质粉砂岩，夹浅灰绿色薄层状流纹质岩屑、晶屑凝灰岩。（未见顶）　95.7 m

18. 灰黑色中薄层状钙质粉砂岩夹细砂岩、砂质灰岩　44.4 m

17. 灰黄绿色厚层状砾岩夹褐灰色细—中粒长石岩屑砂岩。砾石成分以硅质岩为主，次为石英岩、火山岩和花岗岩砾石等。砾径一般 5～20 cm，砾石滚圆度好，分选性差，砂、泥质及钙质胶结　14.1 m

以上第 17、18 层胶结物中均含较多的有孔虫化石 *Fasciolites himalayensis*, *F. ellipsoidalis*, *F. oviculus*, *F.* (*Glomalveolina*) *subtilis*, *Nummulites laevigatus*, *N. pengaronensis*, *N. parvulus*, *Assilina samashanica*, *A. sublaminosa*, *A. dandontica*

16. 灰绿色、紫红色中—厚层状岩屑长石砂岩　35.1 m

15. 灰白色、灰黄色中厚层状有孔虫灰岩，与灰绿色钙质粉、砂质页岩、泥岩互层，产丰富的有孔虫、珊瑚、双壳类、海胆、鹦鹉螺等化石，其中有孔虫 *Nummulites oviculus*, *Assilina dandontica*, *A.* cf. *orenensis*, *Alevolina noscii*, *A.* cf. *nuttalli*, *A.* cf. *subtiles*, *Orbitolites* sp., *Operculina* sp., *Nummulites pengaronensis*, *N.* ? *duimiensis*, *N.* (?) *mamilla*, *N. parvulus*, *N. atacicus*, *N. rotularius*; 腹足类 *Ampullospira* sp., cf. *A. acuminata*, *Cypraedia* sp., *C. bellireticulata*, *Volutilithes*? sp., *Architectonica* sp., *A. vredenburgi*, *Amplogladius*? sp., cf. *A.* ? *jidulaensis* 等；*Ampullinopsis* sp., *Mathildia* sp., *M.* cf. *costellata*; 双壳类 *Pseudomiltha* (*zorrita*) sp., *Echinolampas* sp., *Corbula* sp., *Astarte* sp. 等　205.0 m

14. 灰绿、黄绿色厚层块状砾岩，夹灰绿色薄层状岩屑长石石英砂岩。砾石成分主要是灰岩，次为花岗岩，辉绿岩、石英岩等。滚圆度较好，分选性差。钙质砂质胶结　201.0 m

——————整　合——————

达机翁组　　总厚度 182.3 m

13. 灰绿、黄绿色厚层豆状灰岩，产有孔虫等化石　13.5 m

12. 灰黑色中层状微晶生物碎屑灰岩，产有孔虫 *Nummulites* sp.；双壳类 *Spondylus* sp., *Septifer* sp.；腹足类 *Syrnoia* sp. 等，以及小个体腕足类　2.7 m

11. 深灰色中厚层状微晶有孔虫灰岩，有孔虫主要有：*Nummulites* sp., *Assilina* sp.　3.0 m

10. 灰绿色中厚层状岩屑长石砂岩　12.4 m

9. 灰白色中厚层状豆状有孔虫灰岩，有孔虫 *Nummulites* sp.　3.0 m

8. 灰绿色、黄褐色厚层砾岩。砾石成分为灰岩、花岗岩、石英岩、辉绿岩等。砾径 1～15 cm，泥、砂、钙质胶结　17.4 m

7. 深灰色厚层假鲕状灰岩　10.2 m

6. 灰白色厚至块状、豆状有孔虫灰岩。有孔虫 *Fasciolites* cf. *oviculus*, *Nummulites* sp.　4.9 m

5. 灰黄、灰白色中薄层状含生物灰岩与灰黄色厚层状细粒长石岩屑砂岩互层。产丰富的有孔虫 *Nummulites* sp., *Fasciolites* cf. *subtilis*, *F. nuttalli*, *F. oviliformis*, *F.* sp., *Assilina* sp. 等　36.5 m

4. 紫红色厚层块状砾岩，砾石成分主要为黑色灰岩，基底式砂泥质胶结　4.6 m

3. 黄绿色中薄层状岩屑长石砂岩　6.8 m

2. 灰绿色中薄层状微晶灰岩　25.7 m

1. 灰绿色中层状含细砾石岩屑砂岩，底部为底砾岩，砾石成分因地而异。剖面起点处不

整合于辉绿岩之上，砾石成分是辉绿岩砾石，向东不远处不整合于花岗岩之上，砾石全为花岗岩砾石 41.6 m

～～～～～～ 不 整 合 ～～～～～～

下伏：辉绿岩或角闪花岗岩

【地质特征及区域变化】 达机翁组为一套连续沉积于曲贝亚组砂、页岩之上，或超覆沉积于燕山期花岗岩之上的碳酸盐岩及砂砾岩相间的地层体。其上与日康巴组砾岩整合接触。岩石厚度变化不大。根据岩石组合特征，属于残留海相沉积，显示陆缘海相磨拉石特点。达机翁组内化石丰富，以有孔虫为主，次为双壳类和腹足类。其中有孔虫面貌与岗巴地区基堵拉组、宗浦组可以对比。尤以 *Nummulites* - *Fasciolites* - *Assilina* 组合为特征，时代为古新世。

日康巴组 E_2r (07-54-1010)

【创名及原始定义】 梁定益等（1991）创名。创名地点位于噶尔县的166°方向162 km日康巴附近。原义指由砂岩、砾岩夹灰岩、页岩及中酸性火山岩组成的地层体。

【沿革】 参见错江顶群(07-54-1008)。在日康巴剖面中有上砾岩层和底砾岩层两层砾岩，两层砾岩间为货币虫灰岩。本书修订了原日康巴组含义后，将上部砾岩层之下的页岩、货币虫灰岩及底砾岩段归入达机翁组。现日康巴组仅限于原上砾岩层及其以上的地层。

【现在定义】 为一套由砾岩、页岩、火山碎屑岩、火山岩组成的地层体。化石稀少。与下伏地层达机翁组整合接触或不整合于其它老地层之上，未见顶。

【层型】 正层型为噶尔县日康巴剖面（E80°25′，N31°22′），由郑海翔、周云生1981年测制（据郭铁鹰等1991年发表），层序如下：

错江顶群

日康巴组 总厚度＞205 m

6. 粉砂质页岩夹灰岩。(未见顶) ＞50 m
5. 灰色砂岩夹两层中酸性火山岩，底部为砂砾岩 100 m
4. 底部为黄灰色砂砾岩，中部为灰色砂岩，上部为深灰色灰岩 55 m

———— 整 合 ————

达机翁组 总厚度 175 m

3. 下部为砂岩，上部为页岩 30 m
2. 深灰色薄层—中层状货币虫灰岩。有孔虫 *Nummulites rotularius*，*Fasciolites oviliformis*，*F. tibeticus*，*F. nuttalli*；腹足类 *Pseudomaura lepta*；珊瑚 *Trochosmilia* sp. 25 m
1. 土黄色砂岩和砾岩 120 m

～～～～～～ 不 整 合 ～～～～～～

下伏地层：层状辉长岩

【地质特征及区域变化】 日康巴组常超覆于燕山期花岗岩及辉长岩之上，分布于冈底斯—郭喀拉日居山脉南麓。自仲巴向东、向西火山碎屑岩及熔岩增多，向东厚度加大。且夹硅质岩及硅质岩砾石，为残留海相沉积，是雅鲁藏布江地区海相地层的最高层位。

日康巴组的生物化石十分丰富，主要为有孔虫，次为腹足类和双壳类，其中有孔虫以 *Nummulites*，*Assilina*，*Alevolina*，*Operculina*，*Fasciolites* 等属数量最多，其面貌大体可与喜马拉雅区的遮普惹组对比，时代属始新世。

茶里错群 $E_{1-2}\hat{C}l$ (07-54-1019)

【创名及原始定义】 西藏区调队(1987)创名。创名地点位于革吉县的170°方向93 km附近茶里错。原义指岩性主要为砂岩、石英砂岩、英安岩、凝灰岩、流纹岩、安山岩、玄武岩夹砂砾岩、含砾砂岩、钙质粉砂岩的一套地层体。总厚度大于1 215 m。

【沿革】 西藏区调队(1983)在措勤—申扎地区创名达多群,向东延伸逐步变为纯陆相地层的林子宗群,1993年《西藏地质志》已将林子宗群代替了达多群。向西延伸至措勤地区即与茶里错群呈相变过渡。郭铁鹰等(1991)在阿里地区还创名狮多群,与茶里群实为同物异名。本书沿用茶里群一名,作为措勤—狮泉河一带早第三纪海相火山岩地层的典型代表。因此,本书明确,狮泉河—措勤一带的原达多群和茶里错群均用茶里错群代替,建议区内停止使用达多群和狮多群。

【现在定义】 为一套不整合于捷嘎组砂砾岩、中基性火山岩和日贡拉组陆相碎屑岩之间的紫红色为主的海、陆交互相的碎屑岩(砂岩、砾岩)和中酸性火山碎屑岩及熔岩相间的地层体。产双壳类、腹足类等。未见顶、底。

【层型】 正层型为革吉县亚热区尼勒剖面(E82°11′,N31°32′),由西藏区调队(1986)测制,层序如下:

茶里错群	总厚度>2 119.3 m
20. 紫红色厚层状细砂岩。(未见顶)	>148.0 m
19. 紫红色钙质粉砂岩	59.1 m
——断 层——	
18. 紫红色中厚层状钙质粉砂岩	173.2 m
17. 紫红色中厚层状含钙粗砂岩	174.9 m
16. 紫红色中厚层状钙质粉粉岩	135.1 m
15. 紫红色中厚层状英安质晶屑凝灰岩	123.6 m
14. 紫红色中厚层状粉砂岩	119.7 m
13. 紫红色薄层状含火山碎屑生物灰岩	22.1 m
12. 紫红色中厚层状中粒砂岩,夹晶屑凝灰岩、砂岩中含较多的种属单调的海相腹足类 *Austrofusus* (*Zelandiella*?) spp.,双壳类 *Nuculana* (*Jupiteria*?) sp.	50.2 m
11. 紫红色英安质凝灰岩	164.3 m
10. 紫红色中厚层状含砾粗砂岩	36.4 m
9. 灰绿色中层状英安质熔结角砾岩	97.2 m
8. 紫灰色中厚层状岩屑凝灰岩	13.2 m
7. 紫红色层状英安质含砾凝灰岩	26.2 m
6. 灰绿色层状玄武质含砾岩屑凝灰岩	305.0 m
5. 紫红色中厚层状钙质粉砂岩	49.7 m
4. 灰白色薄层状玻屑凝灰岩	9.9 m
3. 灰绿色层状蚀变安山岩	54.4 m
2. 浅紫红色中厚层状石英砂岩	57.1 m
1. 紫红色细砂岩夹安山质火山角砾岩。砂岩中产海相双壳类 *Nuculana* (*Jupiteria*) sp., Veneridae?,腹足类 *Austrofusus* (*Zelandiella*) spp., *Mathildia* cf. *costellata*, *Ampullinopsis* sp.。(未见底)	>300.0 m

【地质特征及区域变化】 茶里错群为一套夹持于捷嘎组中基性火山岩、砂砾岩与日贡拉组陆相碎屑岩间的海相—海陆交互相的紫红色碎屑岩夹火山岩的地层体。与上、下岩石地层单元均为不整合接触，常超覆不整合于燕山期花岗岩之上。该组海相火山岩与林子宗群岛弧火山岩应是同期异相体。都是冈底斯钙碱性岛弧火山岩的主要组成部分之一。它分布于冈底斯山脉北缘狮泉河—措勤一带。为一火山岩-碎屑岩海相磨拉石建造。该群由东向西，碎屑岩减少，火山岩增多，酸性火山岩增加；海相地层增多，陆相地层减少。

茶里错群中双壳类和腹足类化石的时代主要为古新世—中始新世。该群测得火山岩同位素年龄值 68.3 Ma，它又不整合于 31.7 Ma 同位素年龄值的日贡拉组之下，因而时代应属古新世—中始新世。

秋乌组 E_2q (07-54-1011)

【创名及原始定义】 源于李璞（1955）的“秋乌煤系”。创名地点位于日喀则市西北约 10 km，东嘎村附近。原义指岩性为一套含煤碎屑岩，厚度 374～460 m。

【沿革】 1963 年西藏工业地质局藏南地质队仍称其为秋乌煤系，时代归属晚白垩世，1964 年将其改称为秋乌组，并从下至上划分为三个岩性段：下含煤段，上含煤段，上部页岩夹粉砂岩段。西藏区调队（1983）和《西藏地质志》（1993）将其仍统称为秋乌组，时代归属早第三纪，并确定其底界不整合于晚燕山—早喜马拉雅期花岗岩之上，顶部与上覆地层大竹卡组呈不整合接触关系，本书沿用这一划分意见。新疆地质局 156 队 1971 年在噶尔县门士区门士煤矿创名的“门士群”与本组实为同一套地层。

【现在定义】 主要指冈底斯山南麓分布于门土、昂仁、秋乌、恰布林一带地区的一套灰色含煤粗碎屑岩地层体。含丰富的植物、孢粉等化石。不整合于燕山期基性岩体之上，未见顶。

【层型】 正层型为西藏日喀则市恰布林（东嘎）剖面（E88°48′，N29°21′），由西藏工业地质局 1964 年重测（西藏区调队，1983 年发表），层序如下：

上覆地层：曲贝亚组 砂页岩

═══════ 逆 断 层 ═══════

大竹卡组　　总厚度＞880 m

8. 灰色砾岩夹紫红色、灰绿色页岩及砂岩　　390 m

7. 灰色、紫红色页岩夹杂砂岩（凝灰质砂岩及砾岩）　　230 m

6. 紫红色凝灰岩夹紫红色页岩　　260 m

～～～～～～ 不 整 合① ～～～～～～

秋乌组　　总厚度 334 m

上部页岩夹粉砂岩段：

5. 黄绿色砂岩、页岩和粗砂岩，其中有晚期微晶闪长岩脉侵入　　70 m

上含煤段：

4. 灰色细砂岩、粉砂岩、灰白色中粗粒砂岩和细砾岩，含煤 3～4 层，厚度均小于 0.2 m，上部产植物化石 *Salix lesquireuxii*，*S.* cf. *flexuosa*，*Ficus* sp.，*Eucalyptus angusta*，*E. geinitzi*，*E. macrophyllus*，*Leguminosites* sp.，*Cyperacites* cf. *haydenii*　　70 m

---

① 《西藏自治区区域地质志》（1993）已将此接触关系由平行不整合改为不整合。

下含煤段：

3. 灰、灰白色中粗粒砂岩为主，顶部的灰色、灰黑色砂质页岩较多；含煤 4 层，局部可采 54 m

2. 灰色粉细砂岩，灰白色中—粗粒砂岩与细砾岩互层，下部粒度变细，含煤 6～17 层，下部煤层底板产被子植物化石 *Populus* sp.，*P. latior*，*Eucalyptus* sp.，*Carcidiphyllum ellipticum*，*Viburnum asperum*；孢粉 *Pinus*，*Picea*，*Podocarpus*，*Tsuga*，*Quercus*，*Ulmus*，*Mognolia* 100 m

1. 底砾岩段：灰色巨厚层状砾岩，杂色砾岩，成分以变质岩，辉绿岩为主 40 m

～～～～～～～～ 不 整 合 ～～～～～～～～

下伏地层：蚀变辉绿岩

【地质特征及区域变化】 主要见于昂仁至日喀则之间，东起恰布林（东嘎），经扎西林、吉松拉、秋乌、茄拉贡巴至昂仁以北四木里断续延伸约 400 km。岩性均可分为上下两个岩段。在区内其厚度变化较大，在日喀则地区小于 100 m，在噶尔县门士厚约 500 m。底部普遍不整合在晚燕山期花岗岩之上。上部为含煤的砂、页岩段。产植物化石、孢粉，含薄煤层。在昂仁县的吉松拉，下部为杂色砾岩，厚度 44 m。不整合于燕山晚期黑云母花岗斑岩之上。中部为灰—深灰色砂质页岩，含煤，厚度约 219 m，产丰富的植物化石。上部紫红色粉砂岩夹砂岩，厚度 75 m。在噶尔县门士，下部以砂砾岩为主，上部以灰色砂、页岩为主含薄煤层，产丰富的植物化石及少量双壳类。总厚度 900 m。秋乌组与克什米尔拉达克地区的印度河磨拉石下部“原地沉积带”大致可以对比，与尹集祥等（1988）所称“灰色磨拉石”相当。它是印度河—雅鲁藏布江山前陆相磨拉石堆积最早的一期，为内磨拉石沉积。它与柳区群外磨拉石构成一对双磨拉石带。秋乌组分布于冈底斯山以南呈东西向狭窄的带状展布。

秋乌组中的植物化石 *Ficus myritifodia* 曾见于北美始新世早、中期，*Eucalyptus geinitzi* 主要产于北美晚白垩世。考虑到本组与下伏早喜马拉雅期花岗岩（64.6 Ma）或蚀变辉绿岩为不整合接触，时代不老于古新世。因此秋乌组底部，在不整合面上的间断可能缺失古新统；秋乌组的上界与大竹卡组之间大多为不整合接触，故推测秋乌组的时代为始新世。

大竹卡组 E_3N_1d (07-54-1013)

【创名及原始定义】 西藏工业局地质队（1964）创名，西藏区调队 1983 年介绍。创名地点位于日喀则市恰布林。原指平行不整合于秋乌组之上的一套紫红色砾岩、砂岩、页岩夹凝灰岩的地层。

【沿革】 西藏工业局地质队（1964）创名大竹卡组后，同年将其更名为恰布林组。1979 年西藏综合队在泽当地区创名罗布莎群与大竹卡组大体相当。西藏区调队（1983）和《西藏地质志》（1993）仍沿用大竹卡组一名，并重新厘定其含义，将原“恰布林组”下部的杂色砂砾岩夹火山岩及火山碎屑岩段，归属大竹卡组底部，并明确其与下伏秋乌组灰色含煤地层之间为不整合接触。因大竹卡组一名已为广大地质工作者习用，本书沿用其名，含义同原始定义。

【现在定义】 指位于雅鲁藏布江断裂带北侧的一套红色陆相磨拉石（冈底斯山前磨拉石）地层体。主要岩性为紫红—灰色砾岩、砂岩、页岩夹凝灰岩产植物、孢粉等。与下伏地层秋乌组不整合或平行不整合接触，未见顶。

【层型】 正层型为西藏日喀则市恰布林（东嘎）剖面，参见秋乌组（07-54-1011）。

【地质特征及区域变化】 大竹卡组与下伏地层秋乌组、早喜马拉雅期花岗岩及其它老地层均为不整合，其上未见顶。沿阿依拉日居、昂仁、日喀则、泽当、加查一带，呈狭长的带状分布，延伸 1 500 km 以上，南北宽不足 2 km。属陆相磨拉石堆积，它是冈底斯—郭喀拉日居南缘山前磨拉石的主体。也是雅鲁藏布江地区第三纪地史中第二期规模巨大的磨拉石主体。大竹卡组岩性特征及沉积厚度横向变化较大。在分区东部的泽当—加查一带，与原"罗布莎群"相当，其下部岩性为砾岩、砂砾岩、粉砂岩，厚度 458～642 m。产植物化石 *Parmocarpon* sp.，*Rhododendron*? sp.，*Quercus* sp.，*Colutea* sp.，*Salix* sp.；轮藻 *Ambllychara miranda*，*Krassavinella lagenalis*，*Gyrogona shannanensis*，*Rantieniella* 等；腹足类 *Planorbis* cf. *rotundata*，*Planorbarius* sp.，*Gyraulus* sp.，*Amnicola* sp.，*Flurminicola* sp.；双壳类 *Sphaerium* aff. *rivicollum*，*Acuticosta* sp.，*Lepidodesma* sp.。上部为灰绿色火山质砾岩，复成分河床相巨砾岩、砂砾岩组成。厚度 156～585 m，时代属渐新世—中新世。在西藏噶尔县的门士地区，其岩性与原"门士群"上部的凝灰岩段和"野马沟组"相当。其中产植物孢粉。植物有 *Populus balsamoicles*，*P. latior*，*P. glandulifera*，*P.* sp.，*Allbizzia* sp.，*Lequminosites* sp. 等。其中杨树叶为主，占 80%以上，大杨、阔叶杨在整个第三纪中均有产出，但早第三纪很少；孢粉有 *Salix*，*Quercus*，*Ulmus*，*Ephedra*，*E. viesenensis*，Chenopodiaceae，*Compositae*，*Artemisia* 等。其时代应晚于始新世。从泽当、门士等地所含的植物、孢粉、轮藻、双壳类、腹足类等化石时代看，均不晚于渐新世；上部所含植物多为中新世面貌（陶君容等，1985）。结合其与下伏地层秋乌组的不整合关系，将其地质时代置于渐新世—中新世。

林子宗群　$E_{1-2}L$　(07-54-1014)

【创名及原始定义】　李璞（1955）所称"林子宗火山岩"演变而来，系指林周县地区白垩纪的一套火山岩地层，火山岩夹砂岩、泥灰岩，厚度 2 300 m，时代为白垩纪。

【沿革】　全国地层会议（1964）称该套地层为"林子宗组"，其时代均置于晚白垩世。西藏第三地质队（1973）称其为"林周群"，但包括了下伏地层原塔克那组，时代仍置于晚白垩世。章炳高（1979）、夏金宝（1982）称之为"林子宗火山岩"（不包括原塔克那组），分别将其时代置于古新世、始新世。西藏综合队（1979）称之为"林子宗火山岩组"，将其时代置于晚白垩世，1990 年区调队 1∶20 万拉萨幅和曲水幅地质报告将林子宗群解体为典中组、年波组和帕那组；《西藏地质志》（1993）称之为林子宗群，包括措勤—申扎地区的原"达多群"和拉萨地区的原"林子宗群"，两者所指为同一套地层体。并将其时代置于古新世—始新世。本书沿用林子宗群一名，与《西藏地质志》所称"林子宗群"大体相当。

【现在定义】　自下而上包括典中组、年波组和帕那组。

【地质特征及区域变化】　林子宗群主要分布于拉萨、林周、南木切、昂仁、仲巴、申扎、措勤等地。岩性为一套中—酸性钙碱性火山岩及火山碎屑岩，局部夹砂砾岩组合。与上覆地层日贡拉组、下伏地层设兴组皆为不整合接触。在林周地区其下部以凝灰岩、安山岩、流纹斑岩为主，夹泥页岩、砂岩、泥灰岩等，厚度 880～1 203 m；中部为紫红色火山集块岩夹砂岩、泥岩、粉砂岩及砾岩，厚度 550～1 965 m；上部由流纹岩、安山岩、粗面岩和各种凝灰岩组成，为典型的陆缘火山弧沉积。在申扎县枪木学盆地，其岩性以安山质凝灰熔岩、流纹岩、酸性凝灰熔岩，含火山角砾凝灰熔岩为主夹砂板岩、砾岩。最厚可达 6 880 m。在南木林县乌郁盆地及麻江地区，岩性以安山岩、安山角砾熔岩为主，厚度 230 m。林子宗群自东部拉萨地区至西部措勤地区，火山熔岩东部多而西部减少，越向西部火山碎屑岩增多而熔岩仅有少量夹层，其沉积厚度东部和南部小，西部和北部较大。

据赵喜进(1987)资料(未公开发表)，在林周、麻江地区，林子宗群下部产秃顶龙科 Pachycephalosauridae，时代属晚白垩世中期。中部产秃顶龙 cf. *Romocephale calathoceras*，与蒙古耐曼盖吐 (Nemegtu) 层的原种相似，时代为晚白垩世晚期，但经西藏区调队 1996 年查实，其化石产地、层位不属于林子宗群①。上部火山碎屑之泥灰岩夹层内，产有介形类 *Cypris henanensis*，*Cyprinotus* 和腹足类口盖 *Mirolaminatus obliquus*，*M. lamellatus* 等化石，时代为始新世。

在林子宗群的火山岩内测有 88±2～86±1.6 Ma (Rb－Sr 全岩等时线法) 和 50～60 Ma ± (K－Ar 法、$^{39}Ar/^{40}Ar$ 法和 Rb－Sr 等时线法) 等同位素年龄值，分别相当于土仑期至三冬期和古新世丹尼期至始新世伊普里斯期。但前者仅分布于堆龙德庆及羊八井地区，故本书将林子宗群主体地质时代置于古新世—始新世，局部可能跨入晚白垩世。自拉萨地区向西至措勤地区，林子宗群地质时代包含晚白垩世和始新世直到只有始新世，具地层层位逐渐升高的穿时特征。

典中组　E_1d　(07－54－1015)

【创名及原始定义】 西藏区调队 (1991) 创名。创名地点位于林周县城的 230°方向 39 km 典中附近。原义指以黑云母安山岩、安山斑岩和石英熔结凝灰岩为主，夹有火山集块岩、凝灰岩，上部出现流纹质英安岩的地层。

【沿革】 参见林子宗群 (07－54－1014)。自 1955 年李璞报道林子宗火山岩以后，1991 年西藏区调队首次将其解体，划分为下部典中组，中部年波组，上部帕那组。本书沿用其名，含义与原始定义相当。

【现在定义】 为一套不整合夹持于下伏地层设兴组和上覆地层年波组之间的一套地层，岩性以安山岩和安山质、英安质火山碎屑岩为主，局部出现流纹质英安岩的火山岩地层体。

【层型】 正层型为西藏林周县典中剖面 (E91°03′, N29°58′)，由西藏区调队 (1991) 测制，层序如下：

上覆地层：年波组　流纹岩

～～～～～～ 不 整 合 ～～～～～～

典中组	总厚度 1 162.11 m
17. 暗紫色、灰白色强蚀变流纹英安岩	6.79 m
16. 灰绿色强蚀变气孔状安山岩	19.40 m
15. 黄灰色火山集块岩，灰色凝灰岩，与强蚀变安山岩互层	89.46 m
14. 瓦灰色强蚀变安山岩	39.13 m
13. 上部为黄、黄灰色火山集块岩，下部为灰色中层状集块岩	22.98 m
12. 灰色安山斑岩，硅化黑云母安山岩	40.81 m
11. 黄灰色凝灰岩	157.70 m
10. 上部为灰绿色安山斑岩，下部为灰色凝灰岩	9.97 m
9. 灰白、灰绿色黑云母安山岩	114.80 m
8. 瓦灰色辉石黑云母安山岩	58.90 m
7. 上部黄灰色凝灰岩，下部灰色块状安山斑岩	75.87 m

① 西藏区调队，1996，1∶20 万南木林幅、谢通门幅区调地质报告。

6. 灰绿色凝灰岩夹安山斑岩 43.53 m

5. 灰绿色块状黑云母安山岩 83.73 m

4. 灰绿色块状辉石黑云母安山岩 136.87 m

3. 上部灰绿色流纹英安岩；下部为灰绿色黑云母安山岩，有基性岩脉穿插 156.70 m

2. 灰色英安质熔结玻屑凝灰岩 64.14 m

1. 上部灰绿色黑云母二辉安山岩；下部灰绿色蚀变玻屑凝灰岩。局部含火山泥球 41.33 m

~~~~~~~~~~ 不 整 合 ~~~~~~~~~~

下伏地层：设兴组　紫红色砂岩

【地质特征及区域变化】　典中组为一套以中性、中—酸性火山岩及火山碎屑岩为主的典型钙碱性岛弧火山岩组合，它不整合于下伏地层设兴组红层和上覆地层年波组之间。主要分布于拉萨林周及南木林一带，自东而西酸性火山岩和火山碎屑岩增加。底部有时出现底砾岩。

典中组原岩同位素年龄值，分别有 88±2～86±1.6 Ma（Rb－Sr 同位素年龄值）及 60 Ma、51.54 Ma 等（K－Ar 同位素年龄值）。前一组代表了晚白垩世晚期的土仑期至三冬期。后者属古新世的丹尼期、坦尼特期、部分跨入早始新世伊普里斯期。前一组值分布具有局限性，故将典中组的主体置于古新世比较合适。在拉萨城区，典中组底部可能包含晚白垩世晚期的沉积。

年波组　E_2n　(07－54－1016)

【创名及原始定义】　西藏区调队（1991）命名。创名地点位于林周县的 229°方向 39 km 年波村附近。原义指岩性为紫红色、浅黄色砾岩、岩屑砂岩，夹中酸性凝灰岩、安山岩，局部夹淡水灰岩，含陆相介形类、腹足类化石，厚度 716.8 m。

【沿革】　参见林子宗群（07－54－1014）和典中组（07－54－1015）。

【现在定义】　系指不整合于典中组和帕那组之间的一套碎屑岩及中—酸性火山熔岩、火山碎屑岩，局部夹淡水灰岩的地层体。产腹足类、介形虫等。

【层型】　正层型为林周县吓棍巴剖面（E91°04′，N29°58′），由西藏区调队（1991）测制，层序如下：

上覆地层：帕那组　红色凝灰岩

~~~~~~~~~~ 不 整 合 ~~~~~~~~~~

年波组 总厚度 716.80 m

14. 上部为黑褐色砾岩。近顶部夹一层厚约 1 m 的含熔结玻屑凝灰岩，下部为紫灰色安山质晶屑凝灰岩 29.27 m

13. 紫红色、瓦灰色杏仁状安山岩，下部夹一层厚约 60 cm 砾岩 61.88 m

12. 上部紫红、灰白色薄层状安山质含晶屑、玻屑、岩屑凝灰岩，局部夹薄层状含砾岩屑砂岩；下部灰色薄层状细砾岩，砾石为安山岩，砾径 3～6 cm 25.53 m

11. 灰色块状砾岩，砾径 3～6 cm，次棱角状至次圆状，往上砾径变大，大者达 1 m，局部夹紫红色砂岩凸镜体 41.70 m

10. 上部为灰绿色安山岩；下部为紫灰色强蚀变含岩屑变晶屑凝灰岩；中部夹灰黑色中层状含砾岩屑砂岩 41.60 m

9. 灰绿色块状角闪安山岩 72.02 m

8. 灰绿色薄—中层状含晶屑凝灰岩 56.44 m

7. 紫红色安山质玻屑凝灰岩	120.23 m
6. 灰色蚀变安山质晶屑凝灰岩	60.77 m
5. 灰紫色安山质晶屑、玻屑凝灰岩	38.25 m
4. 黄灰色薄层状生物碎屑微晶灰岩，含介形类化石，底部有一套厚 30 cm 的砾岩	34.22 m
3. 灰绿色蚀变安山岩	30.19 m
2. 灰色块状砾岩，砾径 2～60 cm 不等	25.74 m
1. 灰白色强蚀变流纹岩	78.96 m

～～～～～～～～～～ 不 整 合 ～～～～～～～～～～

下伏地层：典中组　流纹英安岩

【地质特征及区域变化】 年波组为一套夹于帕那组中酸性火山碎屑岩和典中组安山质火山岩间的一套中—酸性火山碎屑岩夹沉积碎屑岩石组合，主要分布于拉萨、林周、南木林、申扎、措勤等地。自拉萨地区至措勤地区厚度加大，碎屑岩夹层减少。由南而北亦有上述变化规律。

年波组在林周地区的生物碎屑微晶灰岩中产腹足类口盖 *Amnicola* sp.，*Bythinia* sp.；介形类 *Homocucypris* sp.，*Cypridopsis* sp.，*Cyclocypris* sp.，*Cyprinotus*（*Heterocypris*）sp.，*Cypris* sp.，*C. hunanensis* 等。上述化石中 *Cypris hunanensis* 是湖南及中南地区始新世常见分子。腹足类 *Mirolaminatus obliquus* 常见于蒙古等地早第三纪地层中。同位素年龄值有：49.9 Ma、50 Ma、39.5 Ma，所以年波组时代为始新世。

帕那组　E_2p　(07-54-1017)

【创名及原始定义】 西藏区调队（1991）命名，创名地点位于林周县的 229°方向 37 km 年波村北。原义指下部为一套具有柱状节理的流纹质熔结凝灰岩为主夹有杂砂岩的地层。厚度大于 1 852 m。不整合于年波组之上。上部为砂砾岩，平行层理发育。

【沿革】 参见林子宗群（07-54-1014）和典中组（07-54-1015）。

【现在定义】 为一套不整合于年波组之上的以流纹质凝灰岩为主夹火山角砾岩、流纹岩、英安岩、杂砂岩及砾岩的地层体。上未见顶。

【层型】 正层型为林周县年波村北剖面（E91°07′，N29°59′），由西藏区调队（1991）测制，层序如下：

帕那组	总厚度＞1 851.81 m
12. 灰色薄—中层状熔结玻屑凝灰岩。(未见顶)	39.08 m
11. 紫红色中层状火山质岩屑砂岩，局部夹砾岩	36.81 m
10. 紫红色薄层状岩屑细砂岩，含砾岩屑砂岩	342.18 m
9. 灰紫色薄层状玻屑凝灰岩	30.05 m
8. 黄灰色流纹质含火山角砾凝灰岩	61.37 m
7. 灰黄色、紫灰色流纹质玻屑凝灰岩	342.18 m
6. 灰紫色熔结凝灰角砾岩	154.53 m
5. 灰色、紫褐色熔结凝灰火山角砾岩	30.60 m
4. 灰白色熔结凝灰岩	331.95 m
3. 紫灰色熔结玻屑凝灰岩	347.09 m
2. 紫灰色流纹质熔结玻屑凝灰岩	56.90 m

1. 紫灰色块状流纹质熔结玻屑凝灰岩　79.07 m

～～～～～～～～～～ 不 整 合 ～～～～～～～～～～

下伏地层：**年波组**　黑色砾岩

【地质特征及区域变化】　帕那组为一套酸性火山碎屑岩夹熔岩。在东部拉萨地区还夹碎屑岩，在西部地区几乎全为火山碎屑岩。与下伏年波组中一酸性火山岩或碎屑岩及上覆日贡拉组红色碎屑岩均为不整合接触。自东而西，地层厚度由1 800 m左右增大到4 500 m左右。

帕那组目前尚无化石依据，火山岩同位素年龄值（K-Ar法）有44.4±0.8 Ma、42 Ma、39.5 Ma等值，指示时代为中晚始新世，考虑到它不整合覆于年波组之上，又伏于日贡拉组之下，置帕那组于中晚始新世。

日贡拉组　E_3r　（07-54-1018）

【创名及原始定义】　西藏第三地质队吴一民等（1973）创名，西藏区调队1983年介绍。创名地点位于南木林县正东约60 km日贡拉山脚下芒乡—嘎扎。原义指下部以火山岩为主，上部以杂色粉砂岩、泥岩为主夹泥灰岩和凝灰岩，地层厚度60～30 m。时代为渐新世—中新世。

【沿革】　西藏区调队（1975）亦称之为日贡拉组，时代仍为渐新世—中新世，相当于吴氏等（1973）的日贡拉组上部碎屑岩段，将其下部火山岩段划归原"达多群"，并把吴氏等的原"芒乡组"下部非含煤碎屑岩段划归日贡拉组。《西藏地质志》仍沿用此种划分方案，本书从之。

【现在定义】　指不整合伏于芒乡组含煤碎屑岩之下的山间盆地沉积。岩性为紫红色陆相碎屑岩—粗砂岩、细砂岩、粉砂岩、含砾砂岩、砾岩和酸性凝灰岩夹少量碱性熔岩的地层体。含孢粉化石。下未见底。层型外常超覆于老地层之上。

【层型】　正层型为南木林县乌郁芒乡—嘎札剖面（E89°44′，N29°39′），由西藏第三地质队吴一民等（1973）测制，层序如下（包括乌郁群、芒乡组、日贡拉组、年波组、典中组）：

乌郁群　总厚度＞2 239.5 m

24. 黄褐色块状复成分砾岩，夹灰色中厚层砂岩，砂质泥岩；中下部夹一层厚1～2 cm的不稳定的油页岩，底部夹粗砂岩。（未见顶）　169.0 m
23. 灰色、灰黄色，中—厚层状含砾粗砂岩，砂岩夹砂岩凸镜体　66.9 m
22. 浅黄、灰、黄褐色中—厚层状砂砾岩，夹砂岩、粗砂岩；中上部夹泥质粉砂岩（内见斜层理及铁质结核），底部为砾岩夹砂岩　110.9 m
21. 灰、灰白色中厚层状含砾粗砂岩　38.5 m
20. 灰白色含凝灰质砂岩夹少量砂岩，局部夹薄层粉砂岩，凝灰质粉砂岩或凝灰质砂岩凸镜体　164.0 m
19. 灰白色中厚层状或块状砂砾岩夹粗砂岩或呈不等厚互层，夹砾岩、砂岩及页岩　197.0 m
18. 黄灰白色中厚层状含凝灰质粗砂岩，顶部夹凝灰质砂岩、粉砂岩、页岩及泥岩　59.0 m
17. 黄灰色薄层状泥岩与薄至中层砂岩、粉砂岩不等厚互层；中下部夹少量页岩；下部夹厚10 cm的褐煤层　174.0 m
16. 灰色页岩、泥岩。下部夹黄褐、灰色薄层砂岩；底部为灰色薄层泥质粉砂岩，夹中厚层砂岩；上部第16—17层中含植物化石碎片，据南京地质古生物研究所资料（1979），含孢粉化石 *Picea*，*Abies*，*Pinus*，*Castanea*，*Quercus*，*Ostrya*，*Rhus*，*Rhododen-*

dron，Ranuculaceae，*Cruciferae*，Polygonaceae，Gramineae 114.5 m

15. 上部为灰色，黄褐色，黄灰色中—薄层砂岩夹砂岩，砾岩，含砾砂岩、泥质砂岩，砂岩中含铁质结核及植物化石碎片；下部为紫红色中厚层状砾岩夹薄层砂岩，局部夹粉砂岩及复成分砾岩；底部为灰白色薄—厚层岩屑、晶屑层凝灰岩及复成分砾岩 93.5 m

    据南古所（1979）资料含孢粉化石有 Polypodiaceae，*Pteris*，*Pinus*，*Cedrus*，*Tsuga*，*Castanea*，*Quercus*，*Ostrya*，*Rhus*，*Rhododendron*，Polygonaceae，Gramineae，Liliaceae

14. 上部为灰白色中—厚层岩屑、晶屑凝灰岩，局部夹薄层砾岩；下部为灰白色块状安山质火山角砾岩夹灰白色薄层晶屑层凝灰岩 >74.8 m

13. 上部为灰白色块状岩屑、晶屑层凝灰岩；下部为灰白色块状安山质火山角砾岩；底部为一层 4 cm 厚的红色薄—中层砾岩 >80.4 m

12. 上部为灰绿色块状岩屑、晶屑凝灰岩；下部为灰色、灰紫色、黄绿色块状安山质火山角砾岩 296.8 m

11. 灰白色薄层状晶屑层凝灰岩 117.0 m

10. 灰紫色、紫红色块状或厚层状安山岩，黑云母安山岩，英安质角闪安山岩，安山质英安岩；中部夹厚 8.7 m 的紫红色砾岩；下部夹砂岩凸镜体；底部为厚 3 m 的灰色火山角砾岩 483.2 m

～～～～～～ 不 整 合 ～～～～～～

芒乡组 总厚度 210.9 m

9. 浅灰色薄至中厚层状脱斑化酸性晶屑层凝灰岩，中下部夹煤线；中上部夹薄层粉砂岩及粘土岩化安山质凝灰质砾岩 23.0 m

8. 煤层及底板。煤厚 0.5 m，底板为粘土岩，本层含被子植物化石碎片 9.8 m

    据西藏第三地质大队资料（1973），相当此含煤层，总厚度 21.87 m，其中含孢粉化石有 *Rhododendron* sp.，*Campylotropis* sp.，*Ilex* sp.，*Arundo* sp.，*Quercus* sp.，*Ribes* sp.，*Leguminosites* sp.，*Rosa* sp.，*Carpinus* sp.

7. 下部为黄灰色薄层状凝灰质砾岩；上部为褐黄色薄—中层状凝灰岩夹凝灰质砾岩；底部为灰色薄层粉砂岩 58.1 m

6. 黑灰色薄层细砂岩、泥质砂岩，内见少量碳质碎屑，呈条带状分布，并含植物叶化石 19.5 m

5. 灰黄色凝灰质砾岩夹粘土岩化岩屑层凝灰岩，产被子植物化石 33.0 m

4. 白色粘土岩（瓷土） 67.5 m

    以上第 4—9 层含孢粉化石有 Polypodiaceae，*Adiantium*，*Pinus*，*Podocarpus*，*Cedrus*，*Quercus*，*Betula*，*Ostrya*，*Corylus*，*Tilia*，*Engelhardtia*，*Carya*，*Pterocarya*，*Castanea*，Ranuculaceae，Polygonaceae，Liliaceae，Gramineae；植物化石有 *Populus latior*，*Betula parautilis*，*Carpinus grandis*，*C. wulongensis*，*Ulmus hedini*，*Salix*，*Quercus wulongensis*，*Q. namlingensis*，*Thermopsis prebarbata*，*Rhododendron sanzugawaense*，*R. namlingensis*，*Cyperacites*，*Puragmites* 等

～～～～～～ 不 整 合 ～～～～～～

日贡拉组 总厚度 328.2 m

3. 紫红、浅绿色泥岩及泥质粉砂岩夹薄层泥灰岩及串珠状铁矿结核，底部为厚约 3～4 m 的页岩。 60.2 m

    据西藏第三地质队（1973）资料，该组孢粉化石有 *Polypodisporites*，*Monosulcites*，*Polypodiaceaesporites*，*Ostryoipollenites*，*Inaperturopollenites*，*Quercoidites minor*，*Momipites coryloides*，*Ovoidites*（第四系泉华覆盖 268 m）

～～～～～～ 不 整 合 ？～～～～～～

年波组

2. 紫红色、暗紫色中厚层—块状安山质角砾熔岩，夹少量泥质粉砂岩　66.0 m

~~~~~~~~~~ 不 整 合？~~~~~~~~~~

典中组

1. 灰紫色块状安山质角砾熔岩，并见煌斑岩脉侵入。(未见底)　162.8 m

【地质特征及区域变化】 日贡拉组主要为一套含有火山碎屑或火山岩的零星山间盆地沉积。分布于南木林县乌郁盆地、青都盆地，申扎县昂孜错，仲巴县隆格尔区的齐玛察、穷波曲、白达，革吉县的鄂玛等地。东部岩性多以紫红色砂岩、页岩为主夹凝灰岩等，在粉砂岩、泥页岩中含植物、孢粉等化石。厚度500～1 500 m。在西部，主要是仲巴、革吉地区，岩性多以紫红色、灰白色中酸性火山岩、火山碎屑岩为主夹长石砂岩、粉砂岩和泥岩。厚度60～4 220 m。

日贡拉组中含有少量的植物和孢粉化石。在南木林县乌郁剖面中所产孢粉主要为渐新世的组合面貌（郭双兴、李洁敏，1976）；另外在革吉县的鄂玛剖面中，测得日贡拉组流纹岩同位素（K－Ar 法）年龄值 31.4 Ma，属渐新世。

芒乡组　N_1m　(07－54－1020)

【创名及原始定义】 西藏第三地质队吴一民等（1973）创名，西藏区调队（1983）介绍。创名地点位于南木林县城正东 48 km 的芒乡。原义指由含煤碎屑岩（泥岩、砂岩、砾岩）和火山碎屑岩（凝灰岩，凝灰质砂砾岩）组成的一套地层体。常有油页岩夹层。与下伏日贡拉组及上覆乌郁群均呈不整合接触。

【沿革】 西藏区调队（1983）沿用芒乡组，并将其顶、底界线的划分进行了修改，明确其顶部与上覆地层邬郁群之间为不整合接触关系。1993 年《西藏地质志》沿用此划分意见，本书从之。

【现在定义】 指不整合于乌郁群和日贡拉组之间的一套灰色含煤碎屑岩（泥岩、砂岩、砾岩）为主夹火山碎屑岩（凝灰岩、凝灰质砂岩、砾岩）的地层体。常含油页岩夹层。产植物、孢粉等化石。

【层型】 正层型为南木林县邬郁芒乡—嘎札剖面（E89°44′，N29°39′），参见日贡拉组层型栏（07－54－1018）。

【地质特征及区域变化】 芒乡组主要分布于南木林、措勤、仲巴县的江章淌勒、革吉县的捷嘎那雄玛、伦坡拉盆地达玉山等地。在东部的波密及拉萨地区极为少见。

在南木林县乌郁盆地芒乡剖面中含丰富的植物、孢粉化石等。植物化石以常绿阔叶高山栎类化石占优势，约占总数的 70%，同时还混有针叶和落叶类一些重要分子 *Populus latior*，而 *P. latior* 见于我国山东省山旺中新世地层中。*Betula parautilis* 与山东省山旺中新世一些分子很接近。*Carpinus grandis* 及 *Carpinus wulongensis* 与日本本州中新世晚期的 *Carpinus miocenica* 较为相似。孢粉组合以栎粉等阔叶树种花粉最为丰富，混生少量的草本和单子叶植物，反映了中新世的孢粉组合面貌。结合在革吉县嘎热帮雄玛的凝灰岩同位素年龄时代属中新世。芒乡组局部含可采煤层和油页岩。

乌郁群　N_2W　(07－54－1021)

【创名及原始定义】 宁英毅等（1975）命名。创名地点位于南木林县正东 48 km 乌郁盆
~~~~~~~~~~

地芒乡—嘎扎。乌郁群原义共分上、下两个岩性段，上段为含煤碎屑岩（页岩、砂岩、砂砾岩、砾岩）夹凝灰质砂岩及油页岩等；下段为中酸性火山岩（安山岩、流纹岩、火山角砾岩、凝灰岩）夹砾岩，局部含油页岩。

【沿革】 1961 年，西藏拉萨地质队，将不整合于芒乡组之上的一套含煤地层（由下往上）创名了当金塘组、才多组、宗山组、尼姑庙组、雅龙组、茶龙组 6 个地层单位，西藏区调队（1975）又创名了嘎扎组，并将原雅龙组改称为野汝组、茶龙组改称为茶翁组。实际上这些“组”仅仅是乌郁盆地内局部范围的几个岩性段，无延展性，所以在 1983 年，西藏区调队又将此套地层统称乌郁群，而废弃了以前使用的 7 个地层单位名称。与乌郁群的岩石、岩相相同的地层单位还有拉萨地区的原拉布岗群，两者应为同物异名。本书仍沿用乌郁群，含义同原始定义。

【现在定义】 为一套山间盆地沉积的含煤线及油页岩的杂色碎屑岩（页岩、砂砾岩、砾岩）和中酸性火山岩（安山岩、流纹岩、火山角砾岩、凝灰岩）夹砾岩的地层体。产植物、孢粉等化石。底部不整合于芒乡组之上，未见顶。

【层型】 正层型为南木林县乌郁盆地芒乡—嘎札剖面（E89°44′，N29°39′），由西藏第三地质队吴一民等 1973 年测制。其层序参见日贡拉组剖面描述（07－54－1018）。西藏区调队 1983 年发表。

【地质特征及区域变化】 乌郁群分布于申扎、南木林等地，其下部岩性以中酸性火山岩、安山岩、流纹岩、凝灰岩、火山角砾岩为主夹砂、砾岩，局部含油页岩；上部为含煤碎屑岩夹凝灰质砂岩及油页岩，产植物及孢粉化石。在仲巴地区以凝灰岩、流纹岩等火山岩和火山碎屑岩为主夹砂砾岩。在东部波密、八宿地区则以杂色碎屑岩为主夹火山碎屑岩。其沉积总厚度一般为 1 000～3 545 m。

关于乌郁群时代，在南木林县乌郁盆地，乌郁群的上段产孢粉 *Piceaepollenites*，*Cedripites*，*Tsugaepollenites*，*Laricoidites*，*Abiespollenites*，*Eptiodripites*，*Chenopodium*，*Typha*，Ranuculaceae，Polygonaeae 等，属针叶类和草本植物为主的孢粉组合，并以具双囊的松科花粉占优势（45%～55%）。而其中草本植物一般在中新世中晚期经常出现，上新世广泛大量繁殖。因此，这一孢粉组合首先是反映了一个温凉干燥的气候环境，同时又表明其时代应为上新世。另外在措勤附近，火山岩中测得同位素年龄值为 10.3 Ma。综上所述，乌郁群应为上新世。

乌郁群含不可采油页岩及煤线。

牛堡组 $E_{1-2}n$ （07－54－1022）

【创名及原始定义】 王文彬等 1957 年创名，西藏第四地质队 1978 年介绍。代表下第三系；原义指一套紫红色粉砂岩、泥页岩为主夹砂砾岩、凝灰岩的一套地层体。未指定层型。

【沿革】 李璞（1955）将班戈湖、伦坡拉地区的第三纪地层统称第三系。1957 年青海石油队划分为：下部宗曲口层和的欧层；上部牛堡层和丁青层。1979 年西藏第四地质队将的欧层和宗曲口层改称为牛堡组，上部的牛堡层和丁青层统称为丁青组，1981 年该队将丁青组改称丁青湖组。1979 年南京地质古生物研究所将牛堡组改称为牛堡群，其上的丁青湖组称为伦坡拉群。西藏区调队（1983）又在奇林湖地区，创名柒玛弄巴群和青石群分别代表下第三系和上第三系。1993 年《西藏地质志》引用牛堡组和丁青湖组这两个广为习用的单位，本书经对比研究亦沿用《西藏地质志》划分意见。与之相同的其它地层单位区内建议停止使用（参见表 12－4）。

【现在定义】 指不整合覆于竟柱山组红色碎屑岩之上，平行不整合于丁青湖组泥岩、砂砾岩及凝灰岩之下的一套深水湖相泥岩、页岩、细—粗碎屑岩、碳酸盐岩含油气的地层体。产介形虫、孢粉等。

表 12-4 牛堡组、丁青湖组地层划分沿革表

岩性	李璞 1955	青海石油队王文彬等 1957	藏北地质队 1961	石油综合队 1966	西藏第四地质队 1979	西藏第四地质队 1981	南古所 1979	西藏综合队 1979	西藏区调队 1983	西藏区调队 1983	西藏区调队 1987	《西藏地质志》1993	本书
	班戈-伦坡拉盆地							丁青地区	尼马	奇林湖	改则	班戈地区	改则、班戈
灰绿、灰、紫红色泥页岩夹凝灰岩及油页岩	第三系	丁青层 牛堡层	牛堡组（砂页岩、泥页岩、页岩）	伦坡拉群（伦坡拉组、丁青组、牛堡组）	丁青组 ? （伦坡拉群）	丁青湖组	伦坡拉群	宗白群	丁青群	青石群	龙门卡群	丁青湖组	丁青湖组
紫红色、灰色粉砂岩夹砂砾岩、凝灰岩、油页岩		的欧层 宗曲口层	宗曲口组（的欧段、宗曲口群）	的欧组	牛堡组	牛堡组	牛堡群		牛堡组	柴玛弄巴群		牛堡组	牛堡组
	接奴群							宗给组	接奴群			竟柱山组	竟柱山组

注：本表中界线不表示接触关系。

【层型】 选层型为班戈县伦坡拉盆地剖面(E89°35′,N31°59′)。西藏第四地质队（1978—1979）钻孔资料整理，西藏区调队 1983 年介绍，层序如下（包括丁青湖组和牛堡组）：

丁青湖组　　总厚度>800 m

6 段：灰色泥岩夹页岩、泥灰岩、粉砂岩及凝灰岩，下部夹 4～7 层棕色泥岩，见介形类，孢粉、螺、鱼及昆虫化石，化石组合有：介形类（长真星介组合），其主要分子为 *Eucypris longa*，*Limnocythere argulata*，*Cyprinotus formalis*；腹足类 *Succinea* sp.；孢粉（单束松粉，双束松粉-云杉-栎粉-柳粉-草本植物花粉组合段）有被粉 *Quercoidites* sp.，*Salixpollenites* sp.，*Ulmipollenites* sp.，裸粉 *Cedripites* sp.，*Abietineaepollenites* sp.，*Piceaepollenites* sp.，*Pinuspollenites* sp.，蕨孢 *Polypodiaceaesporites* sp.，草本 *Plantago* sp.，Compositae，*Artemisia*，Convovulaceae，*Umbelliflorae*，*Thalictrum* sp.，*Chenopodipollis* sp.，Gramineae；水生 *Typha* sp.，*Hydrocharitaceae*，*Nymphaea* sp.。（未见顶） 220～520 m

5 段：主要是灰色泥岩、页岩夹油页岩及薄层砂岩，厚层状细砂岩，局部见含鲕状粉砂岩及凝灰岩，泥岩中见次生石膏细晶粒，含介形类、孢粉及少量螺类、鱼骨化石。介形类主要分子有 *Limnocythere argulata*，*Hirpetocyprella* sp.，*Ilyocypris dunschanensis*，*Cyprinotus formalis*；腹足类 *Hippeutis* sp.，*Pupilla* sp.；孢粉（单束松粉，双束松粉-云杉粉-栎粉-柳粉组合）主要及特征分子为裸粉 *Abietineaepollenites* sp.（多量），*Pinuspollenites* sp.（多量），*Piceaepollenites* sp.（多量），*Cedripites* sp.（多量），*Ephedripites* sp.；被粉 *Quercoidites* sp.（多量），*Salixpollenites* sp.，*Ulmipollenites* sp.（多量），*Rhoipites* sp.，*Meliaceoidites* sp.；蕨孢 Polypodiaceae；草本 *Chenopodipollis* sp.，Compositae，*Cruciferae* 120～280 m

——————— 平行不整合? ———————

牛堡组 总厚度>2 823.9 m

4 段：主要为灰色泥岩、页岩及姜黄—灰白色粉细砂岩，或为含螺、介形虫化石的鲕状砂岩组成之正向韵律层。介形虫（正式美星介-丁青泥星介组合），其主要分子有 *Cyprinotus formalis*，*Pelocypris dingqinensis*，*Pseudoeucypris chinensis*，*Candona magakiani*，*Hirpetocyprella mongolica*，*H. hunschinliangensis*；腹足类主要有 *Planorbis* sp.，*Bithynia* sp.，*Radix* sp.，*Physa* sp.；孢粉（单束松粉、双束松粉-云杉粉-雪松粉组合段）主要及特征分子有裸粉 *Piceaepollenites* sp.（多量），*Abietineaepollenites* sp.（多量），*Pinuspollenits* sp.，*Cedripites* sp.（多量），*Ephedripites* sp.；被粉 *Ulmipollenites* sp.（多量），*Quercoidites* sp.（多量），*Salixpollenites* sp.（较多），*Rhoipites* sp.（较多），*Meliaceoidites* sp.（较多）；蕨粉 Polypodiaceae?，*Cicatricosisporites*；草本 *Chenopodipollis* sp.，Gramineae 176～356.0 m

3 段：主要为棕红色泥岩夹绿色泥岩，夹薄层泥灰岩及粉细砂岩，局部地区韵律性明显，砂质岩具斜层理，泥岩中见介形虫、轮藻及孢粉化石。介形虫主要分子有 *Cypris decaryi*，*Eucypris hunschinliangensis*，*E. enodatus*，*Limnocythere hunschinliangensis*，*Candona erbasini*；孢粉（麻黄粉-栎粉组合段）主要特征分子有被粉 *Quercoidites* sp.（多量），*Ulmipollenites* sp.（多量），*Meliacoidites* sp.，*Rhoipites* sp.，*Chenopodipollis* sp.；裸粉 *Ephedripites* sp.（多量），Taxodiaceae（多量），Cupressaceae，*Abietineaepollenites* sp.，*Pinuspollenites* sp.，*Classopollis* sp.（个别）；蕨孢 Polypodiaceae，*Pterisisporites* sp.，*Schizaeoisporites* sp.（个别）；轮藻 *Tectochara* sp.，*T. meriani*，*Obtusochara* sp.，*Sphaerochara grakulifera* 756.7 m

2 段：主要为灰绿色、灰色泥岩、页岩互层，夹棕红色泥岩、砂岩及砂砾岩层，产介形虫及孢粉化石。介形类（美星介-湖华介组合）美星介占优势，湖华介次之，主要分子有 *Cyprinotus* aff. *formalis*，*Limnocythere* sp.，? *Cypris* sp.；孢粉（栎粉-榆粉组合段）主要及特征分子有被粉 *Quercoidites* sp.（多量），*Ulmipollenites* sp.（多量），*Salixpollenites* sp.（略），*Chenopodipollis* sp.，*Parvipojectus* sp.（个别），*Translucentipollis* sp.（个别）；裸粉 *Ephedripites* sp.（多量），*E. apiculatus*（个别），*Abietineaepollenites* sp.，*Pinuspollenites* sp.，*Cedripites* sp.；蕨孢 *Pterisisporites* sp.（少量），*Osmundacidites* sp.，*Henrisporites* sp.（个别） 1 011.2 m

1 段：为一套紫红色砂岩、砂砾岩、砾岩，局部夹黄绿色、紫红色泥岩在泥岩夹层中发现少量介形虫化石 *Limnocythere* sp.，*Eucypris* sp. >700.0 m

~~~~~~~~~~ 不 整 合 ~~~~~~~~~~

下伏地层：**竟柱山组** 红色砂砾岩

【地质特征及区域变化】 牛堡组主要分布于班公错-怒江断裂带原板块缝合带遗留下来的串珠状断陷盆地及其两侧。牛堡组底部为棕红色砾岩，化石稀少。中上部以灰色、灰绿色泥页岩为主夹泥灰岩、油页岩，局部夹凝灰岩，产孢粉、介形类等化石。厚度 20～3 000 m，其岩性和厚度横向变化较大。以伦坡拉、班戈盆地中部最厚，可达 3 000 m 以上。在盆地中心部位，岩石粒度细，含油、气。向四周均变薄，岩石粒度变粗，少见油、气，局部含油页岩。在伦坡拉盆地以外，如聂荣、索县、色雄、改则以东洞错等盆地大体都具有类似的特点。改则以西则以砂砾岩为主；索县以东出现较多的白云岩，含白云质碳酸盐岩类。

牛堡组的生物化石以丰富的孢粉、介形虫、轮藻等最重要。在其第二岩性段中产介形虫 *Cypris*－*Limnocythere* 组合，主要分子与湖北洋溪组，湖南枣市组，广东三水华涌组中的面貌
~~~~~~~~~~

相似。另外，还产孢粉，称 *Quercoidites* - *Ulmipollenites*（栎粉-榆粉）组合。其中以被子花粉为主，裸子花粉次之，蕨类孢粉最少。其面貌与江西清江盆地早始新世的“清二段”、湖北江汉盆地早始新世新沟咀组二段之孢粉组合相当。在第三岩性段中含有介形虫，称为 *Cyprinotus*-*Candona* 组合，其面貌与渤海沿岸沙河街组四段中、下部，湖北新沟咀组、山西垣曲组等介形虫很近似。同时还产有轮藻化石，称为 *Obtusochara* 组合。其中以钝头轮藻属占绝对优势。其面貌与湖北新沟咀组下部、渤海沿岸孔店组等的轮藻面貌相当。所含的孢粉组合为 *Ephedripites* - *Quercoidites* 组合，以麻黄粉和栎粉占优势，水龙骨孢子、无突肋纹孢等占一定比例。其面貌与江西清江盆地的中—晚始新世临江组相似。因此，牛堡组中所含的轮藻、孢粉、介形虫等化石的时代均为始新世。但其下还有数百米无化石或化石稀少的地层，可能包含古新世沉积，故牛堡组时代应为古新世—始新世。

丁青湖组　E_3d　(07 - 54 - 1023)

【创名及原始定义】　青海石油普查大队黑河中队王文彬等 1957 年创名“丁青层”，西藏第四地质队 1978 年介绍，未指定层型。原义代表上第三系上新统。

【沿革】　1978 年，西藏第四地质队将其改称为丁青湖组，代表上第三系。1979 年，中国科学院南京地质古生物研究所曾将“丁青组”改称为“伦坡拉群”，并分为上段和下段。西藏区调队（1983）在奇林地区又将其创名“青石群”。参见牛堡组（07 - 54 - 1022）。本书仍沿用丁青湖组，含义与西藏第四地质队（1978）所称的丁青湖组相当。

【现在定义】　为不整合覆于牛堡组杂色泥岩之上的一套深湖相及河流相紫红色、灰绿色碎屑岩类（泥页岩、凝灰岩），局部夹油页岩、泥灰岩的地层体。产介形虫、轮藻等化石。其上未见顶。

【层型】　选层型为西藏班戈县伦坡拉盆地剖面，参见牛堡组层型栏（07 - 54 - 1022）。

【地质特征及区域变化】　丁青湖组断续分布于班公错、改则、班戈、东巧一带。为断陷湖盆沉积。沉积厚度在伦坡拉盆地中部可达 1 186 m，向四周减薄。主要为一套深湖相碎屑岩。以灰色泥岩、页岩为主夹粉砂岩、细砂岩、油页岩及少许凝灰岩等。产介形虫、轮藻及孢粉化石。

丁青湖组下部产介形虫 *Austrocypis*，*Cyprinotus*，*Pelocypris* 组合。其特征可与渤海沿岸沙河街组二、四、五段进行对比。孢粉称为松科-栎粉属（Pinaceae - *Quercoidites*）组合，其中以裸子花粉为主，被子花粉次之，蕨类孢粉最少，其面貌相当于渐新世早期的组合。中部产介形虫，称为 *Ilyocypris* - *Limnocythere* 组合，其中的主要分子见于准噶尔盆地渐新世—上新世。所含轮藻化石称为似轮藻化石组合，较其下伏地层牛堡组出现了较多的新分子。另外，孢粉称为双叶草本亚组合（*Quercoidites*，*Micrahenrici*，*Ephedripites*），其中以无突肋纹孢、多环凤尾蕨孢、楝粉、藜粉减少或消失，而波形凤尾蕨孢、小亨氏栎粉，特别是双叶草本植物（毛茛科，菊科等）增高达 5%左右，反映渐新世中期的特征。上部产孢粉，称为小栎粉-雪松组合（*Quercoidites* - *Cedripites*），其中蕨类孢子及罗汉松类减少，藜粉、微小栎粉增多，双叶草本植物仍占 5%左右，其时代应为渐新世晚期。

由上述介形虫、轮藻、孢粉等生物群的特征，表明丁青湖组的地质时代主要为渐新世。其顶部是否包括部分中新世的沉积，尚待进一步研究。

康托组　Nk　（07－54－1024）

【创名及原始定义】　西藏区调队（1986）命名。创名地点位于改则县北康托附近。原义指岩性为紫红色砾岩夹砂岩、含砾砂岩、粉砂岩及少量泥岩夹基性喷出岩和凝灰质砂岩的地层。厚度 850～3 150 m。

【沿革】　康托组自创名以来，《西藏地质志》沿用其名。本书修订并扩大其含义，原使用范围仅限于改则羌塘地区，现在包括了西部地区原龙门卡群上部（朗久组），在东部包括了怒江西岸的原“拉屋拉组”及未命名的晚第三纪沉积。

【现在定义】　为一套以紫红色砂砾岩为主，次为杂色泥岩、粉砂岩沉积，底部夹基性火山岩的地层体。其不整合于日贡拉组之上，未见顶。

【层型】　正层型为西藏改则县康托西山剖面（E84°15′，N32°25′），由西藏区调队（1981）测制，层序如下：

康托组	厚度＞2 250 m
5．紫红色粉砂岩，夹凝灰质砂岩及砾岩。（未见顶）	700 m
═══════ 断　层 ═══════	
4．灰紫色、灰褐色薄至中厚层中细粒砂岩、泥质粉砂岩不等厚互层。夹褐色、绿灰色叶片状至薄层泥岩、泥质细砂岩和粉砂岩，层面具龟裂纹、虫迹、雹痕及波痕	200 m
3．紫红色块状砾岩，夹紫红色中厚层状中粒含斑钙质砂岩	200 m
2．紫红色中—厚层状砂岩，夹含砾砂岩和砾岩	150 m
1．紫红色厚层砾岩，夹数层砂岩，含砾砂岩和两层灰白色块状砾岩，含铁质玄武岩和橄榄玄武岩	1 000 m
～～～～～～ 不 整 合 ～～～～～～	

下伏地层：**日贡拉组**　安山岩（K－Ar 法同位素年龄值 31.1 Ma），或丁青湖组含凝灰质泥岩及凝灰岩

【地质特征及区域变化】　康托组分布广泛，出露于日土、多玛、龙木错、三岛湖、多不杂日、茶足日、绒马、双湖县及唐古拉山脉以南，以及丁青、洛隆、比如等地，不整合覆于下伏老地层之上，岩性为紫红色及少量灰黄、灰绿色砂砾岩夹少量粗砂岩、粉砂岩及泥岩、膏盐及石膏层。厚度 300～2 700 m。均为小型山间河湖沉积。在东部唐古拉山以南常夹少量火山岩及膏盐岩。康托组泥岩中多见龟裂纹、虫迹、雹痕及波痕，亦常含石膏。反映了较干旱、炎热的氧化环境下的山间盆地沉积。

在改则县康托组不整合覆于日贡拉组的（原纳丁错组同位数年龄值 31.1 Ma）火山岩之上，时代应晚于渐新世。在洛隆县旺西村，在碎屑岩夹火山岩中，产孢粉及硅藻。孢粉十分单调，所出现的少数孢粉类型中，以木本植物花粉居多，且以针叶植物花粉为主，但阔叶植物栎属（*Quercus*）也有出现，*Juglans* 是第三纪中常见分子。草本植物花粉中见 Gramineae，*Polygonum* sp.，反映了当时气候是温凉的，这种气候较之晚第三纪中期更凉爽，大约是由于晚第三纪晚期已经开始受到寒冷气候影响之故。但组合中栎属花粉较多，胡桃属花粉仍有个别出现。因此，地质时代不可能晚于晚第三纪晚期，可能属中新世至早上新世。康托组不整合覆于日贡拉组火山岩之上，又伏于鱼鳞山组碱性火山岩之下，而鱼鳞山组火山岩的主体时代应为第四纪，康托组上部植物孢粉特征为上新世，因而康托组时代应为晚第三纪。

鱼鳞山组 N_2Qy (07-54-1025)

【创名及原始定义】 西藏区调队（1987）命名。创名地点位于改则县的338°方向188 km鱼鳞山附近。原义指下部岩性为黄灰绿色火山角砾岩、凝灰岩和凝灰质砂岩，厚度30～50 m。中部为灰绿色气孔状白榴石响岩、白榴石响岩质凝灰岩和凝灰质火山角砾岩。上部为灰绿色致密块状和气孔状霓辉粗面岩和含砾霓辉粗面岩。

【沿革】 1993年《西藏地质志》沿用鱼鳞山组，将其时代置于早更新世，本书引用其名，含义与原始定义相当。

【现在定义】 为一套不整合覆于康托组之上的火山盆地型碱性—强碱性火山岩及火山碎屑岩。岩性为白榴石响岩、霓辉粗面岩及火山角砾岩、凝灰岩、凝灰质砂岩。上未见顶。

【层型】 正层型是改则县鱼鳞山剖面（E83°22′，N33°51′），由西藏区调队（1984）测制，层序如下：

上覆地层：**全新统** 砾石层

~~~~~~~~~~~ 不 整 合 ~~~~~~~~~~~

鱼鳞山组	总厚度＞263.11 m
16. 灰绿色霓辉粗面岩。(未见顶)	42.17 m
15. 灰绿色致密块状霓辉粗面岩	23.23 m
14. 灰绿色气孔状霓辉粗面岩	8.64 m
13. 暗灰绿色杏仁状霓辉粗面岩	8.12 m
12. 灰绿色含砾霓辉粗面岩	27.43 m
11. 灰绿色气孔状白榴石响岩	60.10 m
10. 暗灰绿色白榴石响岩质凝灰岩	10.23 m
9. 黄灰色响岩质凝灰岩	4.98 m
8. 灰绿色白榴石响岩	4.71 m
7. 灰绿色杏仁状白榴石响岩	12.70 m
6. 黄灰色凝灰质火山角砾岩	8.83 m
5. 暗灰绿色杏仁状白榴石响岩	4.22 m
4. 黄灰绿色凝灰岩及凝灰岩	16.33 m
3. 黄灰绿色凝灰岩及火山角砾岩	8.81 m
2. 灰绿色火山角砾岩夹凝灰岩	22.61 m

~~~~~~~~~~~ 不 整 合 ~~~~~~~~~~~

下伏地层：**康托组** 紫红色砂岩

【地质特征及区域变化】 鱼鳞山组代表了高原急剧抬升阶段盆地型火山堆积，零星地分布于革吉、改则、双湖、安多等地。多呈岩被、岩锥产出，有时亦呈线状沿断裂带喷发。自鱼鳞山向南向东，玄武岩成分增多。鱼鳞山组无生物化石及同位素测年值佐证其时代，但根据其与下伏地层康托组的不整合关系，可以确定主体为第四系火山岩。李炳元等（1983）将玛尼巴毛穷宗东侧出露的玄武岩时代归属早更新世晚期，可能与鱼鳞山组相当。本书将鱼鳞山组的地质时代置于晚上新世—早更新世。

鱼鳞山组火山岩局部夹黑色坚硬致密无斑或少斑基性岩石，可作墨玉开发。一些辉锑矿矿化与鱼鳞山组沿断裂喷发的略偏酸性之火山岩息息相关。

唢纳湖组　Ns　（07－54－1026）

【创名及原始定义】　西藏区调队（1986）创名。命名地点位于双湖县所在地的292°方向的210 km唢纳湖东。原义指岩性为泥灰岩、泥岩、粉砂岩夹生物碎屑泥晶灰岩，含砾砂岩及多层石膏。厚度530～4 300 m。

【沿革】　1987年西藏区调队将新疆乔尔天山地区的乔尔天山群引用到日土县多玛地区代表上第三系。在双湖县西北的玛尔果茶卡地区，吴瑞忠（1985）将其创名“玛尔果茶卡群”及“双湖群”。1993年《西藏地质志》将分布羌塘地区的这套中晚第三纪湖相沉积物统称为唢纳湖组。本书亦从之。

【现在定义】　岩性主要为红色、砖红色、土红色或鲜红色泥岩、泥质粉砂岩、砂岩、粗砂岩、含砾砂岩、砾岩，夹多层石膏层含盐岩石地层体。产淡水腹足类、双壳类等化石。底部与雁石坪群不整合接触，上未见顶。

【层型】　正层型为双湖县唢纳湖东剖面（E86°43′，N33°54′），由西藏区调队（1980）测制。层序如下：

唢纳湖组	总厚度4 300 m
4. 暗红色块状泥质半胶结砂岩、砾岩和粉砂岩互层。（未见顶）	500 m
3. 灰白色薄层石膏与泥岩不等厚互层	1 000 m
2. 灰白色、黄灰色泥岩夹多层薄层石膏（单层厚3～5 cm）和粉砂岩，含细粒砂岩	1 700 m
1. 黄褐色薄至中厚层砂质细砾岩，含砾粗砂岩和砂岩互层夹钙质粉砂岩，含少量淡水生物化石碎片	1 100 m

～～～～～～ 不 整 合 ～～～～～～

下伏地层：**雁石坪群**　灰岩及砂岩

【地质特征及区域变化】　唢纳湖组为一套不整合于下伏老地层之上的杂色砂砾岩夹膏盐的地层。其上被石坪顶组熔岩被不整合覆盖。主要见于羌塘北部地区的羊湖、若拉岗日、多格错仁强错及可可西里地区。在双湖县西北的玛尔果茶卡，与原“玛尔果茶卡群”（吴瑞忠，1985）及原“双湖群”大体相当，属同一套岩石地层体。底部均不整合于海相岩石地层之上。与唐古拉西北地区的“查保马群”下部大致可以对比（《青海省区域地质志》），岩性以灰色、杂色、紫红色泥岩、泥灰岩、粉砂岩为主，其底部多见砂砾岩、含油页岩多层及石膏，地层厚度530～4 300 m。从其岩石特征表明主要为一套湖相沉积。在横向上显示自南而北和自西而东，碳酸盐岩成分减少，石膏成分及泥质碎屑岩增加。

在独泉湖本组产淡水腹足类及双壳类。腹足类有 *Planorbis* sp.，*P. youngi*，*Lymnaea* sp.，*Gyraulus* sp.；双壳类 *Sphaerium* sp.，*S.* aff. *nitidum* 等。其中的 *Sphaerium* 见于新疆的乌塔西河组。腹足类 *Planorbis youngi* 见于准噶尔盆地下绿色岩组及内蒙古通古尔组、川西昌台群等中新统。考虑到化石产出层位属晚第三纪非干旱寒凉含膏盐层之下，完全有可能包括上新世沉积，故将唢纳湖组置于中新世—早上新世。

唢纳湖组以产石膏著称。

第三篇　印度地层大区

西藏境内的印度地层大区仅包括一个西瓦里克地层区。

本书所称的西瓦里克地层区，其范围主要就是西瓦里克群这套喜马拉雅山前磨拉石分布的地域。即沿着喜马拉雅山南翼伸展，横跨现今巴基斯坦、印度、中国、缅甸等数国，西自巴基斯坦波特瓦高原，向东经印度西瓦里克山系，延伸到中国错那县境内的伏特山区，再向东延经印度东北的阿萨姆，直到缅甸境内。呈东西向带状延伸达 2 000 km 以上。

西瓦里克地层区是印度地层大区的最北部的一个地层区。其北部边界是西瓦里克群这套山前磨拉石分布区域的北界，也就是印度地层大区与藏滇地层大区的分界线。

第十三章　第三纪

西瓦里克群厚度 5 000 m 以上，主要是晚第三纪形成的。是印度板块向藏滇板块迅速俯冲时造成的喜马拉雅山前磨拉石堆积。对西瓦里克群的研究始于 18 世纪初。研究资料最好、最多的地点是印度北部的西瓦里克山区和巴基斯坦的波特瓦高原地区。

在西藏错那县伏特山区分布的西瓦里克群，由于植被覆盖等因素，这里西瓦里克群的研究较粗略。本书仅就一些主要岩石特征简介于后：

西瓦里克群　NQ*X*　(08 - 54 - 1001)

【创名及原始含义】　西瓦里克群 (Siwalik Gr) 源于“西瓦里克岩系”。印度地质调查所所长 Pilgrim (1910) 最早称“西瓦里克岩系”，并将其划分为西瓦里克岩系下、中、上三个单元，西藏综合队 1979 年介绍。原指分布于喜马拉雅山南缘、印度北部的西瓦里克山区的一套含脊椎动物化石的陆相磨拉石建造。此套地层横跨中国、印度、巴基斯坦等国山地，向西延至达岭地区。

【沿革】　1973 年巴基斯坦地层委员会对这套晚第三纪地层进行了纯岩石地层学的命名，使“西瓦里克”为岩石地层单元，并进一步划分为三个组级地层单位。1979 年，西藏综合队将分布于中国境内错那县伏特山地区的第三纪磨拉石，统称为西瓦里克群，并进一步划分为下段、中段、上段三个岩性段。

【现在定义】 为一套沿喜马拉雅山前“A ”型俯冲带分布的红色陆相磨拉石地层。主要岩性由卵石层、砂岩、页岩及粘土岩组成，含脊椎动物、淡水腹足类、植物等化石。未见顶、底。

【地质特征及区域变化】 在中国境内，西瓦里克群地层出露于错那县和隆子县的南缘，东自阿帕龙西至德让宗南，沿伏特山呈一狭窄带状分布，其延伸方向为NW－SE向，与“喜马拉雅山脉”走向平行。向西延伸进入印度、巴基斯坦境内。南北宽10～15 km，最宽不超过20 km。其岩石特征可分为下、中、上三段。下段底部为卵石层，中、下部为粗砂岩、细砂岩、粉砂质岩组成韵律层，未见底；中段为砾岩夹松散易碎砂岩层；上段为砂岩、粘土岩及页岩，未见顶。可见厚度大于6 500 m。地质时代为晚第三纪—第四纪早更新世。

第十四章 结语

西藏地层清理研究项目自1992年开展工作以来，先后有14人次投入了此项工作。由于退休、内调等原因，自始至终参加项目工作的仅有4人，由于有上级领导的支持和帮助，全组人员的辛勤劳动，在短短两年多的时间内，对西藏全区120余万平方公里内的数十年来的大量的地层研究资料，进行了系统的查阅、收集、整理研究，做了很多艰苦细致的工作，最后完成了西藏地层清理研究项目的基本任务，取得了丰硕的成果。

1992—1993年，主要是收集、查阅区内外的大量地质文献，最后整理了地层剖面资料1 134条（实测和地质路线剖面），编制了从前寒武系至第三系的各地层断代的剖面位置分布图、资料索引卡、剖面卡等。其中填制剖面卡1 314份。同时编制了各种中间性的图、表304份。如地层区划图、西藏岩石地层单位序列表、岩石地层单位横剖面图、地层单位划分沿革表、全区剖面一览表等等。

按照“全国项目办”的要求和工作进程，自始至终学习和运用现代地层学的新理论和新思想、新方法，对全区的地层单位进了系统整理、研究，对846个地层单位（群、组、段）进行了全面清理，最后筛选出被选用地层单位209个（参见西藏岩石地层单位序列表）。

按照全国地层数据库研建组的技术要求填制了209套岩石地层单位数据卡片（群、组、段），并进行了认真的“录入”工作，经过西藏区调队徐开锋等人的积极努力，认真刻苦地钻研，战胜了各种困难，最后终于按时完成了西藏地层数据库的研建工作，为今后西藏的地质生产和科研工作，提供了有关的地质资料检索、查阅、监控等方便的条件，为进一步完善和运用西藏地层数据库打下了坚实的基础。下面就一些突出的成果及存在问题介绍于后：

一、研究进展

（一）西藏境内华南地层大区的基底及盖层特征

西藏的龙木错-查桑-澜沧江结合带可能是继承“元古大洋”的残余部分而形成的。该结合带之北（东）属（北大陆）华南地层大区；其南（西）属（南大陆）藏滇地层大区，它们的陆壳基底分别与南、北大陆存在某种亲缘关系。在藏滇地层大区中，喜马拉雅地层区和冈底斯地层区的基底岩石地层聂拉木群、念青唐古拉群是印度板块北缘的直接增生部分，在泛非事件的主要阶段（718～581 Ma）逐渐固结成型。其地质时代以中元古代为主。可能不整合于其上的震旦纪—寒武纪地层（肉切村群）是这些基底岩石地层的盖层。羌南地区的陆壳基底位于上述增生带的外缘，以吉塘群为代表，它们同始于800～600 Ma前、终于古生代末期的一条向西（南）洋壳潜没带有关，主要属活动边缘增生带性质。有关"南大陆"基底和盖层在《西藏地质志》）已详尽论述，本书不再过多地重复。

华南地层大区的陆壳基底分布比较零星，主要见于昌都地区贡觉县的雄松、昌都县的夏日多、青海省玉树县小苏莽乡，以及与羌北地区相邻的新疆南部皮山县甜水海地区，这些地区的岩石地层单位的基本特征类同，其地质时代主要为元古宙（表14-1）。

表14-1　羌北—昌都及邻区变质结晶基底及盖层特征对比表

地质时代		新疆喀拉昆仑	羌北—昌都	川西雅江	川甘西秦岭		滇东	四川峡东	东秦岭	川、陕米仓山	地质年代(Ma)
早古生代	志留纪										488
	奥陶纪		青泥洞群								505
	寒武纪		……?……	邱家河组	邱家河组	邱家河组	筇竹寺组	水井沱组			600
晚元古代	震旦纪	震旦纪	草曲群 砾岩段	盐井群：黄店子组 578.5±19.5 Ma；蜂桶寨组	水晶组；蜈蚣口组；木座组	白依沟群：相龙卡组 619±46 Ma；赛依阔组 737.6±22	灯影组；陡山沱组	灯影组；陡山沱组；南沱组	耀岭河群	吉林群	800
	青白口纪		草曲群 绿片岩段 >876 Ma >999 Ma	盐井群：石门坎组；雅斯德组	砾岩		澄江组	莲沱组	郧西群		1100
中元古代	蓟县纪		……?…… 宁多群	?	碧口群：阴平组；桂花桥沟组* 1357 Ma	?	昆阳群	板溪群	?	刘家坪组	1400
	长城纪	甜水海群	宁多群 1594～1870 Ma (U-Pb)；490 Ma**		碧口群：大沙坝组		昆阳群	板溪群		刘家坪组	1900
早元古代		…?…	1780 Ma***；1680 Ma***				大洪山组；莹林群	板溪群		刘家坪组	

*U-Pb法年龄值　**变质年龄值　***侵入岩年龄值　未注年代单位的为百万年(Ma)

昌都地区的元古代基底岩石地层以宁多群为代表，向西延入新疆南部，大致相当于甜水海群。宁多群的下部岩性由富铝、富铁镁的泥质岩及基性-中酸性火山岩、碎屑岩组成，以黑云斜长片麻岩、石榴黑云斜长片麻岩、辉石变粒岩等为主，属活动类型沉积。上部为富钙的碳酸盐岩及石英岩为特点，主要岩石有大理岩、片麻岩和角闪斜长片麻岩等，属稳定型的沉积。

宁多群中、下部的黑云斜长片麻岩锆石（U-Pb一致曲线法）同位素年龄值为1 870±280 Ma，侵入宁多群中的两个碎裂黑云二长花岗岩体同位素年龄值为1 780±150 Ma和1 680±390 Ma，在贡觉县雄松剖面中，宁多群含石榴二云母片岩中测得同位素年龄值为1 594 Ma（Sm-Nd全岩等时线），其时代均为长城纪。它可能属扬子活动带的增生系列。

在新疆南部皮山县的甜水海群，其下部亦为一套厚度巨大的含火山岩的碎屑岩。反映为活动类型的沉积特征。上部为富含叠层石、核形石的碳酸盐岩和碎屑岩地层，属稳定型的温暖浅海环境沉积，其中产叠层石化石：*Baicalia* f.，*Stratifera* f.，*Osagia* f.；在天神大板剖面上部碳酸盐岩产叠层石 *Litia tianshendabanca*，*Stratifera* f.，*Xiagella*，*Osgia* f.。上述分子常见于华北蓟县长城纪团山子组中上部及小秦岭高山河群，时代属长城纪。它可能代表泛扬子地台区边缘沉积增生中的一部分，通过泛扬子事件变形变质作用而成为该带的基底增生系列。其上未见晚元古代地层出露。

由上述可见宁多群与甜水海群在岩石地层特征和时代上都相似，且均可与北大陆的基底进行对比。

另一方面，在宁多群这一变质结晶基底之上发现属于晚元古代的第一盖层——草曲群，其与宁多群间的接触关系推测为不整合。其层型剖面主要见于江达县面达乡草曲，其岩性可分为上部冰碛砾岩段和下部绿片岩段。下部绿片岩段主要为二云石英片岩、片麻岩、黑云石英片岩及变质火山岩、石榴片岩等。其中变质玄武岩获同位素年龄值大于 870 Ma（锆石 U－Pb 一致曲线法）。上部砾岩段以杂色变质砾岩为主，成分复杂，有片麻岩、花岗质砾石、板岩、灰岩、石英岩等，均为棱角状或次棱角状。砾径大小悬殊相间，无分选性。大者砾径超过 100 cm，小者 1 cm 或数厘米，显示冰碛砾岩的特点。厚度约 900 m。从岩石地层和年代特征与四川峡东地区的“南沱组”、东秦岭地区的耀岭河群甚为相似。

还有一个重要的特征，便是在晚古生代时期（特别是晚石炭世—早二叠世时期）羌塘—昌都地区的生物群为典型的特提斯动物群和华夏植物群。完全不同于龙木错-查桑-澜沧江断裂带以南的同期的“冈瓦纳相”生物群和岩石地层。

（二）、西藏北部华南地层大区中的加里东构造运动

在西藏境内，华南地层大区中广泛缺失部分志留纪地层，多见泥盆纪地层不整合于奥陶纪或奥陶纪—志留纪地层之上，表现为一次比较强烈的褶皱造山运动。

在拉竹龙，可见到泥盆纪地层不整合于奥陶纪或志留纪地层之上。在改则北部，查布、查桑等地，含四射珊瑚的中泥盆世灰岩不整合于下伏片岩、片麻岩之上，其间至今未发现早古生代的沉积。

在昌都地区、江达县觉拥，早泥盆世海通组砂砾岩超覆于含笔石的早奥陶世砂板岩青泥洞群之上，缺失了志留纪的沉积，以及部分奥陶纪晚期和泥盆纪早期的沉积。其间为不整合接触关系。在芒康县老然区加色顶海通可见到海通组含砾砂岩、碳质板岩平行不整合于下伏青泥洞群灰紫色、灰色石英砂岩夹板岩、页岩的地层之上，其间缺失了晚奥陶世、志留纪和泥盆纪早期的沉积。

另外，在相邻的省区，沿金沙江断裂带向北延伸到青海省玉树县西北的桑知阿考，中泥盆世的砂砾岩（桑知阿考组）不整合盖在早奥陶世的砂板岩——含笔石化石的青泥洞群之上。其间缺失晚奥陶世、志留纪、早泥盆世的沉积。

上述资料表明，从北喀拉昆仑的兽形湖—青海省的玉树—昌都地区的江达县以及四川的巴塘，早奥陶世—早泥盆世为类复理石—笔石细碎屑岩—碳酸盐岩沉积，具大陆边缘沉积特点，并形成早古生代（加里东）强烈褶皱带，由此构成晚古生代的沉积基底。不整合于该褶皱带之上的泥盆纪（主要为中泥盆世）—早二叠世地层，是一套连续的滨—浅海相沉积，仅局部夹中基性火山岩，反映为拉张环境下的喷发活动，其生物组合为华夏特提斯型。特别是其中的晚石炭世—早二叠世的生物群面貌完全区别于龙木错-查桑-澜沧江带南（西）地区晚石炭世—早二叠世的冈瓦纳相动植物群和混生动植物群。这表明北喀拉昆仑地区、羌北—昌都地区是从扬子地台边缘裂离出来的的微台块。

羌北—昌都地区的加里东构造运动是十分清楚的，伴随的岩浆活动如金沙江东侧的奥陶

纪—志留纪的裂谷型岩浆作用、变形变质作用也比较发育。而在龙木错-查桑-澜沧江断裂带之南的藏滇地层大区中（如喜马拉雅地区、冈底斯地区、羌南地区），早古生代岩石地层为连续沉积，几乎不见加里东运动的形迹，同时岩浆活动和变形变质作用也十分微弱。显示了藏滇地层大区与其相邻的华南地层大区，在加里东期存在极大的差别。

（三）、西藏境内冈瓦纳相的研究现状

1. 西藏的“杂砾岩”及其分布特征

西藏的“杂砾岩”主要是指石炭纪—二叠纪的含砾板岩和含砾砂岩，“杂砾岩”的结构一般即在砂质、粉砂质或泥质的基质中稀散地分布着分选差、滚圆度差、排列不规则、大小不等的砾石，由于基质的不同，在各具体的地点被定名为“含砾板岩”，“含砾砂岩”。其在西藏境内的分布范围，南自隆子县以南的卡门河至西巴霞曲以东，北达日土县多玛区至托和平错一带；西至札达县底雅，东至察隅县日东。共跨四个地层区，分属五个岩石地层单位，即：低喜马拉雅地层分区的冈瓦纳群；喜马拉雅地层区的基龙组扎达日段；冈底斯-腾冲地层区的拉嘎组；拉萨-察隅地层分区的来姑组；羌南-保山地层区多玛分区的霍尔巴错群、擦蒙组。

喜马拉雅地层区的“杂砾岩”仅有一个层位，自基龙至康马，厚度由 30 m 增至 200 m，向北至冈底斯-腾冲地层区，“杂砾岩”即增至多层，申扎一带杂砾岩增厚为 960～1 380 m，其含砾砂岩层数为 9 层，层间夹大量石英砂岩。更北，至羌南-保山地层区多玛一带下部未出露，在托和平错所见含砾砂质板岩、凝灰质含砾砂质板岩即达 8 层之多，总厚度大于 1 350 m，层间除夹板岩、砂岩外，还可见到少量基性熔岩（辉绿岩）。于八宿-察隅所见含砾板岩，最多可达 11 层，累计厚度 1 182～1 230 m。单层最厚者 697 m，层间夹大量板岩，且夹薄层灰岩或凸镜体，常夹火山岩，总厚度 2 303～4 850 m。多玛和拉萨-察隅地层分区的“杂砾岩”均以含砾砂质板岩为主，层间多夹板岩。其岩石组合特征显示同为远海沉积，并且均与火山岩伴生。这两个地层分区在晚石炭世至早二叠世早期应为同一沉积构造环境，因后期的构造作用，可能为那曲走滑断层的顺时针方向活动，致使其错位所致。

2. 西藏“杂砾岩”的地层位置及其顶底界的时代跨度

在藏滇地层大区内，“杂砾岩”的底界时限大致为晚石炭世晚期，而顶界具明显的穿时性（图 14-1）。在卡门河和基龙、康马等地“杂砾岩”的顶界均位于产 *Stepanoviella* 层之下，应为晚石炭世早期。在申扎县永珠则位于 *Stepanoviella* 层之上，其上即为石炭-二叠纪的过渡地层昂杰组，显然“杂砾岩”的顶界层位相当于晚石炭世晚期甚至到早二叠世早期。在八宿县雅则-来姑剖面，“杂砾岩”的顶界直接整合于含早二叠世晚期——茅口期䗴 *Praewentzelella tibetica*，*Nankinella inflata* 的洛巴堆组之下，其顶界的时代无疑应为早二叠世早期。

3. 有关“杂砾岩”的成因问题

关于“杂砾岩”的成因问题，有的学者认为全部都是冰海相的，其依据为：无层理，砾石未滚圆，无分选。砾石上发现擦痕、擦面、压坑及基质具与冰碛相岩石相似的岩石学特征等。

尹集祥、闻传芬对不同地层区的“杂砾岩”做了野外、室内多种方法的研究，认为西藏境内“杂砾岩”的成因是不一致的；喜马拉雅地区的为冰海相沉积物，而其他地区则具复杂的多成因，本书同意这种看法。现今南极冰海相杂砾主要位于冰川崩解线向海的一个狭长地带，冰山在海中漂浮时逐渐溶融而释放出碎屑。在距冰源区较远处因冰山的体积小，数量少，所释放出的碎屑也相应减少，因而离岸最远处冰山扩散带位置的冰海相沉积厚度应该很小。因为冰川退缩、消失后，绝不可能保留尚能存在若干百万年的冰山。这只能是在近冰源部位沉积下来的物质经水下块状动力流再次搬运、沉积，及其它复杂的因素重叠的结果。

根据“杂砾岩”的微量元素特征，康马和基龙扎达日段杂砾岩的Fe丰度值低于深海相沉积和大陆地壳平均值，而与南极洲现代滨海相沉积相近，其Mn、V、Cu与玻利维亚、阿根廷及巴西晚古生代冰海相的杂砾岩近于一致，而明显地低于林周、八宿来姑组和龙木错擦蒙组的杂砾岩。说明后两地区的沉积类型与前者是不同的。

对林周县乌鲁龙、八宿县拉古（来姑）两地的来姑组杂砾岩的砂级、中粉砂级颗粒做了粒度统计，计算出粒度参数，根据粒度参数综合公式计算出大于0.015 8 mm粒级的浊流鉴别值y所得均小于9.843 3，与浊流鉴别值y吻合。来姑组杂砾岩中有大量粘土杂基和不同粒级的碎屑颗粒并组成基底式胶结（杂基支撑），表明它们多为同期沉积，这只能说明水下密度和重力流的存在，似排除了浮冰沉积的可能。来姑组杂砾岩的胶结物主要为碳酸盐岩类，表明它是在气候温暖和正常盐度的海洋环境中沉积下来的；杂砾岩层序中夹薄层灰岩或凸镜体，也是此种环境的证据。

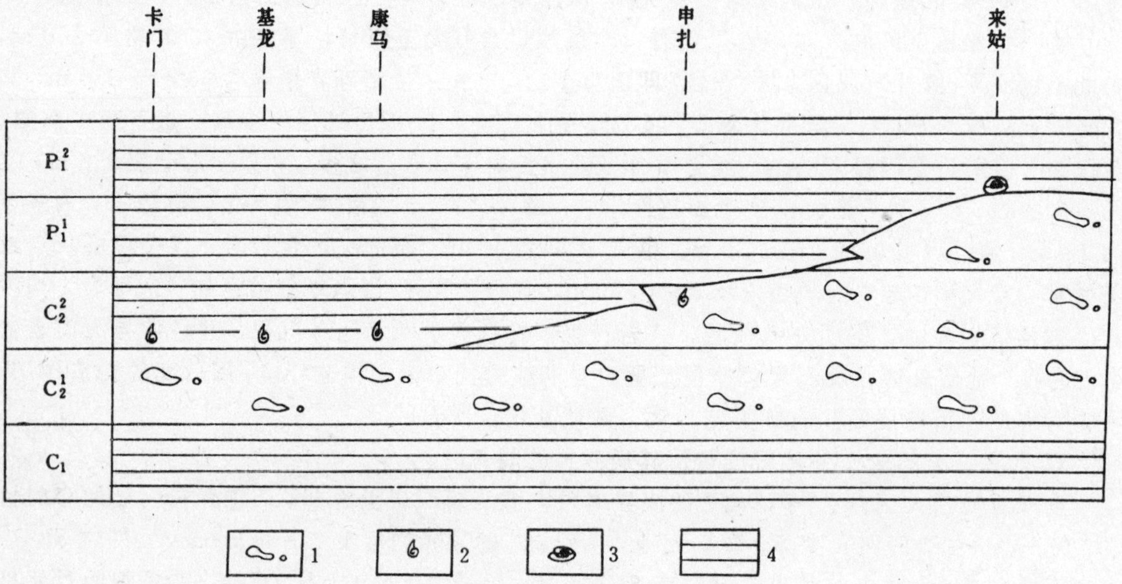

图 14-1　西藏的“杂砾岩”穿时示意图

1. 杂砾岩；2. *Stepanoviella* 动物群；3. 早二叠世茅口期䗴；4. 上覆、下伏地层

对来姑组杂砾岩中石英颗粒表面结构的研究，获得14种表面结构类型。主要为化学作用的溶蚀和沉淀作用的各类结构，这些都是成岩作用阶段的特点，而缺失和冰川有关的机械结构，如贝壳状断口的大小悬殊、颗粒表面高起伏形态、不规则刻缺、叠瓦状破裂及不同长短和方向的擦痕等结构。因而和康马地区基龙组扎达日段杂砾岩石英颗粒明显不同，典型的水下中、高能环境常见的机械结构，如机械V形坑，直和弯的撞击沟，密集的V形化学溶蚀等结构亦未见到。而多数机械结构如小贝壳状断口、蛇形隆脊、碟形及新月形坑等又见于风成环境。据擦蒙组的一块含砾板岩标本，拉嘎组一块含砾砂岩标本，亦具与之相似的特征。由此得出一个推论，即被研究的杂砾岩石英颗粒的机械结构均为进入水下环境之前的表土风化的产物，只能是在水下被有粘滞性的密度流介质所搬运才有可能避免水下中—高能环境的影响。

上述杂砾岩的分布特征、沉积特征及结构、微量元素特征，似乎都不能证实来姑组、拉嘎组、擦蒙组杂砾岩属于冰海相沉积的结论，而与海底泥流及滑塌浊积特征大致吻合。“杂砾岩”中未发现典型的“落石”现象，有些较大的砾石具擦面和擦痕，不仅见于冰川作用有关的沉积物中，与水下块状运动有关的沉积物中亦不罕见。当然，上述杂砾岩中的这些砾石，也不能排除有冰碛物质经水下块状运动再搬运、沉积的因素。

今日南极大陆周围冰山漂移带或冰海沉积带的宽度范围为 322～966 km，而羌南地区和冈瓦纳—腾冲地区距雅鲁藏布江缝合带的距离一般约为 90～240 km。即使不考虑地壳短缩情况，晚古生代冰川作用下冈瓦纳印度周边的浮冰扩散带必须远达 1 000 km 之外，而南亚次大陆晚古生代的古地理条件、冰川作用性质及影响范围都说明当时冈底斯—腾冲及其以北地区没有冰海相沉积时要求的足够的浮冰来源的存在。该区杂砾岩远较喜马拉雅及其以南地区同期杂砾岩厚度大，层数多，沉积时间长，正是其不可能是冰海相沉积的有力证据。从而可能表明：在晚石炭世—二叠纪，该沉积盆地构造活动性强，并伴生海底火山活动以及冰期—间冰期的交替，海面升降变化明显，这些复合因素促成沿冈瓦纳大陆周边盆地内产生多成因的（海底泥流和滑塌浊流等）“杂砾岩”；而冰海相成因的“杂砾岩”仅限于在喜马拉雅地区分布。

结论如下：基龙组扎达日段的杂砾岩为冰海相沉积；拉嘎组为远离冰源区的多成因的浅海沉积，来姑组和擦蒙组为远离冰源区的活动性多成因的远海沉积。

4. 冈瓦纳相的北界

尹集祥等 1976 年首次在定日县基龙发现“杂砾岩”及其相关的冷水动物群和舌羊齿植物群，从而肯定了喜马拉雅地区冈瓦纳相的存在。之后随着在日土地区的“杂砾岩”和 *Stepanoviella*，*Eurydesma* 的发现，有的含砾板岩作为冈瓦纳相的典型沉积从而将冈瓦纳相的北界从雅鲁藏布江断裂带北移到班公湖-怒江断裂带，甚至推移到龙木错-查桑-澜沧江断裂带。但要具备冈瓦纳相地层的三要素：冰海相沉积之上，相继出现冷水动物群化石（相当印度半岛上乌玛利亚海相层的 *Eurydesma* 和 *Stepanoviella* 动物群）及舌羊齿植物群化石缺一不可的只有喜马拉雅地层区。其地层组成为：基龙组扎达日段“杂砾岩”；其上整合覆盖含 *Stepanoviella* 的查雅段；再上为含舌羊齿植物群的曲布组，其余地区均未发现舌羊齿植物群。因此真正的冈瓦纳相沉积只存在于喜马拉雅地层区及其以南地区。以北的冈底斯-腾冲地层区和羌南-保山地层区的“杂砾岩”本身不是冰海相的，而为受冰川影响的多成因的沉积物。其中虽也发现了 *Eurydesma* 和 *Stepanoviella*，但无典型的冷水动物群组合，而共生者为多种冷、暖水均适应的动物，甚至典型的中国华南型动物群。应当视为受冈瓦纳相影响的地区，在措勤—申扎地区于坚扎弄组内发现混生植物群；多玛地区除展金组内发现 *Eurydesma*，曲地组内发现 *Stepanoviella* 外，曲地组内尚发现较多的典型的华南型䗴。

本书认为，喜马拉雅地层区具有真正的冈瓦纳相地层，其北界为现今所指的雅鲁藏布江缝合带；羌北-昌都地层区及其以北为华夏古特提斯相，其西南界为龙木错-查桑-澜沧江断裂带，其间的广大地区为二者间的过渡带。

（四）北喜马拉雅地区“曲龙共巴组”的划分及穿时特征

西藏南部北喜马拉雅地区的曲龙共巴组（T_{2-3}）是夹于上覆地层德日荣组（T_3）石英砂岩和下伏土隆群（T_{1-3}）薄层灰岩、粉砂岩之间的一套深灰色页岩为主的地层体。主要出露于札达县的马阳、普兰县的江隆玛、聂拉木县土隆、定日县的龙江、定结县的萨尔直到亚东县帕里等地，呈东西条带状展布于北喜马拉雅地区。该组向西延展从普兰出境，与喜马拉雅西部库蒙（Kumaun）地区广义的库底（Kuti）页岩相当。

曲龙共巴组顶、底界线的划分及界线穿时有以下特征：在札达县马阳普色拉剖面（郭铁鹰，1991），第4—7层是该组底部地层，为黑绿色页岩，产丰富的菊石、双壳类、腕足类等。其中双壳类以*Daonella indica*，*D. lommeli*，*D. bulongensis*等为主，少量*Eumorphotis* sp.，*Entolium* sp.等；菊石*Rimkinites nitiensis*，*Protrachyceras* sp.，*Joanites* cf. *diffissus*，*Indoceltites campylotropus*等；其时代主要为拉丁期。曲龙共巴组的顶界，以第12—13层灰绿色砂质页岩的结束为标志。顶部地层中产丰富的菊石、双壳类化石，其中菊石有*Arcestes*（*A.*）cf. *rothpletzi*，*A.*（*Stenarcestes*）cf. *polysphinctus*，*Parathisbites* cf. *ronaldshayi*；双壳类*Lopha*? sp.，*Prototrigonia seranensis*等，其时代主要为诺利期。由上述可知，曲龙共巴组，在札达县马阳普色拉剖面，底部时代应为拉丁期，顶部为诺利期。

在普兰县丁嘎山口剖面，郭铁鹰等1991年创建“多让群”，其时限为拉丁期—诺利期；岩性以黑色、墨绿色页岩为特征，与曲龙共巴组为同物异名。

在聂拉木县土隆剖面（尹集祥等，1968），曲龙共巴组岩性为一套黑色页岩为主夹细砂岩的地层，其底部地层中含菊石*Discophyllites patens*，*Cyrtopleurite sweberi*，*Indojuvavites* sp.，*Metacarinites cyclolobus*等，时代为中诺利期。在其下伏地层土隆群的顶部地层中含有菊石*Anatibetites* sp.，*Stenarcestes* cf. *liostracus*，*Arcestes* sp.，等；双壳类*Indopecten* spp.，*Unionites griesbachi*，*Burmesia* sp.等，主要为早诺利期。因此该剖面中，曲龙共巴组的底界时限，主要为早诺利期，整个曲龙共巴组页岩从底至顶所跨时限包含早—中诺利期（参见图11-1）。

在东部定结县库间剖面，曲龙共巴组为厚度大于1 500 m的黑色、黄褐色页岩夹少量细砂岩、粉砂岩，底部与土隆群的灰—青灰色石灰岩、生物灰岩夹板岩的地层体整合，下伏土隆群厚40 m。产丰富的菊石Kashmiritidae，*Pseudoceltites* sp.，? *Owenites* sp.等，时代主要为早三叠世，因此曲龙共巴组的底界时代可能为中三叠世安尼期底部甚至更早。

由上可见，曲龙共巴组与下伏土隆群之间的分界线为穿时界线，在空间上为一曲线。绝非一条平直的等时线。而曲龙共巴组页岩地层体和下伏土隆群薄层灰岩、粉砂岩互层的地层体，均为一穿时地质体。

（五）昌都地区甲丕拉组的划分及穿时特征

中三叠世晚期至晚三叠世早期，唐古拉-昌都陆块上发生广泛的海侵，甲丕拉组即是这次海侵初期的典型岩石组合，为一套红色、紫红色砂砾岩为主的磨拉石堆积。与下伏老地层均为不整合接触关系。

关于甲丕拉组的时代有不少专家学者，做了论述。这里不再一一列举，归结起来有两种情况：一种将甲丕拉组归于卡尼期，凡是比卡尼期“多余”的就切出来；另一种是将甲丕拉组的时代归于中三叠世拉丁期—晚三叠世卡尼期。本书认为甲丕拉组的时代应为后一种情况，并且所处的位置不同，地层体所跨时代亦有差异。总的趋势在昌都陆块中腹地带，甲丕拉组的时代为卡尼期。而到东西两侧的澜沧江带或金沙江带地区，其底部时代就可以跨到中三叠世拉丁期（参见图5-1）。

比如，在沿怒江深断裂东侧的左贡至类乌齐一带，在类乌齐县桑多甲丕拉组剖面，距底界之上140 m处紫红色粉砂岩中产双壳类*Hoernesia crispissima*等，主要为中三叠世。在昌都县拉多区玉曲乡夏日多，山穹一带（西藏第一地质大队，1981）的三叠纪地层剖面，在宁多群（原为时代不明的变质岩系）之上，以及很厚的紫红色砂砾岩、砂页岩之下，多出一套厚达270～300 m的灰色厚层石灰岩夹砂页岩的地层，底部为砂岩的地层中含丰富的化石，经成都地质学院蔡绍英、金苏华鉴定计有双壳类*Eumorphotis*（*Asonella*）*illyrica*，*Myophoria*

(*Costatoria*) *goldfussi mansuyi*, *M*. cf. *proharpa multiformis*, *M*. (*Neoschizodus*) *laevigata*, *Chlamya* cf. *schroeteri shanylanensis* 等。为中三叠世常见的分子。在局部地区，特别是在昌都陆块的东西两侧，甲丕拉组底部含有中三叠世的化石，时代偏低，前人试图将其划分出来，另建新名，(东达村组、夏日多组等)，这样甲丕拉组底界可以考虑保持时代的一致性。然而这与岩石地层体的划分原则是不相符的。本书拟定甲丕拉组的底界划分依据，是以广泛可见的不整合界面为准。不整合界面之上都以红色磨拉石堆积为主，局部含碳酸盐岩夹层及火山岩、膏盐。其顶界，则是以红色磨拉石碎屑岩的结束，以及波里拉组灰岩的开始出现为界。因此，甲丕拉组顶、底界线的划分不考虑时代和生物化石的因素。这样甲丕拉组的地质时代便有随地而异的特点，在昌都陆块的东西两侧，其总体时代为中三叠世—晚三叠世早期，在昌都陆块的中腹地区其时代为晚三叠世早期。是一套明显的穿时地层体。

(六) 雁石坪群的穿时性

雁石坪群顶界在广大地区时代仅达卡洛期，仅在改则县北部白龙冰河、淡水河及多玛等地在相当于原上灰岩组顶部产菊石 *Virgatosphinctes* cf. *subfruqulus*, *V*. cf. *pompecji*, *V*. *minusculus*, *V*. cf. *karffti*, *Aulacosphinctes* sp., *Properisphinctes* sp., *Subplanites* sp., *Progeronia* sp., *Alligaticeras* sp.; 双壳类 *Pleuromya* cf. *spitiensis*, *Holdhaus*; 腹足类 *Elegantella* sp., *E*. *conoidalis*, *E*. *avundaensis*; 珊瑚 *Schizosmilia rollieri*, *Dermoseris delogaboi*，时代上限可达提塘期，底界时限多数地区仅达巴通期，在双湖县错尼等地采有菊石 *Leptosphinctes* sp., *Kellawaysites* sp. 等，时代下限可达巴柔期。在拜惹布错一带其底部产菊石 *Corniceras* sp.; 腹足类 *Pseudomalania* cf. *kouzenetsovi*，时代下限可达辛涅缪尔期。因此，雁石坪群顶底界线都为一穿时线。

二、研究中存在的问题

西藏的地层清理研究工作主要是在 1∶100 万区域地质调查资料的基础上进行的，1∶20 万区域地质填图及找矿工作，到目前为止仅完成十几幅图（多数还未公开出版）。另一方面，许多地质科学研究单位，在全区各地做过一些地质路线考察和详细的研究工作，但对于有 122 万平方公里范围的西藏全区来讲，还是很局限的。同时，在以前的地层研究工作中多是以传统地层学的思想为指导，造成在划分地层单位的标准上有很多差别，许多地层单位互相间都很难对比，其划分标准在地质找矿生产实际工作中又很难掌握和使用。

在西藏地层对比研究工作中，有两个主要的问题就显得十分明显：一是地质资料研究程度差，资料粗略；二是深受传统地层学理论的影响。要解决这两个问题，单靠清理研究工作是不行的，只能在今后的地质工作研究过程中充分运用现代地层学的观点和方法指导地质生产和科研工作，才能逐步解决好遗留的问题。下面将一些突出的遗留问题列举如下：

1. 关于“群”级地层单位的应用

在岩石地层单位中，“群”级单位应当是一个高级岩石地层单位，由两个以上的组级单位合并而成，代表研究程度很高的一套地层体。本书中的 38 个群级岩石地层单位，其中仅有 13 个群是并组为群的，其余的绝大多数“群”都是属于传统的“群”，不是代表研究程度高而是代表研究程度低。在本书中将其按一个组级岩石地层单位处理。但又不能降“群”为组。有的“群”，如若拉岗日群，代表了分布在羊湖—若拉岗日一带延伸数百公里、宽数十公里，厚 5 000 m以上的一套三叠纪地层，由西藏区调队 1986 年首次发现并创名，到目前为止，这是唯一的一个名称。这种类型的“群”还有宁多群、草曲群、沙堆群、日干配错群等。本书只好将其沿用下来，有待今后进一步工作详细研究。

还有的“群”如雁石坪群，分布于唐古拉山地区和藏北羌塘地区，跨青海和西藏北部。在青海南部由布曲组、夏里组、索瓦组、扎窝组等几个组级地层单位合并而成。同一套岩石地层延入西藏北部羌塘地区，当前仅有1∶100万的区域地质资料，即日土幅和改则幅报告都将其统称为雁石坪群。在个别的地点，如双湖县附近，曾经有人如文世宣（1979）、吴瑞忠（1986）等将雁石坪群的局部岩性段新建了组级地层单位，但大多不是岩石地层单位，难以应用于野外地质填图。因此当前在西藏境内只好应用雁石坪群一名。类似这样的单位还有察雅群等等。

2. 关于地层体的穿时特征

每一个地层体的顶、底界线在沉积盆地范围内都应该是穿时界线。

本书虽然对相当一部分组级岩石地层单位的穿时特征做了认真细致的收集和研究，其中较为典型的有：基龙组、昂杰组、拉嘎组、来姑组、下拉组、曲龙共巴组、土隆群、甲丕拉组、东独组、门卡墩组、雁石坪群、岗巴群等等。但仍然有许多岩石地层单位，其岩石组合特征和顶底界线与相应的时代，在正层型剖面中均比较清楚，而在延伸范围内的其它地区，由于资料较粗，地层体顶底界线时代的确定都往往不太确切，地层体的穿时特点也就难以考证了。

3. 关于其它地层单位

在西藏地层清理研究中，把生物化石作为岩石地层单位的物质组成部分，而未做单独的生物地层研究。对于年代地层资料、磁性地层资料、化学地层资料等等都未单独进行地层单位的划分和对比研究。有待今后深入细致的地质基础工作取得较多的资料以后，才有可能进行生物地层、年代地层、磁性地层等等的划分对比研究。

4. 关于西昆仑地层区

西昆仑地层区的地层主体分布在新疆维吾尔自治区境内，向东延伸，有极少部分进入西藏自治区境内，出露于日土县西北部，其中有石炭纪的古里亚群、恰提尔群、卡拉米兰河群，二叠纪的界山大坂组、空喀山口组，三叠纪的克勒青河群、河尾滩组，白垩纪的铁隆滩群。本书未对其进行对比研究，这部分岩石地层单位的名称将沿引新疆维吾尔自治区的最新对比研究成果。

5. 关于年代地层单位

在西藏1∶100万区域地质报告和编图中个别地方使用的年代地层单位代号，如未分侏罗—白垩系（J—K），因受资料、研究程度所限本书对其暂不做对比、研究。

参考文献

曹流，1982，西藏普兰涕松上新世孢粉植物群。古生物学报，21（4）。

陈炳蔚，1975，珠穆朗玛地区地质简述。地质矿产研究，第（1）。

陈炳蔚，1982，西藏八宿来姑中上石炭统似冰碛岩的发现及其意义。地质论评，28（2）。

陈炳蔚，1983，昌都地区怒江、澜沧江、金沙江流域地槽发育的若干问题。青藏高原地质文集（12）。北京：地质出版社。

陈炳蔚、艾长兴，1983，试论横断山区地槽印支旋回的构造特征。中国地质科学院院报，第 7 号。北京：地质出版社。

陈炳蔚、艾长兴，1986，对西藏东部嘉玉桥群及吉塘群地质时代问题的讨论。西藏地质，（1）。

陈炳蔚、艾长兴、扎西旺曲，1982，西藏波密、察隅地区的几个地质问题。青藏高原地质文集（10）。北京：地质出版社。

陈楚震，1983，西藏三叠纪双壳类的分布和区系。古生物学报，22（3）。

陈楚震，1984，拉萨-波密分区地层。载于中国科学院青藏高原综合科学考察队，1984，西藏地层。北京：科学出版社。

陈福忠、廖国兴，1983，昌都地区地质基本特征。青藏高原地质文集（12）。北京：地质出版社。

陈国隆、何国雄、王义刚，1982，青海南部结扎群新知。地层学杂志，6（4）。

陈国铭、李光岑、曲景川，1984，西藏南部混杂堆积及其地质意义。载于喜马拉雅地质文集编辑委员会，1984，喜马拉雅地质 Ⅱ——中法合作喜马拉雅地质考察 1981 年成果。北京：地质出版社。

陈金华等，1983，西藏东部发现景星化石动物群。科学通报，19 期。

陈挺恩，1984，奥陶纪，载于中国科学院青藏高原综合科学考察队，1984，西藏地层。北京：科学出版社。

陈挺恩，1984，西藏南部奥陶纪头足类动物群特征及奥陶系再划分。古生物学报，23（4）。

陈挺恩，1986，奥陶系。中国科学院南京地质古生物研究所从刊（10）。南京：江苏科学技术出版社。

陈万勇等，1977，西藏吉隆盆地上新世沉积相、粘土矿特征及古气候。古脊椎动物与古人类，15（4）。

陈永明，1983，西藏土隆三叠纪腕足动物群研究新进展。青藏高原地质文集（11）。北京：地质出版社。

地质矿产部成都地质矿产研究所，四川区调队，1992，怒江-澜沧江-金沙江区域地层。中华人民共和国地质矿产部地质专报（二）地层古生物，第 12 号。北京：地质出版社。

邓万明、刘关键、文世宣、蒋忠惕等，1980，藏北路线地质。地质科学，（2）。北京：科学出版社。

丁培榛，1962，西藏晚二叠世几种腕足类化石。古生物学报，10（4）。

董得源，1979，西藏江达早奥陶世地层。地层学杂志，3（3）。

董得源，1981，西藏芒康县和日土县泥盆纪层孔虫。西藏古生物，第三分册。北京：科学出版社。

董申宝等，1986，中国变质作用及其地壳演化的关系。中华人民共和国地质矿产部地质专报（三）岩石、矿物、地球化学，第 4 号。北京：地质出版社。

杜心范、文洪安，1983，西藏加多岭地区与铁矿床有关的火山岩及玢岩岩石特征初析。青藏高原地质文集（13）。北京：地质出版社。

范承均，1983，三江褶皱系的印支期构造运动——澜沧江运动。青藏高原地质文集（12）。北京：地质出版社。

范和平、杨金泉、张平，1988，藏北地区的晚侏罗世地层。地层学杂志，12（1）。

范影年，1985，中国西藏石炭—二叠纪皱纹珊瑚的地理区系。青藏高原地质文集（16）。北京：地质出版社。

范影年，1988，西藏石炭系。重庆：重庆出版社。

富公勤等，1982，西藏东部怒江变质地体的地质特征和变质作用。成都地质学院学报，（3）。

苟宗海，1985，西藏拉萨彭波农场地区白垩纪双壳类动物群。青藏高原地质文集（17）。北京：地质出版社。

苟宗海，1989，略论西藏斯匹提页岩的地层分布。成都地质学院学报，16（1）。

苟宗海，1992a，西藏札达、噶尔地区二叠纪地层及其双壳类化石。西藏地质，1（总 7）。

苟宗海，1992b，西藏噶大克地区中生代地层及双壳类化石组合。成都地质学院学报，19（2）。

顾庆阁，1965，西藏定日海相二叠纪地层。地质论评，23（4）。

顾庆阁等，1980，拉萨附近晚安尼锡期 *Paraceratites trinodosus* 菊石群的发现及其意义。古生物学报，19（5）。

地质矿产部成都地质矿产研究所、四川区调队，1992，怒江-澜沧江-金沙江区域地层。中华人民共和国地质矿产部，地质专报，（二）地层古生物，第 12 号。北京：地质出版社。

辜学达，1992，三叠系。见：地质矿产部成都地质矿产研究所、四川区调队，1992，怒江-澜沧江-金沙江区域地层。中华人民共和国地质矿产部地质专报（二）地层古生物，第 12 号。北京：地质出版社。

郭铁鹰等，1981，青藏高原南部地壳演化特点。地球科学，（1）。

郭铁鹰、梁定益等，1981，青藏高原地壳演化的特点。地球科学，(14)。
郭铁鹰、梁定益等，1982，西藏南部早二叠世末期海西运动及其地质意义初步探讨。青藏高原地质文集（1)。北京：地质出版社。
郭铁鹰、梁定益、张宜智等，1991，西藏阿里地质。武汉：中国地质大学出版社。
韩同林，1983a，西藏东北部的古生界及层序讨论。青藏高原地质文集（2)。北京：地质出版社。
韩同林，1983b，试论“沙丁板岩系”。青藏高原地质文集（3)。北京：地质出版社。
郝子文、俞如龙，1983，论昆仑-巴颜喀拉海及其与特提斯洋的演化关系。青藏高原地质文集（12)。北京：地质出版社。
郝诒纯、苏德英等，1986，中国地层（12）中国的白垩系。北京：地质出版社。
何书元、田有华、陈开国等，1983，西藏东部早第三系贡觉红层。青藏高原地质文集（3)。北京：地质出版社。
侯鸿飞等，1985，国际泥盆-石炭系界线研究介绍。地质论评，31（1)。
侯鸿飞、王士涛等，1988，中国地层（7）中国的泥盆系。北京：地质出版社。
侯立伟、傅德明、戴丙泰、肖一，1983，藏东、川西地区岩浆活动的主要特征及其板块构造内生矿产的关系。青藏高原地质文集（13)。北京：地质出版社。
胡长寿，1991，西藏盐井地区志留纪—早泥盆世地层及其意义。中国区域地质，(3)。
胡亨生、莫宣学、范列，1990，西藏江达古沟—弧—盆体系的火山岩石学与地质学标志。青藏高原地质文集（20)。北京：地质出版社。
胡世华等，1983，藏东、川西三叠系沉积相及其地质意义。青藏高原地质文集（13)。北京：地质出版社。
黄枝高，1982，西藏申扎地区奥陶纪末期和志留纪早期的笔石组合及奥陶-志留系分界。青藏高原地质文集（7)。北京：地质出版社。
黄万波、计宏祥，1979，西藏三趾马动物群的首次发现及其对高原隆起的意义。科学通报，24（19)。
计宏祥、黄万波等，1981，西藏三趾马动物群的首次发现及其对高原隆起的意义。载于中科院青藏高原综合科学考察队，1981，青藏高原隆起的时代、幅度和形式问题。北京：科学出版社。
纪平，1984，怒江、澜沧江、金沙江地区北部印支运动与南部的关系。青藏高原地质文集（15)。北京：地质出版社。
蒋忠惕、徐正余，1983，西藏夏岗江等地华夏植物群的地质意义。中国地质，(2)。
金玉玕等，1977，珠穆朗玛峰北坡二叠纪动物化石的新资料。地质科学，(3)。
杨钟健、刘东生等，1982，西藏的鱼龙。载于希夏邦马峰地区科学考察报告。北京：科学出版社。
赖才根，1982，中国地层（5）中国的奥陶系。北京：地质出版社。
赖才根，1982，西藏古生代头足类的新材料。青藏高原地质文集（7)。北京：地质出版社。
李炳元、王富葆、张青松等，1983，西藏第四纪地质。北京：科学出版社。
李才、郑安杜，1990，西藏“羌塘”地区古生界划分及其与构造关系的讨论。西藏地质，(1)（总 4)。
李浩敏、郭双兴，1976，西藏南木林中新生代植物群。古生物学报，15（1)。
李文漪，1985，中国晚第三纪时期植被和古地理。中国第四纪研究，6（2)。
李星学，1983，对藏南曲布组舌羊齿植物群三种新植物归属的质疑兼论曲布组时代问题。古生物学报，22（2)。
李星学、吴一民、傅在斌，1985，西藏改则县夏岗江二叠纪混合植物群的初步研究及其古生物地理区系意义。古生物学报，24（4)。
李兴振、潘桂棠、罗建宁，1990，论三江地区冈瓦纳和欧亚大陆的分界。青藏高原地质文集（20)。北京：地质出版社。
李云通等，1984，中国地层（13）中国的第三系。北京：地质出版社。
李璞，1955，西藏东部地质的初步认识。科学通报，7 月号，北京：科学出版社。
李璞等，1959，西藏东部地质矿产调查资料。北京：科学出版社。
梁定益、聂泽同，1990，西藏阿里中生代地层及生物群。载于杨遵仪、聂泽同等，1990，西藏阿里古生物。武汉：中国地质大学出版社。
梁定益、王为平，1983，西藏康马和拉孜曲虾两地的石炭、二叠系及其生物群的初步讨论。青藏高原地质文集（2)。北京：地质出版社。
梁定益、聂泽同、郭铁鹰、张宜智、王为平，1982，西藏阿里北部二叠、三叠系地层及古生物研究的新进展。地质论评，28（3)：245—246。
梁定益、聂泽同、郭铁鹰、张宜智等，1983，西藏阿里喀喇昆仑南部的冈瓦纳—特提斯相石炭二叠系。地球科学，(1)，(总 19)。

梁定益、张宜智、聂泽同、吴成德，1991，阿里地区地层。载于郭铁鹰、梁定益、张宜智等，1991，西藏阿里地质。武汉：中国地质大学出版社。
梁寿生、夏金宝，1978，藏北志留系新知。古生物学报，17（1）。
廖国兴，1983，西藏班戈湖-怒江板块缝合线东段地质特征。青藏高原地质文集（12）。北京：地质出版社。
林宝玉，1981，西藏申扎地区古生代地层的新认识。地质论评，27（4）：353—354。
林宝玉，1983，西藏申扎地区古生代地层。青藏高原地质文集（8）。北京：地质出版社。
林宝玉，1984，西藏申扎早石炭世床板珊瑚化石。载于喜马拉雅地质文集编辑委员会，1984，喜马拉雅地质Ⅰ——中法合作喜马拉雅地质考察1981年成果之一。北京：地质出版社。
林宝玉等，1984，中国地层（6）中国的志留系。北京：地质出版社。
林宝玉、邱洪荣，1982，西藏喜马拉雅地区古生代地层的新认识。青藏高原地质文集（7）。北京：地质出版社。
林宝玉、王乃文、王思恩、刘桂芳、邱洪荣，1989，喜马拉雅岩石圈构造演化·西藏地层。中华人民共和国地质矿产部地质专报（二）地层古生物，第11号。北京：地质出版社。
刘宝珺、余光明等，1993，雅鲁藏布江中新生代淡水沉积盆地形成和深化。岩相古地理，13（1）。北京：地质出版社。
刘宝珺、余光明、王成善、兰伯龙，1983，珠穆郎玛峰地区侏罗纪沉积环境。沉积学报1（2）。
刘成杰，1988，西藏南部日喀则弧前盆地非复理石开幕型海相上白垩统—下第三系。中国科学院地质研究所集刊，(3)。北京：科学出版社。
刘东生、熊洪德等，1982，希夏邦马峰地区地质概述。载于希夏邦马峰地区科学考察报告，北京：科学出版社。
刘桂芳，1989，西藏地层·三叠系。载于林宝玉、王乃文等，1989，喜马拉雅岩石圈构造演化——西藏地层，中华人民共和国地质矿产部地质专报（二）地层古生物，第11号。北京：地质出版社。
刘世坤，1992，藏东金沙江一带元古界的大地构造意义。西藏地质，(1)。
刘世坤、吕荣敬，1988，羌塘地区海相下侏罗统新知。地层学杂志，12（2）。
刘世坤、姚宗富，1988，西藏改则地区的石炭系。地层学杂志，12（2）。
刘世坤、刘鸿飞等，1988，拉萨地区上三叠统麦隆岗组的新认识。地层学杂志，12（4）。
刘世坤、滕云，1994，西藏蛇绿岩的四个岩石地层单位及有关问题。西藏地质，(2)。
刘增乾，1983，从地质新资料试论冈瓦纳北界及青藏高原地区特提斯的演化。青藏高原地质文集(12)。北京：地质出版社。
罗建宁、陈成生、郑来林、陈明，1991，“三江”地区主要沉积地质事件及其与邻区的对比。青藏高原地质文集（21）。北京：地质出版社。
罗中舒，1973，西藏拉萨地区煤系与红层的时代的划分。西藏地质，(1)。
马福宝、王秀林等，1984，青海玉树南上三叠统结扎群的划分。青藏高原地质文集（14）。北京：地质出版社。
马福宝、王秀林、车毅，1984，青海玉树地区上拉秀一带的晚三叠世植物化石及其地质意义。江苏：南京大学出版社。
茅燕石、卫管一等，1985，西藏喜马拉雅前寒武系基底岩系的变质作用特征。青藏高原地质文集(17)，北京：地质出版社。
莫宣学等，1993，三江特提斯火山作用与成矿。中华人民共和国地质矿产部地质专报（三）岩石、矿物、地球化学，20号。北京：地质出版社。
穆恩之、陈挺恩，1984，西藏南部志留纪地层的新材料。地层学杂志，8（1）。
穆恩之、尹集祥、文世宣、王义刚、章炳高等，1973，中国西藏南部珠穆朗玛峰地区的地层。中国科学，(1)。
倪寓南，1986，志留系。中国科学院南京古生物研究所丛刊，第10号，江苏：科学技术出版社。
倪寓南、许汉奎、陈挺恩等，1981，西藏申扎地区奥陶系与志留系的分界。地层学杂志，5（2）。
潘桂堂、郑海翔、徐跃荣、王培生等，1983，初论班戈湖—怒江结合带。青藏高原地质文集（12）。北京：地质出版社。
钱定宇，1992，雅鲁藏布组——一个特殊的岩石地层单位。地层学杂志，16（4）。
钱定宇，1985，论秋乌煤系及拉达克—冈底斯陆缘山链磨拉石的时代。青藏高原地质文集（16）。北京：地质出版社。
青海地质科学研究所，南古所，1990，青海玉树地区泥盆纪—三叠纪地层和古生物。
全国地层委员会，1964，全国地层会议学术报告汇编，中国的侏罗系和白垩系。北京：科学出版社。
饶靖国、喻洪津，1985，藏南地区的泥盆系。青藏高原地质文集（16）。北京：地质出版社。
饶靖国、张正贵、杨曾荣等，1988，西藏志留系、泥盆系及二叠系。成都：四川科学技术出版社。
饶荣标、陈永明等，1985，西藏东部上三叠统波里拉组腹足类化石。中国地质科学院成都地质矿产研究所所刊，第（6）号。
饶荣标、张正贵，1985，珠穆朗玛峰地区二叠—三叠纪过渡层动物的发现，兼论二叠—三叠系界线。西藏地质，(1)。
饶荣标、徐济凡、陈永明、邹定帮等，1987，青藏高原的三叠系。北京：地质出版社。

申屠保涌、王增、丁朝建，1991，藏东地区闪长玢岩地质特征及成矿作用。青藏高原地质文集（21）。北京：地质出版社。
沈永平，1986，西藏希夏邦马地区上新世古地理环境。《中国第四纪下限讨论会》论文摘要。
盛怀斌，1983，藏北申扎县永珠早石炭世晚期菊石动物群。青藏高原地质文集（8）。北京：地质出版社。
盛环斌、刘世坤，1983，西藏萨迦县加加地区的早二叠世菊石动物群。青藏高原地质文集（2）。北京：地质出版社。
盛金章，1962，全国地层会议学术报告汇编。中国的二叠系。北京：科学出版社。
施雅风、刘东生，1964，希夏邦马峰地区科学考察初步报告。科学通报，10月号。
史晓颖，1987，西藏东部洛隆马里柳湾组腕足动物群。青藏高原地质文集（18）。北京：地质出版社。
史晓颖、童金南，1985，藏东洛隆马里海相侏罗系及动物群特征。地球科学，（10）（特刊）。
四川区调队、南京地质古生物研究所，1982，川西藏东地区地层与古生物（1）。成都：四川人民出版社。
孙东立、胡兆询、陈挺恩，1981，拉萨地区晚二叠世地层的发现。地层学杂志，5（2）。
谭岳岩、魏振声，1990，西藏下石炭统马查拉组含煤特征。西藏地质，（1）。
陶君容，1988，西藏拉孜县柳区组植物化石组合及古气候意义。中国科学院地质研究所集刊（3）。北京：科学出版社。
陶君容、杜乃秋，1987，芒康中新世植物及桦木科植物的分布历史。植物学报，29（6）。
滕云、朱占祥，1993，西藏改则—拉萨—洛隆地区侏罗—早第三纪地层的时空关系。西藏地质，（1）（总9）。
田传荣，1982，聂拉木土隆村三叠纪牙形刺。青藏高原地质文集（7）。北京：地质出版社。
童金南，1987，西藏东部洛隆马里侏罗纪双壳动物群的分析。青藏高原地质文集（18）。北京：地质出版社。
汪明洲等，1980，藏北东巧—江错地区中生代地层的新发现和新认识。长春地质学院学报，（3）。
王成善、胡承祖等，1987，西藏北部查桑-茶布裂谷的发现及其地质意义。成都地质学院学报，14（2）。
王国庆、夏斌，1987，西藏罗布莎蛇绿岩及其构造意义。大地构造与成矿学，11（4）。
王洁民、雍永源、李永灿，1990，类乌齐-左贡地区花岗岩的稀土和痕量元素特征及其构造环境。青藏高原地质文集（20）。北京：地质出版社。
王鸿祯，1983，试论西藏地质构造分区问题。地球科学——武汉地质学院学报，（1）。
王开发等，1975，根据孢粉组合推论西藏伦坡拉盆地第三纪地层时代及其古地理。地质科学，（4）。
王连成、王东安，1982，雅鲁藏布江—象泉河沉降带沉积岩相带的划分和沉积模式。青藏高原地质论文专辑，中国科学院地质研究所集刊，北京：地质出版社。
王乃文，1983，藏北湖区中生代地层及其板块构造。青藏高原地质文集（8）。北京：地质出版社。
王乃文、J. 巴苏雷，1984，西藏拉萨北部地区的侏罗系与白垩系。载于中国地质科学院、法国科学研究中心编，1984，中法喜马拉雅考察成果（1980）。北京：地质出版社。
王乃文、刘桂芳、陈国铭，1983，西藏南部羊卓雍错区域地质研究。青藏高原地质文集（3）。北京：地质出版社。
王全海、徐仲勋，1988，西藏札达县姜叶玛二叠纪地层。中国区域地质（1）。
王全海、徐仲勋、吴瑞忠，1988，西藏札达县姜叶玛的二叠系。成都地质学院学报，15（2）。
王思恩等，1985，中国地层（11）侏罗系。北京：地质出版社。
王天武，1993，西藏墨脱县阿尼桥韧性变形变质带的岩石学及变质作用特征。西藏地质（1）。
王希斌、曾佑功、郑海翔，1984，西藏雅鲁藏布江（中段）蛇绿岩组合层序及特提斯洋壳演化的模式。载于中国地质科学院、法国科学研究中心，1984，中法喜马拉雅考察成果（1980）。北京：地质出版社。
王希斌等，1987，西藏蛇绿岩。喜马拉雅岩石圈构造演化。中华人民共和国地矿部地质专报（三）岩石、矿物、地球化学，第8号。北京：地质出版社。
王义刚、张明亮，1974，珠穆朗玛峰地区的地层。侏罗系。载于中国科学院西藏科学考察队，1974，珠穆朗玛峰地区科学考察报告（1966—1968）·地质。北京：科学出版社。
王义刚，1974，珠穆朗玛峰地区的地层。奥陶系和志留系、泥盆系。载于中国科学院西藏科学考察队，1974，珠穆朗玛峰地区科学考察报告（1966—1968）·地质。北京：科学出版社。
王义刚，1984，喜马拉雅区地层（特提斯喜马拉雅南部分区）。载于中国科学院青藏高原综合科学考察队，1984，西藏地层。北京：科学出版社。
王义刚，1987，珠穆朗玛峰地区侏罗系的重新划分。地层学杂志，11（4）。
王义刚、何国雄，1976，珠穆朗玛峰地区三叠纪菊石。载于中国科学院西藏科学考察队，1976，珠穆朗玛峰地区科学考察报告（1966-1968）．古生物（三）。北京：科学出版社。
王义刚、何国雄、梁希洛等，1975，西藏南部早三叠世，早二叠世的几种软体动物化石。载于中国科学院青藏高原综合科学考察队、中国登山队，1979，珠穆朗玛峰科学考察报告（1975）·地质。北京：科学出版社。
王义刚、王玉净、吴浩若，1976，西藏南部加不拉组问题的讨论及隆子地区下侏罗统的发现。地质科学，(2)。
王义刚、孙东立、何国雄，1980，喜马拉雅地区（我国境内）地层研究的新认识。地层学杂志，4 (1)：55—59。
万晓樵，1985，西藏岗巴地区白垩纪地层有孔虫动物群。青藏高原地质文集（16)。北京：地质出版社。
王玉净、穆西南，1980，对西藏喜马拉雅区二叠系一些认识。地层学杂志，4 (2)。
王增吉、俞学光，1982，西藏东部江达觉拥地区晚石炭世的四射珊瑚。青藏高原地质文集（10)，北京：地质出版社。
文世宣，1974，白垩系、第三系载于中国科学院西藏科学考察队，1974，珠穆朗玛峰地区科学考察报告（1966—1968）·地质。北京：科学出版社。
文世宣，1979，西藏北部地层新资料。地层学杂志，3 (2)。
闻传芬、尹集祥，1985，西藏南部聂拉木县亚来地区石炭系剖面岩石地层学研究。岩石学报，1 (3)。
吴浩若，1984，西藏南部白垩纪深海沉积地层——冲堆组及其地质意义。地质科学，(1)。
吴浩若，1984，特提斯喜马拉雅北部分区地层。载于中国科学院青藏高原综合科学考察队，1984，西藏地层。北京：科学出版社。
吴浩若、王东安、王连城，1977，西藏南部拉孜—江孜一带的白垩系。地质科学，3 期。
卫管一等，1989，喜马拉雅地区前寒武系地质构造与变质作用。成都：成都科技大学出版社。
吴瑞忠、陈德泉等，1986，藏北羌塘地区地层系统。青藏高原地质文集（9)。北京：地质出版社。
吴一民，1983，西藏的第三系。青藏高原地质文集（3)。地质出版社。
吴一民，1985，西藏早白垩世含煤地层及其植物群。青藏高原地质文集（16)。北京：地质出版社。
吴一民、傅在斌，1986，西藏改则县夏岗江石炭、二叠纪冈瓦纳相地层。地层学杂志，10 (2)。
西藏第四地质队，1978，羌塘高原赛哇—康木如山—喀拉木伦山口路线地质概况。西藏石油地质，(1)。
西藏地质矿产局，1993，西藏自治区区域地质志。北京：地质出版社。
西藏区调队，1980，西藏申扎地区古生代地层的新发现。地质论评，26 (2)。
夏代祥，1983，藏北湖区申扎一带的古生代地层。青藏高原地质文集（2)。北京：地质出版社。
夏代祥，1985，班戈湖-怒江、雅鲁藏布江缝合带中段演化历史的剖析。青藏高原地质文集（9)。北京：地质出版社。
夏凤生、章炳高，1986，西藏申扎班戈地区地层和古生物专题研究报告。中国科学院南古所丛刊，10 期。江苏：科学技术出版社。
夏凤生、章炳高，1992，西藏色龙西山色龙群的时代及二叠，三叠系界线。地层学杂志，16 (4)。
夏金宝、廖卫华，1986，拉萨地区 Procyclolitidae 的一些石珊瑚。古生物学报，25 (1)。
谢义木，1983，改则北部下石炭统的发现。中国区域地质，(1)。
新疆地矿局，1981，西北地区区域地层表·新疆分册。北京：地质出版社。
新疆区调队，1977，西昆仑地区上古生界概述。地质科技，(3)，北京：地质出版社。
徐仁，1973，希夏邦马峰高山栎化层的发现及其在植物学和地质学上的意义。植物学报，15 (1)。
徐仁，1976，藏南舌羊齿植物群的发现和其在地质学及古地理学上的意义。地质科学，(4)。
徐宪等，1982，青藏高原地层简表。北京：地质出版社。
徐正余、连玉秋，1986，西藏高原中生界盆地的找油前景。西藏地质，(2)。
徐钰林，1986，西藏阿里地区札达盆地三趾马层孢粉组合及其地质意义。西藏古生物，北京：地质出版社。
徐钰林、万晓樵、苟宗海、张启华等，1989，西藏侏罗、白垩、第三纪生物地层。武汉：中国地质大学出版社。
许汉奎，1980，西藏申扎、班戈古生代及白垩纪地层（泥盆系)。中国科学院南京地质古生物研究所丛刊，10 号。江苏：科学技术出版社。
许汉奎等，1981，藏北申扎地区的志留—泥盆系。地层学杂志，5 (4)。
许荣华、成忠礼等，1986，西藏聂拉木群主变质时代的讨论。岩石学报，2 (13)。
雪冰，1983，试从板块模式探讨藏东—川西地区二叠、三叠系划分及对比。青藏高原地质文集（12)。北京：地质出版社。
杨善清等，1983，西藏察雅县马拉松多地区早中三叠世地层的发现及其意义。青藏高原地质文集（11)。北京：地质出版社。
杨式溥、范影年，1981，西藏申扎地区石炭系及古生物群特征。青藏高原地质文集（10)。北京：地质出版社。
杨式溥、范影年，1983，西藏石炭纪腕足动物及其古地理区系特征。青藏高原地质文集（11)。北京：地质出版社。
杨式溥、宋志敏，1985，西藏阿里地区札达县中、上三叠统遗迹化石及其地质意义。西藏地质，(1)：1—18。
杨锡彬、连玉秋，1980，西藏北部三叠系新资料。长春地质学院院报，(4)。

杨曾荣，1985，西藏南部的志留系。青藏高原地质文集，(16)。北京：地质出版社。
杨遵仪，1982，西藏定日苏热山晚三叠世诺利期海相化石。希夏邦马峰地区科学考察报告。北京：科学出版社。
杨遵仪等，1964，西藏南部晚侏罗世的若干箭石。古生物学报，12 (2)。
姚东生，1983，三江弧形构造的特征及演化历史。青藏高原地质文集 (12)。北京：地质出版社。
姚宗富，1992，青海玉树县长青可地区元古界地层特征。西藏地质 (1)。
叶世达、杨通士，1982，青海玉树地区中三统的划分与对比。青藏高原地质文集 (10)。北京：地质出版社。
尹集祥，1974，寒武—奥陶系—三叠系。载于中国科学院西藏科学考察队，1974，珠穆朗玛峰地区科学考察报告 (1966—1968) ·地质。北京：科学出版社。
尹集祥、郭师曾，1976，珠穆朗玛峰北坡冈瓦纳相地层的发现。地质科学，(4)。
尹集祥、郭师曾，1978，珠穆朗玛峰及其北坡的地层。中国科学，(1)。北京：科学出版社。
尹集祥，1984，震旦—寒武系。载于中国科学院青藏高原综合科学考察队，1984，西藏地层。北京：科学出版社。
尹集祥等，1988，西藏南部日喀则地区磨拉石带磨拉石岩系地层的研究。中国科学院地质研究所集刊，3期。北京：科学出版社。
应思淮，1973，西藏南部珠穆朗玛地区的岩浆岩、变质岩和混合岩。地质科学，(2)。
雍永源等，1990，初论北澜沧江变质岩。青藏高原地质文集 (20)。北京：地质出版社。
余光明、徐钰林等，1983，西藏聂拉木地区的侏罗系地层的划分和对比。青藏高原地质文集 (11)。北京：地质出版社。
余光明等，1990，西藏特提斯沉积地质。地矿部地质专报 (三) 岩石、矿物、地球化学，(12) 北京：地质出版社。
喻洪津，1985，藏北申扎地区中--晚志留世牙形刺生物地层。青藏高原地质文集 (16)。北京：地质出版社。
喻洪津、戴进业，1985，藏南晚二叠和早三叠的牙形刺动物群及其地质意义。青藏高原地质文集 (16)。北京：地质出版社。
章炳高，1974，珠穆朗玛峰地区的地层·二叠系。载于中国科学院西藏科学考察队，1974，珠穆朗玛峰地区科学考察报告 (1966—1968) ·地质。北京：科学出版社。
章炳高、何国雄，1984，喀拉昆仑分区地层。载于中科院青藏高原综合科学考察队，1984，西藏地层。北京：科学出版社。
章振根等，1987，西藏南迦巴瓦峰地区的变质岩年代学研究。科学通报，(2)。
张旗，1981，西藏岩浆活动和变质作用。北京：科学出版社。
张旗、周云生，1986，西藏康马片麻岩穹窿及其周围变质岩的主要特征。地质科学，(2)。
张旗等，1982，西藏南部的一对变质带。青藏高原地质论文专辑。北京：科学出版社。
张启华，1985，西藏聂拉木地区普普嘎组早白垩世菊石的发现及其地质意义。青藏高原地质文集 (6)。北京：地质出版社。
张青松，1981，青藏地区上新世古地理和高原隆起时代、幅度和形成问题。北京：科学出版社。
张青松、王富葆等，1981，西藏札达盆地的上新世地层。地层学杂志，5 (2)。
张哨南，1985，西雅尔地区白垩—第三系红层的成岩作用及成岩环境。成都地质学院研究生学刊，(1)。
张守信，1992，理论地层学——现代地层学概念。北京：科学出版社。
张守信，1992，中国岩石地层对比研究清理中国岩石地层单位。中国区域地质，(3)。
张以茀，1984，对康藏“歹字型”体系头部北部范围的讨论。青藏高原地质文集，(14)。北京：地质出版社。
张正贵、陈继荣、喻洪津，1985，西藏申扎早二叠世地层及生物群特征。青藏高原地质文集，(16)。北京：地质出版社。
张正贵等，1990，西藏江达县觉拥泥盆系研究的新进展。青藏高原地质文集 (20)。北京：地质出版社。
张志德、李长和，1987，新疆西昆仑山南坡中—晚三叠世地层的发现及其意义。中国区域地质，(2)：142—144。
张作铭等，1984，对“土门格拉群”时代问题的讨论。青藏高原地质文集，(14)。北京：地质出版社。
张遴信、穆西南、孙东立、董得源，1979，西藏昌都“妥坝煤系”的新认识。地层学杂志，3 (3)。
赵金科、陈楚振等，1982，中国各纪地层对比表及说明书。北京：科学出版社。
赵金科、王义刚，1982，西藏南部三叠纪头足类化石。希夏邦马峰地区科学考察报告，北京：科学出版社。
赵荣理，1982，青海玉树地区上三叠统巴塘群的新认识。青藏高原地质文集 (10)。北京：地质出版社。
赵喜进等，1985，中国地层 (11) 中国的侏罗系。北京：地质出版社。
赵喜进等，1986，中国地层 (12) 中国的白垩系。北京：地质出版社。
郑海翔等，1983，怒江构造带超基性岩新知——一个完整的蛇绿岩套的确定。青藏高原地质文集 (13)。北京：地质出版社。
郑一义，1983，西藏丁青地区蛇绿岩—混杂岩的发现。青藏高原地质文集 (13)。北京：地质出版社。
中-英合作科学考察队，1985，青藏高原地质演化。北京：科学出版社。
中国地质学编委会，中国科学院地质研究所，1958，中国区域地层表 (草案) 补编。北京：科学出版社。

中国科学院青藏高原综合科学考察队，1981，西藏岩浆活动和变质作用。北京：科学出版社。
中国科学院青藏高原综合科学考察队，1984，西藏地层，北京：科学出版社。
中国科学院西藏科学考察队，1974，珠穆朗玛峰地区科学考察报告（1966—1968）·地质。北京：科学出版社。
中国希夏邦马峰登山队科学考察队，1982，希夏邦马峰地区科学考察报告。北京：科学出版社。
中科院青藏高原综合科学考察队，1979，珠穆朗玛峰科学考察报告（1975）·地质。北京：科学出版社。
朱勤文、沈上越、杨开辉、薛迎春，1991，澜沧江带火山岩构造—岩浆类型与特提斯演化。青藏高原地质文集（21）。北京：地质出版社。
朱伟元、偿运鸿，1993，波密寒武系发现及其意义。西藏地质，（2）（总 10）。
朱占祥等，1986，西藏洛隆、丁青地区拉贡塘组与多尼组时代的确定。成都地质学院学报，13（4）。
邹成敬、韩子章，1985，川西藏东三叠系基本特征及其构造成因模式。西藏地质，（1）。
Cao Ronglong, 1981. Proc. Symp. on Qinghai-Xizang (Tibet) plateau, Science Press, 611—620.
Hayden, H. 1907. The geology of the provinces Tsang and Tibet. Mem. Geol. Surv. India Vol. 36 No. 2.
Hiem, A and Gansser, A. 1939. Central Himalaya, Gological observations of the swiss expedition 1936. Mem. SOC. Helv. Sci. Nat., 73 (1).
Jain A K，1974，印度瓦第亚喜马拉雅地质研究所，1974，国际地质交流资料。
Norin, E. 1946. Geological Explorations in Western Tibet. The Sino-Swedish Expedition, Publication (29), Ⅱ. Geol. 7.

地质图说明书及区测（调）报告

贵州区调队，1990，中华人民共和国区域地质调查报告1:20万察雅幅8-47-（14），左贡幅8-47-（20）。西藏地矿局。
青海区调队，1970，中华人民共和国区域地质调查报告，1:100万玉树幅I-47，青海地矿局。
青海区调队，1976，中华人民共和国区域地质调查报告，1:100万温泉幅I-46，青海地矿局。
青海区调队，1992，中华人民共和国区域地质调查报告，1:20万白玉幅8-47-（9），雄松幅8-47-（15）西藏地矿局。
青海区调队，1994，中华人民共和国区域地质调查报告，1:20万下巴淌（沃卡）幅H-46-（21），西藏地矿局。
陕西区调队，1994，中华人民共和国区域地质调查报告，1:20万浪卡子幅H-46-（25），西藏地矿局。
四川区调队，1980，中华人民共和国区域地质调查报告，1:20万义敦幅H-47-（16），四川地矿局。
四川区调队，1986，中华人民共和国区域地质调查报告，1:20万德格幅H-47-（3），四川地矿局。
四川区调队，1990，中华人民共和国区域地质调查报告，1:20万洛隆幅8-47-（7），昌都幅8-47-（8），西藏地矿局。
四川三区测队，1974，中华人民共和国区域地质调查报告，1:100万昌都幅H-47，四川地质局。
西藏第一地质队，1974，西藏洛隆、边坝地区1:20万普查找煤报告，西藏地矿局。
西藏第一地质队，1983，西藏昌都地区地质与矿产图（1:50万）及说明书。西藏地矿局。
西藏综合队，1979，中华人民共和国区域地质调查报告，1:100万拉萨幅H-46，西藏地矿局。
西藏区调队，1983，中华人民共和国区域地质调查报告，1:100万日喀则幅H-45，亚东幅G-45，西藏地矿局。
西藏区调队，1986，中华人民共和国区域地质调查报告，1:100万改则幅I-45，西藏地矿局。
西藏区调队，1987，中华人民共和国区域地质调查报告，1:100万噶大克幅H-44，西藏地矿局。
西藏区调队，1987a，中华人民共和国区域地质调查报告，1:100万日土幅I-44，西藏地矿局。
西藏区调队，1991b，中华人民共和国区域地质调查报告，1:20万拉萨幅H-46-（20），西藏地矿局。
西藏区调队，1993，中华人民共和国区域地质调查报告，1:20万曲水幅H-46-（19），西藏地矿局。
西藏区调队，1993，中华人民共和国区域地质调查报告，1:20万邓柯幅9-47-（32），西藏地矿局。
云南区调队，1985，中华人民共和国区域地质调查报告，1:20万德钦幅H-47-（33），云南地矿局。
云南第三地质队，1990，中华人民共和国区域地质调查报告，1:20万芒康幅H-47-（21）、盐井幅H-47-（27），西藏地矿局。

附录Ⅰ　西藏地层数据库功能简介及其应用

（一）西藏地层数据库概况

“西藏地层数据库”与《西藏自治区岩石地层》文字报告实为一体，互为说明。在西藏地层数据库中总共收录了西藏境内自1907—1993年间几乎所有的地层剖面资料和地层单位。其中收录了各类层型剖面784条，各类地层单位755个（包括录用的岩石地层单位209个，建议停用的地层单位546个）。

西藏地层数据库对全区209个岩石地层单位依照全国项目办的要求输入了各单位和各种地层资料数据，如：各岩石地层单位的名称、来源、创名人或单位、创名时间、沿革、现在定义，各类层型（包括正、副、选、新、次层型），其中次层型3～10个不等。所有数据与“西藏自治区岩石地层”文字报告所述完全一致。

西藏地层数据库是根据现代地层学的新理论、新思想、新观点、新方法建立起来的，能为地质生产、地质勘探与采矿以及地质研究工作提供西藏以往几乎所有的地层基础资料。

（二）西藏地层数据库功能及其应用

西藏地层数据库是按地矿部地层数据库研建组要求建立起来的，除具有数据库的一般功能外，还具有下述特殊功能。

1.岩石地层单位名称的拼音转换功能

系统自动将岩石地层单位名称转换为汉语拼音，以适应不同用户的需要。

2.卡片输出功能

系统可进行各岩石地层单位的各类表格、图件按需要输出（原始定义、现在定义、剖面分布图、剖面文字描述、剖面柱状图、参考文献等）。

3.文件服务功能

能将数据库中的文件进行各种转换。

（1）地层单位文件的转换（按用户要求换编号、沿革、创名单位、柱状图等）。

（2）将卡片Ⅰ的现在定义、卡Ⅳ的剖面文字描述转换成文本文件，以便形成各种文字报告。

4.各种检索功能

系统的检索结果，表格的栏目（项目）可由用户选定。

（1）数据检索

①全区地层单位检索：系统将检索结果分页显示有关信息。

②地层单位名称检索：用户输入地层单位名称，系统将显示与输入名称相同的地层单位的有关信息。

③地层单位名称检索：用户输入地层单位编号，系统将显示与输入编号相同的地层单位有关信息。

④地质年代检索：用户输入地质年代，系统将显示具有相同地质年代的地层单位的有关信息。

⑤代号检索：用户输入代号，系统将显示具有相同代号的地层单位的有关信息。

⑥全区地层单位打印：输出全区各类地层单位的有关信息。

（2）地层信息检索

①控制参数（用户选定检索范围）

省份、大区、经纬度、地层断代、地质年代数码转换（进行时间范围检索的必要条件）。

②输出方式选择（用户自选）

显示方式、打印方式、文件方式。

③输出栏目选择

地层单位表格、地层剖面表格、文献表格等。

选择以上表格的输出栏目，依使用者的要求挑选所需的表栏目序号，及表格每页的行数。

④地层单位信息检索（按用户选定的控制参数）

a.所在地层单位：检索出满足选定时间和区域条件的地层单位。

b.正式岩石地层单位：检索出满足选定时间和区域条件的正式岩石地层单位。

c.废弃地层单位：检索出满足选定时间和区域条件的废弃地层单位。

d.岩石地层单位名称：检索出与指定地层单位名称相同的地层单位。

e. 岩石地层单位名称（拼音）：检索出与指定拼音相同的地层单位。

f. 岩石地层单位编号：检索出与指定地层单位编号相同的地层单位。

g. 岩石地层单位代号：检索出与指定地层单位代号相同的地层单位。

h. 同物异名：检索出与指定名称相同的同物异名地层单位。

i. 同名异物：检索出与指定名称相同的同名异物地层单位。

j. 同物异名/同名异物：检索出有同物异名或同名异物的地层单位。

k. 输出剖面分布图：输出当前检索内容的地层单位的剖面分布图。

⑤剖面（按用户选定的控制参数）检索

a. 所有剖面：检索出满足选定时间和区域条件的地层剖面。

b. 所有正层型：检索出满足选定时间和区域条件的正层型。

c. 所有副层型：检索出满足选定时间和区域条件的副层型。

d. 所有选层型：检索出满足选定时间和区域条件的副层型。

e. 所有新层型：检索出满足选定时间和区域条件的新层型。

f. 所有次层型：检索出满足选定时间和区域条件的次层型。

g. 剖面名称：检索出满足选定剖面名称相同的地层剖面。

h. 剖面其它信息：检索剖面上已录入了分布特征内容的下列信息（但是，不对文字描述的内容进行检索）：

化石（拉丁文）：检索指定化石名称所在的剖面。

生物带：检索指定生物化石带所在的剖面。

颜色：检索含有指定颜色的剖面。

磁极性：检索含有磁极性内容的所有剖面。

化学特征：检索含有化学特征内容的所有剖面。

矿物：检索含有矿物内容的所有剖面。

矿产：检索含有矿产内容的所有剖面。

变质相：检索含有变质相内容的所有剖面。

i. 某地层单位正层型：检索出指定地层单位的正层型。

j. 输出剖面分布图：输出当前检索内容的剖面分布图。

⑥参考文献检索

a. 作者：按指定作者检索文献目录。

b. 时间：按指定发表时间检索文献目录。

c. 书名（论文题目）：按指定书名检索文献目录。

d. 作者＋时间：按指定作者及发表时间检索文献目录。

e. 断代（纪）：按选定的地质年代范围，自动检索有关地层单位涉及的文献目录。

f. 某地层单位文献：按地层单位检索文献目录，即检索该地层单位卡Ⅴ的内容。若给定了地层单位编号，则输出该地层单位的文献目录，若地层单位编号未给完整（满4位），则输出该给定地层单位名称文献目录。

5. 双工作平台选择

①支持 DOS 工作平台，设有各种 DOS 应用程序

②支持 WINDOWS 工作平台，设有各种 WINDOWS 应用程序

6. 丰富的外设接口

该数据库的输出支持100多种不同型号的外设（包括打印机、绘图仪等）。

附录Ⅱ　西藏采用的岩石地层单位一览表

附录Ⅱ－1

序号	岩石地层单位名称		编号	代号	地质时代	创　名　人①	创建时间	所在省（地）	在本书页码
	英　文	汉　文							
1	Abushan Fm	②阿布山组	54-0934	K_2a	K_2	吴瑞忠等	1986	西藏	233
2	Angjie Fm	·昂杰组	54-0509	C_2P_1a	C_2—P_1	夏代祥 （夏代祥）	1979 (1983)	西藏	123
3	Angren Fm	·昂仁组	54-0917	$K_{1-2}a$	K_{1-2}	吴浩若等	1977	西藏	212
4	Angren Ophiolite Gr	·昂仁蛇绿岩群	54-0913	J_3K_1A	J_3—K_1	刘世坤、滕云	1994	西藏	208
5	Aoqu Fm	·鳌曲组	54-0524	C_2aq	C_2	四川三区测队	1974	西藏	32
6	Bagong Fm	·巴贡组	54-0721	T_3bg	T_3	李璞	1955	西藏	53
7	Baidingpu Fm	·白定浦组	54-0605	P_1b	P_1	章炳高	1974	西藏	137
8	Bayankalashan Gr	巴颜喀拉山群	54-0729	TB	T	北京地质学院 （青海区调队）	1961 (1970)	青海	58
9	Bima Fm	·比马组	54-0924	K_1b	K_1	西藏第二地质队	1979	西藏	220
10	Bolila Fm	·波里拉组	54-0720	T_3b	T_3	四川三区测队	1974	西藏	51
11	Boqu Fm	·波曲组	54-0402	$D_{2+3}b$	D_{2+3}	穆恩之等	1973	西藏	103
12	Caili Gr	·才里群	54-0801	$J_{1+2}C$	J_{1-2}	西藏区调队	1987	西藏	176
13	Cameng Fm	·擦蒙组	54-0513	C_2c	C_2	梁定益等	1982	西藏	127
14	Caoqu Gr	·草曲群	54-0015	Pt_3(	Pt_3	西藏区调队 （姚宗富）	1991 (1992)	西藏	11
15	Chaguoluoma Fm	·查果罗玛组	54-0404	$D_2C_1\dot{c}$	D_2—C_1	夏代祥等 （夏代祥）	1979 (1983)	西藏	105
16	Chalicuo Gr	·茶里错群	54-1019	$E_{1-2}\dot{C}l$	E_{1-2}	西藏区调队	1987	西藏	243
17	Chaqiela Fm	·察且拉组	54-0903	$K_{1-2}\dot{c}$	K_{1-2}	王义刚等	1980	西藏	199
18	Chaqupu Fm	·查曲浦组	54-0708	$T_{1+2}\dot{c}$	T_{1+2}	西藏综合队 （西藏综合队）	1975 (1979)	西藏	158
19	Chaya Gr	·察雅群	54-0822	$J\dot{C}$	J	四川三区测队	1974	西藏	62
20	Chaya Mem	·查雅段	54-0506	$Cj^{\dot{c}}$	C	尹集祥、郭师曾	1976	西藏	121
21	Chongdui Fm	冲堆组	54-0914	$K_1\dot{c}d$	K_1	曹荣龙	1981	西藏	210
22	Chumulong Fm	·楚木龙组	54-0928	$K_1\dot{c}m$	K_1	罗中舒	1973	西藏	226
23	Chunjieqiao Fm	·春节桥组	54-0405	$D_1\dot{c}$	D_1	陈炳蔚等	1982	西藏	106
24	Cuojiangding Gr	·错江顶群	54-1008	$E_{1-2}C$	E_{1-2}	西藏区调队	1983	西藏	240
25	Dabalao Fm	·达巴劳组	54-0201	O_1db	O_1	西藏区调队	1987	西藏	88
26	Daerdong Fm	·达尔东组	54-0403	D_1d	D_1	夏代祥 （西藏区调队）	1979 (1983)	西藏	103
27	Dajiweng Fm	·达机翁组	54-1009	E_1dj	E_1	西藏区调队	1987	西藏	240
28	Dazhuka Fm	·大竹卡组	54-1013	E_3N_1d	E_3—N_1	西藏工业局地质队 （西藏区调队）	1964 (1983)	西藏	245
29	Derirong Fm	·德日荣组	54-0703	T_3d	T_3	穆恩之等	1973	西藏	167
30	Dewukaxia Fm	·德悟卡下组	54-0303	S_1d	S_1	西藏综合队 （西藏区调队）	1979 (1983)	西藏	98
31	Dianzhong Fm	·典中组	54-1015	E_1d	E_1	西藏区调队	1991	西藏	247
32	Dingqinghu Fm	·丁青湖组	54-1023	E_3d	E_3	王文彬等 （西藏第四地质队）	1957 (1978)	西藏	256

注：①创名人栏内（　）内为介绍人；创建时间栏（　）内为介绍时间。

②示已核对原始剖面资料者。

序号	岩石地层单位名称		编号	代号	地质时代	创名人	创建时间	所在省（地）	在本书页码
	英文	汉文							
33	Dingqing Ophiolite Gr	·丁青蛇绿岩群	54-0818	T_3J_3D	T_3—J_3	刘世坤、滕云	1994	西藏	194
34	Dingzonglong Fm	·丁宗隆组	54-0410	D_2d	D_2	四川三区测队	1974	西藏	23
35	Dongba Fm	·东坝组	54-0616	P_1d	P_1	云南第三地质队	1990	西藏	143
36	Dongdu Fm	·东独组	54-0725	$T_{2-3}d$	T_{2-3}	陈炳蔚、艾长兴	1983	西藏	54
37	Dongfengling Fm	·东风岭组	54-0523	C_1d	C_1	西藏第一地质队	1971	西藏	30
38	Dongka Fm	·东卡组	54-0305	Sd	S	梁寿生等	1978	西藏	100
39	Dongka Fm	·洞卡组	54-0727	T_3dk	T_3	陈炳蔚、艾长兴	1983	西藏	56
40	Dongqiao Ophiolite Gr	·东巧蛇绿岩群	54-0817	JD	J	刘世坤、滕云	1994	西藏	193
41	Duodigou Fm	·多底沟组	54-0810	$J_{2-3}d$	J_{2-3}	谌义睿 （西藏综合队）	1961 (1979)	西藏	186
42	Duoni Fm	·多尼组	54-0931	K_1d	K_1	李璞	1955	西藏	229
43	Enda Fm	·恩达组	54-0010	$AnZe$	AnZ	杨暹和等 《西藏地质志》	1986 (1993)	西藏	81
44	Gangba Gr	·岗巴群	54-0901	JKG	J—K	海登(Hayden)	1907	西藏	197
45	Gangbacunkou Fm	·岗巴村口组	54-0904	K_2g	K_2	王义刚等	1980	西藏	199
46	Gangbadongshan Fm	·岗巴东山组	54-0902	J_3K_1g	J_3—K_1	王义刚等	1980	西藏	197
47	Gangmacuo Fm	·冈玛错组	54-0518	C_2g	C_2	西藏区调队	1986	西藏	32
48	Gangmusang Fm	·刚木桑组	54-0206	$O_{2-3}g$	O_{2-3}	夏代祥 （西藏区调队）	1979 (1983)	西藏	93
49	Gangwana Gr	冈瓦纳群	54-0501	CPG	C—P	H B Medlicott	1872	印度	118
50	Gaxue Gr	·嘎学群	54-0912	J_3K_1G	J_3—K_1	西藏区调队	1983	西藏	207
51	Gongjue Fm	·贡觉组	54-1028	$E_{1-2}g$	E_{1-2}	李璞	1955	西藏	67
52	Gongyenong Fm	·公也弄组	54-0726	T_3g	T_3	陈炳蔚、艾长兴	1983	西藏	55
53	Haitong Fm	·海通组	54-0409	$D_{1-2}h$	D_{1-2}	四川三区测队	1974	西藏	22
54	Hongshantou Fm	·红山头组	54-0204	O_3S_1h	O_3—S_1	穆恩之等	1973	西藏	92
55	Huoerbacuo Gr	·霍尔巴错群	54-0512	CPH	C—P	诺林	1946	西藏	127
56	Jiabula Fm	·甲不拉组	54-0907	K_1j	K_1	西藏煤田地质队 （王义刚）	1957 (1976)	西藏	203
57	Jiacun Gr	·甲村群	54-0203	OJ	O	穆恩之等	1973	西藏	90
58	Jiaka Fm	·加卡组	54-0521	C_1j	C_1	李璞	1955	西藏	28
59	Jialapu Fm	·甲拉浦组	54-0808	T_3J_1j	T_3—J_1	王乃文	1984	西藏	184
60	Jiangdong Fm	·江东组	54-0003	$AnZj$	AnZ	茅燕石等	1985	西藏	76
61	Jiangyema Fm	·姜叶玛组	54-0607	P_2j	P_2	郭铁鹰、梁定益等	1982	西藏	145
62	Jianzhanong Fm	·坚扎弄组	54-0609	$P_2j\dot{z}$	P_2	李星学、吴一民等	1985	西藏	147
63	Jiaoga Fm	·交嘎组	54-0621	P_1j	P_1	四川三区测队	1974	西藏	37
64	Jiapila Fm	·甲丕拉组	54-0719	$T_{2-3}j$	T_{2-3}	四川三区测队	1974	西藏	48
65	Jiayuqiao Gr	嘉玉桥群	54-0006	$AnZJ$	AnZ	李璞等	1959	西藏	78
66	Jidula Fm	·基堵拉组	54-1002	E_1j	E_1	穆恩之等	1973	西藏	234

序号	岩石地层单位名称		编号	代号	地质时代	创名人	创建时间	所在省(地)	在本书页码
	英文	汉文							
67	Jiega Fm	·捷嘎组	54-0921	K_1jg	K_1	西藏区调队	1987	西藏	217
68	Jienu Gr	·接奴群	54-0811	$J_{2-3}J$	J_{2-3}	西藏区调队	1983	西藏	186
69	Jiezha Gr	结扎群	54-0718	$T_{2-3}J$	T_{2-3}	青海区调队	1970	青海	48
70	Jilong Fm	·基龙组	54-0504	Cj	C	尹集祥、郭师曾	1976	西藏	119
71	Jingzhushan Fm	·竟柱山组	54-0933	K_2j	K_2	西藏第四地质队	1973 (1978)	西藏	231
72	Jipuria Fm	·吉普日阿组	54-0615	P_2jp	P_2	梁定益、聂泽同、郭铁鹰等	1983	西藏	150
73	Jitang Gr	·吉塘群	54-0009	$AnZJt$	AnZ	李璞等	1959	西藏	81
74	Kagong Gr	·卡贡群	54-0516	C_1K	C_1	西藏第一地质队	1979	西藏	131
75	Kanglu Fm	·康鲁组	54-0715	T_1k	T_1	文世宣	1979	西藏	41
76	Kangma Fm	·康马组	54-0604	P_1k	P_1	章炳高	1974	西藏	135
77	Kangtuo Fm	·康托组	54-1024	Nk	N	西藏区调队	1986	西藏	257
78	Keerduo Fm	·柯尔多组	54-0205	$O_{2-3}k$	O_{2-3}	夏代祥 (西藏区调队)	1979 (1983)	西藏	92
79	Laga Fm	·拉嘎组	54-0508	C_2l	C_2	林宝玉	1983	西藏	121
80	Lagongtang Fm	·拉贡塘组	54-0814	$J_{2-3}l$	J_{2-3}	李璞	1955	西藏	190
81	Laguigangri Gr	·拉轨岗日群	54-0004	$AnZL$	AnZ	刘世坤、姚宗富	1994	西藏	76
82	Laigu Fm	·来姑组	54-0511	C_2P_1l	C_2—P_1	四川三区测队	1974	西藏	124
83	Langshan Fm	·郎山组	54-0932	K_1l	K_1	西藏第四地质队	1973 (1978)	西藏	230
84	Lawula Fm	·拉屋拉组	54-1029	Nl	N	四川三区测队	1974	西藏	69
85	Lazhulong Fm	·拉竹龙组	54-0407	$D_{2+3}l$	D_{2+3}	章炳高、何国雄	1984	西藏	20
86	Liangquan Fm	·凉泉组	54-0401	D_1l	D_1	穆恩之等	1973	西藏	101
87	Licha Fm	·里查组	54-0525	C_2lc	C_2	四川三区测队	1974	西藏	34
88	Lielonggou Fm	·列龙沟组	54-0612	P_2l	P_2	西藏综合队 (西藏综合队)	1976 (1979)	西藏	149
89	Linbuzong Fm	·林布宗组	54-0927	J_3K_1l	J_3—K_1	罗中舒	1973	西藏	225
90	Linzizong Gr	·林子宗群	54-1014	$E_{1-2}L$	E_{1-2}	李璞	1955	西藏	246
91	Liuqu Gr	·柳区群	54-1012	$E_{1-2}Lq$	E_{1-2}	西藏区调队	1983	西藏	237
92	Longge Fm	·龙格组	54-0614	P_1lg	P_1	梁定益等	1982	西藏	142
93	Lucun Fm	·吕村组	54-0704	$T_{1+2}l$	T_{1+2}	西藏区调队	1983	西藏	155
94	Luobadui Fm	·洛巴堆组	54-0610	P_1l	P_1	李璞	1955	西藏	140
95	Luobusha Ophiolite Gr	·罗布莎蛇绿岩群	54-0915	TK_1L	T—K_1	刘世坤、滕云	1994	西藏	211
96	Machala Gr	·马查拉群	54-0520	C_1M	C_1	四川三区测队	1974	西藏	28
97	Mailonggang Fm	·麦隆岗组	54-0709	T_3m	T_3	西藏综合队	1979	西藏	171
98	Malasongduo Fm	·马拉松多组	54-0722	$T_{1+2}m$	T_{1+2}	杨善清等	1983	西藏	43
99	Mali Fm	·马里组	54-0812	J_2m	J_2	史晓颖等	1985	西藏	188
100	Mamuxia Fm	·麻木下组	54-0923	J_3K_1m	J_3—K_1	西藏第二地质队	1979	西藏	220
101	Mangcuo Fm	·莽错组	54-0620	P_1m	P_1	四川三区测队	1974	西藏	36

序号	岩石地层单位名称		编号	代号	地质时代	创名人	创建时间	所在省(地)	在本书页码
	英文	汉文							
102	Mangxiang Fm	*芒乡组	54-1020	N_1m	N_1	吴一民等 (西藏区调队)	1973 (1983)	西藏	252
103	Meiriqiecuo Fm	*美日切错组	54-0935	K_1m	K_1	西藏区调队	1986	西藏	64
104	Mengla Fm	*蒙拉组	54-0611	P_2m	P_2	徐宪等	1982	西藏	149
105	Menkadun Fm	*门卡墩组	54-0803	$J_{2-3}m$	J_{2-3}	穆恩之等	1973	西藏	179
106	Menzhong Fm	*门中组	54-0925	$K_{1-2}m$	K_{1-2}	西藏第二地质队	1977	西藏	223
107	Mili Gr	米里群	54-0014	$Z\in M$	$Z—\in$	A K Jain	1974	西藏	86
108	Mugagangri Gr	*木嘎岗日群	54-0815	JM	J	文世宣	1979	西藏	191
109	Naxing Fm	*纳兴组	54-0503	C_1n	C_1	穆恩之等	1973	西藏	112
110	Nianbo Fm	*年波组	54-1016	E_2n	E_2	西藏区调队	1991	西藏	248
111	Nianqingtanggula Gr	*念青唐古拉群	54-0005	$AnZNq$	AnZ	李璞等	1959	西藏	77
112	Nielamu Gr	*聂拉木群	54-0001	$AnZN$	AnZ	张旗	1981	西藏	73
113	Nieniexiongla Gr	*聂聂雄拉群	54-0802	$J_{1+2}N$	J_{1+2}	穆恩之等	1973	西藏	178
114	Nieru Fm	*涅如组	54-0705	T_3n	T_3	西藏区调队	1983	西藏	167
115	Ningduo Gr	*宁多群	54-0012	$Pt_{2-3}N$	Pt_{2-3}	西藏区调队 (姚宗富)	1990 (1992)	西藏	8
116	Niubao Fm	*牛堡组	54-1022	$E_{1-2}n$	E_{1-2}	王文彬等 (西藏第四地质队)	1957 (1978)	西藏	253
117	Nuocuo Fm	*诺错组	54-0510	C_1nc	C_1	尹集祥	1984	西藏	116
118	Nujiang Fm	*怒江组	54-0008	$AnZn$	AnZ	富公勤等	1982	西藏	80
119	Oula Fm	*欧拉组	54-0712	$T_{1+2}o$	T_{1+2}	郭铁鹰等	1981	西藏	161
120	Padana Fm	*帕达那组	54-0918	K_2p	K_2	刘成杰	1988	西藏	214
121	Pana Fm	*帕那组	54-1017	E_2p	E_2	西藏区调队	1991	西藏	249
122	Puercuo Gr	*普尔错群	54-0306	OSP	O—S	西藏区调队	1987	西藏	17
123	Pulu Fm	*普鲁组	54-0302	$S_{2+3}p$	S_{2+3}	穆恩之	1984	西藏	97
124	Pushuiqiao Fm	*普水桥组	54-0723	T_1p	T_1	四川三区测队	1974	西藏	44
125	Qialaka Fm	*恰拉卡组	54-0307	Sq	S	胡长寿等	1991	西藏	15
126	Qingnidong Gr	*青泥洞群	54-0210	O_1Q	O_1	董得源	1979	西藏	13
127	Qiongguo Gr	*穷果群	54-0706	$T_{1+2}Q$	T_{1+2}	西藏区调队	1983	西藏	157
128	Qiuwu Fm	*秋乌组	54-1011	E_2q	E_2	李璞	1955	西藏	244
129	Qubeiya Fm	*曲贝亚组	54-0919	K_2q	K_2	西藏区调队	1983	西藏	215
130	Qubu Fm	*曲布组	54-0602	P_1q	P_1	尹集祥、郭师曾	1976	西藏	132
131	Quburiga Fm	*曲布日嘎组	54-0603	Pqb	P	尹集祥、郭师曾	1976	西藏	133
132	Qudi Fm	*曲地组	54-0515	CPq	C—P	梁定益等	1982	西藏	129
133	Quehala Gr	*确哈拉群	54-0711	$T_{2-3}Q$	T_3	饶荣标等	1987	西藏	172
134	Quesangwenquan Fm	*却桑温泉组	54-0809	J_2q	J_2	王乃文	1984	西藏	185
135	Quga Fm	*曲嘎组	54-0606	P_1qg	P_1	西藏区调队	1987	西藏	137
136	Qulonggongba Fm	*曲龙共巴组	54-0702	$T_{2-3}q$	T_{2-3}	顾庆阁	1965	西藏	163
137	Quxiang Fm	*曲乡组	54-0002	$AnZq$	AnZ	茅燕石等	1985	西藏	74
138	Ranwu Gr	*然物群	54-0408	$D_{2-3}R$	D_{2+3}	四川区调队等	1982	西藏	108
139	Rejuechaka Fm	*热觉茶卡组	54-0619	P_2r	P_2	文世宣	1979	西藏	38

序号	岩石地层单位名称		编号	代号	地质时代	创名人	创建时间	所在省(地)	在本书页码
	英文	汉文							
140	Ridang Fm	·日当组	54-0805	$J_{1-2}r$	J_{1-2}	王义刚等	1976	西藏	181
141	Riganpeicuo Gr	·日干配错群	54-0713	T_3R	T_3	西藏地矿局	1993	西藏	173
142	Rigongla Fm	·日贡拉组	54-1018	E_3r	E_3	吴一民等 (西藏区调队)	1973 (1983)	西藏	250
143	Rikangba Fm	日康巴组	54-1010	E_2r	E_2	梁定益等	1991	西藏	242
144	Rikaze Gr	·日喀则群	54-0916	$K_{1-2}R$	K_{1-2}	王大纯等 (文世宣)	1952 (1974)	西藏	212
145	Rouqiecun Gr	·肉切村群	54-0013	$Z\in R$	$Z—\in$	穆恩之等	1973	西藏	84
146	Ruolagangri Gr	·若拉岗日群	54-0728	$T_{2-3}R$	T_{2-3}	西藏区调队	1986	西藏	58
147	Sangkalayong Fm	·桑卡拉佣组	54-0813	J_2s	J_2	四川区调队	1990	西藏	189
148	Sangqu Fm	·桑曲组	54-0208	O_1s	O_1	陈炳蔚等	1982	西藏	95
149	Sangri Gr	·桑日群	54-0922	J_3K_1S	$J_3—K_1$	西藏第二地质队	1979	西藏	219
150	Selong Gr	·色龙群	54-0601	PS	P	中国希夏邦马峰登山队 (中国希夏邦马峰登山队)	1964 (1982)	西藏	132
151	Sewa Fm	·色哇组	54-0819	$J_{1-2}s$	J_{1-2}	文世宣	1979	西藏	195
152	Shadui Gr	·沙堆群	54-0910	$K\hat{S}$	K	王乃文等	1983	西藏	206
153	Shalong Fm	·沙龙组	54-0617	$P_2\hat{s}$	P_2	云南第三地质队	1990	西藏	151
154	Shamoluo Fm	·沙木罗组	54-0816	$J_3\hat{s}$	J_3	西藏区调队	1987	西藏	192
155	Shanhuhe Fm	·珊瑚河组	54-0522	$C_1\hat{s}$	C_1	西藏第一地质队	1971	西藏	29
156	Shaqiaomu Fm	·莎巧木组	54-0820	$J_2\hat{s}q$	J_2	吴瑞忠等	1986	西藏	196
157	Shenzha Fm	·申扎组	54-0207	$O_3S_1\hat{s}$	$O_3—S_1$	倪寓南等	1981	西藏	94
158	Shexing Fm	·设兴组	54-0930	$K_2\hat{s}$	K_2	王乃文等	1984	西藏	228
159	Shipingding Fm	·石坪顶组	54-1027	$N_2Q\hat{s}$	$N_2—Q$	西藏区调队	1986	西藏	70
160	Shiqipo Fm	·石器坡组	54-0301	$S_1\hat{s}$	S_1	穆恩之等	1973	西藏	95
161	Songzong Gr	·松宗群	54-0406	$D_{2-3}S$	D_{2-3}	李璞等	1959	西藏	107
162	Suonahu Fm	·唢纳湖组	54-1026	Ns	N	西藏区调队	1986	西藏	259
163	Takena Fm	·塔克那组	54-0929	K_1t	K_1	罗中舒	1973	西藏	227
164	Tianba Gr	·田巴群	54-0804	$J_{1+2}T$	J_{1+2}	西藏区调队	1983	西藏	181
165	Tielongtan Fm	铁隆滩组	54-0936	K_2t	K_2	新疆石油管理局地调处	1975	新疆	65
166	Tulong Gr	·土隆群	54-0701	$T_{1-3}T$	T_{1-3}	穆恩之等	1973	西藏	151
167	Tunlonggongba Fm	·吞龙共巴组	54-0613	C_2P_1t	$C_2—P_1$	章炳高、何国雄	1976 (1984)	西藏	141
168	Tuoba Fm	·妥坝组	54-0622	P_2t	P_2	李璞	1955	西藏	39
169	Tuolin Fm	·托林组	54-1006	N_2t	N_2	钱方等	1983	西藏	239
170	Walasi Fm	·瓦拉寺组	54-0724	T_2w	T_2	四川三区测队	1974	西藏	45
171	Weimei Fm	·维美组	54-0807	J_3w	J_3	吴浩若	1984	西藏	183
172	Weishanhu Fm	·围山湖组	54-0618	P_1w	P_1	西藏区调队	1986	西藏	35
173	Wenqu Fm	·温区组	54-0926	K_2w	K_2	西藏第二地质队	1979	西藏	224
174	Wuqingna Fm	·乌青纳组	54-0519	C_1w	C_1	四川三区测队	1974	西藏	27
175	Wuyu Gr	·乌郁群	54-1021	N_2W	N_2	宁英毅等	1975	西藏	252
176	Xiala Fm	·下拉组	54-0608	P_1x	P_1	夏代祥、徐仲勋 (夏代祥)	1979 (1983)	西藏	139
177	Xialazi Fm	·下拉孜组	54-0202	$O_{2-3}x$	O_{2-3}	西藏区调队	1987	西藏	90

序号	岩石地层单位名称		编号	代号	地质时代	创名人	创建时间	所在省(地)	在本书页码
	英文	汉文							
178	Xiangdui Gr	*香堆群	54-0937	KX	K	四川三区测队	1974	西藏	66
179	Xiangzi Fm	*香孜组	54-1007	Q_1x	Q_1	钱方等	1983	西藏	240
180	Xiaochaka Gr	*肖茶卡群	54-0717	$T_3X\dot{c}$	T_3	西藏区调队	1986	西藏	47
181	Xiarongqu Fm	*瞎绒曲组	54-0007	$AnZx$	AnZ	富公勤等	1982	西藏	79
182	Xiayacun Fm	*夏牙村组	54-0623	P_2T_1x	P_2—T_1	西藏第一地质队	1976	西藏	40
183	Xihu Gr	*希湖群	54-0710	$T_{1+2}X$	T_{1+2}	饶荣标等	1987	西藏	160
184	Xiukang Gr	*修康群	54-0707	T_3X	T_3	西藏区调队	1983	西藏	168
185	Xiwalike Gr	西瓦里克群	54-1001	NQX	N—Q	Pilgrim (西藏综合队)	1910 (1979)	西藏	260
186	Yali Fm	*亚里组	54-0502	D_3C_1y	D_3—C_1	穆恩之等	1973	西藏	109
187	Yangzhuoyong Gr	*羊卓雍群	54-0911	K_2Y	K_2	王乃文等	1983	西藏	207
188	Yanshiping Gr	*雁石坪群	54-0821	JY	J	詹灿惠、韦思槐 (西藏综合队)	1957 (1979)	青海	59
189	Yarunaga Fm	*亚如那嘎组	54-0906	K_1y	K_1	西藏区调队	1987	西藏	202
190	Yingshuiquan Fm	*硬水泉组	54-0716	$T_{1-2}y$	T_{1-2}	文世宣	1979	西藏	42
191	Yinshuihe Fm	*饮水河组	54-0209	O_2y	O_2	西藏区调队	1987	西藏	16
192	Yongzhu Fm	*永珠组	54-0507	C_1y	C_1	夏代祥等 (夏代祥)	1979 (1983)	西藏	115
193	Youxi Fm	*酉西组	54-0011	$AnZy$	AnZ	西藏第一地质队 (雍永源等)	1977 (1990)	西藏	82
194	Yueyahu Fm	*月牙湖组	54-0517	Cy	C	西藏区调队	1987	西藏	25
195	Yulangbaijia Gr	*鱼浪白加群	54-0909	J_3K_1Y	J_3—K_1	王乃文等	1983	西藏	205
196	Yulinshan Fm	*鱼鳞山组	54-1025	N_2Qy	N_2—Q	西藏区调队	1987	西藏	258
197	Zengziding Fm	*曾子顶组	54-0211	Oz	O	魏振声等	1979	西藏	14
198	Zenong Gr	*则弄群	54-0920	J_3K_1Z	J_3—K_1	西藏区调队	1983	西藏	216
199	Zhada Gr	*札达群	54-1005	$N_2Q_1\dot{Z}$	N_2—Q_1	张青松,王富葆	1981	西藏	239
200	Zhadari Mem	*扎达日段	54-0505	$Cj^{\dot{z}}$	C	尹集祥、郭师曾	1976	西藏	120
201	Zhanjin Fm	*展金组	54-0514	$C_2\dot{z}$	C_2	梁定益等	1982	西藏	128
202	Zhanongema Fm	*扎弄俄玛组	54-0304	$S\dot{z}$	S	林宝玉	1981	西藏	99
203	Zhepure Fm	*遮普惹组	54-1004	$E_2\dot{z}$	E_2	中国登山队科学考察队 (文世宣)	1962 (1974)	西藏	236
204	Zhela Fm	*遮拉组	54-0806	$J_{2-3}\dot{z}$	J_{2-3}	西藏第一地质队 (王乃文)	1963 (1983)	西藏	182
205	Zhuka Gr	*竹卡群	54-0714	$T_{2-3}\dot{Z}$	T_{2-3}	云南第三地质队	1990	西藏	175
206	Zhuogedong Fm	*卓戈洞组	54-0411	$D_3\dot{z}$	D_3	四川三区测队	1974	西藏	24
207	Zongpu Fm	*宗浦组	54-1003	$E_{1-2}z$	E_{1-2}	穆恩之等	1973	西藏	235
208	Zongshan Fm	*宗山组	54-0905	K_2z	K_2	文世宣	1974	西藏	201
209	Zongzhuo Fm	*宗卓组	54-0908	$K_2z\dot{z}$	K_2	西藏煤田地质队 (吴浩若)	1957 (1984)	西藏	204

附录Ⅲ 西藏未采用的地层名称一览表

附录Ⅲ-1

序号	地层单位名称		编号	地质时代	创名人	创建时间	所在省(地)	不采用的理由
	英文	汉文						
1	Aboer Volcanite Fm	阿波尔火山岩组	54-2030	Z—P	A K Jain	1974	西藏	与米里群上部相当
2	Akage Fm	阿卡戈组		K_2	韩同林	1983	西藏	与竟柱山组大体相当
3	Alai Fm	阿来组	54-2047	O	陈挺恩	1984	西藏	与甲村群上部相当
4	Amugang Gr	阿木岗群	54-2013	AnD	吴瑞忠	1982	西藏	与嘉玉桥群部分相当
5	Anduo Fm	安多组	54-2368	J_2	地质部石油综合队	1966	西藏	与雁石坪群部分相当
6	Anduo Gneiss	安多片麻岩	54-2026	AnD	青海区调队	1970	西藏	与吉塘群相当
7	Ashikule Gr	阿什库勒群	54-2523	N	新疆区调队	1981	西藏	与康托组相当
8	Baga Fm	扒嘎组	54-2172	P_2	饶荣标、张正贵	1985	西藏	与色龙群顶部相当
9	Bagongbulansha Gr	巴工布兰莎群	54-2356	J	新疆区域地层表	1981	新疆	与雁石坪群相当
10	Bailang Fm	白朗组	54-2439	K	西藏综合队	1975	西藏	与楚木龙组相当
11	Bailongbinghe Fm	白龙冰河组	54-2546	J	西藏区调队	1986	西藏	与雁石坪群上部相当
12	Bairebucuo Fm	拜惹布错组		J_1	西藏区调队	1987	西藏	与雁石坪群部分相当
13	Bajiutang Fm	巴纠淌组		J_2	王乃文	1983	西藏	与遮拉组部分相当
14	Baka Fm	巴卡组		J_1	韩同林	1983	西藏	与马里组相当
15	Bangda Fm	邦达组	54-2156	C	贵州区调队	1990	西藏	与卡贡群上部相当
16	Bangdila Gr	邦迪拉群	54-2020	Z—Pz_1	Chowdhury		西藏	与冈瓦纳群相当
17	Bangehu Fm	班戈湖组	54-2196	P_1	林宝玉	1984	西藏	与下拉组相当
18	Bangecuo Bed	班戈错层	54-2427	K	李璞	1955	西藏	与接奴群相当
19	Banong Fm	拔弄组	54-2462	K_2	韩同林	1983	西藏	与朗山组部分相当
20	Baoji Gr	保吉群	54-2456	K_1	韩同林	1983	西藏	与朗山组部分相当
21	Bairebucuo Fm	拜惹布错组	54-2360	J_2	西藏区调队	1987	西藏	与雁石坪群下部相当
22	Barialangzhai Mem	巴日阿郎寨段	54-2083	C_1	杨式溥、范影年	1982	西藏	与查果罗玛组顶部相当
23	Basu Fm	八宿组	54-2451	K_1	陈金华等	1983	西藏	与竟柱山组相当
24	Bazhulu Fm	坝注路组	54-2375	J_3	云南第一区测队	1973	西藏	与察雅群部分相当
25	Beiao Fm	北坳组	54-2024	Z—∈	尹集祥、郭思曾	1975	西藏	与肉切村群相当
26	Bilong Fm	比聋组	54-2113	P	章炳高	1974	西藏	与基龙组上部相当
27	Bilong Fm	比隆组	54-2267	T_1	吴瑞忠、陈德泉等	1985	西藏	与欧拉组下部相当
28	Bingbaoshan Fm	冰雹山组		J	西藏第四地质队	1968	西藏	与接奴群部分相当
29	Binhu Fm	滨湖组		J_2	王乃文	1983	西藏	与遮拉组相当
30	Boboyala Fm	波波雅拉组	54-2417	K_2	王乃文	1983	西藏	与朗山组部分相当
31	Bolin Fm	波林组	54-2329	J	郭铁鹰等	1991	西藏	与才里群中部相当
32	Bolinxiala Fm	波林夏拉组	54-2390	K	郭铁鹰等	1991	西藏	与宗山组部分相当
33	Boluo Gr	波罗群	54-2101	D	四川三区调队	1986	西藏	构造岩块
34	Bomuduo Fm	波木多(岩)组	54-2033	Z—Pz	A K Jain	1974	西藏	与米里群下部相当
35	Boqu Fm	薄曲组		J_3	韩同林	1983	西藏	与多底沟组相当

序号	地层单位名称		编号	地质时代	创名人	创建时间	所在省（地）	不采用的理由
	英文	汉文						
36	Budala Fm	布达拉组	54-2446	J—K	王乃文等	1983	西藏	与却桑温泉组部分相当
37	Buerga Fm	不尔嘎组	54-2398	K	西藏区调队	1983	西藏	与捷嘎组相当
38	Bulong Fm	布隆组	54-2518	N	西藏区调队	1979	西藏	与托林组部分相当
39	Caiduo Fm	才多组	54-2506	N	西藏拉萨地质队	1961	西藏	资料不祥
40	Cainaha Fm	财那哈组	54-2223	P_1	西藏区调队	1987	西藏	与吞龙共巴组相当
41	Cebo Fm	测波组	54-2429	K	章炳高等	1981	西藏	与郎山组部分相当
42	Chaguoqie Fm	查果切群		J_{1+2}	刘世坤、刘鸿飞	1988	西藏	与甲拉浦组相当
43	Chabocuo Fm	查波错组	54-2224	P_1	成都地质矿产研究所	1989	西藏	与吞龙共巴组部分相当
44	Chagagou Fm	查嘎沟组	54-2330	J—K	郭铁鹰等	1991	西藏	与门卡墩组相当
45	Chalangga Fm	查郎嘎组	54-2376	J_1	四川区调队	1990	西藏	与察雅群部分相当
46	Chalong Fm	茶龙组	5509	N	西藏拉萨地质队	1961	西藏	与乌郁群上部相当
47	Changdu Fm	昌都组	54-2465	K_1	顾知微	1962	西藏	与香堆群部分相当
48	ChangduRed Sy.	昌都红色岩系	54-2372	J—K	李璞	1955	西藏	与察雅群部分相当
49	Changliangshan Fm	长梁山组		J_2	吴瑞忠等	1985	西藏	与雁石坪群部分相当
50	Changlong Fm	昌隆组	54-2392	K	杨遵仪、吴顺宝	1963	西藏	与门卡墩组部分相当
51	Chasang Gr	查桑群	54-2097	D_2	西藏区调队	1986	西藏	与拉竹龙组相当
52	Chawalong Gr	察瓦龙群	54-2319	T_3	云南区调队	1985	西藏	与希湖群相当
53	Chaweng Fm	茶翁组	54-2512	N	西藏区调队	1975	西藏	与乌郁群部分相当
54	Chayekou Fm	查叶口组	54-2318	T_3	西藏区调队	1991	西藏	与结扎群下部相当
55	Chengqiang Ls.	城墙灰岩	54-2216	P_1	青藏高原综合科学考察队	1985	西藏	与下拉组部分相当
56	Chibuzhang Fm	赤布张组	54-2294	T	杨锡彬、连玉秋	1980	西藏	与结扎群下部相当
57	Chuanba Fm	川巴组	54-2423	K	蒋忠惕	1972	西藏	与多尼组相当
58	Chumure Fm	楚姆热组	54-2055	S	杨曾荣	1985	西藏	与普鲁组下部相当
59	Congla Fm	丛拉组	54-2312	T_2	四川区测队	1974	西藏	与瓦拉寺组相当
60	Cuobuzha Fm	错不扎组	54-2135	C	韩同林	1983	西藏	与来姑组下部相当
61	Cuoguo Fm	错果组	54-2350	J_2	西藏区调队	1987	西藏	与接奴群相当
62	Cuowa Fm	措瓦组	54-2466	K_1	云南第三地质队	1990	西藏	与香堆群部分相当
63	Dabo Fm	答波组		J	郭铁鹰	1991	西藏	与木嘎岗日群部分相当
64	Dabuka Fm	达布卡组	54-2133	J	赵喜进	1985	西藏	与察雅群中部相当
65	Dachang Gr	打昌群	54-2124	C	西藏区调队	1987	西藏	与基龙组相当
66	Dadongsang Fm	达洞桑组	54-2461	K_2	韩同林	1983	西藏	与朗山组部分相当
67	Daduo Gr	达多群	54-2486	E_{1-2}	西藏区调队	1983	西藏	与林子宗群相当
68	Daguonuma Fm	达果奴马组	54-2420	K	王乃文	1983	西藏	与朗山组部分相当
69	Daheishan Fm	大黑山组	54-2341	J	将忠惕	1972	西藏	与接奴群部分相当
70	Dahongliang Fm	大红梁组	54-2535	E_3	魏振声	1983	西藏	与牛堡组部分相当

序号	地层单位名称		编号	地质时代	创名人	创建时间	所在省(地)	不采用的理由
	英文	汉文						
71	Dahuangshan Fm	大黄山组	54-2348	J	西藏第四地质队	1976	西藏	与莎巧木组部分相当
72	Dalaimaqiao Fm	达来玛桥组	54-2003	AnZ	应思淮	1974	西藏	与曲乡组下部相当
73	Dalakongma Fm	达拉空玛组	54-2136	C—P	韩同林	1983	西藏	与来姑组部分相当
74	Dali Ls. Fm	达里灰岩组	54-2029	Z—Pz	A K Jain	1974	西藏	与米里群下部相当
75	Dalong Fm	达龙组	54-2502	E	鲍进礼	1993	西藏	非岩石地层单位
76	Dalong Gr	打隆群	54-2337	J	王乃文等	1983	西藏	同名异物,与田巴群部分相当
77	Dalong Gr	打隆群	54-2257	T_2	吴一民等	1979	西藏	同名异物与修康群上部相当
78	Danbarizi Fm	旦巴日孜组	54-2266	T2	西藏综合队	1979	西藏	与塔克那组相当
79	Danggongla Fm	当贡拉组	54-2268	T_1	郭铁鹰等	1991	西藏	与土隆群下部相当
80	Dangjintang Fm	当金塘组	54-2505	N	西藏拉萨地质队	1961	西藏	与乌郁群下部相当
81	Danshiting Fm	旦师庭组	54-2400	K	西藏第二地质队	1978	西藏	与典中组相当
82	Danshuihe Fm	淡水河组	54-2361	J_3	西藏区调队杨金泉等	1987	西藏	与雁石坪群上部相当
83	Darucuo Fm	达如错组	54-2412	K_2	西藏第四地质队	1979	西藏	与典中组相当
84	Dashalong Fm	达沙隆组	54-2247	T_3	王义刚、孙东立、何国雄	1984	西藏	与土隆群上部相当
85	Dati Fm	达涕组	54-2526	N_2	中科院综考队	1975	西藏	与札达群上部相当
86	Daxiong Gr	达雄群		J_{2-3}	西藏区调队	1983	西藏	与接奴群相当
87	Daye Fm	大野组	54-2380	J	赵喜进	1985	西藏	与察雅群下部相当
88	Denggongka Fm	邓公卡组	54-2271	T_2	郭铁鹰等	1991	西藏	与土隆群上部相当
89	Denitangga Fm	德尼塘嘎组	54-2057	S	郭铁鹰等	1991	西藏	与普鲁组相当
90	Deou Fm	的欧组	54-2481	E_{1-2}	石油综研队	1966	西藏	与牛堡组相当
91	Deqing Gr	德庆群	54-2533	E_{1-2}	魏振声	1983	西藏	与林子宗群部分相当,同名异物
92	Deqing Gr	德庆群	54-2340	J	韩同林	1983	西藏	同名异物,林布宗组部分相当
93	Deriangma Fm	德日昂玛组	54-2080	D_1	林宝玉	1983	西藏	与查果罗玛组相当
94	Dingbo Gr	丁波群	54-2125	C	西藏区调队	1987	西藏	与基龙组相当
95	Dingla Fm	丁拉组	54-2498	E	西藏区调队	1991	西藏	与比马组上部相当
96	Dingqing Gr	丁青群	54-2482	N	西藏区调队	1983	西藏	与唢纳湖组相当
97	Dingqing Fm	丁青组	54-2538	E_3—N	魏振声	1983	西藏	与丁青湖组相当
98	Dingrenbuqiao Fm	丁仁布桥组	54-2002	An∈	应思淮	1974	西藏	与曲乡组相当
99	Dingri Gr	定日群	54-2334	J	杨遵仪、吴顺宝	1963	西藏	与聂聂雄拉群部分相当
100	Diya Gr	底雅群	54-2120	C	西藏区调队	1987	西藏	与纳兴组部分相当
101	Dongbei Fm	洞北组	54-2295	T	杨锡彬、连玉秋	1980	西藏	与结扎群下部相当
102	Dongbula Fm	董布拉组	54-2282	T	吴瑞忠、陈德泉等	1985	西藏	与欧拉组下部相当
103	Dongcuo Fm	洞错组	54-2293	T	杨锡彬、连玉秋	1980	西藏	与结扎群下部相当

序号	地层单位名称		编号	地质时代	创名人	创建时间	所在省(地)	不采用的理由
	英文	汉文						
104	Dongcuo Fm	洞错组	54-2534	E_{1-2}	魏振声	1983	西藏	与牛堡组相当
105	Dongcuo Gr	洞错群	54-2537	E—N	魏振声	1983	西藏	与牛堡组相当
106	Dongdaqiao Fm	东大桥组	54-2378	J_2	四川区调队	1990	西藏	与察雅群下部相当
107	Dongqiacuo Fm	东恰错组		S	西藏综合队	1979	西藏	与东卡组相当
108	Dongqiao Fm	东巧组	54-2369	J_3	文世宣	1979	西藏	与雁石坪群相当
109	Dongshan Fm	东山组		K	万晓樵	1985	西藏	与岗巴东山组下部相当
110	Duanzhenlongri Fm	端真龙日组	54-2025	∈?—O_1	梁定益等	1991	西藏	与达巴劳组下部相当
111	Duiba Fm	堆巴组	54-2229	J	云南第三地质队	1983	西藏	包括来姑组等
112	Duoba Fm	多巴组	54-2430	K	西藏第四地质队	1973	西藏	与朗山组下部相当
113	Duogeluoma Gr	多格落玛群	54-2519	N	西藏区调队	1979	西藏	与康托组部分相当
114	Duojiban Fm	多吉版组	54-2098	D_1	云南第三地质队	1990	西藏	与海通组相当
115	Duojiu Fm	多久组	54-2473	K_{1-2}	王乃文等	1976	西藏	与沙堆群下部相当
116	Duolang Fm	多浪组	54-2280	T	西藏区调队	1987	西藏	与土隆群下部相当
117	Duoma Gr	多玛群	54-2197	P_1	詹立培、吴让荣	1982	西藏	与查果罗玛组顶部相当
118	Duonageli Mem	多那个里段	54-2082	C_1	杨式博、范影年	1982	西藏	与查果罗玛组部分相当
119	Duorang Gr	多让群	54-2279	T	郭铁鹰等	1991	西藏	与曲龙共巴组相当
120	Ebana Fm	俄巴纳组	54-2169	C	文沛然	1992	西藏	与里査组相当
121	Ela Fm	峨拉组	54-2198	P_1	詹立培、吴让荣(介绍)	(1982)	西藏	非岩石地层单位
122	Eluchaka Fm	俄鲁茶卡组	3356	P	魏振声等	1983	西藏	与热觉茶卡组大体相当
123	Eluo Fm	峨罗组	54-2151	C	文沛然	1992	西藏	与卡贡群部分相当
124	Ena Fm	鹅那组	54-2064	S	林宝玉	1983	西藏	与石器坡组下部相当
125	Enmari Fm	恩玛日组	54-2214	C—P	韩同林	1983	西藏	与洛巴堆组相当
126	Fangmachang Fm	放马场组	54-2325	J—K	西藏区调队	1987	西藏	与门卡墩组部分相当
127	Gabo Gr	嘎波群	54-2265	T_3	王乃文等	1983	西藏	与修康群上部相当
128	Gajie Fm	嘎姐组	54-2391	K	郭铁鹰等	1991	西藏	与岗巴群相当
129	Ganerbao Gr	甘尔宝群	54-2199	P_1	中国地质科学院(介绍)	(1984)	西藏	与龙格组部分相当
130	Gangdisi Gr	冈底斯群	54-2488	E_3—N_1	徐钰林等	1989	西藏	与大竹卡组相当
131	Gangjing Fm	港井组	54-2104	C	中科院科考队	1982	西藏	包括纳兴组等多个组
132	Gangjiu Ls.	岗久灰岩	54-2192	P	中科院科考队	1984	西藏	与姜叶玛组部分相当
133	Gangmenqiong Gr	港门穹群	54-2176	C—P	施雅风、刘东生	1964	西藏	包基龙组等括多个组
134	Gangrenboqi Fm	冈仁波齐组	54-2530	E_2	西藏区调队	1987	西藏	与大竹卡组部分相当
135	Ganong Fm	嘎弄组	54-2072	D_{1-2}	饶靖国等	1985	西藏	与凉泉组下部相当
136	Gayang Fm	嘎样组	54-2059	S	林宝玉	1982	西藏	与普鲁组下部相当
137	Gazha Fm	嘎扎组	54-2504	N	西藏综合队	1975	西藏	与乌郁群部分相当

序号	地层单位名称		编号	地质时代	创名人	创建时间	所在省（地）	不采用的理由
	英文	汉文						
138	Gelalongba Fm	格拉隆巴组	54-2365	J_1	张作铭、鲁益钜	1984	西藏	与色哇组相当
139	Gelashankou Fm	格拉山口组	54-2317	T_3	西藏区调队	1991	西藏	与结扎群下部相当
140	Gemuri Gr	戈木日群	54-2014	AnD	西藏区调队	1986	西藏	与嘉玉桥群部分相当
141	Gesuo Gr	格索群	54-2454	K_2	韩同林	1983	西藏	与竟柱山组部分相当
142	Geji Fm	革吉组		K_1	郭铁鹰等	1991	西藏	与朗山组相当
143	Gongbaqiang Fm	共巴强组	54-2067	S	杨曾荣	1985	西藏	与石器坡组相当
144	Gongba Ss-Cg	贡巴砂砾岩	54-2543	Q_1	中科院科考队	1973	西藏	与札达群上部相当
145	Gongboxue Fm	工波学组	54-2474	K_2	王乃文等	1976	西藏	与羊卓雍群部分相当
146	Gongboxue Fm	工波学组	54-2255	T_3	吴一民等	1979	西藏	与修康群上部相当
147	Gongbushan Fm	贡布山组	54-2088	D_3	尹集祥等	1984	西藏	与松宗群上部相当
148	Gongzula Fm	共足拉组	54-2270	T_3	郭铁鹰等	1991	西藏	与德日荣组相当
149	Goukou Fm	沟口组	54-2433	K	西藏第四地质队	1974	西藏	与朗山组部分相当
150	Goulongri Fm	沟陇日组	54-2045	O	西藏地矿局	1983	西藏	与甲村群上部相当
151	Goulongri Mem	沟陇日段	54-2109	D—C	林宝玉	1989	西藏	与亚里组下部相当
152	Guchang Gr	古昌群	54-2131	C_1	西藏区调队	1987	西藏	含拉嘎组、昂杰组
153	Gucuo Fm	古错组	54-2324	J—K	王义刚等	1974	西藏	与门卡墩组部分相当
154	Gucuocun Fm	古错村组		J—K	余光明等	1983	西藏	与门卡墩组部分相当
155	Guiya Fm	桂牙组	54-2416	K_1	王乃文	1983	西藏	与朗山组下部相当
156	Guishan Fm	龟山组		J	西藏第四地质队	1968	西藏	与接奴群部分相当
157	Gujin Fm	古金组	54-2050	O	中科院科考队	1984	西藏	与桑曲组相当
158	Gulu Fm	古鲁组	54-2441	K	西藏第三地质队	1976	西藏	与林子群部分相当
159	Gumi Fm	古米组	54-2162	C	云南第三地质队	1991	西藏	与卡贡群相当
160	Guqin Gr	古琴群		AnZ	陈炳蔚	1980	西藏	与念青唐古拉群相当
161	Guobu Fm	果布组	54-2204	P_1	西藏区调队	1983	西藏	与下拉组大体相当
162	Guolie Fm	果列组	54-2277	T	西藏区调队	1987	西藏	与土隆群下部相当
163	Guoqu Gr	郭曲群	54-2346	J	韩同林	1983	西藏	与拉贡塘组下部相当
164	Guoxuepu Fm	锅雪普组	54-2305	T_2	四川区调队	1990	西藏	与甲丕拉组底部相当
165	Guzi Fm	雇孜组	54-2116	C	梁定益、王为平	1983	西藏	与拉轨岗日群上部相当
166	Hala Fm	哈拉组		J_3	韩同林	1983	西藏	与拉贡塘组相当
167	Heishan Fm	黑山组		J	西藏第四地质队	1968	西藏	与接奴群部分相当
168	Heihe Gr	黑河群		J_2	全国地层会议	1983	西藏	与雁石坪群部分相当
169	Hamashan Fm (Duoba)	蛤蟆山组（多巴）	54-2431	K	西藏第四地质队	1973	西藏	与接奴群部分相当
170	Hongqilafu Fm	红旗拉甫组	54-2364	J_3	新疆区域地层表	1981	西藏	与雁石坪群上部相当
171	Hongyashan Fm	红崖山组	54-2415	K_2	王乃文	1983	西藏	与朗山组部分相当
172	Huakaizuo Fm	花开左组	54-2374	J_2	云南地质局一区测队	1973	西藏	与察雅群中部相当

序号	地层单位名称		编号	地质时代	创名人	创建时间	所在省（地）	不采用的理由
	英文	汉文						
173	Huangdai Bed	黄带层	54-2037	O	尹集祥等	1975	西藏	与甲村群底部相当
174	Huashiling Fm	化石岭组	54-2370	J_2	西藏地质队陈茂功等	1962	西藏	含义不清
175	Jiagang Gr	甲岗群	54-2411	K	郭铁鹰等	1991	西藏	与朗山组相当位
176	Jialashankou Fm	加拉山口组	54-2190	P_1	林宝玉	1983	西藏	与姜叶玛组相当
177	Jialazi Fm	加拉孜组	54-2487	E_{1-2}	徐钰林等	1989	西藏	非岩石地层单位
178	Jiamukaba Fm	加木卡巴组	54-2358	J_3	郭铁鹰等	1991	西藏	与雁石坪群部分相当
179	Jiangba Fm	江巴组	54-2408	K	西藏区调队	1987	西藏	与竟柱山组相当
180	Jiangcuo Fm	江错组	54-2201	P_1	张正贵等	1989	西藏	与下拉组部分相当
181	Jianglongma Fm	江隆玛组	54-2275	T	西藏区调队	1987	西藏	与曲龙共巴组相当
182	Jiangzi Fm(Sy.)	江孜组(系)	54-2338	J	李璞等	1955	西藏	与遮拉组下部相当
183	Jianhu Gr	碱湖群	54-2094		王文彬	1957	西藏	资料不详
184	Jianshan Fm	尖山组	54-2366	J_1	马孝达	1983	西藏	与色哇组相当
185	Jiaomuchaka Fm	角木茶卡组	54-2227	P_1	吴瑞忠、陈德全等	1986	西藏	与吞龙共巴组部分相当
186	Jiaqiong Fm	夹穷组	54-2353	J	汪明洲、程立人	1980	西藏	与接奴群部分相当
187	Jiaqu Fm	甲曲组	54-2042	O	林宝玉	1989	西藏	与甲村群上部相当
188	Jiaquqiao Fm	加曲桥组	54-2004	AnZ	应思淮	1974	西藏	与曲乡组上部相当
189	Jiazhila Fm	加指拉组	54-2302	T	饶荣标等	1987	西藏	与甲不拉组下部相当
190	Jieshandaban Fm	界山大坂组		Js	章炳高等	1984	西藏	雁石坪群部分相当
191	Jiesheng Gr	杰胜群	54-2121	C	西藏区调队	1987	西藏	与基龙组相当
192	Jijiu Fm	极久组	54-2054	S	杨曾荣	1985	西藏	与石器坡组下部相当
193	Jilong Gr	吉隆群	54-2542	$N_2—Q_1$	中科院科考队	1976	西藏	与札达群下部相当
194	Jilong Gr	吉隆群	54-2240	T_3	尹集祥等	1974	西藏	与修康群部分相当
195	Jingu Fm	金古组	54-2306	T_3	青海区调队	1990	西藏	与东独组部分相当
196	Jinshajiang Sy.	金沙江系	54-2011	An∈	李璞	1959	西藏	与宁多群部分相当
197	Jipu Fm	吉普组	54-2230	P_1	詹立培、吴让荣(介绍)	(1982)	西藏	与下拉组相当
198	Jipu Gr	吉普群	54-2159	C—P	孙特	1983	西藏	资料不祥
199	Jipucun Fm	吉普村组	54-2286	T—J	郭铁鹰等	1991	西藏	与日干配错群部分相当
200	Jipuli Gr	吉普利群	54-2492	E_{1-2}	中科院科考队	1962	西藏	与岗巴群部分相当
201	Jiubao Fm	旧堡组	54-2385	K	徐玉林等	1989	西藏	与岗巴村口组相当
202	Jiumaer Fm	久马尔组	54-2389	K	Hiem and Gansser	1939	西藏	与宗卓组相当
203	Jiwa Fm	吉瓦组	54-2091	D_1	饶靖国、张正贵等	1988	西藏	与达尔东组相当
204	Jixi dolomite Fm	吉西白云岩组	54-2028	Z—Pz	A K Jain	1974	西藏	与米里群部分相当
205	Juesi Gr	觉思群	54-2494	E_2	西藏第一地质队	1971	西藏	资料不详
206	Jueyong Fm	觉拥组	54-2099	D_1	张正贵等	1990	西藏	与海通组下部相当
207	Juhuashan Fm	菊花山组	54-2285	T	吴瑞忠等	1985	西藏	与日干配错群部分相当
208	Juripu Fm	巨日浦组	54-2184	P_1	西藏区调队	1983	西藏	与下拉组相当

序号	地层单位名称		编号	地质时代	创名人	创建时间	所在省(地)	不采用的理由
	英文	汉文						
209	Jurisang Gr	巨日桑群	54-2078	D	西藏区调队	1983	西藏	与查果罗玛组部分相当
210	Kadang Fm	卡当组	54-2173	P_1	成都地矿所张正贵等	1989	西藏	与基隆组部分相当
211	Kadong Fm	卡东组	54-2469	J_3—K	王乃文等	1976	西藏	与鱼浪白加群下部相当
212	Kagangla Fm	卡岗拉组	54-2242	T_2	顾庆阁	1965	西藏	与土隆群上部相当
213	Kangmenduo Fm	抗门多组	54-2036	O_3	杨曾荣	1985	西藏	与甲村群上部相当
214	Kangnan Fm	康南组	54-2292	T	文世宣	1984	西藏	与硬水泉组上部相当
215	Kangshanqiao Fm	康山桥组	54-2005	AnZ	应思淮	1974	西藏	与曲乡组上部相当
216	Kangshare Fm	康沙热组	54-2244	T_3	饶荣标等	1987	西藏	与土隆群上部相当
217	Kangshare Fm	康沙热组	54-2245	T_1	王义刚、孙东立、何国雄	1984	西藏	同名异物,与土隆群底部相当
218	Kangwuli Fm	康乌丽组	54-2105	C—P	中国登山队	1982	西藏	与基龙组相当
219	Kaxiangda Fm	卡香达组	54-2234	P_2	张遴信、穆西南	1979	西藏	与妥坝组上部相当
220	Kede Fm	可德组	54-2052	S	林宝玉等	1982	西藏	与普鲁组上部相当
221	Kedela Fm	可德拉组	54-2074	D	林宝玉等	1982	西藏	与凉泉组上部相当
222	Keermu Gr	克尔木群	54-2068	S	饶靖国	1988	西藏	与东卡组部分相当
223	Kenzuoga Fm	肯做尕组	54-2129	J	赵喜进	1985	西藏	与察雅群部分相当
224	Kejia Gr	科加群	54-2021	Z—∈	西藏区调队	1987	西藏	与肉切村群相当
225	Kepu Fm	柯浦组	54-2118	P	梁定益、王为平	1983	西藏	与康马组相当
226	Kewoxiga Fm	柯窝西嘎组	54-2112	P	章炳高	1974	西藏	与康马组下部相当
227	Keya Fm	科亚组	54-2053	S	林宝玉	1983	新疆	与普鲁组上部相当
228	Kongkashankou Fm	空喀山口组	54-2235	P_1	新疆地质局	1981	西藏	待查
229	Kongqinzhaga Fm	空钦扎嘎组		J_3	韩同林	1983	西藏	与林布宗组下部相当
230	Kuti Ls.	库提灰岩	54-2278	T	郭铁鹰等	1991	西藏	与德日荣组部分相当
231	Labugang Gr	拉布岗群	54-2520	N_2	西藏区调队	1979	西藏	与乌郁群相当
232	Lading Gr	拉丁群	54-2145	C	陈楚震介绍	1984	西藏	部分与诺错组相当
233	Lagu Fm	拉古组	54-2155	C	尹集祥	1984	西藏	与来姑组相当
234	Laguocuo Fm	拉果错组	54-2402	K	西藏区调队	1986	西藏	与朗山组相当
235	Langcuo Fm	浪错组	54-2183	P_1	林宝玉	1983	西藏	与姜叶玛组相当
236	Langcuo Gr	浪错群	54-2182	P_1	王增吉、刘世坤	1982	西藏	与姜叶玛组相当
237	Langjiu Fm	浪久组	54-2258	T_2	吴一民等	1979	西藏	同名异物,与穷果群部分相当
238	Langjiu Fm	浪久组	54-2134	J	王乃文	1983	西藏	同名异物,与遮拉组上部相当
239	Laibuxi Fm	赖布西组	54-2243	T_2	王义刚、孙东立	1984	西藏	与土隆群下部相当
240	Laiqing Fm	来庆组	54-2503	N	西藏第三地质队	1972	西藏	与林子宗群部分相当
241	Lajiangshan Fm	拉江山组	54-2448	K	西藏综合队	1979	西藏	与竟柱山组可能相当
242	Lakang Fm	拉康组	54-2253	T_1	吴一民等	1979	西藏	与吕村组大体相当

序号	地层单位名称		编号	地质时代	创名人	创建时间	所在省(地)	不采用的理由
	英文	汉文						
243	Lanchengqu Gr	兰成曲群	54-2269	T_{1-3}	郭铁鹰等	1991	西藏	与修康群部分相当
244	Langba Fm	朗巴组	54-2452	K_1	王乃文等	1979	西藏	同名异物,与楚木龙组部分相当
245	Langba Fm	朗巴组	54-2115	C	梁定益,王为平	1983	西藏	同名异物,与拉轨岗日群下部相当
246	Langjiexue Gr	朗杰学群	54-2264	T_3	西藏第一地质队	1963	西藏	与修康群同物异名
247	Langjiu Fm	朗久组	5221	N_1	西藏区调队	1987	西藏	与大竹卡组部分相当
248	Langma Fm	朗玛组	54-2079	D_{1-2}	林宝玉	1983	西藏	与查果罗玛组下部相当
249	Langmari Gr	朗玛日群	54-2132	C	西藏区调队	1983	西藏	与昂杰组部分相当
250	Langmaria Fm	朗玛日阿组	54-2127	C—P	杨式溥、范影年	1982	西藏	与拉嘎组部分相当
251	Langsheling Gr	狼舌岭群	54-2399	K	西藏第二地质队	1978	西藏	与门中组部分相当
252	Langxian Fm	朗县组	54-2394	K	周云生	1974	西藏	与门中组部分相当
253	Lanongla Fm	拉弄拉组	54-2320	J_2	余光明等	1983	西藏	与聂聂雄拉群上部相当
254	Laoran Fm	老然组	54-2478	K_1	赵喜进等	1986	西藏	与香堆群下部相当
255	Lasaila Ls.	拉赛拉灰岩	54-2191	P_1	青藏高原综合科学考察队	1984	西藏	构造岩块与姜叶玛组部分相当
256	Lazhapu Mem	腊扎浦段	54-2110	C	林宝玉	1989	西藏	与亚里组上部相当
257	Lazi Gr	拉孜群	54-2393	K	中科院 1960 年西藏考察队	1961	西藏	与甲不拉组部分相当
258	Leiwuqi Gr	类乌齐群	54-2015	An∈	魏振声	1983	西藏	与吉塘群相当
259	Lengqingre Fm	冷青热组	54-2387	K	徐玉林等	1989	西藏	与岗巴群下部相当
260	Linbuzong Red Bed	林布宗红层	54-2453	K	李璞等	1955	西藏	与林子宗群相当
261	Linjitang Fm	林济塘组	54-2299	T	西藏区调队	1987	西藏	与肖茶卡群下部相当
262	Linla Fm	林拉组	54-2252	T_1	吴一民等	1979	西藏	与穷果群部分相当
263	Liuwan Fm	柳湾组	54-2343	J	瑞德(Reed)	1927	云南	包括桑卡拉佣组马里组
264	Liuwu Fm	柳梧组	54-2444	K	王乃文等	1983	西藏	与门中组部分相当
265	Longma Ls.	龙马灰岩	54-2331	J	海登(Hayden)	1907	西藏	与聂聂雄拉群部分相当
266	Longmenka Gr	龙门卡群		R	西藏区调队	1987	西藏	与康托组相当
267	Longmucuo Gr	龙木错群	54-2158	C	章炳高	1984	西藏	与吞龙共巴组相当
268	Luanniba Fm	乱泥巴组	54-2313	T_3	四川区调队	1990	西藏	与波里拉组部分相当
269	Lugu Fm	鲁谷组	54-2226	P_1	西藏区调队	1986	西藏	与吞龙共巴组相当
270	Lunpola Gr	伦坡拉群	54-2483	E_3—N	石油综合研究队	1966	西藏	与牛堡组部分相当
271	Luoburi Fm	罗布日组	54-2276	T	西藏区调队	1987	西藏	与土隆群上部相当
272	Luobusha Gr	罗布莎群	54-2485	E	西藏第二地质队	1976	西藏	与大竹卡组部分相当
273	Luogong Fm	洛工组	54-2085	C_1	林宝玉	1983	西藏	与查果罗玛组顶部相当
274	Lure Fm	陆热组	54-2259	T_2	吴一民等	1979	西藏	同名异物,与穷果群部分相当
275	Lure Fm	陆热组	54-2432	J_1	王乃文	1983	西藏	同名异物,与日当组相当
276	Maerguochaka Gr	玛尔果茶卡群	54-2539	E	吴瑞忠	1985	西藏	与康托组部分相当

序号	地层单位名称		编号	地质时代	创名人	创建时间	所在省（地）	不采用的理由
	英文	汉文						
277	Magazangbu Fm	麻嘎藏布组		J	郭铁鹰等	1991	西藏	与木嘎岗日群部分相当
278	Makuqu Fm	麻库曲组	54-2436	K	王乃文	1983	西藏	与竟柱山组部分相当
279	Mangkang Fm	芒康组	54-2467	K_2	云南第三地质队	1990	西藏	与香堆群部分相当
280	Mangxiangyu Fm	忙香鱼组	54-2273	T_3	郭铁鹰等	1991	西藏	与曲龙共巴组相当
281	Mangzongrong U. Fm	忙宗荣上组	54-2175	P_1	梁定益等	1991	西藏	与曲布日嘎组部分相当
282	Mangzongrong L. Fm	忙宗荣下组	54-2122	P	梁定益等	1991	西藏	与曲布日嘎组部分相当
283	Mangzongrong M. Fm	忙宗荣中组	54-2123	P	梁定益等	1991	西藏	与曲布日嘎组部分相当
284	Mapangyongcuo Fm	玛旁雍错组	54-2040	O	郭铁鹰等	1991	西藏	与达巴劳组部分相当
285	Maxiangqu Gr	马香曲群	54-2241	T_{1-2}	顾庆阁	1965	西藏	与土隆群上部相当
286	Mayang Fm	马阳组	54-2179	P	西藏区调队	1987	西藏	曲布日嘎组相当
287	Mayao Fm	马窑组	54-2428	K	章炳高等	1981	西藏	与多尼组部分相当
288	Meipo Fm	没坡组	54-2455	K_1	王乃文	1983	西藏	部分与多尼组相当
289	Menbu Fm	门布组	54-2322	J_2—J_3	余光明等	1983	西藏	与门卡墩组相当
290	Mende Fm	门德组	54-2424	K	西藏第四地质队	1968	西藏	与竟柱山组相当
291	Mendeema Fm	门德俄玛组	54-2051	O	魏振声等	1983	西藏	与刚木桑组部分相当
292	Mendeeyue Fm	门德俄约组	54-2069	S	喻洪津	1985	西藏	与扎弄俄玛组相当
293	Mendeluozi Gr	门德洛子群	54-2437	K	李璞	1955	西藏	部分与朗山组相当
294	Menduo Fm	门多组	54-2177	P_1	饶荣标、张正贵	1985	西藏	与色龙群部分相当
295	Mengaxiong Gr	孟阿雄群	54-2307	T	四川区调队	1990	西藏	与结扎群部分相当
296	Menshi Gr	门士群	54-2493	E_2	新疆地质局156队	1971	西藏	与秋乌组相当
297	Mentoushan Sy.	门头山系	54-2163	C	西藏区调队（介绍）	(1987)	西藏	与霍尔巴错群部分相当
298	Mijiuxiong Ls. Sy.	米酒雄灰岩系	54-2218	P_1	西藏综合队（介绍）	(1980)	西藏	与下拉组相当
299	Milai Fm	米来组	54-2501	E	鲍进礼	1993	西藏	资料不详
300	Mili Qz. Fm	米里石英岩组	54-2031	Z—Pz	A K Jain	1974	西藏	与米里群上部相当
301	Mingongchaka Ls.	民工茶卡灰岩	54-2232	P_1	青藏高原综合科学考察队	1984	西藏	与吞龙共巴组部分相当
302	Mishimi Fm	米什米组	54-2008	AnZ	印度瓦第亚喜马拉雅地质研究所	1975	西藏	与聂拉木群相当
303	Mode Gr	莫得群	54-2161	C	云南区调队	1985	西藏	与卡贡群相当
304	Motianling Fm	摩天岭组	54-2354	J	汪明洲、程立人	1980	西藏	与接奴群部分相当
305	Muben Fm	目本组	54-2289	T	云南第三地质队	1991	西藏	与确哈拉群上部相当
306	Mujiubuqu Fm	木纠布曲组	54-2084	D_3	林宝玉	1989	西藏	与查果罗玛组上部相当
307	Mushirebuka Gr	木实热不卡群	54-2157	C—P	西藏区调队	1987	西藏	与霍尔巴错群同物异名
308	Muxia Fm	幕霞组	54-2038	O	郭铁鹰等	1991	西藏	与下拉孜组部分相当

序号	地层单位名称		编号	地质时代	创名人	创建时间	所在省（地）	不采用的理由
	英文	汉文						
309	Nacuo Gr	纳错群	54-2208	P_1	四川区调队、南古所	1982	西藏	部分与来姑组相当
310	Nadigangri Gr	那底岗日群	54-2359	J_3	吴瑞忠等	1985	西藏	与雁石坪群上部相当
311	Nadigangri Fm	那底岗日组		J_{1+2}	西藏区调队	1986	西藏	与雁石坪群底部相当
312	Nadingcuo Fm	纳丁错组		E(?)	西藏区调队	1986	西藏	与美日切错组相当
313	Nailong Fm	乃隆组	54-2383	K	西藏地质局	1971	西藏	与岗巴群部分相当
314	Namuhu Gr	纳木湖群	54-2213	C—P	韩同林	1983	西藏	部分与来姑组相当
315	Namunani Gr	纳木那尼群	54-2016	AnZ	梁定益	1991	西藏	与聂拉木群相当
316	Nanjiabawa Gr	南迦巴瓦群	54-2007		张旗	1984	西藏	与聂拉木群相当
317	Nazha Fm	那扎组	54-2160	C	梁定益、张宜智等	1991	西藏	与霍尔巴错群部分相当
318	Naziduobo Fm	那子夺波组	54-2137	P	梁定益	1991	西藏	与昂杰组部分相当
319	Niantang Fm	念淌组	54-2089	D_3	尹集祥等	1984	西藏	与松宗群上部相当
320	Niedang Fm	聂当组	54-2445	K	王乃文等	1983	西藏	与林布宗组部分相当
321	Nieniexiongla Fm	聂聂雄拉组	54-2525	Q_1	中科院科考队	1974	西藏	与札达群上部相当
322	Nieniexiongla Fm	聂聂雄拉组		J_{1+2}	王义刚	1984	西藏	与聂聂雄拉群下部相当
323	Nigumiao Fm	尼姑庙组	54-2508	N	拉萨地质队	1961	西藏	与乌郁群部分相当
324	Nilelong Fm	尼勒陇组	54-2316	T_3	西藏区调队	1991	西藏	与结扎群下部相当
325	Nimaluoshiza Fm	尼玛洛什杂组	54-2178	P	饶荣标、张正贵	1985	西藏	与色龙群顶部相当
326	Ninggongqu-jiulong Fm	宁共曲久隆组	54-2233	P_1	文世宜	1979	西藏	与围山湖组相当
327	Niumagou Fm	牛马沟组	54-2440	K	西藏第三地质队	1975	西藏	与楚木龙组相当
328	Nuoerguo Fm	诺尔果组		K	西藏第四地质队	1974	西藏	与朗山组部分相当
329	Ouli U. Fm	欧利上组	54-2490	E_{1-2}	郭铁鹰等	1991	西藏	与牛堡组相当
330	Ouli L. Fm	欧利下组	54-2407	K	郭铁鹰等	1991	西藏	与铁隆滩组上部相当
331	Pangduo Gr	旁多群	54-2142	C	李璞	1955	西藏	包括来姑组、诺错组
332	Pangna Fm	旁那组	54-2217	P_2	西藏区调队	1991	西藏	与蒙拉组相当
333	Panjin Fm	潘金(岩)组	54-2032	Z—Pz	印度瓦第亚喜马拉雅地质研究所	1974	西藏	与米里群上部相当
334	Paolongyangzha Fm	跑龙杨札组	54-2434	K	西藏第四地质队	1974	西藏	与竟柱山组部分相当
335	Pazhuo Fm	帕卓组	54-2060	S	林宝玉	1982	西藏	与普鲁组上部相当
336	Pengbo Fm	澎波组	54-2438	K	西藏综合队	1975	西藏	与塔克那组部分相当
337	Pengga Mem	朋嘎段	54-2081	C_1	杨式溥、范影年	1982	西藏	与查果罗玛组顶部相当
338	Pengqu Gr(Bed)	朋曲群(层)	54-2333	J	李璞等	1959	西藏	与聂聂雄拉群上部相当
339	Pengria Fm	朋日阿组	54-2459	K	韩同林	1983	西藏	与朗山组相当
340	Pengtaboluo Fm	砰塔波洛组	54-2418	K	王乃文	1983	西藏	与朗山组部分相当
341	Polinpu Fm	破林浦组	54-2117	C	梁定益、王为平	1983	西藏	与亚里组部分相当
342	Polinpu Gr	破林浦群	54-2119	C	西藏区调队	1986	西藏	与基龙组部分相当
343	Pulan Gr	普兰群	54-2531	N_2	西藏区调队	1987	西藏	与札达群相当
344	Punu Fm	普奴组	54-2442	K—E	王乃文等	1983	西藏	与林子宗群部分相当

序号	地层单位名称		编号	地质时代	创名人	创建时间	所在省(地)	不采用的理由
	英文	汉文						
345	Pupuga Fm	普普嘎组	54-2321	J_1	王义刚等	1980	西藏	与聂聂雄拉群下部相当
346	Purongnong Fm	普绒弄组	54-2500	E	鲍进礼	1993	西藏	资料不详
347	Pusela Fm	普色拉组	54-2327	J	郭铁鹰等	1991	西藏	与才里群下部相当
348	Qiabulin Fm	恰布林组	54-2396	K	西藏工业地质队	1964	西藏	与大竹卡组下部相当
349	Qiangge Fm	羌格组	54-2100	D_3	四川区调队	1972	西藏	与卓戈洞组上部相当
350	Qiangla Fm	强拉组	54-2076	D_1	郭铁鹰等	1991	西藏	与凉泉组相当
351	Qiangla Gr	强拉群	54-2056	S	西藏区调队	1987	西藏	与普鲁组相当
352	Qiangre Fm	强惹组	54-2495	E_1	西藏第一地质队	1971	西藏	与基堵拉组相当
353	Qiangshari Fm	强莎日组	54-2061	S	林宝玉等	1989	西藏	与石器坡组相当
354	Qiaoertianshan Gr	乔尔天山群	54-2524	R	西藏区调队	1987	西藏	与唢纳湖组相当
355	Qiatier Gr	恰提尔群	54-2164	C	新疆地矿局介绍	(1981)	西藏	与月牙湖组相当
356	Qidizong Ls.	奇底宗灰岩	54-2186	P_1	尹集祥、郭师曾(介绍)	(1976)	西藏	与姜叶玛组相当
357	Qielihu Fm	切里湖组	54-2352	J	汪明洲、程立人	1980	西藏	与接奴群部分相当
358	Qilin Fm	奇林组	54-2479	E	西藏第四地质队	1974	西藏	与牛堡组部分相当
359	Qimala Fm	奇玛拉组	54-2274	T_3	西藏区调队	1987	西藏	与德日荣组相当
360	Qimanongba Gr	柒玛弄巴群	54-2480	E	西藏区调队	1983	西藏	与牛堡组部分相当
361	Qingdu Gr	青都群	54-2517	N	吴一民	1983	西藏	与乌郁群部分相当
362	Qingduo Fm	倾多组	54-2153	C	文沛然	1992	西藏	包括诺错组、来姑组
363	Qinguo Gr	倾多群	54-2148	C	陈炳蔚	1982	西藏	包括诺错组、来姑组
364	Qingduo Sy.	倾多系	54-2144	Pz	李璞	1959	西藏	包括诺错组、来姑组
365	Qingshuihe Fm	青水河组	54-2514	P_1	吴瑞忠等	1990	西藏	与吉普日阿组上部相当
366	Qingshi Gr	青石群	54-2515	N	西藏区调队	1983	西藏	与丁青湖组相当
367	Qiongri Fm	穷日组	54-2463	K_2	韩同林	1983	西藏	与竟柱山组相当
368	Qiugongba Fm	丘共巴组	54-2022	$\in—O_1$	梁定益	1991	西藏	与肉切村群相当
369	Qiwugongba Gr	齐吾共巴群	54-2023	$Z—\in$	西藏区调队	1987	西藏	与肉切村群相当
370	Quanshang Fm	泉上组	54-2044	O	陈挺恩	1984	西藏	与甲村群上部相当
371	Qudenggongba Fm	曲登共巴组	54-2248	T_2	饶荣标等	1987	西藏	与土隆群上部相当
372	Quesangsi Fm	却桑寺组	54-2339	J	西藏综合队	1976	西藏	与却桑温泉组部分相当
373	Qumenxiala Fm	曲门夏拉组	54-2077	D_{2+3}	郭铁鹰等	1991	西藏	与波曲组相当
374	Quse Fm	曲色组	54-2128	J	西藏区调队	1986	西藏	与色哇组下部相当
375	Qushengbao Gr (Sy)	渠生堡群(岩系)	54-2426	K	李璞等	1951	西藏	与竟柱山组相当
376	Qushenla Fm	去申拉组	54-2403	K	西藏区调队	1986	西藏	与则弄群相当
377	Qusong Gr	曲松群	54-2335	J	西藏区调队	1987	西藏	与才里群相当
378	Qusongbo Gr (Fm)	曲松波群(组)	54-2422	K	韩相涛等	1983	西藏	与多尼组相当

序号	地层单位名称		编号	地质时代	创名人	创建时间	所在省（地）	不采用的理由
	英文	汉文						
379	Qusongkou Fm	渠松口组	54-2425	K	石油综合研究队	1966	西藏	与朗山组部分相当
380	Qusuoma Fm	曲索玛组	54-2130	C	西藏区调队	1987	西藏	与永珠组部分相当
381	Quxia Ls.	曲虾灰岩	54-2193	P_1	梁定益、王为平	1983	西藏	非正式岩石地层单位，构造岩块
382	Quxianong Fm	区侠弄组	54-2309	T_1	四川区调队	1986	西藏	与普水桥组部分相当
383	Quzong Fm	曲宗组	54-2106	C	尹集祥、郭师曾	1976	西藏	与纳兴组部分相当
384	Rangbujiaola Fm	让布角拉组	54-2039	O	郭铁鹰等	1991	西藏	与达巴劳组部分相当
385	Ranmu Fm	然木组	54-2496	E	青海区调队	1990	西藏	与贡觉组部分相当
386	Ranwu Fm	然乌组	54-2154	C	文沛然	1992	西藏	与来姑组相当
387	Rebu Ph.Sy.	热布千枚岩系	54-2288	T	韩同林	1983	西藏	与希湖群相当
388	Rekala Gr	热卡拉群	54-2189	P_1	郭铁鹰、梁定益等	1991	西藏	与白定浦组大体相当
389	Ria Fm	日阿组	54-2203	P_1	林宝玉	1981	西藏	与下拉组下部相当
390	Riagou Fm	日阿沟组	54-2202	P_1	林宝玉(介绍)	(1989)	西藏	与下拉组部分相当
391	Riajue Fm	日阿觉组	54-2093	D_1	许汉奎	1980	西藏	与达尔东组相当
392	Riajueabuduo Fm	日阿觉阿布多组	54-2049	O	林宝玉	1989	西藏	与申扎组上部相当
393	Rialu Fm	日阿鲁组		J_3	韩同林	1983	西藏	与拉贡塘组部分相当
394	Ridong Fm	日东组	54-2152	C	文沛然	1992	西藏	同名异物与诺错组部分相当
395	Ridong Fm	日东组	54-2215	P_1	云南区调队	1985	西藏	与交嘎组相当
396	Rigabo Fm	日嘎波组	54-2043	O	林宝玉	1989	西藏	与甲村群底部相当
397	Rimowa Fm	日莫瓦组	54-2471	J	王乃文等	1976	西藏	与鱼浪白加群上部相当
398	Ripoqie Fm	日坡切组		K_2	韩同林	1983	西藏	与竟柱山组部分相当
399	Risong Gr	日松群	54-2349	J	郭铁鹰等	1991	西藏	与木嘎岗日群相当
400	Riwanchaka Fm	日湾察卡组	54-2165	C	谢义木	1983	西藏	与月牙湖组相当
401	Rixugou Fm	日须沟组	54-2528	N_2	耿国仓、陶君容	1982	西藏	与秋乌组部分相当
402	Requka Gr	热曲卡群	54-2103	P_1	西藏地层(介绍)	(1984)	西藏	非岩石地层单位
403	Reweier Fm	热维尔组	54-2357	J_2	郭铁鹰等	1991	西藏	与木嘎岗日群部分相当
404	Rongbu Fm	绒布组	54-2018	AnZ	尹集祥、郭师曾	1975	西藏	与聂拉木群部分相当
405	Ronggama Fm	绒嘎马组	54-2107	C	尹集祥、郭师曾	1976	西藏	与纳兴组部分相当
406	Rongjiga Fm	荣吉嘎组	54-2063	S	林宝玉	1983	西藏	与普鲁组下部相当
407	Rongma Fm	绒马组	54-2225	P_1	李才、郑安柱	1990	西藏	与吞龙共巴组部分相当
408	Rumei Fm	如美组	54-2185	J	云南第三地质队	1990	西藏	与察雅群部分相当
409	Ruoguo Fm	若果组	54-2499	E	鲍进礼(青海综合大队)	1983	西藏	资料不详
410	Saer Fm	萨尔组	54-2035	O_3	杨曾荣	1985	西藏	与甲村群上部相当
411	Saila Gr	赛拉群	54-2006	AnZ	印度瓦第亚喜马拉雅地质研究所	1974	西藏	与聂拉木群相当
412	Sailipu Gr	赛利浦群	54-2527	N_2—Q_1	西藏区调队	1987	西藏	与鱼鳞山组部分相当

序号	地层单位名称		编号	地质时代	创名人	创建时间	所在省(地)	不采用的理由
	英文	汉文						
413	Sangba Gr	桑巴群	54-2342	J	西藏综合队	1979	西藏	与马里组、桑卡拉佣组相当
414	Sangduo Fm	桑多组	54-2311	T_3	四川区调队	1990	西藏	与结扎群部分相当
415	Sangjiamala Fm	桑加马拉组	54-2388	K	Shahandsinha	1974	西藏	资料不详
416	Sangribaka Gr	桑日巴卡群	54-2345	J	韩同林	1983	西藏	包括马里组桑卡组
417	Sangxiu Fm	桑秀组	54-2470	K	王乃文等	1976	西藏	与鱼浪白加群部分相当
418	Sangzugang Fm	桑祖岗组	54-2476	K_1	吴浩若等	1977	西藏	与日喀则群下部相当
419	Sangri Fm	桑日组		J_2	韩同林	1983	西藏	与桑卡那佣组相当
420	Sega Fm	色尕组	54-2308	T	杨善清	1983	西藏	与马拉松多组上部相当
421	Senbei Fm	森北组	54-2102	P	四川区调队	1986	西藏	构造岩片
422	Sexiong Fm	色雄组	54-2516	N	吴一民	1983	西藏	与牛堡组部分相当
423	Serongsi Fm	色容寺组		T_1	四川三区测队	1974	西藏	与普水桥组上部相当
424	Shading Sl. Sy.	沙丁板岩系	54-2351	T—K	李璞等	1955	西藏	包括确哈拉群、希湖群拉贡塘组等
425	Saiwa Fm	*赛瓦组		J_2	蒋忠惕	1983	西藏	与雁石坪群部分相当
426	Shalonglieding Fm	沙龙列丁组	54-2141	C	廖卫华、陈挺恩	1984	西藏	与永珠组部分相当
427	Shamola Gr	杀磨拉群	54-2086	D_{2-3}	西藏区调队	1983	西藏	与查果罗玛组相当
428	Shanglading Fm	上拉丁组	54-2147	C	林宝玉(介绍)		西藏	部分与诺错组相当
429	Shanglangmagou Fm	上朗玛沟组	54-2092	D_1	饶靖国、张正贵等	1988	西藏	与达尔东组相当
430	Shaogang Gr	少岗群	54-2114	C	梁定益、王为平	1983	西藏	解体为亚里组等
431	S,-St,Mem	砂质粉砂岩段	54-2111	C—P	尹集祥、郭师曾	1976	西藏	与基龙组部分相当
432	Sheerge Fm	舍尔戈组	54-2421	K	王乃文	1983	西藏	与朗山组部分相当
433	Shengmazaze Fm	生马杂则组		J	西藏第四地质队	1968	西藏	与接奴群部分相当
434	Shengmi Fm	生米组	54-2174	P_1	成都地质矿产研究所	1989	西藏	与曲布日嘎组部分相当
435	Shiduo Fm	狮多组	54-2406	K—E	郭铁鹰等	1991	西藏	与茶里错群相当
436	Shigaoshan Fm	石膏山组	54-2371	J_2	宋家玉等	1961	西藏	与雁石坪群部分相当
437	Shikuaidi Fm	石块地组	54-2206	P_1	张正贵	1986	西藏	与下拉组部分相当
438	Shiquanhe Gr	狮泉河群	54-2497	E—N	郭铁鹰	1991	西藏	与康托组相当
439	Shouxinghu Fm	兽形湖组		O_2^1	西藏区调队	1987	西藏	与饮水河组部分相当
440	Shuanghuqun U. Fm	双湖群上组	54-2540	N_2	吴瑞忠	1985	西藏	与康托组上部相当
441	Shuanghuqun L. Fm	双湖群下组	54-2541	E	吴瑞忠	1985	西藏	与康托组下部相当
442	Shuangxiandaban Fm	双陷大坂组	54-2166	C	西藏区调队	1987	西藏	与月牙湖组部分相当
443	Sipiti Shale	斯匹提页岩	54-2326	J—K	印度地质调查所	1892	印度	与门卡墩组相当
444	Sisuo Fm	斯所组	54-2126	C	杨式溥、范影年	1982	西藏	与永珠组底部相当
445	Songmusong Fm	松木松组	54-2046	O	郭铁鹰等	1991	西藏	与红山头组相当
446	Songmuxicuo Gr	松木希错群		J_{1-2}	西藏区调队	1987	西藏	与雁石坪群部分相当
447	Sunuolin Fm	苏诺林组	54-2262	T_3	王乃文	1983	西藏	与修康群部分相当

序号	地层单位名称		编号	地质时代	创名人	创建时间	所在省(地)	不采用的理由
	英文	汉文						
448	Taerma Fm	塔尔玛组	54-2140	C	廖卫华、陈挺恩	1984	西藏	与查果罗玛组部分相当
449	Teerma Ls. Sy.	他尔玛灰岩系	54-2138	C—P	西藏综合队(介绍)	(1980)	西藏	与查果罗玛组部分相当
450	Taizhao Sy.	太昭系	54-2143	Pz	李璞	1959	西藏	包括来姑组等
451	Talilai Fm	塔里来组	54-2167	C	范影年	1988	西藏	与月牙湖组部分相当
452	Tanggula Gr	唐古拉群	54-2363	J_2—K_1	蒋忠惕	1983	西藏	与雁石坪群相当
453	Tela Fm	特拉组	54-2263	T_3	王乃文、刘桂芳、陈国铭	1983	西藏	与修康群部分相当
454	Tewu Fm	特乌组	54-2066	S	杨曾荣	1985	西藏	与石器坡组相当
455	Tashilikehu Gr	塔什拉克湖群	54-2200	P	青藏高原综合科学考察队	1984	西藏	与吞龙共巴组相当
456	Tiding Fm	提定组	54-2395	K	Ghosh	1935	西藏	包括宗卓组、甲不拉组
457	Tumengela Gr	土门格拉群	54-2300	T	青海区调队	1970	西藏	与结扎群部分相当
458	Tunla Fm	吞拉组	54-2382	K	西藏区调队(介绍)	(1983)	西藏	与宗山组部分相当
459	Tuohepingcuo Gr	托和平错群	54-2298	T	西藏区调队	1987	西藏	部分与康鲁组相当
460	Tuotala Fm	脱塔拉组	54-2231	P_1	梁定益	1981	西藏	与吞龙共巴组相当
461	Tutuo Fm	土拖组	54-2377	J_2	四川区调队	1990	西藏	与察雅群中部相当
462	Wada Fm	瓦达组	54-2344	J	贵州区调队	1992	西藏	与拉贡塘组部分相当
463	Wangbu Fm	汪布组	54-2381	J_1	贵洲区调队	1992	西藏	与察雅群下部相当
464	Wangguo Fm	汪果组	54-2170	C_2	四川区调队	1986	西藏	非岩石地层单位,构造岩块
465	Wanquanhu Gr	万泉湖群	54-2297	T	西藏区调队	1987	西藏	与肖茶卡群部分相当
466	Wapu Fm	瓦浦组	54-2545	T	云南第三地质队	1991	西藏	与巴塘群(青海)部分相当
467	Waqu Fm	哇曲组	54-2310	T_3	青海区调队	1990	西藏	与巴塘群(青海)部分相当
468	Wateding Fm	瓦特顶组	54-2291	T	云南第三地质队	1990	西藏	与巴塘群(青海)部分相当
469	Weien Fm	维恩组	54-2410	K	西藏区调队	1987	西藏	与多尼组相当
470	Wenbu Fm	文部组	54-2207	P	陈挺恩、廖卫华	1976	西藏	与下拉组相当
471	Wenquan Gr	温泉群	54-2464	K	科考队	1976	西藏	与雁石坪群相当
472	Wenquan Fm	*温泉组		J_2	蒋忠惕	1983	西藏	与雁石坪群部分相当
473	Wenquanhu Fm	温泉湖组		K	西藏区调队	1987	西藏	与竟柱山组相当
474	Woma Fm	沃马组	54-2513	N	黄万波	1980	西藏	与札达群部分相当
475	Woronggou Fm	卧荣沟组	54-2449	K_1	西藏综合队	1979	西藏	与多尼组部分相当
476	Wuga Gr	巫嘎群	54-2290	T	西藏区调队	1983	西藏	与确哈拉群相当
477	Wululong Fm	乌鲁龙组	54-2212	P_1	科考队	1984	西藏	与洛巴堆组下部相当
478	Xiagangjiang Gr	夏岗江群	54-2435	K	西藏第四地质队	1974	西藏	与多尼组部分相当
479	Xiaguercuo Gr	夏姑尔错群	54-2095	P	王文彬	1957	西藏	与吞龙共巴组部分相当
480	Xialading Fm	下拉丁组	54-2146	C	林宝玉(介绍)	(1989)	西藏	部分与诺错组相当
481	Xiang Gr	西昂群	54-2009	AnZ	Daling Schist		西藏	与聂拉木群相当

序号	地层单位名称		编号	地质时代	创名人	创建时间	所在省（地）	不采用的理由
	英文	汉文						
482	Xianqian Fm	先遣组	54-2222	P_1	西藏区调队	1987	西藏	与龙格组相当
483	Xianqin Fm	先钦组	54-2075	D_1	西藏区调队	1987	西藏	与凉泉组相当
484	Xianqiong Fm	先穷组	54-2071	D	饶靖国等	1985	西藏	与凉泉组部分相当
485	Xiaochaka Fm	肖茶卡组	54-2228	P_1	吴瑞忠、陈德泉等	1986	西藏	与肖茶卡群同名异物
486	Xiaosuoka Fm	小索卡组	54-2379	J_3	四川区调队	1990	西藏	与察雅群上部相当
487	Xiapugou Gr	夏浦沟群	54-2405	K	西藏区调队	1987	西藏	与日喀则群部分相当
488	Xiaqiong Gr	夏穷群	54-2414	K_1	梁寿生等	1983	西藏	与朗山组部分相当
489	Xiaqiongcuo Fm	夏穷错组	54-2419	J—K	王乃文	1983	西藏	与多尼组部分相当
490	Xiaqu Fm	夏曲组		K	西藏第四地质队	1974	西藏	与朗山组上部相当
491	Xiariduo Fm	夏日多组	54-2301	T	饶荣标等	1987	西藏	与甲丕拉组下部相当
492	Xiawuchubo Fm	夏吾除波组	54-2386	K	万晓樵等	1985	西藏	与岗巴村口组下部相当
493	Xiaxiguo Fm	夏息果组	54-2544	N_2	西藏地热地质队	1986	西藏	与乌郁群部分相当
494	Xiaxi Fm	夏西组		J_2	王乃文	1983	西藏	与遮拉组部分相当
495	Xizang Fm	西藏组	54-2194	P_2	盛金章(介绍)	(1962)	西藏	与曲嘎组相当
496	Xiegeer Fm	协格尔组	54-2384	K	西藏地质局	1971	西藏	与岗巴群部分相当
497	Xien Gr	西恩群	54-2012	AnZ	Jainetal	1974	西藏	与聂拉木群相当
498	Xiexiong Fm	协雄组	54-2347	K	刘茂修	1981	西藏	与拉贡塘组底部相当
499	Xilanta Fm	西兰塔组	54-2195	P_1	西藏区调队	1987	西藏	与姜叶玛组相当
500	Xiongencuo Fm	雄恩错组	54-2211	P_1	尹集祥、郭师曾	1984	西藏	与洛巴堆组相当
501	Xiongmei Fm	雄梅组	54-2048	O	陈挺恩	1986	西藏	与刚木桑组下部相当
502	Xiongsong Gr	雄松群	54-019	Pt	青海区调队	1990	西藏	与宁多群相当
503	Xishuanghu Fm	西双湖组	54-2283	T	吴瑞忠等	1985	西藏	与肖茶卡群部分相当
504	Xiukang Gr	修康群	54-2238	P_1	盛怀冰等	1984	西藏	同名异物，构造岩块与姜叶玛组相当
505	Xiumo Fm	休莫组	54-2323	J_3	余光明等	1983	西藏	与门卡墩组部分相当
506	Xixiabangmafeng Gr	希夏邦马峰群	54-2017	AnC	中国登山队科考队	1982	西藏	分为凉泉组、波曲组等
507	Xiyaergang Fm	西雅尔岗组	54-2284	T	吴瑞忠、陈德泉等	1985	西藏	与日干配错群部分相当
508	Xizha Gr	西扎群	54-2460	K_2	韩同林	1983	西藏	与朗山组部分相当
509	Xizhashan Fm	西扎山组	54-2447	K	西藏综合队	1979	西藏	与朗山组部分相当
510	Xuela Gr	雪拉群	54-2332	T—J	中国登山科考队	1964	西藏	包含吕村组等涅如组
511	Xueshan Fm	·雪山组		J_3	蒋忠惕	1983	西藏	与雁石坪群部分相当
512	Xuzhong Fm	徐中组	54-2468	K_2	云南第三地质队	1990	西藏	与香堆群部分相当
513	Yalidonggou Mem	亚里东沟段	54-2108	D	林宝玉	1989	西藏	与亚里组部分相当
514	Yalong Fm	雅龙组	54-2510	N	拉萨地质队	1961	西藏	与乌郁群上部相当
515	Yangjiang Fm	漾江组	54-2373	J_1	云南第一区测队	1973	西藏	与察雅群下部相当
516	Yangjianghu Fm	洋姜湖组	54-2296	T	杨锡彬、连玉秋	1980	西藏	与甲丕拉组相当

序号	地层单位名称		编号	地质时代	创名人	创建时间	所在省(地)	不采用的理由
	英文	汉文						
517	Yangweishan Fm	羊尾山组	54-2221	P_1	西藏区调队	1987	西藏	与吞龙共巴组相当
518	Yangzhuoyong Gr	羊卓雍群	54-2256	T_3	吴一民等	1979	西藏	同名异物，与涅如组大体部分相当
519	Yanjing Fm	盐井组	54-2303	J	云南第三地质队	1990	西藏	与瓦拉寺组部分相当
520	Yaxier Gr	雅西尔群	54-2096	S—D	章炳高等	1984	西藏	与普尔错群部分相当
521	Yaze Fm	雅则组	54-2087	D_3	尹集祥等	1984	西藏	与松宗群上部相当
522	Yazhi Fm	亚智组	54-2249	T_3	饶荣标等	1987	西藏	与曲龙共巴组下部相当
523	Yeba Fm	叶巴组	54-2443	K	西藏综合队	1974	西藏	与查曲浦组相当
524	Yebokangjiale Gr	野搏康加勒群	54-2532	N_2	赵希涛等	1976	西藏	与札达群部分相当
525	Yemagou Fm	野马沟组	54-2529	N_1	耿国仓、陶君容	1982	西藏	与大竹卡组部分相当
526	Yeru Fm	野汝组	54-2511	N	西藏第三地质队	1972	西藏	与乌郁群部分相当
527	Yesanggang Fm	叶桑岗组	54-2237	P_1	新疆区域地层表编写组	1981	西藏	与围山湖组相当
528	Yinga Fm	银朶组	54-2149	P	尹集祥	1984	西藏	与来姑组部分相当
529	Yinganshan Fm	英安山组	54-2536	N	魏振声		西藏	资料不详
530	Yingken Fm	英肯(岩)组	54-2027	Z—Pz	A K Jain	1974	西藏	与米里群下部相当
531	Yongbo Gr	涌波群	54-2314		魏振声、谭岳岩	1979	西藏	与巴颜喀拉山群部分相当
532	Yongqincuo Gr	佣钦错群	54-2355	J	西藏地质志	1993	西藏	与雁石坪群相当
533	Youmenka Gr	尤门卡群	54-2522	R	西藏区调队	1987	西藏	与牛堡组相当
534	Youxiugou Fm	优秀沟组	54-2328	J	郭铁鹰等	1991	西藏	与才里群部分相当
535	Youyiqiao Fm	友谊桥组	54-2034	AnZ	茅燕石等	1985	西藏	与曲乡组下部相当
536	Yudaishan Fm	玉带山组	54-2404	K	宋家玉等	1961	西藏	与竞柱山组相当
537	Yuduo Fm	玉多组	54-2409	K	高调队	1987	西藏	与朗山组部分相当
538	Yuemuri Fm	跃目日组	54-2065	S	杨曾荣	1985	西藏	与石器坡组相当
539	Zarongsi Met. Sy.	杂容寺变质岩系	54-2010	An∈	李璞	1959	西藏	与聂拉木群部分相当
540	Zesong Fm	则松组	54-2367	J_1	吴瑞忠等	1985	西藏	与色哇组下部相当
541	Zedang Fm	泽当组	54-2401	K	西藏第二地质队	1978	西藏	部分相当麻木下组
542	Zhadongcuo Fm	扎东错组	54-2150	P	尹集祥	1984	西藏	与来姑组部分相当
543	Zhaga Fm	扎朶组	54-2315	T_3	西藏区调队	1991	西藏	与结扎群部分相当
544	Zhagaqu Fm	扎嘎曲组	54-2062	S	林宝玉等	1982	西藏	与石器坡组下部相当
545	Zhaka Fm	扎卡组	54-2171	P_1	中国登山队科考队	1982	西藏	与色龙群部分相当
546	Zhalagongka Fm	札拉贡卡组	54-2239	P_2	四川地层编辑委员会(介绍)	(1978)	西藏	资料不详
547	Zhamunaqu Gr	扎姆那曲群	54-2362	J_1—J_2	蒋忠惕	1983	西藏	与雁石坪群部分相当
548	Zhamure Fm	札木热组	54-2246	T_3	王义刚、孙东立、何国雄	1984	西藏	与土隆群上部相当
549	Zhamure Fm	札木热组	54-2250	T_3	饶荣标等	1987	西藏	与德日荣组上部相当

序号	地层单位名称		编号	地质时代	创名人	创建时间	所在省(地)	不采用的理由
	英文	汉文						
550	Zhangdong Fm	章东组	54-2070	D	林宝玉等	1989	西藏	与亚里组部分相当
551	Zhangen Fm	张恩组	54-2090	D_1	饶靖国、张正贵等	1988	西藏	与达尔东组部分相当
552	Zhari Fm	札日组	54-2260	T_2	吴一民等	1979	西藏	与涅如组部分相当
553	Zhari Fm	扎日组		J_1	王乃文	1983	西藏	与日当组相当
554	Zharinaya Fm	札日哪亚组	54-2272	T_2	郭铁鹰等	1991	西藏	与曲龙共巴组部分相当
555	Zhawangzi Fm	扎旺子组	54-2472	K_1	王乃文等	1976	西藏	与沙堆群下部相当
556	Zhaxigang Fm	扎西岗组	54-2073	D_1	林宝玉等	1982	西藏	与凉泉组部分相当
557	Zhaxizhong Fm	扎西中组	54-2058	S	杨曾荣	1985	西藏	与普鲁组相当
558	Zhebuli Gr	遮不里群	54-2491	E_2	杨遵仪等	1963	西藏	与宗浦组部分相当
559	Zhecun Fm	遮村组	54-2261	T_3	王乃文等	1983	西藏	与修康群顶部相当
560	Zhongbei Gr	中贝群	54-2281	T	魏振声、谭岳岩(介绍)	(1979)	西藏	与穷果群相当
561	Zhumulangma Gr	珠穆朗玛群	54-2001	AnZ	应思淮	1974	西藏	与聂拉木群相当
562	Zhumulang-mafeng Fm	珠穆朗玛峰组	54-2041	O	尹集祥等	1975	西藏	与甲村群相当
563	Zhuobatunsa Fm	着巴屯撒组	54-2397	J—K	尹集祥等	1988	西藏	与日喀则群部分相当
564	Zhuobu Fm	卓布组	54-2205	P_1	张正贵、陈继荣、喻洪津	1985	西藏	与白淀浦组部分相当
565	Zhuoga Gr	卓嘎群	54-2251	T	吴浩若	1984	西藏	与吕村组相当
566	Zhuomadingla Fm	卓马丁拉组	54-2254	T_3	吴一民	1979	西藏	与修康群上部相当
567	Zhuomadingla Fm	卓玛丁拉组	54-2475	K_2	王乃文等	1976	西藏	与羊卓雍群上部相当
568	Zijiapu Gr	自家浦群	54-2168	C	西藏综合队(介绍)	1979	西藏	与马查拉群相当
569	Zongbai Gr	宗白群	54-2484	E	西藏区调队	1977	西藏	与唢纳湖组相当
570	Zongdang Fm	宗当组	54-2507	N	西藏拉萨地质队	1961	西藏	与乌郁群部分相当
571	Zonggei Fm	宗给组	54-2450	K_2	西藏第一地质队	1964	西藏	与多尼组部分相当
572	Zonggu Fm	宗谷组	54-2477	K_2	赵喜进等	1986	西藏	与香堆群上部相当
573	Zongkaba Fm	宗卡巴组	54-2458	K_1	韩同林	1983	西藏	与朗山组部分相当
574	Zongxiongqu Fm	总雄曲组	54-2457	K_1	韩同林	1983	西藏	与朗山组部分相当
575	Zuozuo Fm	左左组	54-2220	P_2	西藏区调队	1987	西藏	与吉普日阿组部分相当